有限单元法原理及应用

（第二版）

陈国荣　编著

科 学 出 版 社

北 京

内 容 简 介

本书重点介绍有限单元法的基本理论、程序设计，以及在工程中的应用。主要内容包括：以弹性力学为基础的有限元的概念和基本理论，等参有限元的基本理论和形函数的统一构造方法，主要的高效数值算法和有限元程序设计，以及弹塑性问题、结构动力问题、温度场与温度应力问题、混凝土徐变和黏弹性问题、板壳问题、混凝土细观力学问题。部分章节还包括了作者近年来的一些研究成果。本书最后附有5个有限元教学程序及其使用说明［可到科学出版社网站下载（http：//www.abook.cn）］，供不同专业和不同教学对象选择使用，有的程序可以直接用来解决工程实际问题。

本书可作为水利、土木类相关专业研究生和工程力学专业本科生的教材，也可供高等院校相关专业教师和工程技术人员参考。

图书在版编目（CIP）数据

有限单元法原理及应用/陈国荣编著. —2版. —北京：科学出版社，2016

ISBN 978-7-03-047245-8

Ⅰ.①有…　Ⅱ.①陈…　Ⅲ.①有限元法-研究　Ⅳ.①O241.82

中国版本图书馆CIP数据核字（2016）第021910号

责任编辑：童安齐 / 责任校对：陶丽荣
责任印制：吕春珉 / 封面设计：耕者设计工作室

科学出版社 出版
北京东黄城根北街16号
邮政编码：100717
http：//www.sciencep.com

天津市新科印刷有限公司 印刷
科学出版社发行　各地新华书店经销

*

2009年3月第一版　开本：787×1092 1/16
2016年2月第二版　印张：27 1/2
2024年2月第六次印刷　字数：637 000

定价：69.00元

（如有印装质量问题，我社负责调换〈新科〉）
销售部电话 010-62136131　编辑部电话 010-62137026（BA08）

第二版前言

本书第一版作为工科研究生教材，在2008年被评为教育部“十一五”规划教材。本书自第一版出版以来受到广大师生及工程技术人员的好评。同时，在使用过程中也发现了一些疏漏。本书是在第一版的基础上修订完成的。其主要修订内容为：对第一版中发现的疏漏进行了修改、补充；对第10章动力问题进行了重新编写，使得理论更加完善；对附录中的个别程序进行了一些更新，扩大了温度场与温度徐变应力有限元程序的计算规模。

本书重点介绍有限单元法的基本理论、程序设计和工程应用。主要内容包括：以弹性力学为基础介绍有限元的概念和基本理论、等参有限元的基本理论和形函数的统一构造方法、主要的高效数值算法和程序设计，弹塑性问题，结构动力问题，温度场与温度应力问题，混凝土徐变和黏弹性问题，板壳问题，混凝土细观力学问题，以及有限元在大型水利工程和桥梁工程中的应用实例，部分章节的内容还包括了作者近年来的一些研究成果。本书最后附有5个有限元程序及其使用说明，供不同专业和不同教学对象教学时选择使用，有的程序可以直接用来解决工程实际问题。

李皇胜硕士、居宏昌博士、周道传博士分别参加了本书第5章、第12章的部分工作。编写本书过程中还得到了彭萱茂教授、张健飞博士的支持和帮助，在此对他们表示衷心的感谢。

由于编者水平所限，书中不妥或疏漏之处在所难免，欢迎广大师生和读者提出宝贵意见和建议。

陈国荣

2015年10月

第一版前言

有限单元方法自从20世纪60年代问世以来，由于其原理简单，解决问题的能力强，得到了快速的发展。目前已成为解决偏微分方程的普遍的数值计算方法，已广泛应用到各工程领域和工业领域，得到了工程技术人员和专家的信赖和普遍接受。已列为许多专业本科生和研究生的必修课程。

从1988年开始，作者为河海大学水利工程和土木工程专业研究生开设“有限单元法”课程。原先都以徐芝纶院士编著的《弹性力学中的有限单元法》(修订版，水利水电出版社，1978)作为基本教材。随着有限元理论和技术的发展，课程教学内容不断更新和丰富，本书是在讲稿几经修改的基础上逐步形成的。本书保持《弹性力学中的有限单元法》的编写风格，由浅入深，先突出基本概念，后加强理论深化。

李皇胜硕士、周道传博士、居宏昌博士分别参加了本书第5章、第10章、和第12章的整理。编写本书过程中得到了彭萱茂教授、张健飞博士的支持和帮助，在此表示衷心的感谢。

本书重点介绍有限单元法的基本理论、程序设计和工程应用。主要内容包括：以弹性力学为基础介绍有限元的概念和基本理论、等参有限元的基本理论和形函数的统一构造方法、主要的高效数值算法和程序设计，弹塑性问题，结构动力问题，温度场与温度应力问题，混凝土徐变和粘弹性问题，板壳问题，混凝土细观力学问题，以及有限元在大型水利工程和桥梁工程中的应用实例，在部分章节还包括了作者近年来的一些研究成果。本书最后附有5个有限元程序及其使用说明，供不同专业和不同教学对象教学时选择使用，有的程序可以直接用来解决工程实际问题。

由于编者水平所限，不妥或疏漏之处，欢迎广大师生和读者提出宝贵意见和建议。

陈国荣
2008年10月

第一版前言

有限单元法[illegible]70[illegible]60年代[illegible]以来，[illegible]的能力强，得到了迅速的发展。[illegible]已成为解决[illegible]，[illegible]广泛应用于[illegible]工程领域[illegible]，受到了工程技术人员和[illegible]的普遍重视。[illegible]专业本科生和研究生的必修课程。

从1973年起，[illegible]大学水利工程系[illegible]专业研究生[illegible]课程。[illegible]都以[illegible]讲授[illegible]（[illegible]水利电力出版社，1978）[illegible]本书[illegible]《弹性力学中的有限单元法》[illegible]基本原理[illegible]。

[illegible]第10[illegible]12章的整理[illegible]，在此表示衷心的感谢。

本书[illegible]基本理论，[illegible]应用[illegible]。[illegible]结构动力问题[illegible]非线性[illegible]水利工程中的[illegible]一些新的成果。本书[illegible]不同专业[illegible]教学[illegible]工程实际问题。

由于编者水平所限，[illegible]不妥之处，欢迎[illegible]批评指正。

目录

第1章 绪 论

1.1 有限单元法的发展概况

有限单元法是求解数理方程的一种数值计算方法，是解决工程问题的一种强有力的计算工具。“有限单元法”这个名称第一次出现在1960年。当时克拉夫(R. W. Clough)在一篇平面弹性问题的论文中应用过它。但是有限单元法分析的概念却可以追溯到20世纪40年代。1943年，柯朗(R. Courant)第一次在他的论文中应用了“单元”的法则，取定义在三角形域上的分片连续函数，利用最小势能原理研究了圣维南(St. Venant)的扭转问题。然而，当时并没有引起人们的重视，几乎过了10年才再次有人用这些离散化的概念。1954～1955年，阿吉里斯(J. H. Argris)相继发表了一系列有关结构分析矩阵方法的论文，于1960年出版了《能量原理与结构分析》一书。它对弹性结构的能量原理作了综合和推广，并发展了实际的分析方法，成为结构分析矩阵位移法的经典著作之一。

1955年，特纳(M. J. Turner)、克拉夫、马丁(H. C. Martin)和托普(L. C. Topp)等在他们的著作中，提出了计算复杂结构刚度影响系数的方法并应用电子计算机进行计算分析。他们在飞机结构中，把矩阵位移法的思想应用到弹性力学平面问题中去，把结构分割成三角形和矩形单元。每一单元特性用单元的结点力与结点位移相联系的单元刚度矩阵表征。1959年，特纳在《结构分析的直接刚度法》一文中正式提出了用直接刚度法集合有限元的整体方程组。

在1960～1970年这10年中，许多学者，如梅劳斯(R. J. Melosh)、贝赛林(J. F. Besseling)、琼斯(R. E. Jones)、卞学璜、赫尔曼(L. R. Herrmann)、毕奥(M. A. Biot)、普拉格(W. Prager)、董平等，对各种不同变分原理的有限元模型作出了贡献。

有限元法的列式不一定都建立在变分原理的基础上。1969年，奥登(J. T. Oden)从能量平衡原理出发，成功地列出了热弹性问题有限元分析的方程组。斯查勃(B. A. Szabo)和李(G. C. Lee)在1969年利用伽辽金法得到了平面弹性问题的有限元解。

从单元的类型而言，至今已从一维的杆单元、二维的平面单元发展到三维的空间单元、板壳单元、管单元等，从常应变单元发展到高次单元。1966年，欧格托蒂斯(B. Ergatoudis)、艾路斯(B. M. Irons)和泽凯维奇(O. C. Zienkiewics)为等参数单元的发展奠定了基础，使计算精度有较大提高，并可适用于各种复杂的几何形状和边界条件。

有限元法虽然起源于结构分析，但现在已被广泛推广应用到各种工程和工业领域，已成为解决数学物理方程的一种普遍方法。现在，有限元法已被应用于固体力学、流体力学、热传导、电磁学、声学、生物力学等各个领域，能求解由杆、梁、板、壳、块体等各类单元构成的弹性(线性和非线性)、黏弹性和弹塑性问题(包括静力和动力问题),各类场分布问题(流体场、温度场、电磁场等的稳态和瞬态问题),水流管路、电路、润滑、噪声以及固体、流体、温度相互作用的问题。

近几年来,有限单元法的计算软件也得到了快速发展。由于有限元法的通用性,它已成为解决各种问题的强有力和灵活通用的工具,因此不少国家编制了大型通用的计算软件,并商品化。比较常用的有 SAP,ADINA,ANSYS,NASTRAN,MARC,ABAQUS,SAFE,ASKA,SAMIS,ELAS 等。

SAP(structural analysis program)——结构分析程序。它由美国贝克莱加利福尼亚大学研制,该程序可处理空间桁架、刚架、平面应力、平面应变、轴对称、等参元、薄板、薄壳、三维固体、厚壳、管单元等问题。它的功能有信息处理、静力分析、动力分析、绘图、带宽优化等。

ADINA(a finite element program for automatic dynamic incremental nonlinear analysis)——自动动力增量非线性分析有限元程序。它由美国麻省理工学院机械工程系研制,单元库中有梁、平面、板壳、三维块体、轴对称、厚板(壳)等单元。它可处理非线性问题及与温度有关的问题等。

NASTRAN(NASA structural analysis)——NASA 结构分析程存。它由美国国家航空与宇航局研制,可供各种结构分析之用。其功能包括热应力分析,瞬态荷载与随机激振的动态响应分析,实特征值与复特征值计算以及稳定性分析,还有一定的非线性分析功能,可用于各种计算机系统。

ABAQUS 是 David Hibbitt 教授为首开发研制的。它具有几乎所有线性和非线性分析的功能,如静力、动力、热耦合、刚体动力学、力电耦合以及隐式时间差分非线性动态响应分析,能够进行设计灵敏度分析,可以考虑波浪荷载、拖动和浮力以及模拟海洋石油平台管道和电缆系统。它还能够分析结构的疲劳寿命和疲劳强度储备因子,确定部件的疲劳寿命。

这些通用程序的编制,对解决许多工程技术问题提供了极大的方便。

我国学者冯康教授 1965 年发表了“基于变分原理的差分格式”,几乎同时和西方科学家各自独立建立了有限单元法的理论基础,但由于我国计算机工业发展较迟,计算力学的发展与应用受到一定的影响。20 世纪 70 年代初,有限元法才开始在国内得到应用与推广。我国最早系统地开展有限单元法研究和应用的是已故院士徐芝纶教授。他领导的科研组于 1971 年开始,开展有限元法的研究、推广与普及工作,1972 年结合生产需要完成了风滩空腹重力拱坝的温度场与温度应力的有限元计算分析工作,这是我国最早的有限元应用成果。1974 年,他以华东水利学院的名义撰写了我国第一部关于有限单元法的专著《弹性力学问题的有限单元法》,为我国推广、普及有限单元法做了开创性的工作,随后在航空工业、造船工业、机械工业、水利工程、建筑工程、石油化工等都得到广泛应用与发展。80 年代,北京大学袁明武教授根据我国当时计算机容量小的情况,在力求用小型计算机解大题目方面做了不少研究工作,取得了卓越的成就,推出了 SAP84,为有限元的普及和实际应用做出了贡献。在应用新的单元方面,有关高校也进行了许多探索性工作,取得了一些成果。近几年来,在动态和非线性、流体力学与电磁场方面,细观力学、生物力学等方面也开展了不少研究工作，取得很好的成绩。

有限单元法的理论与方法到目前已经非常成熟，不可能再有突破性的改变或发展。今后的发展主要是两方面的工作有所期待：一方面是进一步拓展新的应用领域，如有生命的固体力学，有生命的流体力学、细微观力学等；另一方面是研制高水平的大型通用软件和专门化的应用软件。有限元是计算力学中最主要的方法，现已成为常用的普遍的计算工具，应用软件是计算力学发展水平的主要标志。我国在有限元应用软件研制上与国外发达国家的差距非常大，高水平的商品软件很少。

1.2 弹性力学基本方程的矩阵表示

1. 平衡方程

弹性体 V 域内任一点的平衡微分方程为

$$\left.\begin{aligned}\frac{\partial\sigma_x}{\partial x}+\frac{\partial\tau_{xy}}{\partial y}+\frac{\partial\tau_{xz}}{\partial z}+f_x=0\\ \frac{\partial\tau_{yx}}{\partial x}+\frac{\partial\sigma_y}{\partial y}+\frac{\partial\tau_{yz}}{\partial z}+f_y=0\\ \frac{\partial\tau_{zx}}{\partial x}+\frac{\partial\tau_{zy}}{\partial y}+\frac{\partial\sigma_z}{\partial z}+f_z=0\end{aligned}\right\}\tag{1-1}$$

平衡微分方程用矩阵表示为

$$\boldsymbol{L}^{\mathrm{T}}\boldsymbol{\sigma}+\boldsymbol{f}=\boldsymbol{0}\tag{1-2}$$

式中，$\boldsymbol{L}$ 为微分算子矩阵；$\boldsymbol{\sigma}$ 为应力列阵或称为应力向量；$\boldsymbol{f}$ 为体力列阵或称为体力向量。它们分别表示为

$$\boldsymbol{L}^{\mathrm{T}}=\begin{bmatrix}\frac{\partial}{\partial x}&0&0&\frac{\partial}{\partial y}&0&\frac{\partial}{\partial z}\\ 0&\frac{\partial}{\partial y}&0&\frac{\partial}{\partial x}&\frac{\partial}{\partial z}&0\\ 0&0&\frac{\partial}{\partial z}&0&\frac{\partial}{\partial y}&\frac{\partial}{\partial x}\end{bmatrix}\tag{1-3}$$

$$\boldsymbol{\sigma}=\begin{Bmatrix}\sigma_x\\ \sigma_y\\ \sigma_z\\ \tau_{xy}\\ \tau_{yz}\\ \tau_{zx}\end{Bmatrix}=[\sigma_x\quad\sigma_y\quad\sigma_z\quad\tau_{xy}\quad\tau_{yz}\quad\tau_{zx}]^{\mathrm{T}}\tag{1-4}$$

$$\boldsymbol{f}=\begin{Bmatrix} f_x \\ f_y \\ f_z \end{Bmatrix}=[f_x \quad f_y \quad f_z]^{\mathrm{T}} \tag{1-5}$$

对于平面问题

$$\boldsymbol{L}^{\mathrm{T}}=\begin{bmatrix} \dfrac{\partial}{\partial x} & 0 & \dfrac{\partial}{\partial y} \\ 0 & \dfrac{\partial}{\partial y} & \dfrac{\partial}{\partial x} \end{bmatrix}$$

$$\boldsymbol{\sigma}=\begin{Bmatrix} \sigma_x \\ \sigma_y \\ \tau_{xy} \end{Bmatrix}=[\sigma_x \quad \sigma_y \quad \tau_{xy}]^{\mathrm{T}}$$

$$\boldsymbol{f}=\begin{Bmatrix} f_x \\ f_y \end{Bmatrix}=[f_x \quad f_y]^{\mathrm{T}}$$

2. 几何方程

在小变形条件下,弹性体内任一点的应变与位移的关系,即几何方程为

$$\varepsilon_x=\frac{\partial u}{\partial x},\quad \varepsilon_y=\frac{\partial v}{\partial y},\quad \varepsilon_z=\frac{\partial w}{\partial z}$$

$$\gamma_{xy}=\frac{\partial u}{\partial y}+\frac{\partial v}{\partial x},\quad \gamma_{yz}=\frac{\partial v}{\partial z}+\frac{\partial w}{\partial y},\quad \gamma_{zx}=\frac{\partial w}{\partial x}+\frac{\partial u}{\partial z} \tag{1-6}$$

几何方程用矩阵表示为

$$\boldsymbol{\varepsilon}=\boldsymbol{L}\boldsymbol{u} \tag{1-7}$$

式中,$\boldsymbol{\varepsilon}$ 为应变列阵或称应变向量;$\boldsymbol{u}$ 为位移列阵或称位移向量,有

$$\boldsymbol{\varepsilon}=\begin{Bmatrix} \varepsilon_x \\ \varepsilon_y \\ \varepsilon_z \\ \gamma_{xy} \\ \gamma_{yz} \\ \gamma_{zx} \end{Bmatrix}=[\varepsilon_x \quad \varepsilon_y \quad \varepsilon_z \quad \gamma_{xy} \quad \gamma_{yz} \quad \gamma_{zx}]^{\mathrm{T}} \tag{1-8}$$

$$\boldsymbol{u}=\begin{Bmatrix} u \\ v \\ w \end{Bmatrix}=[u \quad v \quad w]^{\mathrm{T}} \tag{1-9}$$

对于平面问题

$$\boldsymbol{\varepsilon}=\begin{Bmatrix}\varepsilon_x\\ \varepsilon_y\\ \gamma_{xy}\end{Bmatrix}=[\varepsilon_x\quad \varepsilon_y\quad \gamma_{xy}]^{\mathrm{T}}$$

$$\boldsymbol{u}=\begin{Bmatrix}u\\ v\end{Bmatrix}=[u\quad v]^{\mathrm{T}}$$

3. 物理方程

各向同性线弹性体的应力与应变的关系，即物理方程为

$$\left.\begin{aligned}\sigma_x&=\lambda(\varepsilon_x+\varepsilon_y+\varepsilon_z)+2G\varepsilon_x\\ \sigma_y&=\lambda(\varepsilon_x+\varepsilon_y+\varepsilon_z)+2G\varepsilon_y\\ \sigma_z&=\lambda(\varepsilon_x+\varepsilon_y+\varepsilon_z)+2G\varepsilon_z\\ \tau_{xy}&=G\gamma_{xy}\\ \tau_{yz}&=G\gamma_{yz}\\ \tau_{zx}&=G\gamma_{zx}\end{aligned}\right\}\tag{1-10}$$

式中，λ 和 G 为拉梅(Lame)常数，它们与弹性模量和泊松比的关系为

$$\lambda=\frac{E\nu}{(1+\nu)(1-2\nu)},\quad G=\frac{E}{2(1+\nu)}\tag{1-11}$$

物理方程用矩阵表示为

$$\boldsymbol{\sigma}=\boldsymbol{D\varepsilon}\tag{1-12}$$

式中，$\boldsymbol{D}$ 为弹性矩阵，有

$$\boldsymbol{D}=\begin{bmatrix}\lambda+2G & \lambda & \lambda & 0 & 0 & 0\\ & \lambda+2G & \lambda & 0 & 0 & 0\\ & & \lambda+2G & 0 & 0 & 0\\ & \text{对} & & G & 0 & 0\\ & & \text{称} & & G & 0\\ & & & & & G\end{bmatrix}\tag{1-13}$$

对于平面应力问题弹性矩阵为

$$\boldsymbol{D}=\frac{E}{1-\nu^2}\begin{bmatrix}1 & \nu & 0\\ \nu & 1 & 0\\ 0 & 0 & \dfrac{1-\nu}{2}\end{bmatrix}$$

对于平面应变问题需把 E 换成$\dfrac{E}{1-\nu^2}$，ν 换成$\dfrac{\nu}{1-\nu}$。

4. 应力边界条件

在受已知面力作用的边界 S_σ 上,应力与面力满足的条件为

$$\left.\begin{aligned} l\sigma_x + m\tau_{xy} + n\tau_{xz} &= \bar{f}_x \\ l\tau_{yx} + m\sigma_y + n\tau_{yz} &= \bar{f}_y \\ l\tau_{zx} + m\tau_{zy} + n\sigma_z &= \bar{f}_z \end{aligned}\right\} \tag{1-14}$$

式中,l,m,n 分别为边界外法向方向余弦,$\bar{f}_x,\bar{f}_y,\bar{f}_z$ 分别为已知面力分量。

应力边界条件用矩阵表示为

$$\boldsymbol{n\sigma} = \bar{\boldsymbol{f}} \tag{1-15}$$

$$\boldsymbol{n} = \begin{bmatrix} l & 0 & 0 & m & 0 & n \\ 0 & m & 0 & l & n & 0 \\ 0 & 0 & n & 0 & m & l \end{bmatrix}$$

$$\bar{\boldsymbol{f}} = \begin{Bmatrix} \bar{f}_x \\ \bar{f}_y \\ \bar{f}_z \end{Bmatrix} = [\bar{f}_x \quad \bar{f}_y \quad \bar{f}_z]^{\mathrm{T}} \tag{1-16}$$

对于平面问题

$$\bar{\boldsymbol{f}} = \begin{Bmatrix} \bar{f}_x \\ \bar{f}_y \end{Bmatrix} = [\bar{f}_x \quad \bar{f}_y]^{\mathrm{T}}$$

5. 位移边界条件

在位移已知的边界 S_u 上,位移应等于已知位移,即

$$\boldsymbol{u} = \begin{Bmatrix} u \\ v \\ w \end{Bmatrix} = \bar{\boldsymbol{u}} \tag{1-17}$$

$$\bar{\boldsymbol{u}} = \begin{Bmatrix} \bar{u} \\ \bar{v} \\ \bar{w} \end{Bmatrix} = [\bar{u} \quad \bar{v} \quad \bar{w}]^{\mathrm{T}} \tag{1-18}$$

式中,$\bar{\boldsymbol{u}}$ 为已知位移向量。

对于平面问题

$$\boldsymbol{u} = \begin{Bmatrix} u \\ v \end{Bmatrix}$$

6. 虚位移原理

虚位移原理:对于静力可能的应力,外力在虚位移上所做的功等于应力在虚应变上所

做的功，简述为外力虚功等于内力虚功，即

$$\int_V f_i \delta u_i \mathrm{d}v + \int_{S_\sigma} \bar{f}_i \delta u_i \mathrm{d}s = \int_V \sigma_{ij} \delta \varepsilon_{ij} \mathrm{d}v \tag{1-19}$$

式(1-19)称为虚位移方程，虚位移方程等价于平衡微分方程和应力边界条件。式中，f_i 为体力分量，$\bar{f}_i$ 为面力分量，δu_i 为虚位移，即位移的变分，$\delta\varepsilon_{ij}$ 为虚应变，即应变的变分。

虚位移方程用矩阵表示为

$$\int_V \delta \boldsymbol{u}^{\mathrm{T}} \boldsymbol{f} \mathrm{d}v + \int_{S_\sigma} \delta \boldsymbol{u}^{\mathrm{T}} \bar{\boldsymbol{f}} \mathrm{d}s = \int_V \delta \boldsymbol{\varepsilon}^{\mathrm{T}} \boldsymbol{\sigma} \mathrm{d}v \tag{1-20}$$

7. 最小势能原理

极小势能原理：在所有变形可能的位移中，实际存在的位移使总势能取极小值，即

$$\delta \Pi(u_i) = 0 \tag{1-21}$$

$$\left.\begin{aligned} &\Pi(u_i) = U + V \\ &U = \frac{1}{2}\int_V \sigma_{ij}\varepsilon_{ij} \mathrm{d}v \\ &V = -\int_V f_i u_i \mathrm{d}v - \int_{S_\sigma} \bar{f}_i u_i \mathrm{d}s \end{aligned}\right\} \tag{1-22}$$

式中，Π 为弹性体的总势能，它是位移 u_i 的泛函，U 为弹性体的应变能，V 为外力势能。

根据弹性力学解的唯一性，总势能的极小值即为最小值，所以也称极小势能原理为最小势能原理。最小势能原理等价于平衡微分方程和应力边界条件。

结构的总势能用矩阵表示为

$$\Pi(\boldsymbol{u}) = \frac{1}{2}\int_V \boldsymbol{\varepsilon}^{\mathrm{T}} \boldsymbol{\sigma} \mathrm{d}v - \int_V \boldsymbol{u}^{\mathrm{T}} \boldsymbol{f} \mathrm{d}v - \int_{S_\sigma} \boldsymbol{u}^{\mathrm{T}} \bar{\boldsymbol{f}} \mathrm{d}s \tag{1-23}$$

1.3 有限单元法的概念和分析过程

有限单元法分析一般包括三个步骤，即离散化、单元分析和整体分析。这一节中以弹性力学平面问题为例，介绍有限单元法的概念和分析过程。

1. 离散化

首先把一个连续的弹性体划分成由有限多个有限大小的区域组成的离散结构，称这种离散结构为有限元网格，见图 1-3 和图 1-4。这些有限大小的区域就称为有限单元，简称为单元，单元之间相交的点称为结点，设结点总数为 n 个。平面问题常用的单元有三角形单元、矩形单元、任意四边形单元等，见图 1-1。空间问题常用的单元有四面体单元、长方体单元、任意六面体单元等，见图 1-2。对于平面问题，最简单因而最常用的单元是三角形单元。在平面应力问题中，它们是三角板，如图 1-3 所示的深梁。在平面应变问题

中，它们是三棱柱，如图 1-4 所示的重力坝。所有的结点都取为铰接，如果结点位移全部或其某一方向被约束，就在该结点上安置一个铰支座或相应的连杆支座。每一单元所受的荷载，都按静力等效的原则移置到结点上，成为结点荷载，称为等效结点荷载。

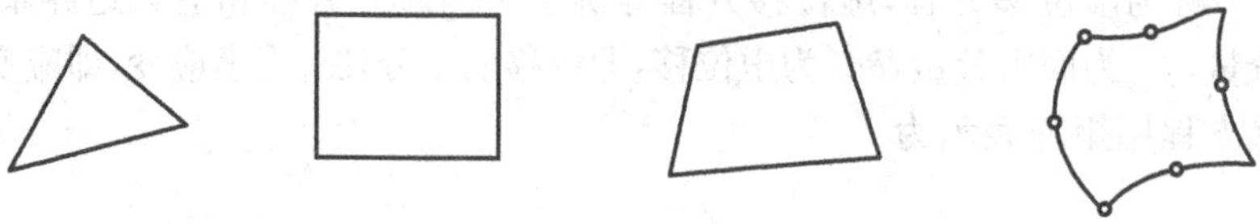

图 1-1

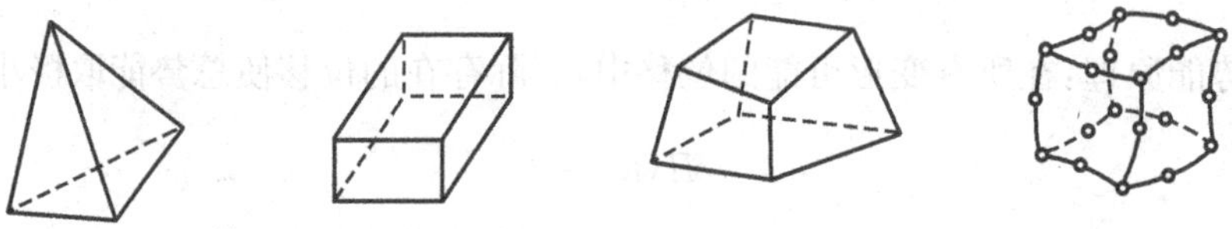

图 1-2

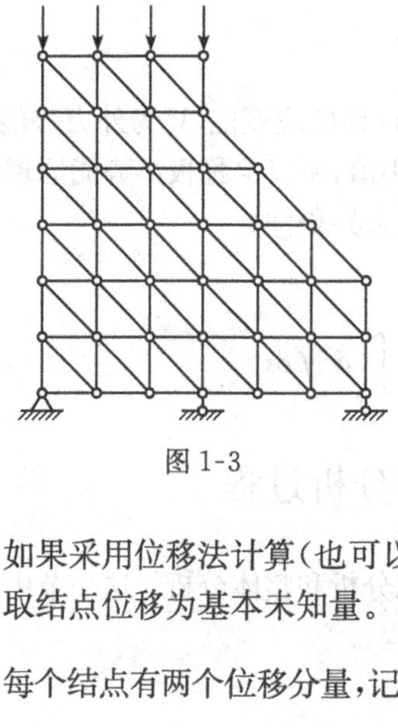

图 1-3

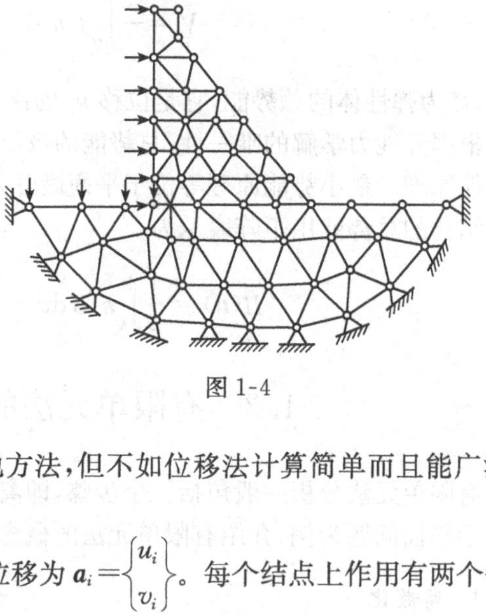

图 1-4

如果采用位移法计算(也可以采用其他方法，但不如位移法计算简单而且能广泛应用)，取结点位移为基本未知量。

每个结点有两个位移分量，记 i 结点的位移为 $\boldsymbol{a}_i=\begin{Bmatrix}u_i\\v_i\end{Bmatrix}$。每个结点上作用有两个等效荷载分量，记 i 结点的等效荷载为 $\boldsymbol{R}_i=\begin{Bmatrix}R_{ix}\\R_{iy}\end{Bmatrix}$。把所有结点的位移和等效结点荷载按顺序排列成列阵，分别记为 $\boldsymbol{a}$ 和 $\boldsymbol{R}$，即

$$\boldsymbol{a}=[u_1\ v_1\quad u_2\ v_2\quad \cdots\quad u_n\ v_n]^{\mathrm{T}}$$

$$\boldsymbol{R}=[R_{1x}\ R_{1y}\quad R_{2x}\ R_{2y}\quad \cdots\quad R_{nx}\ R_{ny}]^{\mathrm{T}}$$

称 $\boldsymbol{a}$ 为整体结点位移列阵，称 $\boldsymbol{R}$ 为整体等效结点荷载列阵。这样就把原来连续的弹性体受分布体力和分布面力作用下求解位移场的问题，转换成为离散结构仅在结点处受等效结点荷载 $\boldsymbol{R}$ 作用，求各结点位移 $\boldsymbol{a}$ 的问题。在数学上，就是把一个无限自由度的问题转换成为有限自由度的问题。

2. 单元分析

为了在求出结点位移以后能够从而求得应力，就要把单元中的应力用结点位移来表示。在网格中取出一个典型单元，如图 1-5(a)所示，单元的三个结点分别用 i,j,m 表示。首先利用插值的办法将单元上的位移场用结点位移表示为

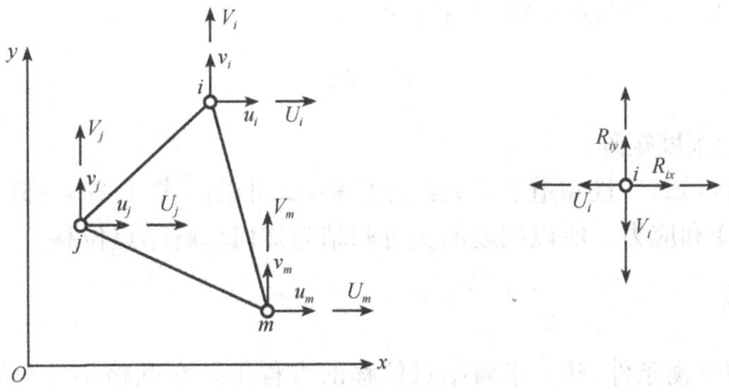

(a) (b)

图 1-5

$$\boldsymbol{u}=\begin{Bmatrix}u\\v\end{Bmatrix}=\boldsymbol{N}\boldsymbol{a}^e \tag{1-24}$$

根据几何方程，单元上的应变可表示为

$$\boldsymbol{\varepsilon}=\begin{Bmatrix}\varepsilon_x\\\varepsilon_y\\\gamma_{xy}\end{Bmatrix}=\boldsymbol{L}\boldsymbol{u}=\boldsymbol{L}\boldsymbol{N}\boldsymbol{a}^e=\boldsymbol{B}\boldsymbol{a}^e \tag{1-25}$$

根据物理方程，单元上的应力可表示为

$$\boldsymbol{\sigma}=\begin{Bmatrix}\sigma_x\\\sigma_y\\\tau_{xy}\end{Bmatrix}=\boldsymbol{D}\boldsymbol{\varepsilon}=\boldsymbol{D}\boldsymbol{B}\boldsymbol{a}^e=\boldsymbol{S}\boldsymbol{a}^e \tag{1-26}$$

式(1-24)～式(1-26)中，$\boldsymbol{B}$ 为一个 3×6 的矩阵，称为应变转换矩阵，$\boldsymbol{S}$ 也是一个 3×6 的矩阵，称为应力转换矩阵，$\boldsymbol{a}^e$ 为单元结点位移列阵，即

$$\boldsymbol{a}^e=[u_i \quad v_i \quad u_j \quad v_j \quad u_m \quad v_m]^{\mathrm{T}}$$

单元从网格割离出来以后,将受到结点所施加的作用力,如图 1-5(a)所示,称为单元结点力,用 $\boldsymbol{F}^e$表示为

$$\boldsymbol{F}^e=\begin{Bmatrix}\boldsymbol{F}_i\\\boldsymbol{F}_j\\\boldsymbol{F}_m\end{Bmatrix}=\begin{Bmatrix}U_i\\V_i\\U_j\\V_j\\U_m\\V_m\end{Bmatrix}$$

单元结点力 $\boldsymbol{F}^e$也可以用结点位移 $\boldsymbol{a}^e$ 来表示,即

$$\boldsymbol{F}^e=\boldsymbol{k}\boldsymbol{a}^e \tag{1-27}$$

式中,$\boldsymbol{k}$ 称为单元刚度矩阵。

由以上分析可知,一旦知道了单元结点位移,就可以由式(1-24)~式(1-26)分别求出单元的位移、应变和应力。所以问题的关键归结为如何求解结点位移。

3. 整体分析

根据结点的平衡条件,建立求解结点位移的方程组。在网格中任意取出一个典型结点 i,结点 i 将受有环绕该结点的单元对它的作用力。这些作用力与各单元的结点力大小相等而方向相反。另外,结点 i 一般还受有由环绕该结点的那些单元上移置而来的结点荷载 R_{ix} 及 R_{iy}。根据结点 i 的平衡条件,有

$$\sum_e U_i=\sum_e R_{ix},\quad \sum_e V_i=\sum_e R_{iy}$$

式中,$\sum\limits_e$ 为对那些环绕结点 i 的所有单元求和。上列平衡方程用矩阵表示为

$$\sum_e \boldsymbol{F}_i=\sum_e \boldsymbol{R}_i \tag{1-28}$$

对每一个结点都可以建立这样的平衡方程,对于平面问题,n 个结点一共可以建立 $2n$ 个方程。由式(1-27)把结点力 $\boldsymbol{F}_i$ 用结点位移表示,并代入平衡方程(1-28),就得到以结点位移为未知量的线性代数方程组

$$\boldsymbol{K}\boldsymbol{a}=\boldsymbol{R} \tag{1-29}$$

式中,$\boldsymbol{K}$ 称为整体刚度矩阵,$\boldsymbol{R}$ 为整体等效结点荷载列阵。考虑位移约束条件后,联立求解该方程组,便得出结点位移。

1.4 拉格朗日插值方法

在构造单元位移模式和整理有限单元法的计算成果时,需要用到插值的方法。下面

对拉格朗日插值公式进行简单的推导，并说明它的应用。

设 $f=f(x)$ 为实变量 x 的单值连续函数。已知它在不同的点 $x_1,x_2,x_3,\cdots$ 处分别取值 $f_1,f_2,f_3,\cdots$，如图 1-6 中的图线所示。插值的目的就是找出函数 $f(x)$ 的一个近似表达式，使它在给定点 $x_1,x_2,x_3,\cdots$ 处取给定值 $f_1,f_2,f_3,\cdots$，而在其他点处近似地表示为 $f(x)$，从而可以推算 $f(x)$ 在其他点处的近似值。给定点 $x_1,x_2,x_3,\cdots$ 称为插值点。为了计算简便，通常将 $f(x)$ 用多项式表示，称为拉格朗日插值多项式，或称为拉格朗日多项式。

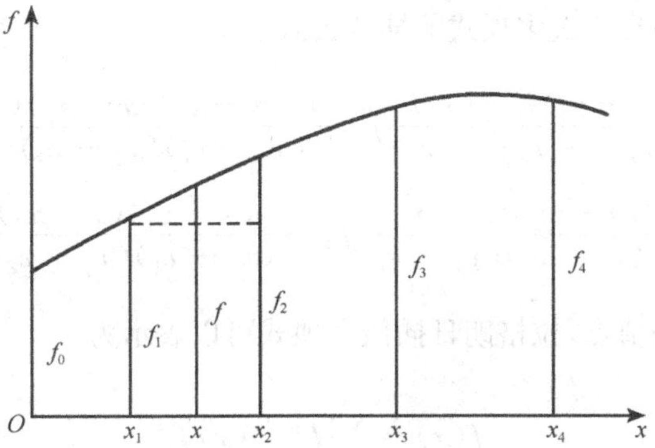

图 1-6

如果只有 2 个插值点 x_1 及 x_2（连带相应的给定值为 f_1 及 f_2），就只好把多项式取为 x 的线性函数，即 x 的一次式，也就是把 $f(x)$ 的图线近似地当做直线。根据图 1-6 所示的简单几何关系，有

$$\frac{f-f_1}{x-x_1}=\frac{f_2-f_1}{x_2-x_1} \tag{1-30}$$

从而得出

$$f=\frac{x-x_1}{x_2-x_1}(f_2-f_1)+f_1$$

加以改写，即得线性插值公式

$$f=\frac{x-x_2}{x_1-x_2}f_1+\frac{x-x_1}{x_2-x_1}f_2 \tag{1-31}$$

如果有 3 个插值点 x_1,x_2,x_3（连带相应的给定值为 f_1,f_2,f_3），就可以把多项式取为 x 的二次式，也就是把 $f(x)$ 的图线近似地当做抛物线。由式(1-31)的简单推广，极易写出抛物线插值公式

$$\begin{aligned} f=&\frac{(x-x_2)(x-x_3)}{(x_1-x_2)(x_1-x_3)}f_1+\frac{(x-x_1)(x-x_3)}{(x_2-x_1)(x_2-x_3)}f_2 \\ &+\frac{(x-x_1)(x-x_2)}{(x_3-x_1)(x_3-x_2)}f_3 \end{aligned} \tag{1-32}$$

在 $x=0$ 处,插值函数的值 f_0 可由式(1-32)得出

$$f_0=\frac{x_2x_3}{(x_1-x_2)(x_1-x_3)}f_1+\frac{x_1x_3}{(x_2-x_1)(x_2-x_3)}f_2+\frac{x_1x_2}{(x_3-x_1)(x_3-x_2)}f_3 \tag{1-33}$$

利用式(1-33),可以不必求出插值多项式而直接由 x_1,x_2,x_3 及 f_1,f_2,f_3 求得 f_0。

与上相似,可以写出三次多项式的插值公式

$$f=\frac{(x-x_2)(x-x_3)(x-x_4)}{(x_1-x_2)(x_1-x_3)(x_1-x_4)}f_1+\frac{(x-x_1)(x-x_3)(x-x_4)}{(x_2-x_1)(x_2-x_3)(x_2-x_4)}f_2+\frac{(x-x_1)(x-x_2)(x-x_4)}{(x_3-x_1)(x_3-x_2)(x_3-x_4)}f_3+\frac{(x-x_1)(x-x_2)(x-x_3)}{(x_4-x_1)(x_4-x_2)(x_4-x_3)}f_4 \tag{1-34}$$

依此类推,对于 n 个插值点,拉格朗日插值多项式可以表示为

$$f(x)=\sum_{i=1}^{n}l_i^{(n-1)}(x)f_i \tag{1-35}$$

式中,$l_i^{(n-1)}$ 称为拉格朗日插值基函数,有时也称拉格朗日插值函数,它是 $n-1$ 次多项式,即

$$l_i^{(n-1)}(x)=\frac{(x-x_1)(x-x_2)\cdots(x-x_{i-1})(x-x_{i+1})\cdots(x-x_n)}{(x_i-x_1)(x_i-x_2)\cdots(x_i-x_{i-1})(x_i-x_{i+1})\cdots(x_i-x_n)} \tag{1-36}$$

拉格朗日插值函数具有的性质为

$$l_i^{(n-1)}(x_j)=\begin{cases}1, & i=j\\ 0, & i\neq j\end{cases} \tag{1-37}$$

$$\sum_{i=1}^{n}l_i^{(n-1)}(x)=1$$

现在把图1-6中的直线轴换为一根平滑的平面曲线轴,如图1-7所示。该轴上的各个插值点位置用各该点距原点 O 的曲线距离 x_1,x_2,x_3 来表示,而函数 $f(x)$ 在各该插值点处的值仍然用 f_1,f_2,f_3 来表示(量绘在 x 轴的法线方向)。显然,只要 $f(x)$ 是 x 的单位连续函数,插值公式(1-31)～式(1-35)仍然适用。

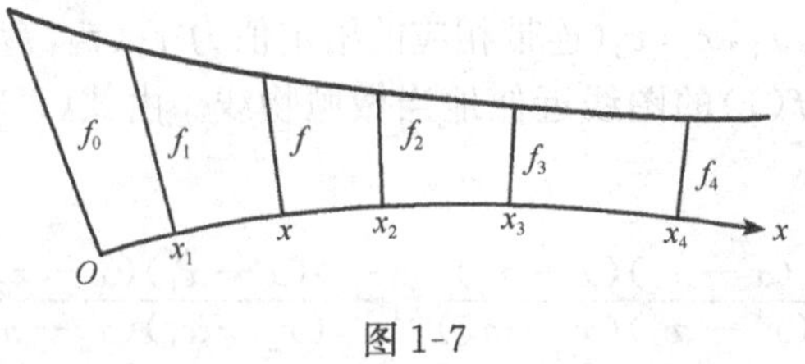

图 1-7

作为应用插值公式的简例,设图1-7中的 Ox 轴为弹性体内的一根平面曲线,O 点为

边界上的一点，f 为弹性体内的某一个应力分量，而 f_1, f_2, f_3, f_4 分别为应力分量在 x_1，x_2, x_3, x_4 处的数值，即

$$x_1=0.3\text{m}, \quad x_2=0.9\text{m}, \quad x_3=1.6\text{m}, \quad x_4=2.4\text{m}$$

$$f_1=18.9\times10^{-2}\text{MPa}, \quad f_2=12.8\times10^{-2}\text{MPa}$$

$$f_3=8.2\times10^{-2}\text{MPa}, \quad f_4=6.1\times10^{-2}\text{MPa}$$

如果只取 2 个插值点 x_1 及 x_2，可以应用线性插值公式(1-31)，得到

$$f=\frac{x-0.9}{0.3-0.9}\times18.9+\frac{x-0.3}{0.9-0.3}\times12.8=-10.2x+22.0$$

在边界上，$x=0$。由上式推算边界点处的应力分量为

$$f_0=22.0\times10^{-2}\text{MPa}$$

如果取 3 个插值点 x_1, x_2, x_3，应用抛物线插值公式(1-32)，则得

$$f=\frac{(x-0.9)(x-1.6)}{(0.3-0.9)(0.3-1.6)}\times18.9+\frac{(x-0.3)(x-1.6)}{(0.9-0.3)(0.9-1.6)}\times12.8$$
$$+\frac{(x-0.3)(x-0.9)}{(1.6-0.3)(1.6-0.9)}\times8.2=2.8x^2-13.6x+22.7$$

在边界上，$x=0$。用上式推算，得到

$$f_0=22.7\times10^{-2}\text{MPa}$$

为了减少运算，也可以不必求出如上的插值函数，而直接用式(1-33)求得 f_0 为

$$f_0=\frac{(0.9)\times(1.6)\times(18.9)}{(0.3-0.9)(0.3-1.6)}+\frac{(0.3)\times(1.6)\times(12.8)}{(0.9-0.3)\times9\times(0.3-1.6)}$$
$$+\frac{(0.3)\times(0.9)\times(8.2)}{(1.6-0.3)\times(1.6-0.9)}=22.7\times10^{-2}(\text{MPa})$$

如果取 4 个插值点 x_1, x_2, x_3, x_4，应用三次多项式的插值公式(1-34)，仍然将得到 $f_0=22.7\times10^{-2}$MPa。除了在应力高度集中的处所，整理应力成果时大都像本例题这样。应用线性插值公式往往过于粗略，应用抛物线插值公式一般精确已足够了，应用更高次的插值公式就没有必要了。

第 2 章　平面弹性力学问题

2.1　位移模式与解答的收敛性

从本节开始对三角形单元进行弹性力学分析。在分析中,每一单元被当成是一个连续的、均匀的、完全弹性的各向同性体。

如果弹性体的位移分量是坐标的已知函数,就可以用几何方程求得应变分量,从而用物理方程求得应力分量。但是,如果只是已知弹性体中某几个点(如结点)的位移分量的数值,是不能直接求得应变分量和应力分量的。因此为了能用结点位移表示应变和应力,首先必须假定一个位移模式,也就是假定位移分量为坐标的某种简单函数。当然,这些函数在上述几个点的数值,应当等于这几个点的位移分量的数值。单元上的位移表达式称为位移模式。通过插值的办法,可以把单元上的位移函数用 3 个结点位移值来表示。

考虑典型单元,如图 2-1 所示。假定单元中的位移分量是坐标的线性函数,即

$$\begin{aligned} u &= \alpha_1 + \alpha_2 x + \alpha_3 y \\ v &= \alpha_4 + \alpha_5 x + \alpha_6 y \end{aligned} \tag{2-1}$$

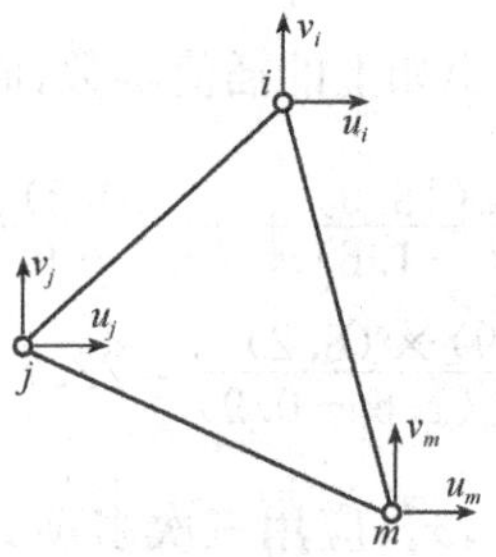

图 2-1

考虑 x 方向的位移 u,在 i,j,m 3 个结点处,应当有

$$\begin{aligned} u_i &= \alpha_1 + \alpha_2 x_i + \alpha_3 y_i \\ u_j &= \alpha_1 + \alpha_2 x_j + \alpha_3 y_j \\ u_m &= \alpha_1 + \alpha_2 x_m + \alpha_3 y_m \end{aligned}$$

求解上式可以求出 $\alpha_1,\alpha_2,\alpha_3$

$$\alpha_1 = \frac{1}{2A}\begin{vmatrix} u_i & x_i & y_i \\ u_j & x_j & y_j \\ u_m & x_m & y_m \end{vmatrix} = \frac{1}{2A}(a_i u_i + a_j u_j + a_m u_m)$$

$$\alpha_2 = \frac{1}{2A}\begin{vmatrix} 1 & u_i & y_i \\ 1 & u_j & y_j \\ 1 & u_m & y_m \end{vmatrix} = \frac{1}{2A}(b_i u_i + b_j u_j + b_m u_m) \tag{2-2}$$

$$\alpha_3 = \frac{1}{2A}\begin{vmatrix} 1 & x_i & u_i \\ 1 & x_j & u_j \\ 1 & x_m & u_m \end{vmatrix} = \frac{1}{2A}(c_i u_i + c_j u_j + c_m u_m)$$

同理，考虑 y 方向的位移 v 可以求出 $\alpha_4, \alpha_5, \alpha_6$ 为

$$\begin{aligned} \alpha_4 &= \frac{1}{2A}(a_i v_i + a_j v_j + a_m v_m) \\ \alpha_5 &= \frac{1}{2A}(b_i v_i + b_j v_j + b_m v_m) \\ \alpha_6 &= \frac{1}{2A}(c_i v_i + c_j v_j + c_m v_m) \end{aligned} \tag{2-3}$$

代回式(2-1)，整理后得

$$\begin{aligned} u &= N_i u_i + N_j u_j + N_m u_m \\ v &= N_i v_i + N_j v_j + N_m v_m \end{aligned} \tag{2-4}$$

其中

$$N_i = \frac{a_i + b_i x + c_i y}{2A} \quad (i, j, m) \tag{2-5}$$

系数 a_i, b_i, c_i 分别为

$$\begin{aligned} a_i &= x_j y_m - x_m y_j \\ b_i &= y_j - y_m \qquad (i, j, m) \\ c_i &= -(x_j - x_m) \end{aligned} \tag{2-6}$$

A 为单元的面积

$$A = \frac{1}{2}\begin{vmatrix} 1 & x_i & y_i \\ 1 & x_j & y_j \\ 1 & x_m & y_m \end{vmatrix} \tag{2-7}$$

为了使面积 A 不致成为负值，规定结点 i,j,m 的次序按逆时针转向，如图 2-1 所示。

把位移模式的表达式(2-4)改写为矩阵形式

$$\boldsymbol{u}=\begin{Bmatrix}u\\v\end{Bmatrix}=\begin{bmatrix}N_i & 0 & N_j & 0 & N_m & 0\\0 & N_i & 0 & N_j & 0 & N_m\end{bmatrix}\begin{Bmatrix}u_i\\v_i\\u_j\\v_j\\u_m\\v_m\end{Bmatrix}$$

$$=[\boldsymbol{I}N_i\quad \boldsymbol{I}N_j\quad \boldsymbol{I}N_m]\begin{Bmatrix}\boldsymbol{a}_i\\\boldsymbol{a}_j\\\boldsymbol{a}_m\end{Bmatrix}$$

$$=[\boldsymbol{N}_i\quad \boldsymbol{N}_j\quad \boldsymbol{N}_m]\boldsymbol{a}^e$$

$$=\boldsymbol{N}\boldsymbol{a}^e \tag{2-8}$$

式中，$\boldsymbol{I}=\begin{bmatrix}1 & 0\\0 & 1\end{bmatrix}$为二阶的单位阵，$N_i,N_j,N_m$ 为坐标的函数，称为插值函数，它们反映单元的位移形态，因而也称为位移的形态函数，或简称为形函数，矩阵 $\boldsymbol{N}$ 称为形函数矩阵。形函数具有如下性质：

(1) 在结点上，形函数的值有

$$N_i(x_j,y_j)=\delta_{ij}=\begin{cases}1 & (i=j)\\0 & (i\neq j)\end{cases} \tag{2-9}$$

也就是说，在结点 i 上 $N_i=1$，在 j,m 结点上 $N_i=0$。简单地讲，形函数在本点为 1，在其他点为零。N_j,N_m 具有同样的性质。这种性质是插值函数的基本性质所决定的。因为从式(2-4)看出，当 $x=x_i,y=y_i$ 时，即在结点 i 处，要求 $u=u_i$，因此必然要求 $N_i=1,N_j=0,N_m=0$。由该性质可以导出形函数在三角形单元上的积分和在某边界上的积分为

$$\iint_{\Omega^e}N_i\mathrm{d}x\,\mathrm{d}y=\frac{1}{3}A,\quad \int_{ij}N_i\mathrm{d}s=\frac{1}{2}l_{ij} \tag{2-10}$$

其中，$\iint_{\Omega^e}$ 表示对平面单元积分，$\int_{ij}$ 表示对单元的 ij 边界线积分。

(2) 在单元中，任意点各形函数之和等于 1，即

$$N_i+N_j+N_m=1 \tag{2-11}$$

因为若单元发生刚体位移，如在 x 方向有刚体位移 $u=u_0$，则单元中任一点都具有相同的位移 u_0，当然在结点处的位移也等于 u_0，即 $u_i=u_j=u_m=u_0$。代入式(2-4)有

$$u=N_iu_0+N_ju_0+N_mu_0=(N_i+N_j+N_m)u_0=u_0$$

因此必然要求 $N_i+N_j+N_m=1$。若形函数不能满足此条件，则位移模式就不能反映单元的刚体位移。

在有限单元法中，位移模式决定了计算误差。荷载的移置以及应力转换矩阵和刚度矩阵的建立等都依赖于位移模式。因此为了能用有限单元法得出正确的解答，必须使位移模式能够正确反应弹性体中的真实位移形态。具体说来，就是要满足下列 3 方面的条件：

(1) 位移模式必须能反映单元的刚体位移。每个单元的位移一般总是包含着两部分：一部分是由本单元的变形引起的，另一部分是与本单元的变形无关的，即刚体位移，它是由于其他单元发生了变形而牵连引起的。甚至在弹性体的某些部位，如在靠近悬臂梁的自由端处，单元的变形很小，而该单元的位移主要是由于其他单元发生变形而引起的刚体位移。因此为了正确反映单元的位移形态，位移模式必须能反映该单元的刚体位移。

(2) 位移模式必须能反映单元的常量应变。每个单元的应变一般总是包含着两个部分：一个部分是与该单元中各点的位置坐标有关的，是各点不同的，即所谓变量应变，另一部分是与位置坐标无关的，是各点相同的，即所谓常量应变。而且当单元的尺寸较小时，单元中各点的应变趋于相等，也就是单元的变形趋于均匀，因而常量应变就成为应变的主要部分。因此为了正确反映单元的变形状态，位移模式必须能反映该单元的常量应变。

(3) 位移模式应当尽可能反映位移的连续性。在连续弹性体中，位移是连续的，不会发生两相邻部分互相脱离或互相侵入的现象。为了使得单元内部的位移保持连续，必须把位移模式取为坐标的单值连续函数。为了使相邻单元的位移保持连续，就要使它们在公共结点处具有相同的位移时，也能在整个公共边界上具有相同的位移。这样就能使得相邻单元在受力以后既不互相脱离，也不互相侵入，而代替原为连续弹性体的那个离散结构仍然保持为连续弹性体。不难想象，如果单元很小很小，而且相邻单元在公共结点处具有相同的位移，也就能保证它们在整个公共边界上大致具有相同的位移。但是在实际计算时，不大可能把单元取得如此之小，因此在选取位移模式时，还是应当尽可能使它反映出位移的连续性。

条件(1)加条件(2)称为完备性条件，条件(3)称为连续性条件。理论和实践都已证明：为了使有限单元法的解答在单元的尺寸逐步取小时能够收敛于正确解答，反映刚体位移和常量应变是必要条件，加上反映相邻单元的位移连续性，就是充分条件。

现在来说明，式(2-1)所示的位移模式是反映了三角形单元的刚体位移和常量应变的。为此，把式(2-1)改写成为

$$\begin{aligned} u &= \alpha_1+\alpha_2 x-\frac{\alpha_5-\alpha_3}{2}y+\frac{\alpha_5+\alpha_3}{2}y \\ v &= \alpha_4+\alpha_6 y+\frac{\alpha_5-\alpha_3}{2}x+\frac{\alpha_5+\alpha_3}{2}x \end{aligned} \tag{2-12}$$

与弹性力学中刚体位移表达式 $u=u_0-\omega y, v=v_0+\omega x$ 比较，可见

$$u_0=\alpha_1,\quad v_0=\alpha_4,\quad \omega=\frac{\alpha_5-\alpha_3}{2}$$

它们反映了刚体移动和刚体转动。另一方面,将式(2-12)代入几何方程得

$$\varepsilon_x = \alpha_2, \quad \varepsilon_y = \alpha_6, \quad \gamma_{xy} = \alpha_3 + \alpha_5$$

它们反映了常量的应变。总之,6 个参数 $\alpha_1, \cdots, \alpha_6$ 反映了 3 个刚体位移和常量应变,表明所设定的位移模式满足完备性条件。

现在来说明,式(2-1)所示的位移模式也反映了相邻单元之间位移的连续性。任意两个相邻的单元,如图 2-2 中的 ijm 和 ipj,它们在 i 点的位移相同,都是 u_i 和 v_i,在 j 点的位移也相同,都是 u_j 和 v_j。由于式(2-1)所示的位移分量在每个单元中都是坐标的线性函数,在公共边界 ij 上当然也是线性变化,所以上述两个相邻单元在 ij 边上的任意一点都具有相同的位移。这就保证了相邻单元之间位移的连续性。附带指出,在每一单元的内部,位移也是连续的,因为式(2-1)是多项式,而多项式都是单值连续函数。

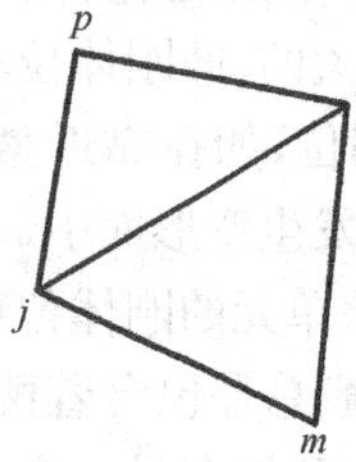

图 2-2

2.2　应力转换矩阵及单元刚度矩阵

有了单元位移模式后,便可利用几何方程和物理方程求得单元的应变和应力。将位移模式(2-8)代入几何方程(1-7),得

$$\begin{aligned}\boldsymbol{\varepsilon} = \begin{Bmatrix} \varepsilon_x \\ \varepsilon_y \\ \gamma_{xy} \end{Bmatrix} &= \boldsymbol{Lu} = \boldsymbol{LNa}^e = \boldsymbol{L}[\boldsymbol{N}_i \quad \boldsymbol{N}_j \quad \boldsymbol{N}_m]\boldsymbol{a}^e \\ &= [\boldsymbol{B}_i \quad \boldsymbol{B}_j \quad \boldsymbol{B}_m]\boldsymbol{a}^e \\ &= \boldsymbol{Ba}^e \end{aligned} \tag{2-13}$$

式中,$\boldsymbol{B}$ 称为应变转换矩阵,也称应变矩阵,其分块子矩阵为

$$\boldsymbol{B}_i = \boldsymbol{LN}_i = \begin{bmatrix} \dfrac{\partial}{\partial x} & 0 \\ 0 & \dfrac{\partial}{\partial y} \\ \dfrac{\partial}{\partial y} & \dfrac{\partial}{\partial x} \end{bmatrix} \begin{bmatrix} N_i & 0 \\ 0 & N_i \end{bmatrix} = \frac{1}{2A} \begin{bmatrix} b_i & 0 \\ 0 & c_i \\ c_i & b_i \end{bmatrix} \quad (i,j,m) \tag{2-14}$$

三角形单元的应变矩阵为

$$\boldsymbol{B} = \frac{1}{2A} \begin{bmatrix} b_i & 0 & b_j & 0 & b_m & 0 \\ 0 & c_i & 0 & c_j & 0 & c_m \\ c_i & b_i & c_j & b_j & c_m & b_m \end{bmatrix} \tag{2-15}$$

由于单元的面积 A 以及各个 b 和 c 都是常量,所以应变矩阵 $\boldsymbol{B}$ 的各分量都是常量,

可见应变 $\boldsymbol{\varepsilon}$ 的各分量也是常量。就是说，在每一个单元中，应变分量 $\varepsilon_x,\varepsilon_y,\gamma_{xy}$ 都是常量。因此，这里所采用的简单三角形单元也称为平面问题的常应变单元。

将表达式(2-13)代入物理方程(1-12)，就可以把应力用单元结点位移表示为

$$\boldsymbol{\sigma}=\boldsymbol{D\varepsilon}=\boldsymbol{DBa}^e=\boldsymbol{Sa}^e \tag{2-16}$$

式中，$\boldsymbol{S}$ 称为应力转换矩阵，也称应力矩阵，即

$$\begin{aligned}\boldsymbol{S}&=\boldsymbol{DB}=\boldsymbol{D}[\boldsymbol{B}_i \quad \boldsymbol{B}_j \quad \boldsymbol{B}_m]\\&=[\boldsymbol{S}_i \quad \boldsymbol{S}_j \quad \boldsymbol{S}_m]\end{aligned} \tag{2-17}$$

将平面应力问题中弹性矩阵的表达式代入式(2-17)即得平面应力问题中的应力矩阵。其分块子矩阵为

$$\boldsymbol{S}_i=\frac{E}{2(1-\nu^2)A}\begin{bmatrix} b_i & \nu c_i \\ \nu b_i & c_i \\ \dfrac{1-\nu}{2}c_i & \dfrac{1-\nu}{2}b_i \end{bmatrix} \quad (i,j,m) \tag{2-18}$$

对于平面应变问题，要把 E 换为$\dfrac{E}{1-\nu^2}$，ν 换为$\dfrac{\nu}{1-\nu}$，于是式(2-18)变为

$$\boldsymbol{S}_i=\frac{E(1-\nu)}{2(1+\nu)(1-2\nu)A}\begin{bmatrix} b_i & \dfrac{\nu}{1-\nu}c_i \\ \dfrac{\nu}{1-\nu}b_i & c_i \\ \dfrac{1-2\nu}{2(1-\nu)}c_i & \dfrac{1-2\nu}{2(1-\nu)}b_i \end{bmatrix} \quad (i,j,m) \tag{2-19}$$

应力矩阵也是常量矩阵。可见，在每一个单元中，应力分量也是常量。当然，相邻单元一般将具有不同的应力，因而在它们的公共边上，应力具有突变。但是，随着单元的逐步趋小，这种突变将急剧减小，并不妨碍有限单元法的解答收敛于正确解答。

现在来导出用结点位移表示结点力的表达式。假想在单元 ijm 中发生了虚位移 $\delta\boldsymbol{u}$，相应的结点虚位移为 $\delta\boldsymbol{a}^e$，引起的虚应变为 $\delta\boldsymbol{\varepsilon}$。因为每一个单元所受的荷载都要移置到结点上，所以该单元所受的外力只有结点力 $\boldsymbol{F}^e$，即单元从网格割离出来后，结点对单元的作用力。这时虚功方程(1-20)成为

$$(\delta\boldsymbol{a}^e)^{\mathrm{T}}\boldsymbol{F}^e=\iint_{\Omega^e}\delta\boldsymbol{\varepsilon}^{\mathrm{T}}\boldsymbol{\sigma}t\,\mathrm{d}x\,\mathrm{d}y$$

式中，t 为单元的厚度。有时为了简明起见，认为是单位厚度将 t 省略。将式(2-16)以及由式(2-13)得来的 $\delta\boldsymbol{\varepsilon}=\boldsymbol{B}\delta\boldsymbol{a}^e$ 代入，得

$$(\delta\boldsymbol{a}^e)^{\mathrm{T}}\boldsymbol{F}^e=\iint_{\Omega^e}(\delta\boldsymbol{a}^e)^{\mathrm{T}}\boldsymbol{B}^{\mathrm{T}}\boldsymbol{DB}t\boldsymbol{a}^e\,\mathrm{d}x\,\mathrm{d}y$$

由于结点位移与坐标无关,上式右边的$(\delta \boldsymbol{a}^e)^{\mathrm{T}}$和$\boldsymbol{a}^e$可以提到积分号的外面去。又由于虚位移是任意的,从而矩阵$(\delta \boldsymbol{a}^e)^{\mathrm{T}}$也是任意的,所以等式两边与它相乘的矩阵应当相等,于是得

$$\boldsymbol{F}^e = \iint_{\Omega^e} \boldsymbol{B}^{\mathrm{T}} \boldsymbol{D} \boldsymbol{B} t \,\mathrm{d}x\,\mathrm{d}y \boldsymbol{a}^e = \boldsymbol{k} \boldsymbol{a}^e \tag{2-20}$$

式中,$\boldsymbol{k}$称为单元刚度矩阵。

$$\boldsymbol{k} = \iint_{\Omega^e} \boldsymbol{B}^{\mathrm{T}} \boldsymbol{D} \boldsymbol{B} t \,\mathrm{d}x\,\mathrm{d}y \tag{2-21}$$

这就建立了单元上的结点力与结点位移之间的关系。由于$\boldsymbol{D}$中的元素是常量,而且在线性位移模式的情况下,$\boldsymbol{B}$中的元素也是常量,再注意到$\iint_{\Omega^e} \mathrm{d}x\,\mathrm{d}y = A$,式(2-21)就简化为

$$\boldsymbol{k} = \boldsymbol{B}^{\mathrm{T}} \boldsymbol{D} \boldsymbol{B} t A = \begin{bmatrix} k_{ii} & k_{ij} & k_{im} \\ k_{ji} & k_{jj} & k_{jm} \\ k_{mi} & k_{mj} & k_{mm} \end{bmatrix} \tag{2-22}$$

将弹性矩阵$\boldsymbol{D}$和应变矩阵$\boldsymbol{B}$代入后,即得平面应力问题中三角形单元的刚度矩阵。写成分块形式为

$$\boldsymbol{k}_{rs} = \frac{Et}{4(1-\nu^2)A} \begin{bmatrix} b_r b_s + \frac{1-\nu}{2} c_r c_s & \nu b_r c_s + \frac{1-\nu}{2} c_r b_s \\ \nu c_r b_s + \frac{1-\nu}{2} b_r c_s & c_r c_s + \frac{1-\nu}{2} b_r b_s \end{bmatrix} \quad (r=i,j,m;s=i,j,m) \tag{2-23}$$

对于平面应变问题,式(2-23)中的E应当换为$\frac{E}{1-\nu^2}$,ν应当换为$\frac{\nu}{1-\nu}$,于是得

$$\boldsymbol{k}_{rs} = \frac{E(1-\nu)t}{4(1+\nu)(1-2\nu)A} \begin{bmatrix} b_r b_s + \frac{1-2\nu}{2(1-\nu)} c_r c_s & \frac{\nu}{1-\nu} b_r c_s + \frac{1-2\nu}{2(1-\nu)} c_r b_s \\ \frac{\nu}{1-\nu} c_r b_s + \frac{1-2\nu}{2(1-\nu)} b_r c_s & c_r c_s + \frac{1-2\nu}{2(1-\nu)} b_r b_s \end{bmatrix}$$

$$(r=i,j,m;s=i,j,m) \tag{2-24}$$

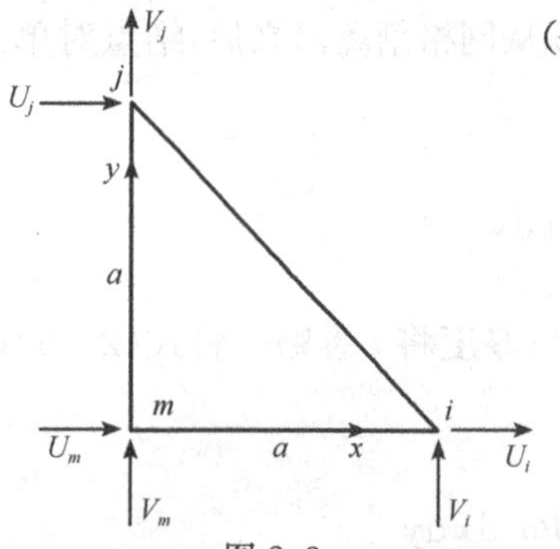

图 2-3

作为简例,设有平面应力情况下的单元ijm,如图 2-3 所示。在所选的坐标系中,有

$$x_i = a,\quad x_j = 0,\quad x_m = 0,$$
$$y_i = 0,\quad y_j = a,\quad y_m = 0$$

三角形的面积为$A = \frac{a^2}{2}$,应用式(2-6)得

$$b_i=a,\quad b_j=0,\quad b_m=-a,$$
$$c_i=0,\quad c_j=a,\quad c_m=-a$$

应用式(2-23)，得该单元的劲度矩阵为

$$\boldsymbol{k}=\frac{Et}{2(1-\nu^2)}\begin{bmatrix} 1 & & & & & \\ 0 & \frac{1-\nu}{2} & & \text{对} & & \\ 0 & \frac{1-\nu}{2} & \frac{1-\nu}{2} & & \text{称} & \\ \nu & 0 & 0 & 1 & & \\ -1 & -\frac{1-\nu}{2} & -\frac{1-\nu}{2} & -\nu & \frac{3-\nu}{2} & \\ -\nu & -\frac{1-\nu}{2} & -\frac{1-\nu}{2} & -1 & \frac{1+\nu}{2} & \frac{3-\nu}{2} \end{bmatrix} \tag{2-25}$$

应用式(2-20)和式(2-16)，得单元的结点力和应力

$$\boldsymbol{F}^e=\begin{Bmatrix} U_i \\ V_i \\ U_j \\ V_j \\ U_m \\ V_m \end{Bmatrix}=\frac{Et}{2(1-\nu^2)}\begin{bmatrix} 1 & & & & & \\ 0 & \frac{1-\nu}{2} & & \text{对} & & \\ 0 & \frac{1-\nu}{2} & \frac{1-\nu}{2} & & \text{称} & \\ \nu & 0 & 0 & 1 & & \\ -1 & -\frac{1-\nu}{2} & -\frac{1-\nu}{2} & -\nu & \frac{3-\nu}{2} & \\ -\nu & -\frac{1-\nu}{2} & -\frac{1-\nu}{2} & -1 & \frac{1+\nu}{2} & \frac{3-\nu}{2} \end{bmatrix}\begin{Bmatrix} u_i \\ v_i \\ u_j \\ v_j \\ u_m \\ v_m \end{Bmatrix} \tag{2-26}$$

$$\boldsymbol{\sigma}=\begin{Bmatrix} \sigma_x \\ \sigma_y \\ \tau_{xy} \end{Bmatrix}=\frac{E}{(1-\nu^2)a}\begin{bmatrix} 1 & 0 & 0 & \nu & -1 & -\nu \\ \nu & 0 & 0 & 1 & -\nu & -1 \\ 0 & \frac{1-\nu}{2} & \frac{1-\nu}{2} & 0 & -\frac{1-\nu}{2} & -\frac{1-\nu}{2} \end{bmatrix}\begin{Bmatrix} u_i \\ v_i \\ u_j \\ v_j \\ u_m \\ v_m \end{Bmatrix} \tag{2-27}$$

现在，通过这个简例，试考察一下结点力与单元中应力两者之间的关系。为简单明了起见，假定只有结点 i 发生位移 u_i(图 2-4)。由式(2-26)得相应的结点力为

$$\begin{aligned}&[U_i\quad V_i\quad U_j\quad V_j\quad U_m\quad V_m]^{\mathrm{T}}\\&=\frac{Et}{2(1-\nu^2)}[1\quad 0\quad 0\quad \nu\quad -1\quad -\nu]^{\mathrm{T}}u_i\\&=P[1\quad 0\quad 0\quad \nu\quad -1\quad -\nu]^{\mathrm{T}}\end{aligned}$$

其中，$P=\dfrac{Etu_i}{2(1-\nu^2)}$。相应的结点位移及结点力如图 2-4 所示。

另一方面，由于这个位移 u_i，由式(2-27)得相应的应力为

$$[\sigma_x \quad \sigma_y \quad \tau_{xy}]^{\mathrm{T}}=\frac{Eu_i}{(1-\nu^2)a}[1 \quad \nu \quad 0]^{\mathrm{T}}=\frac{2P}{ta}[1 \quad \nu \quad 0]^{\mathrm{T}}$$

如图 2-5 中 jm 及 mi 二面上所示。根据该单元的平衡条件，还可得出斜面 ij 上的应力，如图 2-5 中所示。对于该单元来说，这些力也就是作用于三个边界上的面力。这些面力与图 2-4 中的结点力是静力等效的。

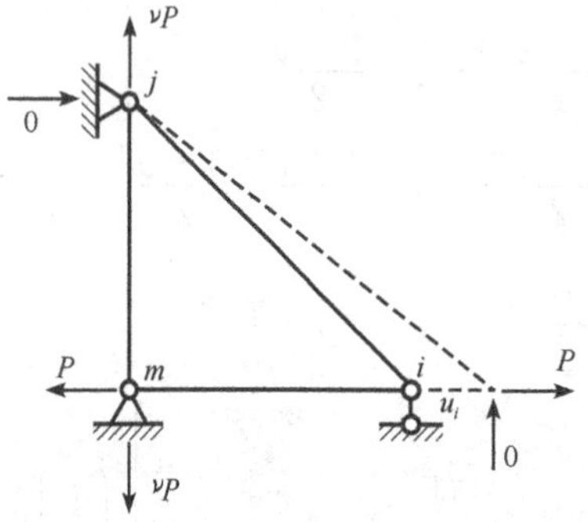

图 2-4

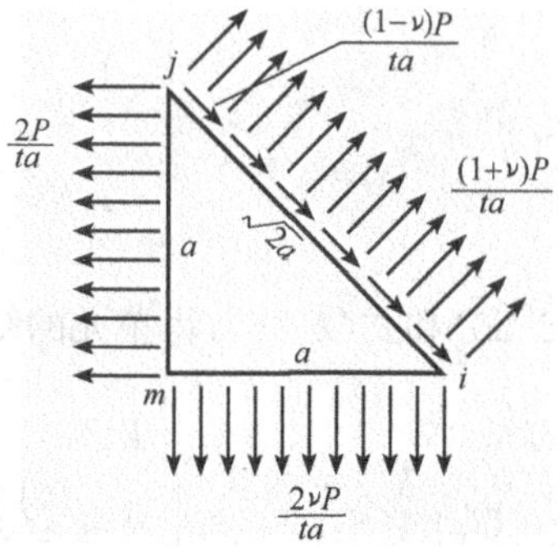

图 2-5

单元刚度矩阵具有如下力学意义和性质：

(1) 单元刚度矩阵各元素的力学意义。为了阐述单元刚度矩阵的力学意义，将式(2-20)展开写成

$$\boldsymbol{F}^e=\begin{Bmatrix} U_i \\ V_i \\ U_j \\ V_j \\ U_m \\ V_m \end{Bmatrix}=\begin{bmatrix} k_{ii}^{xx} & k_{ii}^{xy} & k_{ij}^{xx} & k_{ij}^{xy} & k_{im}^{xx} & k_{im}^{xy} \\ k_{ii}^{yx} & k_{ii}^{yy} & k_{ij}^{yx} & k_{ij}^{yy} & k_{im}^{yx} & k_{im}^{yy} \\ k_{ji}^{xx} & k_{ji}^{xy} & k_{jj}^{xx} & k_{jj}^{xy} & k_{jm}^{xx} & k_{jm}^{xy} \\ k_{ji}^{yx} & k_{ji}^{yy} & k_{jj}^{yx} & k_{jj}^{yy} & k_{jm}^{yx} & k_{jm}^{yy} \\ k_{mi}^{xx} & k_{mi}^{xy} & k_{mj}^{xx} & k_{mj}^{xy} & k_{mm}^{xx} & k_{mm}^{xy} \\ k_{mi}^{yx} & k_{mi}^{yy} & k_{mj}^{yx} & k_{mj}^{yy} & k_{mm}^{yx} & k_{mm}^{yy} \end{bmatrix}\begin{Bmatrix} u_i \\ v_i \\ u_j \\ v_j \\ u_m \\ v_m \end{Bmatrix} \tag{2-28}$$

当某个结点位移分量(如 u_i)为 1，其他节点位移分量均为 0 时，式(2-28)成为

$$\boldsymbol{F}^e=\begin{Bmatrix} U_i \\ V_i \\ U_j \\ V_j \\ U_m \\ V_m \end{Bmatrix}=\begin{Bmatrix} k_{ii}^{xx} \\ k_{ii}^{yx} \\ k_{ji}^{xx} \\ k_{ji}^{yx} \\ k_{mi}^{xx} \\ k_{mi}^{yx} \end{Bmatrix} \tag{2-29}$$

式(2-29)表明，单元刚度矩阵的第一列元素的力学意义是：当 i 结点 x 方向发生单位位移($u_i=1$，其他节点位移分量均为 0)时，所产生的结点力。单元在这些结点力作用下保持平衡，因此在 x 方向和 y 方向结点力之和为零，即

$$k_{ii}^{xx}+k_{ji}^{xx}+k_{mi}^{xx}=0$$
$$k_{ii}^{yx}+k_{ji}^{yx}+k_{mi}^{yx}=0$$

同样分析可以得出其他各列元素的力学意义。归纳起来，单元刚度矩阵中任一个元素(如 k_{ij}^{yx})的力学意义为：当 j 结点 x 方向发生单位位移时，在 i 结点 y 方向产生的结点力。

为了简单明了，还可以将式(2-28)按结点写成分块子矩阵形式

$$\boldsymbol{F}^e=\begin{Bmatrix}\boldsymbol{F}_i\\ \boldsymbol{F}_j\\ \boldsymbol{F}_m\end{Bmatrix}=\begin{bmatrix}\boldsymbol{k}_{ii} & \boldsymbol{k}_{ij} & \boldsymbol{k}_{im}\\ \boldsymbol{k}_{ji} & \boldsymbol{k}_{jj} & \boldsymbol{k}_{jm}\\ \boldsymbol{k}_{mi} & \boldsymbol{k}_{mj} & \boldsymbol{k}_{mm}\end{bmatrix}\begin{Bmatrix}\boldsymbol{a}_i\\ \boldsymbol{a}_j\\ \boldsymbol{a}_m\end{Bmatrix} \tag{2-30}$$

刚度矩阵中各分块子矩阵(如 $\boldsymbol{k}_{ij}$)是 2×2 的矩阵，它表示 j 结点 x 方向或 y 方向发生单位位移，在 i 结点 x 方向或 y 方向产生的结点力。笼统地讲，$\boldsymbol{k}_{ij}$ 表示 j 结点对 i 结点的刚度贡献。

(2) 对称性。由式(2-21)显然看出 $\boldsymbol{k}^{\mathrm{T}}=\left(\iint_{\Omega^e}\boldsymbol{B}^{\mathrm{T}}\boldsymbol{DB}t\,\mathrm{d}x\,\mathrm{d}y\right)^{\mathrm{T}}=\iint_{\Omega^e}\boldsymbol{B}^{\mathrm{T}}\boldsymbol{DB}t\,\mathrm{d}x\,\mathrm{d}y=\boldsymbol{k}$。

(3) 奇异性。由式(2-30)可知，单元刚度矩阵各列元素之和等于零。再考虑刚度矩阵的对称性，单元刚度矩阵每一行的元素之和也等于零。因此单元刚度矩阵是奇异的，即 $|\boldsymbol{k}|=0$。正由于此，给定任意结点位移可以由式(2-20)计算出单元的结点力。反之，如果给定某一结点力，即使它满足平衡条件，也不能由该公式确定单元的结点位移 $\boldsymbol{a}^e$。这是因为单元还可以有任意的刚体位移。

(4) 主元素恒正

$$k_{ii}^{xx}>0,\quad k_{ii}^{yy}>0\quad(i,j,m)$$

这是因为在结点某个方向施加单位位移，必然会在该结点同一方向产生结点力。

以上性质对各种形式的单元都是普遍具有的。对于三角形单元还具有如下两个特有的性质：

(1) 单元均匀放大或缩小不会改变刚度矩阵的数值。也就是说，两个相似的三角形单元，它们的刚度矩阵是相同的。图 2-3 所示的三角形单元的刚度矩阵式(2-25)中并没有出现单元尺寸 a。

(2) 单元水平或竖向移动不会改变刚度矩阵的数值。这是因为刚度矩阵公式(2-23)只与代表单元相对长度的 b_r 和 c_s 有关。

2.3　等效结点荷载

有限元计算需要把所有分布体力和分布面力移置到结点上而成为结点荷载，这种移

置必须按照静力等效的原则来进行。对于变形体,包括弹性体在内。所谓静力等效,是指原荷载与结点荷载在任何虚位移上所作的虚功相等。在一定的位移模式之下,这样移置的结果是唯一的。按这种原则移置到结点上的荷载称为等效结点荷载。对于三角形单元,这种移置总能符合通常所理解的、对刚体而言的静力等效原则,即原荷载与结点荷载在任一轴上的投影之和相等,对任一轴的力矩之和也相等。也就是,在向任一点简化时,它们将具有相同的主矢量及主矩。

设单元 ijm 在坐标为(x,y)的任意一点 M 受有集中荷载$\boldsymbol{P}$,其坐标方向分量为 P_x 及 P_y(图 2-6),用矩阵表示为$\boldsymbol{P}=[P_x \quad P_y]^{\mathrm{T}}$。移置到该单元上各结点处的等效结点荷载,用荷载列阵表示为

$$\boldsymbol{R}^e=[R_{ix} \quad R_{iy} \quad R_{jx} \quad R_{jy} \quad R_{mx} \quad R_{my}]^{\mathrm{T}}$$

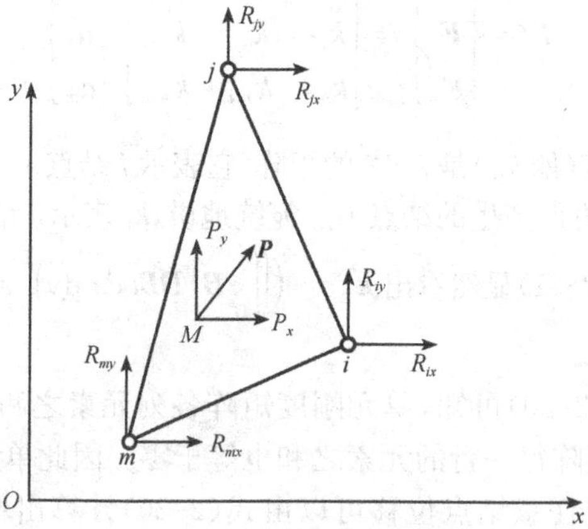

图 2-6

现在,假设该单元发生了虚位移,其中,M 点的相应虚位移为

$$\delta\boldsymbol{u}=[\delta u \quad \delta v]^{\mathrm{T}}$$

而该单元上各结点的相应虚位移为

$$\delta\boldsymbol{a}^e=[\delta u_i \quad \delta v_i \quad \delta u_j \quad \delta v_j \quad \delta u_m \quad \delta v_m]^{\mathrm{T}}$$

按照静力等效的原则,结点荷载与原荷载在上述虚位移上所作的虚功相等,有

$$(\delta\boldsymbol{a}^e)^{\mathrm{T}}\boldsymbol{R}^e=\delta\boldsymbol{u}^{\mathrm{T}}\boldsymbol{P}$$

将由式(2-8)得来的 $\delta\boldsymbol{u}=\boldsymbol{N}\delta\boldsymbol{a}^e$ 代入,得

$$(\delta\boldsymbol{a}^e)^{\mathrm{T}}\boldsymbol{R}^e=(\delta\boldsymbol{a}^e)^{\mathrm{T}}\boldsymbol{N}^{\mathrm{T}}\boldsymbol{P}$$

由于虚位移是任意的,于是得

$$\boldsymbol{R}^e=\boldsymbol{N}^{\mathrm{T}}\boldsymbol{P} \tag{2-31}$$

展开写成

$$\begin{aligned}\boldsymbol{R}^e &= [R_{ix} \quad R_{iy} \quad R_{jx} \quad R_{jy} \quad R_{mx} \quad R_{my}]^{\mathrm{T}} \\ &= [N_iP_x \quad N_iP_y \quad N_jP_x \quad N_jP_y \quad N_mP_x \quad N_mP_y]^{\mathrm{T}}\end{aligned}$$

有了集中力作用下的等效结点荷载公式后，任意分布荷载作用下的等效结点荷载都可以通过积分得到。设上述单元受有分布的体力 $\boldsymbol{f}=[f_x \quad f_y]^{\mathrm{T}}$，可将微分体积 $t\mathrm{d}x\mathrm{d}y$ 上的体力 $\boldsymbol{f}t\mathrm{d}x\mathrm{d}y$ 当成集中荷载 $\mathrm{d}\boldsymbol{P}$，利用式(2-31)的积分得到

$$\boldsymbol{R}^e = \iint_{\Omega^e} \boldsymbol{N}^{\mathrm{T}} \boldsymbol{f} t\,\mathrm{d}x\mathrm{d}y \tag{2-32}$$

设上述单元的 ij 边是在弹性体的边界上，受有分布面力 $\bar{\boldsymbol{f}}=[\bar{f}_x \quad \bar{f}_y]^{\mathrm{T}}$，可将微分面积 $t\mathrm{d}s$ 上的面力 $\bar{\boldsymbol{f}}t\mathrm{d}s$ 当成集中荷载 $\mathrm{d}\boldsymbol{P}$，利用式(2-31)的积分得到

$$\boldsymbol{R}^e = \int_{ij} \boldsymbol{N}^{\mathrm{T}} \bar{\boldsymbol{f}}\,\mathrm{d}s \tag{2-33}$$

下面利用以上公式计算一些常见的分布荷载产生的等效结点荷载。

(1) 单元受自重作用。设单元容重(即单位体积重量)为ρg(图 2-7)。按照公式(2-32)

$$\boldsymbol{f}=\begin{Bmatrix} 0 \\ -\rho g \end{Bmatrix}$$

$$\begin{aligned}\boldsymbol{R}^e &= \iint_{\Omega^e} \boldsymbol{N}^{\mathrm{T}} \begin{Bmatrix} 0 \\ -\rho g \end{Bmatrix} t\,\mathrm{d}x\mathrm{d}y \\ &= -\rho g t \iint_{\Omega^e} [0 \quad N_i \quad 0 \quad N_j \quad 0 \quad N_m]^{\mathrm{T}} \mathrm{d}x\mathrm{d}y \\ &= -\frac{1}{3}\rho g t A [0 \quad 1 \quad 0 \quad 1 \quad 0 \quad 1]^{\mathrm{T}}\end{aligned}$$

表明把单元总重量平均分配到 3 个结点上。

(2) 在 ij 边界上受 x 方向均布力 q 作用，边界长度为 l(图 2-8)。按照公式(2-33)

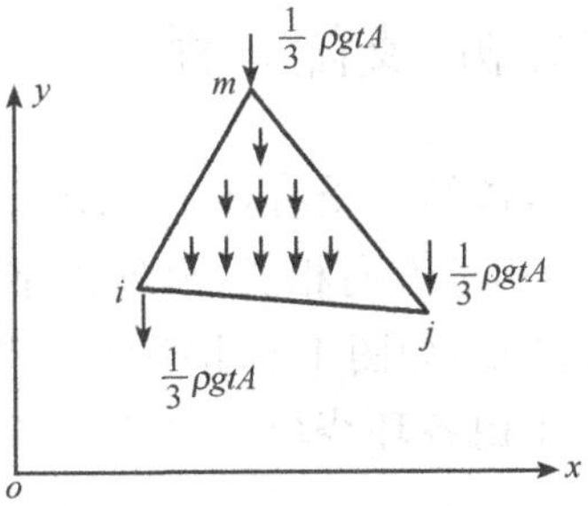

图 2-7

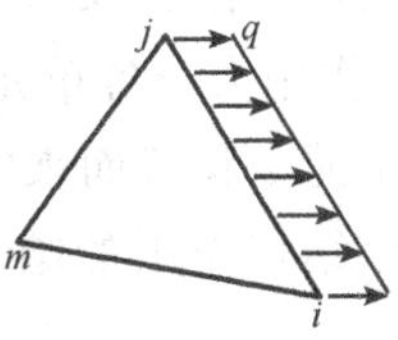

图 2-8

$$\bar{\boldsymbol{f}}=\begin{Bmatrix}q\\0\end{Bmatrix}$$

$$\begin{aligned}\boldsymbol{R}^e&=\int_{ij}\boldsymbol{N}^{\mathrm{T}}\begin{Bmatrix}q\\0\end{Bmatrix}t\,\mathrm{d}s\\&=qt\int_{ij}[N_i\quad 0\quad N_j\quad 0\quad N_m\quad 0]^{\mathrm{T}}\mathrm{d}s\\&=\frac{1}{2}qlt[1\quad 0\quad 1\quad 0\quad 0\quad 0]^{\mathrm{T}}\end{aligned}$$

表明把面力的合力平均分配到结点 i 和结点 j 上，m 结点的等效结点荷载为零。

(3) 在 ij 边界上受 x 方向三角形分布荷载作用，边界长度为 l(图 2-9)。为了积分方便，设从 i 结点出发指向 j 结点的直线作为局部坐标 s，则面力可表示为

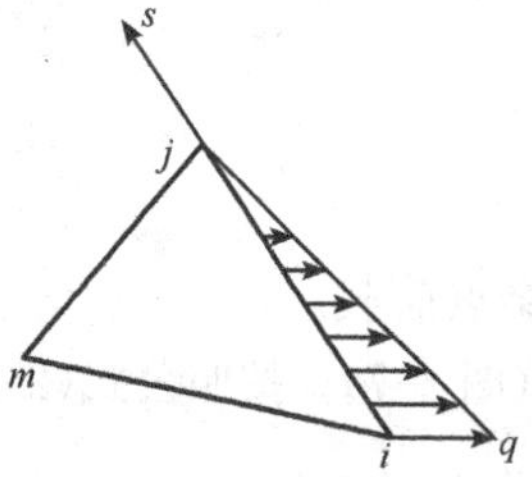

图 2-9

$$\bar{\boldsymbol{f}}=\begin{Bmatrix}\left(1-\dfrac{s}{l}\right)q\\0\end{Bmatrix}$$

在 ij 边上，$N_i=1-\dfrac{s}{l}$，$N_j=\dfrac{s}{l}$，$N_m=0$

按照公式(2-33)

$$\begin{aligned}\boldsymbol{R}^e&=\int_{ij}[N_i\bar{f}_x\quad N_i\bar{f}_y\quad N_j\bar{f}_x\quad N_j\bar{f}_y\quad N_m\bar{f}_x\quad N_m\bar{f}_y]^{\mathrm{T}}\mathrm{d}s\\&=\int_{ij}\left[\left(1-\frac{s}{l}\right)\left(1-\frac{s}{l}\right)q,0\quad\frac{s}{l}\left(1-\frac{s}{l}\right)q,0,0,0\right]^{\mathrm{T}}\mathrm{d}s\\&=\frac{1}{2}ql\left[\frac{2}{3}\quad 0\quad\frac{1}{3}\quad 0\quad 0\quad 0\right]^{\mathrm{T}}\end{aligned}$$

表明把三角形分布面力的合力的 $\frac{2}{3}$ 分配到 i 结点，把合力的 $\frac{1}{3}$ 分配到 j 结点。

2.4　结构的整体分析、支配方程

在有限元网格中任意取出一个典型结点 i，该结点受有环绕该结点的单元对它的作用力 $\boldsymbol{F}_i$，这些作用力与各单元的结点力大小相等方向相反，另外该结点还受有环绕该结点的那些单元上移置而来的等效结点荷载 $\boldsymbol{R}_i$，如图 1-5(b)所示。根据平衡条件，各环绕单元对该结点作用的结点力之和应等于由各环绕单元移置而来的结点荷载之和，即

$$\sum_e\boldsymbol{F}_i=\sum_e\boldsymbol{R}_i\tag{2-34}$$

对所有结点都可以建立这样的平衡方程。如果结点总数为 n 个，则对于平面问题就有 $2n$ 个这样的方程，将结点力公式(2-20)代入上式，便得到关于结点位移 $\boldsymbol{a}$ 的 $2n$ 个线性代数方程组，称为有限元的支配方程

$$\boldsymbol{Ka}=\boldsymbol{R} \tag{2-35}$$

式中，$\boldsymbol{K}$ 为整体刚度矩阵，$\boldsymbol{a}$ 为整体结点位移列阵，$\boldsymbol{R}$ 为整体结点荷载列阵。

按结点将该方程组写成分块矩阵形式

$$\begin{bmatrix} \boldsymbol{K}_{11} & \boldsymbol{K}_{12} & \cdots & \boldsymbol{K}_{1n} \\ \boldsymbol{K}_{21} & K_{22} & \cdots & \boldsymbol{K}_{2n} \\ \vdots & \vdots & & \vdots \\ \boldsymbol{K}_{n1} & \boldsymbol{K}_{n2} & \cdots & \boldsymbol{K}_{nn} \end{bmatrix} \begin{Bmatrix} \boldsymbol{a}_1 \\ \boldsymbol{a}_2 \\ \vdots \\ \boldsymbol{a}_n \end{Bmatrix} = \begin{Bmatrix} \boldsymbol{R}_1 \\ \boldsymbol{R}_2 \\ \vdots \\ \boldsymbol{R}_n \end{Bmatrix} \tag{2-36}$$

支配方程(2-36)的左边代表各结点的结点力。如把第一行元素与结点位移列阵 $\boldsymbol{a}$ 各元素相乘之和就是第一个结点的结点力。若命某个结点位移分量为 1，如 $u_1=1$，其他结点位移全部为 0，这时各结点的结点力就是刚度矩阵 $\boldsymbol{K}$ 中的第一列各元素。或者说刚度矩阵 $\boldsymbol{K}$ 中第一列各元素代表 1 结点 x 方向发生单位位移时，在各结点产生的结点力。同样的分析可以得出其他各元素也具有类似的力学意义。归纳起来，刚度矩阵 $\boldsymbol{K}$ 中各分块子矩阵 $\boldsymbol{K}_{ij}$ 的力学意义是：当 j 结点 x 方向或 y 方向发生单位位移时，在 i 结点 x 方向或 y 方向产生的结点力。笼统地讲，$\boldsymbol{K}_{ij}$ 表示 j 结点对 i 结点的刚度贡献。可见，整体刚度矩阵各元素的力学意义与单元刚度矩阵各元素的力学意义相同。但是要注意两者结点编码的取值范围不同，前者是整体结点之间的刚度贡献，后者是单元 i,j,m 三个结点之间的刚度贡献。

在实际应用中，有限元的支配方程规模是很大的，它的求解方法与整体刚度矩阵的性质有很大的关系。下面讨论整体刚度矩阵的性质。

(1) 对称性。因为整体刚度矩阵是由各单元刚度矩阵集合而成，所以仍然具有对称性。

(2) 稀疏性。从平衡条件(2-34)知，每个结点的结点力只与环绕该结点的单元有关，即只有环绕该结点的单元的结点位移对其有刚度贡献。我们称这些对该结点有刚度贡献的结点为相关结点。虽然总体结点数很多，但是每个结点的相关结点却是很少的，这导致刚度矩阵中只有很少的非零元素，这就是刚度矩阵的稀疏性。利用这个性质，采用恰当的解法，只需存储非零元素，可以极大节省计算机内存。

(3) 非零元素呈带状分布，只要编号合理，刚度矩阵中的非零元素将集中在以主对角线为中心的一条带状的区域内，如图 2-10 所示。每行的第一个非零元素到主元素之间元素的个数称为半带宽。在直接解法中，只需存储半带宽以内的元素，因此半带宽越小，求解效率就越高。半带宽的大小与整体结点编码有关。好的结点编码能使半带宽较小。

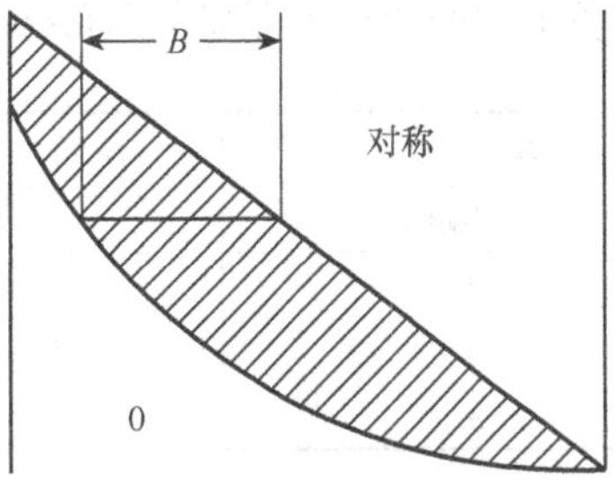

图 2-10

整体刚度矩阵 $\boldsymbol{K}$ 的半带宽取决于每个单元中的任意两个结点编号之间的最大差。设 D 是网格中各单元的这一最大差，半带宽则为

$$B=(D+1)m$$

式中 m 是每个结点的自由度数，对于平面问题 $m=2$，对于空间问题 $m=3$。因此，为了使半带宽最小，应当选择使 D 最小的结点编号系统。例如，考察图 2-11 所示网格的两种不同的结点编号系统。第一个编号系统[图 2-11(a)]中的 D 值为 8，而第二个编号系统[图 2-11(b)]中的 D 值为 5，可见第二个编号系统优于第一个。为了使半带宽最小，可以通过对结点编号进行优化来实现，这个工作可由计算机自动完成。

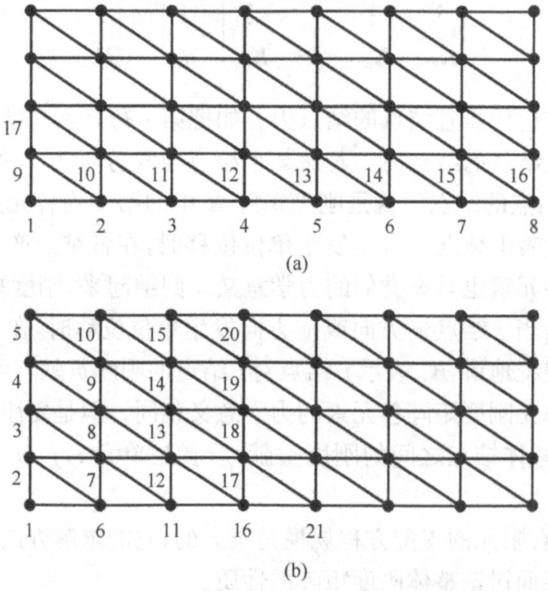

图 2-11

下面通过一个简例来说明，如何对一个结构进行整体分析，建立整体刚度矩阵和整体结点荷载列阵，建立整体结点平衡方程组，解出结点位移，并从而求出单元的应力。

设有对角受压的正方形薄板，图 2-12(a)，荷载沿厚度均匀分布，为 2N/m。由于 xz 面和 yz 面均为该薄板的对称面，所以只需取四分之一部分作为计算对象[图 2-12(b)]。将该对象划分为 4 个单元，共有 6 个结点。单元和结点均编上号码，其中结点的整体编码 1～6，各单元的结点局部编码 i、j、m，两者的对应关系如下：

单元号	Ⅰ	Ⅱ	Ⅲ	Ⅳ
局部编码	整体编码			
i	3	5	2	6
j	1	2	5	3
m	2	4	3	5

对称面上的结点没有垂直于对称面的位移分量，因此，在 1、2、4 三个结点设置了水平连杆

支座，在 4，5，6 三个结点设置了铅直连杆支座。这样就得出如图 2-12(b)所示的离散结构。

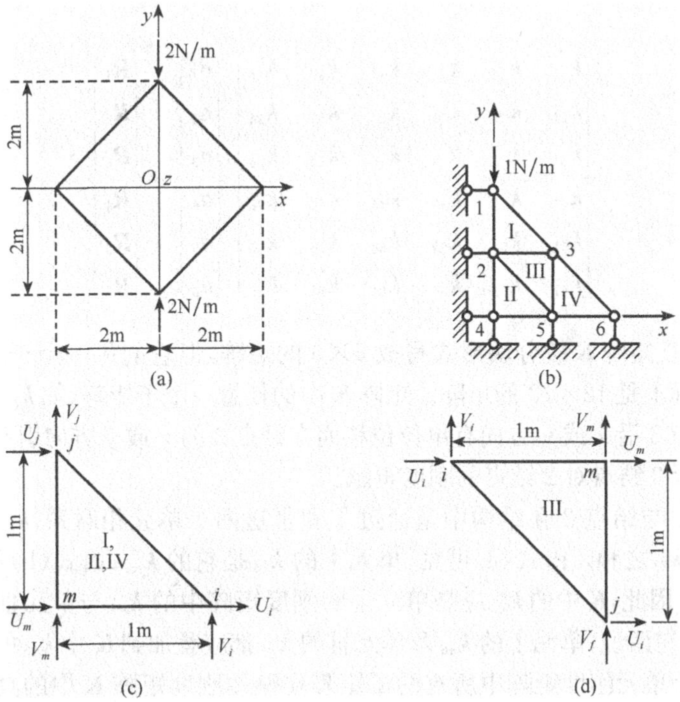

图 2-12

对于每个单元，由于结点的局部编码与整体编码的对应关系已经确定，每个单元刚度矩阵中任一子矩阵的力学意义也就明确了。例如，单元Ⅰ的 $\boldsymbol{k}_{ii}$，即 $\boldsymbol{k}_{33}$，它的四个元素就是当结构的结点 3 沿 x 或 y 方向有单位位移时，由于单元Ⅰ的刚度而在结点 3 的 x 或 y 方向引起的结点力等。据此，各个单元的刚度矩阵中 9 个子矩阵的力学意义可表示如下：

单元Ⅰ

$$\begin{array}{c|c} \boldsymbol{F}_3 & \\ \boldsymbol{F}_1 & \begin{bmatrix} \boldsymbol{k}_{ii} & \boldsymbol{k}_{ij} & \boldsymbol{k}_{im} \\ \boldsymbol{k}_{ji} & \boldsymbol{k}_{jj} & \boldsymbol{k}_{jm} \\ \boldsymbol{k}_{mi} & \boldsymbol{k}_{mj} & \boldsymbol{k}_{mm} \end{bmatrix} \\ \boldsymbol{F}_2 & \\ \hline & \boldsymbol{a}_3 \quad \boldsymbol{a}_1 \quad \boldsymbol{a}_2 \end{array} \qquad \text{(a)}$$

单元Ⅱ

$$\begin{array}{c|c} \boldsymbol{F}_5 & \\ \boldsymbol{F}_2 & \begin{bmatrix} \boldsymbol{k}_{ii} & \boldsymbol{k}_{ij} & \boldsymbol{k}_{im} \\ \boldsymbol{k}_{ji} & \boldsymbol{k}_{jj} & \boldsymbol{k}_{jm} \\ \boldsymbol{k}_{mi} & \boldsymbol{k}_{mj} & \boldsymbol{k}_{mm} \end{bmatrix} \\ \boldsymbol{F}_4 & \\ \hline & \boldsymbol{a}_5 \quad \boldsymbol{a}_2 \quad \boldsymbol{a}_4 \end{array} \qquad \text{(b)}$$

单元Ⅲ

$$\begin{array}{c|c} \boldsymbol{F}_2 & \\ \boldsymbol{F}_5 & \begin{bmatrix} \boldsymbol{k}_{ii} & \boldsymbol{k}_{ij} & \boldsymbol{k}_{im} \\ \boldsymbol{k}_{ji} & \boldsymbol{k}_{jj} & \boldsymbol{k}_{jm} \\ \boldsymbol{k}_{mi} & \boldsymbol{k}_{mj} & \boldsymbol{k}_{mm} \end{bmatrix} \\ \boldsymbol{F}_3 & \\ \hline & \boldsymbol{a}_2 \quad \boldsymbol{a}_5 \quad \boldsymbol{a}_3 \end{array} \qquad \text{(c)}$$

单元Ⅳ

$$\begin{array}{c|c} \boldsymbol{F}_6 & \\ \boldsymbol{F}_3 & \begin{bmatrix} \boldsymbol{k}_{ii} & \boldsymbol{k}_{ij} & \boldsymbol{k}_{im} \\ \boldsymbol{k}_{ji} & \boldsymbol{k}_{jj} & \boldsymbol{k}_{jm} \\ \boldsymbol{k}_{mi} & \boldsymbol{k}_{mj} & \boldsymbol{k}_{mm} \end{bmatrix} \\ \boldsymbol{F}_5 & \\ \hline & \boldsymbol{a}_6 \quad \boldsymbol{a}_3 \quad \boldsymbol{a}_5 \end{array} \qquad \text{(d)}$$

现在，暂不考虑位移边界条件，把图 2-12(b)所示结构的整体结点平衡方程组 $\boldsymbol{Ka}=\boldsymbol{R}$

写成

$$
\begin{bmatrix}
\boldsymbol{k}_{11} & \boldsymbol{k}_{12} & \boldsymbol{k}_{13} & \boldsymbol{k}_{14} & \boldsymbol{k}_{15} & \boldsymbol{k}_{16} \\
\boldsymbol{k}_{21} & \boldsymbol{k}_{22} & \boldsymbol{k}_{23} & \boldsymbol{k}_{24} & \boldsymbol{k}_{25} & \boldsymbol{k}_{26} \\
\boldsymbol{k}_{31} & \boldsymbol{k}_{32} & \boldsymbol{k}_{33} & \boldsymbol{k}_{34} & \boldsymbol{k}_{35} & \boldsymbol{k}_{36} \\
\boldsymbol{k}_{41} & \boldsymbol{k}_{42} & \boldsymbol{k}_{43} & \boldsymbol{k}_{44} & \boldsymbol{k}_{45} & \boldsymbol{k}_{46} \\
\boldsymbol{k}_{51} & \boldsymbol{k}_{52} & \boldsymbol{k}_{53} & \boldsymbol{k}_{54} & \boldsymbol{k}_{55} & \boldsymbol{k}_{56} \\
\boldsymbol{k}_{61} & \boldsymbol{k}_{62} & \boldsymbol{k}_{63} & \boldsymbol{k}_{64} & \boldsymbol{k}_{65} & \boldsymbol{k}_{66}
\end{bmatrix}
\begin{Bmatrix}
\boldsymbol{a}_1 \\ \boldsymbol{a}_2 \\ \boldsymbol{a}_3 \\ \boldsymbol{a}_4 \\ \boldsymbol{a}_5 \\ \boldsymbol{a}_6
\end{Bmatrix}
=
\begin{Bmatrix}
\boldsymbol{R}_1 \\ \boldsymbol{R}_2 \\ \boldsymbol{R}_3 \\ \boldsymbol{R}_4 \\ \boldsymbol{R}_5 \\ \boldsymbol{R}_6
\end{Bmatrix}
\tag{e}
$$

在这里，整体刚度矩阵 $\boldsymbol{K}$ 按分块形式写成 6×6 的矩阵，但它的每一个子块是 2×2 的矩阵，因此，它实际上是 12×12 的矩阵。矩阵 $\boldsymbol{K}$ 中的任意一个子矩阵，如 $\boldsymbol{k}_{23}$，它的四个元素乃是结构的结点 3 沿 x 或 y 方向有单位位移而在结点 2 的 x 或 y 方向引起的结点力。笼统地讲，$\boldsymbol{K}_{23}$ 表示 3 结点对 2 结点的刚度贡献。

由于结点 3 与结点 2 在结构中是通过Ⅰ和Ⅲ这两个单元相联系，$\boldsymbol{k}_{23}$ 应是单元Ⅰ的 $\boldsymbol{k}_{23}$ 与单元Ⅲ的 $\boldsymbol{k}_{23}$ 之和。由式(a)可见，单元Ⅰ的 $\boldsymbol{k}_{23}$ 是它的 $\boldsymbol{k}_{mi}$；由式(b)可见，单元Ⅲ的 $\boldsymbol{k}_{23}$ 是它的 $\boldsymbol{k}_{im}$。因此，$\boldsymbol{K}$ 中的 $\boldsymbol{k}_{23}$ 应是单元Ⅰ的刚度矩阵中的 $\boldsymbol{k}_{mi}$ 与单元Ⅲ的刚度矩阵中的 $\boldsymbol{k}_{im}$ 之和。换句话说，单元Ⅰ的 $\boldsymbol{k}_{mi}$ 及单元Ⅲ的 $\boldsymbol{k}_{im}$ 都应叠加到 $\boldsymbol{K}$ 中 $\boldsymbol{k}_{23}$ 的位置上去。同样不难找到各个单元刚度矩阵中所有的子矩阵在整体刚度矩阵 $\boldsymbol{K}$ 中的具体位置。于是建立 $\boldsymbol{K}$ 的步骤就成为：将 $\boldsymbol{K}$ 全部充零，逐个单元地建立单元的刚度矩阵，然后根据单元结点的局部编码与整体编码的关系，将单元的刚度矩阵中每一个子矩阵叠加到 $\boldsymbol{K}$ 中的相应位置上。对所有的单元全部完成上述叠加步骤，就形成了整体刚度矩阵。这样得出图 2-10(b)所示结构的整体刚度矩阵为

$$
\boldsymbol{k}=
\left[\begin{array}{c:c:c:c:c:c}
\boldsymbol{k}_{jj}^{\mathrm{I}} & \boldsymbol{k}_{jm}^{\mathrm{I}} & \boldsymbol{k}_{ji}^{\mathrm{I}} & & & \\ \hdashline
\boldsymbol{k}_{mj}^{\mathrm{I}} & \boldsymbol{k}_{mm}^{\mathrm{I}}+\boldsymbol{k}_{jj}^{\mathrm{II}}+\boldsymbol{k}_{ii}^{\mathrm{III}} & \boldsymbol{k}_{mi}^{\mathrm{I}}+\boldsymbol{k}_{im}^{\mathrm{III}} & \boldsymbol{k}_{jm}^{\mathrm{II}} & \boldsymbol{k}_{ji}^{\mathrm{II}}+\boldsymbol{k}_{ij}^{\mathrm{III}} & \\ \hdashline
\boldsymbol{k}_{ji}^{\mathrm{I}} & \boldsymbol{k}_{im}^{\mathrm{I}}+\boldsymbol{k}_{mi}^{\mathrm{III}} & \boldsymbol{k}_{ii}^{\mathrm{I}}+\boldsymbol{k}_{mm}^{\mathrm{III}}+\boldsymbol{k}_{jj}^{\mathrm{IV}} & & \boldsymbol{k}_{mj}^{\mathrm{III}}+\boldsymbol{k}_{jm}^{\mathrm{IV}} & \boldsymbol{k}_{ji}^{\mathrm{IV}} \\ \hdashline
 & \boldsymbol{k}_{mj}^{\mathrm{II}} & & \boldsymbol{k}_{mm}^{\mathrm{II}} & \boldsymbol{k}_{mi}^{\mathrm{II}} & \\ \hdashline
 & \boldsymbol{k}_{ij}^{\mathrm{II}}+\boldsymbol{k}_{ji}^{\mathrm{III}} & \boldsymbol{k}_{jm}^{\mathrm{III}}+\boldsymbol{k}_{mj}^{\mathrm{IV}} & \boldsymbol{k}_{im}^{\mathrm{II}} & \boldsymbol{k}_{ii}^{\mathrm{II}}+\boldsymbol{k}_{jj}^{\mathrm{III}}+\boldsymbol{k}_{mm}^{\mathrm{IV}} & \boldsymbol{k}_{mi}^{\mathrm{IV}} \\ \hdashline
 & & \boldsymbol{k}_{ij}^{\mathrm{III}} & & \boldsymbol{k}_{im}^{\mathrm{IV}} & \boldsymbol{k}_{ii}^{\mathrm{IV}}
\end{array}\right]
\tag{f}
$$

式中，$\boldsymbol{k}$ 的上标Ⅰ、Ⅱ、Ⅲ、Ⅳ表示那个 $\boldsymbol{k}$ 是哪一个单元的刚度矩阵中的子矩阵，空白处是 2×2 的零矩阵。

对于单元Ⅰ、Ⅱ、Ⅳ，可求得 $A=0.5\mathrm{m}^2$，有

$$b_i=1\mathrm{m},b_j=0,b_m=-1\mathrm{m}$$

$$c_i=0,c_j=1\mathrm{m},c_m=-1\mathrm{m}$$

对于单元Ⅲ，可求得 $A=0.5\mathrm{m}^2$，有

$$b_i = -1\text{m}, b_j = 0, b_m = 1\text{m}$$

$$c_i = 0, c_j = -1\text{m}, c_m = 1\text{m}$$

根据上列数值,并为简单起见取 $\nu=0, t=1\text{m}$,应用公式(2-23),可见两种单元的刚度矩阵均为

$$\boldsymbol{k} = E\begin{bmatrix} 0.5 & 0 & 0 & 0 & -0.5 & 0 \\ 0 & 0.25 & 0.25 & 0 & -0.25 & -0.25 \\ 0 & 0.25 & 0.25 & 0 & -0.25 & -0.25 \\ 0 & 0 & 0 & 0.5 & 0 & -0.5 \\ -0.5 & -0.25 & -0.25 & 0 & 0.75 & 0.25 \\ 0 & -0.25 & -0.25 & -0.5 & 0.25 & 0.75 \end{bmatrix} \tag{g}$$

将式(g)中各个子块的具体数值代入式(f),叠加以后,得

$$\boldsymbol{K} = E\left[\begin{array}{cc:cc:cc:cc:cc:cc} 0.25 & 0 & -0.25 & -0.25 & 0 & 0.25 & & & & & & \\ 0 & 0.5 & 0 & -0.5 & 0 & 0 & & & & & & \\ \hdashline -0.25 & 0 & 1.5 & 0.25 & -1 & -0.25 & -0.25 & -0.25 & 0 & 0.25 & & \\ -0.25 & -0.5 & 0.25 & 1.5 & -0.25 & -0.5 & 0 & -0.5 & 0.25 & 0 & & \\ \hdashline 0 & 0 & -1 & -0.25 & 1.5 & 0.25 & & & -0.5 & -0.25 & 0 & 0.25 \\ 0.25 & 0 & -0.25 & -0.5 & 0.25 & 1.5 & & & -0.25 & -1 & 0 & 0 \\ \hdashline & & -0.25 & 0 & & & 0.75 & 0.25 & -0.5 & -0.25 & & \\ & & -0.25 & -0.5 & & & 0.25 & 0.75 & 0 & -0.25 & & \\ \hdashline & & 0 & 0.25 & -0.5 & -0.25 & -0.5 & 0 & 1.5 & 0.25 & -0.5 & -0.25 \\ & & 0.25 & 0 & -0.25 & -1 & -0.25 & -0.25 & 0.25 & 1.5 & 0 & -0.25 \\ \hdashline & & & & 0 & 0 & & & -0.5 & 0 & 0.5 & 0 \\ & & & & 0.25 & 0 & & & -0.25 & -0.25 & 0 & 0.25 \end{array}\right] \tag{h}$$

由于有位移边界条件 $u_1=u_2=u_4=v_4=v_5=v_6=0$,与这六个零位移分量相应的 6 个平衡方程不必建立,须将式(d)中的第 1、3、7、8、10、12 各行以及同序号的各列划去,而式(h)简化为

$$\boldsymbol{K} = E\begin{bmatrix} 0.5 & -0.5 & 0 & 0 & 0 & 0 \\ -0.5 & 1.5 & -0.25 & -0.5 & 0.25 & 0 \\ 0 & -0.25 & 1.5 & 0.25 & -0.5 & 0 \\ 0 & -0.5 & 0.25 & 1.5 & -0.25 & 0 \\ 0 & 0.25 & -0.5 & -0.25 & 1.5 & -0.5 \\ 0 & 0 & 0 & 0 & -0.5 & 0.5 \end{bmatrix} \tag{i}$$

现在来建立结构的整体结点荷载列阵。在确定了每个单元的结点荷载列阵

$$\boldsymbol{R}^e=[\boldsymbol{R}_i^{\mathrm{T}}\quad \boldsymbol{R}_j^{\mathrm{T}}\quad \boldsymbol{R}_m^{\mathrm{T}}]^{\mathrm{T}}=[R_{ix}\quad R_{iy}\quad R_{jx}\quad R_{jy}\quad R_{mx}\quad R_{my}]^{\mathrm{T}}$$

以后,根据各个单元的结点局部编码与整体编码的对应关系,不难确定其 3 个子块 $\boldsymbol{R}_i$、$\boldsymbol{R}_j$、$\boldsymbol{R}_m$在 $\boldsymbol{R}$ 中的位置。例如,对于图 2-12(b)所示的结构,在不考虑位移边界条件的情况下,有

$$\boldsymbol{R}=\begin{Bmatrix}\boldsymbol{R}_1\\ \boldsymbol{R}_2\\ \boldsymbol{R}_3\\ \boldsymbol{R}_4\\ \boldsymbol{R}_5\\ \boldsymbol{R}_6\end{Bmatrix}=\begin{Bmatrix}\boldsymbol{R}_j^{\mathrm{I}}\\ \boldsymbol{R}_m^{\mathrm{I}}+\boldsymbol{R}_j^{\mathrm{II}}+\boldsymbol{R}_i^{\mathrm{III}}\\ \boldsymbol{R}_i^{\mathrm{I}}+\boldsymbol{R}_m^{\mathrm{III}}+\boldsymbol{R}_j^{\mathrm{IV}}\\ \boldsymbol{R}_m^{\mathrm{II}}\\ \boldsymbol{R}_i^{\mathrm{II}}+\boldsymbol{R}_j^{\mathrm{III}}+\boldsymbol{R}_m^{\mathrm{IV}}\\ \boldsymbol{R}_i^{\mathrm{IV}}\end{Bmatrix} \tag{j}$$

现在,由于该结构只是在结点 1 受有向下的荷载 1N/m,因而上式中具有非零元素的子块只有

$$\boldsymbol{R}_1=\boldsymbol{R}_j^{\mathrm{I}}=\begin{Bmatrix}0\\ -1\end{Bmatrix}$$

在考虑了位移边界条件以后,整体结点荷载列阵式(j)成为

$$\boldsymbol{R}=[-1\quad 0\quad 0\quad 0\quad 0\quad 0]^{\mathrm{T}} \tag{k}$$

按照式(i)所示的 $\boldsymbol{K}$ 及式(g)所示的 $\boldsymbol{R}$,得出结构的整体平衡方程组

$$E\begin{bmatrix}0.5 & & & & & \\ -0.5 & 1.5 & & \text{对} & & \\ 0 & -0.25 & 1.5 & & \text{称} & \\ 0 & -0.5 & 0.25 & 1.5 & & \\ 0 & 0.25 & -0.5 & -0.25 & 1.5 & \\ 0 & 0 & 0 & 0 & -0.5 & 0.5\end{bmatrix}\begin{Bmatrix}v_1\\ v_2\\ u_3\\ v_3\\ u_5\\ u_6\end{Bmatrix}=\begin{Bmatrix}-1\\ 0\\ 0\\ 0\\ 0\\ 0\end{Bmatrix}$$

求解以后,得结点位移为

$$\begin{Bmatrix}v_1\\ v_2\\ u_3\\ v_3\\ u_5\\ u_6\end{Bmatrix}=\frac{1}{E}\begin{Bmatrix}-3.253\\ -1.253\\ -0.088\\ -0.374\\ 0.176\\ 0.176\end{Bmatrix}$$

根据 $\nu=0$ 以及已求出的 A 值、b 值和 c 值,可由公式(2-17)得出单元的应力转换矩阵如下。

对于单元Ⅰ、Ⅱ、Ⅳ,有

$$S=E\begin{bmatrix}1&0&0&0&-1&0\\0&0&0&1&0&-1\\0&0.5&0.5&0&-0.5&-0.5\end{bmatrix}$$

对于单元Ⅲ

$$S=E\begin{bmatrix}-1&0&0&0&1&0\\0&0&0&-1&0&1\\0&-0.5&-0.5&0&0.5&0.5\end{bmatrix}$$

于是可用公式(2-15)求得各单元中的应力为

$$\begin{Bmatrix}\sigma_x\\\sigma_y\\\tau_{xy}\end{Bmatrix}_{\mathrm{I}}=E\begin{bmatrix}1&0&0&0&-1&0\\0&0&0&1&0&-1\\0&0.5&0.5&0&-0.5&-0.5\end{bmatrix}\begin{Bmatrix}u_3\\v_3\\0\\v_1\\0\\v_2\end{Bmatrix}=\begin{Bmatrix}-0.088\\-2.000\\0.440\end{Bmatrix}(\mathrm{N/m^2})$$

$$\begin{Bmatrix}\sigma_x\\\sigma_y\\\tau_{xy}\end{Bmatrix}_{\mathrm{II}}=E\begin{bmatrix}1&0&0&0&-1&0\\0&0&0&1&0&-1\\0&0.5&0.5&0&-0.5&-0.5\end{bmatrix}\begin{Bmatrix}u_5\\0\\0\\v_2\\0\\0\end{Bmatrix}=\begin{Bmatrix}0.176\\-1.253\\0\end{Bmatrix}(\mathrm{N/m^2})$$

$$\begin{Bmatrix}\sigma_x\\\sigma_y\\\tau_{xy}\end{Bmatrix}_{\mathrm{III}}=E\begin{bmatrix}-1&0&0&0&1&0\\0&0&0&-1&0&1\\0&-0.5&-0.5&0&0.5&0.5\end{bmatrix}\begin{Bmatrix}0\\v_2\\u_5\\0\\u_3\\v_3\end{Bmatrix}=\begin{Bmatrix}-0.088\\-0.374\\0.308\end{Bmatrix}(\mathrm{N/m^2})$$

$$\begin{Bmatrix}\sigma_x\\\sigma_y\\\tau_{xy}\end{Bmatrix}_{\mathrm{IV}}=E\begin{bmatrix}1&0&0&0&-1&0\\0&0&0&1&0&-1\\0&0.5&0.5&0&-0.5&-0.5\end{bmatrix}\begin{Bmatrix}u_6\\0\\u_3\\v_3\\u_5\\0\end{Bmatrix}=\begin{Bmatrix}0\\-0.374\\-0.132\end{Bmatrix}(\mathrm{N/m^2})$$

2.5　用变分原理建立有限元的支配方程

本节利用变分原理来建立有限元的支配方程。首先用最小势能原理推导出有限元的求解方程。在平面问题中,最小势能原理中结构总势能 Π 的表达式(1-23)表示为

$$\Pi=\frac{1}{2}\int_{\Omega}\boldsymbol{\varepsilon}^{\mathrm{T}}\boldsymbol{D}\boldsymbol{\varepsilon}t\,\mathrm{d}x\,\mathrm{d}y-\int_{\Omega}\boldsymbol{u}^{\mathrm{T}}\boldsymbol{f}t\,\mathrm{d}x\,\mathrm{d}y-\int_{S_\sigma}\boldsymbol{u}^{\mathrm{T}}\bar{\boldsymbol{f}}t\,\mathrm{d}s \tag{2-37}$$

式中,t 是平面弹性体的厚度,$\boldsymbol{f}$ 是体积力,$\bar{\boldsymbol{f}}$ 是物体表面的面力。

将弹性体离散成有限元网格后,上述总势能可以写成各单元的势能之和,并利用应变公式(2-13)和位移模式(2-8)得

$$\begin{aligned}\Pi=\sum_e\Pi^e&=\frac{1}{2}\sum_e(\boldsymbol{a}^e)^{\mathrm{T}}\int_{\Omega^e}\boldsymbol{B}^{\mathrm{T}}\boldsymbol{D}\boldsymbol{B}t\,\mathrm{d}x\,\mathrm{d}y\boldsymbol{a}^e\\&-\sum_e(\boldsymbol{a}^e)^{\mathrm{T}}\int_{\Omega^e}\boldsymbol{N}^{\mathrm{T}}\boldsymbol{f}t\,\mathrm{d}x\,\mathrm{d}y-\sum_e(\boldsymbol{a}^e)^{\mathrm{T}}\int_{S^e}\boldsymbol{N}^{\mathrm{T}}\bar{\boldsymbol{f}}t\,\mathrm{d}s\end{aligned} \tag{2-38}$$

最小势能原理中泛涵 Π 的宗量是位移 $\boldsymbol{u}$,离散以后泛函(2-38)的宗量则成为结构整体结点位移 $\boldsymbol{a}$。因此,需要将式(2-38)中各单元的结点位移 $\boldsymbol{a}^e$ 统一用整体结点位移 $\boldsymbol{a}$ 表示。为此,引入一个单元结点位移和整体结点位移之间的转换矩阵 $\boldsymbol{C}_e$,称 $\boldsymbol{C}_e$ 为选择矩阵。

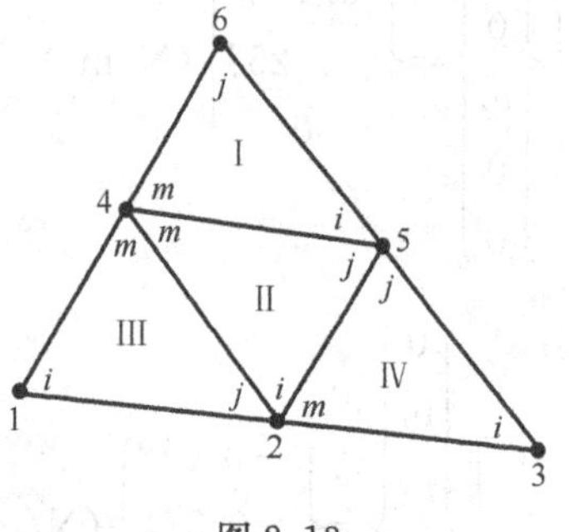

图 2-13

将单元结点位移用整体结点位移表示为

$$\boldsymbol{a}^e=\boldsymbol{C}_e\boldsymbol{a} \tag{2-39}$$

选择矩阵 $\boldsymbol{C}_e$ 起着从整体结点位移列阵中选择出相应的结点位移放到单元结点位移列阵相应位置上去的作用。例如,图 2-13 的有限元网格,共有 6 个结点,各单元的局部编码如单元内部的编码所示。

对于Ⅱ号单元,根据整体编码与局部编码的关系,需要将整体结点位移列阵中,第 2 个子列阵取出来放到单元结点位移列阵的第 1 个子列阵上去,即 $\boldsymbol{a}_i$ 的位置;将第 5 个子列阵取出来放到单元结点位移列阵的第 2 个子列阵上去,将第 4 个子列阵取出来放到单元结点位移列阵的第 3 个子列阵上去。为了要实现这种结果,把选择矩阵 $\boldsymbol{C}_e$ 取为

$$\boldsymbol{C}_{\mathrm{II}}=\begin{bmatrix}0&\boldsymbol{I}&0&0&0&0\\0&0&0&0&\boldsymbol{I}&0\\0&0&0&\boldsymbol{I}&0&0\end{bmatrix}$$

其中 $\boldsymbol{I}$ 为单位矩阵 $\begin{bmatrix}1&0\\0&1\end{bmatrix}$,对于 3 结点的三角形单元,选择矩阵总是 $3\times n$(结点总数,这里等于 6)的分块形式的矩阵。

同理可以写出其余单元的选择矩阵

$$\boldsymbol{C}_{\mathrm{I}}=\begin{bmatrix} 0 & 0 & 0 & 0 & \boldsymbol{I} & 0 \\ 0 & 0 & 0 & 0 & 0 & \boldsymbol{I} \\ 0 & 0 & 0 & \boldsymbol{I} & 0 & 0 \end{bmatrix}$$

$$\boldsymbol{C}_{\mathrm{III}}=\begin{bmatrix} \boldsymbol{I} & 0 & 0 & 0 & 0 & 0 \\ 0 & \boldsymbol{I} & 0 & 0 & 0 & 0 \\ 0 & 0 & 0 & \boldsymbol{I} & 0 & 0 \end{bmatrix}$$

$$\boldsymbol{C}_{\mathrm{IV}}=\begin{bmatrix} 0 & 0 & \boldsymbol{I} & 0 & 0 & 0 \\ 0 & 0 & 0 & 0 & \boldsymbol{I} & 0 \\ 0 & \boldsymbol{I} & 0 & 0 & 0 & 0 \end{bmatrix}$$

另外,在具体运算中或程序实施中通过结点的整体编码与单元局部编码就可以实现整体到单元或单元到整体的对应关系,用不着选择矩阵。引入选择矩阵只是数学表达的需要。

将式(2-39)代入式(2-38),得

$$\begin{aligned} \Pi &= \frac{1}{2}\boldsymbol{a}^{\mathrm{T}}\left(\sum_{e}\boldsymbol{C}_{e}^{\mathrm{T}}\int_{\Omega^{e}}\boldsymbol{B}^{\mathrm{T}}\boldsymbol{D}\boldsymbol{B}t\,\mathrm{d}x\,\mathrm{d}y\boldsymbol{C}_{e}\right)\boldsymbol{a}-\boldsymbol{a}^{\mathrm{T}}\sum_{e}\boldsymbol{C}_{e}^{\mathrm{T}}\int_{\Omega^{e}}\boldsymbol{N}^{\mathrm{T}}\boldsymbol{f}t\,\mathrm{d}x\,\mathrm{d}y \\ &\quad -\boldsymbol{a}^{\mathrm{T}}\sum_{e}\boldsymbol{C}_{e}^{\mathrm{T}}\int_{S^{e}}\boldsymbol{N}^{\mathrm{T}}\bar{\boldsymbol{f}}t\,\mathrm{d}s \\ &= \frac{1}{2}\boldsymbol{a}^{\mathrm{T}}\boldsymbol{K}\boldsymbol{a}-\boldsymbol{a}^{\mathrm{T}}\boldsymbol{R} \end{aligned} \tag{2-40}$$

其中

$$\left.\begin{aligned} \boldsymbol{K} &= \sum_{e}\boldsymbol{C}_{e}^{\mathrm{T}}\boldsymbol{k}\boldsymbol{C}_{e} \\ \boldsymbol{R} &= \sum_{e}\boldsymbol{C}_{e}^{\mathrm{T}}\boldsymbol{R}^{e} \\ \boldsymbol{k} &= \int_{\Omega^{e}}\boldsymbol{B}^{\mathrm{T}}\boldsymbol{D}\boldsymbol{B}t\,\mathrm{d}x\mathrm{d}y \\ \boldsymbol{R}^{e} &= \int_{\Omega^{e}}\boldsymbol{N}^{\mathrm{T}}\boldsymbol{f}t\,\mathrm{d}x\mathrm{d}y+\int_{S^{e}}\boldsymbol{N}^{\mathrm{T}}\bar{\boldsymbol{f}}t\,\mathrm{d}s \end{aligned}\right\} \tag{2-41}$$

根据最小势能原理 $\delta\Pi=0$,即

$$\frac{\partial\Pi}{\partial\boldsymbol{a}}=0$$

这样就得有限元的求解方程

$$\boldsymbol{K}\boldsymbol{a}=\boldsymbol{R} \tag{2-42}$$

整体刚度矩阵 $\boldsymbol{K}$ 由单元刚度矩阵 $\boldsymbol{k}$ 集合而成,整体等效结点荷载列阵由各单结点荷载集合而成。公式(2-41)中的单元刚度矩阵和单元等效结点荷载的表达式与式(2-21)和式(2-32)、式(2-33)完全相同。而且,我们在推导过程中并没有规定是哪种类型的单元,因此式(2-41)适用于平面问题任一单元类型。

式(2-41)中的 $\sum\limits_e$ 表示对所有相关单元求和。由于选择矩阵的作用,使每个单元刚度矩阵的体积放大到与整体刚度矩阵的体积相同,然后累加到整体刚度矩阵中去。同样对于单元结点荷载列阵也是先将其体积扩大,然后累加而成为整体荷载列阵。以Ⅱ号单元为例,有

$$\boldsymbol{C}_{\mathrm{II}}^{\mathrm{T}}\boldsymbol{k}^{\mathrm{II}}\boldsymbol{C}_{\mathrm{II}}=\begin{bmatrix}0&0&0\\ \boldsymbol{I}&0&0\\ 0&0&0\\ 0&0&\boldsymbol{I}\\ 0&\boldsymbol{I}&0\\ 0&0&0\end{bmatrix}\begin{bmatrix}\boldsymbol{k}_{ii}&\boldsymbol{k}_{ij}&\boldsymbol{k}_{im}\\ \boldsymbol{k}_{ji}&\boldsymbol{k}_{jj}&\boldsymbol{k}_{jm}\\ \boldsymbol{k}_{mi}&\boldsymbol{k}_{mj}&\boldsymbol{k}_{mm}\end{bmatrix}\begin{bmatrix}0&\boldsymbol{I}&0&0&0&0\\ 0&0&0&0&\boldsymbol{I}&0\\ 0&0&0&\boldsymbol{I}&0&0\end{bmatrix}$$

$$=\begin{bmatrix}0&0&0&0&0&0\\ 0&\boldsymbol{k}_{ii}&0&\boldsymbol{k}_{im}&\boldsymbol{k}_{ij}&0\\ 0&0&0&0&0&0\\ 0&\boldsymbol{k}_{mi}&0&\boldsymbol{k}_{mm}&\boldsymbol{k}_{mj}&0\\ 0&\boldsymbol{k}_{ji}&0&\boldsymbol{k}_{jm}&\boldsymbol{k}_{jj}&0\\ 0&0&0&0&0&0\end{bmatrix}$$

$$\boldsymbol{C}_{\mathrm{II}}^{\mathrm{T}}\boldsymbol{R}^{\mathrm{II}}=\begin{bmatrix}0&0&0\\ \boldsymbol{I}&0&0\\ 0&0&0\\ 0&0&\boldsymbol{I}\\ 0&\boldsymbol{I}&0\\ 0&0&0\end{bmatrix}\begin{Bmatrix}\boldsymbol{R}_i\\ \boldsymbol{R}_j\\ \boldsymbol{R}_m\end{Bmatrix}=\begin{Bmatrix}0\\ \boldsymbol{R}_i\\ 0\\ \boldsymbol{R}_m\\ \boldsymbol{R}_j\\ 0\end{Bmatrix}$$

可见,式(2-41)的集合表达式与上节介绍的单元刚度矩阵到整体刚度矩阵的集合方法是一致的。与单元结点荷载到整体结点荷载列阵的集合方法也是一致的。

有限元的支配方程也可以用虚功原理来建立。平面问题的虚功方程为

$$\int_{\Omega}\delta\boldsymbol{\varepsilon}^{\mathrm{T}}\boldsymbol{\sigma}t\,\mathrm{d}x\,\mathrm{d}y=\int_{\Omega}\delta\boldsymbol{u}^{\mathrm{T}}\boldsymbol{f}t\,\mathrm{d}x\,\mathrm{d}y+\int_{S_\sigma}\delta\boldsymbol{u}^{\mathrm{T}}\bar{\boldsymbol{f}}\,t\,\mathrm{d}s \tag{2-43}$$

物体离散化以后,上式成为

$$\sum_e(\delta\boldsymbol{a}^e)^{\mathrm{T}}\int_{\Omega^e}\boldsymbol{B}^{\mathrm{T}}\boldsymbol{D}\boldsymbol{B}t\,\mathrm{d}x\,\mathrm{d}y\boldsymbol{a}^e=\sum_e(\delta\boldsymbol{a}^e)^{\mathrm{T}}\int_{\Omega^e}\boldsymbol{N}^{\mathrm{T}}\boldsymbol{f}t\,\mathrm{d}x\,\mathrm{d}y+\sum_e(\delta\boldsymbol{a}^e)^{\mathrm{T}}\int_{S^e}\boldsymbol{N}^{\mathrm{T}}\bar{\boldsymbol{f}}\,t\,\mathrm{d}s$$

将式(2-39)代入,得

$$\delta \boldsymbol{a}^{T}\left(\sum_{e} \boldsymbol{C}_{e}^{\mathrm{T}} \int_{\Omega^{e}} \boldsymbol{B}^{\mathrm{T}} \boldsymbol{D} \boldsymbol{B} t \,\mathrm{d} x \,\mathrm{d} y \boldsymbol{C}_{e}\right) \boldsymbol{a}=\delta \boldsymbol{a}^{\mathrm{T}} \sum_{e} \boldsymbol{C}_{e}^{\mathrm{T}} \int_{\Omega^{e}} \boldsymbol{N}^{\mathrm{T}} \boldsymbol{f} t \,\mathrm{d} x \,\mathrm{d} y+\delta \boldsymbol{a}^{\mathrm{T}} \sum_{e} \boldsymbol{C}_{e}^{\mathrm{T}} \int_{S^{e}} \boldsymbol{N}^{\mathrm{T}} \overline{\boldsymbol{f}} t \,\mathrm{d} s$$

由于虚结点位移 $\delta \boldsymbol{a}^{\mathrm{T}}$ 是任意的，则上式成为

$$\sum_{e} \boldsymbol{C}_{e}^{\mathrm{T}} \int_{\Omega^{e}} \boldsymbol{B}^{\mathrm{T}} \boldsymbol{D} \boldsymbol{B} t \,\mathrm{d} x \,\mathrm{d} y \boldsymbol{C}_{e} \boldsymbol{a}=\sum_{e} \boldsymbol{C}_{e}^{\mathrm{T}} \int_{\Omega^{e}} \boldsymbol{N}^{\mathrm{T}} \boldsymbol{f} t \,\mathrm{d} x \,\mathrm{d} y+\sum_{e} \boldsymbol{C}_{e}^{\mathrm{T}} \int_{S^{e}} \boldsymbol{N}^{\mathrm{T}} \overline{\boldsymbol{f}} t \,\mathrm{d} s \quad (2\text{-}44)$$

与式(2-41)比较可知，式(2-44)与有限元的求解方程(2-42)完全相同。

2.6　单元划分要注意的问题

由 2.4 节中的例题可见，用有限单元法求解弹性力学问题，即使是很简单的平面问题，计算工作量也是很大的。因此，一般只能利用事先编好的计算程序，在计算机上进行计算。但是，单元的划分和计算成果的整理仍须由人工来考虑，而这是很重要的两步工作。

在划分单元时，就整体来说，单元的大小(即网格的疏密)要根据精度的要求和计算机的速度及容量来确定。根据误差分析，应力的误差与单元的尺寸成正比，位移的误差与单元的尺寸的平方成正比，可见单元分得越小，计算结果越精确。但在另一方面，单元越多，计算时间越长，要求的计算机容量也越大。因此，必须在计算机容量的范围以内，根据合理的计算时间，考虑工程上对精度的要求来决定单元的大小。

在单元划分上，对于不同部位的单元，可以采用不同的大小，也应当采用不同的大小。例如，在边界比较曲折的部位，单元必须小一些；在边界比较平滑的部位，单元可以大一些。又如，对于应力和位移情况需要了解得比较详细的重要部位，以及应力和位移变化得比较剧烈的部位，单元必须小一些；对于次要的部位，以及应力和位移变化得比较平缓的部位，单元可以大一些。如果应力和位移的变化情况不易事先预估，有时不得不先用比较均匀的单元，进行一次计算，然后根据计算结果重新划分单元，进行第二次计算。

根据误差分析，应力及位移的误差都和单元的最小内角的正弦成反比。据此，采用等边三角形单元与采用等腰直角三角形单元误差之比为 $\sin 45^{\circ} : \sin 60^{\circ}$，即 1 ∶ 1.23，显然是前者较好。但是，在通常的情况下，为了适应弹性体的边界以及单元由大到小的过渡，是不大可能使所有的单元都接近于等边三角形的，而且为了便于整理和分析应力成果，往往宁愿采用直角三角形的单元。

当结构具有对称面而荷载对称于该面或反对称于该面时，为了利用对称性或反对称性，从而减少计算工作量，应当使单元的划分也对称于该面。例如，对于 2.4 节中的例题，由于该薄板以及所受荷载都具有两个对称面，就使单元的划分也对称于这两个面，于是就只需计算 1/4 薄板，而且对称面上的结点没有垂直于对称面的位移，这就大大减少了计算工作量。与此相似，当结构具有对称面而所受的荷载又反对称于该面时，也应当使单元的划分对称于该面，于是就也只需计算结构的一半，而且对称面上的各结点将没有沿着该面的位移，大大减少计算工作量。对于具有对称面的结构，即使荷载并不是对称于该面，也不是反对称于该面，也宁愿把荷载分解成为对称的和反对称的两组，分别计算，然后将计

算结果进行叠加。

例如,图 2-14(a)所示的刚架是对称于 yz 面的。在计算之前,先把荷载分解为对称的及反对称的两组,如图 2-14(b)及(c)所示。在对称荷载的作用下,该刚架的位移及应力都将对称于 yz 面。计算时,可只计算对称面右边的一半,而把对称面上各结点的水平位移 u 取为零,左边一半刚架的位移及应力可由对称条件得来。在图 2-14(c)所示的反对称荷载作用下,该刚架的位移及应力都将反对称于 yz 面。计算时,仍只计算对称面右边的一半,而把对称面上各结点的铅直位移 v 取为零,左边一半刚架的位移及应力可由反对称条件得来。把这样两次计算而得的成果相叠加,就得出整个刚架在原荷载作用下的位移及应力。

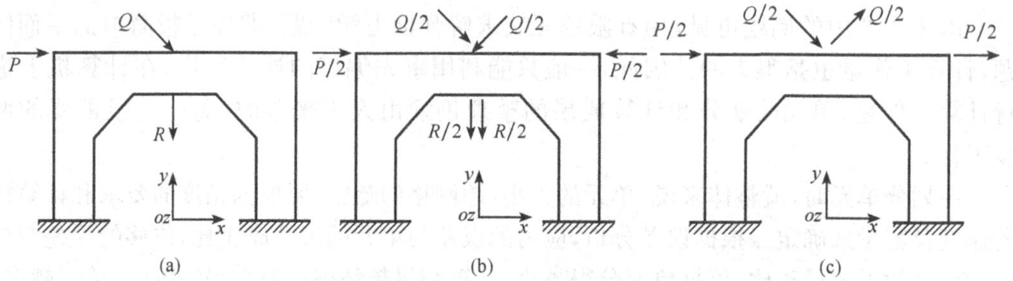

图 2-14

如果计算对象的厚度有突变之处[图 2-15(a)],或者它的弹性有突变之处[图 2-15(b)],除了应当把这种部位的单元取得较小些以外,还应当把突变线作为单元的界线(不要使突变线穿过单元)。这是因为①对每个单元进行弹性力学分析时,曾假定该单元的厚度 t 是常量,弹性常数 E 和 ν 也是常量。②厚度或弹性的突变,必然伴随着应力的突变而应力的这种突变不可能在一个单元中得到反映,只可能在不同的单元中得到一定程度的反映(当然不可能得到完全的反映)。

如果计算对象受有集度突变的分布荷载[图 2-15(c)],或受有集中荷载[图 2-15(d)],也应当把这种部位的单元取得小一些,并在荷载突变或集中之处布置结点,以使应力的突变得到一定程度的反映。

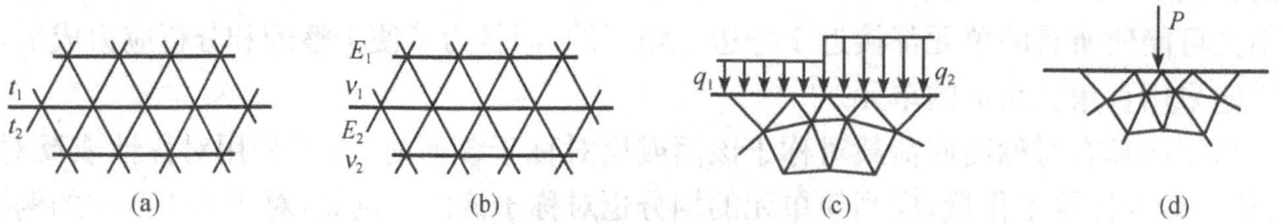

图 2-15

在计算闸坝等结构物时,为了使地基弹性对结构物中应力的影响能反映出来,必须把和结构物相连的那一部分地基也取为弹性体,和结构物一起作为计算对象。按照弹性力学中关于接触应力的理论,所取地基范围的大小,应视结构物底部的宽度如何(与结构物的高度完全无关)。在早期的文献中,一般都建议在结构物的两边和下方,把地基范围取为大致等于结构物底部的宽度，即 $L=b$[图 2-16(a)]。但在后来的一些文献中，大都把所取的范围扩大为 $L=2b$，在个别的文献中还把它扩大为 $L=4b$。此外，还有一些文献作者认为应当把地基范围取为矩形区域[图 2-16(b)]，以便将铰支座改为连杆支座，以减少对地基的人为约束。最近的大量分析指出：在地基比较均匀的情况下，并没有必要使 L 超过 $2b$，用连杆支座还不如用铰支座更接近实际情况；地基范围的形状，影响也并不大。

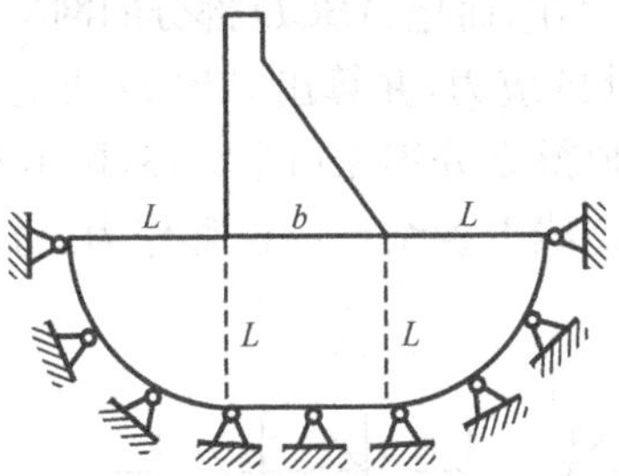

(a)

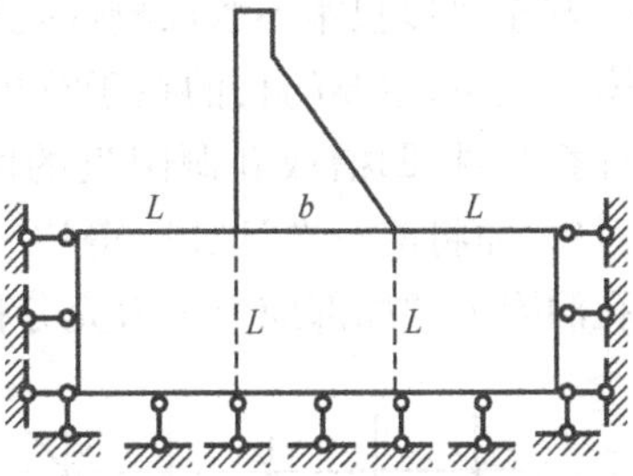

(b)

图 2-16

如果地基很不均匀，需要在地基中布置很多的单元，而机器的容量又不允许。则可将计算分两次进行。在第一次计算时，考虑较大范围地基的弹性，并尽量在这范围内多布置单元而在结构物内则仅布置较少的单元，如图 2-17(a)所示。这时的主要目的在于算出地基内靠近结构物处 $ABCD$ 线上各结点的位移。在第二次计算时，把结构物内的网格加密，如图 2-17(b)所示，放弃 $ABCD$ 以下的地基，而将第一次计算所得的 $ABCD$ 线上各结点的位移作为已知量输入，算出坝体中的应力及位移，作为最后成果。在两次计算中，最好是使 $ABCD$ 一线上结点的布置相同，而且使邻近 $ABCD$ 的一排单元的布置也相同，如图 2-17 所示，这样就避免输入位移时的插值计算，从而避免引进的误差，而且上述那一排单元的应力在两次计算中的差距，可以指示出最后计算成果的精度如何。

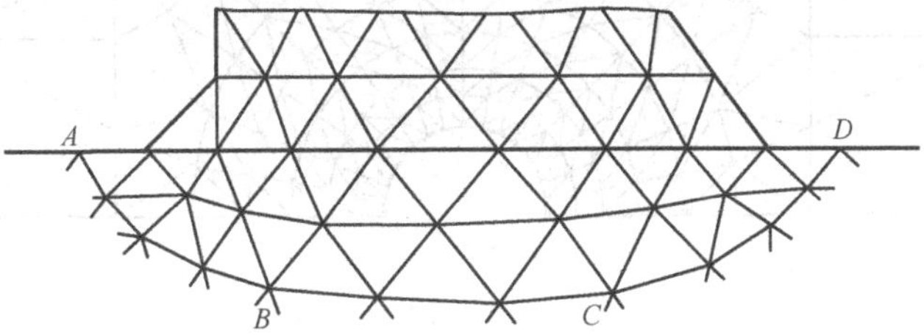

(a)

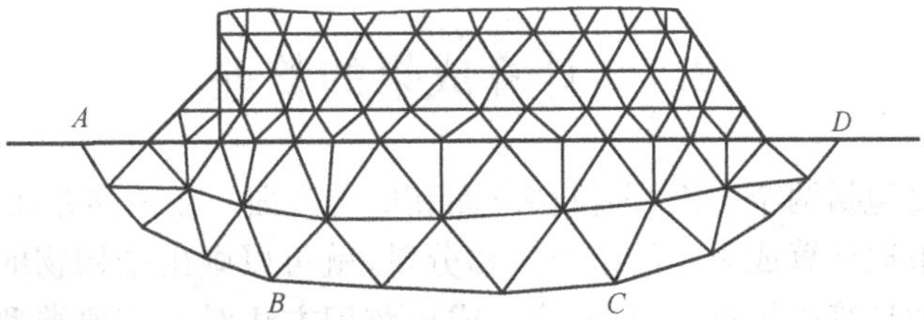

(b)

图 2-17

当结构物具有凹槽或孔洞时，在凹槽或孔洞附近将发生应力集中，即该处的应力很大而且变化剧烈。为了正确反映此项应力，必须把该处的网格画得很密，但这就可能超出机器的容量，而且单元的尺寸相差悬殊，可能还会引起很大的计算误差。在这种情况下，也可以把计算分两次进行。第一次计算时，把凹槽或孔洞附近的网格画得比别处仅仅稍微密一些，以约略反映凹槽或孔洞对应力分布的影响，如图 2-18(a)所示半圆凹槽附近的 *ABCD* 部分。甚至可以根本不管凹槽或孔洞的存在，而把 *ABCD* 部分的网格画得和别处大致同样疏密。这时，主要的目的在于算出别处的应力，并算出 *ABCD* 线上各结点的位移。第二次计算时，把凹槽或孔洞附近的网格画得充分细密[图 2-18(b)]，就以 *ABCD* 部分为计算对象，而将前一次计算所得的 *ABCD* 线上各结点的位移作为已知量输入，即可将凹槽或孔洞附近的局部应力算得充分精确。

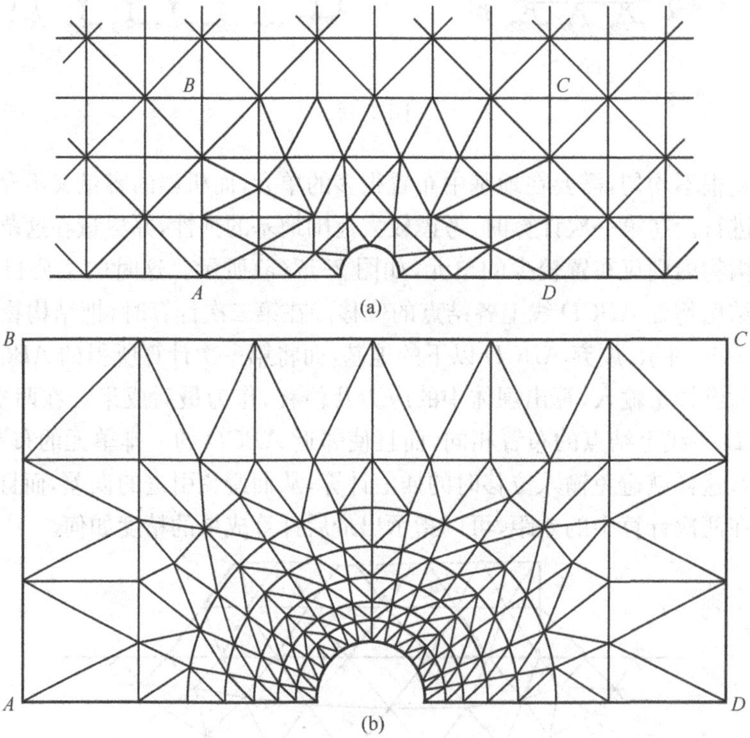

图 2-18

2.7　计算成果的整理

计算成果主要包括两个方面，即位移方面和应力方面。在位移方面，一般都无须进行什么整理工作。根据计算成果中的结点位移分量，就可以画出结构物的位移图线。下面仅针对应力方面的计算成果进行讨论，这些成果整理方法对于其他类型单元也具有参考意义。

3 结点三角形单元是常应变单元，因而也是常应力单元。算出的这个常量应力，曾经被当成是三角形单元形心处的应力。据此就得出一个图示应力的通用办法，在每个单元的形心，沿着应力主向，以一定的比例尺标出主应力的大小，拉应力用箭头表示，压应力用平头表示，如图 2-19 所示。就整个结构物的应力概况说来，这是一个很好的图示方法，因为应力的大小和方向在整个结构物中的变化规律都可以约略地表示出来。

关于为什么把计算出来的常量应力作为单元形心处的应力，有的文献曾经这样解释：这个常量应力是单元中的平均应力，当单元较小因而应力变化比较平缓时，单元中的实际应力可以认为是线性变化，而三角形中线性变量的平均值就等于该变量在三角形形心处的值。应当指出，这个解释是从错误的前提出发的：计算出来的常量应力远不是单元内的平均应力，即使单元很小，它也会远远大于或远远小于单元内所有各点的实际应力。把它标在单元形心处，不过是人们这样规定，而此外也没有更好的规定了。

为了由计算成果推出结构物内某一点的接近实际的应力，必须通过某种平均计算，通常可采用绕结点平均法或二单元平均法。

所谓绕结点平均法，就是把环绕某一结点的各单元中的常量应力加以平均，用来表征该结点处的应力。以图 2-20 中结点 0 及结点 1 处的 σ_x 为例，就是取

$$(\sigma_x)_0=\frac{1}{2}[(\sigma_x)_A+(\sigma_x)_B]$$

$$(\sigma_x)_1=\frac{1}{6}[(\sigma_x)_A+(\sigma_x)_B+(\sigma_x)_C+(\sigma_x)_D+(\sigma_x)_E+(\sigma_x)_F]$$

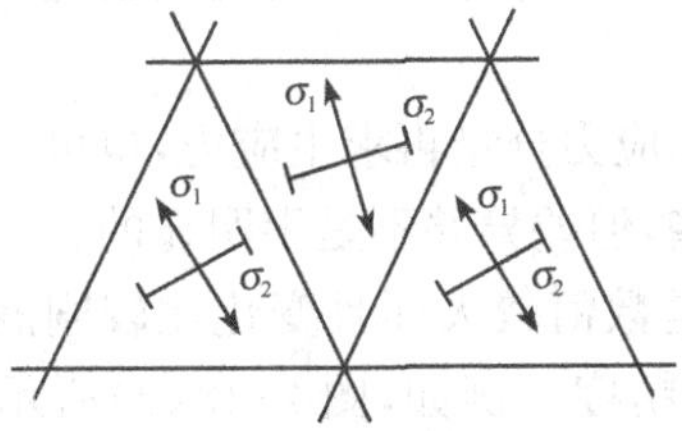

图 2-19

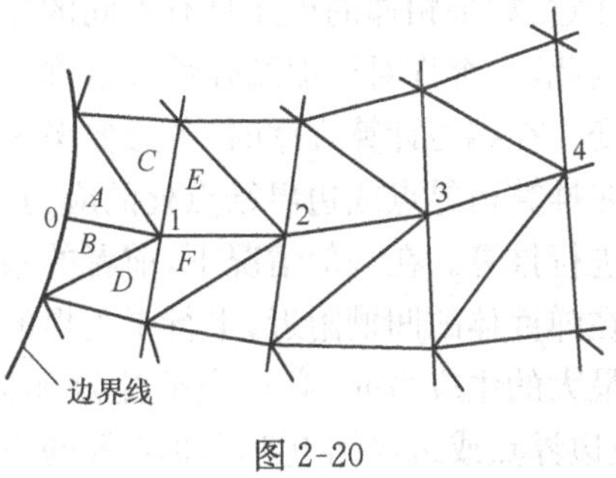

图 2-20

为了这样平均得来的应力能够较好地表征结点处的实际应力，环绕该结点的各个单元，它们的面积不能相差太大，它们在该结点所张的角度也不能相差太大。有人建议按照单元的面积进行加权平均，也有人建议按照单元在结点所张角度的正弦进行加权平均。但是在绝大多数的情况下，这样加权平均并不能改进平均应力的表征性（使其更接近于该结点处的实际应力），有时反而使得表征性更差些。

用绕结点平均法计算出来的结点应力，在内结点处具有较好的表征性，但在边界结点处则可能表征性很差。因此边界结点处的应力不宜直接由单元应力的平均得来，而要由内结点处的应力推算得来。以图 2-20 中边界结点 0 处的应力为例，就是要由内结点 1，2，3 处的应力用抛物线插值公式推算得来，这样可以大大改进它的表征性。据此，为了整理某一截面上的应力，在这个截面上至少要布置 5 个结点。

所谓二单元平均法，就是把两个相邻单元中的常量应力加以平均用来表征公共边中点处的应力。以图 2-21 所示的情况为例，就是取

$$(\sigma_x)_1=\frac{1}{2}[(\sigma_x)_A+(\sigma_x)_B],\quad (\sigma_x)_2=\frac{1}{2}[(\sigma_x)_C+(\sigma_x)_D],\quad \cdots$$

为了这样平均得来的应力具有较好的表征性,两个相邻单元的面积不能相差太大。有人建议,在两个相邻单元的面积相差较大的情况下,把应力按照单元的面积进行加权平均以表征两单元形心处的应力。

如果内点 1,2,3 等的光滑连线与边界相交在0 点(图 2-21),则 0 点处的应力可由上述几个内点处的应力用插值公式推算得来,其表征性一般也是很好的。

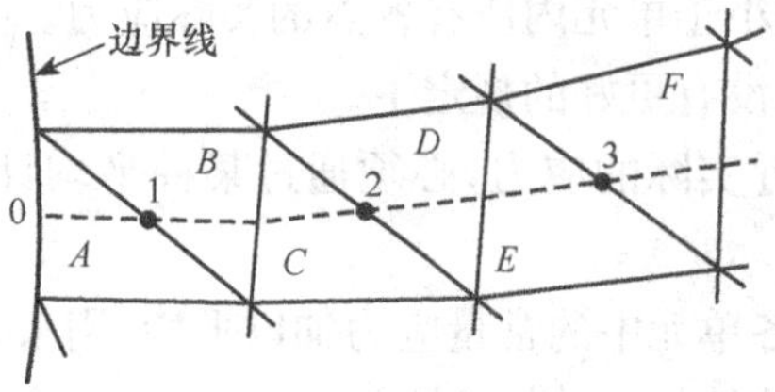

图 2-21

在应力变化并不剧烈的部位,由绕结点平均法和二单元平均法得来的应力,表征性不相上下。在应力变化比较剧烈的部位,特别是在应力集中之处,由绕结点平均法得来的应力,其表征性就比较差了。但是,绕结点平均法也有它的优点:为了得出弹性体内某一截面上的应力图线,只需在划分单元时布置若干个结点在这一截面上(至少 5 个),而采用二单元平均法时就没有这样方便。至于绕结点平均法中较多的计算,包括应力的平均以及边界结点处应力的推算,都不难由计算程序来实现。

注意:如果相邻的单元具有不同的厚度或不同的弹性常数,则在理论上应力应当有突变。因此,只容许对厚度及弹性常数都相同的单元进行平均计算,以免完全失去这种应有的突变。在编写计算程序时,务必要考虑到这一点。

在推算边界点或边界结点处的应力时,可以先推算应力分量再求主应力,也可以对主应力进行推算。在一般情况下,前者的精度比较高一些,但差异并不是很明显的。

在弹性体的凹槽附近,平行于边界的主应力往往是数值较大而且变化比较剧烈。在推求最大的主应力时,必须充分注意如何达到最高的精度。例如,图 2-18(a)所示的凹槽,设边界点或边界结点 1,2,3,4 等处平行于边界的主应力分别为$(\sigma)_1$,$(\sigma)_2$,$(\sigma)_3$,$(\sigma)_4$等,已经把凹槽处的一段边界曲线展为直线轴 x[图 2-22(b)],点绘$(\sigma)_1$,$(\sigma)_2$,$(\sigma)_3$,$(\sigma)_4$等,画出平滑的图线。如果图线的坡度不太陡,就可以由图线上量得最大主应力$(\sigma)_{\max}$的数值。但是,如果图线的坡度很陡,则需按照$(\sigma)_1$,$(\sigma)_2$,$(\sigma)_3$,$(\sigma)_4$ 的数值,为 σ 取插值

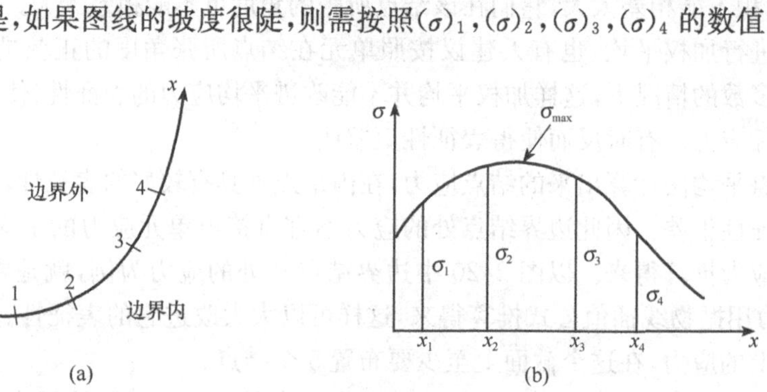

图 2-22

函数 $\sigma=f(x)$，然后令 $\frac{\mathrm{d}}{\mathrm{d}x}f(x)=0$，求出 x 在这一范围内的实根，再代入 $f(x)$ 以求出 $(\sigma)_{\max}$。

弹性体具有凹尖角处的应力是很大的(在完全弹性体的假定下，它在理论上是无限大)。因此，在用有限单元法进行计算时，围绕尖角的一些单元中的应力就越大，可能大到惊人的程度。实际上，由于尖角处的材料已经发生局部的屈服、开裂或滑移，在完全弹性体的假定之下算出的这些大应力是不存在的。为了正确估算尖角处的应力，必须考虑局部屈服、开裂或滑移的影响。在没有条件考虑这些影响时，可以这样较简单地处理：把围绕尖角的单元取得充分小，而在分析安全度时，对这些单元中的大应力不予理会，只要其他单元中的应力不超过材料的容许应力，就认为该处是安全的。如果其他单元中的应力超过容许应力，就要采取适当的措施。最有效的措施是把凹尖角改为凹圆角，对局部问题进行局部处理。不要企图用加大整体尺寸来降低局部应力，因为那样做往往是徒劳的，至少是在经济上完全不合理的。

用有限单元法计算弹性力学问题时，特别是采用常应变单元时，应当在计算之前精心划分网格，在计算之后精心整理成果。这样来提高所得应力的精度，不会增大所需的计算量，而且往往比简单地加密网格更为有效。此外，加密网格将使计算量的增大，从而导致计算误差的增大在超过一定的限度以后，加密网格将完全不能提高精度，可能反而使精度有所降低。

2.8　计算实例

为了具体说明用简单三角形单元进行计算时如何整理应力成果，以及成果的精度如何，下面介绍几个计算实例，并将计算结果与函数解进行对比。

1. 楔形体受自重和齐顶水压

因为只有当楔形体为无限长时才有简单的函数解，而有限单元法只能以有限长的楔形体作为计算对象，所以截取无限长楔形体的 10m 长的部分(图 2-23)，而把函数解中对 $y=0$ 处给出的位移作为已知，用有限单元法进行计算。为了便于说明问题，这里采用了均匀而且比较疏的网格，如图 2-23 所示。楔形体的弹性模量取为 $E=2\times10^4$ MPa，泊松系数取为 $\nu=0.167$，厚度取为 $t=1$m(作为平面应力问题)，自重 $p=2.4\mathrm{t/m^3}$，水的容重取为 $\gamma=1.0\mathrm{t/m^3}$。

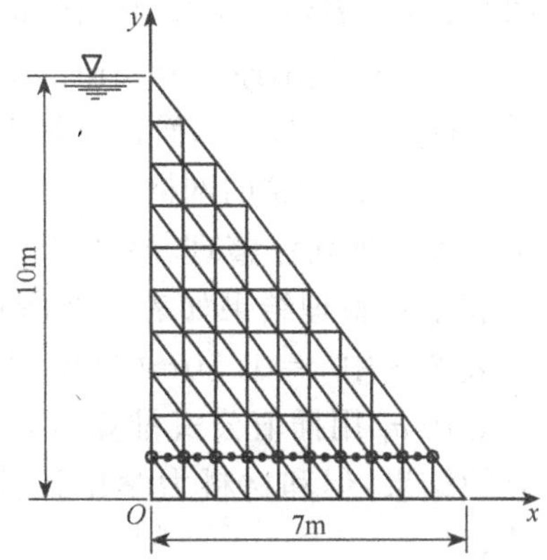

图 2-23

用二单元平均法整理 $y=1$m 的截面上的 σ_y 时，结果如表 2-1 所示。这里不用图线而用表格，因为在图线上很难把较小的误差表示出来。表 2-1 中所列的考察点，在图 2-23 上用圆点表示。表 2-1 中所列有限单元解的应力数值，是位于考察点上方及下方的两个单元中 σ_y 的平均值。对于左边界上 $x=0$ 处的 σ_y，根据表 2-1 中 $x=0.35\text{m}, 1.05\text{m}, 1.75\text{m}$ 三点处的 σ_y 进行推算，得出该处的 $\sigma_y=-3.75\times10^{-2}\text{MPa}$，与函数解 $-3.23\times10^{-2}\text{MPa}$ 相比，误差为 $-0.52\times10^{-2}\text{MPa}$。对于右边界上 $x=6.3\text{m}$ 处的 σ_y，根据表 2-1 中 $x=5.95\text{m}, 5.25\text{m}, 4.55\text{m}$ 三点处的 σ_y 进行推算，得出该处的 $\sigma_y=-18.22\times10^{-2}\text{MPa}$，与函数解 $-18.35\times10^{-2}\text{MPa}$ 相比，误差为 $0.13\times10^{-2}\text{MPa}$。

表 2-1　用二单元平均法整理截面 $y=1\text{m}$ 上的 σ_y　(单位：$\times10^{-2}\text{MPa}$)

考察点的 x/m	0.35	1.05	1.75	2.45	3.15	3.85	4.55	5.25	5.95
有限单元解	−4.52	−6.07	−7.62	−9.17	−10.75	−12.35	−13.99	−15.66	−17.36
函数解	−4.07	−5.75	−7.44	−9.12	−10.80	−12.48	−14.15	−15.83	−17.51
误差	−0.45	−0.32	−0.18	−0.05	0.05	0.13	0.16	0.17	0.15

用绕结点平均法整理 $y=1\text{m}$ 的截面上的 σ_y 时，结果如表 2-2 所示。表 2-2 中所列的结点在图 2-23 中用圆圈表示。可见在边界结点处，结点平均应力的表征性是比较差的。但是，根据表 2-2 中 $x=0.7\text{m}, 1.4\text{m}, 2.1\text{m}$ 三结点处的平均应力进行推算，得出边界结点 $x=0$ 处的 $\sigma_y=-3.77\times10^{-2}\text{MPa}$，则误差仅为 $-0.54\times10^{-2}\text{MPa}$；根据 $x=5.6\text{m}, 4.9\text{m}, 4.2\text{m}$ 三结点处的平均应力进行推算，得出边界结点 $x=6.3\text{m}$ 处的 $\sigma_y=-18.24\times10^{-2}\text{MPa}$，误差只有 $0.11\times10^{-2}\text{MPa}$。这样，用绕结点平均法和用二单元平均法整理出来的成果，它们的表征性就不相上下了。

表 2-2　用绕结点平均法整理截面 $y=1\text{m}$ 上的 σ_y　(单位：$\times10^{-2}\text{MPa}$)

结点的 x/m	0	0.7	1.4	2.1	2.8	3.5	4.2	4.9	5.6	6.3
有限单元解	−4.35	−5.30	−6.84	−8.39	−9.96	−11.55	−13.17	−14.82	−16.51	−17.73
函数解	−3.23	−4.91	−6.59	−8.28	−9.96	−11.64	−13.32	−14.99	−16.67	−18.35
误差	−1.12	−0.39	−0.25	−0.11	0	0.09	0.15	0.17	0.16	0.62

2. 简支梁受均布荷载

图 2-24(a)表示一简支梁，高 3m，长 18m，承受均布荷载 $10\times10^{-2}\text{MPa}$，$E=2\times10^4\text{MPa}$，$\nu=0.167$，取厚度 $t=1\text{m}$。作为平面应力问题，由于对称，只对右边一半进行有限单元计算[图 2-24(b)]，而在 y 轴上的各结点布置水平连杆支座。在准备整理应力成果之处，采用了比较密的网格。

用二单元平均法整理 $x=0.25\text{m}$ 的截面上的弯应力 σ_x 时(考察点在图 2-24 上用圆点表示)，整理结果如表 2-3 所示。之所以选取这个截面，是因为其上的 σ_x 接近最大。表 2-3 中 $y=1.50\text{m}$(梁顶)及 $y=-1.50\text{m}$(梁底)处的有限单元解，是由 3 个考察点处的 σ_x 用插值公式推算得来的。表 2-3 中的函数解，是指按弹性力学平面问题计算的结果，但和材料力学中按浅梁计算的结果很相近，基本上是随着 y 按直线变化的。

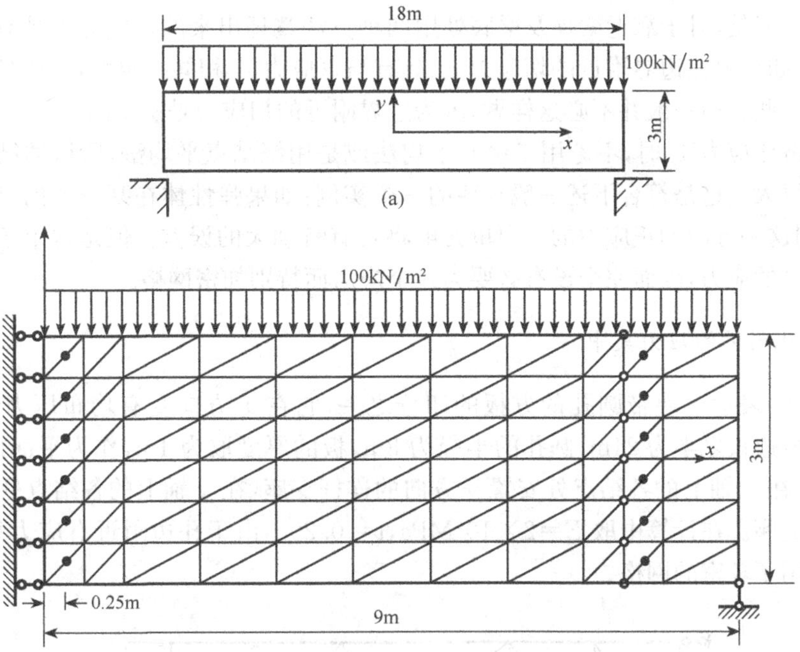

图 2-24

表 2-3　用二单元平均法整理截面 $x=0.25\text{m}$ 上的 σ_x（单位：$\times10^{-2}$MPa）

考察点的 y/m	1.50	1.25	0.75	0.25	−0.25	−0.75	−1.25	−1.50
有限单元解	−248	−205	−122	−41	38	120	210	258
函数解	−272	−225	−134	−44	44	134	225	272
误差	24	20	12	3	−6	−14	−15	−14

用绕结点平均法整理 $x=0$ 的截面上的 σ_x 时，整理结果如表 2-4 所示。表 2-4 中 $y=1.50\text{m}$ 及 $y=-1.50\text{m}$ 处的有限单元解是由 3 个内结点处的 σ_x 推算得来的。即使如此，表征性还是不如二单元平均法给出的结果。

表 2-4　用绕结点平均法整理截面 $x=0\text{m}$ 上的 σ_x　（单位：$\times10^{-2}$MPa）

结点的 y/m	1.50	1.00	0.50	0	−0.50	−1.00	−1.50
有限单元解	−249	−191	−108	−28	52	134	210
函数解	−272	−180	−89	0	89	180	272
误差	23	−11	−19	−28	−37	−46	−62

对于切应力 τ_{xy}，弹性力学函数解给出的数值和材料中关于浅梁的解答相同，在横截面上是按抛物线变化的。用二单元平均法整理 $x=7.75\text{m}$ 的截面上的 τ_{xy} 时（考察点在图 2-24 上用圆点表示），推算出来该截面上 $y=0$ 处的最大剪应力为 37.9×10^{-2}MPa，与函数解 38.8×10^{-2}MPa 相比，误差只有 -0.9×10^{-2}MPa。用绕结点平均法整理 $x=7.50\text{m}$ 的截面上的切应力时（考察结点在图 2-24 上用圆圈表示），推算出该截面上 $y=0$ 处的最大切应力为 35.5×10^{-2}MPa，与函数解 37.5×10^{-2}MPa 相比，误差也只有 $-2.0\times$

10^{-2}MPa。但是,对于靠近梁顶及梁底处用两种方法整理出来的切应力都具有较大的误差。因此,如果要使边界附近的切应力τ_{xy}具有与弯应力σ_x相同的精度,就要把这里的网格画得密一些。但一般并不必这样做,因为边界附近的切应力是次要的。

整理挤压应力σ_y时,不论用二单元平均法或是用绕结点平均法,所得的结果都和函数解相差很大。这是符合下述一般规律的一个实例:如果弹性体在某一方向具有特别小的尺寸,则这一方向的正应力的有限单元解将具有特别大的误差。但是这个正应力一般都是最次要的应力,因而完全没有必要为这个应力而特别加密网格。

3. 圆孔附近的应力集中

图 2-25 表示一块带圆孔的方板的四分之一,它在x方向受有均布压力25×10^{-2}MPa。方板边长之半为 24m,圆孔的半径为 3m,板的厚度取为 1m,作为平面应力问题。由于对称,在x轴上的各结点处安置y方向的连杆支座,在y轴上的各结点处安置x方向的连杆支座。在计算中取$E=2\times10^4$MPa,$\nu=0.20$。由于孔边附近有应力集中,在孔边附近采用了较密的网格。

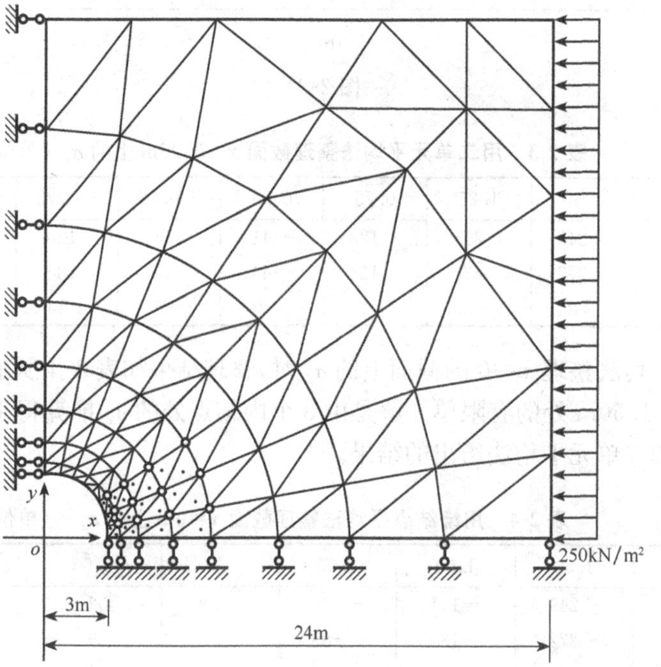

图 2-25

最大拉应力σ_{max}是x轴与孔边相交之处的σ_y。用二单元平均法推求这个最大拉应力时,取靠近孔边的四排单元,加圆点所示,根据每一排上 3 对单元的 3 个平均σ_y值沿环向推算,得出x轴上一点处的σ_y值,再根据这样得来的 4 个σ_y值沿径向推算,得出$\sigma_{max}=24.2\times10^{-2}$MPa,与函数解给出的$25.0\times10^{-2}$MPa 相比,误差为$0.8\times10^{-2}$MPa。用绕结点平均法推算时,取图 2-25 中用圆圈表示的 4 排结点,根据每一排上 3 个结点处的平均σ_y值沿环向推算,得出x轴上一个结点处的σ_y值,再根据这样得来的 4 个σ_y值沿径向推算，得出边界结点处的 $\sigma_{max}=17.7\times10^{-2}$ MPa。与函数解给出的 25.0×10^{-2} MPa 相比，误差为 -7.3×10^{-2} MPa，表征性仍然远远不如二单元平均法。

最大压应力 σ_{min} 是 y 轴与孔边相交之处的 σ_x。与上相似地用二单元平均法进行整理时，得出 $\sigma_{min}=-76.4\times10^{-2}$ MPa，与函数解给出的 -75.0×10^{-2} MPa 相比，误差为 -1.4×10^{-2} MPa。与上相似地用绕结点平均法进行整理时，得出 $\sigma_{min}=-63.1\times10^{-2}$ MPa，与函数解 -75.0×10^{-2} MPa 相比，误差为 11.9×10^{-2} MPa，表征性也远远不如二单元平均法。

2.9 矩形单元

3 结点三角形单元是有限单元法中最早提出的单元，由于它适应边界能力强，目前仍然在使用。但由于单元内应变和应力都是常量，精度较低。为了提高精度，反映单元中应力和应变的变化，需要构造幂次较高的位移模式。本节介绍的矩形单元和以后介绍的 6 结点三角形单元就是具有较高次位移模式的单元。

在矩形单元上取 4 个角点作为结点，用 i,j,m,p 表示(图 2-26)。为了简便，以平行于两邻边的两个中心轴为 x 轴及 y 轴，该矩形沿 x 及 y 方向的边长分别用 $2a$ 及 $2b$ 表示。位移模式取为

$$
\begin{aligned}
u&=\alpha_1+\alpha_2 x+\alpha_3 y+\alpha_4 xy\\
v&=\alpha_5+\alpha_6 x+\alpha_7 y+\alpha_8 xy
\end{aligned}
\tag{a}
$$

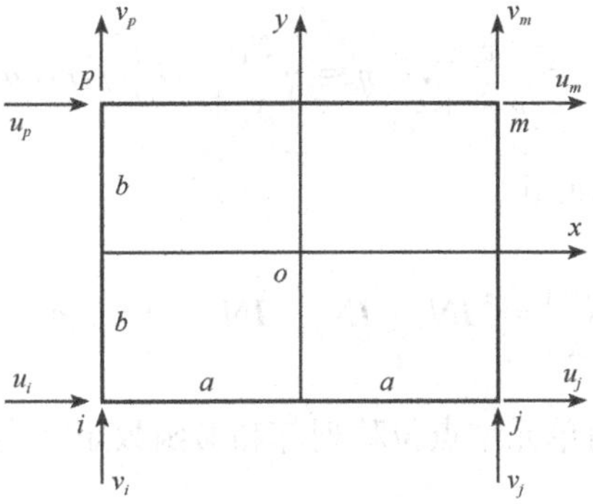

图 2-26

在 i,j,m,p 四个结点，有

$$
\begin{aligned}
u_i&=\alpha_1-a\alpha_2-b\alpha_3+ab\alpha_4, & v_i&=\alpha_5-a\alpha_6-b\alpha_7+ab\alpha_8\\
u_j&=\alpha_1+a\alpha_2-b\alpha_3-ab\alpha_4, & v_j&=\alpha_5+a\alpha_6-b\alpha_7-ab\alpha_8\\
u_m&=\alpha_1+a\alpha_2+b\alpha_3+ab\alpha_4, & v_m&=\alpha_5+a\alpha_6+b\alpha_7+ab\alpha_8\\
u_p&=\alpha_1-a\alpha_2+b\alpha_3-ab\alpha_4, & v_p&=\alpha_5-a\alpha_6+b\alpha_7-ab\alpha_8
\end{aligned}
$$

由左边 4 式解出 $\alpha_1,\alpha_2,\alpha_3,\alpha_4$，由右边 4 式解出 $\alpha_5,\alpha_6,\alpha_7,\alpha_8$，一并代入式(a)，得

$$\begin{aligned} u &= N_i u_i + N_j u_j + N_m u_m + N_p u_p \\ v &= N_i v_i + N_j v_j + N_m v_m + N_p v_p \end{aligned} \tag{b}$$

其中

$$N_i = \frac{1}{4}\left(1 - \frac{x}{a}\right)\left(1 - \frac{y}{b}\right)$$

$$N_j = \frac{1}{4}\left(1 + \frac{x}{a}\right)\left(1 - \frac{y}{b}\right)$$

$$N_m = \frac{1}{4}\left(1 + \frac{x}{a}\right)\left(1 + \frac{y}{b}\right)$$

$$N_p = \frac{1}{4}\left(1 - \frac{x}{a}\right)\left(1 + \frac{y}{b}\right)$$

合并写成

$$N_i = \frac{1}{4}\left(1 + \xi_i \frac{x}{a}\right)\left(1 + \eta_i \frac{y}{b}\right) \tag{c}$$

其中

$$\xi_i = \frac{x_i}{|x_i|}, \quad \eta_i = \frac{y_i}{|y_i|} \quad (i, j, m, p) \tag{d}$$

把位移表达式(b)写为矩阵形式

$$\boldsymbol{u} = \begin{Bmatrix} u \\ v \end{Bmatrix} = [\boldsymbol{I}N_i \quad \boldsymbol{I}N_j \quad \boldsymbol{I}N_m \quad \boldsymbol{I}N_p]\boldsymbol{a}^e = \boldsymbol{N}\boldsymbol{a}^e \tag{2-45}$$

式中，$\boldsymbol{I}$ 为二阶单位矩阵，而单元结点位移列阵和形函数矩阵为

$$\boldsymbol{a}^e = [u_i \quad v_i \quad u_j \quad v_j \quad u_m \quad v_m \quad u_p \quad v_p]^{\mathrm{T}} \tag{e}$$

$$\begin{aligned} \boldsymbol{N} &= [\boldsymbol{I}N_i \quad \boldsymbol{I}N_j \quad \boldsymbol{I}N_m \quad \boldsymbol{I}N_p] \\ &= \begin{bmatrix} N_i & 0 & N_j & 0 & N_m & 0 & N_p & 0 \\ 0 & N_i & 0 & N_j & 0 & N_m & 0 & N_p \end{bmatrix} \end{aligned} \tag{f}$$

在这里，式(a)中的 $\alpha_1, \alpha_2, \alpha_3, \alpha_4, \alpha_5, \alpha_6, \alpha_7, \alpha_8$ 反映了刚体位移和常量应变，而且在单元的边界上($x=\pm a$ 或 $y=\pm b$)，位移分量是按线性变化的。在单元的每个边界上只有 2 个结点，因此任意两个相邻单元的位移在公共边界上是连续的。这就满足了解答收敛性的充分条件。

利用几何方程，可由式(2-45)得出用结点位移表示的单元应变

$$\boldsymbol{\varepsilon}=\begin{Bmatrix}\varepsilon_x\\ \varepsilon_y\\ \gamma_{xy}\end{Bmatrix}=\boldsymbol{Lu}=\boldsymbol{LNa}^e=\boldsymbol{L}[\boldsymbol{N}_i\quad \boldsymbol{N}_j\quad \boldsymbol{N}_m\quad \boldsymbol{N}_p]\boldsymbol{a}^e$$
$$=[\boldsymbol{B}_i\quad \boldsymbol{B}_j\quad \boldsymbol{B}_m\quad \boldsymbol{B}_p]\boldsymbol{a}^e$$
$$=\boldsymbol{Ba}^e \tag{2-46}$$

式中，$\boldsymbol{a}^e$ 为式(e)所示的单元结点位移列阵。

$$\boldsymbol{B}_i=\begin{bmatrix}\dfrac{\partial N_i}{\partial x} & 0\\ 0 & \dfrac{\partial N_i}{\partial y}\\ \dfrac{\partial N_i}{\partial y} & \dfrac{\partial N_i}{\partial x}\end{bmatrix}=\frac{1}{4ab}\begin{bmatrix}\xi_i(b+\eta_i y) & 0\\ 0 & \eta_i(a+\xi_i x)\\ \eta_i(a+\xi_i x) & \xi_i(b+\eta_i y)\end{bmatrix}\quad (i,j,m,p)$$

应变矩阵 $\boldsymbol{B}$ 是 3×8 的矩阵

$$\boldsymbol{B}=\frac{1}{4ab}\begin{bmatrix}-(b-y) & 0 & b-y & 0 & b+y & 0 & -(b+y) & 0\\ 0 & -(a-x) & 0 & -(a+x) & 0 & a+x & 0 & a-x\\ -(a-x) & -(b-y) & -(a+x) & b-y & a+x & b+y & a-x & -(b+y)\end{bmatrix} \tag{2-47}$$

利用物理方程，可得出用结点位移表示的单元应力

$$\boldsymbol{\sigma}=\boldsymbol{D\varepsilon}=\boldsymbol{DBa}^e=\boldsymbol{D}[\boldsymbol{B}_i\quad \boldsymbol{B}_j\quad \boldsymbol{B}_m\quad \boldsymbol{B}_p]\boldsymbol{a}^e$$
$$=[\boldsymbol{S}_i\quad \boldsymbol{S}_j\quad \boldsymbol{S}_m\quad \boldsymbol{S}_p]\boldsymbol{a}^e=\boldsymbol{Sa}^e \tag{2-48}$$

式中，应力矩阵 $\boldsymbol{S}$ 为 3×8 矩阵

$$\boldsymbol{S}=\frac{E}{4ab(1-\nu^2)}\begin{bmatrix}-(b-y) & -\nu(a-x) & b-y & -\nu(a+x) & b+y & \nu(a+x) & -(b+y) & \nu(a-x)\\ -\nu(b-y) & -(a-x) & \nu(b-y) & -(a+x) & \nu(b+y) & a+x & -\nu(b+y) & a-x\\ -\frac{1-\nu}{2}(a-x) & -\frac{1-\nu}{2}(b-y) & -\frac{1-\nu}{2}(a+x) & \frac{1-\nu}{2}(b-y) & \frac{1-\nu}{2}(a+x) & \frac{1-\nu}{2}(b+y) & \frac{1-\nu}{2}(a-x) & -\frac{1-\nu}{2}(b+y)\end{bmatrix} \tag{2-49}$$

单元刚度矩阵和单元结点荷载的计算仍与式(2-41)相同，只是式(2-41)中的应变矩阵和形函数矩阵要用式(2-47)所示的 $\boldsymbol{B}$ 和(f)所示的 $\boldsymbol{N}$，即

$$\boldsymbol{k}=\int_{-b}^{b}\int_{-a}^{a}\boldsymbol{B}^{\mathrm{T}}\boldsymbol{DB}t\,\mathrm{d}x\,\mathrm{d}y \tag{2-50}$$

单元体力引起的等效结点荷载为

$$\boldsymbol{R}^e=\int_{-b}^{b}\int_{-a}^{a}\boldsymbol{N}^{\mathrm{T}}\boldsymbol{f}t\,\mathrm{d}x\,\mathrm{d}y \tag{2-51}$$

单元某边界，如 $x=a$ 上，面力引起的等效结点荷载为

$$\boldsymbol{R}^e=\int_{-b}^{b}\boldsymbol{N}^{\mathrm{T}}\bar{\boldsymbol{f}}t\,\mathrm{d}y \tag{2-52}$$

将式(2-47)代入式(2-50)，经积分计算得单元刚度矩阵为

$$
\boldsymbol{k}=\frac{Et}{1-\nu^2}\begin{bmatrix}
\frac{1}{3}\frac{b}{a}+\frac{1-\nu}{6}\frac{a}{b} & & & & & & & \\
\frac{1+\nu}{8} & \frac{1}{3}\frac{a}{b}+\frac{1-\nu}{6}\frac{b}{a} & & & & & & \\
-\frac{1}{3}\frac{b}{a}+\frac{1-\nu}{12}\frac{a}{b} & \frac{1-3\nu}{8} & \frac{1}{3}\frac{b}{a}+\frac{1-\nu}{6}\frac{a}{b} & & & & & \\
-\frac{1-3\nu}{8} & \frac{1}{6}\frac{a}{b}-\frac{1-\nu}{6}\frac{b}{a} & -\frac{1+\nu}{8} & \frac{1}{3}\frac{a}{b}+\frac{1-\nu}{6}\frac{b}{a} & & & & \\
-\frac{1}{6}\frac{b}{a}-\frac{1-\nu}{12}\frac{a}{b} & -\frac{1+\nu}{8} & \frac{1}{6}\frac{b}{a}-\frac{1-\nu}{6}\frac{a}{b} & \frac{1-3\nu}{8} & \frac{1}{3}\frac{b}{a}+\frac{1-\nu}{6}\frac{a}{b} & & & \\
-\frac{1+\nu}{8} & -\frac{1}{6}\frac{a}{b}-\frac{1-\nu}{12}\frac{b}{a} & -\frac{1-3\nu}{8} & -\frac{1}{3}\frac{a}{b}+\frac{1-\nu}{12}\frac{b}{a} & \frac{1+\nu}{8} & \frac{1}{3}\frac{a}{b}+\frac{1-\nu}{6}\frac{b}{a} & \text{对} & \\
\frac{1}{6}\frac{b}{a}-\frac{1-\nu}{6}\frac{a}{b} & -\frac{1-3\nu}{8} & -\frac{1}{6}\frac{b}{a}-\frac{1-\nu}{12}\frac{a}{b} & \frac{1+\nu}{8} & -\frac{1}{3}\frac{b}{a}+\frac{1-\nu}{12}\frac{a}{b} & \frac{1-3\nu}{8} & \frac{1}{3}\frac{b}{a}+\frac{1-\nu}{6}\frac{a}{b} & \text{称} \\
\frac{1-3\nu}{8} & -\frac{1}{3}\frac{a}{b}+\frac{1-\nu}{12}\frac{b}{a} & \frac{1+\nu}{8} & -\frac{1}{6}\frac{a}{b}-\frac{1-\nu}{12}\frac{b}{a} & -\frac{1-3\nu}{8} & \frac{1}{6}\frac{a}{b}-\frac{1-\nu}{6}\frac{b}{a} & -\frac{1+\nu}{8} & \frac{1}{3}\frac{a}{b}+\frac{1-\nu}{6}\frac{b}{a}
\end{bmatrix}
\tag{2-53}
$$

对于平面应变问题，应在上列各式中将 E 换为 $\frac{E}{1-\nu^2}$，将 ν 换为 $\frac{\nu}{1-\nu}$。

根据式(2-51)，自重 $W=4abt\rho g$ 作用下，单元等效结点荷载列阵为

$$\boldsymbol{R}^e=-W\begin{bmatrix}0 & \frac{1}{4} & 0 & \frac{1}{4} & 0 & \frac{1}{4} & 0 & \frac{1}{4}\end{bmatrix}^{\mathrm{T}}$$

即移置到每一结点的荷载都是 1/4 自重。

如果单元在某一边界，如 $x=a$ 上，x 方向受按三角形分布的面力，在该边界上 j 结点处面力集度为 q，在 m 结点处面力集度为零。根据式(2-52)，需将面力合力的 1/3 移置到 m 结点，2/3 移置到 j 结点，即

$$\boldsymbol{R}^e=bq\begin{bmatrix}0 & 0 & \frac{2}{3} & 0 & \frac{1}{3} & 0 & 0 & 0\end{bmatrix}^{\mathrm{T}}$$

由应力矩阵的表达式(2-49)可见，矩形单元中的应力分量不再是常量。正应力分量 σ_x 的主要项(即不与 ν 相乘的项)沿着 y 方向按线性变化，而它的次要项(即与 ν 相乘的项)沿着 x 方向按线性变化。正应力分量 σ_y 与此相反。切应力分量 τ_{xy} 则沿 x 及 y 两个方向都按线性变化。因此在弹性体中采用同样数目的结点时，矩形单元的精度高于简单三角形单元。虽然相邻的矩形单元在公共边界处的应力也有差异，但差异是较小的。在整理应力成果时，可以用绕结点平均法，即将环绕某一结点的各单元在该结点处的应力加以平均，用来代表该结点处的应力，表征性是较好的。

但是，矩形单元有其明显的缺陷：一是不能适应斜交边界和曲线边界，二是不便于在不同部位采用不同大小的单元。为了弥补这些缺陷，可以把矩形单元和简单三角形单元混合使用。例如，在图 2-27 中，在一般部位，都采用如 $ijmp$ 所示的矩形单元；在靠近曲线边界 AB 的部位，改用若干个三角形单元，在 CD 部分，估计到应力变化比较剧烈，就改用较小的矩形单元而以若干个三角形单元作为过渡之用。由于矩形单元的位移在单元的边界上是线性变化的，因而所有的相邻单元在公共边界上的位移都是连续的，从而保证了解答的收敛性。

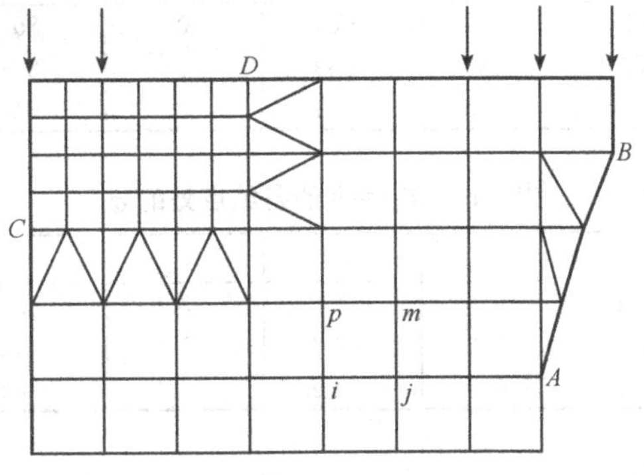

图 2-27

2.10　用矩形单元进行计算的实例

1. 简支梁受均布荷载

取图 2-24(a)所示的简支梁,计算右边的一半,用 6×12 的矩形网格(图 2-28)。

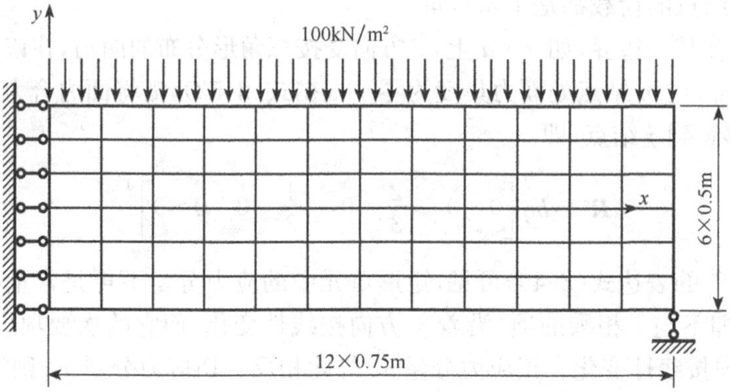

图 2-28

用绕结点平均法整理 $x=0$ 的截面上的弯应力 σ_x 时,整理结果如表 2-5 所示。梁底及梁顶处弯应力 σ_x 的有限单元解(未用插值公式推算)为 $\pm 265\times10^{-2}$MPa,与函数解 $\pm 272\times10^{-2}$MPa 相比,误差只有 $\pm 7\times10^{-2}$MPa,小于 3%,可见精度是很高的。

即使是对于挤压应力 σ_y,用绕结点平均法进行整理时,仍然可以得出表征性很好的结果,但边界结点处的应力须由内结点处的应力推算得来。例如,对于 $x=0$ 的各结点处的挤压应力,整理的结果如表 2-6 所示,其中,梁底及梁顶处的应力是分别由 3 个内结点处的应力推算得来的。

表 2-5　在 $x=0$ 的截面处的 σ_x　　(单位:$\times10^{-2}$MPa)

结点的 y/m	1.5	1.0	0.5	0	−0.5	−1.0	−1.5
有限单元解	−265	−174	−85	0	85	174	265
函数解	−272	−180	−89	0	89	180	272
误差	7	6	4	0	−4	−6	−7

表 2-6　在 $x=0$ 的各结点处的 σ_y　　(单位:$\times10^{-2}$MPa)

结点的 y/m	1.5	1.0	0.5	0	−0.5	−1.0	−1.5
有限单元解	−10.1	−8.9	−7.2	−5.0	−2.8	−1.0	−0.2
函数解	−10.0	−9.3	−7.4	−5.0	−2.6	−0.7	0
误差	−0.1	0.4	0.2	0.0	−0.2	−0.3	−0.2

2. 深梁问题

图 2-29 所示的深梁,跨度及高度均为 6m,受均布荷载 1.0^2MPa,$E=2\times10^4$MPa,$v=0.17$,宽度取为 1m,作为平面应力问题,用图示的网格计算了右边的一半。用绕结点

平均法整理中间截面上的 σ_x 时，结果如图 2-29 所示。如果按照材料力学中的公式进行计算，则梁底及梁顶处的 σ_x 为 $\pm 75\times10^{-2}$MPa，误差是很大的。

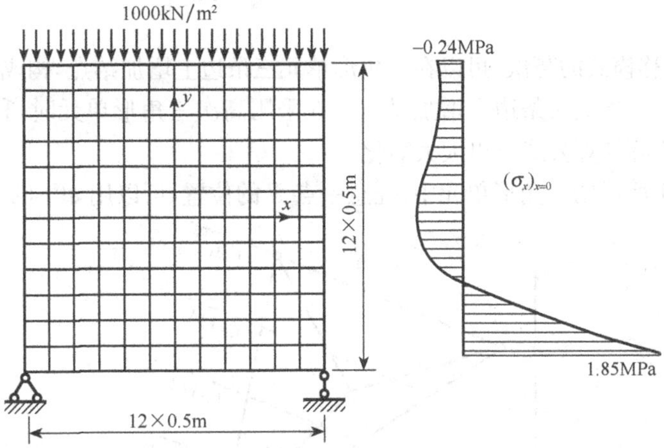

图 2-29

3. 基础梁问题

图 2-30 表示一平面应变情况下的基础梁，宽度 t 取为 1m，高 1.8m，长 10m，支承在 10m 厚的土层上，受均布荷载 20×10^{-2}MPa。取 $E=2\times10^4$MPa，$\nu=0.17$。用图示的网格计算右边的一半，而在对称面上的各结点处取 $u=0$。土层下方的岩基作为刚固，取 $u=0, v=0$。梁端以外弹性土层的范围取为 1.5 倍梁长，即 15m。

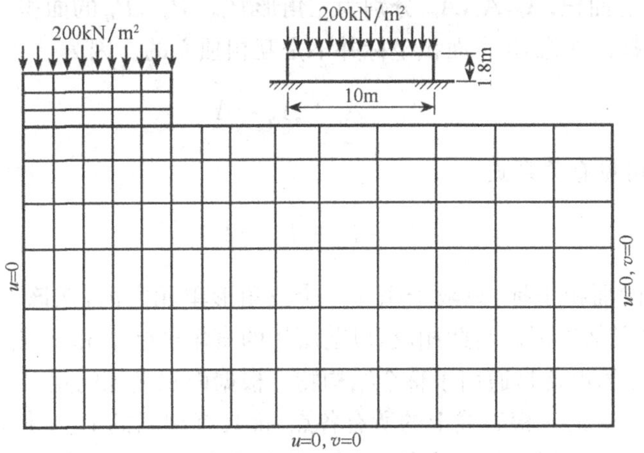

图 2-30

当土层的弹性模量 E_0 取为 10MPa（相应于较松软的土壤），泊松系数 ν_0 取为 0.3 时，基础梁中央截面上梁底处的拉应力算得为 92.6×10^{-2}MPa。当土层的弹性模量 E_0 取为 10^3MPa（相应于较坚实的土壤），ν_0 仍为 0.3 时，基础梁中央截面上梁底处的拉应力算得为 32.2×10^{-2}MPa。

2.11 面积坐标

为了提高位移模式的幂次,可以在三角形单元三条边上增加结点,构成 6 结点三角形单元,当然也可以在一条或两条边上增加结点。在采用高次三角形单元时,利用面积坐标,刚度矩阵、荷载列阵等计算公式可以大大简化。

在如图 2-31 所示的三角形单元中,任意一点 P 的位置,可以用如下的 3 个比值来确定

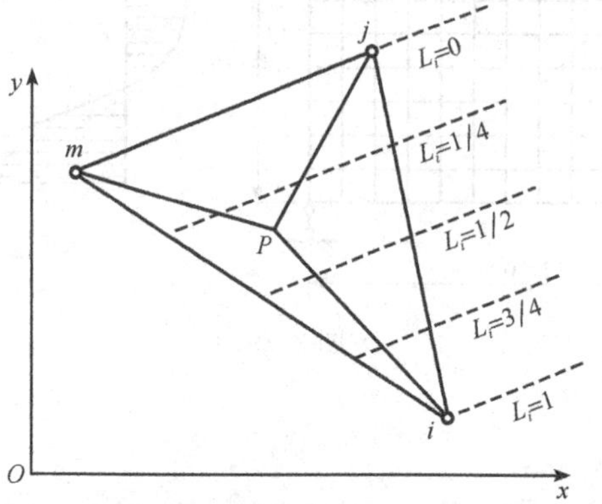

图 2-31

$$L_i = \frac{A_i}{A}, \quad L_j = \frac{A_j}{A}, \quad L_m = \frac{A_m}{A} \tag{2-54}$$

式中,A 为$\triangle ijm$ 的面积;A_i, A_j, A_m 分别为三角形 P_{jm}, P_{mi}, P_{ij} 的面积。这 3 个比值就称为 P 点的面积坐标。注意,3 个面积坐标并不是互相独立的。因为

$$A_i + A_j + A_m = A$$

所以由式(2-54)可见有关系式

$$L_i + L_j + L_m = 1 \tag{2-55}$$

这里所引用的面积坐标,只限于用在一个三角形单元之内,在该三角形之外并没有定义,因而是一种局部坐标。与此相反,以前所用的直角坐标 x 和 y,则是一种整体坐标,它适用于所有单元的也就是通用于整个结构物。根据面积坐标的定义,在图 2-31 中不难看出,在平行于 jm 边的一根直线上的所有各点,都具有相同的 L_i 坐标,而且这个坐标就等于"该直线至 jm 边的距离"与"结点 i 至 jm 边的距离"的比值。图 2-31 中示出 L_i 的一些等值线。同时也容易看出,3 个结点处的面积坐标是

$$\begin{aligned} &\text{结点 } i: \quad L_i = 1, \quad L_j = 0, \quad L_m = 0 \\ &\text{结点 } j: \quad L_i = 0, \quad L_j = 1, \quad L_m = 0 \\ &\text{结点 } m: \quad L_i = 0, \quad L_j = 0, \quad L_m = 1 \end{aligned}$$

现在来导出面积坐标与直角坐标之间的关系。三角形 P_{jm}, P_{mi}, P_{ij},的面积是

$$A_i=\frac{1}{2}\begin{vmatrix}1 & x & y\\1 & x_j & y_j\\1 & x_m & y_m\end{vmatrix}=\frac{1}{2}[(x_jy_m-x_my_j)+(y_j-y_m)x+(x_m-x_j)y]\quad (i,j,m)$$

采用与 2.1 节中同样的记号

$$a_i=x_jy_m-x_my_j,\quad b_i=y_j-y_m,\quad c_i=-x_j+x_m\quad (i,j,m)\tag{a}$$

则有

$$A_i=\frac{1}{2}(a_i+b_ix+c_iy)\quad (i,j,m)$$

代入式(2-54),即得用直角坐标表示面积坐标的关系式

$$\left.\begin{aligned}L_i&=\frac{a_i+b_ix+c_iy}{2A}\\L_j&=\frac{a_j+b_jx+c_jy}{2A}\\L_m&=\frac{a_m+b_mx+c_my}{2A}\end{aligned}\right\}\tag{2-56}$$

将式(2-56)与式(2-5)对比,可见简单三角形单元中的形函数 N_i,N_j,N_m 就是面积坐标 L_i,L_j,L_m。式(2-56)还可以用矩阵表示成为

$$\begin{Bmatrix}L_i\\L_j\\L_m\end{Bmatrix}=\frac{1}{2A}\begin{bmatrix}a_i & b_i & c_i\\a_j & b_j & c_j\\a_m & b_m & c_m\end{bmatrix}\begin{Bmatrix}1\\x\\y\end{Bmatrix}\tag{b}$$

将式(2-56)中的 3 式分别乘以 x_i,x_j,x_m,然后相加,并利用式(a),可见

$$x_iL_i+x_jL_j+x_mL_m=x$$

同样可见

$$y_iL_i+y_jL_j+y_mL_m=y$$

于是得出用面积坐标表示直角坐标的关系式

$$\left.\begin{aligned}x&=x_iL_i+x_jL_j+x_mL_m\\y&=y_iL_i+y_jL_j+y_mL_m\end{aligned}\right\}\tag{2-57}$$

关系式(2-55)及式(2-57)亦可合并用矩阵表示成为

$$\begin{Bmatrix}1\\x\\y\end{Bmatrix}=\begin{bmatrix}1 & 1 & 1\\x_i & x_j & x_m\\y_i & y_j & y_m\end{bmatrix}\begin{Bmatrix}L_i\\L_j\\L_m\end{Bmatrix}\tag{c}$$

将面积坐标的函数对直角坐标求导时,可应用公式

$$\begin{aligned}\frac{\partial}{\partial x}&=\frac{\partial L_i}{\partial x}\frac{\partial}{\partial L_i}+\frac{\partial L_j}{\partial x}\frac{\partial}{\partial L_j}+\frac{\partial L_m}{\partial x}\frac{\partial}{\partial L_m}=\frac{1}{2A}\left[b_i\frac{\partial}{\partial L_i}+b_j\frac{\partial}{\partial L_j}+b_m\frac{\partial}{\partial L_m}\right]\\ \frac{\partial}{\partial y}&=\frac{\partial L_i}{\partial y}\frac{\partial}{\partial L_i}+\frac{\partial L_j}{\partial y}\frac{\partial}{\partial L_j}+\frac{\partial L_m}{\partial y}\frac{\partial}{\partial L_m}=\frac{1}{2A}\left[c_i\frac{\partial}{\partial L_i}+c_j\frac{\partial}{\partial L_j}+c_m\frac{\partial}{\partial L_m}\right]\end{aligned}\tag{d}$$

求面积坐标的幂函数在三角形单元上的积分值时,可应用如下积分公式

$$\iint_{\Omega^e} L_i^a L_j^b L_m^c \,\mathrm{d}x\,\mathrm{d}y=\frac{a!\ b!\ c!}{(a+b+c+2)!}2A \tag{2-58}$$

例如,

$$\iint_{\Omega^e} L_i \,\mathrm{d}x\,\mathrm{d}y=\frac{1!\ 0!\ 0!}{(1+0+0+2)!}2A=\frac{A}{3}\quad (i,j,m)$$

$$\iint_{\Omega^e} L_i^2 \,\mathrm{d}x\,\mathrm{d}y=\frac{2!\ 0!\ 0!}{(2+0+0+2)!}2A=\frac{A}{6}\quad (i,j,m)$$

$$\iint_{\Omega^e} L_i L_j \,\mathrm{d}x\,\mathrm{d}y=\frac{1!\ 1!\ 0!}{(1+1+0+2)!}2A=\frac{A}{12}\quad (i,j,m)$$

求面积坐标的幂函数在三角形某一边上的积分值时,可应用如下积分公式

$$\int_l L_i^a L_j^b \,\mathrm{d}s=\frac{a!\ b!}{(a+b+1)!}l\quad (i,j,m) \tag{2-59}$$

式中,l 为该边的长度。

2.12 具有 6 个结点的三角形单元

在三角形单元 ijm 的三条边上各增设一个结点(图 2-32),使每个单元具有 6 个结点,因而具有 12 个自由度,就可以采用二次完全多项式的位移模式,使单元中的应力成为按线性变化的,更好地反映弹性体中应力的变化,但与矩形单元相比,却又能较好地适应弹性体的边界形状。对于单元中的位移分量,取模式为

$$u=\alpha_1+\alpha_2 x+\alpha_3 y+\alpha_4 x^2+\alpha_5 xy+\alpha_6 y^2 \tag{a}$$

$$v=\alpha_7+\alpha_8 x+\alpha_9 y+\alpha_{10} x^2+\alpha_{11} xy+\alpha_{12} y^2 \tag{b}$$

系数 $\alpha_1,\cdots,\alpha_6$ 可以由这样 6 个条件来确定:u 在结点 $i,j,m,1,2,3$ 的数值应当分别等于 u_i,u_j,u_m,u_1,u_2,u_3。系数 $\alpha_7,\cdots,\alpha_{12}$ 可以由与此相似的 6 个条件来确定。

在任意两个单元的交界线上,位移分量 u 是按抛物线变化的,因而可以写成

$$u(s)=a+bs+cs^2$$

式中,s 为从该交界线上任一定点沿该界线量取的距离。可见,该界线上 3 个结点处的 3

个 u 值可以完全确定 a,b,c 3 个常数，因而可以完全确定该交界线上的 u 值。这就保证相邻单元在这个交界线上具有相同的 u 值，也就是保证了 u 的连续性。同样，位移分量 v 在这个交界线上也是连续的。此外，式(a)中由于包含了线性项位移，位移模式能反映单元的刚体位移和常量应变，因此解答的收敛性的充分条件是满足的。

采用直角坐标多项式的位移模式，如式(a)及式(b)所示时，求解系数 $\alpha_1,\cdots,\alpha_{12}$ 以及建立荷载列阵、应力矩阵、刚度矩阵等都非常繁复。因此，这里将改用 2.11 节中所介绍的面积坐标。

在图 2-33 所示的典型单元上，为了计算简便，把结点 1,2,3 取在三边的中点，分别与结点 i,j,m 对应，各结点的面积坐标将如括弧中所示。将位移分量取为

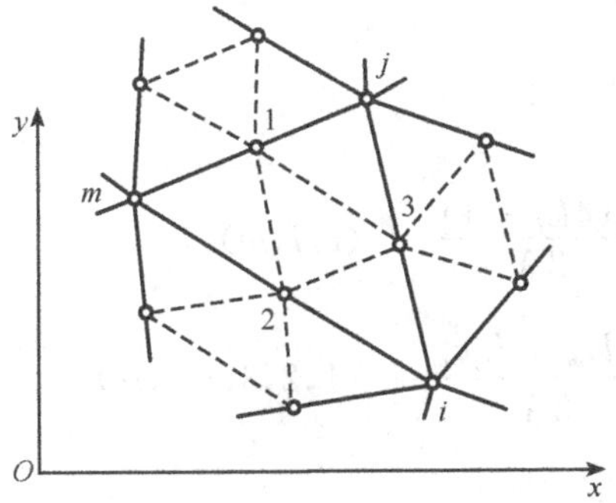

图 2-32

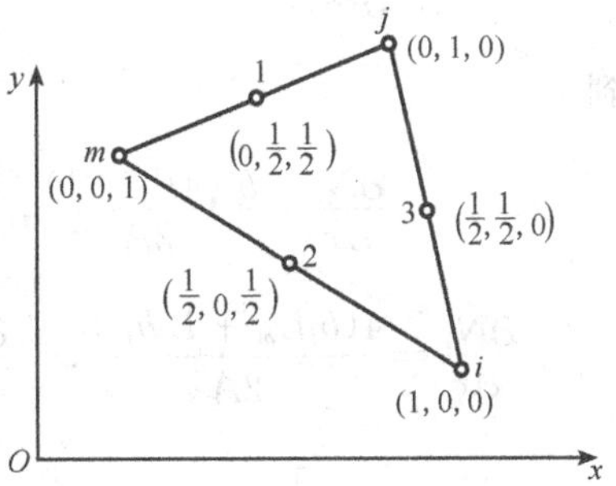

图 2-33

$$u=N_iu_i+N_ju_j+N_mu_m+N_1u_1+N_2u_2+N_3u_3 \tag{c}$$

$$v=N_iv_i+N_jv_j+N_mv_m+N_1v_1+N_2v_2+N_3v_3 \tag{d}$$

其中，形函数取为

$$\begin{aligned} N_i &= L_i(2L_i-1) \quad (i,j,m) \\ N_1 &= 4L_jL_m \qquad (1,2,3;i,j,m) \end{aligned} \tag{2-60}$$

把位移模式写成矩阵形式

$$\boldsymbol{u}=\begin{Bmatrix} u \\ v \end{Bmatrix}=\boldsymbol{N}\boldsymbol{a}^e \tag{2-61}$$

其中，

$$\begin{aligned} \boldsymbol{a}^e &= [u_i \quad v_i \quad u_j \quad v_j \quad u_m \quad v_m \quad u_1 \quad v_1 \quad u_2 \quad v_2 \quad u_3 \quad v_3]^{\mathrm{T}} \\ \boldsymbol{N} &= \begin{bmatrix} N_i & 0 & N_j & 0 & N_m & 0 & N_1 & 0 & N_2 & 0 & N_3 & 0 \\ 0 & N_i & 0 & N_j & 0 & N_m & 0 & N_1 & 0 & N_2 & 0 & N_3 \end{bmatrix} \end{aligned} \tag{e}$$

如果通过式(2-60)，将 6 个结点面积坐标值依次代入式(c)，可见 u 将分别等于 u_i,u_j,u_m,u_1,u_2,u_3 依次代入式(d)，亦可见 v 将分别等于 v_i,v_j,v_m,v_1,v_2,v_3。同时，由式(2-56)可

见,面积坐标与直角坐标是线性相关的,但式(c)及式(d)中的形函数是面积坐标的二次式,所以式(c)及式(d)也是直角坐标的二次式。既然式(c)及式(d)和式(a)及式(b)同样是直角坐标的二次式,而又都能在6个结点处给出6个结点位移,所以式(c)及式(d)和式(a)及式(b)完全相同。

有了位移模式(2-61)后,就可以利用几何方程将单元的应变用单元结点位移表示,即

$$\begin{aligned}\boldsymbol{\varepsilon}=\begin{Bmatrix}\varepsilon_x\\ \varepsilon_y\\ \gamma_{xy}\end{Bmatrix}&=\boldsymbol{Lu}=\boldsymbol{LNa}^e=\boldsymbol{L}[\boldsymbol{N}_i\quad \boldsymbol{N}_j\quad \boldsymbol{N}_m\quad \boldsymbol{N}_1\quad \boldsymbol{N}_2\quad \boldsymbol{N}_3]\boldsymbol{a}^e\\ &=[\boldsymbol{B}_i\quad \boldsymbol{B}_j\quad \boldsymbol{B}_m\quad \boldsymbol{B}_1\quad \boldsymbol{B}_2\quad \boldsymbol{B}_3]\boldsymbol{a}^e\\ &=\boldsymbol{Ba}^e\end{aligned}\tag{2-62}$$

考虑到

$$\frac{\partial N_i}{\partial x}=\frac{b_i(4L_i-1)}{2A},\quad \frac{\partial N_i}{\partial y}=\frac{c_i(4L_i-1)}{2A}\qquad (i,j,m)$$

$$\frac{\partial N_1}{\partial x}=\frac{4(b_jL_m+L_jb_m)}{2A},\quad \frac{\partial N_1}{\partial y}=\frac{4(c_jL_m+L_jc_m)}{2A}\qquad (1,2,3;i,j,m)$$

$$\boldsymbol{B}_i=\begin{bmatrix}\dfrac{\partial N_i}{\partial x} & 0\\ 0 & \dfrac{\partial N_i}{\partial y}\\ \dfrac{\partial N_i}{\partial y} & \dfrac{\partial N_i}{\partial x}\end{bmatrix}=\frac{1}{2A}\begin{bmatrix}b_i(4L_i-1) & 0\\ 0 & c_i(4L_i-1)\\ c_i(4L_i-1) & b_i(4L_i-1)\end{bmatrix}\qquad (i,j,m)$$

$$\boldsymbol{B}_1=\begin{bmatrix}\dfrac{\partial N_1}{\partial x} & 0\\ 0 & \dfrac{\partial N_1}{\partial y}\\ \dfrac{\partial N_1}{\partial y} & \dfrac{\partial N_1}{\partial x}\end{bmatrix}=\frac{1}{2A}\begin{bmatrix}4(b_jL_m+L_jb_m) & 0\\ 0 & 4(c_jL_m+L_jc_m)\\ 4(c_jL_m+L_jc_m) & 4(b_jL_m+L_jb_m)\end{bmatrix}\qquad (1,2,3;\quad i,j,m)$$

由上式可见,应变分量是面积坐标的一次式,因而也是直角坐标的一次式。

利用物理方程将单元的应力用单元结点位移表示

$$\begin{aligned}\boldsymbol{\sigma}&=\boldsymbol{D\varepsilon}=\boldsymbol{DBa}^e=\boldsymbol{D}[\boldsymbol{B}_i\quad \boldsymbol{B}_j\quad \boldsymbol{B}_m\quad \boldsymbol{B}_1\quad \boldsymbol{B}_2\quad \boldsymbol{B}_3]\boldsymbol{a}^e\\ &=[\boldsymbol{S}_i\quad \boldsymbol{S}_j\quad \boldsymbol{S}_m\quad \boldsymbol{S}_1\quad \boldsymbol{S}_2\quad \boldsymbol{S}_3]\boldsymbol{a}^e=\boldsymbol{Sa}^e\end{aligned}\tag{2-63}$$

其中

$$\boldsymbol{S}_i=\frac{Et}{4(1-\nu^2)A}(4L_i-1)\begin{bmatrix}2b_i & 2\nu c_i\\ 2\nu b_i & 2c_i\\ (1-\nu)c_i & (1-\nu)b_i\end{bmatrix}\qquad (i,j,m)\tag{f}$$

$$\boldsymbol{S}_1=\frac{Et}{4(1-\nu^2)A}\begin{bmatrix}8(b_jL_m+L_jb_m) & 8\nu(c_jL_m+L_jc_m)\\ 8\nu(b_jL_m+L_jb_m) & 8(c_jL_m+L_jc_m)\\ 4(1-\nu)(c_jL_m+L_jc_m) & 4(1-\nu)(b_jL_m+L_jb_m)\end{bmatrix}\quad(1,2,3;i,j,m)\tag{g}$$

因为应力矩阵$\boldsymbol{S}$的元素都是面积坐标的一次式，也就是直角坐标的一次式，所以单元中的应力沿任何方向都是线性变化的。

单元刚度矩阵和单元结点荷载列阵的计算仍与式(2-41)相同，即

$$\boldsymbol{k}=\iint_{\Omega^e}\boldsymbol{B}^{\mathrm{T}}\boldsymbol{DB}t\,\mathrm{d}x\,\mathrm{d}y\tag{h}$$

单元体力引起的等效结点荷载为

$$\boldsymbol{R}^e=\iint_{\Omega^e}\boldsymbol{N}^{\mathrm{T}}\boldsymbol{f}t\,\mathrm{d}x\,\mathrm{d}y\tag{i}$$

单元某边界(如ij边)面力引起的等效结点荷载为

$$\boldsymbol{R}^e=\int_{ij}\boldsymbol{N}^{\mathrm{T}}\bar{\boldsymbol{f}}t\,\mathrm{d}s\tag{j}$$

例如，由于单元的自重W作用，体力列阵为

$$\boldsymbol{f}=\begin{Bmatrix}f_x\\f_y\end{Bmatrix}=\begin{Bmatrix}0\\-\dfrac{W}{tA}\end{Bmatrix}$$

代入式(i)，得

$$\begin{aligned}\boldsymbol{R}^e&=\iint_{\Omega^e}\boldsymbol{N}^{\mathrm{T}}\boldsymbol{f}t\,\mathrm{d}x\,\mathrm{d}y\\&=\iint_{\Omega^e}\begin{bmatrix}N_i&0&N_j&0&N_m&0&N_1&0&N_2&0&N_3&0\\0&N_i&0&N_j&0&N_m&0&N_1&0&N_2&0&N_3\end{bmatrix}^{\mathrm{T}}\begin{Bmatrix}0\\-\dfrac{W}{tA}\end{Bmatrix}t\,\mathrm{d}x\,\mathrm{d}y\\&=-\frac{W}{A}\iint_{\Omega^e}[0\quad N_i\quad 0\quad N_j\quad 0\quad N_m\quad 0\quad N_1\quad 0\quad N_2\quad 0\quad N_3]^{\mathrm{T}}\mathrm{d}x\,\mathrm{d}y\end{aligned}\tag{k}$$

利用积分公式(2-58)，可以求得

$$\iint_{\Omega^e}N_i\,\mathrm{d}x\,\mathrm{d}y=\iint_{\Omega^e}L_i(2L_i-1)\,\mathrm{d}x\,\mathrm{d}y=0\quad(i,j,m)$$

$$\iint_{\Omega^e}N_1\,\mathrm{d}x\,\mathrm{d}y=\iint_{\Omega^e}4L_jL_m\,\mathrm{d}x\,\mathrm{d}y=\frac{A}{3}\quad(1,2,3)$$

代入式(k)，即得单元荷载列阵

$$\boldsymbol{R}^e = -\frac{W}{3}[0\ 0\ 0\ 0\ 0\ 0\ 0\ 1\ 0\ 1\ 0\ 1]^{\mathrm{T}}$$

这也就是说,只需向结点 1,2,3 分别移置 1/3 自重。

又如,设单元在 ij 边上受有沿 x 方向的按线性变化的面力,在 i 点为 q 而在 j 点为零(图 2-34)。注意 L_i 在 i 点为 1 而在 j 点为零,并在 ij 边上按线性变化,则面力可以表示

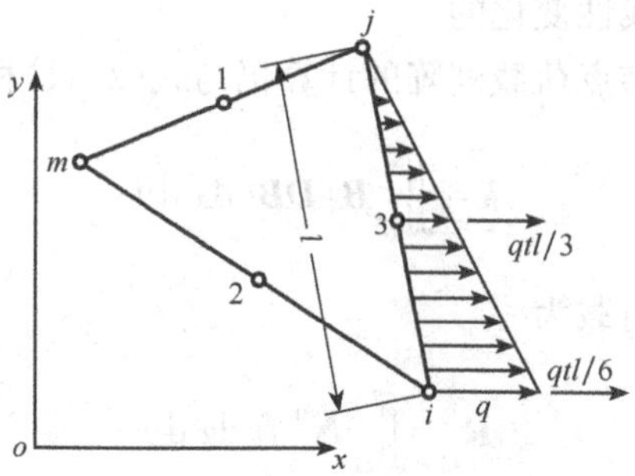

图 2-34

成为

$$\bar{\boldsymbol{f}} = \begin{Bmatrix} \bar{f}_x \\ \bar{f}_y \end{Bmatrix} = \begin{Bmatrix} qL_i \\ 0 \end{Bmatrix}$$

代入式(j),得

$$\boldsymbol{R}^e = \int_l \begin{bmatrix} N_i & 0 & N_j & 0 & N_m & 0 & N_1 & 0 & N_2 & 0 & N_3 & 0 \\ 0 & N_i & 0 & N_j & 0 & N_m & 0 & N_1 & 0 & N_2 & 0 & N_3 \end{bmatrix}^{\mathrm{T}} \begin{Bmatrix} qL_i \\ 0 \end{Bmatrix} t\mathrm{d}s$$

$$= qt\int_l [N_i\ \ 0\ \ N_j\ \ 0\ \ N_m\ \ 0\ \ N_1\ \ 0\ \ N_2\ \ 0\ \ N_3\ \ 0]^{\mathrm{T}} L_i \mathrm{d}s \tag{l}$$

在 ij 边上,由于 $L_m=0$,因此由式(2-60)得

$$N_i = L_i(2L_i - 1),\quad N_j = L_j(2L_j - 1),\quad N_m = 0$$
$$N_1 = 0,\quad N_2 = 0,\quad N_3 = 4L_iL_j$$

代入式(l),应用式(2-59)进行积分以后,即得

$$\{R\}^e = \frac{qlt}{2}\left[\frac{1}{3}\ \ 0\ \ 0\ \ 0\ \ 0\ \ 0\ \ 0\ \ 0\ \ 0\ \ 0\ \ \frac{2}{3}\ \ 0\right]^{\mathrm{T}} \tag{m}$$

这就是,只需把总面力$\frac{qtl}{2}$的$\frac{1}{3}$移置到结点 i,$\frac{2}{3}$移置到结点 3,如图 2-34 所示。据此,可以用叠加法求得边界上受任意线性分布面力时的荷载列阵。

现在来计算单元刚度矩阵。将已算出的应变矩阵 $\boldsymbol{B}$ 代入式(h),再应用式(2-58)对其中各元素进行积分,并利用关系式 $b_i+b_j+b_m=0$ 及 $c_i+c_j+c_m=0$ 加以简化,最后得到

$$\boldsymbol{k}=\frac{Et}{24(1-\nu^2)A}\begin{bmatrix} F_i & P_{ij} & P_{im} & 0 & -4P_{im} & -4P_{ij} \\ P_{ji} & F_j & P_{jm} & -4P_{jm} & 0 & -4P_{ji} \\ P_{mi} & P_{mj} & F_m & -4P_{mj} & -4P_{mi} & 0 \\ 0 & -4P_{mj} & -4P_{jm} & G_i & Q_{ij} & Q_{im} \\ -4P_{mi} & 0 & -4P_{im} & Q_{ji} & G_j & Q_{jm} \\ -4P_{ji} & -4P_{ij} & 0 & Q_{mi} & Q_{mj} & G_m \end{bmatrix} \tag{2-64}$$

其中，

$$\boldsymbol{F}_i=\begin{bmatrix} 6b_i^2+3(1-\nu)c_i^2 & \\ 3(1+\nu)b_ic_i & 6c_i^2+3(1-\nu)b_i^2 \end{bmatrix} \quad (i,j,m)$$

$$\boldsymbol{G}_i=\begin{bmatrix} 16(b_i^2-b_jb_m)+8(1-\nu)(c_i^2-c_jc_m) & \\ 4(1+\nu)(b_ic_i+b_jc_j+b_mc_m) & 16(c_i^2-c_jc_m)+8(1-\nu)(b_i^2-b_jb_m) \end{bmatrix}$$

$$(i,j,m)$$

$$\boldsymbol{P}_{rs}=\begin{bmatrix} -2b_rb_s-(1-\nu)c_rc_s & -2\nu b_rc_s-(1-\nu)c_rb_s \\ -2\nu c_rb_s-(1-\nu)b_rc_s & -2c_rc_s-(1-\nu)b_rb_s \end{bmatrix} \quad \begin{pmatrix} r=i,j,m \\ s=i,j,m \end{pmatrix}$$

$$\boldsymbol{Q}_{rs}=\begin{bmatrix} 16b_rb_s+(1-\nu)c_rc_s & \\ 4(1+\nu)(c_rb_s+b_rc_s) & 16c_rc_s+8(1-\nu)b_rb_s \end{bmatrix} \quad \begin{pmatrix} r=i,j,m \\ s=i,j,m \end{pmatrix}$$

对于平面应变问题，需在应力矩阵及刚度矩阵的各个公式中将 E 换为$\frac{E}{1-\nu^2}$，将 ν 换为$\frac{\nu}{1-\nu}$。

在结点数目大致相同的情况下，用6结点三角形单元进行计算时，精度不但远高于简单三角形单元而且也高于矩形单元。因此为了达到大致相同的精度，用6结点三角形单元时，单元可以取得很少。例如，对于图2-23所示的楔形体问题，只需取一个6结点三角形单元，就得出完全精确的位移和应力。另一方面，整理应力成果也比较简单，用绕结点平均法整理应力时，对边界结点处的应力无需进行推算，表征性就很好。但是，6结点三角形单元对于非均匀性及曲线边界的适应性，虽然比矩形单元好得多，但却比不上简单三角形单元。此外，由于一个结点的平衡方程牵涉到较多的结点位移，整体刚度矩阵的带宽较大，也是一个缺点。

2.13　用6结点三角形单元进行计算的实例

1. 简支梁受均布荷载

仍然用图2-24(a)所示的简支梁，计算右边的一半。采用如图2-35所示的网格。用绕结点平均法整理了 $x=0$ 的截面处的弯应力 σ_x 和挤压应力 σ_y。整理的结果分别见表2-7及表2-8，可见精度是非常高的。

表 2-7 在 $x=0$ 的截面处的 σ_x (单位:$\times10^{-2}$MPa)

结点的 y/m	1.5	1.0	0.5	0	−0.5	−1.0	−1.5
有限单元解	−272.7	−180.5	−89.2	−0.6	89.1	179.6	271.2
函数解	−272.0	−179.5	−89.2	0.0	89.2	179.5	272.0
误差	−0.7	−1.0	0.0	−0.6	−0.1	0.1	−0.8

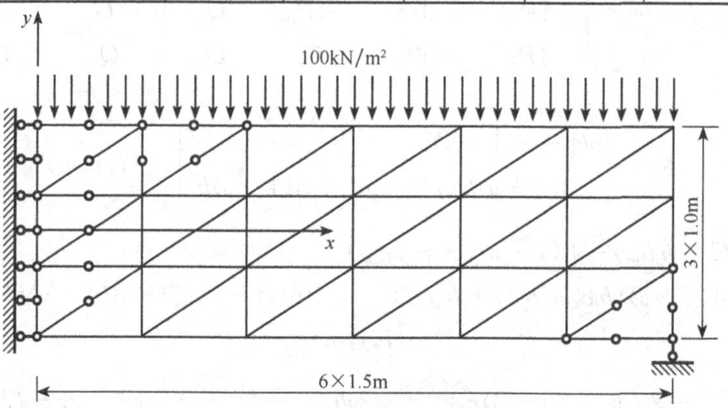

图 2-35

表 2-8 在 $x=0$ 的截面处的 σ_y (单位:$\times10^{-2}$MPa)

结点的 y/m	1.5	1.0	0.5	0	−0.5	−1.0	−1.5
有限单元解	−10.0	−9.1	−7.7	−5.0	−2.5	−0.8	0.6
函数解	−10	−9.3	−7.4	−5.0	−2.6	−0.7	0
误差	0.0	0.2	−0.3	0.0	0.1	−0.1	0.6

2. 对心受压的圆筒

图 2-36(a)表示一圆筒,内半径为 0.3m,外半径为 0.6m,弹性模量 $E=2\times10^4$MPa,泊松系数 $\nu=0.167$,每米长度内的荷载如图所示,作为平面应变问题进行计算。由于对称,只计算 1/4,网格如图 2-36(b)所示。用绕结点平均法整理了 $y=0$ 的截面上的 σ_y,结果列入表 2-9。

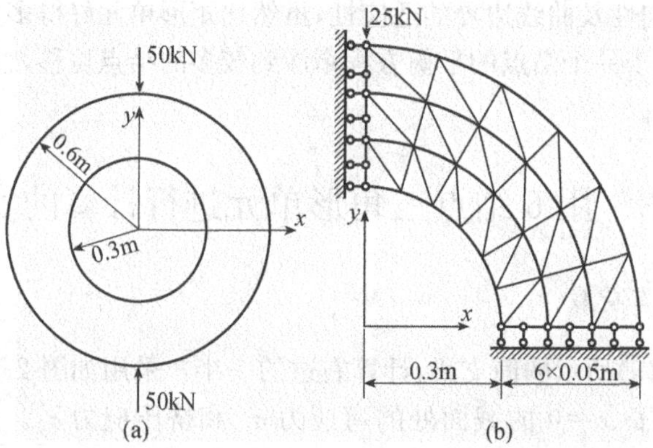

图 2-36

表 2-9　在 $y=0$ 的截面处的 σ_y　　（单位：$\times 10^{-2}$ MPa）

结点的 y/m	0.30	0.35	0.40	0.45	0.50	0.55	0.60
有限单元解	−43.6	−27.0	−14.0	−5.0	2.8	9.5	16.0
函数解	−47.5	−27.3	−14.2	−5.2	2.4	9.3	13.9
误差	3.9	0.3	0.2	0.2	0.4	0.2	2.1

3. 对心受压的圆柱

图 2-37(a)中的圆柱，半径为 6cm，弹性模量为 $E=2\times10^4$MPa，泊松系数为 $\nu=0.167$，每厘米长度内受荷载如图所示，作为平面应变问题进行计算。由于对称，只计算 1/4，网格如图 2-37(b)所示。用绕结点平均法整理了 $y=0$ 的截面上的 σ_y，结果如表 2-10 所示。

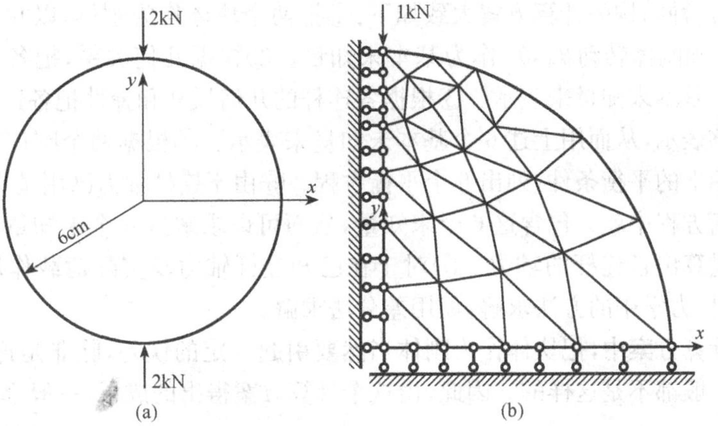

图 2-37

表 2-10　在 $y=0$ 的截面处的 σ_y　　（单位：$\times 10^{-1}$ MPa）

结点的 x/cm	0	0.60	1.20	1.85	2.50	3.25	4.00	5.00	6.00
有限单元解	−31.6	−30.8	−28.9	−24.6	−20.4	−14.8	−9.8	−4.3	0.4
函数解	−31.9	−31.0	−28.8	−24.7	−20.4	−14.8	−9.7	−4.2	0.0
误差	0.3	0.2	−0.1	0.1	−0.0	0.0	−0.1	−0.1	0.4

2.14　杆件与块体的混合结构

有限单元法的优点之一是它能够比较方便地应用于混合结构，即杆件、板件、块体(实体)混合组成的结构。例如，图 2-38 所示的结构，是由 A 和 B 两个实体用水平连杆相互连系而组成的，目的是要该结构的两个部分在水平方向成为整体，具有较大的刚度，而在铅直方向却又互相独立，以消除不均匀沉陷所引起的相互影响。此外，结构的支承桩在计算简图中有时也简化为连杆支座。

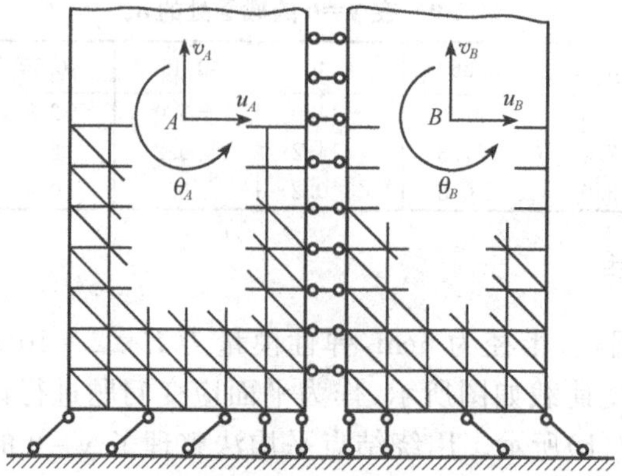

图 2-38

在过去,这种结构的计算方案大致如下:①把两个块体作为刚体,以它们的刚体平移 u_A, v_A, u_B, v_B 和刚体转动 θ_A, θ_B 作为基本未知量。②根据几何关系,把各连杆两端的位移用上述 6 个基本未知量来表示。③根据各连杆的几何尺寸和弹性把各连杆的轴力用连杆两端的位移表示,从而用上述 6 个基本未知量来表示。④根据两个刚体在实际荷载及连杆轴力作用下的平衡条件,列出 6 个平衡方程。⑤由于连杆轴力已用基本未知量表示,上述 6 个平衡方程中就只包含这 6 个未知量,从而可以求解这 6 个未知量。⑥根据求出的基本未知量算出各连杆的轴力。⑦对于在已知连杆轴力及实际荷载作用下的两个块体,分别用弹性力学中的方法求解,如用差分法求解。

在上述计算方案中,把块体作为刚体当然要引起一定的误差,除非是连杆非常柔细,而实际情况一般都不是这样的。因此,由这个计算方案得出的成果,一般都不能符合实际量测的结果。

对于这种问题,宜用有限单元法进行计算。为此只需在划分块体为单元时,把块体与连杆的连接点都安排成为结点(图 2-38),而在建立这种结点的平衡方程时,把每根连杆也当做一个单元,把这个杆件单元的结点力和三角形或矩形单元的结点力同样地对待。这就要用到杆件的结点力与杆端位移之间的关系式

$$\boldsymbol{F}^e = \boldsymbol{k}\boldsymbol{a}^e \tag{2-65}$$

其中

$$\boldsymbol{a}^e = [u_i \quad v_i \quad u_j \quad v_j]^{\mathrm{T}}$$

$$\boldsymbol{F}^e = [U_i \quad V_i \quad U_j \quad V_j]^{\mathrm{T}}$$

矩阵 $\boldsymbol{k}$ 是一个 4×4 的矩阵,就是这个杆件单元的刚度矩阵,它极易由材料力学中的简单公式建立如下:

设杆件 ij 的长度为 L,弹性模量为 E,横截面的面积为 A,与 x 轴的夹角为 α,如图 2-39 所示。假想该杆件发生了位移 $u_i=1$,这时 $v_i=u_j=v_j=0$。由简单的几何关系可见,该杆件缩短了 $\cos\alpha$。

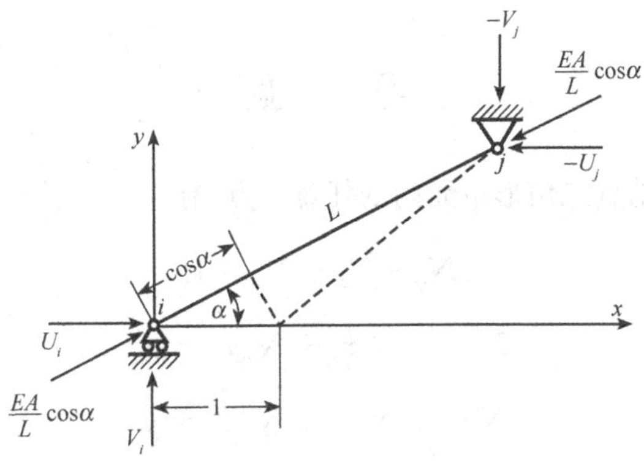

图 2-39

按照材料力学的简单公式，该杆件的轴力将为$\frac{EA}{L}\cos\alpha$(压力)。根据这个轴力在 x 轴及 y 轴上的投影，得出相应的 4 个结点力为

$$U_i=\frac{EA}{L}\cos^2\alpha,\quad V_i=\frac{EA}{L}\cos\alpha\sin\alpha$$

$$U_j=-\frac{EA}{L}\cos^2\alpha,\quad U_j=-\frac{EA}{L}\cos\alpha\sin\alpha$$

这是当 $u_i=1$ 时的 4 个结点力，因而就是刚度矩阵 $\boldsymbol{k}$ 中第 1 列的 4 个元素。同样可以得出 $v_i=1,u_j=1,v_j=1$ 时相应的结点力，从而得出该矩阵中其余 3 列的元素。这样就得出

$$\boldsymbol{k}=\frac{EA}{L}\begin{bmatrix}\cos^2\alpha & & \text{对} & \\ \cos\alpha\sin\alpha & \sin^2\alpha & & \text{称} \\ -\cos^2\alpha & -\cos\alpha\sin\alpha & \cos^2\alpha & \\ -\cos\alpha\sin\alpha & -\sin^2\alpha & \cos\alpha\sin\alpha & \sin^2\alpha\end{bmatrix}\tag{2-66}$$

在求出结点位移以后，为了求得该杆件的应力，还需用到杆件应力与杆端位移之间的关系式

$$\boldsymbol{\sigma}=\boldsymbol{S}\boldsymbol{a}^e\tag{2-67}$$

式中，$\boldsymbol{\sigma}$ 只含有一个元素，即杆件的拉压应力；$\boldsymbol{S}$ 是一个 1×4 的矩阵，就是该杆件的应力矩阵。$\boldsymbol{S}$ 建立如下：

上面已经指出，由于 $u_i=1$，该杆件将缩短 $\cos\alpha$，因此该杆件将具有应力$-\frac{E}{L}\cos\alpha$。同样，由于 $v_i=1,u_j=1,v_j=1$ 它将分别具有应力$-\frac{E}{L}\sin\alpha,\frac{E}{L}\cos\alpha,\frac{E}{L}\sin\alpha$。这 4 个应力就是矩阵 $\boldsymbol{S}$ 的 4 个元素。于是得出

$$\boldsymbol{S}=\frac{E}{L}[-\cos\alpha\quad -\sin\alpha\quad \cos\alpha\quad \sin\alpha]$$

习　　题

2-1　试证:在3结点三角形单元内的任意一点,有

$$N_i + N_j + N_m = 1$$

$$N_i x_i + N_j x_j + N_m x_m = x$$

$$N_i y_i + N_j y_j + N_m y_m = y$$

2-2　图2-40所示一平面应力状态下的3结点等边三角形单元,其边长为a,$\nu=1/6$。(a)试求出应力转换矩阵$\boldsymbol{S}$及单元刚度矩阵$\boldsymbol{k}$。(b)试求出$\boldsymbol{k}$中的每行之和及每列之和,并说明其原因。(c)设该单元发生结点位移$u_i=u_j=u_m=1$,$v_i=v_j=v_m=0$,或发生结点位移$u_i=u_j=v_i=0$,$v_j=1$,$u_m=-\sqrt{3}/2$,$v_m=1/2$,试求单元中的应力,并说明其原因。(d)设该单元在jm边上受有线性分布的压力,其在j点及m点的集度分别为q_j及q_m。试求等效结点荷载。

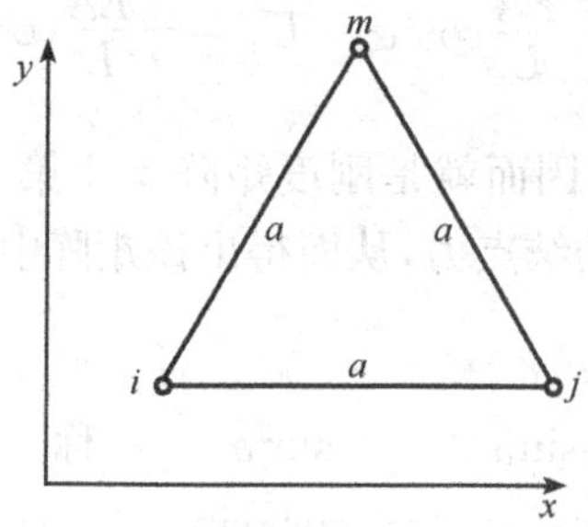

图2-40

2-3　对于图2-12所示的简例,试由结点位移的解答求出各个连杆反力。

2-4　对于图2-41所示的离散结构,试求结点1、2的位移及铰支座3、4、5的反力(按平面应力问题计算,取$\nu=1/6$)。

2-5　对于图2-42所示的结构,试求整体刚度矩阵$\boldsymbol{K}$中的子矩阵$\boldsymbol{K}_{41}$、$\boldsymbol{K}_{42}$、$\boldsymbol{K}_{44}$、$\boldsymbol{K}_{46}$。

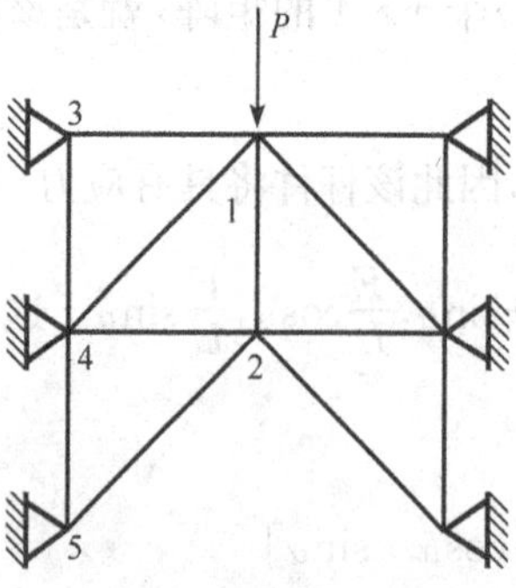

图2-41

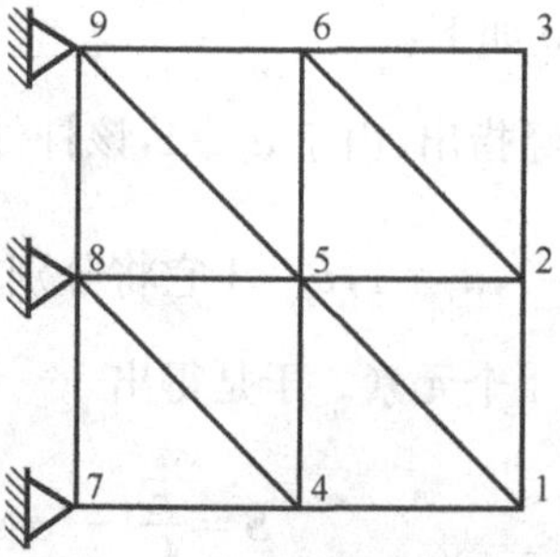

图2-42

第 3 章　等参有限单元法

3.1　坐标变换、等参单元

在这一节中以平面问题为例介绍等参单元的概念、方法以及有关计算公式。这些公式可以很容易推广到空间问题。

在第二章中，我们介绍了 3 结点三角形单元和矩形单元。矩形单元能够比三角形单元较好地反映单元中应力的变化。但是，矩形单元不能适应曲线边界和斜交的直线边界，也不能随意改变大小，在应用上是很不方便的。如果采用任意四边形单元，如图 3-1(a) 所示，就能克服矩形单元的这些不足，又具有三角形单元适应边界能力强的特点。

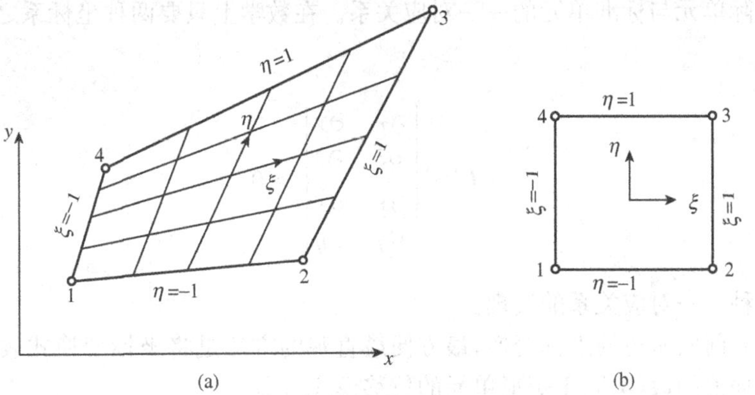

图 3-1

对于任意四边形单元，在构造位移模式时，就不能再沿用前面的方法。如果仍然把单元的位移模式假设为

$$\left.\begin{aligned} u&=\alpha_1+\alpha_2 x+\alpha_3 y+\alpha_4 xy \\ v&=\alpha_5+\alpha_6 x+\alpha_7 y+\alpha_8 xy \end{aligned}\right\} \tag{a}$$

就不能保证在两相邻单元的交界面上位移的连续性。例如，边界 23 的直线方程为

$$y=Ax+B \tag{b}$$

将式(b)代入式(a)有

$$\left.\begin{aligned} u&=\alpha_1+\alpha_2 x+\alpha_3 Ax+\alpha_3 B+\alpha_4 Ax^2+\alpha_4 Bx \\ v&=\alpha_5+\alpha_6 x+\alpha_7 Ax+\alpha_7 B+\alpha_8 Ax^2+\alpha_8 Bx \end{aligned}\right\} \tag{c}$$

由式(c)可见，在边界 23 上位移是 x 的二次函数，而该交界面只有 2 个公共结点，不能唯一确定一个二次函数，因此两相邻单元的位移在该交界面上位移是不相同的。也即按这样构造的位移模式不能满足连续性要求。

另外，即便找到合适的位移模式，每个单元的形状各不相同，在计算单元刚度矩阵和结点荷载时所涉及的积分域也是各不相同，这对具体计算和编程带来极大的困难，甚至可以说是无法实现的。

通过坐标变换，可以解决上述困难。设整体坐标系为(x,y)，在每个单元上建立局部坐标系(ξ,η)。我们希望通过坐标变换

$$\left.\begin{aligned} x &= f(\xi,\eta) \\ y &= g(\xi,\eta) \end{aligned}\right\} \tag{d}$$

将每个实际单元[图 3-1(a)]映射到标准正方形单元[图 3-1(b)]。即将实际单元的 4 个边界映射到标准单元的 4 个边界；实际单元内任一点映射到标准单元内某一点；反之，在标准单元内任一点也能在实际单元内找到唯一的对应点。也就是说，通过这种坐标变换建立每个实际单元与标准单元的一一对应关系。在数学上只要两种坐标系之间的雅可比行列式

$$|\boldsymbol{J}| = \begin{vmatrix} \dfrac{\partial x}{\partial \xi} & \dfrac{\partial y}{\partial \xi} \\ \dfrac{\partial x}{\partial \eta} & \dfrac{\partial y}{\partial \eta} \end{vmatrix} > 0 \tag{3-1}$$

就能保证这种一一对应关系的实现。

为了建立前面所述的坐标变换，最方便最直观的方法是将坐标变换式表示成为关于整体坐标的插值函数(类同于矩形单元的位移模式)，即

$$\begin{aligned} x &= N_1x_1 + N_2x_2 + N_3x_3 + N_4x_4 \\ y &= N_1y_1 + N_2y_2 + N_3y_3 + N_4y_4 \end{aligned} \tag{3-2}$$

其中 4 个形函数(插值函数)为

$$\begin{aligned} N_1 &= \frac{1}{4}(1-\xi)(1-\eta) \\ N_2 &= \frac{1}{4}(1+\xi)(1-\eta) \\ N_3 &= \frac{1}{4}(1+\xi)(1+\eta) \\ N_4 &= \frac{1}{4}(1-\xi)(1+\eta) \end{aligned}$$

合并写成

$$N_i = \frac{1}{4}(1+\xi_i\xi)(1+\eta_i\eta) \tag{3-3}$$

式中 ξ,η 是定义在标准单元上的局部坐标，$\xi_i,\eta_i(i=1,2,3,4)$ 分别代表标准单元 4 个结点处的局部坐标值。

可以验证，坐标变换式(3-2)能把实际单元映射到标准单元。或者说它把标准单元的 4 个边界变换到实际单元的 4 个边界，把标准单元内任一点唯一地变换到实际单元内的一点。例如，在边界 23 上 $\xi=1$，这时，$N_1=0,N_2=\frac{1}{2}(1-\eta),N_3=\frac{1}{2}(1+\eta),N_4=0$。

$$\left.\begin{aligned} x &= \frac{1}{2}(1-\eta)x_2+\frac{1}{2}(1+\eta)x_3=\frac{1}{2}(x_2+x_3)+\frac{1}{2}(x_3-x_2)\eta \\ y &= \frac{1}{2}(1-\eta)y_2+\frac{1}{2}(1+\eta)y_3=\frac{1}{2}(y_2+y_3)+\frac{1}{2}(y_3-y_2)\eta \end{aligned}\right\} \tag{e}$$

当 $\eta=-1$ 时，$x=x_2,y=y_2$，当 $\eta=1$ 时，$x=x_3,y=y_3$。由此可见式(e)就是实际单元边界 23 的直线方程。又如标准单元的中心点($\xi=0,\eta=0$)可以变换到实际单元的中心点。

如果实际单元的编码正确，形状又规整。还可以证明坐标变换式(3-2)的雅可比行列式 $|\boldsymbol{J}|>0$。

这样，就建立了实际单元与标准单元的一一对应关系。我们把实际单元图 3-1(a)称为子单元，把标准单元图 3-1(b)称为母单元。

将单元位移模式取为

$$\left.\begin{aligned} u &= N_1u_1+N_2u_2+N_3u_3+N_4u_4 \\ v &= N_1v_1+N_2v_2+N_3v_3+N_4v_4 \end{aligned}\right\} \tag{3-4}$$

其中，形函数 N_i 与式(3-3)一样，$u_i,v_i(i=1,2,3,4)$ 为实际单元 4 个结点处的位移。上式写成矩阵形式为

$$\begin{aligned} \boldsymbol{u} &= \begin{bmatrix} N_1 & 0 & N_2 & 0 & N_3 & 0 & N_4 & 0 \\ 0 & N_1 & 0 & N_2 & 0 & N_3 & 0 & N_4 \end{bmatrix} \begin{Bmatrix} u_1 \\ v_1 \\ u_2 \\ v_2 \\ u_3 \\ v_3 \\ u_4 \\ v_4 \end{Bmatrix} \\ &= [\boldsymbol{I}N_1 \quad \boldsymbol{I}N_2 \quad \boldsymbol{I}N_3 \quad \boldsymbol{I}N_4]\boldsymbol{a}^e \\ &= \boldsymbol{N}\boldsymbol{a}^e \end{aligned} \tag{3-5}$$

由于位移模式(3-4)与坐标变换式(3-2)具有相同的形式，即形函数相同，参数个数相同，这种单元称为等参数单元或称等参单元。

3.2 单元应变和应力

有了位移模式就可以利用几何方程和物理方程求得单元上的应变和应力的表达式为

$$\begin{aligned}\boldsymbol{\varepsilon}=\boldsymbol{L}\boldsymbol{u}&=\begin{bmatrix}\dfrac{\partial}{\partial x} & 0\\ 0 & \dfrac{\partial}{\partial y}\\ \dfrac{\partial}{\partial y} & \dfrac{\partial}{\partial x}\end{bmatrix}\begin{bmatrix}\boldsymbol{I}N_1 & \boldsymbol{I}N_2 & \boldsymbol{I}N_3 & \boldsymbol{I}N_4\end{bmatrix}\boldsymbol{a}^e\\ &=\begin{bmatrix}\boldsymbol{B}_1 & \boldsymbol{B}_2 & \boldsymbol{B}_3 & \boldsymbol{B}_4\end{bmatrix}\boldsymbol{a}^e\\ &=\boldsymbol{B}\boldsymbol{a}^e\end{aligned} \tag{3-6}$$

其中

$$\boldsymbol{B}_i=\begin{bmatrix}\dfrac{\partial N_i}{\partial x} & 0\\ 0 & \dfrac{\partial N_i}{\partial y}\\ \dfrac{\partial u_i}{\partial y} & \dfrac{\partial N_i}{\partial x}\end{bmatrix}\quad(i=1,2,3,4) \tag{3-7}$$

$$\begin{aligned}\boldsymbol{\sigma}=\boldsymbol{D}\boldsymbol{\varepsilon}&=\boldsymbol{D}\begin{bmatrix}\boldsymbol{B}_1 & \boldsymbol{B}_2 & \boldsymbol{B}_3 & \boldsymbol{B}_4\end{bmatrix}\boldsymbol{a}^e\\ &=\begin{bmatrix}\boldsymbol{S}_1 & \boldsymbol{S}_2 & \boldsymbol{S}_3 & \boldsymbol{S}_4\end{bmatrix}\boldsymbol{a}^e\\ &=\boldsymbol{S}\boldsymbol{a}^e\end{aligned} \tag{3-8}$$

其中

$$\begin{aligned}\boldsymbol{S}_i&=\boldsymbol{D}\boldsymbol{B}_i\\ &=\frac{E}{1-\nu^2}\begin{bmatrix}\dfrac{\partial N_i}{\partial x} & \nu\dfrac{\partial N_i}{\partial y}\\ \nu\dfrac{\partial N_i}{\partial x} & \dfrac{\partial N_i}{\partial y}\\ \dfrac{1-\nu}{2}\dfrac{\partial N_i}{\partial y} & \dfrac{1-\nu}{2}\dfrac{\partial N_i}{\partial x}\end{bmatrix}\quad(i=1,2,3,4)\end{aligned} \tag{3-9}$$

对于平面应变问题,只要将公式(3-9)中的 E 换成$\dfrac{E}{1-\nu^2}$,把 ν 换成$\dfrac{\nu}{1-\nu}$即可。

在应变矩阵 $\boldsymbol{B}$ 和应力矩阵 $\boldsymbol{S}$ 中,涉及形函数对整体坐标的导数,等参单元的形函数是定义在母单元上的,即是用局部坐标表示的。它们是整体坐标的隐式函数,因此需要根据复合函数的求导法则来求出各形函数对整体坐标的导数。

$$\left.\begin{aligned}\frac{\partial N_i}{\partial \xi}&=\frac{\partial N_i}{\partial x}\frac{\partial x}{\partial \xi}+\frac{\partial N_i}{\partial y}\frac{\partial y}{\partial \xi}\\ \frac{\partial N_i}{\partial \eta}&=\frac{\partial N_i}{\partial x}\frac{\partial x}{\partial \eta}+\frac{\partial N_i}{\partial y}\frac{\partial y}{\partial \eta}\end{aligned}\right\}\tag{a}$$

由式(a)可以解出$\frac{\partial N_i}{\partial x}$和$\frac{\partial N_i}{\partial y}$

$$\begin{Bmatrix}\frac{\partial N_i}{\partial x}\\ \frac{\partial N_i}{\partial y}\end{Bmatrix}=\boldsymbol{J}^{-1}\begin{Bmatrix}\frac{\partial N_i}{\partial \xi}\\ \frac{\partial N_i}{\partial y}\end{Bmatrix}\qquad (i=1,2,3,4)\tag{3-10}$$

式中 $\boldsymbol{J}$ 为雅可比矩阵

$$\boldsymbol{J}=\begin{bmatrix}\frac{\partial x}{\partial \xi} & \frac{\partial y}{\partial \xi}\\ \frac{\partial x}{\partial \eta} & \frac{\partial y}{\partial \eta}\end{bmatrix}\tag{3-11}$$

3.3　微面积、微线段的计算

在计算单元刚度矩阵和结点荷载列阵时要用到实际单元的微分面积 dA 和微分线段 ds。这一节讨论把微面积和微线段用局部坐标的微分来表示，以便将所有积分计算转换到母单元上进行。

1. 微分面积

设实际单元中任一点微分面积为 dA，如图 3-2(a)阴影部分所示。图中 d$\boldsymbol{r}_\xi$ 为 ξ 坐标线上的微分矢量，d$\boldsymbol{r}_\eta$ 为 η 坐标线上的微分矢量，即

$$\left.\begin{aligned}\mathrm{d}\boldsymbol{r}_\xi&=\mathrm{d}x\boldsymbol{i}+\mathrm{d}y\boldsymbol{j}\\ &=\frac{\partial x}{\partial \xi}\mathrm{d}\xi\boldsymbol{i}+\frac{\partial y}{\partial \xi}\mathrm{d}\xi\boldsymbol{j}\\ \mathrm{d}\boldsymbol{r}_\eta&=\frac{\partial x}{\partial \eta}\mathrm{d}\eta\boldsymbol{i}+\frac{\partial y}{\partial \eta}\mathrm{d}\eta\boldsymbol{j}\end{aligned}\right\}\tag{a}$$

$$\begin{aligned}\mathrm{d}A&=|\mathrm{d}\boldsymbol{r}_\xi\times\mathrm{d}\boldsymbol{r}_\eta|\\ &=\begin{vmatrix}\frac{\partial x}{\partial \xi} & \frac{\partial y}{\partial \xi}\\ \frac{\partial x}{\partial \eta} & \frac{\partial y}{\partial \eta}\end{vmatrix}\mathrm{d}\xi\mathrm{d}\eta\\ &=|\boldsymbol{J}|\,\mathrm{d}\xi\mathrm{d}\eta\end{aligned}\tag{3-12}$$

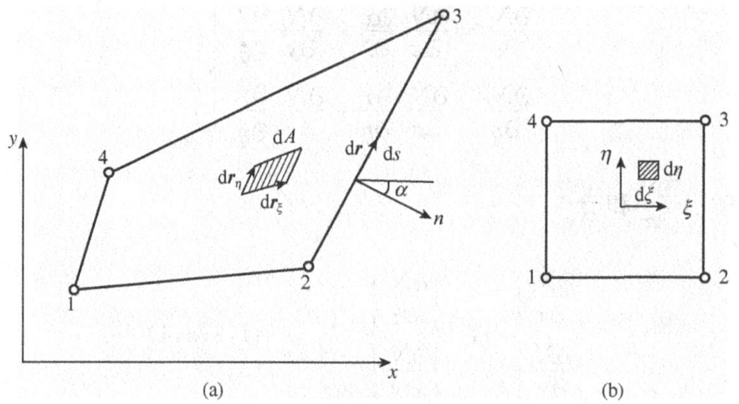

图 3-2

可见雅可比行列式 $|\boldsymbol{J}|$ 是实际单元微面积与母单元微面积的比值,相当于实际单元上微面积的放大(缩小)系数。

2. 微分线段

在 $\xi=\pm1$ 的边界上,$\mathrm{d}\boldsymbol{r}=\dfrac{\partial x}{\partial\eta}\mathrm{d}\eta\boldsymbol{i}+\dfrac{\partial y}{\partial\eta}\mathrm{d}\eta\boldsymbol{j}$,则

$$\mathrm{d}s=|\mathrm{d}\boldsymbol{r}|=\sqrt{\left(\frac{\partial x}{\partial\eta}\right)^2+\left(\frac{\partial y}{\partial\eta}\right)^2}\mathrm{d}\eta \tag{3-13}$$

同理,在 $\eta=\pm1$ 的边界上

$$\mathrm{d}s=\sqrt{\left(\frac{\partial x}{\partial\xi}\right)^2+\left(\frac{\partial y}{\partial\xi}\right)^2}\mathrm{d}\xi \tag{3-14}$$

对于 4 结点四边形等参单元,在 $\xi=1$ 的边界上有

$$\left.\begin{aligned}x&=\frac{1}{2}(1-\eta)x_2+\frac{1}{2}(1+\eta)x_3\\y&=\frac{1}{2}(1-\eta)y_2+\frac{1}{2}(1+\eta)y_3\end{aligned}\right\} \tag{b}$$

$$\left.\begin{aligned}\frac{\partial x}{\partial\eta}&=\frac{1}{2}(x_3-x_2)\\\frac{\partial y}{\partial\eta}&=\frac{1}{2}(y_3-y_2)\end{aligned}\right\} \tag{c}$$

将式(c)代入式(3-13),得

$$\mathrm{d}s=\frac{1}{2}\sqrt{(x_3-x_2)^2+(y_3-y_2)^2}\,\mathrm{d}\eta=\frac{1}{2}l_{23}\mathrm{d}\eta \tag{d}$$

同理,在 $\xi=-1$ 的边界上

$$ds=\frac{1}{2}l_{14}d\eta \tag{e}$$

在 $\eta=1$ 的边界上

$$ds=\frac{1}{2}l_{34}d\xi \tag{f}$$

在 $\eta=-1$ 的边界上

$$ds=\frac{1}{2}l_{12}d\xi \tag{g}$$

在式(d)~(g)中的 l_{23} 等,分别表示各边界的长度。顺便指出,在程序设计中为了通用化,宁愿采用表达式(3-13)和式(3-14)计算微分长度,因为它们对任意单元类型都适用。

3. 单元边界外法向

如图 3-2(a)所示,$\xi=1$ 的边界上某点的外法向方向为 $\boldsymbol{n}$,设它的方向余弦为 l、m。

$$l=\cos\alpha,m=-\sin\alpha$$

该点的微分矢量为

$$d\boldsymbol{r}=\frac{\partial x}{\partial\eta}d\eta\boldsymbol{i}+\frac{\partial y}{\partial\eta}d\eta\boldsymbol{j} \tag{h}$$

根据微分矢量 $d\boldsymbol{r}$ 与外法向 $\boldsymbol{n}$ 的正交几何关系有

$$\left.\begin{aligned}l&=\cos(d\boldsymbol{r},y)=\frac{\dfrac{\partial y}{\partial\eta}}{\sqrt{\left(\dfrac{\partial x}{\partial\eta}\right)^2+\left(\dfrac{\partial y}{\partial\eta}\right)^2}}\\m&=-\sin\alpha=-\cos\left(\frac{\pi}{2}-\alpha\right)=-\cos(d\boldsymbol{r},x)=\frac{-\dfrac{\partial x}{\partial\eta}}{\sqrt{\left(\dfrac{\partial x}{\partial\eta}\right)^2+\left(\dfrac{\partial y}{\partial\eta}\right)^2}}\end{aligned}\right\} \tag{3-15}$$

同理可得到其他 3 个边界的外法向方向的表达式。

在 $\xi=-1$ 的边界上

$$\left.\begin{aligned} l&=\frac{-\dfrac{\partial y}{\partial \eta}}{\sqrt{\left(\dfrac{\partial x}{\partial \eta}\right)^2+\left(\dfrac{\partial y}{\partial \eta}\right)^2}} \\ m&=\frac{\dfrac{\partial x}{\partial \eta}}{\sqrt{\left(\dfrac{\partial x}{\partial \eta}\right)^2+\left(\dfrac{\partial y}{\partial \eta}\right)^2}} \end{aligned}\right\} \tag{3-16}$$

在 $\eta=1$ 的边界上

$$\left.\begin{aligned} l&=\frac{-\dfrac{\partial y}{\partial \xi}}{\sqrt{\left(\dfrac{\partial x}{\partial \xi}\right)^2+\left(\dfrac{\partial y}{\partial \xi}\right)^2}} \\ m&=\frac{\dfrac{\partial x}{\partial \xi}}{\sqrt{\left(\dfrac{\partial x}{\partial \xi}\right)^2+\left(\dfrac{\partial y}{\partial \xi}\right)^2}} \end{aligned}\right\} \tag{3-17}$$

在 $\eta=-1$ 的边界上

$$\left.\begin{aligned} l&=\frac{\dfrac{\partial y}{\partial \xi}}{\sqrt{\left(\dfrac{\partial x}{\partial \xi}\right)^2+\left(\dfrac{\partial y}{\partial \xi}\right)^2}} \\ m&=\frac{-\dfrac{\partial x}{\partial \xi}}{\sqrt{\left(\dfrac{\partial x}{\partial \xi}\right)^2+\left(\dfrac{\partial y}{\partial \xi}\right)^2}} \end{aligned}\right\} \tag{3-18}$$

3.4 等参单元的收敛性、坐标变换对单元形状的要求

为了保证有限元解的收敛性，单元位移模式必须要满足完备性和连续性。现在以 4 结点四边形等参单元为例，讨论等参单元的收敛性。

1. 位移模式的完备性

从对三角形单元收敛性的分析知道，位移模式中如果包含了完全线性项(即一次完全多项式)，就能保证满足完备性要求，即反映了单元的刚体位移和常量应变。

现假设单元位移场包含一个完全线性多项式，即

$$\left.\begin{aligned} u&=\alpha_1+\alpha_2x+\alpha_3y+\cdots \\ v&=\alpha_4+\alpha_5x+\alpha_6y+\cdots \end{aligned}\right\} \tag{a}$$

考察对等参单元[即坐标变换式(3-2),位移模式(3-4)]将提出什么样的要求。

将(a)中的位移分量如 u 在各结点赋值,即有

$$\left.\begin{aligned} u_1&=\alpha_1+\alpha_2x_1+\alpha_3y_1+\cdots \\ u_2&=\alpha_1+\alpha_2x_2+\alpha_3y_2+\cdots \\ u_3&=\alpha_1+\alpha_2x_3+\alpha_3y_3+\cdots \\ u_4&=\alpha_1+\alpha_2x_4+\alpha_3y_4+\cdots \end{aligned}\right\} \tag{b}$$

将其代入位移模式(3-4),得

$$\begin{aligned} u&=N_1(\alpha_1+\alpha_2x_1+\alpha_3y_1)+N_2(\alpha_1+\alpha_2x_2+\alpha_3y_2) \\ &\quad+N_3(\alpha_1+\alpha_2x_3+\alpha_3y_3)+N_4(\alpha_1+\alpha_2x_4+\alpha_3y_4)+\cdots \\ &=\alpha_1(N_1+N_2+N_3+N_4)+\alpha_2(N_1x_1+N_2x_2+N_3x_3+N_4x_4) \\ &\quad+\alpha_3(N_1y_1+N_2y_2+N_3y_3+N_4y_4)+\cdots \\ &=\alpha_1+\alpha_2x+\alpha_3y+\cdots \end{aligned} \tag{c}$$

将上式写成

$$\alpha_1\left(\sum_{i=1}^{4}N_i-1\right)+\alpha_2\left(\sum_{i=1}^{4}N_ix_i-x\right)+\alpha_3\left(\sum_{i=1}^{4}N_iy_i-y\right)+\cdots=0 \tag{d}$$

如果要使假设的位移(a)包含线性位移场,也即 α_1、α_2、α_3 不能为零,那么上式中括号内的项必须为零,即

$$\left.\begin{aligned} \sum_{i=1}^{4}N_i&=1 \\ \sum_{i=1}^{4}N_ix_i&=x \\ \sum_{i=1}^{4}N_iy_i&=y \end{aligned}\right\} \tag{3-19}$$

这就是等参单元完备性要求对形函数的限制条件。对于等参单元,式(3-19)后两个条件是自然满足的,因此是否满足完备性要求,只需检验第一个条件,即各形函数之和等于 1,这是等参单元形函数的基本性质之一。

下面检验 4 结点等参单元是否满足完备性条件。由形函数公式(3-3)

$$\begin{aligned} \sum_{i=1}^{4}N_i&=\frac{1}{4}(1-\xi)(1-\eta)+\frac{1}{4}(1+\xi)(1-\eta) \\ &\quad+\frac{1}{4}(1+\xi)(1+\eta)\ \frac{1}{4}(1-\xi)(1+\eta) \end{aligned}$$

$$=\frac{1}{2}(1-\eta)+\frac{1}{2}(1+\eta)=1$$

可见前面讨论的位移模式满足完备性要求。

以上对完备性要求的分析适用于其他所有等参单元(平面问题或空间问题)。归纳为:对于具有 m 个结点的等参单元,为了位移模式满足完备性要求,形函数必须且仅满足

$$\sum_{i=1}^{m}N_i=1 \tag{3-20}$$

2. 位移模式的连续性

位移模式在各单元上自然是连续的,在整个有限元网格上的位移场是否连续,只需考察任意两单元交界面上位移是否连续即可。

以图 3-2(a)单元的 23 边界为例。在该边界上 $N_1=0$,$N_2=\frac{1}{2}(1-\eta)$,$N_3=\frac{1}{2}(1+\eta)$,$N_4=0$。代入位移模式(3-4),得

$$\left.\begin{aligned}u&=\frac{1}{2}(u_3+u_2)+\frac{1}{2}(u_3-u_2)\eta\\v&=\frac{1}{2}(v_3+v_2)+\frac{1}{2}(v_3-v_2)\eta\end{aligned}\right\} \tag{e}$$

这是一个线性位移函数,在该边界上有两个结点。两个结点的位移值可以唯一确定线性位移函数。因此与其相邻的单元在该交界面上具有相同的位移分布。所以位移模式(3-4)满足连续性要求。

3. 坐标变换对单元形状的要求

等参单元首要条件要建立坐标变换,两个坐标系之间一一对应关系的条件是雅可比行列式 $|\boldsymbol{J}|$ 不得为零。如果 $|\boldsymbol{J}|=0$,雅可比逆矩阵 $\boldsymbol{J}^{-1}$ 就不存在,公式(3-10)就不成立,一切计算就无从说起。如果规定 $|\boldsymbol{J}|>0$,那么就不允许 $|\boldsymbol{J}|<0$,否则,由于 $|\boldsymbol{J}|$ 是连续函数,必然存在一点使得 $|\boldsymbol{J}|=0$。

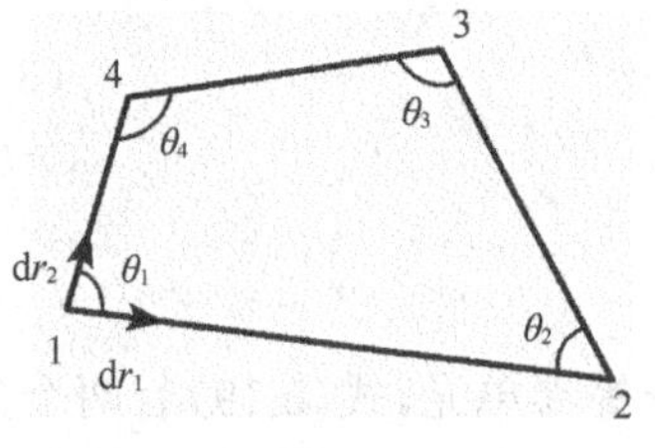

图 3-3

从上一节的讨论知道,$|\boldsymbol{J}|$ 相当于实际单元到母单元微面积的放大系数。现在考察图 3-3 单元 4 个角点处的雅可比行列式的值。

在 1 结点的微面积为

$$\mathrm{d}A_1=|\mathrm{d}\boldsymbol{r}_1|\cdot|\mathrm{d}\boldsymbol{r}_2|\sin\theta_1=|\boldsymbol{J}_1|\mathrm{d}\xi\mathrm{d}\eta$$

则

$$|\boldsymbol{J}_1|=\frac{|\mathrm{d}\boldsymbol{r}_1|\cdot|\mathrm{d}\boldsymbol{r}_2|}{\mathrm{d}\xi\mathrm{d}\eta}\sin\theta_1$$

$$=\alpha_1 l_{12} l_{14} \sin\theta_1 \tag{f}$$

其中 l_{ij} 表示 i 结点到 j 结点的距离，即 ij 边界的长度。α_1 是一个正的调整系数，用来调整微分长度比值与有限长度 l_{12}、l_{14} 的关系。同理可写出其他 3 个结点处的雅可比行列式

$$\left.\begin{aligned} |\boldsymbol{J}_2| &= \alpha_2 l_{23} l_{21} \sin\theta_2 \\ |\boldsymbol{J}_3| &= \alpha_3 l_{34} l_{32} \sin\theta_3 \\ |\boldsymbol{J}_4| &= \alpha_4 l_{41} l_{43} \sin\theta_4 \end{aligned}\right\} \tag{g}$$

由式(f)和式(g)可见，为了保证各结点处 $|\boldsymbol{J}_i|>0$，必须满足

$$0<\theta_i<\pi \quad (i=1,2,3,4)$$

另外，4 个边界的长度都不能为零，即 $l_{ij}>0$。由此，图 3-4 所示的单元都是不正确的。图 3-4(a)中 $l_{34}=0$ 它将导致 $|\boldsymbol{J}_3|=|\boldsymbol{J}_4|=0$。图 3-4(b)中 $\theta_4>\pi$，使得 $|\boldsymbol{J}_4|<0$，它将导致 4 结点附近某些点的 $|\boldsymbol{J}|=0$。

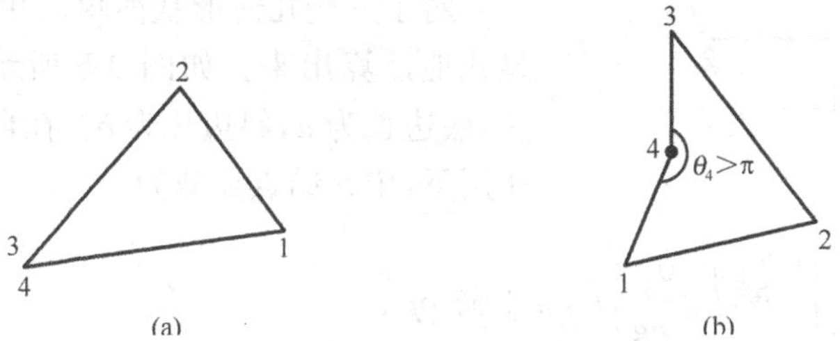

图 3-4

以上讨论可以推广到空间问题。为了保证整体坐标与局部坐标的一一对应关系，单元不能歪斜，单元的各边长不能等于零。

值得指出的是，某些文献建议，从统一的四边形单元的表达式出发，利用如图 3-4(a)所示 2 个结点合并为 1 个结点的方法，将四边形单元退化为三角形单元，从而不必另行推导后者的表达式。用类似的方法，将空间六面体单元退化为五面体或四面体单元。在这些退化单元的某些角点 $|\boldsymbol{J}|=0$，但是在实际计算中仍可应用，因为数值计算中，只用到积分点处的 $|\boldsymbol{J}|$，而积分点通常都在单元内部，因此可以避开角点 $|\boldsymbol{J}|=0$ 的问题。应当注意，退化单元由于形态不好，精度较差，在应用中应该尽量避免采用退化单元。

3.5　单元刚度矩阵、等效结点荷载

有了等参坐标变换，就可以把原先在实际单元域上的积分变换到在母单元上的积分，使积分的上下限统一。公式(2-41)中的单元刚度矩阵 $\boldsymbol{k}$ 和等效结点荷载列阵可以改写成

$$\boldsymbol{k}=\int_{\Omega^e}\boldsymbol{B}^{\mathrm{T}}\boldsymbol{D}\boldsymbol{B}t\,\mathrm{d}A=\int_{-1}^{1}\int_{-1}^{1}\boldsymbol{B}^{\mathrm{T}}\boldsymbol{D}\boldsymbol{B}t\,|\,\boldsymbol{J}\,|\,\mathrm{d}\xi\mathrm{d}\eta \tag{3-21}$$

体力引起的单元结点荷载列阵为

$$\boldsymbol{R}^e=\int_{\Omega^e}\boldsymbol{N}^{\mathrm{T}}\boldsymbol{f}t\,\mathrm{d}A=\int_{-1}^{1}\int_{-1}^{1}\boldsymbol{N}^{\mathrm{T}}\boldsymbol{f}t\,|\,\boldsymbol{J}\,|\,\mathrm{d}\xi\mathrm{d}\eta \tag{3-22}$$

面力引起的单元结点荷载列阵，如在 $\xi=\pm1$ 的边界

$$\boldsymbol{R}^e=\int_{S^e}\boldsymbol{N}^{\mathrm{T}}\overline{\boldsymbol{f}}t\,\mathrm{d}S=\int_{-1}^{1}\boldsymbol{N}^{\mathrm{T}}\overline{\boldsymbol{f}}t\sqrt{\left(\frac{\partial x}{\partial\eta}\right)^2+\left(\frac{\partial y}{\partial\eta}\right)^2}\,\mathrm{d}\eta \tag{3-23}$$

在 $\eta=\pm1$ 的边界，

$$\boldsymbol{R}^e=\int_{S^e}\boldsymbol{N}^{\mathrm{T}}\overline{\boldsymbol{f}}t\,\mathrm{d}S=\int_{-1}^{1}\boldsymbol{N}^{\mathrm{T}}\overline{\boldsymbol{f}}t\sqrt{\left(\frac{\partial x}{\partial\xi}\right)^2+\left(\frac{\partial y}{\partial\xi}\right)^2}\,\mathrm{d}\xi \tag{3-24}$$

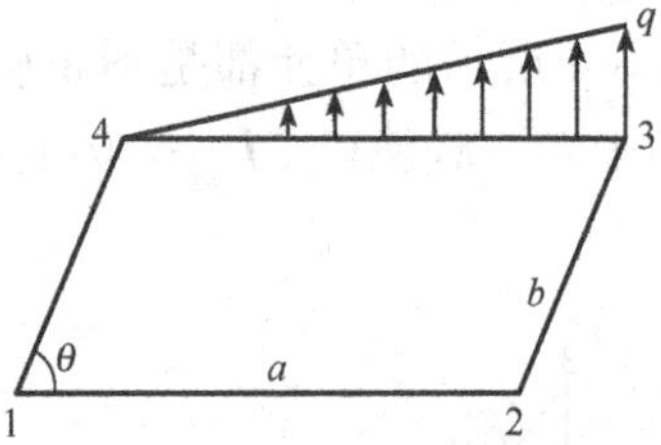

图 3-5

对于一些几何形状简单的单元，结点荷载可以显式地计算出来。如图 3-5 所示的平行四边形单元，底边长为 a，斜边长为 b。在自重 $\boldsymbol{f}=[0\ \ -\rho g]^{\mathrm{T}}$ 作用下，单元结点荷载为

$$\begin{aligned}\boldsymbol{R}^e&=\int_{-1}^{1}\int_{-1}^{1}\boldsymbol{N}^{\mathrm{T}}\begin{Bmatrix}0\\-\rho g\end{Bmatrix}t\,|\,\boldsymbol{J}\,|\,\mathrm{d}\xi\mathrm{d}\eta\\&=-\rho g\int_{-1}^{1}\int_{-1}^{1}[0\quad N_1\quad 0\quad N_2\quad 0\quad N_3\quad 0\quad N_4]^{\mathrm{T}}\,|\,\boldsymbol{J}\,|\,t\,\mathrm{d}\xi\mathrm{d}\eta\end{aligned} \tag{a}$$

式中的雅可比行列式成为

$$\begin{aligned}|\,\boldsymbol{J}\,|&=\begin{vmatrix}\dfrac{\partial x}{\partial\xi}&\dfrac{\partial y}{\partial\xi}\\\dfrac{\partial x}{\partial\eta}&\dfrac{\partial y}{\partial\eta}\end{vmatrix}\\&=\frac{1}{16}\begin{vmatrix}(1-\eta)(x_2-x_1)+(1+\eta)(x_3-x_4)&(1-\eta)(y_2-y_1)+(1+\eta)(y_3-y_4)\\(1-\xi)(x_4-x_1)+(1+\xi)(x_3-x_2)&(1-\xi)(y_4-y_1)+(1+\xi)(y_3-y_2)\end{vmatrix}\\&=\frac{1}{16}\begin{vmatrix}2a&0\\2b\cos\theta&2b\sin\theta\end{vmatrix}=\frac{1}{4}ab\sin\theta=\frac{1}{4}A\end{aligned} \tag{b}$$

将形函数的表达式(3-3)及式(b)代入式(a)，得

$$\boldsymbol{R}^e=-\frac{\rho gtA}{4}\int_{-1}^{1}\int_{-1}^{1}[0\quad N_1\quad 0\quad N_2\quad 0\quad N_3\quad 0\quad N_4]^{\mathrm{T}}\mathrm{d}\xi\mathrm{d}\eta$$

$$=-\frac{1}{4}\rho gtA\begin{bmatrix}0 & 1 & 0 & 1 & 0 & 1 & 0 & 1\end{bmatrix}^{\mathrm{T}} \tag{c}$$

即把单元重量平均分配到 4 个结点上。

在 $\eta=1$ 的边界上(43 边界)受到三角形分布荷载(图 3-5),这时面力矢量为

$$\bar{\boldsymbol{f}}=\left[0 \quad \frac{1}{2}(1+\xi)q\right]^{\mathrm{T}}$$

单元的结点荷载为

$$\boldsymbol{R}^e=\int_{-1}^{1}\boldsymbol{N}^{\mathrm{T}}\begin{Bmatrix}0\\ \frac{1}{2}(1+\xi)q\end{Bmatrix}t\sqrt{\left(\frac{\partial x}{\partial \xi}\right)+\left(\frac{\partial y}{\partial \xi}\right)}\,\mathrm{d}\xi$$
$$=\frac{1}{2}q\int_{-1}^{1}(1+\xi)\begin{bmatrix}0 & N_1 & 0 & N_2 & 0 & N_3 & 0 & N_4\end{bmatrix}^{\mathrm{T}}t\,\frac{1}{2}a\mathrm{d}\xi$$

考虑到在 $\eta=1$ 的边上 $N_1=0, N_2=0, N_3=\frac{1}{2}(1+\xi), N_4=\frac{1}{2}(1-\xi)$。

代入上式得

$$\boldsymbol{R}^e=\frac{1}{2}atq\begin{bmatrix}0 & 0 & 0 & 0 & 0 & \frac{2}{3} & 0 & \frac{1}{3}\end{bmatrix}^{\mathrm{T}}$$

即把分布面力的合力的 $\frac{2}{3}$ 分配到 3 结点,把 $\frac{1}{3}$ 的合力分配到 4 结点。

如果在单元边界上受有法向分布力,式(3-23)和式(3-24)还可以进一步简化。

设在边界 $\xi=1$ 上法向分布面力的集度为 $q(\eta)$,则面力矢量为

$$\bar{\boldsymbol{f}}=\begin{Bmatrix}l\\ m\end{Bmatrix}q(\eta)$$

将上式代入式(3-23),并考虑到式(3-15),得

$$\boldsymbol{R}^e=\int_{-1}^{1}\boldsymbol{N}^{\mathrm{T}}\begin{Bmatrix}l\\ m\end{Bmatrix}q(\eta)t\sqrt{\left(\frac{\partial x}{\partial \eta}\right)^2+\left(\frac{\partial y}{\partial \eta}\right)^2}\,\mathrm{d}\eta$$
$$=\int_{-1}^{1}\boldsymbol{N}^{\mathrm{T}}\begin{Bmatrix}\dfrac{\partial y}{\partial \eta}\\ -\dfrac{\partial x}{\partial \eta}\end{Bmatrix}q(\eta)t\mathrm{d}\eta \tag{3-25}$$

3.6　高斯数值积分

从上节讨论可知,单元刚度矩阵和结点荷载列阵的计算,最后都归结为以下两种标准积分

$$\mathrm{I}=\int_{-1}^{1} F(\xi)\mathrm{d}\xi \tag{3-26}$$

$$\mathrm{II}=\int_{-1}^{1}\int_{-1}^{1} F(\xi,\eta)\mathrm{d}\xi\mathrm{d}\eta \tag{3-27}$$

在空间问题中还将遇到三维积分

$$\mathrm{III}=\int_{-1}^{1}\int_{-1}^{1}\int_{-1}^{1} F(\xi,\eta,\zeta)\mathrm{d}\xi\mathrm{d}\eta\mathrm{d}\zeta \tag{3-28}$$

这些被积函数一般都很复杂,不可能解析地精确求出。可以采用数值积分方法计算积分值。

数值积分一般有两类方法,一类是等间距数值积分,如辛普生方法等。另一类是不等间距数值积分,如高斯数值积分法。高斯积分法对积分点的位置进行了优化处理,所以往往能取得比较高的精度。

首先讨论一维积分式(3-26)。高斯数值积分是用下列和式代替原积分式(3-26),即

$$\begin{aligned}\mathrm{I}&=\int_{-1}^{1} F(\xi)\mathrm{d}\xi\\&=H_1F(\xi_1)+H_2F(\xi_2)+\cdots H_nF(\xi_n)\\&=\sum_{i=1}^{n} H_iF(\xi_i)\end{aligned} \tag{3-29}$$

式中,ξ_i 为积分点坐标(简称积分点),H_i 为积分权系数,n 为积分点个数。

上述近似积分公式在几何上的理解是:用 n 个矩形面积之和代替原来曲线 $F(\xi)$ 在 $(-1,1)$ 区间上所围成的面积,如图 3-6 所示。

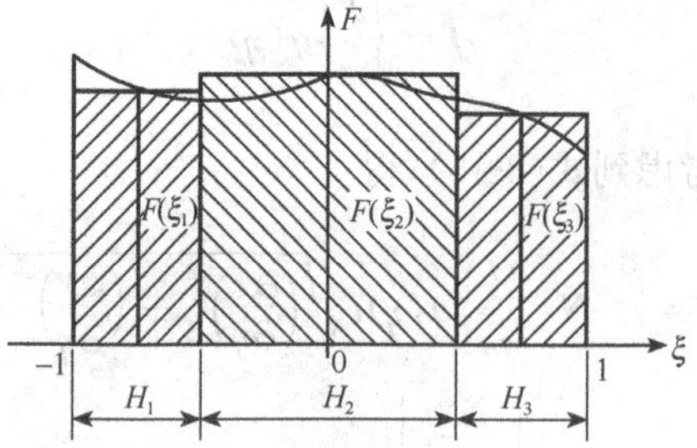

图 3-6

积分点 ξ_i 和积分权系数由下列公式确定

$$\int_{-1}^{1}\xi^{i-1}P(\xi)\mathrm{d}\xi=0 \qquad (i=1,2,\cdots,n) \tag{3-30}$$

$$H_i=\int_{-1}^{1} l_i^{(n-1)}(\xi)\mathrm{d}\xi \tag{3-31}$$

其中 $P(\xi)$ 为 n 次多项式

$$P(\xi)=(\xi-\xi_1)(\xi-\xi_2)\cdots(\xi-\xi_n)=\prod_{j=1}^{n}(\xi-\xi_j) \tag{3-32}$$

$l_i^{(n-1)}(\xi)$为 $n-1$ 阶拉格朗日插值函数

$$l_i^{(n-1)}(\xi)=\frac{(\xi-\xi_1)(\xi-\xi_2)\cdots(\xi-\xi_{i-1})(\xi-\xi_{i+1})\cdots(\xi-\xi_n)}{(\xi_i-\xi_1)(\xi_i-\xi_2)\cdots(\xi_i-\xi_{i-1})(\xi_i-\xi_{i+1})\cdots(\xi_i-\xi_n)} \tag{3-33}$$

式中,ξ_i 是积分点坐标，ξ^i表示ξ 的 i 次幂。

例 3-1　求两点高斯积分的积分点坐标和积分权系数。

二次多项式为

$$P(\xi)=(\xi-\xi_1)(\xi-\xi_2)$$

积分点位置由下式确定

$$\int_{-1}^{1}\xi^i P(\xi)\mathrm{d}\xi=0 \qquad (i=1,2)$$

当 $i=1$ 时，

$$\int_{-1}^{1}(\xi-\xi_1)(\xi-\xi_2)\mathrm{d}\xi=\frac{2}{3}+2\xi_1\xi_2=0$$

当 $i=2$ 时，

$$\int_{-1}^{1}\xi(\xi-\xi_1)(\xi-\xi_2)\mathrm{d}\xi=-\frac{2}{3}(\xi_1+\xi_2)=0$$

得到联立方程为

$$\xi_1\xi_2+\frac{1}{3}=0$$
$$\xi_1+\xi_2=0$$

求解该联立方程,得积分点坐标

$$\xi_1=-\frac{1}{\sqrt{3}}=-0.577\ 350\ 269\ 189\ 626$$
$$\xi_2=\frac{1}{\sqrt{3}}=0.577\ 350\ 269\ 189\ 626$$

积分权系数为

$$H_1=\int_{-1}^{1}l_1^{(1)}(\xi)\mathrm{d}\xi=\int_{-1}^{1}\frac{\xi-\xi_2}{\xi_1-\xi_2}\mathrm{d}\xi=1$$
$$H_2=\int_{-1}^{1}l_2^{(1)}(\xi)\mathrm{d}\xi=\int_{-1}^{1}\frac{\xi-\xi_1}{\xi_2-\xi_1}\mathrm{d}\xi=1$$

表 3-1 列出了 $n=1\sim6$ 的积分点坐标和积分权系数的值。

表 3-1 高斯积分的积分点坐标和权系数

积分点数 n	积分点坐标 ξ_i	积分权系数 H_i
1	0.000 000 000 000 000	2.000 000 000 000 000
2	±0.577 350 269 189 626	1.000 000 000 000 000
3	±0.774 596 669 241 483 0.000 000 000 000 000	0.555 555 555 555 556 0.888 888 888 888 889
4	±0.861 136 311 584 053 ±0.339 981 043 584 856	0.347 854 845 137 454 0.652 145 154 862 546
5	±0.906 179 845 938 664 ±0.538 469 310 105 683 0.000 000 000 000 000	0.236 926 885 056 189 0.478 628 670 499 366 0.568 888 888 888 889
6	±0.932 469 514 203 152 ±0.661 209 386 466 265 ±0.238 619 186 083 197	0.171 324 492 379 170 0.360 761 573 048 139 0.467 913 934 572 691

积分点数目越多,积分精度越高。当被积函数 $F(\xi)$为 m 次多项式时,取积分点数目

$$n \geqslant \frac{m+1}{2} \tag{3-34}$$

高斯数值积分可以取得精确积分值。

例 3-2 用高斯数值积分法计算积分 $\int_{-1}^{1} \xi^4 \mathrm{d}\xi$。

该积分的精确值为

$$\int_{-1}^{1} \xi^4 \mathrm{d}\xi = \frac{2}{5} = 0.4$$

当取 $n=2$ 时,高斯积值为

$$\int_{-1}^{1} \xi^4 \mathrm{d}\xi = 1 \times (-0.577\cdots)^4 + 1 \times (0.577\cdots)^4 = 0.22$$

与精确解 0.4 相差很大,误差达 45%。

当取 $n=3$ 时,高斯积分值为

$$\begin{aligned}\int_{-1}^{1} \xi^4 \mathrm{d}\xi &= 0.555\cdots \times (-0.774\cdots)^4 + 0.888\cdots \times (0.00) + 0.555\cdots \times (0.774\cdots)^4 \\ &= 0.4000\end{aligned}$$

这时的高斯数值积分与精确解相同。因为这时的积分点数目满足式(3-34)。

一维高斯数值积分公式(3-29)可以很容易推广到二维积分和三维积分。

二维高斯数值积分公式为

$$\text{II} = \int_{-1}^{1}\int_{-1}^{1} F(\xi,\eta)\mathrm{d}\xi\mathrm{d}\eta = \sum_{i=1}^{n}\sum_{j=1}^{n} H_i H_j F(\xi_i,\eta_j) \tag{3-35}$$

三维高斯数值积分公式为

$$Ⅲ=\int_{-1}^{1}\int_{-1}^{1}\int_{-1}^{1}F(\xi,\eta,\zeta)\mathrm{d}\xi\mathrm{d}\eta\mathrm{d}\zeta=\sum_{i=1}^{n}\sum_{j=1}^{n}\sum_{k=1}^{n}H_iH_jH_kF(\xi_i,\eta_j,\zeta_k) \tag{3-36}$$

现在分析对于单元荷载列阵和单元刚度矩阵，在用高斯数值积分时，为了得到较高的积分精度或者完全精确的积分值，需要取多少个积分点。

体力引起的单元结点荷载为

$$\boldsymbol{R}^e=\int_{-1}^{1}\int_{-1}^{1}\boldsymbol{N}^{\mathrm{T}}\boldsymbol{f}t\mid\boldsymbol{J}\mid\mathrm{d}\xi\mathrm{d}\eta \tag{a}$$

对于4结点四边形等参单元，形函数 N_i 对每个局部坐标都是一次式，因而 $\boldsymbol{N}^{\mathrm{T}}$ 中的各个元素，每个局部坐标的最高幂次是1。由公式(3-11)可见，雅可比行列式 $|\boldsymbol{J}|$ 每个局部坐标的最高幂次也是1。如果假设体力矢量 $\boldsymbol{f}$ 为常量时，则式(a)中的被积函数对于每个局部坐标来说，最高幂次是 $m=1+1=2$ 次。于是，为了式(a)积分完全精确，在每个方向的积分点数目 $n\geqslant\frac{2+1}{2}=1.5$，要取2个积分点，2个方向共需积分点数应为 $2^2=4$ 个，即

$$\boldsymbol{R}^e=\sum_{i=1}^{2}\sum_{j=1}^{2}H_iH_j(\boldsymbol{N}^{\mathrm{T}}\boldsymbol{f}\mid\boldsymbol{J}\mid t)_{\xi=\xi_i,\eta=\eta_j}$$

分布面力引起的单元结点荷载为

$$\boldsymbol{R}^e=\int_{-1}^{1}(\boldsymbol{N}^{\mathrm{T}})_{\xi=\pm1}\bar{\boldsymbol{f}}t\left[\sqrt{\left(\frac{\partial x}{\partial\eta}\right)^2+\left(\frac{\partial y}{\partial\eta}\right)^2}\right]_{\xi=\pm1}\mathrm{d}\eta \tag{b}$$

对于4结点四边形等参单元，式(b)中 $\boldsymbol{N}^{\mathrm{T}}$ 的元素，η 的最高幂次为1。面力 $\bar{\boldsymbol{f}}$ 假设为线性分布，是 η 的一次函数，$\sqrt{\left(\frac{\partial x}{\partial\eta}\right)^2+\left(\frac{\partial y}{\partial\eta}\right)^2}$ 对四边形单元来说是常量。于是可见，式(b)中的被积函数是 η 的二次多项式。即 η 的最高幂次 $m=1+1=2$ 次。为了求得精确积分，需要积分点数目 $n\geqslant\frac{2+1}{2}=1.5$，取 $n=2$。则分布面力的结点荷载列阵的高斯数值积分表达式为

$$\boldsymbol{R}^e=\sum_{i=1}^{2}H_i\left[\boldsymbol{N}^{\mathrm{T}}\bar{\boldsymbol{f}}t\sqrt{\left(\frac{\partial x}{\partial\eta}\right)^2+\left(\frac{\partial y}{\partial\eta}\right)^2}\right]_{\eta=\eta_i,\xi=\pm1}$$

单元刚度矩阵的积分表达式为

$$\boldsymbol{k}=\int_{-1}^{1}\int_{-1}^{1}\boldsymbol{B}^{\mathrm{T}}\boldsymbol{DB}t\mid\boldsymbol{J}\mid\mathrm{d}\xi\mathrm{d}\eta \tag{c}$$

$\boldsymbol{B}$ 中的元素是形函数对整体坐标的导数 $\frac{\partial N_i}{\partial x}$ 和 $\frac{\partial N_i}{\partial y}$，如公式(3-10)所示，这些项与 $\boldsymbol{J}^{-1}$ 有关，所以 $\boldsymbol{B}$ 的元素不是多项式，因而无法用前面的方法分析需要多少积分点的数目。但

是，如果单元较小，以致单元中的应变 $\boldsymbol{\varepsilon}$ 和应力 $\boldsymbol{\sigma}$ 可以当做常量，则

$$\boldsymbol{\varepsilon}^{\mathrm{T}}\boldsymbol{\sigma}=(\boldsymbol{B}\boldsymbol{a}^{e})^{\mathrm{T}}\boldsymbol{D}\boldsymbol{B}\boldsymbol{a}^{e}=(\boldsymbol{a}^{e})^{\mathrm{T}}\boldsymbol{B}^{\mathrm{T}}\boldsymbol{D}\boldsymbol{B}\boldsymbol{a}^{e}$$

也可以当做常量，于是 $\boldsymbol{B}^{\mathrm{T}}\boldsymbol{D}\boldsymbol{B}$ 可以当做常量。这样式(c)中被积函数的幂次只取决于 $|\boldsymbol{J}|$ 的幂次。对于 4 结点四边形单元，上面已经分析过，$|\boldsymbol{J}|$ 每个局部坐标的最高幂次都为 1。因而可以把式(c)中的被积函数近似地当做是每个局部坐标的 1 次项式，即 $m=1$。为了求得精确积分，需要积分点数目 $n\geqslant\frac{1+1}{2}=1$，取 $n=1$。则单元刚度矩阵的高斯数值积分表达式为

$$\boldsymbol{k}=H_1H_1(\boldsymbol{B}^{\mathrm{T}}\boldsymbol{D}\boldsymbol{B}t\mid\boldsymbol{J}\mid)_{\xi=\xi_1,\eta=\eta_1}$$

单元上的应变 $\boldsymbol{\varepsilon}$ 和 $\boldsymbol{\sigma}$ 一般并不是常量，以上分析的积分点数目是偏少的。所以实际计算中通常取与结点荷载的积分点数目相同的值，也取 $n=2$，共需 $2^2=4$ 个积分点。

需要指出的是，在有限单元法中，所取的位移模式使得每个单元的自由度从无限多减少为有限多个，单元的刚度被夸大了。另外，由数值积分得来的刚度矩阵的数值，总是随着所取积分点的数目减少而减少。这样，如果采用偏少的积分点数目，即积分点数目取少于积分值完全精确时所需的积分点数目，可以使得上述两方面因素引起的误差互相抵消，反而有助于提高计算精度。这种高斯积分点数目低于被积函数精确积分所需要的积分点数目的积分方案称之为减缩积分。实际计算表明，采用减缩积分方案往往可以取得更好的计算精度。

3.7　高次等参单元

前面讨论的 4 结点四边形单元是最基本的也是应用最广泛的等参单元，它的位移模式是双线性型。但是，有时为了适应复杂的曲线边界，也为了提高单元的应力精度，需要采用更高次的位移模式。

1. 8 结点等参单元

在四边形单元各边中点都增设一个结点，共有 8 个结点，如图 3-7 所示。8 结点单元的边界可以是曲线边界[图 3-7(a)]，经等参变换后母单元仍然是正方形[图 3-7(b)]。

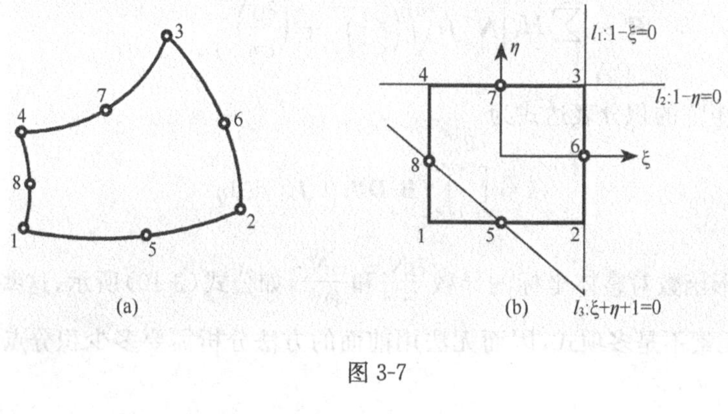

图 3-7

坐标变换为

$$\left.\begin{aligned} x &= \sum_{i=1}^{8} N_i x_i \\ y &= \sum_{i=1}^{8} N_i y_i \end{aligned}\right\} \tag{3-37}$$

位移模式为

$$\left.\begin{aligned} u &= \sum_{i=1}^{8} N_i u_i \\ v &= \sum_{i=1}^{8} N_i v_i \end{aligned}\right\} \tag{3-38}$$

N_i 是定义在母单元上的形函数。它可以采用待定系数法来确定。以 N_1 为例，设

$$N_1 = \alpha_1 + \alpha_2 \xi + \alpha_3 \eta + \alpha_4 \xi\eta + \alpha_5 \xi^2 + \alpha_6 \eta^2 + \alpha_7 \xi^2 \eta + \alpha_8 \xi \eta^2 \tag{3-39}$$

根据形函数的基本性质

$$N_i(\xi_j, \eta_j) = \delta_{ij} \quad (j = 1, 2, \cdots, 8) \tag{a}$$

式(a)可以列出 8 个条件，将式(3-39)代入上式，得到关于 $\alpha_i (i=1,2\cdots,8)$ 的 8 个联立方程组，求解该方程组便可求出待定系数 α_i。对于高次单元，结点数较多，解析地求解高阶方程组比较困难。因此，在具体构造形函数 N_i 时，基本不用此方法，而是直接根据形函数的基本性质，采用几何的方法来确定形函数。

在介绍几何方法之前，先讨论一下式(3-39)中的各项是如何确定出来的。

首先，8 个结点按式(a)可以列出 8 个条件，因此，式(3-39)中必须包含 8 项，才能使 8 个待定系数 α_i 唯一确定。其次，多项式的各幂次项按Pascal三角形(图3-8)配置确定。具

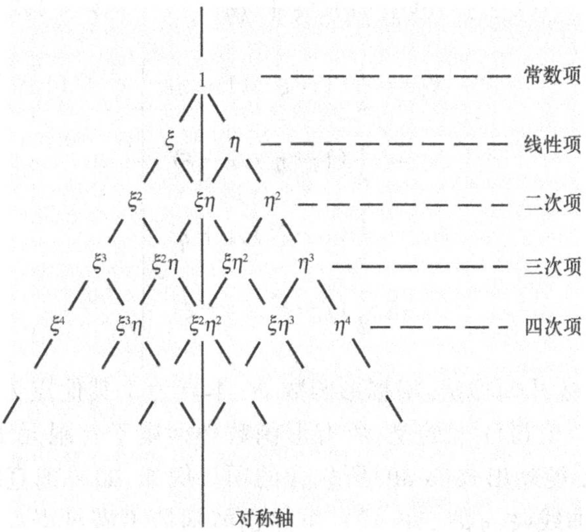

图 3-8　Pascal 三角形

体说来,从常数项开始,依次由低次幂到高次幂逐行增加到所需的项数。另外,如果单元结点是对称布置的,还必须考虑多项式项的对称配置。若在多项式中包含有 Pascal 三角形对称轴一边的某一项,则必须同时包含它在另一边的对应项,若在一行中只需添加一项,则必须选对称轴上的项。例如,如果我们希望构造一个具有 8 项的三次模型,则应该这样选择:所有的常数项、线性项、二次项以及三次项中的 $\xi^2\eta$ 和 $\xi\eta^2$ 项。要注意的是,在三次项中不能取 ξ^3 和 η^3 项,因为 ξ^3 和 η^3 比 $\xi^2\eta$ 和 $\xi\eta^2$ 的幂次高,就是说要使多项式的幂次尽可能最低。所以,若在 Pascal 三角形中的某行只需要其中几项,就应当从对称轴项开始向左右两侧选择增加项。

对于具体的单元类型,按 Pascal 三角形配置的多项式,形函数的表达式总是确定的。位移具有与形函数相同的多项式形式,我们把所有如式(3-39)所表示的多项式的集合,称为有限元子空间。对于具体的单元类型,有限元子空间是确定的,也就是说,规定了单元的结点布置,按 Pascal 三角形配置的有限元子空间是唯一确定的。

现在回到如何用几何的方法构造形函数。以 N_1 为例,N_1 需要满足条件(a),即它在 1 结点等于 1,在其他所有结点等于零。由图 3-7(b)知,三个直线(l_1,l_2,l_3)方程的左边项相乘就能保证除 1 结点外其他所有结点处的值都等于零,由此,可设

$$N_1 = A(1-\xi)(1-\eta)(\xi+\eta+1) \tag{b}$$

再根据在 1 结点 $N_1=1$ 的条件,确定出 A 值为 $-\frac{1}{4}$。代入上式,得

$$N_1 = \frac{1}{4}(1-\xi)(1-\eta)(-\xi-\eta-1)$$

同理可得其他各结点的形函数。合并写成

$$\left.\begin{aligned} N_i &= \frac{1}{4}(1+\xi_i\xi)(1+\eta_i\eta)(\xi_i\xi+\eta_i\eta-1) \qquad (i=1,2,3,4) \\ N_5 &= \frac{1}{2}(1-\xi^2)(1-\eta) \\ N_6 &= \frac{1}{2}(1-\eta^2)(1+\xi) \\ N_7 &= \frac{1}{2}(1-\xi^2)(1+\eta) \\ N_8 &= \frac{1}{2}(1-\eta^2)(1-\xi) \end{aligned}\right\} \tag{3-40}$$

可以证明,按上述几何方法,根据形函数 N_i 本点为 1 其他点为零的性质构造得到的形函数是唯一的。值得注意的是,所有形函数必须属于有限元子空间,也即形函数中 ξ 和 η 的幂次项不能超出式(3-39)所包含的项。例如,如果把直线 l_3 改成经过 5 结点和 8 结点的某种曲线(ξ、η 的二次式),虽然也能构造出满足本点为 1 其他点为零的形函数 N_1,但是,这时的 N_1 里已包含了 $\xi^3\eta$ 项和 $\xi\eta^3$,超出了式(3-39)的幂次范围,所以这样的 N_1 不属于我们讨论的有限元子空间,因此,对于 N_1 来讲,只有图 3-7(b)中规

定的三条直线可供选择。

下面分析上述构造得到的位移模式满足完备性要求和连续性要求。

$$\begin{aligned}\sum_{i=1}^{8} N_i = & \frac{1}{4}(1-\xi)(1-\eta)(-\xi-\eta-1) \\ & + \frac{1}{4}(1+\xi)(1-\eta)(\xi-\eta-1) + \frac{1}{4}(1+\xi)(1+\eta)(\xi+\eta-1) \\ & + \frac{1}{4}(1-\xi)(1+\eta)(-\xi+\eta-1) \\ & + \frac{1}{2}(1+\xi^2)(1-\eta) + \frac{1}{2}(1-\eta^2)(1+\xi) \\ & + \frac{1}{2}(1-\xi^2)(1+\eta) + \frac{1}{2}(1-\eta^2)(1-\xi) \\ = & 1\end{aligned}$$

可见,位移模式满足完备性要求。

为了分析位移模式的连续性,以 $\xi=1$ 的边界(即边界 263)为例。在该边界上

$$N_1 = N_4 = N_5 = N_7 = N_8 = 0$$

$$N_2 = -\frac{1}{2}(1-\eta)\eta$$

$$N_3 = \frac{1}{2}(1+\eta)\eta$$

$$N_6 = 1-\eta^2$$

代入式(3-38)有

$$u = -\frac{1}{2}(1-\eta)\eta u_2 + \frac{1}{2}(1+\eta)\eta u_3 + (1-\eta^2)u_6$$

$$v = -\frac{1}{2}(1-\eta)\eta v_2 + \frac{1}{2}(1+\eta)\eta v_3 + (1-\eta^2)v_6$$

可见,在该边界上位移是 η 的二次函数。该边界上有 3 个结点,3 点可以唯一确定一个二次函数。因此在任意两相邻单元的交界面上位移保持一致,满足连续性要求。

2. 变结点等参单元

在对工程结构进行有限元计算时,有些部位需要布置精度高的单元,如 8 结点单元,有的部位精度要求不高,只需基本单元,如 4 结点单元;另外,在自适应有限元分析时,有时根据精度要求,需要将某些部位的单元的阶次提高。这些情况下,都会碰到如何将低阶单元与高阶单元联系起来的问题。变结点单元可以解决这个问题。如图 3-9(a)所示,用一个 5 结点单元作为过渡单元将 4 结点单元与 8 结点单元联系在一起,以便使各相邻单元交界面的位移仍保持连续。

变结点单元的形函数可以通过对 4 结点单元形函数的修正来得到。如图 3-9(b)为一个 5 结点母单元。

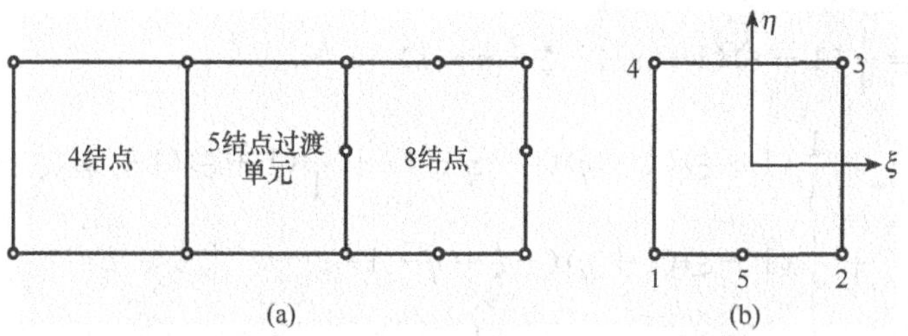

图 3-9

假设开始只有 4 个角结点,相对应的形函数为

$$\hat{N}_i = \frac{1}{4}(1+\xi_i\xi)(1+\eta_i\eta) \quad (i=1,2,3,4) \tag{c}$$

现在在 1 结点与 2 结点之间增加了一个结点,编为 5 号结点。与该结点相应的形函数可以采用前面介绍的几何划线法得到

$$N_5 = \frac{1}{2}(1-\xi^2)(1-\eta) \tag{d}$$

现在 5 个结点所对应的形函数情况是:N_5 已满足了形函数的基本条件 $N_5(\xi_j,\eta_j)=\delta_{5j}(j=1,2,\cdots,5)$,而 $\hat{N}_i(i=1,2,3,4)$ 中的 $\hat{N}_1$ 和 $\hat{N}_2$ 不再满足 $\hat{N}_1(\xi_5,\eta_5)=0$,和 $\hat{N}_2(\xi_5,\eta_5)=0$ 的基本条件。为了满足此条件,需要将 $\hat{N}_1$ 和 $\hat{N}_2$ 修正为

$$N_1 = \hat{N}_1 - \frac{1}{2}N_5 \qquad N_2 = \hat{N}_2 - \frac{1}{2}N_5$$

这样就得到了 5 结点单元的形函数为

$$\left.\begin{aligned} N_1 &= \hat{N}_1 - \frac{1}{2}N_5 \\ N_2 &= \hat{N}_2 - \frac{1}{2}N_5 \\ N_3 &= \hat{N}_3 \\ N_4 &= \hat{N}_4 \\ N_5 &= \frac{1}{2}(1-\xi^2)(1-\eta) \end{aligned}\right\} \tag{3-41}$$

类似地,可以讨论增加其他边中点 6,7,8 的情况,最后得到 4~8 结点单元的形函数的统一形式为

$$\left.\begin{aligned}
N_1 &= \hat{N}_1 - \frac{1}{2}N_5 - \frac{1}{2}N_8 \\
N_2 &= \hat{N}_2 - \frac{1}{2}N_5 - \frac{1}{2}N_6 \\
N_3 &= \hat{N}_3 - \frac{1}{2}N_6 - \frac{1}{2}N_7 \\
N_4 &= \hat{N}_4 - \frac{1}{2}N_7 - \frac{1}{2}N_8 \\
N_5 &= \frac{1}{2}(1-\xi^2)(1-\eta) \\
N_6 &= \frac{1}{2}(1-\eta^2)(1+\xi) \\
N_7 &= \frac{1}{2}(1-\xi^2)(1+\eta) \\
N_8 &= \frac{1}{2}(1-\eta^2)(1-\xi)
\end{aligned}\right\} \tag{3-42}$$

其中

$$\hat{N}_i = \frac{1}{4}(1+\xi_i\xi)(1+\eta_i\eta) \qquad (i=1,2,3,4)$$

读者可以验证式(3-42)所给出的形函数与前面构造的 8 结点单元的形函数公式(3-40)是完全相同的。

如果 5,6,7,8 结点中某一个不存在,则令与其相应的形函数为 0,便成为过渡单元的形函数。

4～8 变结点单元形函数的程序为:

```
      SUBROUTINE FUN4TO8(ND,NEE,R,S,FUN)
      DIMENSION XI(8),ETA(8),FUN(* )
      DATA XI/- 1.0,1.0,1.0,- 1.0,0,1.0,0,- 1.0/
      DATA ETA/- 1.0,- 1.0,1.0,1.0,- 1.0,0,1.0,0/
      DO 25 K= 1,ND
25    FUN(K)= 0.0
      DO 10 I= 1,ND
      G1= 0.5* (1.0+ XI(I)* R)
      IF(XI(I).EQ.0)G1= (1.0- R* R)
      G2= 0.5* (1.0+ ETA(I)* S)
      IF(ETA(I).EQ.0)G2= (1.0- S* S)
      FUN(I)= G1* G2
10    CONTINUE
      IF(ND.EQ.4)RETURN
      ! 有中结点
```

```
      F5= FUN(5)
      F6= FUN(6)
      F7= FUN(7)
      F8= FUN(8)
      FUN(1)= FUN(1)- (F5+ F8)/2
      FUN(2)= FUN(2)- (F5+ F6)/2
      FUN(3)= FUN(3)- (F6+ F7)/2
      FUN(4)= FUN(4)- (F7+ F8)/2
   11 CONTINUE
      RETURN
      END
```

上述构造变结点单元形函数的方法具有一般性,可以推广到平面或空间的其他单元类型。例如,第二章中讨论的 6 结点三角形单元的形函数可以表示为

$$\left.\begin{aligned}
N_i &= \hat{N}_i - \frac{1}{2}N_2 - \frac{1}{2}N_3 \\
N_j &= \hat{N}_j - \frac{1}{2}N_1 - \frac{1}{2}N_3 \\
N_m &= \hat{N}_m - \frac{1}{2}N_1 - \frac{1}{2}N_2 \\
N_1 &= 4L_jL_m \\
N_2 &= 4L_mL_i \\
N_3 &= 4L_iL_j
\end{aligned}\right\} \tag{3-43}$$

其中

$$\hat{N}_i = L_i \qquad (i,j,m)$$

可以验证,式(3-43)表示的形函数与第 2 章中公式(2-17)的结果是一致的。如果边中结点 1,2,3 中某一个结点不存在,则令与其相应的形函数为 0,便得到过渡单元的形函数。

3.8 变结点有限元的统一列式

上一节采用变结点的方法将 4～8 结点单元的形函数统一起来,这对编程非常方便,可以把各种单元模型统一在一个程序模块里。这一节将统一列出 4～8 结点单元的有限元计算公式。

设四边形单元具有 m 个结点,$m=4,5,\cdots,8$。与其对应的等参有限元计算公式为

1. 坐标变换

$$x = \sum_{i=1}^{m} N_i x_i$$

$$y = \sum_{i=1}^{m} N_i y_i \tag{3-44}$$

2. 位移模式

$$\begin{aligned}
\boldsymbol{u} = \begin{Bmatrix} u \\ v \end{Bmatrix} &= \begin{bmatrix} N_1 & 0 & N_2 & 0 & \cdots & N_m & 0 \\ 0 & N_1 & 0 & N_2 & \cdots & 0 & N_m \end{bmatrix} \begin{Bmatrix} u_1 \\ v_1 \\ u_2 \\ v_2 \\ \vdots \\ u_m \\ v_m \end{Bmatrix} \\
&= [\boldsymbol{I}N_1 \quad \boldsymbol{I}N_2 \quad \cdots \quad \boldsymbol{I}N_m] \boldsymbol{a}^e \\
&= [\boldsymbol{N}_1 \quad \boldsymbol{N}_2 \quad \cdots \quad \boldsymbol{N}_m] \boldsymbol{a}^e \\
&= \boldsymbol{N}\boldsymbol{a}^e
\end{aligned} \tag{3-45}$$

3. 单元应变

$$\begin{aligned}
\boldsymbol{\varepsilon} &= [\boldsymbol{B}_1 \quad \boldsymbol{B}_2 \quad \cdots \quad \boldsymbol{B}_m] \boldsymbol{a}^e \\
&= \boldsymbol{B}\boldsymbol{a}^e
\end{aligned} \tag{3-46}$$

其中

$$\boldsymbol{B}_i = \begin{bmatrix} \dfrac{\partial N_i}{\partial x} & 0 \\ 0 & \dfrac{\partial N_i}{\partial y} \\ \dfrac{\partial N_i}{\partial y} & \dfrac{\partial N_i}{\partial x} \end{bmatrix} \qquad (i=1,2,\cdots,m)$$

$$\begin{Bmatrix} \dfrac{\partial N_i}{\partial x} \\ \dfrac{\partial N_i}{\partial y} \end{Bmatrix} = \boldsymbol{J}^{-1} \begin{Bmatrix} \dfrac{\partial N_i}{\partial \xi} \\ \dfrac{\partial N_i}{\partial \eta} \end{Bmatrix}$$

$$\begin{aligned}
\boldsymbol{J} &= \begin{bmatrix} \dfrac{\partial x}{\partial \xi} & \dfrac{\partial y}{\partial \xi} \\ \dfrac{\partial x}{\partial \eta} & \dfrac{\partial y}{\partial \eta} \end{bmatrix} \\
&= \begin{bmatrix} \sum\limits_{i=1}^{m} \dfrac{\partial N_i}{\partial \xi} x_i & \sum\limits_{i=1}^{m} \dfrac{\partial N_i}{\partial \xi} y_i \\ \sum\limits_{i=1}^{m} \dfrac{\partial N_i}{\partial \eta} x_i & \sum\limits_{i=1}^{m} \dfrac{\partial N_i}{\partial \eta} y_i \end{bmatrix}
\end{aligned}$$

4. 单元应力

$$\begin{aligned}\boldsymbol{\sigma}&=[\boldsymbol{S}_1\quad \boldsymbol{S}_2\quad \cdots\quad \boldsymbol{S}_m]\boldsymbol{a}^e\\&=\boldsymbol{S}\boldsymbol{a}^e\end{aligned}\tag{3-47}$$

其中

$$\boldsymbol{S}_i=\boldsymbol{D}\boldsymbol{B}_i$$

$$=\frac{E}{1-\nu^2}\begin{bmatrix}\dfrac{\partial N_i}{\partial x} & \nu\dfrac{\partial N_i}{\partial y}\\ \nu\dfrac{\partial N_i}{\partial x} & \dfrac{\partial N_i}{\partial y}\\ \dfrac{1-\nu}{2}\dfrac{\partial N_i}{\partial y} & \dfrac{1-\nu}{2}\dfrac{\partial N_i}{\partial x}\end{bmatrix}\quad (i=1,2,\cdots,m)$$

对于平面应变问题需把上式中的 E 换成$\dfrac{E}{1-\nu^2}$，ν 换成$\dfrac{\nu}{1-\nu}$。

5. 单元结点荷载列阵

体力引起的单元结点荷载列阵为

$$\boldsymbol{R}^e=\int_{\Omega^e}\boldsymbol{N}^{\mathrm{T}}\boldsymbol{f}t\,\mathrm{d}A=\int_{-1}^{1}\int_{-1}^{1}\boldsymbol{N}^{\mathrm{T}}\boldsymbol{f}t\,|\boldsymbol{J}|\,\mathrm{d}\xi\mathrm{d}\eta\tag{3-48}$$

面力引起的单元结点荷载列阵为

在 $\xi=\pm1$ 的边界

$$\begin{aligned}\boldsymbol{R}^e&=\int_{S^e}\boldsymbol{N}^{\mathrm{T}}\bar{\boldsymbol{f}}t\,\mathrm{d}S\\&=\int_{-1}^{1}\boldsymbol{N}^{\mathrm{T}}\bar{\boldsymbol{f}}t\sqrt{\left(\frac{\partial x}{\partial\eta}\right)^2+\left(\frac{\partial y}{\partial\eta}\right)^2}\,\mathrm{d}\eta\end{aligned}\tag{3-49}$$

如果受法向压力 q 作用，则上式成为

$$\boldsymbol{R}^e=\pm\int_{-1}^{1}\boldsymbol{N}^{\mathrm{T}}\begin{Bmatrix}-\dfrac{\partial y}{\partial\eta}\\ \dfrac{\partial x}{\partial\eta}\end{Bmatrix}q(\eta)t\,\mathrm{d}\eta\tag{3-50}$$

在 $\eta=\pm1$ 的边界

$$\begin{aligned}\boldsymbol{R}^e&=\int_{S^e}\boldsymbol{N}^{\mathrm{T}}\bar{\boldsymbol{f}}t\,\mathrm{d}S\\&=\int_{-1}^{1}\boldsymbol{N}^{\mathrm{T}}\bar{\boldsymbol{f}}t\sqrt{\left(\frac{\partial x}{\partial\xi}\right)^2+\left(\frac{\partial y}{\partial\xi}\right)^2}\,\mathrm{d}\xi\end{aligned}\tag{3-51}$$

如果受法向压力 q 作用，则上式成为

$$\boldsymbol{R}^e=\pm\int_{-1}^{1}\boldsymbol{N}^{\mathrm{T}}\begin{Bmatrix}\dfrac{\partial y}{\partial \xi}\\ -\dfrac{\partial x}{\partial \xi}\end{Bmatrix}q(\xi)t\mathrm{d}\xi \tag{3-52}$$

6. 单元刚度矩阵

$$\begin{aligned}\boldsymbol{k}&=\int_{\Omega^e}\boldsymbol{B}^{\mathrm{T}}\boldsymbol{DB}t\,\mathrm{d}A\\&=\int_{-1}^{1}\int_{-1}^{1}\boldsymbol{B}^{\mathrm{T}}\boldsymbol{DB}t\;|\boldsymbol{J}|\;\mathrm{d}\xi\mathrm{d}\eta\end{aligned} \tag{3-53}$$

7. 整体刚度矩阵

$$\boldsymbol{K}=\sum_e \boldsymbol{C}_e^{\mathrm{T}}\boldsymbol{k}\boldsymbol{C}_e \tag{3-54}$$

其中 $\boldsymbol{C}_e$ 为单元选择矩阵。

8. 整体荷载列阵

$$\boldsymbol{R}=\sum_e \boldsymbol{C}_e^{\mathrm{T}}\boldsymbol{R}^e \tag{3-55}$$

9. 有限元支配方程

$$\boldsymbol{Ka}=\boldsymbol{R} \tag{3-56}$$

在引入位移约束条件以后，求解方程组(3-56)便得整体结点位移 $\boldsymbol{a}$。再由公式(3-46)和式(3-47)就可以求出各单元的应变和应力。

在计算单元刚度矩阵式(3-53)和单元结点荷载列阵式(3-48)～式(3-52)时，要用到高斯数值积分。下面以 8 结点等参单元为例，讨论如何确定积分点数目。

对于 8 结点等参单元，形函数 N_i［式(3-40)］中 ξ 和 η 的最高幂次均为 2 次，$|\boldsymbol{J}|$ 中 ξ 和 η 的最高幂次均为 3 次。由此，如果体力是常量，则分布体力的结点荷载列阵式(3-48)中被积函数每个局部坐标的最高幂次为 5 次，每个坐标方向的积分点数应为 $n\geqslant\frac{5+1}{2}=3$，取 3 个积分点，应采用 3×3 数值积分方案。

对于分布面力的结点荷载列阵，都以法向面力作用下公式为准，如式(3-50)，假设法向面力 $q(\eta)$ 为 η 的一次式，则式(3-50)中被积函数的最高幂次为 4 次。积分点数应为 $n\geqslant\frac{4+1}{2}=2.5$，取3 个积分点，应采用 3×3 数值积分方案。

单元刚度矩阵式(3-53)，假设 $\boldsymbol{B}^{\mathrm{T}}\boldsymbol{DB}$ 为常量，被积函数的幂次仅取决于 $|\boldsymbol{J}|$，而 $|\boldsymbol{J}|$ 中 ξ 和 η 的最高幂次均为 3 次，每个坐标方向的积分点数应为 $n>\frac{3+1}{2}=2$，取 2 个积分点，应采用 2×2 数值积分方案。

3.9 节理单元与夹层单元

岩体中赋存裂隙、节理、夹层及断层等不连续面，这些不连续面对岩体结构的稳定性具有重要影响。节理的厚度接近于零，用节理单元模拟。夹层的厚度一般为几厘米到十几厘米，可以用夹层单元模拟。断层的厚度为十几厘米甚至十几米，一般要用实体单元模拟，有时也可以用夹层单元模拟。1968 年 Goodman 提出的厚度为零的节理单元，在实际工程中有着广泛的应用。实际上，节理单元不仅仅用于岩体中的节理，结构的施工缝、不同介质的接触面等厚度近于零的界面都可以用节理单元来模拟。

图 3-10 表示一个平面节理单元。单元长度为 l，厚度认为是零，即 1、2 结点分别与 4、3 结点的坐标相同，垂直于 x、y 平面的宽度为 t。在节理单元上建立局部坐标系(s,n)。s 沿节理长度方向(切向)，n 是节理法向方向。节理单元的下边界 12 称为下盘，上边界 43 称为上盘。假设上盘和下盘沿长度方向的位移是线性分布的，即

$$\left.\begin{aligned}u'_{上}&=\frac{1}{2}\left(1-\frac{2s}{l}\right)u'_4+\frac{1}{2}\left(1+\frac{2s}{l}\right)u'_3\\u'_{下}&=\frac{1}{2}\left(1-\frac{2s}{l}\right)u'_1+\frac{1}{2}\left(1+\frac{2s}{l}\right)u'_2\end{aligned}\right\}\tag{a}$$

则单元上盘与下盘的切向位移差为

$$\begin{aligned}\Delta u'&=u'_{上}-u'_{下}\\&=-\frac{1}{2}\left(1-\frac{2s}{l}\right)u'_1-\frac{1}{2}\left(1+\frac{2s}{l}\right)u'_2+\frac{1}{2}\left(1+\frac{2s}{l}\right)u'_3+\frac{1}{2}\left(1-\frac{2s}{l}\right)u'_4\end{aligned}\tag{b}$$

同理，单元上盘与下盘的法向位移差为

$$\Delta v'=-\frac{1}{2}\left(1-\frac{2s}{l}\right)v'_1-\frac{1}{2}\left(1+\frac{2s}{l}\right)v'_2+\frac{1}{2}\left(1+\frac{2s}{l}\right)v'_3+\frac{1}{2}\left(1-\frac{2s}{l}\right)v'_4\tag{c}$$

式中，u'表示沿切向方向的位移，v'表示沿法向方向的位移。

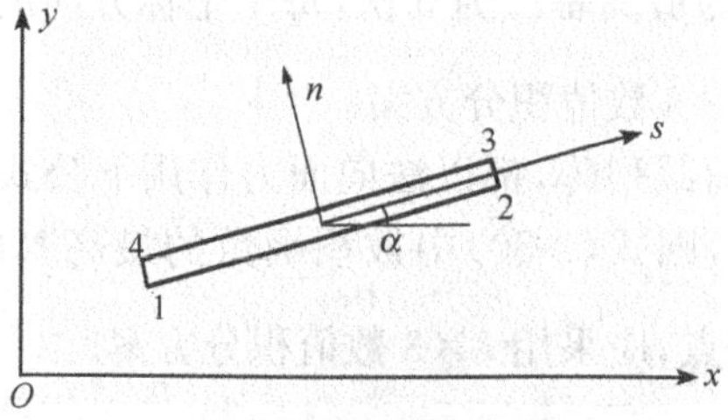

图 3-10 节理单元

令

$$N_1=\frac{1}{2}(1-\frac{2s}{l}),N_2=\frac{1}{2}(1+\frac{2s}{l}) \tag{3-57}$$

将式(b)和式(c)合并写成矩阵形式

$$\Delta\boldsymbol{u}'=\begin{Bmatrix}\Delta u'\\ \Delta v'\end{Bmatrix}=\begin{bmatrix}-N_1 & 0 & -N_2 & 0 & N_2 & 0 & N_1 & 0\\ 0 & -N_1 & 0 & -N_2 & 0 & N_2 & 0 & N_1\end{bmatrix}\begin{Bmatrix}u_1'\\ v_1'\\ u_2'\\ v_2'\\ u_3'\\ v_3'\\ u_4'\\ v_4'\end{Bmatrix}$$

$$=\boldsymbol{B}\boldsymbol{a}' \tag{3-58}$$

这里的 $\boldsymbol{a}'$ 表示节理单元在局部坐标下的结点位移列阵。

节理单元中只有法向正应力 σ_n 和切向切应力 τ_s，它们分别与法向位移差和切向位移差成比例，即

$$\boldsymbol{\sigma}=\begin{Bmatrix}\tau_s\\ \sigma_n\end{Bmatrix}=\begin{bmatrix}k_s & 0\\ 0 & k_n\end{bmatrix}\begin{Bmatrix}\Delta u'\\ \Delta v'\end{Bmatrix}$$

$$=\boldsymbol{D}'\Delta\boldsymbol{u}' \tag{3-59}$$

其中 k_s 和 k_n 分别为节理的切向刚度系数和法向刚度系数。

$$\boldsymbol{D}'=\begin{bmatrix}k_s & 0\\ 0 & k_n\end{bmatrix}$$

将式(3-58)代入式(3-59)，得

$$\boldsymbol{\sigma}=\boldsymbol{D}'\boldsymbol{B}\boldsymbol{a}' \tag{3-60}$$

节理单元的应变能为

$$U_e=\frac{1}{2}\int_{-\frac{l}{2}}^{\frac{l}{2}}(\Delta\boldsymbol{u}')^{\mathrm{T}}\boldsymbol{\sigma}t\,\mathrm{d}s$$

$$=\frac{1}{2}\int_{-\frac{l}{2}}^{\frac{l}{2}}(\boldsymbol{a}')^{\mathrm{T}}\boldsymbol{B}^{\mathrm{T}}\boldsymbol{D}'\boldsymbol{B}\boldsymbol{a}'t\,\mathrm{d}s$$

$$=\frac{1}{2}(\boldsymbol{a}')^{\mathrm{T}}\boldsymbol{k}'\boldsymbol{a}' \tag{3-61}$$

其中 $\boldsymbol{k}'$ 即为节理单元的刚度矩阵

$$\boldsymbol{k}'=\int_{-\frac{l}{2}}^{\frac{l}{2}}\boldsymbol{B}^{\mathrm{T}}\boldsymbol{D}'\boldsymbol{B}t\,\mathrm{d}s \tag{3-62}$$

将矩阵 $\boldsymbol{B}$ 和 $\boldsymbol{D}'$ 的表达式代入上式,并注意到

$$\int_{-\frac{l}{2}}^{\frac{l}{2}}\left(1-\frac{2s}{l}\right)^2\mathrm{d}s=\frac{4l}{3},\qquad \int_{-\frac{l}{2}}^{\frac{l}{2}}\left(1-\frac{2s}{l}\right)\left(1+\frac{2s}{l}\right)\mathrm{d}s=\frac{2l}{3}$$

$$\int_{-\frac{l}{2}}^{\frac{l}{2}}\left(1+\frac{2s}{l}\right)^2\mathrm{d}s=\frac{4l}{3}$$

得到节理单元的刚度矩阵为

$$\boldsymbol{k}'=\frac{lt}{6}\begin{bmatrix} 2k_s & 0 & k_s & 0 & -k_s & 0 & -2k_s & 0 \\ 0 & 2k_n & 0 & k_n & 0 & -k_n & 0 & -2k_n \\ k_s & 0 & 2k_s & 0 & -2k_s & 0 & -k_s & 0 \\ 0 & k_n & 0 & 2k_n & 0 & -2k_n & 0 & -k_n \\ -k_s & 0 & -2k_s & 0 & 2k_s & 0 & k_s & 0 \\ 0 & -k_n & 0 & -2k_n & 0 & 2k_n & 0 & k_n \\ -2k_s & 0 & -k_s & 0 & k_s & 0 & 2k_s & 0 \\ 0 & -2k_n & 0 & -k_n & 0 & k_n & 0 & 2k_n \end{bmatrix} \tag{d}$$

单元刚度矩阵是定义在局部坐标系(s,n)上的,具体计算时需要将其转换到整体坐标系,才能集合到整体刚度矩阵中去。

如图 3-10 所示,局部坐标方向的位移与整体坐标方向位移之间有如下关系。

$$\begin{aligned} u' &= u\cos\alpha+v\sin\alpha \\ v' &= -u\sin\alpha+v\cos\alpha \end{aligned} \tag{e}$$

将上式写成矩阵形式

$$\begin{Bmatrix} u' \\ v' \end{Bmatrix}=\begin{bmatrix} \cos\alpha & \sin\alpha \\ -\sin\alpha & \cos\alpha \end{bmatrix}\begin{Bmatrix} u \\ v \end{Bmatrix} \tag{f}$$

令

$$\boldsymbol{\lambda}=\begin{bmatrix} \cos\alpha & \sin\alpha \\ -\sin\alpha & \cos\alpha \end{bmatrix}$$

则式(f)成为

$$\boldsymbol{u}'=\boldsymbol{\lambda}\boldsymbol{u} \tag{3-63}$$

那么,单元结点位移在两种坐标之间的变换关系为

$$\begin{Bmatrix} \boldsymbol{u}_1' \\ \boldsymbol{u}_2' \\ \boldsymbol{u}_3' \\ \boldsymbol{u}_4' \end{Bmatrix} = \begin{bmatrix} \boldsymbol{\lambda} & 0 & 0 & 0 \\ 0 & \boldsymbol{\lambda} & 0 & 0 \\ 0 & 0 & \boldsymbol{\lambda} & 0 \\ 0 & 0 & 0 & \boldsymbol{\lambda} \end{bmatrix} \begin{Bmatrix} \boldsymbol{u}_1 \\ \boldsymbol{u}_2 \\ \boldsymbol{u}_3 \\ \boldsymbol{u}_4 \end{Bmatrix} \tag{g}$$

简写成

$$\boldsymbol{a}' = \boldsymbol{T}\boldsymbol{a}^e \tag{3-64}$$

其中

$$\boldsymbol{T} = \begin{bmatrix} \boldsymbol{\lambda} & 0 & 0 & 0 \\ 0 & \boldsymbol{\lambda} & 0 & 0 \\ 0 & 0 & \boldsymbol{\lambda} & 0 \\ 0 & 0 & 0 & \boldsymbol{\lambda} \end{bmatrix} \tag{h}$$

$\boldsymbol{a}^e$ 表示整体坐标下单元的结点位移列阵。

将式(3-64)代入式(3-61)，得节理单元的应变能为

$$U_e = \frac{1}{2}(\boldsymbol{a}^e)^{\mathrm{T}}(\boldsymbol{T}^{\mathrm{T}}\boldsymbol{k}'\boldsymbol{T})\boldsymbol{a}^e$$

因此，在整体坐标系的单元刚度矩阵为

$$\boldsymbol{k} = \boldsymbol{T}^{\mathrm{T}}\boldsymbol{k}'\boldsymbol{T} \tag{3-65}$$

下面讨论夹层单元。岩体中的夹层具有一定的厚度，计算中要考虑厚度的影响。同样用图 3-10 代表夹层单元，只是现在该单元具有厚度 h。

由于夹层单元厚度远远小于长度，因此可以忽略切向的正应力和正应变。单元内也只有法向正应力 σ_n 和切向应力 τ_s。

单元中的应变为

$$\boldsymbol{\varepsilon} = \begin{Bmatrix} r_s \\ \varepsilon_n \end{Bmatrix} = \frac{1}{h}\begin{Bmatrix} \Delta u' \\ \Delta v' \end{Bmatrix} = \frac{1}{h}\boldsymbol{B}\boldsymbol{a}' \tag{3-66}$$

单元中的应力为

$$\boldsymbol{\sigma} = \begin{Bmatrix} \tau_s \\ \sigma_n \end{Bmatrix} = \begin{bmatrix} G & 0 \\ 0 & E \end{bmatrix} \begin{Bmatrix} r_s \\ \varepsilon_n \end{Bmatrix} = \frac{1}{h}\boldsymbol{D}\boldsymbol{B}\boldsymbol{a}' \tag{3-67}$$

这里的 $\boldsymbol{D}$ 为夹层单元的弹性矩阵，即

$$\boldsymbol{D} = \begin{bmatrix} G & 0 \\ 0 & E \end{bmatrix}$$

夹层单元的应变能为

$$
\begin{aligned}
U_e &= \frac{1}{2}\int_{-l/2}^{l/2} \boldsymbol{\varepsilon}^{\mathrm{T}} \boldsymbol{\sigma} t h \, \mathrm{d}s \\
&= \frac{1}{2}\int_{-l/2}^{l/2} \frac{1}{h} (\boldsymbol{a}')^{\mathrm{T}} \boldsymbol{B}^{\mathrm{T}} \boldsymbol{D} \boldsymbol{B} \boldsymbol{a}' t \, \mathrm{d}s \\
&= \frac{1}{2} (\boldsymbol{a}') \boldsymbol{k}' \boldsymbol{a}'
\end{aligned} \tag{3-68}
$$

其中 $\boldsymbol{k}'$ 即为夹层单元的刚度矩阵,即

$$
\boldsymbol{k}' = \frac{t}{h}\int_{-l/2}^{l/2} \boldsymbol{B}^{\mathrm{T}} \boldsymbol{D} \boldsymbol{B} \, \mathrm{d}s \tag{3-69}
$$

将 $\boldsymbol{D}$ 与 $\boldsymbol{D}'$ 比较,如果令

$$
k_s = \frac{G}{h}, \qquad k_n = \frac{E}{h} \tag{3-70}
$$

式(3-69)表示的刚度矩阵与节理单元的刚度矩阵式(d)完全相同。所以可以把夹层单元理解为切向刚度系数为 G/h,法向刚度系数为 E/h 的节理单元。而节理单元的刚度系数 k_s 和 k_n 是需要通过试验得到的。

习 题

3-1 图 3-11 为 8 结点四边形单元,括号中的数值代表该结点的整体坐标值,试计算 $\frac{\partial N_1}{\partial x}$ 和 $\frac{\partial N_2}{\partial y}$ 在点 $Q\left(\frac{1}{2},\frac{1}{2}\right)$ 的数值(因为单元的边是直线,可用 4 个结点定义单元的几何形状)。

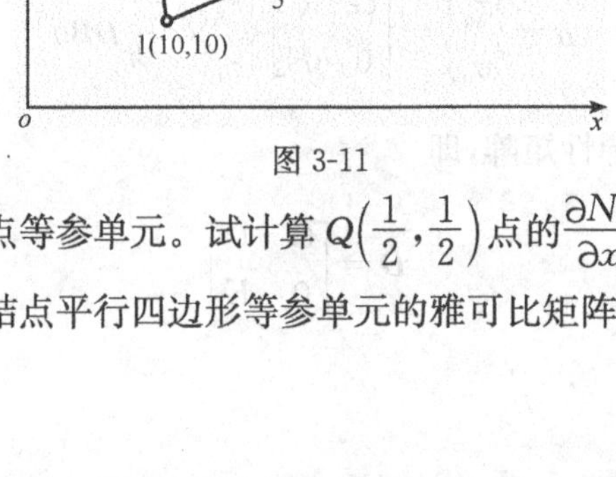

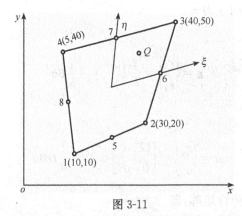

图 3-11

3-2 上题改为 4 结点等参单元。试计算 $Q\left(\frac{1}{2},\frac{1}{2}\right)$ 点的 $\frac{\partial N_1}{\partial x}$ 和 $\frac{\partial N_2}{\partial y}$。

3-3 试证明任意 4 结点平行四边形等参单元的雅可比矩阵是常量矩阵。

3-4　图 3-12 为 4 结点等参单元，边长分别为 a 和 b，试求下列荷载情况下的等效结点荷载。

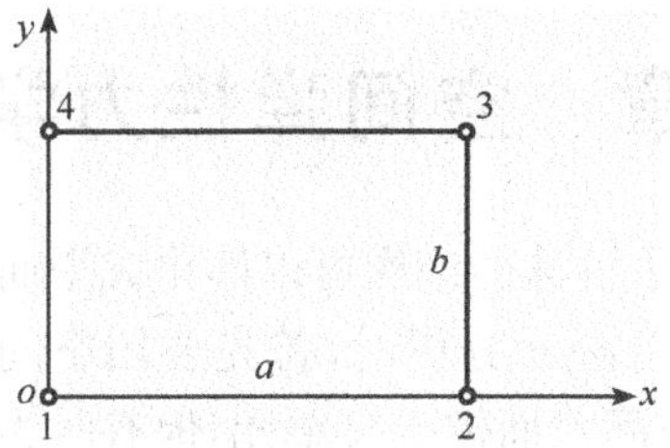

图 3-12

(1) 在 $x=a$ 的边界上作用 x 方向的线性分布荷载，结点 2 处集度为 0，结点 3 处集度为 q。

(2) 在 $x=a$ 边界上受均布压力 q 作用。

(3) 在 y 负方向受均匀的体力作用，体力集度为 ρg。

3-5　当题 3-4 是 8 结等参单元时，求如上 3 种荷载情况下等效结点荷载各是多少。

3-6　试计算一维 3 阶高斯积分点的坐标及权系数。

3-7　有两个相似的平面等参单元，相似比为 α。试分析该两个单元的刚度矩阵之间的关系。

第 4 章　空间弹性力学问题

实际工程中，除了一些简单特殊的结构可以简化成平面问题外，一般都应按空间问题计算。对于空间问题，在进行有限元分析时，首先要用空间立体单元将弹性体离散成网格。目前最被广泛应用的是空间六面体等参单元，但有时为了使网格的规整，也使用四面体单元和三棱柱单元作为填充单元。图 4-1 为几种常用的空间单元。

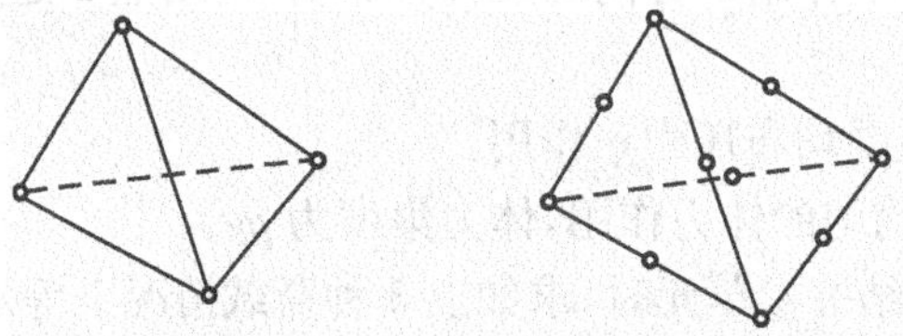
(a)

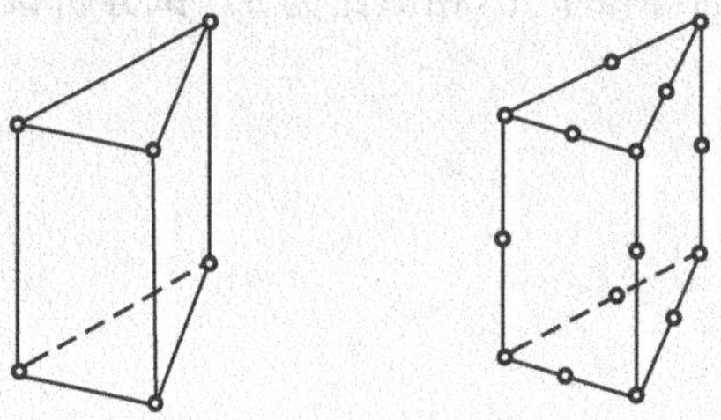
(b)

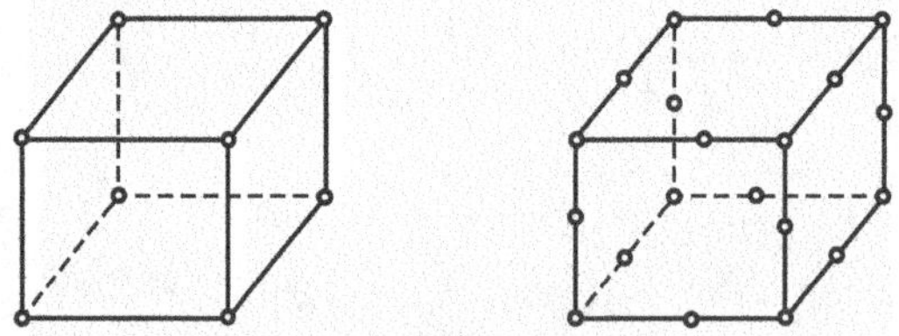
(c)

图 4-1

4.1　四面体单元

四面体单元是最早被提出，也是最简单的空间单元。如图 4-2 所示的四面体单元，4 个角结点的编码分别为 i,j,m,p。每个结点有 3 个位移分量

$$\boldsymbol{a}_i=\begin{Bmatrix} u_i \\ v_i \\ w_i \end{Bmatrix} \tag{4-1}$$

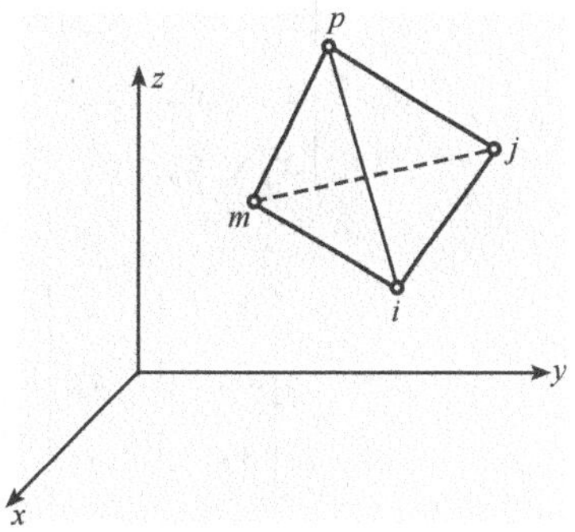

图 4-2

把 4 个结点的位移分量按顺序排列成单元结点位移列阵

$$\boldsymbol{a}^{\mathrm{e}}=\begin{Bmatrix} \boldsymbol{a}_i \\ \boldsymbol{a}_j \\ \boldsymbol{a}_m \\ \boldsymbol{a}_p \end{Bmatrix}=[u_i \ v_i \ w_i \ \cdots \ u_p \ v_p \ w_p]^{\mathrm{T}} \tag{4-2}$$

假定单元内位移分量是 x,y,z 的线性函数，即

$$\left.\begin{aligned} u&=\alpha_1+\alpha_2 x+\alpha_3 y+\alpha_4 z \\ v&=\alpha_5+\alpha_6 x+\alpha_7 y+\alpha_8 z \\ w&=\alpha_9+\alpha_{10} x+\alpha_{11} y+\alpha_{12} z \end{aligned}\right\} \tag{4-3}$$

根据插值条件，在 4 个结点处位移应当等于结点位移。以 u 为例，有

$$\left.\begin{aligned} u_i&=\alpha_1+\alpha_2 x_i+\alpha_3 y_i+\alpha_4 z_i \\ u_j&=\alpha_1+\alpha_2 x_j+\alpha_3 y_j+\alpha_4 z_j \\ u_m&=\alpha_1+\alpha_2 x_m+\alpha_3 y_m+\alpha_4 z_m \\ u_p&=\alpha_1+\alpha_2 x_p+\alpha_3 y_p+\alpha_4 z_p \end{aligned}\right\} \tag{a}$$

求解式(a)便得待定系数 $\alpha_1,\alpha_2,\alpha_3,\alpha_4$。将其代回到式(4-3)，得到

$$u=N_i u_i+N_j u_j+N_m u_m+N_p u_p \tag{b}$$

同理，可得到

$$v=N_i v_i+N_j v_j+N_m v_m+N_p v_p \tag{c}$$

$$w=N_i w_i+N_j w_j+N_m w_m+N_p w_p \tag{d}$$

其中

$$N_i=\frac{1}{6V}(a_i+b_i x+c_i y+d_i z) \quad (i,j,m,p) \tag{4-4}$$

$$V=\frac{1}{6}\begin{vmatrix} 1 & x_i & y_i & z_i \\ 1 & x_j & y_j & z_j \\ 1 & x_m & y_m & z_m \\ 1 & x_p & y_p & z_p \end{vmatrix} \tag{4-5}$$

$$\left.\begin{aligned}
&a_i=\begin{vmatrix} x_j & y_j & z_j \\ x_m & y_m & z_m \\ x_p & y_p & z_p \end{vmatrix} \qquad b_i=-\begin{vmatrix} 1 & y_j & z_j \\ 1 & y_m & z_m \\ 1 & y_p & z_p \end{vmatrix} \quad (i,m) \\
&c_i=-\begin{vmatrix} x_j & 1 & z_j \\ x_m & 1 & z_m \\ x_p & 1 & z_p \end{vmatrix} \qquad d_i=-\begin{vmatrix} x_j & y_j & 1 \\ x_m & y_m & 1 \\ x_p & y_p & 1 \end{vmatrix} \quad (i,m) \\
&a_j=-\begin{vmatrix} x_i & y_i & z_i \\ x_m & y_m & z_m \\ x_p & y_p & z_p \end{vmatrix} \qquad b_j=\begin{vmatrix} 1 & y_i & z_i \\ 1 & y_m & z_m \\ 1 & y_p & z_p \end{vmatrix} \quad (j,p) \\
&c_j=\begin{vmatrix} x_i & 1 & z_i \\ x_m & 1 & z_m \\ x_p & 1 & z_p \end{vmatrix} \qquad d_j=\begin{vmatrix} x_i & y_i & 1 \\ x_m & y_m & 1 \\ x_p & y_p & 1 \end{vmatrix} \quad (j,p)
\end{aligned}\right\} \tag{4-6}$$

式中,V 为四面体 $ijmp$ 的体积。

为了使四面体的体积 V 不致成为负值,单元结点的编号 i、j、m、p 必须依照一定顺序。在右手坐标系中,当按照 $i\rightarrow j\rightarrow m$ 的方向转动时,右手螺旋应指向 p 的前进方向,如图 4-2 所示。

把位移分量式(b),(c),(d)合并写成矩阵形式

$$\boldsymbol{u}=\begin{Bmatrix} u \\ v \\ w \end{Bmatrix}=\boldsymbol{N}\boldsymbol{a}^e \tag{4-7}$$

其中 $\boldsymbol{N}$ 为形函数矩阵

$$\begin{aligned}
\boldsymbol{N}&=\begin{bmatrix} N_i & 0 & 0 & \cdots & N_p & 0 & 0 \\ 0 & N_i & 0 & \cdots & 0 & N_p & 0 \\ 0 & 0 & N_i & \cdots & 0 & 0 & N_p \end{bmatrix}=[\boldsymbol{I}N_i \quad \boldsymbol{I}N_j \quad \boldsymbol{I}N_m \quad \boldsymbol{I}N_p] \\
&=[\boldsymbol{N}_i \quad \boldsymbol{N}_j \quad \boldsymbol{N}_m \quad \boldsymbol{N}_p]
\end{aligned} \tag{4-8}$$

式中,$\boldsymbol{I}$ 为 3 阶单位矩阵。

可以证明式(4-3)中的系数 $\alpha_1,\alpha_5,\alpha_9$ 代表单元刚体位移 u_0,v_0,w_0;系数 $\alpha_2,\alpha_7,\alpha_{12}$ 代表常量正应变;其余 6 个系数反映了单元的刚体转动 w_x,w_y,w_z 和常量切应变。也就是说线性项位移能反映单元的刚体位移和常量应变,也即满足完备性要求。另外,由于位移模式是线性的,任意两相邻单元的交界面上位移能保持一致,即满足连续性要求。

把位移模式(4-7)代入几何方程得单元应变分量

$$\boldsymbol{\varepsilon}=\begin{Bmatrix}\varepsilon_x\\ \varepsilon_y\\ \varepsilon_z\\ r_{xy}\\ r_{yz}\\ r_{zx}\end{Bmatrix}=\boldsymbol{Lu}=\boldsymbol{LNa}^{\mathrm{e}}=\boldsymbol{Ba}^{\mathrm{e}} \tag{4-9}$$

其中 $\boldsymbol{B}$ 称为应变转换矩阵，也简称为应变矩阵，即

$$\boldsymbol{B}=[\boldsymbol{B}_i\quad \boldsymbol{B}_j\quad \boldsymbol{B}_m\quad \boldsymbol{B}_p] \tag{4-10}$$

$$\boldsymbol{B}_i=\boldsymbol{LN}_i=\begin{bmatrix}\frac{\partial N_i}{\partial x} & 0 & 0\\ 0 & \frac{\partial N_i}{\partial y} & 0\\ 0 & 0 & \frac{\partial N_i}{\partial z}\\ \frac{\partial N_i}{\partial y} & \frac{\partial N_i}{\partial x} & 0\\ 0 & \frac{\partial N_i}{\partial z} & \frac{\partial N_i}{\partial y}\\ \frac{\partial N_i}{\partial z} & 0 & \frac{\partial N_i}{\partial x}\end{bmatrix}=\frac{1}{6V}\begin{bmatrix}b_i & 0 & 0\\ 0 & c_i & 0\\ 0 & 0 & d_i\\ c_i & b_i & 0\\ 0 & d_i & c_i\\ d_i & 0 & b_i\end{bmatrix}\quad (i,j,m,p)$$

利用物理方程可得单元应力分量

$$\boldsymbol{\sigma}=\begin{Bmatrix}\sigma_x\\ \sigma_y\\ \sigma_z\\ \tau_{xy}\\ \tau_{yz}\\ \tau_{zx}\end{Bmatrix}=\boldsymbol{D\varepsilon}=\boldsymbol{Sa}^{\mathrm{e}} \tag{4-11}$$

其中 $\boldsymbol{S}$ 称为应力转换矩阵，也简称为应力矩阵，即

$$\boldsymbol{S}=[\boldsymbol{S}_i\quad \boldsymbol{S}_j\quad \boldsymbol{S}_m\quad \boldsymbol{S}_p] \tag{4-12}$$

$$\boldsymbol{S}_i=\boldsymbol{DB}_i=\frac{E(1-\nu)}{6(1+\nu)(1-2\nu)V}\begin{bmatrix}b_i & A_1c_i & A_1d_i\\ A_1b_i & c_i & A_1d_i\\ A_1b_i & A_1c_i & d_i\\ A_2c_i & A_2b_i & 0\\ 0 & A_2d_i & A_2c_i\\ A_2d_i & 0 & A_2b_i\end{bmatrix}\quad (i,j,m,p)$$

其中

$$A_1=\frac{\nu}{1-\nu},\quad A_2=\frac{1-2\nu}{2(1-\nu)}$$

4.2 单元刚度矩阵、荷载列阵

首先利用最小势能原理建立有限元的支配方程。对于空间弹性力学问题,物体的总势能为

$$\Pi=\frac{1}{2}\int_V \boldsymbol{\varepsilon}^{\mathrm{T}}\boldsymbol{\sigma}\mathrm{d}v-\int_V \boldsymbol{u}^{\mathrm{T}}\boldsymbol{f}\mathrm{d}v-\int_{S_\sigma}\boldsymbol{u}^{\mathrm{T}}\bar{\boldsymbol{f}}\mathrm{d}s \tag{4-13}$$

物体离散化后,将单元上的位移表达式(4-7)、应变表达式(4-9)、应力表达式(4-11)代入上式,得

$$\begin{aligned}\Pi&=\frac{1}{2}\sum_e\int_{V^e}\boldsymbol{\varepsilon}^{\mathrm{T}}\boldsymbol{\sigma}\mathrm{d}v-\sum_e\int_{V^e}\boldsymbol{u}^{\mathrm{T}}\boldsymbol{f}\mathrm{d}v-\sum_e\int_{S^e}\boldsymbol{u}^{\mathrm{T}}\bar{\boldsymbol{f}}\mathrm{d}s\\&=\frac{1}{2}\sum_e(\boldsymbol{a}^e)^{\mathrm{T}}\int_{V^e}\boldsymbol{B}^{\mathrm{T}}\boldsymbol{DB}\mathrm{d}v\boldsymbol{a}^e-\sum_e(\boldsymbol{a}^e)^{\mathrm{T}}\int_{V^e}\boldsymbol{N}^{\mathrm{T}}\boldsymbol{f}\mathrm{d}v-\sum_e(\boldsymbol{a}^e)^{\mathrm{T}}\int_{S^e}\boldsymbol{N}^{\mathrm{T}}\bar{\boldsymbol{f}}\mathrm{d}s\\&=\frac{1}{2}\boldsymbol{a}^{\mathrm{T}}\sum_e\left(\boldsymbol{C}_e^{\mathrm{T}}\int_{V^e}\boldsymbol{B}^{\mathrm{T}}\boldsymbol{DB}\mathrm{d}v\boldsymbol{C}_e\right)\boldsymbol{a}-\boldsymbol{a}^{\mathrm{T}}\sum_e\boldsymbol{C}_e^{\mathrm{T}}\int_{V^e}\boldsymbol{N}^{\mathrm{T}}\boldsymbol{f}\mathrm{d}v-\boldsymbol{a}^{\mathrm{T}}\sum_e\boldsymbol{C}_e^{\mathrm{T}}\int_{S^e}\boldsymbol{N}^{\mathrm{T}}\bar{\boldsymbol{f}}\mathrm{d}s\\&=\frac{1}{2}\boldsymbol{a}^{\mathrm{T}}\boldsymbol{Ka}-\boldsymbol{a}^{\mathrm{T}}\boldsymbol{R}\end{aligned} \tag{4-14}$$

式中,V^e 表示单元体积域;S^e 表示受面力作用的单元的边界面;$\boldsymbol{C}_e$ 为联系整体结点位移列阵与单元结点位移列阵的选择矩阵,即

$$\boldsymbol{a}^e=\boldsymbol{C}_e\boldsymbol{a} \tag{4-15}$$

由最小势能原理,总势能的变分 $\delta\Pi=0$,得到有限单元法的支配方程

$$\boldsymbol{Ka}=\boldsymbol{R} \tag{4-16}$$

其中

$$\left.\begin{aligned}\boldsymbol{K}&=\sum_e\boldsymbol{C}_e^{\mathrm{T}}\boldsymbol{k}\boldsymbol{C}_e\\\boldsymbol{R}&=\sum_e\boldsymbol{C}_e^{\mathrm{T}}\boldsymbol{R}^e\\\boldsymbol{k}&=\int_{V^e}\boldsymbol{B}^{\mathrm{T}}\boldsymbol{DB}\mathrm{d}v\\\boldsymbol{R}^e&=\int_{V^e}\boldsymbol{N}^{\mathrm{T}}\boldsymbol{f}\mathrm{d}v+\int_{S^e}\boldsymbol{N}^{\mathrm{T}}\bar{\boldsymbol{f}}\mathrm{d}s\end{aligned}\right\} \tag{4-17}$$

式中,$\boldsymbol{K}$ 为结构整体刚度矩阵,$\boldsymbol{R}$ 为整体结点荷载列阵,$\boldsymbol{k}$ 为单元刚度矩阵,$\boldsymbol{R}^e$ 为由体力 $\boldsymbol{f}$ 和面力 $\bar{\boldsymbol{f}}$ 引起单元的等效结点荷载。公式(4-17)对于任意空间单元类型都适用。

将应变矩阵 $\boldsymbol{B}$ 式(4-10)代入式(4-17)中的第三行，便得到四面体单元的刚度矩阵

$$\boldsymbol{k}=\int_{V^e}\boldsymbol{B}^{\mathrm{T}}\boldsymbol{DB}\mathrm{d}v=\boldsymbol{B}^{\mathrm{T}}\boldsymbol{DB}V=\begin{bmatrix}\boldsymbol{k}_{ii} & \boldsymbol{k}_{ij} & \boldsymbol{k}_{im} & \boldsymbol{k}_{ip}\\ \boldsymbol{k}_{ji} & \boldsymbol{k}_{jj} & \boldsymbol{k}_{jm} & \boldsymbol{k}_{jp}\\ \boldsymbol{k}_{mi} & \boldsymbol{k}_{mj} & \boldsymbol{k}_{mm} & \boldsymbol{k}_{mp}\\ \boldsymbol{k}_{pi} & \boldsymbol{k}_{pj} & \boldsymbol{k}_{pm} & \boldsymbol{k}_{pp}\end{bmatrix} \tag{4-18}$$

各分块子矩阵的表达式为

$$\boldsymbol{k}_{rs}=\boldsymbol{B}_r^{\mathrm{T}}\boldsymbol{DB}_sV=\frac{E(1-\nu)}{36(1+\nu)(1-2\nu)V}$$

$$\cdot\begin{bmatrix}b_rb_s+A_2(c_rc_s+d_rd_s) & A_1b_rc_s+A_2c_rb_s & A_1b_rb_s+A_2d_rb_s\\ A_1c_rb_s+A_2b_rc_s & c_rc_s+A_2(b_rb_s+d_rd_s) & A_1c_rd_s+A_2d_rc_s\\ A_1d_rb_s+A_2b_rd_s & A_1d_rc_s+A_2c_rd_s & d_rd_s+A_2(b_rb_s+c_rc_s)\end{bmatrix}$$

$(r,s=i,j,m,p)$

若单元受自重作用，体积力 $\boldsymbol{f}=[0\quad 0\quad -\rho g]^{\mathrm{T}}$，相应的单元等效结点荷载为

$$\begin{aligned}\boldsymbol{R}^e&=\int_{V^e}\boldsymbol{N}^{\mathrm{T}}\begin{Bmatrix}0\\0\\-\rho g\end{Bmatrix}\mathrm{d}x\mathrm{d}y\mathrm{d}z\\ &=-\rho g\int_{V^e}[0\quad 0\quad N_i\quad 0\quad 0\quad N_j\quad 0\quad 0\quad N_m\quad 0\quad 0\quad N_p]^{\mathrm{T}}\mathrm{d}x\mathrm{d}y\mathrm{d}z\\ &=-\frac{1}{4}\rho gV[0\quad 0\quad 1\quad 0\quad 0\quad 1\quad 0\quad 0\quad 1\quad 0\quad 0\quad 1]^{\mathrm{T}}\end{aligned} \tag{4-19}$$

表明把单元重量平均分到4个结点。

若单元某边界面如 ijm 面 x 方向受线性分力作用，设结点 i 的面力集度为 q，结点 j，p 的集度为0，则面力矢量 $\bar{\boldsymbol{f}}=[N_iq\quad 0\quad 0]^{\mathrm{T}}$。相应的单元等效结点荷载为

$$\begin{aligned}\boldsymbol{R}^e&=\int_{S^e}\boldsymbol{N}^{\mathrm{T}}\bar{\boldsymbol{f}}\mathrm{d}s\\ &=\int_{S^e}[N_iN_iq\quad 0\quad 0\quad N_iN_jq\quad 0\quad 0\quad N_iN_mq\quad 0\quad 0\quad 0]^{\mathrm{T}}\mathrm{d}s\\ &=\frac{1}{3}qA_{ijm}[\frac{1}{2}\quad 0\quad 0\quad \frac{1}{4}\quad 0\quad 0\quad \frac{1}{4}\quad 0\quad 0\quad 0\quad 0\quad 0]^{\mathrm{T}}\end{aligned} \tag{4-20}$$

表明把分布面力合力的 $\frac{1}{2}$ 分配在 i 结点，j 结点和 m 结点各为合力的 $\frac{1}{4}$。

4.3　体积坐标

前面讨论的是常应变四面体单元，若在四面体各棱线上增设结点，便可得到高次四面体单元。对于高次四面体单元，引入体积坐标可以简化计算公式。如图4-3所示，在四面体单元1234中，任一点 P 的位置可用下列比值来确定。

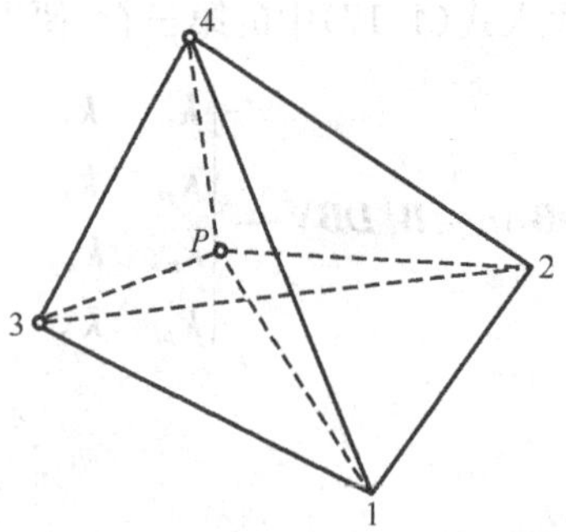

图 4-3

$$L_1=\frac{V_1}{V},\quad L_2=\frac{V_2}{V},\quad L_3=\frac{V_3}{V},\quad L_4=\frac{V_4}{V} \tag{4-21}$$

$$V=\frac{1}{6}\begin{vmatrix}1 & x_1 & y_1 & z_1\\ 1 & x_2 & y_2 & z_2\\ 1 & x_3 & y_3 & z_3\\ 1 & x_4 & y_4 & z_4\end{vmatrix} \tag{a}$$

式中,V 为四面体的体积,V_1,V_2,V_3,V_4 分别为四面体 $P234,P341,P412,P123$ 的体积,L_1,L_2,L_3,L_4 称为 P 点的体积坐标。

由于 $V_1+V_2+V_3+V_4=V$,因此有

$$L_1+L_2+L_3+L_4=1 \tag{b}$$

体积坐标与直角坐标之间具有关系

$$\begin{Bmatrix}L_1\\L_2\\L_3\\L_4\end{Bmatrix}=\frac{1}{6V}\begin{bmatrix}a_1 & b_1 & c_1 & d_1\\ a_2 & b_2 & c_2 & d_2\\ a_3 & b_3 & c_3 & d_3\\ a_4 & b_4 & c_4 & d_4\end{bmatrix}\begin{Bmatrix}1\\x\\y\\z\end{Bmatrix} \tag{4-22}$$

式中,系数 $a_i,b_i,c_i,d_i(i=1,2,3,4)$ 由式(4-6)确定。

体积坐标各幂次乘积在四面体上的积分公式为

$$\iiint_V L_1^a L_2^b L_3^c L_4^d \mathrm{d}x\mathrm{d}y\mathrm{d}z=6V\frac{a!\ b!\ c!\ d!}{(a+b+c+d+3)!} \tag{4-23}$$

上节所述的常应变四面体单元,所采用的形函数可用体积坐标表示为

$$N_1=L_1,\quad N_2=L_2,\quad N_3=L_3,\quad N_4=L_4$$

4.4 高次四面体单元

为了提高单元应力精度,适应复杂的曲面边界形状,可以在四面体单元的各棱边增设

结点构成高次四面体单元。

图 4-4 为 10 结点四面体单元。

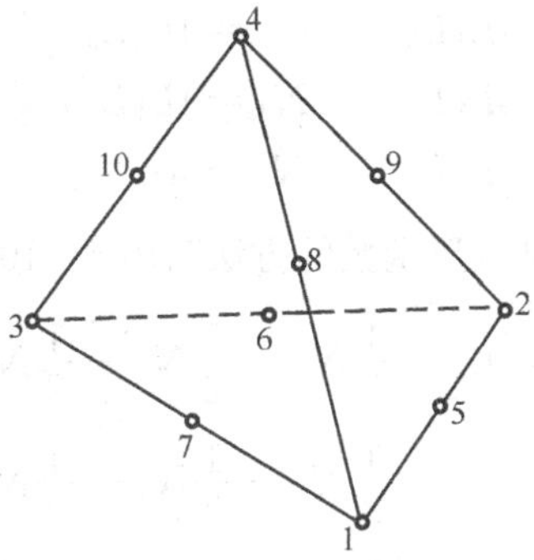

图 4-4

设单元位移模式为直角坐标(x,y,z)的完全二次多项式，即

$$\left.\begin{aligned}u&=\alpha_1+\alpha_2x+\alpha_3y+\alpha_4z+\alpha_5xy+\alpha_6yz+\alpha_7zx+\alpha_8x^2+\alpha_9y^2+\alpha_{10}z^2\\v&=\alpha_{11}+\alpha_{12}x+\alpha_{13}y+\alpha_{14}z+\alpha_{15}xy+\alpha_{16}yz+\alpha_{17}zx+\alpha_{18}x^2+\alpha_{19}y^2+\alpha_{20}z^2\\w&=\alpha_{21}+\alpha_{22}x+\alpha_{23}y+\alpha_{24}z+\alpha_{25}xy+\alpha_{26}yz+\alpha_{27}zx+\alpha_{28}x^2+\alpha_{29}y^2+\alpha_{30}z^2\end{aligned}\right\}\tag{a}$$

每个位移分量包含 10 个待定系数，10 个结点（3 个角结点，6 个边中结点）可以列出 10 个条件，正好可以解出这 10 个待定系数，代回到式(a)便可得到用结点位移表示的位移模式。

位移模式(a)中包含了线性多项式，因此它满足完备性条件。又因为它是二次多项式，在单元的每边界面上有 6 个结点，6 个结点可以完全确定面上的二次多项式，因此它也满足位移连续性条件。

但是，对于高次单元采用上述方法来构造位移模式是很费事的，也是很困难的，因为它要解析地求解高阶（10 阶）方程组。下面利用体积坐标，将位移模式直接写为

$$u=\sum_{i=1}^{10}N_iu_i\qquad v=\sum_{i=1}^{10}N_iv_i\qquad w=\sum_{i=1}^{10}N_iw_i\tag{b}$$

用矩阵表示为

$$\boldsymbol{u}=\boldsymbol{N}\boldsymbol{a}^e\tag{4-24}$$

其中

$$\begin{aligned}\boldsymbol{N}&=\begin{bmatrix}N_1&0&0&N_2&0&0&\cdots&N_{10}&0&0\\0&N_1&0&0&N_2&0&\cdots&0&N_{10}&0\\0&0&N_1&0&0&N_2&\cdots&0&0&N_{10}\end{bmatrix}\\&=[\boldsymbol{I}N_1\quad \boldsymbol{I}N_2\quad\cdots\quad \boldsymbol{I}N_{10}]\\&=[\boldsymbol{N}_1\quad\boldsymbol{N}_2\quad\boldsymbol{N}_3\quad\boldsymbol{N}_4\quad\boldsymbol{N}_5\quad\boldsymbol{N}_6\quad\boldsymbol{N}_7\quad\boldsymbol{N}_8\quad\boldsymbol{N}_9\quad\boldsymbol{N}_{10}]\end{aligned}$$

$$\boldsymbol{a}^e=[u_1v_1w_1\quad u_2v_2w_2\quad\cdots\quad u_{10}v_{10}w_{10}]^{\mathrm{T}}$$

根据形函数的基本性质 $N_i(x_j,y_j,z_j)=\delta_{ij}\,(i,j=1,2,\cdots,10)$，式(b)中的形函数可以

很方便地用体积坐标表示为

$$\left.\begin{aligned}&N_i=(2L_i-1)L_i\quad(i=1,2,3,4)\\&N_5=4L_1L_2\qquad N_6=4L_2L_3\\&N_7=4L_1L_3\qquad N_8=4L_1L_4\\&N_9=4L_2L_4\qquad N_{10}=4L_3L_4\end{aligned}\right\}\tag{4-25}$$

还可以利用第三章中按构造变结点形函数的方法写出 4～10 变结点四面体单元的形函数。

$$\left.\begin{aligned}&N_1=L_1-\frac{1}{2}N_5-\frac{1}{2}N_7-\frac{1}{2}N_8\\&N_2=L_2-\frac{1}{2}N_5-\frac{1}{2}N_6-\frac{1}{2}N_9\\&N_3=L_3-\frac{1}{2}N_6-\frac{1}{2}N_7-\frac{1}{2}N_{10}\\&N_4=L_4-\frac{1}{2}N_8-\frac{1}{2}N_9-\frac{1}{2}N_{10}\\&N_5=4L_1L_2\qquad N_6=4L_2L_3\\&N_7=4L_1L_3\qquad N_8=4L_1L_4\\&N_9=4L_2L_4\qquad N_{10}=4L_3L_4\end{aligned}\right\}\tag{4-26}$$

若某棱边上的结点不存在，就令该结点对应的形函数为 0，便得到变结点过渡单元的形函数。读者可以验证，如果取结点数为 10，式(4-26)与式(4-25)的结果是一致的。

4.5　空间等参单元

首先通过坐标变换，将实际单元变换到标准单元(母单元)如图 4-5 所示。

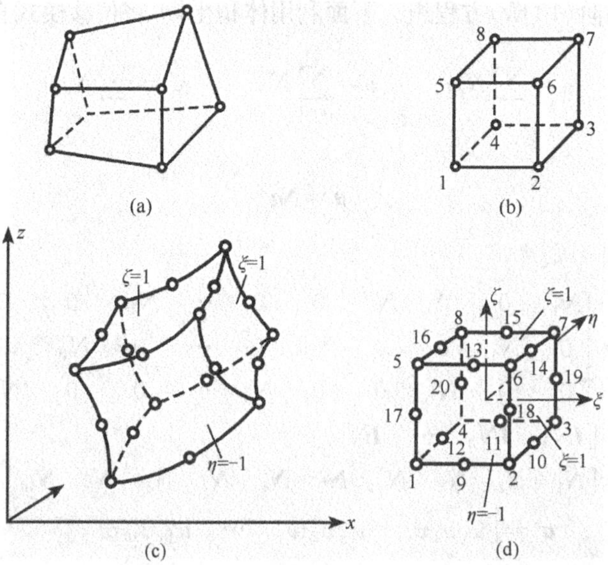

图 4-5

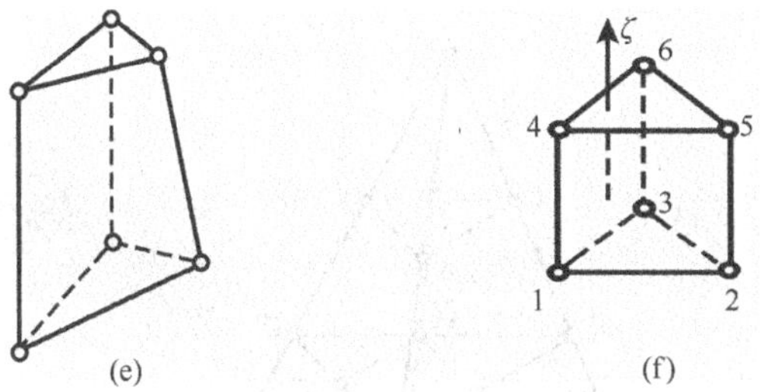

图 4-5(续)

设单元的结点数为 m,则坐标变换式为

$$x=\sum_{i=1}^{m}N_i x_i,\quad y=\sum_{i=1}^{m}N_i y_i,\quad z=\sum_{i=1}^{m}N_i z_i \tag{4-27}$$

等参单元的位移模式为

$$u=\sum_{i=1}^{m}N_i u_i,\quad v=\sum_{i=1}^{m}N_i v_i,\quad w=\sum_{i=1}^{m}N_i w_i$$

写成矩阵形式为

$$\boldsymbol{u}=\begin{Bmatrix}u\\v\\w\end{Bmatrix}=\boldsymbol{N}\boldsymbol{a}^e \tag{4-28}$$

式中，$\boldsymbol{N}$ 为形函数矩阵,$\boldsymbol{a}^e$ 为单元结点位移列阵。

$$\begin{aligned}\boldsymbol{N}&=\begin{bmatrix}N_1 & 0 & 0 & N_2 & 0 & 0 & \cdots & N_m & 0 & 0\\ 0 & N_1 & 0 & 0 & N_2 & 0 & \cdots & 0 & N_m & 0\\ 0 & 0 & N_1 & 0 & 0 & N_2 & \cdots & 0 & 0 & N_m\end{bmatrix}\\ &=[\boldsymbol{I}N_1\quad \boldsymbol{I}N_2\quad \cdots\quad \boldsymbol{I}N_m]\\ &=[\boldsymbol{N}_1\quad \boldsymbol{N}_2\quad \cdots\quad \boldsymbol{N}_m]\end{aligned} \tag{4-29}$$

$$\boldsymbol{a}^e=[u_1v_1w_1\quad u_2v_2w_2\quad \cdots\quad u_mv_mw_m]^{\mathrm{T}} \tag{4-30}$$

上述式子中形函数 $N_i(i=1,2,\cdots,m)$ 均是定义在母单元上的,是局部坐标的函数。下面讨论如何确定各种类型单元的形函数。

在平面问题里我们已经知道,基于 Pascal 三角形采用几何划线法构造的形函数所对应的位移模式都能满足完备性要求和连续性要求。在空间问题里,可以采用类似的方法来构造形函数。具体做法是:①根据单元结点数 m 按多项式三角锥(图 4-6)配置形函数表达式的各幂次项构成有限元子空间。②根据形函数的基本性质 $N_i(\xi_j,\eta_j,\zeta_j)=\delta_{ij}$ 采用几何划面法确定形函数。

三角锥配置多项式的原则是:从上而下逐层增加项数,在每层选择项数时要考虑对称性。例如,8 结点单元的多项式应包含第一层和第二层的所有项,即 $1,\xi,\eta,\zeta$,第三层选 3 项 $\xi\eta,\eta\zeta,\zeta\xi$。还差一项,这一项应选第四层对称轴上的项 $\xi\eta\zeta$,而不能在第三层剩余的3

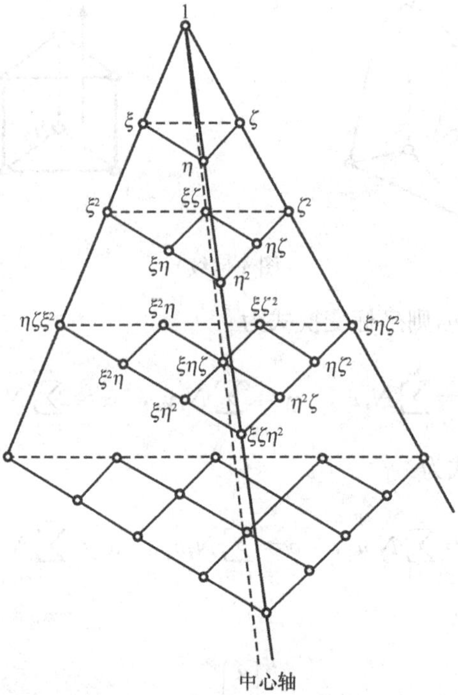

图 4-6

项中选,否则,不管选哪一项都破坏了对称性。因此 8 结点单元的形函数只能有如下形式(以 N_1 为例)

$$N_1 = \alpha_1 + \alpha_2\xi + \alpha_3\eta + \alpha_4\zeta + \alpha_5\xi\eta + \alpha_6\eta\zeta + \alpha_7\zeta\xi + \alpha_8\xi\eta\zeta \tag{4-31}$$

如式(4-31)所有可能的多项式的集合就构成了 8 结点有限元子空间。在用几何划面法确定形函数时,要注意所有形函数必须属于有限元子空间,即它们的各幂次项不能超出式(4-31)中所包含的最高幂次。可以验证,按这种方法得出的形函数是唯一的。

根据上述方法,可以很方便地得出各种单元的形函数。

8 结点六面体单元的形函数为

$$N_i = \frac{1}{8}(1+\xi_i\xi)(1+\eta_i\eta)(1+\zeta_i\zeta) \quad (i=1,2,\cdots,8) \tag{4-32}$$

20 结点六面体单元的形函数为

$$\left.\begin{aligned} N_i &= \frac{1}{8}(1+\xi_i\xi)(1+\eta_i\eta)(1+\zeta_i\zeta)(\xi_i\xi+\eta_i\eta+\zeta_i\zeta-2) \\ &\qquad\qquad (i=1,2,\cdots,8) \\ N_i &= \frac{1}{4}(1-\xi^2)(1+\eta_i\eta)(1+\zeta_i\zeta) \quad (i=9,11,13,15) \\ N_i &= \frac{1}{4}(1-\eta^2)(1+\xi_i\xi)(1+\zeta_i\zeta) \quad (i=10,12,14,16) \\ N_i &= \frac{1}{4}(1-\zeta^2)(1+\xi_i\xi)(1+\eta_i\eta) \quad (i=17,18,19,20) \end{aligned}\right\} \tag{4-33}$$

按照变结点形函数的构造方法，可以写出 8～20 结点六面体单元形函数的统一表达式

$$\left.\begin{aligned}
N_1 &= \hat{N}_1 - \frac{1}{2}(N_9 + N_{12} + N_{17}) \\
N_2 &= \hat{N}_2 - \frac{1}{2}(N_9 + N_{10} + N_{18}) \\
N_3 &= \hat{N}_3 - \frac{1}{2}(N_{10} + N_{11} + N_{19}) \\
N_4 &= \hat{N}_4 - \frac{1}{2}(N_{11} + N_{12} + N_{20}) \\
N_5 &= \hat{N}_5 - \frac{1}{2}(N_{13} + N_{16} + N_{17}) \\
N_6 &= \hat{N}_6 - \frac{1}{2}(N_{13} + N_{14} + N_{18}) \\
N_7 &= \hat{N}_7 - \frac{1}{2}(N_{14} + N_{15} + N_{19}) \\
N_8 &= \hat{N}_8 - \frac{1}{2}(N_{15} + N_{16} + N_{20})
\end{aligned}\right\} \tag{4-34}$$

式中

$$\hat{N}_i = \frac{1}{8}(1+\xi_i\xi)(1+\eta_i\eta)(1+\zeta_i\zeta) \quad (i=1,2,\cdots,8)$$

$N_9 \sim N_{20}$ 仍由式(4-33)中后 3 式确定。

6 结点三棱柱单元的形函数为

$$\left.\begin{aligned}
N_i &= \frac{1}{2}L_i(1-\zeta_i\zeta) \quad (i=1,2,3) \\
N_i &= \frac{1}{2}L_{i-3}(1+\zeta_i\zeta) \quad (i=4,5,6)
\end{aligned}\right\} \tag{4-35}$$

式中，L_i 为三角形单元的面积坐标。

读者可以验证，上述各种单元的形函数均满足

$$\sum_{i=1}^{m} N_i = 1$$

因此相应的位移模式满足完备性条件，还可以很容易地分析出任意两相邻单元的交界面上的位移也满足连续性条件。

8-20 变结点单元形函数的程序为：

```
SUBROUTINE FUN8TO20(ND,NEE,R,S,FUN)
DIMENSION XI(20),ETA(20),ZETA(20),FUN(* )
DATA XI/- 1.0,1.0,1.0,- 1.0,- 1.0,1.0,1.0,- 1.0,
```

```
      &        0,1.0,0,- 1.0,0,1.0,0,- 1.0,- 1.0,1.0,1.0,- 1.0/
      DATA ETA/- 1.0,- 1.0,1.0,1.0,- 1.0,- 1.0,1.0,1.0,
      &        - 1.0,0,1.0,0,- 1.0,0,1.0,0,- 1.0,- 1.0,1.0,1.0/
      DATA ZETA/- 1.00,- 1.00,- 1.00,- 1.00,1.00,1.00,1.00,1.00,
      &        - 1.0,- 1.0,- 1.0,- 1.0,1.0,1.0,1.0,1.0,0,0,0,0/
      DO 25 K= 1,20
   25 FUN(K)= 0.0
      DO 10 I= 1,ND
      G1= 0.5* (1.0+ XI(I)* R)
      IF(XI(I).EQ.0)G1= (1.0- R* R)
      G2= 0.5* (1.0+ ETA(I)* S)
      IF(ETA(I).EQ.0)G2= (1.0- S* S)
      G3= 0.5* (1.0+ ZETA(I)* T)
      IF(ZETA(I)).EQ.0)G3= (1.0- T* T)
      FUN(I)= G1* G2* G3
   10 CONTINUE
      IF(ND.EQ.8)RETURN
      ! 有中结点
      FUN(1)= FUN(1)- (FUN(9)+ FUN(12)+ FUN(17))/2
      FUN(2)= FUN(2)- (FUN(9)+ FUN(10)+ FUN(18))/2
      FUN(3)= FUN(3)- FUN(10)+ FUN(11)+ FUN(19))/2
      FUN(4)= FUN(4)- (FUN(11)+ FUN(12)+ FUN(20))/2
      FUN(5)= FUN(5)- (FUN(13)+ FUN(16)+ FUN(17))/2
      FUN(6)= FUN(6)- (FUN(13)+ FUN(14)+ FUN(18))/2
      FUN(7)= FUN(7)- (FUN(14)+ FUN(15)+ FUN(19))/2
      FUN(8)= FUN(8)- (FUN(15)+ FUN(16)+ FUN(20))/2
      RETURN
      END
```

4.6 整体坐标与局部坐标之间的微分变换关系

1. 形函数对整体坐标的导数

形函数 N_i 对局部坐标的偏导数可以表示成

$$\left.\begin{aligned}\frac{\partial N_i}{\partial \xi}&=\frac{\partial N_i}{\partial x}\frac{\partial x}{\partial \xi}+\frac{\partial N_i}{\partial y}\frac{\partial y}{\partial \xi}+\frac{\partial N_i}{\partial z}\frac{\partial z}{\partial \xi}\\\frac{\partial N_i}{\partial \eta}&=\frac{\partial N_i}{\partial x}\frac{\partial x}{\partial \eta}+\frac{\partial N_i}{\partial y}\frac{\partial y}{\partial \eta}+\frac{\partial N_i}{\partial z}\frac{\partial z}{\partial \eta}\\\frac{\partial N_i}{\partial \zeta}&=\frac{\partial N_i}{\partial x}\frac{\partial x}{\partial \zeta}+\frac{\partial N_i}{\partial y}\frac{\partial y}{\partial \zeta}+\frac{\partial N_i}{\partial z}\frac{\partial z}{\partial \zeta}\end{aligned}\right\}\tag{a}$$

将它集合写成矩阵形式

$$\begin{Bmatrix} \dfrac{\partial N_i}{\partial \xi} \\ \dfrac{\partial N_i}{\partial \eta} \\ \dfrac{\partial N_i}{\partial \zeta} \end{Bmatrix} = \begin{bmatrix} \dfrac{\partial x}{\partial \xi} & \dfrac{\partial y}{\partial \xi} & \dfrac{\partial z}{\partial \xi} \\ \dfrac{\partial x}{\partial \eta} & \dfrac{\partial y}{\partial \eta} & \dfrac{\partial z}{\partial \eta} \\ \dfrac{\partial x}{\partial \zeta} & \dfrac{\partial y}{\partial \zeta} & \dfrac{\partial z}{\partial \zeta} \end{bmatrix} \begin{Bmatrix} \dfrac{\partial N_i}{\partial x} \\ \dfrac{\partial N_i}{\partial y} \\ \dfrac{\partial N_i}{\partial z} \end{Bmatrix} \tag{b}$$

由式(b)可解得形函数 N_i 对整体坐标的导数

$$\begin{Bmatrix} \dfrac{\partial N_i}{\partial x} \\ \dfrac{\partial N_i}{\partial y} \\ \dfrac{\partial N_i}{\partial z} \end{Bmatrix} = \boldsymbol{J}^{-1} \begin{Bmatrix} \dfrac{\partial N_i}{\partial \xi} \\ \dfrac{\partial N_i}{\partial \eta} \\ \dfrac{\partial N_i}{\partial \zeta} \end{Bmatrix} \tag{4-36}$$

其中，$\boldsymbol{J}$ 为雅可比矩阵

$$\boldsymbol{J} = \frac{\partial(x,y,z)}{\partial(\xi,\eta,\zeta)} = \begin{bmatrix} \dfrac{\partial x}{\partial \xi} & \dfrac{\partial y}{\partial \xi} & \dfrac{\partial z}{\partial \xi} \\ \dfrac{\partial x}{\partial \eta} & \dfrac{\partial y}{\partial \eta} & \dfrac{\partial z}{\partial \eta} \\ \dfrac{\partial x}{\partial \zeta} & \dfrac{\partial y}{\partial \zeta} & \dfrac{\partial z}{\partial \zeta} \end{bmatrix} = \begin{bmatrix} \sum\limits_{i=1}^{m} \dfrac{\partial N_i}{\partial \xi} x_i & \sum\limits_{i=1}^{m} \dfrac{\partial N_i}{\partial \xi} y_i & \sum\limits_{i=1}^{m} \dfrac{\partial N_i}{\partial \xi} z_i \\ \sum\limits_{i=1}^{m} \dfrac{\partial N_i}{\partial \eta} x_i & \sum\limits_{i=1}^{m} \dfrac{\partial N_i}{\partial \eta} y_i & \sum\limits_{i=1}^{m} \dfrac{\partial N_i}{\partial \eta} z_i \\ \sum\limits_{i=1}^{m} \dfrac{\partial N_i}{\partial \zeta} x_i & \sum\limits_{i=1}^{m} \dfrac{\partial N_i}{\partial \zeta} y_i & \sum\limits_{i=1}^{m} \dfrac{\partial N_i}{\partial \zeta} z_i \end{bmatrix} \tag{4-37}$$

由式(4-36)和式(4-37)可知，形函数 N_i 对整体坐标的导数已表达为形函数 N_i 对局部坐标的导数，而形函数 N_i 是局部坐标的显式函数，其导数是确定的。

2. 微分体积的变换

在实际单元某点取一体积微元 $\mathrm{d}v$，如图4-7所示。该微元是母单元中相应点的微

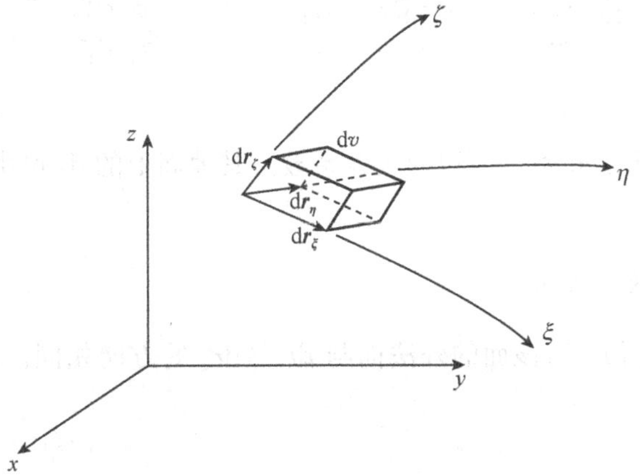

图 4-7

体积 $d\xi d\eta d\zeta$ 变换而来,因此它的棱边就是三个局部坐标的坐标线方向的微分矢量,将它们分别记为 $d\boldsymbol{r}_\xi, d\boldsymbol{r}_\eta, d\boldsymbol{r}_\zeta$。三个坐标线上的微分矢量分别为

$$\left.\begin{aligned} d\boldsymbol{r}_\xi &= \frac{\partial x}{\partial \xi}d\xi\boldsymbol{i} + \frac{\partial y}{\partial \xi}d\xi\boldsymbol{j} + \frac{\partial z}{\partial \xi}d\xi\boldsymbol{k} \\ d\boldsymbol{r}_\eta &= \frac{\partial x}{\partial \eta}d\eta\boldsymbol{i} + \frac{\partial y}{\partial \eta}d\eta\boldsymbol{j} + \frac{\partial z}{\partial \eta}d\eta\boldsymbol{k} \\ d\boldsymbol{r}_\zeta &= \frac{\partial x}{\partial \zeta}d\zeta\boldsymbol{i} + \frac{\partial y}{\partial \zeta}d\zeta\boldsymbol{j} + \frac{\partial z}{\partial \zeta}d\zeta\boldsymbol{k} \end{aligned}\right\} \tag{c}$$

式中,$\boldsymbol{i},\boldsymbol{j},\boldsymbol{k}$为直角坐标的单位基矢量。

微分体积 dv 等于三个微分矢量的混合积,即

$$dv = d\boldsymbol{r}_\xi \cdot (d\boldsymbol{r}_\eta \times d\boldsymbol{r}_\zeta) = \begin{vmatrix} \frac{\partial x}{\partial \xi} & \frac{\partial y}{\partial \xi} & \frac{\partial z}{\partial \xi} \\ \frac{\partial x}{\partial \eta} & \frac{\partial y}{\partial \eta} & \frac{\partial z}{\partial \eta} \\ \frac{\partial x}{\partial \zeta} & \frac{\partial y}{\partial \zeta} & \frac{\partial z}{\partial \zeta} \end{vmatrix} d\xi d\eta d\zeta = |\boldsymbol{J}|\, d\xi d\eta d\zeta \tag{4-38}$$

可见,实际单元中的微分体积等于母单元中微分体积乘以$|\boldsymbol{J}|$,或者说,雅可比行列式$|\boldsymbol{J}|$是实际单元中的微元体积对母单元微分体积的放大系数。

3. 微分面积的变换

以实际单元 $\xi=\pm1$ 的表面为例。在该表面上取微分面积 ds,它应该等于 η 坐标线和 ζ 坐标线上微分矢量叉乘的模,即

$$ds = |\, d\boldsymbol{r}_\eta \times d\boldsymbol{r}_\zeta \,|$$

将式(c)中后两式代入上式,并注意到 $\xi=\pm1$,得

$$\begin{aligned} ds &= \left[\left(\frac{\partial y}{\partial \eta}\frac{\partial z}{\partial \zeta} - \frac{\partial y}{\partial \zeta}\frac{\partial z}{\partial \eta}\right)^2 + \left(\frac{\partial z}{\partial \eta}\frac{\partial x}{\partial \zeta} - \frac{\partial z}{\partial \zeta}\frac{\partial x}{\partial \eta}\right)^2 + \left(\frac{\partial x}{\partial \eta}\frac{\partial y}{\partial \zeta} - \frac{\partial x}{\partial \zeta}\frac{\partial y}{\partial \eta}\right)^2\right]^{1/2} d\eta d\zeta \\ &= A_\xi d\eta d\zeta \end{aligned} \tag{4-39}$$

A_ξ 相当于两个坐标系之间微分面积的放大系数。其他面上的 ds 可由上式通过轮换 ξ,η,ζ 得到。

4. 单元边界面的外法向

以 $\xi=1$ 的边界面为例,该面的外法向与 $d\boldsymbol{r}_\eta \times d\boldsymbol{r}_\zeta$ 的方向相同。因此,该面外法向的方向余弦为

$$\left.\begin{aligned}l&=\frac{1}{A_\xi}\left(\frac{\partial y}{\partial\eta}\frac{\partial z}{\partial\zeta}-\frac{\partial y}{\partial\zeta}\frac{\partial z}{\partial\eta}\right)\\m&=\frac{1}{A_\xi}\left(\frac{\partial z}{\partial\eta}\frac{\partial x}{\partial\zeta}-\frac{\partial z}{\partial\zeta}\frac{\partial x}{\partial\eta}\right)\\n&=\frac{1}{A_\xi}\left(\frac{\partial x}{\partial\eta}\frac{\partial y}{\partial\zeta}-\frac{\partial x}{\partial\zeta}\frac{\partial y}{\partial\eta}\right)\end{aligned}\right\}\tag{4-40}$$

其他面的外法向方向余弦可由上式通过转换 ξ,η,ζ 得到。

4.7　等参单元的刚度矩阵、荷载列阵

有了单元位移模式后，根据几何方程和物理方程就可得到单元的应变和应力。

$$\boldsymbol{\varepsilon}=\boldsymbol{Lu}=\boldsymbol{LNa}^e=\boldsymbol{Ba}^e\tag{4-41}$$

式中，$\boldsymbol{B}$ 为应变转换矩阵，

$$\boldsymbol{B}=[\boldsymbol{B}_1\quad\boldsymbol{B}_2\quad\cdots\quad\boldsymbol{B}_m]\tag{4-42}$$

$$\boldsymbol{B}_i=\boldsymbol{LN}_i=\begin{bmatrix}\frac{\partial N_i}{\partial x}&0&0\\0&\frac{\partial N_i}{\partial y}&0\\0&0&\frac{\partial N_i}{\partial z}\\\frac{\partial N_i}{\partial y}&\frac{\partial N_i}{\partial x}&0\\0&\frac{\partial N_i}{\partial z}&\frac{\partial N_i}{\partial y}\\\frac{\partial N_i}{\partial z}&0&\frac{\partial N_i}{\partial x}\end{bmatrix}\quad(i=1,2,\cdots,m)$$

$$\boldsymbol{\sigma}=\boldsymbol{D\varepsilon}=\boldsymbol{DBa}^e=\boldsymbol{Sa}^e\tag{4-43}$$

式中，$\boldsymbol{S}$ 为应力转换矩阵，

$$\boldsymbol{S}=[\boldsymbol{S}_1\quad\boldsymbol{S}_2\quad\cdots\quad\boldsymbol{S}_m]\tag{4-44}$$

$$S_i=\boldsymbol{DB}_i\quad(i=1,2,\cdots,m)$$

式中，$\boldsymbol{D}$ 为弹性矩阵。

将应变转换矩阵(4-42)代入公式(4-17)，再考虑到公式(4-38)，便得到单元刚度矩阵

$$\boldsymbol{k}=\int_{V^e}\boldsymbol{B}^{\mathrm{T}}\boldsymbol{DB}\,\mathrm{d}v=\int_{-1}^{1}\int_{-1}^{1}\int_{-1}^{1}\boldsymbol{B}^{\mathrm{T}}\boldsymbol{DB}\,|\,\boldsymbol{J}\,|\,\mathrm{d}\xi\mathrm{d}\eta\mathrm{d}\zeta\tag{4-45}$$

在用高斯数值积分计算上式时,与平面问题的分析类似,仅用 $|\boldsymbol{J}|$ 的幂次来决定积分点。以 20 结点等参单元为例,形函数 N_i 是 ξ,η,ζ 的 2 次幂,由公式(4-37)可知 $|\boldsymbol{J}|$ 是 ξ,η,ζ 的 5 次幂多项式。因此积分点数目应为 $n\geqslant\frac{5+1}{2}=3$,取 $n=3$,采用 $3\times3\times3$ 积分方案。

体力引起的等效结点荷载为

$$\boldsymbol{R}^e=\int_{V^e}\boldsymbol{N}^{\mathrm{T}}\boldsymbol{f}\mathrm{d}v=\int_{-1}^{1}\int_{-1}^{1}\int_{-1}^{1}\boldsymbol{N}^{\mathrm{T}}\boldsymbol{f}\ |\boldsymbol{J}|\ \mathrm{d}\xi\mathrm{d}\eta\mathrm{d}\zeta \tag{4-46}$$

若体力 $\boldsymbol{f}$ 为常量,对于 20 结点单元,被积函数关于 ξ,η,ζ 的最高幂次都是 7。因此积分点数目应为 $n\geqslant\frac{7+1}{2}=4$,取 $n=4$,采用 $4\times4\times4$ 积分方案。

在单元某边界面如 $\xi=\pm1$ 受面力作用,单元的等效结点荷载为

$$\boldsymbol{R}^e=\int_{S^e}\boldsymbol{N}^{\mathrm{T}}\bar{\boldsymbol{f}}\mathrm{d}S=\int_{-1}^{1}\int_{-1}^{1}N^{\mathrm{T}}\bar{\boldsymbol{f}}A_{\xi}\mathrm{d}\eta\mathrm{d}\zeta \tag{4-47}$$

由式(4-39)知,A_{ξ} 是函数的根式,不能化为多项式,因而无法精确判明所需的积分点数目。但是,如果所受的面力是法向压力,式(4-47)就可以得以简化,被积函数将成为多项式。我们可以用法向压力的结点荷载的积分方案,代替一般面力的结点荷载的积分方案。

在单元边界 $\xi=1$ 上受法向压力作用时,面力矢量 $\bar{\boldsymbol{f}}$ 成为

$$\bar{\boldsymbol{f}}=-q(\eta,\zeta)\begin{Bmatrix}l\\m\\n\end{Bmatrix} \tag{a}$$

式中,$q(\eta,\zeta)$为法向压力的集度,l,m,n 为该面外法向的方向余弦,由公式(4-40)确定。

将式(a)代入式(4-47),得法向压力的等效结点荷载为

$$\boldsymbol{R}^e=-\int_{-1}^{1}\int_{-1}^{1}\boldsymbol{N}^{\mathrm{T}}q(\eta,\zeta)\left[\frac{\partial y}{\partial\eta}\frac{\partial z}{\partial\zeta}-\frac{\partial y}{\partial\zeta}\frac{\partial z}{\partial\eta},\quad\frac{\partial z}{\partial\eta}\frac{\partial x}{\partial\zeta}-\frac{\partial z}{\partial\zeta}\frac{\partial x}{\partial\eta},\quad\frac{\partial x}{\partial\eta}\frac{\partial y}{\partial\zeta}-\frac{\partial x}{\partial\zeta}\frac{\partial y}{\partial\eta}\right]^{\mathrm{T}}\mathrm{d}\eta\mathrm{d}\zeta \tag{4-48}$$

假设 $q(\eta、\zeta)$为线性分布,那么,对于 20 结点单元,上式中被积函数关于 η,ζ 的最高幂次都是 6。因此积分点数目应为 $n\geqslant\frac{6+1}{2}=3.5$,取 $n=4$,采用 4×4 积分方案。

4.8 空间等参单元计算实例

例 4-1 如图 4-8 所示的厚壁圆筒。设圆筒的弹性模量为 E,泊松系数为 ν,容重为 ρg,受自重和圆筒沿长度方向受线性法向内外压力作用,压力的集度在圆筒的一端为 q,另一端为 0。该问题的解析解答为

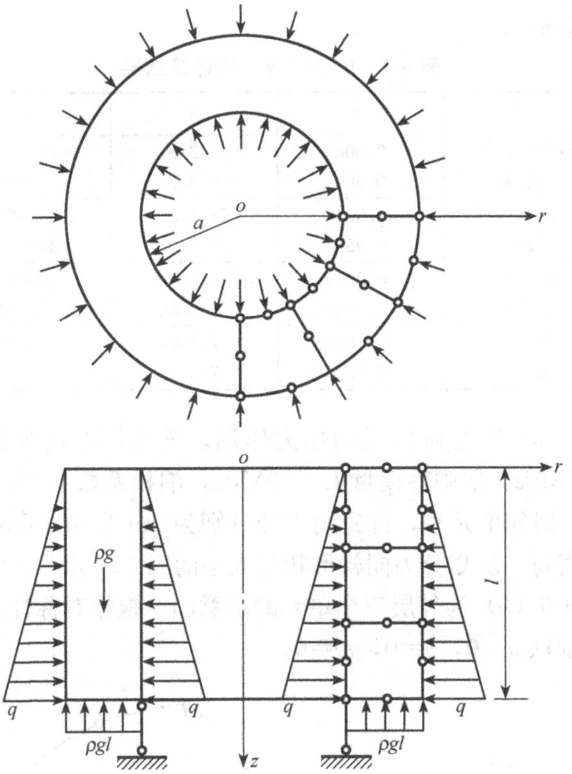

图 4-8

径向位移　$$u=\left(\nu\rho g-\frac{1-\nu}{l}q\right)\frac{rz}{E}$$

轴向位移　$$w=\left(\rho g-\frac{2\nu q}{l}\right)\frac{l^2-z^2}{2E}+\left(\nu\rho g-\frac{1-\nu}{l}q\right)\frac{a^2-r^2}{2E}$$

径向及环向正应力　$$\sigma_r=\sigma_\theta=-\frac{q}{l}z$$

轴向正应力　$$\sigma_z=-\rho g z$$

切应力　$$\tau_{rz}=\tau_{zr}=0$$

它们满足弹性力学中空间轴对称问题的所有一切基本方程及边界条件。取 $a=4\text{m}$，$l=9\text{m}$，$E=10^4\text{MPa}$，$\nu=0.2$，容重为 2.5t/m^3，$q=9\times10^{-2}\text{MPa}$，代入上式，得

$$10^6u=-0.3rz\quad 10^6w=1.05(81-z^2)+0.15(r^2-16)$$

$$10^2\sigma_r=\sigma_\theta=-z\qquad 10^2\sigma_z=-2.5z\quad \tau_{rz}=\tau_{zr}=0$$

用 20 结点等参数单元进行计算时，将该圆筒的 1/4 划分为 9 个单元，如图 4-8 所示。在 $r=7\text{m}$ 处的结点位移及绕结点平均的应力如表 4-1 所示。

由于本例中所用单元的形态很好，各向棱边的长度近于相等，棱边的夹角全是直角，棱边上的结点都在棱边中点，因此，虽然单元具有曲线棱边，而且只采用了 9 个单元，却得出非常精确的位移和应力。

表 4-1　位移及应力的计算结果

z 坐标/m		0	3	6	9
10^6u/m	有限单元解	0.000	−6.298	−12.595	−18.902
	函数解	0.000	−6.300	−12.600	−18.900
10^6w/m	有限单元解	4.954	52.198	80.549	89.999
	函数解	4.950	52.200	80.550	90.000
$\sigma_r=\sigma_\theta/(\times10^{-2}\text{MPa})$	有限单元解	0.0000	−3.0000	−5.9999	−8.9999
	函数解	0.0000	−3.0000	−6.0000	−9.0000
$\sigma_z/(\times10^{-2}\text{MPa})$	有限单元解	−0.0006	−7.5001	−14.9999	−22.4998
	函数解	0.0000	−7.5000	−15.0000	−22.5000

例 4-2　图 4-9 (a) 空心圆球受内压力作用。该球体的内半径为 1m，外半径为 7m，受内压力 10^{-2}MPa。取弹性模量 $E=20$MPa，泊松系数 $\nu=0.167$。由于对称，只计算该球体的 1/8。划分单元时，首先用半径分别为 2m 及 4m 的两个球面将该 1/8 球体分为三层，然后将每一层划分为同样形状与大小的三个单元。这样，所有的单元都具有较好的形态。图 4-9 (b) 为外层三个单元的示意图。根据对称性，对于 yz，zx，xy 三个面上的结点分别取 $u=0$，$v=0$，$w=0$。

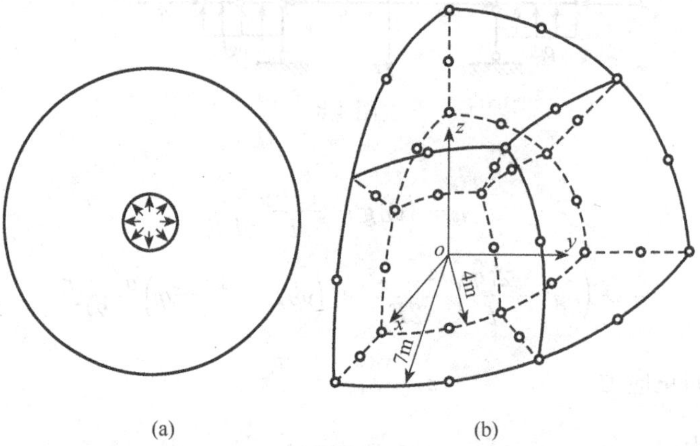

图 4-9

算出的结点径向位移及其与函数解的对比如表 4-2 所示（由于对称，只有径向位移而没有切向位移）。

表 4-2　结点径向位移及其与函数解的对比

径向坐标/m	1.0	1.5	2.0	3.0	4.0	5.5	7.0
径向位移/mm	0.282	0.125	0.072	0.034	0.022	0.015	0.013
函数解/mm	0.294	0.132	0.075	0.035	0.022	0.015	0.013

算出的切向主应力及其与函数解的对比如表 4-3 所示。

表 4-3　切向主应力及其与函数解的对比　　(单位：$\times 10^{-2}$ MPa)

径向坐标/m	1.0	1.5	3.0	5.5	7.0
绕结点平均	0.537	0.139	0.020	0.006	0.005
由积分点推算	0.537	0.133	0.020	0.006	0.005
函数解	0.504	0.152	0.022	0.006	0.004

由以上的计算成果可见：①位移的精度高于应力的精度，在这方面，等参数单元是比较突出的。②由于各单元的形态都比较好，所以绕结点平均的应力与由积分点推算的应力，两者很接近。③在内边界处，由于边界面的曲率较大，曲率半径与单元的尺寸属于同阶大小，所以应力的精度较差。在边界面曲率较大之处，应当把单元取得小一些，最好使单元的最大尺寸远小于曲率半径。

4.9　等参单元的最佳应力点

由前述章节我们知道，弹性力学有限元的求解方程是通过最小势能原理建立的，因此近似解的总势能总是大于精确解的总势能。

设位移的精确解为 $\boldsymbol{u}^*$，相应的应变和应力的精确解为 $\boldsymbol{\varepsilon}^*$ 和 $\boldsymbol{\sigma}^*$，则近似解的位移 $\boldsymbol{u}$、应变 $\boldsymbol{\varepsilon}$ 和应力 $\boldsymbol{\sigma}$ 可写成

$$\boldsymbol{u}=\boldsymbol{u}^*+\delta\boldsymbol{u},\quad \boldsymbol{\varepsilon}=\boldsymbol{\varepsilon}^*+\delta\boldsymbol{\varepsilon},\quad \boldsymbol{\sigma}=\boldsymbol{\sigma}^*+\delta\boldsymbol{\sigma} \tag{4-49}$$

与近似解相对应的总势能为

$$\begin{aligned}
\Pi(\boldsymbol{u})&=\frac{1}{2}\int_V \boldsymbol{\varepsilon}^{\mathrm{T}}\boldsymbol{\sigma}\mathrm{d}v-\int_V \boldsymbol{u}^{\mathrm{T}}\boldsymbol{f}\mathrm{d}v-\int_{S_\sigma}\boldsymbol{u}^{\mathrm{T}}\bar{\boldsymbol{f}}\mathrm{d}s\\
&=\frac{1}{2}\int_V(\boldsymbol{\varepsilon}^*+\delta\boldsymbol{\varepsilon})^{\mathrm{T}}(\boldsymbol{\sigma}^*+\delta\boldsymbol{\sigma})\mathrm{d}v-\int_V(\boldsymbol{u}^*+\delta\boldsymbol{u})^{\mathrm{T}}\boldsymbol{f}\mathrm{d}v-\int_{S_\sigma}(\boldsymbol{u}^*+\delta\boldsymbol{u})^{\mathrm{T}}\bar{\boldsymbol{f}}\mathrm{d}s\\
&=\frac{1}{2}\int_V(\boldsymbol{\varepsilon}^*)^{\mathrm{T}}\boldsymbol{\sigma}^*\mathrm{d}v-\int_V(\boldsymbol{u}^*)^{\mathrm{T}}\boldsymbol{f}\mathrm{d}v-\int_{S_\sigma}(\boldsymbol{u}^*)^{\mathrm{T}}\bar{\boldsymbol{f}}\mathrm{d}s+\int_V(\boldsymbol{\sigma}^*)^{\mathrm{T}}\delta\boldsymbol{\varepsilon}\mathrm{d}v\\
&\quad-\int_V(\delta\boldsymbol{u})^{\mathrm{T}}\boldsymbol{f}\mathrm{d}v-\int_{S_\sigma}(\delta\boldsymbol{u})^{\mathrm{T}}\bar{\boldsymbol{f}}\mathrm{d}s+\frac{1}{2}\int_V(\delta\boldsymbol{\varepsilon})^{\mathrm{T}}\delta\boldsymbol{\sigma}\mathrm{d}v\\
&=\Pi(\boldsymbol{u}^*)+\delta\Pi(\boldsymbol{u}^*)+\chi
\end{aligned} \tag{4-50}$$

由于精确解对应的总势能的变分 $\delta\Pi(\boldsymbol{u}^*)=0$，上式可以进一步表示为

$$\Pi(\boldsymbol{u})=\Pi(\boldsymbol{u}^*)+\chi \tag{4-51}$$

其中

$$\chi=\frac{1}{2}\int_V(\delta\boldsymbol{\varepsilon})^{\mathrm{T}}\delta\boldsymbol{\sigma}\mathrm{d}v=\frac{1}{2}\int_V(\delta\boldsymbol{\sigma})^{\mathrm{T}}\delta\boldsymbol{\varepsilon}\mathrm{d}v=\frac{1}{2}\int_V(\boldsymbol{\sigma}-\boldsymbol{\sigma}^*)^{\mathrm{T}}(\boldsymbol{\varepsilon}-\boldsymbol{\varepsilon}^*)\mathrm{d}v \tag{4-52}$$

式（4-51）表明，近似解的总势能等于精确解的总势能加上一个附加势能，它是近似解的泛函。

对具体给定问题，精确解的总势能 $\Pi(\boldsymbol{u}^*)$ 是不变的，所以求式（4-51）总势能 $\Pi(\boldsymbol{u})$ 的极小值问题就归结求泛函 χ 的极小值问题，即

$$\delta\chi=\int_V(\boldsymbol{\sigma}-\boldsymbol{\sigma}^*)^{\mathrm{T}}\delta\boldsymbol{\varepsilon}\,\mathrm{d}v=0$$

结构离散以后上式成为

$$\delta\chi=\sum_e\int_{V^e}(\boldsymbol{\sigma}-\boldsymbol{\sigma}^*)^{\mathrm{T}}\delta\boldsymbol{\varepsilon}\,\mathrm{d}v=0 \tag{4-53}$$

式中，$\sum\limits_e$ 表示对所有相关单元累加。

假如近似解 $\boldsymbol{u}$ 是 p 次多项式，则应变 $\boldsymbol{\varepsilon}$ 和应力 $\boldsymbol{\sigma}$ 是（$p-1$）次多项式，为了使式（4-53）达到精确积分，至少应采用 n 阶（$n\geqslant\frac{2(p-1)+1}{2}=p-1+\frac{1}{2}$，取 $n=p$）的高斯数值积分。当取 p 阶高斯积分时，积分精度可达（$2p-1$）次多项式，也就是说该被积函数是（$2p-1$）次多项式时仍可达到精确积分。在这种情况下，如果雅可比行列式是常量，即使式（4-53）中的精确应力 $\boldsymbol{\sigma}^*$ 是 p 次多项式，数值积分仍是精确的。即数值积分式

$$\sum_e\int_{V^e}(\boldsymbol{\sigma}-\boldsymbol{\sigma}^*)^{\mathrm{T}}\delta\boldsymbol{\varepsilon}\,\mathrm{d}v=\sum_e\sum_{i=1}^{p}H_i(\boldsymbol{\sigma}_i-\boldsymbol{\sigma}_i^*)^{\mathrm{T}}\delta\boldsymbol{\varepsilon}_i\,|\boldsymbol{J}|=0 \tag{4-54}$$

是精确成立的。

若每个单元中的各高斯积分点上 $\delta\boldsymbol{\varepsilon}_i$（$i=1$，2，…，$p$）的每一分量的变分是彼此独立的，上式成立必须有

$$\boldsymbol{\sigma}_i-\boldsymbol{\sigma}_i^*=0 \tag{4-55}$$

由于前面已论证，精确解 $\boldsymbol{\sigma}^*$ 可以是 p 次多项式，上式表明在 p 阶高斯积分点上，近似解 $\boldsymbol{\sigma}_i$ 可以达到 p 次的精度，比原来提高一次精度（近似解 $\boldsymbol{\sigma}$ 一般是（$p-1$）次精度）。

归纳以上讨论，可以得出如下结论：如果位移近似解 $\boldsymbol{u}$ 是 p 次多项式，应力近似解是（$p-1$）次多项式。若精确解应力 $\boldsymbol{\sigma}^*$ 是 p 次多项式，则在 p 阶高斯积分点上，应力近似解 $\boldsymbol{\sigma}$ 与精确解 $\boldsymbol{\sigma}^*$ 是相等的，即近似解应力 $\boldsymbol{\sigma}$ 在积分点具有比本身高一次的精度。称这些积分点为单元的最佳应力点，又称应力佳点，或称超收敛应力点。

图 4-10 示意近似解与精确解的关系。精确解应力 $\boldsymbol{\sigma}^*$ 为二次变化曲线，当采用二次单元求解时，可以得到它的分段线性近似解 $\boldsymbol{\sigma}$。在 $n=p$ 阶高斯积分点上，近似解与精确解相等。

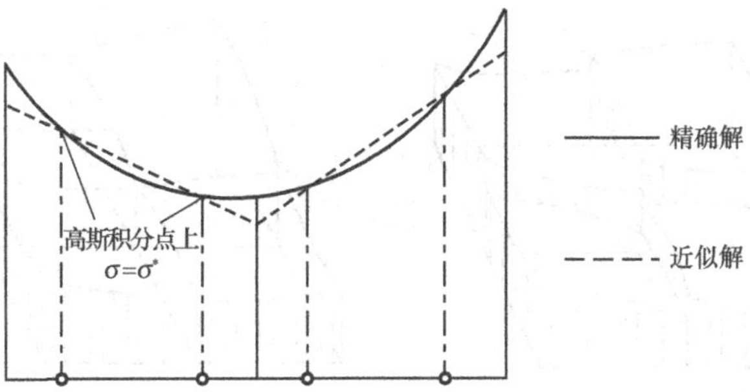

图 4-10

图 4-11 给出几种常用二维单元的应力佳点的位置。三维单元也有类似的情况。

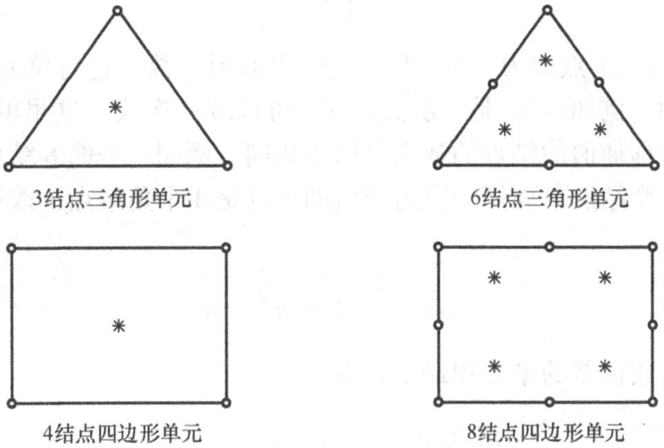

图 4-11　应力佳点位置

4.10　应力光滑化

以结点位移作为基本未知量的有限单元法被称为位移元。位移元得到的位移解在全域是连续的，应力在单元内部是连续的，而在相邻单元交界面上是不连续的，在应力边界上应力一般也不满足应力边界条件。等参单元在 p 阶高斯积分点上的应力具有较高的精度，但在结点上或边界上的应力精度却较差。通常实际应用中又往往需要单元边缘和结点上的应力，因此需要对应力结果进行处理，以提高应力精度，并使应力在全域连续。这种对应力结果进行再处理的方法称为应力光滑化，也称应力磨平。对于 4 个单元的网格，图 4-12 是应力磨平的示意图。

在各种应力光滑化方法中，最实用有效的方法是单元磨平法，即先对每个单元进行应力磨平，得到改进的单元应力，然后将绕结点单元的应力的平均值作为该结点的应力。

设单元内应力分量的改进值为 σ^*，它可用单元结点应力的插值表示，即

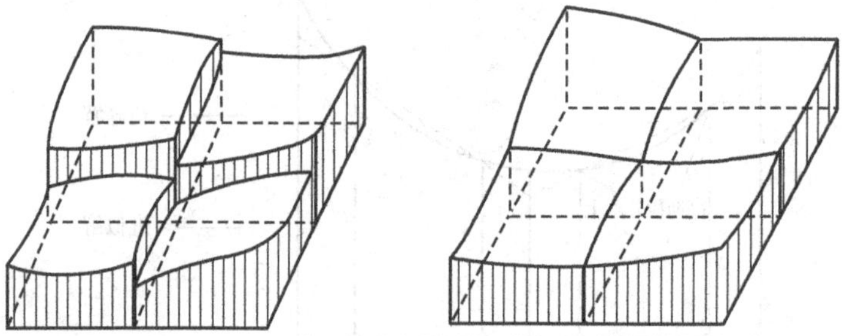

(a) 磨平前的应力　　(b) 磨平后的应力

图 4-12

$$\sigma^* = \sum_{i=1}^{m} N_i^* \sigma_i^* \tag{4-56}$$

式中，σ_i^* 为经改进的结点应力，N_i^* 是改进应力的形函数，它与位移模式的形函数 N_i 可以是不同阶次的。例如，N_i 是二次式，N_i^* 可以取一次式。这里的 m 是用于应力插值的结点数，与位移插值的结点的数也可以不相同。例如：平面 8 结点四边形单元，用于位移插值的是 8 个结点，而用于应力插值的可以是 4 个角结点。改进应力与原来的计算应力 σ 的误差为

$$e(\xi, \eta, \zeta) = \sigma^* - \sigma$$

利用最小二乘法，使误差的平方和最小，即

$$\frac{\partial E}{\partial \sigma_i^*} = 0 \quad (i=1, 2, \cdots, m) \tag{4-57}$$

式中

$$E = \int_{V^e} (\sigma^* - \sigma)^2 \mathrm{d}v \tag{4-58}$$

将式 (4-56) 代入式 (4-58)，由式 (4-57) 便可得到 m 个线性代数方程

$$\int_{V^e} (\sigma^* - \sigma) N_i^* \mathrm{d}v = 0 \quad (i=1, 2, \cdots, m) \tag{4-59}$$

上式是关于单元结点应力 σ_i^* 的线性代数方程组，利用高斯积分求出各方程的系数后，可解出 σ_i^*，再由式 (4-56) 计算单元内任一点的应力值。

对于等参单元，还可以利用应力佳点应力精度较高的性质来改进结点应力。以平面 8 结点等参单元为例，由上一节分析知，该单元在 2×2 个高斯积分点上应力 σ 具有较高精度。单元应力用 4 结点插值函数表示，即

$$\begin{aligned} \sigma^* &= N_1^* \sigma_1^* + N_2^* \sigma_2^* + N_3^* \sigma_3^* + N_4^* \sigma_4^* \\ N_i^* &= \frac{1}{4}(1 + \xi_i \xi)(1 + \eta_i \eta) \end{aligned} \tag{4-60}$$

4 个高斯积分点的坐标（图 4-13）分别为

$$\text{Ⅰ}:\left(-\frac{1}{\sqrt{3}},\ -\frac{1}{\sqrt{3}}\right)\qquad \text{Ⅱ}:\left(\frac{1}{\sqrt{3}},\ -\frac{1}{\sqrt{3}}\right)$$

$$\text{Ⅲ}:\left(\frac{1}{\sqrt{3}},\ \frac{1}{\sqrt{3}}\right)\qquad \text{Ⅳ}:\left(-\frac{1}{\sqrt{3}},\ \frac{1}{\sqrt{3}}\right)$$

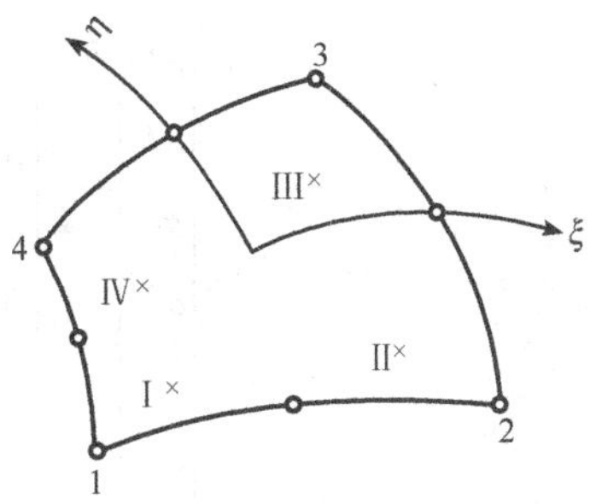

图 4-13

在这 4 个积分点计算应力有较高的精度，令改进应力 σ^* 在这 4 个积分点的值等于计算应力，即

$$\sigma^*_{(\text{Ⅰ})}=\sigma_{\text{Ⅰ}}\qquad \sigma^*_{(\text{Ⅱ})}=\sigma_{\text{Ⅱ}}$$

$$\sigma^*_{(\text{Ⅲ})}=\sigma_{\text{Ⅲ}}\qquad \sigma^*_{(\text{Ⅳ})}=\sigma_{\text{Ⅳ}}$$

写成矩阵形式为

$$\begin{Bmatrix}\sigma_{\text{Ⅰ}}\\ \sigma_{\text{Ⅱ}}\\ \sigma_{\text{Ⅲ}}\\ \sigma_{\text{Ⅳ}}\end{Bmatrix}=\begin{bmatrix}N_1^*(\text{Ⅰ}) & N_2^*(\text{Ⅰ}) & N_3^*(\text{Ⅰ}) & N_4^*(\text{Ⅰ})\\ N_1^*(\text{Ⅱ}) & N_2^*(\text{Ⅱ}) & N_3^*(\text{Ⅱ}) & N_4^*(\text{Ⅱ})\\ N_1^*(\text{Ⅲ}) & N_2^*(\text{Ⅲ}) & N_3^*(\text{Ⅲ}) & N_4^*(\text{Ⅲ})\\ N_1^*(\text{Ⅳ}) & N_2^*(\text{Ⅳ}) & N_3^*(\text{Ⅳ}) & N_4^*(\text{Ⅳ})\end{bmatrix}\begin{Bmatrix}\sigma_1^*\\ \sigma_2^*\\ \sigma_3^*\\ \sigma_4^*\end{Bmatrix}\tag{a}$$

式中，$\sigma_{\text{Ⅰ}}$，$\sigma_{\text{Ⅱ}}$，$\sigma_{\text{Ⅲ}}$，$\sigma_{\text{Ⅳ}}$ 是有限元已求出的 4 个高斯积分点的应力，σ_1^*，σ_2^*，σ_3^*，σ_4^* 是改进应力的结点值。将高斯积分点坐标代入后并求解，得

$$\begin{Bmatrix}\sigma_1^*\\ \sigma_2^*\\ \sigma_3^*\\ \sigma_4^*\end{Bmatrix}=\begin{bmatrix}a & b & c & b\\ b & a & b & c\\ c & b & a & b\\ b & c & b & a\end{bmatrix}\begin{Bmatrix}\sigma_{\text{Ⅰ}}\\ \sigma_{\text{Ⅱ}}\\ \sigma_{\text{Ⅲ}}\\ \sigma_{\text{Ⅳ}}\end{Bmatrix}\tag{4-61}$$

其中

$$a=1+\frac{\sqrt{3}}{2}\quad b=-\frac{1}{2}\quad c=1-\frac{\sqrt{3}}{2}$$

各应力分量均可用式（4-61）进行求解。

如果在式（4-59）中也采用 2×2 高斯数值积分，将得到与式（4-61）相同的结果。但式（4-61）的概念更为简明。这种改进结点应力的方法称为应力插值外推。求得改进的应力结点值后，就可以由式（4-60）计算单元内任一点的应力。

对于空间 20 结点单元，采用 2×2×2 共 8 个高斯积分点的应力插值外推，可以得到与式（4-61）类似的结果，8 个角结点处的改进应力值 σ_i^*（$i=1$，2，…，8）由下列方程确定。

$$
\begin{Bmatrix} \sigma_1^* \\ \sigma_2^* \\ \sigma_3^* \\ \sigma_4^* \\ \sigma_5^* \\ \sigma_6^* \\ \sigma_7^* \\ \sigma_8^* \end{Bmatrix} = \begin{bmatrix} a & b & c & b & b & c & d & c \\ b & a & b & c & c & b & c & d \\ c & b & a & b & d & c & b & c \\ b & c & b & a & c & d & c & b \\ b & c & d & c & a & b & c & b \\ c & b & c & d & b & a & b & c \\ d & c & b & c & c & b & a & b \\ c & d & c & b & b & c & b & a \end{bmatrix} \begin{Bmatrix} \sigma_{\mathrm{I}} \\ \sigma_{\mathrm{II}} \\ \sigma_{\mathrm{III}} \\ \sigma_{\mathrm{IV}} \\ \sigma_{\mathrm{V}} \\ \sigma_{\mathrm{VI}} \\ \sigma_{\mathrm{VII}} \\ \sigma_{\mathrm{VIII}} \end{Bmatrix} \tag{4-62}
$$

其中

$$
a = \frac{5+3\sqrt{3}}{4} \qquad b = -\frac{\sqrt{3}+1}{4}
$$

$$
c = \frac{\sqrt{3}-1}{4} \qquad d = \frac{5-3\sqrt{3}}{4}
$$

式中，σ_{I}，σ_{II}，…，σ_{VIII}是 2×2×2 高斯积分点上由有限元计算得到的应力。高斯应力点编号见图 4-14。

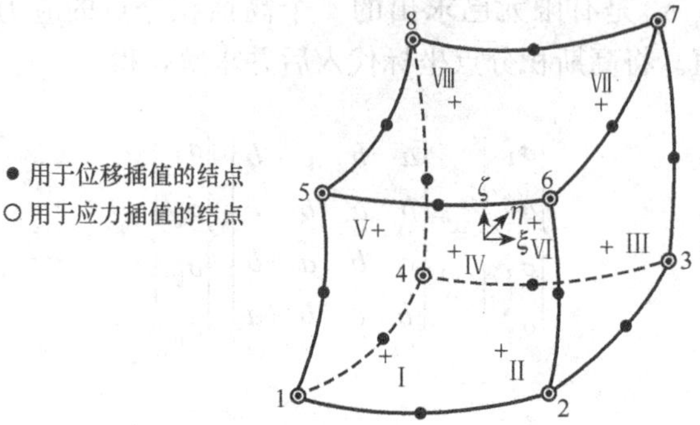

图 4-14

单元局部应力磨平方法简单，计算工作量很小。不过对于同一结点，从围绕它的不同单元经局部磨平后得到的应力通常是不相等的。可以将不同单元得到的数值平均作为该结点的应力值。如此作法可对结果有相当大的改进。图 4-15 示出悬臂梁受均布荷载作用，用 4 个 8 结点四边形单元进行分析。挠度和轴向应力的结果很好，但中性面上的切应力结果却在每个单元内呈抛物线振荡。但是利用 2×2 的高斯积分点，即此单元的最佳应力点处的应力进行局部磨平和结点平均处理后，有限元结果和解析解完全一致。

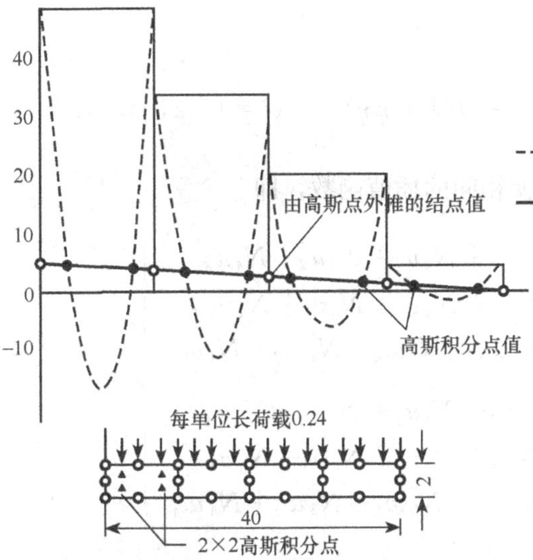

图 4-15

4.11　空间节理单元与夹层单元

如图 4-16 所示的空间夹层单元，厚度为 h，当 $h\to 0$ 时，上、下盘结点是重合的，就成为节理单元，当 h 为有限常量时就成为考虑厚度影响的夹层单元。上、下盘的形状可以是任意四边形。为了讨论方便，将 x，y 坐标取在节理单元的切向平面上，将 z 坐标取为节理单元的法向。

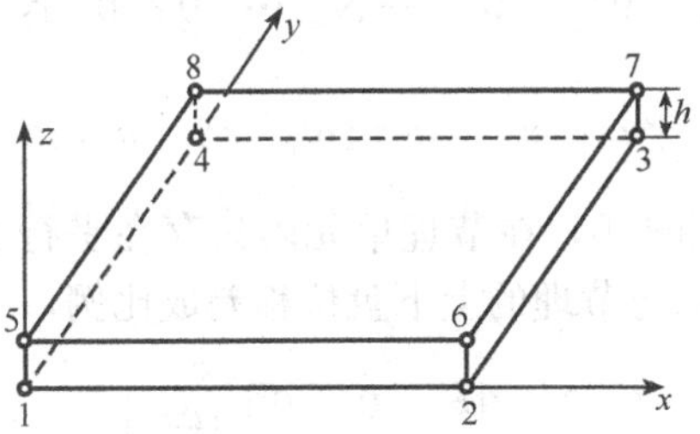

图 4-16

引进等参坐标变换，将上、下盘变换到标准单元。

$$
\left.\begin{aligned}
&\text{上盘：} && x = N_1x_5+N_2x_6+N_3x_7+N_4x_8\\
& && y = N_1y_5+N_2y_6+N_3y_7+N_4y_8\\
& && z = N_1z_5+N_2z_6+N_3z_7+N_4z_8\\
&\text{下盘：} && x = N_1x_1+N_2x_2+N_3x_3+N_4x_4\\
& && y = N_1y_1+N_2y_2+N_3y_3+N_4y_4\\
& && z = N_1z_1+N_2z_2+N_3z_3+N_4z_4
\end{aligned}\right\}\tag{4-63}
$$

式中

$$N_i=\frac{1}{4}(1+\xi_i\xi)(1+\eta_i\eta) \qquad (i=1,\ 2,\ 3,\ 4) \tag{4-64}$$

单元位移模式取与坐标变换相同的插值函数，即

$$\left.\begin{aligned}
&\text{上盘：} & u&=N_1u_5+N_2u_6+N_3u_7+N_4u_8\\
&& v&=N_1v_5+N_2v_6+N_3v_7+N_4v_8\\
&& w&=N_1w_5+N_2w_6+N_3w_7+N_4w_8\\
&\text{下盘：} & u&=N_1u_1+N_2u_2+N_3u_3+N_4u_4\\
&& v&=N_1v_1+N_2v_2+N_3v_3+N_4v_4\\
&& w&=N_1w_1+N_2w_2+N_3w_3+N_4w_4
\end{aligned}\right\} \tag{4-65}$$

上盘与下盘的在 x、y、z 方向的位移差为

$$\Delta\boldsymbol{u}=\begin{Bmatrix}\Delta u\\ \Delta v\\ \Delta w\end{Bmatrix}=\boldsymbol{B}\boldsymbol{a}^e \tag{4-66}$$

式中

$$\boldsymbol{B}=\begin{bmatrix}-N_1 & 0 & 0 & -N_2 & 0 & 0 & \cdots & N_1 & 0 & 0 & \cdots & N_4 & 0 & 0\\ 0 & -N_1 & 0 & 0 & -N_2 & 0 & \cdots & 0 & N_1 & 0 & \cdots & 0 & N_4 & 0\\ 0 & 0 & -N_1 & 0 & 0 & -N_2 & \cdots & 0 & 0 & N_1 & \cdots & 0 & 0 & N_4\end{bmatrix} \tag{4-67}$$

$$\boldsymbol{a}^e=[u_1v_1w_1 \quad u_2v_2w_2 \quad \cdots \quad u_8v_8w_8]^{\mathrm{T}} \tag{4-68}$$

由于节理的厚度几乎趋于 0，在节理单元内只存在平行节理平面的切应力 τ_{zx}、τ_{zy} 和法向正应力 σ_n。它们分别与节理的上下盘位移差成比例，即

$$\boldsymbol{\sigma}=\begin{Bmatrix}\tau_{zx}\\ \tau_{zy}\\ \sigma_n\end{Bmatrix}=\begin{bmatrix}k_s & 0 & 0\\ 0 & k_s & 0\\ 0 & 0 & k_n\end{bmatrix}\begin{Bmatrix}\Delta u\\ \Delta v\\ \Delta w\end{Bmatrix}=\boldsymbol{D}\boldsymbol{B}\boldsymbol{a}^e \tag{4-69}$$

式中，k_s 为节理切向刚度系数；k_n 为节理法向刚度系数。

节理单元的应变能 U_e 为

$$U_e=\frac{1}{2}\iint_{\Omega^e}(\Delta\boldsymbol{u})^{\mathrm{T}}\boldsymbol{\sigma}\mathrm{d}A=\frac{1}{2}(\boldsymbol{a}^e)^{\mathrm{T}}\iint_{\Omega^e}\boldsymbol{B}^{\mathrm{T}}\boldsymbol{D}\boldsymbol{B}\,\mathrm{d}A\boldsymbol{a}^e=\frac{1}{2}(\boldsymbol{a}^e)^{\mathrm{T}}\boldsymbol{k}\boldsymbol{a}^e \tag{4-70}$$

式中，$\boldsymbol{k}$ 即为节理单元的刚度矩阵，Ω^e 为节理单元的面积域。

$$\boldsymbol{k}=\iint_{\Omega^e}\boldsymbol{B}^{\mathrm{T}}\boldsymbol{D}\boldsymbol{B}\,\mathrm{d}A=\int_{-1}^{1}\int_{-1}^{1}\boldsymbol{B}^{\mathrm{T}}\boldsymbol{D}\boldsymbol{B}\,|\boldsymbol{J}|\,\mathrm{d}\xi\mathrm{d}\eta \tag{4-71}$$

其中，$|\boldsymbol{J}|$ 为整体坐标（x，y）与局部坐标（ξ，η）的雅可比行列式。

$$|\boldsymbol{J}|=\begin{vmatrix}\dfrac{\partial x}{\partial \xi} & \dfrac{\partial y}{\partial \xi}\\ \dfrac{\partial x}{\partial \eta} & \dfrac{\partial y}{\partial \eta}\end{vmatrix} \tag{a}$$

刚度矩阵 $\boldsymbol{k}$ 可以采用高斯数值积分求得。

上述推导过程中假设节理面与（x，y）坐标面是平行的。如果节理面的方位是任意的，还需通过坐标变换矩阵，把刚度矩阵转换到整体坐标系。有了整体坐标系的刚度矩阵，就可以像通常空间单元一样集合到整体刚度矩阵。

如果厚度 h 不趋于 0，而是有限常量，就成为夹层单元。与平面问题对节理单元的分析一样，将公式（4-71）中的切向刚度系数 k_s 和法向刚度系数分别换成$\dfrac{G}{h}$和$\dfrac{E}{h}$，便得到夹层单元的刚度矩阵。

4.12　钢筋埋置单元

钢筋或锚杆对提高构件的强度和结构的稳定性起着很大的作用，如土木建筑中的钢筋混凝土、岩土工程和水利工程中经常用于加固的锚杆。在具体工程应用中，钢筋或锚杆往往数量很多，在空间布置上又是纵横交错。如果用传统的连杆单元模拟这些钢筋和锚杆，由于钢筋和锚杆必须通过有限元网格的结点，给网格剖分带来极大的困难。采用钢筋与混凝土或岩石组合单元，或称钢筋埋置单元，可以有效地解决这个问题。在这种单元中允许包含岩体（混凝土）和钢筋两种材料，钢筋和锚杆可以从单元的任意位置穿过。

如图 4-17 空间 8 结点钢筋埋置单元，单元中包含一根钢筋节段，也称钢筋单元，该钢筋节段与单元的交点为 i 和 j。i 和 j 点的坐标分别为（x_i，y_i，z_i）和（x_j，y_j，z_j）。钢筋节段的整体坐标可以用两端点坐标插值表示为局部坐标 ξ' 的函数，即

$$\left.\begin{aligned}x&=\frac{1}{2}(1-\xi')x_i+\frac{1}{2}(1+\xi')x_j\\ y&=\frac{1}{2}(1-\xi')y_i+\frac{1}{2}(1+\xi')y_j\\ z&=\frac{1}{2}(1-\xi')z_i+\frac{1}{2}(1+\xi')z_j\end{aligned}\right\} \tag{4-72}$$

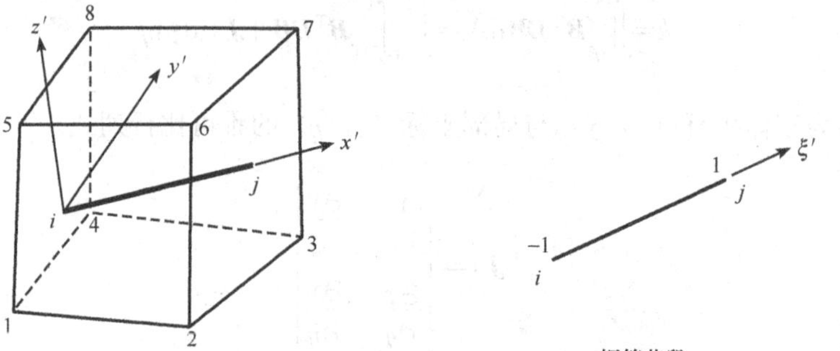

钢筋节段

图 4-17

以锚杆方向为 x'轴建立局部坐标系（x'，y'，z'），如图 4-17 所示。它们与整体坐标系（x，y，z）的坐标旋转变换矩阵为

$$\boldsymbol{\lambda}=\begin{bmatrix}\alpha_{1'1} & \alpha_{1'2} & \alpha_{1'3}\\ \alpha_{2'1} & \alpha_{2'2} & \alpha_{2'3}\\ \alpha_{3'1} & \alpha_{3'2} & \alpha_{3'3}\end{bmatrix} \tag{4-73}$$

式中，$\alpha_{i'j}$为局部坐标与整体坐标之间夹角的余弦，即

$$\alpha_{i'j}=\cos(x_i', x_j)$$

坐标变换矩阵 $\boldsymbol{\lambda}$ 中的第 1 行就是钢筋节段（从 i 点指向 j 点）的方向余弦，记为 l，m，n。

由 8 结点单元的位移模式（4-28），整体坐标中的变形矩阵为

$$\boldsymbol{g}=\begin{bmatrix}\frac{\partial u}{\partial x} & \frac{\partial v}{\partial x} & \frac{\partial w}{\partial x}\\ \frac{\partial u}{\partial y} & \frac{\partial v}{\partial y} & \frac{\partial w}{\partial y}\\ \frac{\partial u}{\partial z} & \frac{\partial v}{\partial z} & \frac{\partial w}{\partial z}\end{bmatrix}=\begin{bmatrix}\frac{\partial N_1}{\partial x} & \cdots & \frac{\partial N_8}{\partial x}\\ \frac{\partial N_1}{\partial y} & \cdots & \frac{\partial N_8}{\partial y}\\ \frac{\partial N_1}{\partial z} & \cdots & \frac{\partial N_8}{\partial z}\end{bmatrix}\begin{bmatrix}u_1 & v_1 & w_1\\ \vdots & \vdots & \vdots\\ u_8 & v_8 & w_8\end{bmatrix} \tag{4-74}$$

局部坐标中的变形矩阵为

$$\boldsymbol{g}'=\begin{bmatrix}\frac{\partial u'}{\partial x'} & \frac{\partial v'}{\partial x'} & \frac{\partial w'}{\partial x'}\\ \frac{\partial u'}{\partial y'} & \frac{\partial v'}{\partial y'} & \frac{\partial w'}{\partial y'}\\ \frac{\partial u'}{\partial z'} & \frac{\partial z'}{\partial z'} & \frac{\partial w'}{\partial z'}\end{bmatrix}=\boldsymbol{\lambda g \lambda}^{\mathrm{T}} \tag{4-75}$$

钢筋单元的轴向应变为

$$\varepsilon=\frac{\partial u'}{\partial x'}=[l\quad m\quad n]\boldsymbol{g}\begin{Bmatrix}l\\m\\n\end{Bmatrix}=[l\quad m\quad n]\begin{bmatrix}\frac{\partial}{\partial x}&\frac{\partial}{\partial x}&\frac{\partial}{\partial x}\\\frac{\partial}{\partial y}&\frac{\partial}{\partial y}&\frac{\partial}{\partial y}\\\frac{\partial}{\partial z}&\frac{\partial}{\partial z}&\frac{\partial}{\partial z}\end{bmatrix}\begin{Bmatrix}lu\\mv\\nw\end{Bmatrix}$$

$$=[l\quad m\quad n]\begin{bmatrix}l\frac{\partial}{\partial x}&m\frac{\partial}{\partial x}&n\frac{\partial}{\partial x}\\l\frac{\partial}{\partial y}&m\frac{\partial}{\partial y}&n\frac{\partial}{\partial y}\\l\frac{\partial}{\partial z}&m\frac{\partial}{\partial z}&n\frac{\partial}{\partial z}\end{bmatrix}\begin{Bmatrix}u\\v\\w\end{Bmatrix}=[l\quad m\quad n]\begin{bmatrix}l\frac{\partial}{\partial x}&m\frac{\partial}{\partial x}&n\frac{\partial}{\partial x}\\l\frac{\partial}{\partial y}&m\frac{\partial}{\partial y}&n\frac{\partial}{\partial y}\\l\frac{\partial}{\partial z}&m\frac{\partial}{\partial z}&n\frac{\partial}{\partial z}\end{bmatrix}\boldsymbol{N}\boldsymbol{a}^e$$

$$=[l\quad m\quad n]\begin{bmatrix}l\frac{\partial N_1}{\partial x}&m\frac{\partial N_1}{\partial x}&n\frac{\partial N_1}{\partial x}&\cdots\\l\frac{\partial N_1}{\partial y}&m\frac{\partial N_1}{\partial y}&n\frac{\partial N_1}{\partial y}&\cdots\\l\frac{\partial N_1}{\partial z}&m\frac{\partial N_1}{\partial z}&n\frac{\partial N_1}{\partial z}&\cdots\end{bmatrix}\boldsymbol{a}^e=\boldsymbol{B}_s\boldsymbol{a}^e \tag{4-76}$$

钢筋单元的轴向应力为

$$\sigma=E_s\varepsilon=E_s\boldsymbol{B}_s\boldsymbol{a}^e \tag{4-77}$$

式中，$\boldsymbol{B}_s$ 为钢筋单元的应变转换矩阵，即

$$\boldsymbol{B}_s=\Big[\left(l^2\frac{\partial N_1}{\partial x}+lm\frac{\partial N_1}{\partial y}+ln\frac{\partial N_1}{\partial z}\right)\left(ml\frac{\partial N_1}{\partial x}+m^2\frac{\partial N_1}{\partial y}+mn\frac{\partial N_1}{\partial z}\right)$$
$$\cdot\left(nl\frac{\partial N_1}{\partial x}+nm\frac{\partial N_1}{\partial y}+n^2\frac{\partial N_1}{\partial z}\right)\quad\cdots\Big] \tag{4-78}$$

单元的应变能由实体单元的应变能和钢筋单元的应变能两部分组成，即

$$\begin{aligned}U_e&=\frac{1}{2}\int_{V^e}\boldsymbol{\varepsilon}^{\mathrm{T}}\boldsymbol{\sigma}\mathrm{d}v+\frac{1}{2}\varepsilon\sigma\\&=\frac{1}{2}(\boldsymbol{a}^e)^{\mathrm{T}}\int_{V^e}\boldsymbol{B}^{\mathrm{T}}\boldsymbol{D}\boldsymbol{B}\mathrm{d}v\boldsymbol{a}^e+\frac{1}{2}(\boldsymbol{a}^e)^{\mathrm{T}}\left(\int_{-1}^{1}\boldsymbol{B}_s^{\mathrm{T}}A_sE_s\boldsymbol{B}_sh\mathrm{d}\xi'\right)\boldsymbol{a}^e\\&=\frac{1}{2}(\boldsymbol{a}^e)^{\mathrm{T}}(\boldsymbol{k}_r+\boldsymbol{k}_s)\boldsymbol{a}^e\end{aligned} \tag{4-79}$$

由此可见，埋置单元的刚度矩阵为

$$\boldsymbol{k}=\boldsymbol{k}_r+\boldsymbol{k}_s \tag{4-80}$$

式中，$\boldsymbol{k}_r$ 为常规实体单元的刚度矩阵；$\boldsymbol{k}_s$ 为钢筋单元的刚度矩阵。

$$\boldsymbol{k}_r=\int_{V^e}\boldsymbol{B}^{\mathrm{T}}\boldsymbol{D}\boldsymbol{B}_s\mathrm{d}v \tag{4-81}$$

$$\boldsymbol{k}_s=\int_{-1}^{1}\boldsymbol{B}_s^{\mathrm{T}}A_sE_s\boldsymbol{B}_sh\,\mathrm{d}\xi' \tag{4-82}$$

$$h=\sqrt{\left(\frac{\partial x}{\partial \xi'}\right)^2+\left(\frac{\partial y}{\partial \xi'}\right)^2+\left(\frac{\partial z}{\partial \xi'}\right)^2}$$

式中，A_s，E_s 分别为钢筋或锚杆的面积和弹模；ξ' 为沿锚杆方向的局部坐标。

有了刚度矩阵以后，就可以像常规单元一样，将钢筋埋置单元的刚度矩阵集成到整体刚度矩阵。

下面介绍一个采用钢筋埋置单元的工程应用实例。龙滩工程的地下发电厂房是当今世界最大的地下厂房，长 388.5m，宽 28.5m，高 74.5m。龙滩地下洞室的支护措施主要分为喷混凝土、锚杆、锚索。其中，锚杆分为普通锚杆和预应力锚杆，普通锚杆按直径分为 ϕ25，ϕ28，ϕ32 三种，长度从 4500mm 到 9500mm 不等，间排距有 1500mm×1500mm，3000mm×3000mm 两类；预应力锚杆只有 ϕ32 一种，长度为 8000mm，9500mm 两种，间排距有 1500mm×1500mm，3000mm×3000mm 两类，预应力为 150kN 和 200kN。预应力锚索主要分为 2000kN，$L=20$m，间排距为 4500mm×6000mm；1200kN，$L=32$m，间排距为 3000mm×3000mm；1200kN，$L=20$m，间排距为 4500mm×4500mm；1200kN，$L=20$m，间排距为 4500mm×6000mm 四种。具体的支护参数如表 4-4 所示。

表 4-4　龙滩地下洞室锚杆、锚索支护参数

<table>
<tr><th colspan="4">部　位</th><th>围岩分类</th><th>支护参数</th></tr>
<tr><td rowspan="7">主厂房</td><td colspan="3" rowspan="2">顶拱</td><td>Ⅱ</td><td>锚杆 ϕ28，@1500×1500，L=6500/8000，交错布置</td></tr>
<tr><td>Ⅲ</td><td>锚杆 ϕ28/32，@3000×3000，L=6000/8000，交错布置，其中，L=8000 锚杆为 150kN 预应力锚杆</td></tr>
<tr><td rowspan="5">边墙端墙</td><td rowspan="4">高程 221.7 以上</td><td rowspan="2">上游边墙</td><td>Ⅱ</td><td>锚杆 ϕ28，@1500×1500，L=6000/9500，另设四排 2000kN，L=20m，间排距 4500×6000 的预应力锚索与锚杆，交错布置</td></tr>
<tr><td>Ⅲ</td><td>锚杆 ϕ28，@3000×3000，L=6000/9500，其中，L=9500 锚杆为 150kN 预应力锚杆，另设四排 2000kN，L=20m，间排距 4500×6000 的预应力锚索与锚杆交错布置</td></tr>
<tr><td rowspan="2">其他部位</td><td>Ⅱ</td><td>锚杆 ϕ28，@1500×1500，L=6000/9500，交错布置；下游边墙岩锚梁部位另设二排 2000kN，L=20m，间排距 4500×6000 的预应力锚索</td></tr>
<tr><td>Ⅲ</td><td>锚杆 ϕ28/32，@3000×3000，L=6000/9500，交错布置，其中，L=9500 锚杆为 150kN 预应力锚杆；下游边墙岩锚梁部位另设二排 2000kN，L=20m，间排距 4500×6000 的预应力锚索</td></tr>
<tr><td colspan="2">高程 221.7 以下</td><td>Ⅱ，Ⅲ</td><td>锚杆 ϕ25，@1500×1500，L=4500/5000，矩形布置</td></tr>
</table>

续表

部位			围岩分类	支护参数
主变洞	顶拱		Ⅱ，Ⅲ	锚杆 ϕ25/28，@1500×1500，L=5000/7000 交错布置
	上游边墙		Ⅱ，Ⅲ	锚杆 ϕ28，@1500×1500，L=7000，矩形布置
	下游边墙		Ⅱ，Ⅲ	锚杆 ϕ25/28，@1500×1500，L=4500/8000 交错布置；与尾水调压井间用 1200kN、L=32m 对穿预应力锚索@3000×3000 相连
尾水调压井	顶拱		Ⅱ，Ⅲ	锚杆 ϕ28/32，@1500×1500，L=6000/8000，交错布置
	上游边墙	高程 233.0 以上	Ⅱ，Ⅲ	锚杆 ϕ28/32，@1500×1500，L=6000/9500，交错布置，其中，L=9500 锚杆为 150kN 预应力锚杆，与主变洞间用 1200kN，L=32m 对穿预应力锚索@3000×3000 相连
		高程 233.0 以下	Ⅱ，Ⅲ	锚杆 ϕ32，@1500×1500，L=8500 与 1200kN，L=20m 预应力锚索@4500×4500 交错布置
	下游边墙	高程 251.0 以上	Ⅱ，Ⅲ	锚杆 ϕ28/32，@1500×1500，L=6000/9500，交错布置，其中，L=9500 锚杆为 150kN 预应力锚杆
		高程 251.0 以下	Ⅱ，Ⅲ	锚杆 ϕ32，@1500×1500，L=8500 与 1200kN，L=20m 预应力锚索@4500×6000 交错布置
	隔墙端墙	高程 251.0 以上	Ⅱ，Ⅲ	锚杆 ϕ28/32，@1500×1500，L=6000/9500，交错布置，其中 L=9500 锚杆为 150kN 预应力锚杆
		高程 251.0 以下	Ⅱ，Ⅲ	锚杆 ϕ32，@1500×1500，L=9500（7500）与 1200kN，L=20m 预应力锚索@4500×4500 交错布置

由于采用了钢筋埋置单元，各种锚杆均可以从岩体单元任意位置通过。网格剖分不受锚杆位置的限制，可以精确地模拟锚杆的建模。但是实际锚杆数量非常之多，在计算中将锚杆的间排距增加一倍，锚杆的数量减少一半，通过增加锚杆面积来弥补锚杆的数量减少，总共模拟了 11 354 根锚杆。洞室锚杆布置见图 4-18。计算分析时，预应力锚索、锚杆及系统锚杆均考虑其自身刚度，预应力通过两单元面的点对集中力来模拟，并可以考虑锚索、锚杆沿程的预应力损失。

图 4-18

采用空间 8 结点等参单元计算施工过程锚杆的受力情况以及锚杆对围岩变形的影响，洞室（开挖掉）的有限元网格如图 4-19 所示。计算结果分析如下。

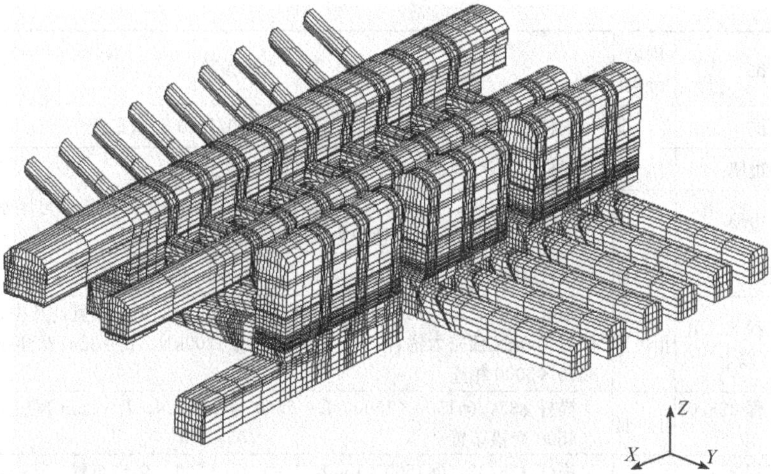

图 4-19

当第二层开挖完工后，大部分锚杆均处于正常应力状态，只在主厂房拱顶左侧和上下游边墙共 4 根锚杆应力值超标，达到或超过 350MPa，超标锚杆的具体位置如图 4-20 所示，这里设定锚杆强度为 350MPa。

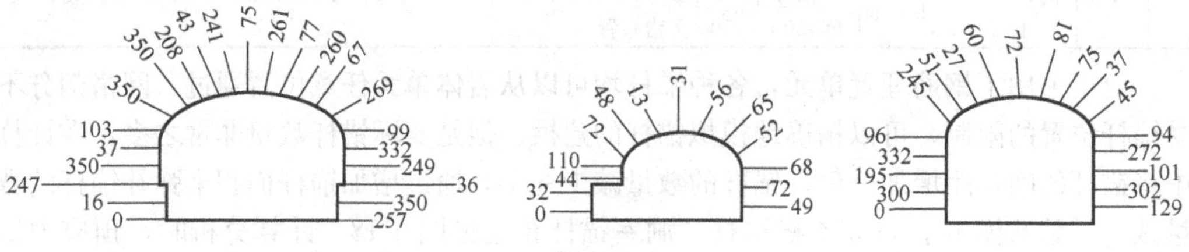

图 4-20

当开挖到最后一层完工时，各洞室均出现锚杆应力超标，如图 4-21 所示，超标锚杆主要出现在上下游边墙及拱左肩。

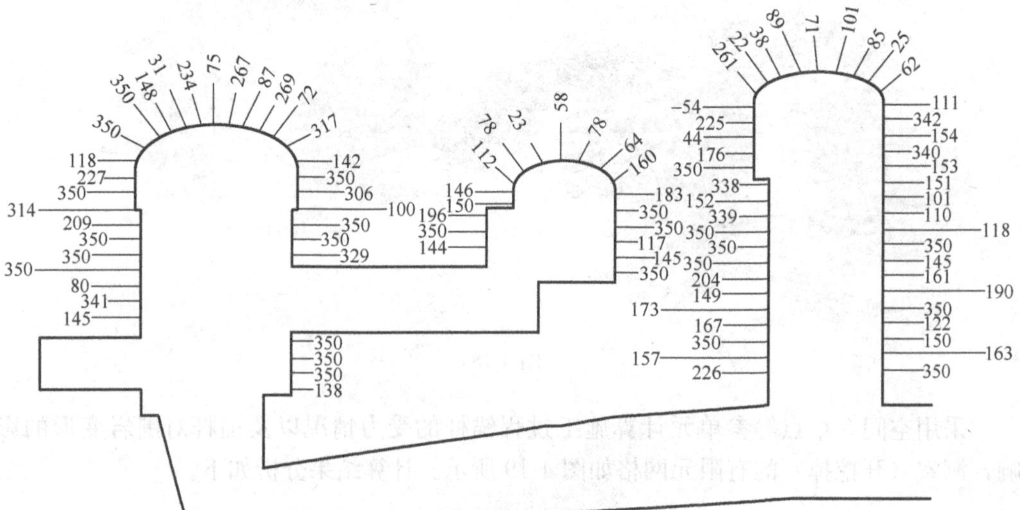

图 4-21

表 4-5 给出了支护对变形的影响。从表 4-5 中可见，锚杆支护对围岩的变形有明显的抑制作用，通过锚杆支护最大可以减少 16.4%的变形。

表 4-5　支护对围岩变形的影响

位　置	V 剖面各洞室的流变位移/cm		
	无支护	有支护	变形减小%
主厂房拱顶	1.65	1.39	15.8
主变室拱顶	1.51	1.27	15.9
调压井拱顶	1.70	1.42	16.4

4.13　轴对称问题的有限元法

在轴对称问题中，一般总是以对称轴为 z 轴，以任一个对称面为 rz 面。用有限单元法求解时，采用的单元是一些轴对称的整圆环，它们的横截面（与 rz 面相交的截面）一般是一些平面单元，例如图 4-22 中的三角形 ijm，也可以是其他类型的单元。为了简明起见，这里我们只讨论三角形单元。各个单元之间系用圆环形的铰互相连接，而每一个铰与 rz 面的交点就是结点，例如 i，i，m 等。这样，各单元将在 rz 面上形成三角形网格，就像平面问题中各三角形单元在 xy 面上形成的网格一样。

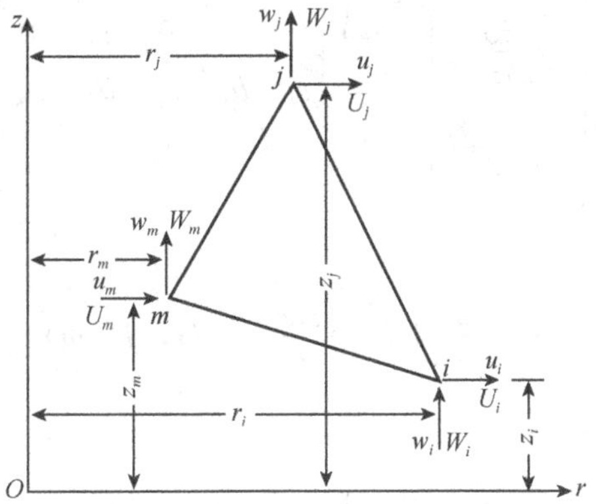

图 4-22

仿照平面问题，取线性位移模式

$$u=\alpha_1+\alpha_2 r+\alpha_3 z$$
$$w=\alpha_4+\alpha_5 r+\alpha_6 z$$

必然得到与平面问题中相似的结果，即

$$\left.\begin{aligned}u&=N_i u_i+N_j u_j+N_m u_m\\w&=N_i w_i+N_j w_j+N_m w_m\end{aligned}\right\}\tag{a}$$

其中，u 为 r 方向的位移，即径向位移；w 为 z 方向的位移，形函数仍为

$$N_i=(a_i+b_ir+c_iz)/2A \qquad (i,\ j,\ m) \tag{b}$$

而

$$A=\frac{1}{2}\begin{vmatrix}1 & r_i & z_i\\ 1 & r_j & z_j\\ 1 & r_m & z_m\end{vmatrix}$$

式（a）可以写成为矩阵形式

$$\begin{aligned}\boldsymbol{u}=\begin{Bmatrix}u\\ w\end{Bmatrix}&=[\boldsymbol{I}N_i \quad \boldsymbol{I}N_j \quad \boldsymbol{I}N_m]\boldsymbol{a}^e\\ &=[\boldsymbol{N}_i \quad \boldsymbol{N}_j \quad \boldsymbol{N}_m]\boldsymbol{a}^e=\boldsymbol{N}\boldsymbol{a}^e\end{aligned} \tag{4-83}$$

其中 $\boldsymbol{I}$ 是二阶的单位阵，而

$$\boldsymbol{a}^e=[\boldsymbol{a}_i^{\mathrm{T}} \quad \boldsymbol{a}_j^{\mathrm{T}} \quad \boldsymbol{a}_m^{\mathrm{T}}]^{\mathrm{T}}=[u_i \quad w_i \quad u_j \quad w_j \quad u_m \quad w_m]^{\mathrm{T}}$$

将式（a）代入轴对称问题的几何方程，得出用结点位移表示单元应变的表达式

$$\boldsymbol{\varepsilon}=\begin{Bmatrix}\varepsilon_r\\ \varepsilon_\theta\\ \varepsilon_z\\ \gamma_{zr}\end{Bmatrix}=\begin{Bmatrix}\dfrac{\partial u}{\partial r}\\ \dfrac{u}{r}\\ \dfrac{\partial w}{\partial z}\\ \dfrac{\partial w}{\partial r}+\dfrac{\partial u}{\partial z}\end{Bmatrix}=\frac{1}{2A}\begin{bmatrix}b_i & 0 & b_j & 0 & b_m & 0\\ f_i & 0 & f_j & 0 & f_m & 0\\ 0 & c_i & 0 & c_j & 0 & c_m\\ c_i & b_i & c_j & b_j & c_m & b_m\end{bmatrix}\begin{Bmatrix}u_i\\ w_i\\ u_j\\ w_j\\ u_m\\ w_m\end{Bmatrix} \tag{c}$$

其中

$$f_i=\frac{a_i}{r}+b_i+\frac{c_iz}{r} \qquad (i,\ j,\ m) \tag{d}$$

式（c）仍然可以简写成为

$$\boldsymbol{\varepsilon}=[\boldsymbol{B}_i \quad \boldsymbol{B}_j \quad \boldsymbol{B}_m]\boldsymbol{a}^e=\boldsymbol{B}\boldsymbol{a}^e \tag{4-84}$$

其中

$$\boldsymbol{B}_i=\frac{1}{2A}\begin{bmatrix}b_i & 0\\ f_i & 0\\ 0 & c_i\\ c_i & b_i\end{bmatrix} \qquad (i,\ j,\ m) \tag{e}$$

由式（c）可见应变分量 ε_r，ε_z，γ_{zr}，在单元中是常量，但环向正应变 ε_θ 不是常量，因为它与公式所示的各个 f_i 有关，而各个 f_i 是坐标 r 和 z 的函数。为了简化计算，也为了消除对称轴上由 $r=0$ 所引起奇异性的麻烦，我们把每个单元中的 r 及 z 近似地用

单元中心点的坐标代替，取为

$$r=\bar{r}=\frac{1}{3}(r_i+r_j+r_m),\qquad z=\bar{z}=\frac{1}{3}(z_i+z_j+z_m) \tag{4-85}$$

这样也就把各个单元近似地当做常应变单元。

由物理方程，单元中的应力表示成为

$$\boldsymbol{\sigma}=\boldsymbol{D\varepsilon}=\boldsymbol{DBa}^e=\boldsymbol{Sa}^e \tag{4-86}$$

则应力矩阵仍然可以表示成为

$$\boldsymbol{S}=\boldsymbol{DB}=[\boldsymbol{S}_i\quad \boldsymbol{S}_j\quad \boldsymbol{S}_m] \tag{4-87}$$

其中

$$\boldsymbol{S}_i=\frac{E(1-\nu)}{2(1+\nu)(1-2\nu)A}\begin{bmatrix} b_i+A_1f_i & A_1c_i \\ A_1b_i+f_i & A_1c_i \\ A_1(b_i+f_i) & c_i \\ A_2c_i & A_2b_i \end{bmatrix}\qquad (i,\ j,\ m) \tag{f}$$

这里的 A_1 及 A_2 分别为 $A_1=\dfrac{\nu}{1-\nu}$，$A_2=\dfrac{1-2\nu}{2(1-\nu)}$。

由于这里采用了线性位移模式，因此，对于单元上的集中荷载极易用直接计算虚功的办法来求得等效结点荷载。

对于集中荷载 $\boldsymbol{P}=[P_r\quad P_z]^{\mathrm{T}}$，单元结点荷载列阵是

$$\boldsymbol{R}^e=[R_{ir}\quad R_{iz}\quad R_{jr}\quad R_{jz}\quad R_{mr}\quad R_{mz}]^{\mathrm{T}}=\boldsymbol{N}^{\mathrm{T}}\boldsymbol{P} \tag{g}$$

对于分布体力 $\boldsymbol{f}=[f_r\quad f_z]^{\mathrm{T}}$，由上式的积分可得相应的单元结点荷载列阵为

$$\boldsymbol{R}^e=\int_{V^e}\boldsymbol{N}^{\mathrm{T}}\boldsymbol{f}\,\mathrm{d}v=2\pi\iint_{\Omega^e}\boldsymbol{N}^{\mathrm{T}}\boldsymbol{f}r\,\mathrm{d}r\mathrm{d}z \tag{4-88}$$

例如，在体力为自重的情况下，我们有 $f_r=0$ 而 $f_z=-\gamma$，其中 γ 是容重。于是有

$$\boldsymbol{R}^e=2\pi\iint_{\Omega^e}\begin{bmatrix} N_i & 0 & N_j & 0 & N_m & 0 \\ 0 & N_i & 0 & N_j & 0 & N_m \end{bmatrix}^{\mathrm{T}}\begin{Bmatrix} 0 \\ -\gamma \end{Bmatrix}r\,\mathrm{d}r\mathrm{d}z$$

$$=-2\pi\gamma\iint_{\Omega^e}[0\quad N_i\quad 0\quad N_j\quad 0\quad N_m]^{\mathrm{T}}r\,\mathrm{d}r\mathrm{d}z \tag{h}$$

和在平面问题中一样，可以利用面积坐标并建立关系式

$$r=r_iL_i+r_jL_j+r_mL_m \tag{i}$$

这样就得到

$$\iint_{\Omega^e} N_i r \mathrm{d}r\mathrm{d}z = \iint_{\Omega^e} L_i (r_i L_i + r_j L_j + r_m L_m) \mathrm{d}r\mathrm{d}z$$

而由积分公式（2-58）得到

$$\iint_{\Omega^e} N_i r \mathrm{d}r\mathrm{d}z = r_i \frac{A}{6} + r_j \frac{A}{12} + r_m \frac{A}{12} = \frac{A}{12}(2r_i + r_j + r_m) \qquad (i,\ j,\ m)$$

代入式（h），即得

$$\boldsymbol{R}^e = -\frac{\pi\gamma A}{6}[0 \quad 2r_i + r_j + r_m \quad 0 \quad 2r_j + r_m + r_i \quad 0 \quad 2r_m + r_i + r_j]^{\mathrm{T}} \qquad (4\text{-}89)$$

如果单元离开对称轴较远，可以认为 r_i，r_j，r_m 大致相等，则由上式得出简单的结果：可将 1/3 自重移置到每个结点。

对于分布面力$\bar{\boldsymbol{f}} = [\bar{f}_r \quad \bar{f}_z]^{\mathrm{T}}$，由式(g)的积分得

$$\boldsymbol{R}^e = \int_{S^e} \boldsymbol{N}^{\mathrm{T}} \bar{\boldsymbol{f}} \mathrm{d}A = 2\pi \int_l \boldsymbol{N}^{\mathrm{T}} \bar{\boldsymbol{f}} r \mathrm{d}s \qquad (4\text{-}90)$$

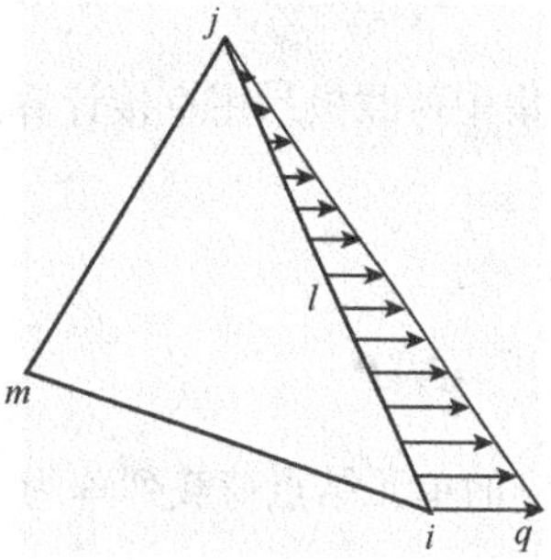

图 4-23

其中 ds 为三角形 ijm 受面力的边界上的微分长度。例如，设有线性变化的径向面力，在 i 为 q 而在 j 为零(图 4-23)，则有$\bar{f}_r = qL_i$，而$\bar{f}_z = 0$，于是由上式得

$$\boldsymbol{R}^e = 2\pi \int_l \begin{bmatrix} N_i & 0 & N_j & 0 & N_m & 0 \\ 0 & N_i & 0 & N_j & 0 & N_m \end{bmatrix}^{\mathrm{T}} \begin{Bmatrix} qL_i \\ 0 \end{Bmatrix} r\mathrm{d}s$$

$$= 2\pi q \int_l [N_i \quad 0 \quad N_j \quad 0 \quad N_m \quad 0]^{\mathrm{T}} L_i r \mathrm{d}s$$

$$= 2\pi q \int_l [L_i \quad 0 \quad L_j \quad 0 \quad L_m \quad 0]^{\mathrm{T}} L_i r \mathrm{d}s$$

将式（i）代入，并注意在 ij 的边上有 $L_m = 0$，即由上式得

$$\boldsymbol{R}^e = 2\pi q \int_l [r_i L_i^3 + r_j L_i^2 L_j \quad 0 \quad r_i L_i^2 L_j + r_j L_j L_j^2 \quad 0 \quad 0 \quad 0]^{\mathrm{T}} \mathrm{d}s$$

应用积分公式（2-59），即得

$$\boldsymbol{R}^e = \frac{\pi q l}{6}[3r_i + r_j \quad 0 \quad r_i + r_j \quad 0 \quad 0 \quad 0]^{\mathrm{T}} \qquad (4\text{-}91)$$

如果单元离开对称轴较远，可以认为 r_i 与 r_j 大致相等，则由上式得出简单的结果：可将面力合力的 2/3 移置到结点 i，1/3 移置到结点 j。

建立单元刚度矩阵时，为了避免非常复杂的积分运算，也将采用简化问题的公式

(3-85)。这样，每个单元中的应变及应力都成为常量，则轴对称问题的单元刚度矩阵为

$$\begin{aligned} \boldsymbol{k} &= \int_{V^e} \boldsymbol{B}^{\mathrm{T}} \boldsymbol{D} \boldsymbol{B} \mathrm{d}v \\ &= 2\pi \bar{r} A \boldsymbol{B}^{\mathrm{T}} \boldsymbol{D} \boldsymbol{B} \end{aligned} \tag{4-92}$$

将单元刚度矩阵写成分块形式

$$\boldsymbol{k} = \begin{bmatrix} \boldsymbol{k}_{ii} & \boldsymbol{k}_{ij} & \boldsymbol{k}_{im} \\ \boldsymbol{k}_{ji} & \boldsymbol{k}_{jj} & \boldsymbol{k}_{jm} \\ \boldsymbol{k}_{mi} & \boldsymbol{k}_{mj} & \boldsymbol{k}_{mm} \end{bmatrix}$$

其中

$$\boldsymbol{k}_{rs} = \frac{\pi E(1-\nu)\bar{r}}{2(1+\nu)(1-2\nu)A} \begin{bmatrix} b_r b_s + f_r f_s + A_1(b_r f_s + f_r b_s) + A_2 c_r c_s & A_1(b_r c_s + f_r c_s) + A_2 c_r b_s \\ A_1(c_r b_s + c_r f_s) + A_2 b_r c_s & c_r c_s + A_2 b_r b_s \end{bmatrix} \quad (r=i,\ j,\ m;\quad s=i,\ j,\ m) \tag{4-93}$$

有了单元刚度矩阵和单元荷载列阵的计算公式，就可按前述的方法集合得到整体刚度矩阵和整体荷载列阵。

习　题

4-1　证明任意平行六面体空间等参单元的雅可比矩阵为常量矩阵。

4-2　有两个相似的空间六面体等参单元，相似比为 α，试分析该两个单元的刚度矩阵之间的关系。

4-3　图 4-24 所示空间 8 结点等参单元，x，y，z 方向的棱边长分别为 a、b、c。试求下列荷载情况下的等效结点荷载。

(1) 在 $x=a$ 的面上受均布压力 q 作用。

(2) 在 $x=a$ 的面上受 x 方向线性分布力作用，底边(2 3 边) 面力集度为 0，上边(6、7 边)面力集度为 q。

(3) 在 z 负方向受均匀体力作用，体力集度为 ρg。

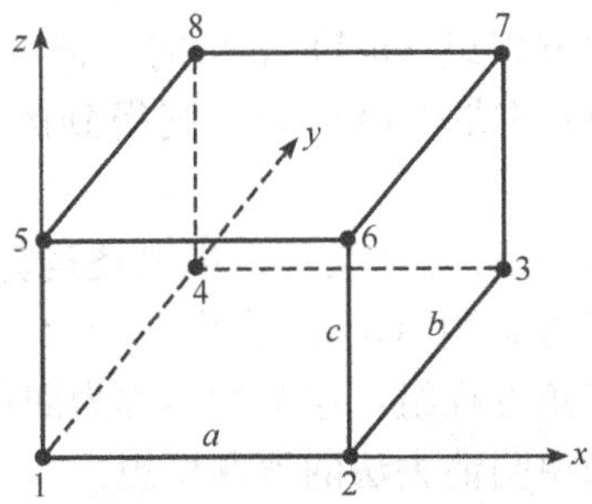

图 4-24

4-4　当题 4-3 为 20 结点等参单元时，求上述 3 种荷载情况下的等效结点荷载。

第 5 章　大型稀疏线性代数方程组的解法

有限单元法在确定了单元形式和网格划分以后，接着进行单元刚度矩阵的计算和整体刚度矩阵的集成，最后形成如下形式的有限元支配方程

$$\boldsymbol{A}\boldsymbol{x}=\boldsymbol{b} \tag{5-1}$$

这是一个大型稀疏的线性代数方程组，求解该方程组是有限元计算中最耗费计算机运行时间的工作，通常要占整个计算 80%以上的时间。特别是随着研究对象的更加复杂，有限元分析需要采用更多的单元来模拟实际结构时，线性方程组的阶数愈来愈高（如几万，甚至上百万）。因而稀疏线性代数方程组采用何种有效的方法求解，以保证求解的效率和速度就成为更加重要的问题。

线性代数方程组的解法可以分为两种：直接法和迭代法。直接法的特点是可以按规定的算法步骤经过有限次数的运算便可求得方程组的准确解，而迭代法的特点是首先假设一个初始值，然后按一定的算法公式进行迭代，在每次迭代过程中对解的误差进行检查，并通过增加迭代次数不断降低解的误差，直至满足解的精度要求。对于阶数不太高的线性代数方程组用直接法比较有效，而对高阶方程组，迭代法具有计算机的存储量较少、程序设计简单、原始系数矩阵结构在计算过程中始终不变等优点，但存在收敛性和收敛速度问题。本章将首先介绍最基本的高斯消去法及其某些变形算法，然后介绍目前常用的高效的迭代解法。

5.1　高斯消去法

对线性方程组（5-1）作如下运算（初等变换）：

(1) 交换方程组中任意两个方程的顺序。

(2) 方程组中任何一个方程乘上某一个非零数。

(3) 方程组中任何一个方程减去某倍数的另一个方程。

得到新的方程组都是与原方程组（5-1）等价的。若方程组（5-1）的系数矩阵 $\boldsymbol{A}$ 是非奇异的（可逆，此时 $\boldsymbol{A}$ 的行列式 $\det\boldsymbol{A}\neq 0$），则得到的新的方程组与原方程组是同解的。

解方程组（5-1）的高斯消去法就是反复运用上述运算，按自然顺序（主对角元素的顺序）逐次消去未知量，将方程组（5-1）化为一个上三角形方程组，这个过程称为消元过程；然后逐一求解该三角方程组，这个过程称为回代过程。

首先举一个简单的例子来说明消去法的解题思想。

例 5-1　用高斯消去法解代数方程组

$$\begin{bmatrix} 2 & 3 & 1 & 0 \\ 3 & 4 & 1 & 2 \\ 1 & 1 & 5 & -2 \\ 0 & 2 & -2 & 5 \end{bmatrix} \begin{bmatrix} x_1 \\ x_2 \\ x_3 \\ x_4 \end{bmatrix} = \begin{bmatrix} 6 \\ 10 \\ 5 \\ 5 \end{bmatrix} \tag{5-2}$$

高斯消去法的消元过程是对方程组（5-2）的增广矩阵进行初等变换，即

$$[\boldsymbol{A},\ \boldsymbol{b}] = \begin{bmatrix} 2 & 3 & 1 & 0 & 6 \\ 3 & 4 & 1 & 2 & 10 \\ 1 & 1 & 5 & -2 & 5 \\ 0 & 2 & -2 & 5 & 5 \end{bmatrix} \xrightarrow[r_3 - \frac{1}{2} r_1]{r_2 - \left(\frac{3}{2}\right) r_1} \begin{bmatrix} 2 & 3 & 1 & 0 & 6 \\ 0 & -\frac{1}{2} & -\frac{1}{2} & 2 & 1 \\ 0 & -\frac{1}{2} & \frac{9}{2} & -2 & 2 \\ 0 & 2 & -2 & 5 & 5 \end{bmatrix}$$

$$\xrightarrow[r_4 - (-4) r_2]{r_3 - r_2} \begin{bmatrix} 2 & 3 & 1 & 0 & 6 \\ 0 & -\frac{1}{2} & -\frac{1}{2} & 2 & 1 \\ 0 & 0 & 5 & -4 & 1 \\ 0 & 0 & -4 & 13 & 9 \end{bmatrix} \xrightarrow{r_4 - \left(-\frac{4}{5}\right) r_3} \begin{bmatrix} 2 & 3 & 1 & 0 & 6 \\ 0 & -\frac{1}{2} & -\frac{1}{2} & 2 & 1 \\ 0 & 0 & 5 & -4 & 1 \\ 0 & 0 & 0 & \frac{49}{5} & \frac{49}{5} \end{bmatrix}$$

这样就得到与方程组（5-2）同解的上三角形方程组

$$\begin{bmatrix} 2 & 3 & 1 & 0 \\ 0 & -\frac{1}{2} & -\frac{1}{2} & 2 \\ 0 & 0 & 5 & -4 \\ 0 & 0 & 0 & \frac{49}{5} \end{bmatrix} \begin{bmatrix} x_1 \\ x_2 \\ x_3 \\ x_4 \end{bmatrix} = \begin{bmatrix} 6 \\ 1 \\ 1 \\ \frac{49}{5} \end{bmatrix} \tag{5-3}$$

消去法的回代过程是解上三角形方程组（5-3），即

$$x_4 = \frac{49/5}{49/5} = 1, \qquad x_3 = \frac{1 - (-4)x_4}{5} = 1$$

$$x_2 = \frac{1 - (-1/2)x_3 - 2x_4}{-1/2} = 1, \qquad x_1 = \frac{6 - 3x_2 - (1)x_3 - (0)x_4}{2} = 1$$

现在，将例 5-1 所采用的算法过程推广应用于 n 阶线性方程组（5-1）的一般情形。如上分析，高斯消去法的消元过程归纳为由 $n-1$ 步组成：

第 1 步　设 $a_{11} \neq 0$，把增广矩阵的第 1 列中元素中 a_{21}，a_{31}，…，a_{n1} 消为零。为此，令

$$l_{i1} = \frac{a_{i1}}{a_{11}} \quad (i = 2, \cdots, n)$$

从 $[\boldsymbol{A},\boldsymbol{b}]$ 的第 i（$i=2,\cdots,n$）行分别减去第 1 行的 l_{i1} 倍，得到

$$[\boldsymbol{A}^{(1)},\ \boldsymbol{b}^{(1)}]=\begin{bmatrix} a_{11} & a_{12} & \cdots & a_{1n} & b_1 \\ 0 & a_{22}^{(1)} & \cdots & a_{2n}^{(1)} & b_2^{(1)} \\ \vdots & \vdots & & \vdots & \vdots \\ 0 & a_{n2}^{(1)} & \cdots & a_{nn}^{(1)} & b_n^{(1)} \end{bmatrix} \tag{5-4}$$

其中，

$$\left.\begin{array}{ll} a_{ij}^{(1)}=a_{ij}-l_{i1}a_{1j}, & j=2,\cdots,n \\ a_{i1}^{(1)}=0, & \\ b_i^{(1)}=b_i-l_{i1}b_1 & \end{array}\right\}\ (i=2,\cdots,n)$$

第 2 步：设 $a_{22}^{(1)}\neq 0$，把矩阵 $[\boldsymbol{A}^{(1)},\ \boldsymbol{b}^{(1)}]$ 的第 2 列元素 $a_{32}^{(1)},\cdots,a_{n2}^{(1)}$ 消为零。依次继续进行消元。

第 k 步：设 $a_{kk}^{(k-1)}\neq 0$，把 $[\boldsymbol{A}^{(k-1)},\ \boldsymbol{b}^{(k-1)}]$ 的第 k 列元素 $a_{k+1,k}^{(k-1)},\cdots,a_{n,k}^{(k-1)}$ 消为零，得到

$$[\boldsymbol{A}^{(k)},\ \boldsymbol{b}^{(k)}]=\begin{bmatrix} a_{11} & a_{12} & \cdots & a_{1k} & a_{1,k+1} & \cdots & a_{1n} & b_1 \\ & a_{22}^{(1)} & \cdots & a_{2k}^{(1)} & a_{2,k+1}^{(1)} & \cdots & a_{2n}^{(1)} & b_2^{(1)} \\ & & \ddots & \vdots & \vdots & & \vdots & \vdots \\ & & & a_{kk}^{(k-1)} & a_{k,k+1}^{(k-1)} & \cdots & a_{kn}^{(k-1)} & b_k^{(k-1)} \\ & & & & a_{k+1,k+1}^{(k)} & \cdots & a_{k+1,n}^{(k)} & b_{k+1}^{(k)} \\ & & & & \vdots & & \vdots & \vdots \\ & & & & a_{n,k+1}^{(k)} & \cdots & a_{nn}^{(k)} & b_n^{(k)} \end{bmatrix}$$

其中，

$$\left.\begin{array}{l} l_{ik}=\dfrac{a_{ik}^{(k-1)}}{a_{kk}^{(k-1)}} \\ a_{ik}^{(k)}=0 \\ a_{ij}^{(k)}=a_{ij}^{(k-1)}-l_{ik}a_{kj}^{(k-1)}\ (j=k+1,\cdots,n) \\ b_i^{k}=b_i^{k-1}-l_{ik}b_k^{(k-1)} \end{array}\right\}\ (i=k+1,\cdots,n) \tag{5-5}$$

规定

$$a_{ij}^{(0)}=a_{ij},\quad b_i^{(0)}=b_i,\quad i,j=1,2,\cdots,n$$

式 (5-5) 是消元过程的一般计算公式。式 (5-5) 中做分母的元素 $a_{kk}^{(k-1)}$ 称为主元素，简称主元。若 $a_{kk}^{(k-1)}=0$，则 $a_{k+1,k}^{(k-1)},\cdots,a_{nk}^{(k-1)}$ 中至少有一个元素，如 a_{rk}^{k-1}，不为零，否则，方程组 (5-1) 的系数矩阵 $\boldsymbol{A}$ 奇异。这样可取 $a_{rk}^{(k-1)}$ 作为主元，然后交换第 k

行与第 r 行，把 $a_{rk}^{(k-1)}$ 交换到（k，k）位置上。

进行 $n-1$ 步消元后，便得到上梯形矩阵

$$[\boldsymbol{A}^{(n-1)},\ \boldsymbol{b}^{(n-1)}]=\begin{bmatrix} a_{11} & a_{12} & \cdots & a_{1n} & b_1 \\ & a_{22}^{(1)} & \cdots & a_{2n}^{(1)} & b_2^{(2)} \\ & & \ddots & \vdots & \vdots \\ & & & a_{nn}^{(n)} & b_n^{(n)} \end{bmatrix}$$

这里，假设整个消元过程中没有进行过矩阵的行交换。$\boldsymbol{A}^{(n-1)}$ 是一个上三角矩阵，与原方程等价的方程组为 $\boldsymbol{A}^{(n-1)}\boldsymbol{x}=\boldsymbol{b}^{(n-1)}$。

高斯消去法的回代过程是解方程组 $\boldsymbol{A}^{(n-1)}\boldsymbol{x}=\boldsymbol{b}^{(n-1)}$，其解的计算公式为

$$x_n=\frac{b_n^{(n-1)}}{a_{nn}^{(n-1)}}$$

$$x_k=\frac{b_k^{(k-1)}-\sum_{j=k+1}^{n}a_{kj}^{(k-1)}x_j}{a_{kk}^{(k-1)}}\quad (k=n-1,\ \cdots,\ 1)$$

高斯消去法的特征分析：

(1) 从例 5-1 可看出，若原系数矩阵是对称矩阵，则消元过程中的各次待消元矩阵仍然保持对称。这是由于

$$a_{ij}^{(k)}=a_{ij}^{(k-1)}-l_{ik}a_{kj}^{(k-1)}=a_{ij}^{(k-1)}-\frac{a_{ik}^{(k-1)}}{a_{kk}^{(k-1)}}a_{kj}^{(k-1)}$$

$$a_{ji}^{(k)}=a_{ji}^{(k-1)}-l_{jk}a_{ki}^{(k-1)}=a_{ji}^{k-1}-\frac{a_{jk}^{(k-1)}}{a_{kk}^{(k-1)}}a_{ki}^{(k-1)}$$

若未消元时系数矩阵对称，即 $a_{ij}^{(0)}=a_{ji}^{(0)}$，则由上列算式可以得到 $a_{ij}^{(k)}=a_{ji}^{(k)}$，说明各次待消元矩阵仍保持对称。因此，对称矩阵消元时可以只存储矩阵的上三角（或下三角）的元素，从而节省存储空间。只存储上三角部分的元素，则式（5-5）可以改写为

$$l_{ik}=\frac{a_{ik}^{(k-1)}}{a_{kk}^{(k-1)}}$$

$$a_{ij}^{(k)}=a_{ij}^{(k-1)}-l_{ik}a_{kj}^{(k-1)}\quad (j=i,\ i+1,\ \cdots,\ n)$$

$$b_i^k=b_i^{k-1}-l_{ik}b_k^{(k-1)}$$

$$(i=k+1,\ \cdots,\ n)$$

(2) 第 k 步消元后得到的 $\boldsymbol{A}^{(k)}$ 和 $\boldsymbol{b}^{(k)}$ 是由 $\boldsymbol{A}^{(k-1)}$ 和 $\boldsymbol{b}^{(k-1)}$ 计算得到的，下一消元的结果只与前一消元的元素有关，即 $\boldsymbol{A}^{(k)}$ 和 $\boldsymbol{b}^{(k)}$ 求出后 $\boldsymbol{A}^{(k-1)}$ 和 $\boldsymbol{b}^{(k-1)}$ 不再“有用”。因此，可以利用原来存储 $\boldsymbol{A}$（如果 $\boldsymbol{A}$ 是对称矩阵，实际只存储其上三角部分）和 $\boldsymbol{b}$ 的空间，来存储消元最后得到的上三角阵 $\boldsymbol{A}^{(n-1)}$ 和 $\boldsymbol{b}^{(n-1)}$ 而不必另行开辟内存。

(3) 自由项列阵 $\boldsymbol{b}$ 的消元可以与系数矩阵 $\boldsymbol{A}$ 同时进行，也可以在 $\boldsymbol{A}$ 消元完成之后再

对 $\boldsymbol{b}$ 进行消元。遇到多组荷载 $\boldsymbol{b}$ 时，则刚度矩阵 $\boldsymbol{A}$ 只需进行一次消元，而多组荷载可利用消元后 $\boldsymbol{A}$ 的结果进行消元，这样可以大大节省求解时间。

5.2 直接三角分解法

1. 系数矩阵三角分解

三角分解法实质上是高斯消去法的一种变形。由于对 $\boldsymbol{A}$ 施行的初等变换相当于用初等矩阵左乘 $\boldsymbol{A}$，于是对式（5-1）施行第一次消元后化为式（5-4），这时 $\boldsymbol{A}$ 化为 $\boldsymbol{A}^{(1)}$，$\boldsymbol{b}$ 化为 $\boldsymbol{b}^{(1)}$，即

$$\boldsymbol{L}_1\boldsymbol{A}=\boldsymbol{A}^{(1)},\quad \boldsymbol{L}_1\boldsymbol{b}=\boldsymbol{b}^{(1)}$$

其中

$$\boldsymbol{L}_1=\begin{bmatrix}1 & & & \\ -l_{21} & 1 & & \\ -l_{31} & 0 & 1 & \\ \vdots & & & \ddots \\ -l_{n1} & 0 & \cdots & & 1\end{bmatrix}$$

一般第 k 步消元，$\boldsymbol{A}^{(k-1)}$ 化为 $\boldsymbol{A}^{(k)}$，$\boldsymbol{b}^{(k-1)}$ 化为 $\boldsymbol{b}^{(k)}$，相当于

$$\boldsymbol{L}_k\boldsymbol{A}^{(k-1)}=\boldsymbol{A}^{(k)},\quad \boldsymbol{L}_k\boldsymbol{b}^{(k-1)}=\boldsymbol{b}^{(k)}$$

其中

$$\boldsymbol{L}_k=\begin{bmatrix}1 & & & & \\ & \ddots & & & \\ & & 1 & & \\ & & -l_{k+1,k} & 1 & \\ & & \vdots & & \ddots \\ & & -l_{nk} & & & 1\end{bmatrix}$$

重复这一过程，最后得到

$$\boldsymbol{L}_{n-1}\cdots\boldsymbol{L}_2\boldsymbol{L}_1\boldsymbol{A}=\boldsymbol{A}^{(n-1)},\quad \boldsymbol{L}_{n-1}\cdots\boldsymbol{L}_2\boldsymbol{L}_1\boldsymbol{b}=\boldsymbol{b}^{(n-1)} \tag{5-6}$$

将上三角矩阵 $\boldsymbol{A}^{(n-1)}$ 记为 $\boldsymbol{U}$，由式（5-6）得到

$$\boldsymbol{A}=\boldsymbol{L}_1^{-1}\boldsymbol{L}_2^{-1}\cdots\boldsymbol{L}_{n-1}^{-1}\boldsymbol{U}=\boldsymbol{L}\boldsymbol{U}$$

式中

$$L = L_1^{-1} L_2^{-1} \cdots L_{n-1}^{-1} = \begin{bmatrix} 1 & & & & \\ l_{21} & 1 & & & \\ l_{31} & l_{32} & 1 & & \\ \vdots & \vdots & \vdots & \ddots & \\ l_{n1} & l_{n2} & l_{n3} & \cdots & 1 \end{bmatrix}$$

为单位下三角矩阵。

这就是说，高斯消去法实质上产生了一个将 $\boldsymbol{A}$ 分解为两个三角形矩阵相乘的因式分解。由此得出一个重要定理：

定理（矩阵的 $\boldsymbol{LU}$ 分解）：设 $\boldsymbol{A}$ 为 n 阶矩阵，如果 $\boldsymbol{A}$ 的顺序主子式 $\boldsymbol{A}_i \neq 0$（$i=1$，2，…，$n-1$），则 $\boldsymbol{A}$ 可分解为下三角矩阵 $\boldsymbol{L}$ 和上三角矩阵 $\boldsymbol{U}$ 的乘积，即有 $\boldsymbol{A}=\boldsymbol{LU}$。当 $\boldsymbol{L}$ 或 $\boldsymbol{U}$ 为单位三角形时，这种分解是唯一的。

若 $\boldsymbol{L}$ 为单位下三角阵时，则称它为杜里特尔（Doolittle）分解，若 $\boldsymbol{U}$ 为单位上三角矩阵时，则称这种分解为克劳特（Crout）分解。

对系数矩阵 $\boldsymbol{A}$ 作出 $\boldsymbol{LU}$ 分解后，式（5-1）可写成

$$\boldsymbol{Ly} = \boldsymbol{b}$$

于是解方程组（5-1）便等价于求解两个方程组

$$\boldsymbol{Ly} = \boldsymbol{b} \tag{5-7}$$

和

$$\boldsymbol{Ux} = \boldsymbol{y} \tag{5-8}$$

这就是解有限元线性代数方程组的直接三角分解法。式（5-7）和式（5-8）分别为下、上三角形方程组，极易求解。

高斯消去法的消元过程是将 $\boldsymbol{A}$ 的三角分解和解方程组（5-7）同时进行（注意 $\boldsymbol{L}$ 是单位下三角阵，即作 Doolittle 分解），其回代过程是解方程组（5-8）。然而，直接三角分解法是从矩阵 $\boldsymbol{A}$ 的元素，根据关系式 $\boldsymbol{A}=\boldsymbol{LU}$ 确定 $\boldsymbol{L}$ 和 $\boldsymbol{U}$ 的元素，不必像高斯消去法那样计算那些中间结果。

2. Crout 分解

设矩阵 $\boldsymbol{A}$ 为 n 阶方阵，可作 Crout 分解 $\boldsymbol{A}=\boldsymbol{LU}$，其中

$$\boldsymbol{L} = \begin{bmatrix} l_{11} & & \\ l_{21} & l_{22} & \\ \vdots & \vdots & \\ l_{n1} & l_{n2} \cdots & l_{nn} \end{bmatrix}, \quad \boldsymbol{U} = \begin{bmatrix} 1 & u_{12} & u_{13} & \cdots & u_{1n} \\ & 1 & u_{23} & \cdots & u_{2n} \\ & & \ddots & \ddots & \vdots \\ & & & & u_{n-1,n} \\ & & & & 1 \end{bmatrix}$$

由 $\boldsymbol{A}=\boldsymbol{LU}$ 两端矩阵的元素对应相等，有

$$a_{ij}=\sum_{r=1}^{\min(i,\ j)} l_{ir}u_{rj} \quad (i,\ j=1,\ 2,\ \cdots,\ n) \tag{5-9}$$

当 $j=1$ 时，有

$$l_{i1}=a_{i1} \quad (i=1,\ 2,\ \cdots,\ n) \tag{5-10}$$

当 $i=1$ 时，有

$$l_{11}u_{1j}=a_{1j} \quad (j=2,\ \cdots,\ n)$$

因而设 $l_{11}\neq 0$，则有

$$u_{1j}=\frac{a_{1j}}{l_{11}} \quad (j=2,\ \cdots,\ n) \tag{5-11}$$

因此，第 1 步由式（5-10）计算 $\boldsymbol{L}$ 的第 1 列，而由式（5-11）计算 $\boldsymbol{U}$ 的第 1 行。

设已经定出 $\boldsymbol{L}$ 的第 1 列到第 $k-1$ 列元素和 $\boldsymbol{U}$ 的第 1 行到第 $k-1$ 行元素，由式（5-9）,当 $j=k$ 时，对 $i=k,\ k+1,\ \cdots,\ n$ 有

$$a_{ik}=\sum_{r=1}^{k} l_{ir}u_{rk}=\sum_{r=1}^{k-1} l_{ir}u_{rk}+l_{ik}$$

即

$$l_{ik}=a_{ik}-\sum_{r=1}^{k-1} l_{ir}u_{rk} \quad (i=k,\ \cdots,\ n) \tag{5-12}$$

式（5-12）右端所有的项均为已知，从而便可用式（5-12）来计算 $\boldsymbol{L}$ 的第 k 列元素。仿此，由式（5-9），当 $i=k$ 时，对 $j=k+1,\ \cdots,\ n$ 有

$$a_{kj}=\sum_{r=1}^{k} l_{kr}u_{rj}=\sum_{r=1}^{k-1} l_{kr}u_{rj}+l_{kk}u_{kj}$$

因此，假设 $l_{kk}\neq 0$，则有

$$u_{kj}=\frac{a_{kj}-\sum\limits_{r=1}^{k-1} l_{kr}u_{rj}}{l_{kk}} \quad (j=k+1,\ \cdots,\ n) \tag{5-13}$$

因为式（5-13）右端所有的项均为已知，从而便可用式（5-13）来计算 $\boldsymbol{U}$ 的第 k 行元素。

综上所述，用 Crout 法解 $\boldsymbol{Ax}=\boldsymbol{b}$ 的计算步骤为：

(1) $l_{i1}=a_{i1} \quad (i=1,\ 2,\ \cdots,\ n)$

$$u_{1j}=\frac{a_{1j}}{l_{11}} \quad (j=2,\ \cdots,\ n)$$

对 $k=2,\cdots,n$ 计算 $\boldsymbol{L}$ 的第 k 列，$\boldsymbol{U}$ 的第 k 行

$$(2)\begin{cases} l_{ik}=a_{ik}-\sum_{r=1}^{k-1} l_{ir}u_{rk} \quad (i=k,\ \cdots,\ n) \\ u_{kj}=\dfrac{a_{kj}\sum_{r=1}^{k-1} l_{kr}u_{rj}}{l_{kk}} \quad (j=k+1,\ \cdots,\ n \text{ 且 } k\neq n) \end{cases} \qquad \text{（分解）}$$

求解 $\boldsymbol{Ly}=\boldsymbol{b}$，$\boldsymbol{Ux}=\boldsymbol{y}$ 的计算公式

$$(3)\begin{cases} y_1=\dfrac{b_1}{l_{11}} \\ y_k=\dfrac{b_k-\sum_{r=1}^{k-1} l_{kr}y_r}{l_{kk}} \quad (k=2,\ \cdots,\ n) \end{cases} \qquad \text{（前代）}$$

$$(4)\begin{cases} x_n=y_n \\ x_k=y_k-\sum_{r=k+1}^{n} u_{kr}x_r \quad (k=n-1,\ \cdots,\ 1) \end{cases} \qquad \text{（回代）}$$

例 5-2　应用 Crout 方法解式（5-2）方程组。

首先，对方程组的系数矩阵作 Crout 分解 $\boldsymbol{A}=\boldsymbol{LU}$，有

$$\boldsymbol{A}=\begin{bmatrix} 2 & 3 & 1 & 0 \\ 3 & 4 & 1 & 2 \\ 1 & 1 & 5 & -2 \\ 0 & 2 & -2 & 5 \end{bmatrix} \xrightarrow{k=1} \begin{bmatrix} 2 & \frac{3}{2} & \frac{1}{2} & 0 \\ 3 & 4 & 1 & 2 \\ 1 & 1 & 5 & -2 \\ 0 & 2 & -2 & 5 \end{bmatrix} \xrightarrow{k=2} \begin{bmatrix} 2 & \frac{3}{2} & \frac{1}{2} & 0 \\ 3 & -\frac{1}{2} & 1 & -4 \\ 1 & -\frac{1}{2} & 5 & -2 \\ 0 & 2 & -2 & 5 \end{bmatrix}$$

$$\xrightarrow{k=3} \begin{bmatrix} 2 & \frac{3}{2} & \frac{1}{2} & 0 \\ 3 & -\frac{1}{2} & 1 & -4 \\ 1 & -\frac{1}{2} & 5 & -\frac{4}{5} \\ 0 & 2 & -4 & 5 \end{bmatrix} \xrightarrow{k=4} \begin{bmatrix} 2 & \frac{3}{2} & \frac{1}{2} & 0 \\ 3 & -\frac{1}{2} & 1 & -4 \\ 1 & -\frac{1}{2} & 5 & -\frac{4}{5} \\ 0 & 2 & -4 & \frac{49}{5} \end{bmatrix}$$

于是得到

$$L=\begin{bmatrix}2 & & & \\ 3 & -\frac{1}{2} & & \\ 1 & -\frac{1}{2} & 5 & \\ 0 & 2 & -4 & \frac{49}{5}\end{bmatrix},\quad U=\begin{bmatrix}1 & \frac{3}{2} & \frac{1}{2} & 0\\ & 1 & 1 & -4\\ & & 1 & -\frac{4}{5}\\ & & & 1\end{bmatrix}$$

其次，求解方程组 $\boldsymbol{Ly}=\boldsymbol{b}$（$\boldsymbol{b}=[6,10,5,5]^{\mathrm{T}}$）的解，得

$$y_1=3,\quad y_2=-2,\quad y_3=\frac{1}{5},\quad y_4=1$$

最后，求解方程组 $\boldsymbol{Ux}=\boldsymbol{y}$ 的解，得

$$x_1=1,\quad x_2=1,\quad x_3=1,\quad x_4=1$$

这和 Gauss 消去法所得的结果是一样的。

在有限元法中，代数方程组的系数矩阵是刚度矩阵 $\boldsymbol{A}$，它是对称正定矩阵，主元素恒大于零，符合三角分解的条件。Crout 直接解法在有限单元法中是非常有效的求解方法。由于 $\boldsymbol{A}$ 是对称、正定矩阵，$\boldsymbol{L}$ 和 $\boldsymbol{U}$ 的元素之间还存在下列关系

$$u_{ri}=\frac{l_{ir}}{l_{rr}}\quad (i=1,2,\cdots,n;\ r=1,2,\cdots,i-1) \tag{5-14}$$

即 $\boldsymbol{U}$ 中的第 i 列的第 1 行到第 $i-1$ 行各个元素分别等于 $\boldsymbol{L}$ 中第 i 行的第 1 列至 $i-1$ 列各个元素除以各列的主元素，因此 $\boldsymbol{L}$ 和 $\boldsymbol{U}$ 两个矩阵中独立元素的个数与对称矩阵 $\boldsymbol{A}$ 中独立元素的个数都是 $n(n+1)/2$ 个。这样在求 $\boldsymbol{U}$ 的元素时不再由式（5-13），而是根据式（5-14）计算。

由 Crout 分解过程可见，$\boldsymbol{A}$ 中的任何一个元素 a_{ij} 仅在由式（5-12）计算时用到，在算得 l_{ij} 后就用不着了。因此，可以将由式（5-12）算得的 l_{ij} 就存放在 a_{ij} 的位置上，而不必开新的存储单元。类似地，前代和回代过程算得的 y_i 和 x_i 可以存放在 b_i 的位置上。由式（5-14），也不必另开存储 $\boldsymbol{U}$ 的存储单元，而只需将 $\boldsymbol{U}$ 中的第 i 列元素存放在对应的 $\boldsymbol{L}$ 的第 i 行的位置上，亦即将 u_{ri}（$i>r$）存放在 l_{ir} 的位置上。根据以上情况，可以在 $\boldsymbol{A}$ 分解后只保留 $\boldsymbol{U}$ 的副元素和 $\boldsymbol{L}$ 的主元素 l_{ii}，如某个已经三角分解好的 $\boldsymbol{A}$ 为

$$\begin{bmatrix}l_{11} & & & & \\ u_{21} & l_{22} & & & \\ u_{31} & u_{32} & l_{33} & & \\ 0 & 0 & u_{43} & l_{44} & \\ 0 & 0 & u_{53} & u_{54} & l_{55}\end{bmatrix}$$

而 $\boldsymbol{U}$ 是上三角矩阵，现在要存储到对应于 $\boldsymbol{L}$ 的副元素位置上，故在编写程序时，必须将所有公式中 $\boldsymbol{U}$ 元素的行、列下标进行对换。下面提供的一套公式是程序中实际

应用的公式：

$$
\text{分解}\quad\begin{cases}
l_{ij}=a_{ij}-\sum\limits_{r=1}^{j-1}l_{ir}u_{jr} & (i=1,\ 2,\ \cdots,\ n;\ j=1,\ 2,\ \cdots,\ i-1)\\
u_{ir}=\dfrac{l_{ir}}{l_{rr}} & (i=1,\ 2,\ \cdots,\ n;\ r=1,\ 2,\ \cdots,\ i-1)\\
l_{ii}=a_{ii}-\sum\limits_{r=1}^{i-1}l_{ir}u_{ir}=a_{ii}-\sum\limits_{r=1}^{i-1}u_{ir}u_{ir}l_{rr} & (i=1,\ 2,\ \cdots,\ n)
\end{cases}\tag{a}
$$

令 $f_i=l_{ii}y_i$，则 $y_i=\left(b_i-\sum\limits_{r=1}^{i-1}l_{ir}y_r\right)\Big/l_{ii}=\left(b_i-\sum\limits_{r=1}^{i-1}u_{ir}l_{rr}y_r\right)\Big/l_{ii}\,(i=1,\ 2,\ \cdots,\ n)$

前代

$$
f_i=b_i-\sum_{r=1}^{i-1}u_{ir}f_r,\quad y_i=\frac{f_i}{l_{ii}}\quad(i=1,\ 2,\ \cdots,\ n)\tag{b}
$$

回代

$$
x_i=y_i-\sum_{r=k+1}^{n}u_{ri}x_r\quad(i=n,\ n-1,\ \cdots,\ 1)\tag{c}
$$

现在，考察一下由于 **A** 的稀疏性和带状分布在分解后有什么变化。由式（a）可知，**A** 中的第 i 行的第 1 列的元素 a_{i1} 为零，则 l_{i1} 也为零；若 a_{i2} 为零，则 l_{i2} 亦为零。依此类推，在 **A** 中的每一行的第 1 个非零元素之前的零元素，在三角分解后仍保持为零元素，亦即 **A** 分解为 **L** 后，每行的半带宽保持不变。对于 **A** 的带缘内的零元素，三角分解后一般不再是零元素。

5.3　波前法简介

在计算自由度比较大的结构时，需要存储庞大的整体刚度矩阵，即使用变带宽方法，仍然需要一个很大的矩阵来存储这些数据，占用很大的内存，这样解题的规模就受到了限制。在实际消元的过程中，不必等所有的单元全部组装进整体刚度矩阵后再进行，只要将与此结点相关的所有单元（即连接此结点的单元）组装进整体刚度矩阵就可以进行消元了。把已完成消元的结果写入文件，其占用的内存再存放其他数据，解方程时再从文件中读出消元结果求结点位移。这样组装单元刚度矩阵与消元就可以交替进行，这种方法叫做波前法。与已组装的单元有关的还未消元的结点构成“波前区”。计算过程简单介绍如下：

（1）按单元顺序扫描计算单元刚度矩阵及等效结点荷载列阵，并送入内存进行集成。

（2）检查哪些自由度已经集成完毕，将集成完毕的自由度作为主元行，对其他行、列的元素进行消元修正。

（3）对其他行列元素完成消元修正后，将主元行有关 **A** 和 $\boldsymbol{b}$ 中的元素移到计算机外存。

（4）重复（1）～(3)，将全部单元扫描完毕。

（5）按消元顺序，由后向前依次回代求解。

波前法是一种利用较小内存求解大型线性代数方程组的算法。其本质是分块高斯消去法的更灵活应用，它不形成整体刚度矩阵，而只是形成一个波前内相关单元的“分块刚度阵”,分解后即记入硬盘;波前依次遍历整个结构,即完成体系的分块总刚度的形成和消元,回代时逆序进行即可。国内有文献根据这个特点,将波前法(front algorithm)译为“波阵法”,这种译法就形象地说明了该方法的特点。该方法优点是可以在小计算机上求解大问题,但是波前比较小时,内外存交换次数太多,影响计算机时,故可以根据计算机的实际内存空间,尽量将波前设置到最大,可大大改进求解效率。基于上述原理国内外还将波前法进行了很多改进,即将子结构法与波前法结合起来,形成子结构-波前法。但近年来由于计算机的发展,已经较少用于新发展的程序。

5.4 雅可比迭代法

设线性方程组(5-1)的系数矩阵 $\boldsymbol{A}$ 非奇异且其对角元素 $a_{ii}\neq 0, i=1,2,\cdots,n$,其展开形式为

$$\begin{bmatrix} a_{11} & a_{12} & \cdots & a_{1n} \\ a_{21} & a_{22} & \cdots & a_{2n} \\ \vdots & \vdots & & \vdots \\ a_{n1} & a_{n2} & \cdots & a_{nn} \end{bmatrix} \begin{bmatrix} x_1 \\ x_2 \\ \vdots \\ x_n \end{bmatrix} = \begin{bmatrix} b_1 \\ b_2 \\ \vdots \\ b_n \end{bmatrix}$$

将矩阵 $\boldsymbol{A}$ 分解成

$$\boldsymbol{A}=\boldsymbol{D}-(\boldsymbol{D}-\boldsymbol{A})$$

其中,$\boldsymbol{D}=\mathrm{diag}(a_{11},a_{22},\cdots,a_{nn})$。于是,方程组 $\boldsymbol{Ax}=\boldsymbol{b}$ 可写成

$$\boldsymbol{Dx}=(\boldsymbol{D}-\boldsymbol{A})\boldsymbol{x}+\boldsymbol{b}$$

或

$$\boldsymbol{x}=(\boldsymbol{I}-\boldsymbol{D}^{-1}\boldsymbol{A})\boldsymbol{x}+\boldsymbol{D}^{-1}\boldsymbol{b} \tag{5-15}$$

令

$$\boldsymbol{B}=\boldsymbol{I}-\boldsymbol{D}^{-1}\boldsymbol{A},\quad \boldsymbol{g}=\boldsymbol{D}^{-1}\boldsymbol{b}$$

则式(5-15)可写成

$$\boldsymbol{x}=\boldsymbol{Bx}+\boldsymbol{g}$$

这样便得到一个迭代公式

$$\boldsymbol{x}_k=\boldsymbol{Bx}_{k-1}+\boldsymbol{g}\quad (k=1,2,\cdots) \tag{5-16}$$

称式(5-16)为 Jacobi 迭代法,$\boldsymbol{B}$ 是 Jacobi 迭代法的迭代矩阵。

记 $\boldsymbol{x}_k=[x_1^k,x_2^k,\cdots x_n^k]^{\mathrm{T}}$,从式(5-16),可推得 Jacobi 迭代法计算 x_k 的各分量的公式为

$$x_i^k = \frac{1}{a_{ii}}\left(b_i - \sum_{\substack{j=1 \\ j\neq i}}^{n} a_{ij} x_j^{k-1}\right) \quad (i=1,2,\cdots,n;k=1,2,\cdots)$$

上标 k 代表迭代次数。上式还可以改写成更便于编程的形式，即

$$x_i^k = x_i^{k-1} + \frac{1}{a_{ii}}\left(b_i - \sum_{j=1}^{n} a_{ij} x_j^{k-1}\right) \quad (i=1,2,\cdots,n;k=1,2,\cdots)$$

迭代时先选初值为 x_i^0，由上述公式进行迭代计算，直到满足精度要求为止。迭代的精度通常采用以下准则进行检查，即

$$\| \boldsymbol{x}_k - \boldsymbol{x}_{k-1} \| \leqslant \varepsilon \| \boldsymbol{x}_{k-1} \| \quad (k=1,2,\cdots)$$

式中，ε 为允许误差；$\| \boldsymbol{x}_k \|$ 等为向量的范数，如 $\| \boldsymbol{x}_k \| = \left(\sum_{i=1}^{n} (x_i^k)^2\right)^{\frac{1}{2}}$。

雅可比迭代法公式简单，迭代思路清晰。每迭代一次需要计算 n 个方程的向量乘法，编程时只需两个数组分别存放 $\boldsymbol{x}_{k-1}$ 和 $\boldsymbol{x}_k$，便可实现迭代计算。

用迭代法求解时需要注意迭代的收敛性。Jacobi 迭代法收敛的充分必要条件是 $\boldsymbol{B}$ 的谱半径

$$\rho(\boldsymbol{B}) < 1$$

这个条件不好检验，而另一等价的检验条件是方程组(5-1)的系数矩阵 $\boldsymbol{A}$ 为严格对角矩阵，即 $\boldsymbol{A}$ 的每一行对角元素的绝对值都大于同行其他元素的绝对值之和，即

$$| a_{ii} | > \sum_{\substack{j=1 \\ j\neq i}}^{n} | a_{ii} | \quad (i=1,2,\cdots,n)$$

则可证明 Jacobi 迭代法是收敛的。

有限元的求解方程 $\boldsymbol{Ax}=\boldsymbol{b}$ 中，系数矩阵 A 具有主元占优的特点，但不能保证是严格对角优势，而且 Jacobi 迭代收敛速度较慢，在实践中很少使用。

例 5-3　利用 Jacobi 迭代法求解线性方程组

$$\boldsymbol{Ax} = \boldsymbol{b}$$

其中，

$$\boldsymbol{A} = \begin{bmatrix} 10 & -2 & 2 & 0 \\ -2 & 10 & -1 & 1 \\ 2 & -1 & 11 & -3 \\ 0 & 1 & -3 & 6 \end{bmatrix}, \quad \boldsymbol{b} = \begin{bmatrix} 10 \\ 8 \\ 9 \\ 4 \end{bmatrix}$$

误差控制为

$$\frac{\| \boldsymbol{x}_{k+1} - \boldsymbol{x}_k \|}{\| \boldsymbol{x}_k \|} < 10^{-6}$$

已知此例的精确解为 $\boldsymbol{x}=[1,1,1,1]^{\mathrm{T}}$。

设初始向量 $\boldsymbol{x}_0=[0,0,0,0]^{\mathrm{T}}$，经过 19 次迭代后达到精度要求，结果如下：

k	x_1	x_2	x_3	x_4	误差
0	0.000 000 0	0.000 000 0	0.000 000 0	0.000 000 0	—
1	1.000 000 0	0.800 000 0	0.818 181 8	0.666 666 7	infinity
2	0.996 363 6	1.015 151 5	0.890 909 1	0.942 424 2	0.215 3E+00
3	1.024 848 5	0.994 121 2	0.986 336 1	0.942 929 3	0.549 1E-01
4	1.001 557 0	1.009 310 4	0.979 382 9	0.994 147 8	0.319 7E-01
5	1.005 985 5	0.998 834 9	0.998 967 3	0.988 139 7	0.119 7E-01
6	0.999 973 5	1.002 279 9	0.995 571 2	0.999 677 8	0.757 8E-02
7	1.001 341 7	0.999 584 0	1.000 124 2	0.997 405 6	0.303 9E-02
8	0.999 892 0	1.000 540 2	0.999 010 7	1.000 131 4	0.185 7E-02
9	1.000 305 9	0.999 866 3	1.000 104 6	0.999 415 3	0.791 6E-03
10	0.999 952 3	1.000 130 1	0.999 772 8	1.000 074 6	0.464 9E-03
11	1.000 071 5	0.999 960 3	1.000 040 8	0.999 864 7	0.208 0E-03
12	0.999 983 9	1.000 031 9	0.999 946 5	1.000 027 0	0.118 0E-03
13	1.000 017 1	0.999 988 7	1.000 013 2	0.999 967 9	0.548 0E-04
14	0.999 995 1	1.000 007 9	0.999 987 1	1.000 008 5	0.302 5E-04
15	1.000 004 2	0.999 996 9	1.000 003 9	0.999 992 2	0.144 3E-04
16	0.999 998 6	1.000 002 0	0.999 996 8	1.000 002 5	0.780 1E-05
17	1.000 001 0	0.999 999 2	1.000 001 1	0.999 998 1	0.379 4E-05
18	0.999 999 6	1.000 000 5	0.999 999 2	1.000 000 7	0.202 0E-05
19	0.999 999 6	1.000 000 5	0.999 999 2	1.000 000 7	0.996 2E-06

例 5-4 利用 Jacobi 迭代法求解线性方程组(5-2)。

由于该方程组的系数矩阵不满足严格对角优势，导致 Jacobi 迭代法求解失败。

5.5 共轭梯度法

共轭梯度法(conjugate gradient method)是求解线性代数方程组的一种有效的迭代解法，简称 CG 法，它要求系数矩阵为对称正定矩阵，它是由最速下降法发展而来。下面首先讨论梯度法。

1. 一般的共轭方向法

很多数学物理问题，如果它的方程是线性自伴随的，则它的求解可以等效于求解对应的二次泛函的极值问题。设 $\boldsymbol{A}$ 对称正定，可以证明，求解方程组(5-1)的问题可以转换为求解二次函数

$$f(\boldsymbol{x})=\frac{1}{2}\boldsymbol{x}^{\mathrm{T}}\boldsymbol{A}\boldsymbol{x}-\boldsymbol{b}^{\mathrm{T}}\boldsymbol{x}$$

的极小值问题。这样，求解方程(5-1)就转变成求 $\boldsymbol{x}\in\mathbf{R}^n$，使 $f(\boldsymbol{x})$取最小值的问题。求解的方法一般是构造一个向量序列$\{\boldsymbol{x}^{(k)}\}$，使 $f(\boldsymbol{x}^{(k)})\to\min f(\boldsymbol{x})$。现在，来介绍求二次函数 $f(\boldsymbol{x})$的极小点的方法。

假设 $\boldsymbol{x}_0$ 是任意给定的一个初始点。从 $\boldsymbol{x}_0$ 出发沿某一规定方向 $\boldsymbol{p}_0$，求函数 $f(\boldsymbol{x})$在直线

$$\boldsymbol{x}=\boldsymbol{x}_0+t\boldsymbol{p}_0$$

上的极小点。假设求得的极小点为 $\boldsymbol{x}_1$，再从点 $\boldsymbol{x}_1$ 出发沿某一规定方向 $\boldsymbol{p}_1$ 求函数 $f(\boldsymbol{x})$在直线

$$\boldsymbol{x}=x_1+t\boldsymbol{p}_1$$

上的极小点，设其为 $\boldsymbol{x}_2$，如此继续下去。一般地，从点 $\boldsymbol{x}_k$ 出发沿某一规定方向 $\boldsymbol{p}_k$ 求函数 $f(\boldsymbol{x})$在直线

$$\boldsymbol{x}=\boldsymbol{x}_k+t\boldsymbol{p}_k$$

上的极小点，称 $\boldsymbol{p}_k$ 为搜索方向。记

$$\varphi_k(t)=f(\boldsymbol{x}_k+t\boldsymbol{p}_k)$$

欲确定系数 α_k，使得一元函数 $\varphi_k(t)$当 $t=\alpha_k$ 时为极小。由于

$$\varphi_k(t)=\frac{1}{2}(\boldsymbol{x}_k+t\boldsymbol{p}_k)^{\mathrm{T}}\boldsymbol{A}(\boldsymbol{x}_k+t\boldsymbol{p}_k)-\boldsymbol{b}^{\mathrm{T}}(\boldsymbol{x}_k+t\boldsymbol{p}_k)$$

$\varphi_k(t)$对 t 求导数得

$$\varphi_k'(t)=t\boldsymbol{p}_k^{\mathrm{T}}\boldsymbol{A}\boldsymbol{p}_k+\boldsymbol{p}_k^{\mathrm{T}}(\boldsymbol{A}\boldsymbol{x}_k-\boldsymbol{b})$$

令 $\varphi_k'(t)=0$，则

$$t=\alpha_k=-\frac{\boldsymbol{p}_k^{\mathrm{T}}(\boldsymbol{A}\boldsymbol{x}_k-\boldsymbol{b})}{\boldsymbol{p}_k^{\mathrm{T}}\boldsymbol{A}\boldsymbol{p}_k}\tag{5-17}$$

由于

$$\varphi_k''(t)=\boldsymbol{p}_k^{\mathrm{T}}\boldsymbol{A}\boldsymbol{p}_k>0\quad(\boldsymbol{p}_k\neq 0)$$

当 $t=\alpha_k$ 时，$\varphi_k(t)$为极小。这样

$$\boldsymbol{x}_{k+1}=\boldsymbol{x}_k+\alpha_k\boldsymbol{p}_k$$

便是 $f(\boldsymbol{x})$在直线

$$\boldsymbol{x}=\boldsymbol{x}_k+t\boldsymbol{p}_k$$

上的极小点。

记 $$\boldsymbol{r}_k=\boldsymbol{A}\boldsymbol{x}_k-\boldsymbol{b}=\nabla f(\boldsymbol{x}_k)$$

$\boldsymbol{r}_k$ 称为剩余向量，
则式(5-17)可以写成

$$\alpha_k=-\frac{\boldsymbol{r}_k^{\mathrm{T}}\boldsymbol{p}_k}{\boldsymbol{p}_k^{\mathrm{T}}\boldsymbol{A}\boldsymbol{p}_k} \tag{5-18}$$

这样便得到迭代公式为

$$\boldsymbol{x}_{k+1}=\boldsymbol{x}_k+\alpha_k\boldsymbol{p}_k \quad (k=0,1,2,\cdots) \tag{5-19}$$

式中，α_k 由式(5-18)确定。显然，迭代格式(5-19)具有下降性质，即

$$f(\boldsymbol{x}_{k+1})\leqslant f(\boldsymbol{x}_k)$$

2. 最速下降法

若取 $\boldsymbol{p}_k$ 为 $f(\boldsymbol{x}_k)$梯度的负方向，即取

$$\boldsymbol{p}_k=-\boldsymbol{r}_k=-\nabla f(\boldsymbol{x}_k) \quad (k=0,1,2,\cdots)$$

则称该迭代法为最速下降法。此时

$$\boldsymbol{x}_{k+1}=\boldsymbol{x}_k+\alpha_k\boldsymbol{p}_k \quad (k=0,1,2,\cdots)$$

$$\alpha_k=\frac{\boldsymbol{r}_k^{\mathrm{T}}\boldsymbol{r}_k}{\boldsymbol{r}_k^{\mathrm{T}}\boldsymbol{A}\boldsymbol{r}_k}$$

以及

$$f(\boldsymbol{x}_{k+1})-f(\boldsymbol{x}_k)<0$$

可以证明，当 $k\to\infty$ 时，$\boldsymbol{x}_k\to\boldsymbol{x}^*$，$\boldsymbol{x}^*$ 是方程组 $\boldsymbol{A}\boldsymbol{x}=\boldsymbol{b}$ 的解。

3. 共轭梯度法

若选取搜索方向

$$\boldsymbol{p}_0,\boldsymbol{p}_1,\boldsymbol{p}_2,\cdots,\boldsymbol{p}_{n-1}$$

为 $\boldsymbol{R}_n$ 中的一个 $\boldsymbol{A}$ 共轭向量系，即向量系 $\boldsymbol{p}_k$ 具有性质 $\boldsymbol{p}_i^{\mathrm{T}}\boldsymbol{A}\boldsymbol{p}_j=0(i\neq j)$，则称此时的迭代法为共轭梯度法。它的算法步骤如下：

(1)取初始近似 $\boldsymbol{x}_0$，第 1 个搜索方向取为

$$\boldsymbol{p}_0=\boldsymbol{r}_0=\boldsymbol{b}-\boldsymbol{A}\boldsymbol{x}_0$$

(2) 沿 $\boldsymbol{p}_0$ 方向进行一维搜索，寻找 $\min f(\boldsymbol{x})$，即设

$$\boldsymbol{x}_1=\boldsymbol{x}_0+\alpha_0\boldsymbol{p}_0=\boldsymbol{x}_0+\alpha_0\boldsymbol{r}_0$$

其中，α_0 根据$\dfrac{\partial f(\boldsymbol{x})}{\partial\alpha_0}=0$ 得到，即

$$\alpha_0=\frac{\boldsymbol{r}_0^{\mathrm{T}}\boldsymbol{r}_0}{\boldsymbol{r}_0^{\mathrm{T}}\boldsymbol{A}\boldsymbol{r}_0}$$

(3) 计算

$$\boldsymbol{r}_1=\boldsymbol{b}-\boldsymbol{A}\boldsymbol{x}_1$$

(4) 令

$$\boldsymbol{p}_1=\boldsymbol{r}_1+\beta_0\boldsymbol{p}_0$$

欲使 $\boldsymbol{p}_0$ 和 $\boldsymbol{p}_1$ 为 $\boldsymbol{A}$ 共轭，即 $\boldsymbol{p}_0^{\mathrm{T}}\boldsymbol{A}\boldsymbol{p}_1=0$，从而得到

$$\beta_0=-\frac{\boldsymbol{p}_0^{\mathrm{T}}\boldsymbol{A}\boldsymbol{r}_1}{\boldsymbol{p}_0^{\mathrm{T}}\boldsymbol{A}\boldsymbol{p}_0}$$

(5) 再由式(5-19)计算 $\boldsymbol{x}_2$

$$\boldsymbol{x}_2=\boldsymbol{x}_1+\alpha_1\boldsymbol{p}_1$$

并算出

$$\boldsymbol{r}_2=\boldsymbol{b}-\boldsymbol{A}\boldsymbol{x}_2$$

令

$$\boldsymbol{p}_2=\boldsymbol{r}_2+\beta_1\boldsymbol{p}_1$$

欲使 $\boldsymbol{p}_1$ 和 $\boldsymbol{p}_2$ 为 $\boldsymbol{A}$ 共轭，即 $\boldsymbol{p}_1^{\mathrm{T}}\boldsymbol{A}\boldsymbol{p}_2=0$，从而得到

$$\beta_1=-\frac{\boldsymbol{p}_1^{\mathrm{T}}\boldsymbol{A}\boldsymbol{r}_2}{\boldsymbol{p}_1^{\mathrm{T}}\boldsymbol{A}\boldsymbol{p}_1}$$

如此继续下去，一般地，令

$$\boldsymbol{p}_{k+1}=\boldsymbol{r}_{k+1}+\beta_k\boldsymbol{p}_k$$

欲使 $\boldsymbol{p}_k$ 和 $\boldsymbol{p}_{k+1}$ 为 $\boldsymbol{A}$ 共轭，得

$$\beta_k=-\frac{\boldsymbol{p}_k^{\mathrm{T}}\boldsymbol{A}\boldsymbol{r}_{k+1}}{\boldsymbol{p}_k^{\mathrm{T}}\boldsymbol{A}\boldsymbol{p}_k}$$

当迭代次数 $k\geqslant 2$ 时，有

$$\beta_{k-1}=\frac{-\boldsymbol{p}_{k-1}^{\mathrm{T}}\boldsymbol{A}\boldsymbol{r}_k}{\boldsymbol{p}_{k-1}^{\mathrm{T}}\boldsymbol{A}\boldsymbol{p}_{k-1}}$$

$$\boldsymbol{p}_k=\boldsymbol{r}_k+\beta_{k-1}\boldsymbol{p}_{k-1}$$

$$\alpha_k=\frac{\boldsymbol{p}_k^{\mathrm{T}}\boldsymbol{r}_k}{\boldsymbol{p}_k^{\mathrm{T}}\boldsymbol{A}\boldsymbol{p}_k}$$

$$\boldsymbol{x}_{k+1}=\boldsymbol{x}_k+\alpha_k\boldsymbol{p}_k$$

$$\boldsymbol{r}_{k+1}=\boldsymbol{r}_k-\alpha_k\boldsymbol{A}\boldsymbol{p}_k$$

利用上述各式，可以导出 β_{k-1}，α_k 的另一种表达形式为

$$\beta_{k-1}=\frac{\boldsymbol{r}_k^{\mathrm{T}}\boldsymbol{r}_k}{\boldsymbol{r}_{k-1}^{\mathrm{T}}\boldsymbol{r}_{k-1}},\quad \alpha_k=\frac{\boldsymbol{r}_k^{\mathrm{T}}\boldsymbol{r}_k}{\boldsymbol{p}_k^{\mathrm{T}}\boldsymbol{A}\boldsymbol{p}_k}$$

并可证明以下关系式成立，即

$$\boldsymbol{r}_k^{\mathrm{T}}\boldsymbol{r}_l=0\quad(k,l=0,1,2,\cdots,k\neq l)\tag{5-20}$$

将上述迭代公式进行整理，可以得到共轭梯度法(CG)的标准迭代公式：

(1) 设置 $\boldsymbol{x}$ 初值 $\boldsymbol{x}_0$。

(2) 计算 $\boldsymbol{r}_0=\boldsymbol{b}-\boldsymbol{A}\boldsymbol{x}_0$，$\boldsymbol{p}_0=\boldsymbol{r}_0$。　　(5-21)

(3) 对 $k=0,1,2,\cdots$，有

$$\left.\begin{aligned}\alpha_k&=\frac{\boldsymbol{r}_k^{\mathrm{T}}\boldsymbol{r}_k}{\boldsymbol{p}_k^{\mathrm{T}}\boldsymbol{A}\boldsymbol{p}_k}\\ \boldsymbol{x}_{k+1}&=\boldsymbol{x}_k+\alpha_k\boldsymbol{p}_k\\ \boldsymbol{r}_{k+1}&=\boldsymbol{r}_k-\alpha_k\boldsymbol{A}\boldsymbol{p}_k\\ \beta_k&=\frac{\boldsymbol{r}_{k+1}^{\mathrm{T}}\boldsymbol{r}_{k+1}}{\boldsymbol{r}_k^{\mathrm{T}}\boldsymbol{r}_k}\\ \boldsymbol{p}_{k+1}&=\boldsymbol{r}_{k+1}+\beta_k\boldsymbol{p}_k\end{aligned}\right\}\tag{5-22}$$

从式(5-20)可见，迭代过程中剩余向量是相互正交的，而 $\mathbf{R}^n$ 中至多有 n 个相互正交的非零向量，所以 $\boldsymbol{r}_0,\boldsymbol{r}_1,\cdots,\boldsymbol{r}_n$ 中至少有一个向量为零。若 $\boldsymbol{r}_k=0$，则 $\boldsymbol{x}_k=\boldsymbol{x}^*$。所以用 CG 法求解 n 阶方程组，理论上最多 n 步便可得到精确解。

例 5-5　采用共轭梯度法求解例 5-1 和例 5-3 的线性方程组。

对于这两个 4 阶的方程组，已知它们的精确解都是 $\boldsymbol{x}^*=[1,1,1,1]^{\mathrm{T}}$，采用 CG 法理论上只需经过 4 次迭代就可得到精确解。均取初值 $\boldsymbol{x}_0=[0,0,0,0]^{\mathrm{T}}$，以下分别列出计算的迭代结果。

例 5-1 方程组 CG 法的计算结果如下：

k	x_1	x_2	x_3	x_4	$\dfrac{\lVert x_k - x^* \rVert}{\lVert x^* \rVert}$
1	0.831 594 6	1.385 991 1	0.692 995 5	0.692 995 5	0.584 2E+00
2	0.649 162 4	1.357 989 8	0.963 674 0	0.756 634 7	0.494 3E+00
3	0.509 015 3	1.382 801 7	0.979 195 6	0.879 334 3	0.507 6E+00
4	1.000 000 0	1.000 000 0	1.000 000 0	1.000 000 0	0.666 1E-15

例 5-3 方程组 CG 法的计算结果如下：

k	x_1	x_2	x_3	x_4	$\dfrac{\lVert x_k - x^* \rVert}{\lVert x^* \rVert}$
1	1.100 801 3	0.880 641 1	0.990 721 2	0.440 320 5	0.394 6E+00
2	1.061 432 6	1.116 357 8	0.882 961 3	0.784 203 9	0.255 3E+00
3	1.027 406 7	0.991 328 5	0.976 665 3	0.998 316 5	0.305 5E-01
4	1.000 000 0	1.000 000 0	1.000 000 0	1.000 000 0	0.222 0E-15

5.6　预条件共轭梯度法

预条件共轭梯度法(PCG)是加速共轭梯度法收敛的一种方法。CG 法的收敛速度和系数矩阵 $\boldsymbol{A}$ 的条件数(系数矩阵最大特征值和最小特征值之比)紧密相关，条件数愈小，收敛性愈好。虽然 CG 法理论上用有限的迭代次数(最多 n 次)即可求解，但是计算机是以有限位数进行计算的，计算过程中舍入误差不断累积，使 CG 法的基本性质—正交性不再成立，有时会产生数值计算上与理论上的严重偏离。对于大型方程组，即使 n 次迭代收敛，计算时间也是难以接受的。若对系数矩阵进行适当的变换，使式(5-1)变为与它等价的另一个方程组，降低系数矩阵的条件数，使其收敛性更好，这种方法称为预条件共轭梯度法。

当 $\boldsymbol{A}$ 对称正定时，希望预处理后的方程组仍保持对称正定，为此，设 $\boldsymbol{L}$ 可逆，

$$\boldsymbol{M}=\boldsymbol{L}\boldsymbol{L}^{\mathrm{T}}$$

$\boldsymbol{M}$ 是对称正定阵。把 $\boldsymbol{A}\boldsymbol{x}=\boldsymbol{b}$ 改成为等价的方程组

$$(\boldsymbol{L}^{-1}\boldsymbol{A}\boldsymbol{L}^{-\mathrm{T}})(\boldsymbol{L}^{\mathrm{T}}\boldsymbol{x})=\boldsymbol{L}^{-1}\boldsymbol{b}$$

令

$$\widetilde{\boldsymbol{A}}=\boldsymbol{L}^{-1}\boldsymbol{A}\boldsymbol{L}^{-\mathrm{T}},\quad \widetilde{\boldsymbol{x}}=\boldsymbol{L}^{\mathrm{T}}\boldsymbol{x},\quad \widetilde{\boldsymbol{b}}=\boldsymbol{L}^{-1}\boldsymbol{b}$$

则新方程写成

$$\widetilde{\boldsymbol{A}}\widetilde{\boldsymbol{x}}=\widetilde{\boldsymbol{b}} \tag{5-23}$$

这里 $\boldsymbol{M}$ 称为预处理矩阵。对式(5-23)用 CG 法求解，这时算式仍同式(5-21)和式(5-22)，

只是式中的变量加上了上标“～”。

为了方便,将以上各式中的变量仍记为原来的标识,仿照上述式(5-21)和式(5-22),PCG 迭代法的迭代公式表达如下:

(1) 设置 $\boldsymbol{x}$ 初值 $\boldsymbol{x}_0$;

(2) 计算 $\boldsymbol{r}_0=\boldsymbol{b}-\boldsymbol{A}\boldsymbol{x}_0,\boldsymbol{h}_0=\boldsymbol{M}^{-1}\boldsymbol{r}_0,\boldsymbol{p}_0=\boldsymbol{h}_0$; (5-24)

(3) 对 $k=0,1,2,\cdots$,有

$$\begin{aligned}\alpha_k&=\frac{\boldsymbol{h}_k^{\mathrm{T}}\boldsymbol{r}_k}{\boldsymbol{p}_k^{\mathrm{T}}\boldsymbol{A}\boldsymbol{p}_k}\\ \boldsymbol{x}_{k+1}&=\boldsymbol{x}_k+\alpha_k\boldsymbol{p}_k\\ \boldsymbol{r}_{k+1}&=\boldsymbol{r}_k-\alpha_k\boldsymbol{A}\boldsymbol{p}_k\\ \boldsymbol{h}_{k+1}&=\boldsymbol{M}^{-1}\boldsymbol{r}_{k+1}\\ \beta_k&=\frac{\boldsymbol{h}_{k+1}^{\mathrm{T}}\boldsymbol{r}_{k+1}}{\boldsymbol{h}_k^{\mathrm{T}}\boldsymbol{r}_k}\\ \boldsymbol{p}_{k+1}&=\boldsymbol{h}_{k+1}+\beta_k\boldsymbol{p}_k\end{aligned} \tag{5-25}$$

以上公式包含很多向量加法、内积以及矩阵与向量的乘法,适合并行计算。一般地,$\boldsymbol{h}_{k+1}=\boldsymbol{M}^{-1}\boldsymbol{r}_{k+1}$的步骤用解方程 $\boldsymbol{M}\boldsymbol{h}_{k+1}=\boldsymbol{r}_{k+1}$来实现,将 PCG 计算过程(5-24)、(5-25)与式(5-21)、式(5-22)对比可以看出,PCG 法与 CG 法的主要区别是在每步迭代中增加了求解 $\boldsymbol{M}\boldsymbol{h}_{k+1}=\boldsymbol{r}_{k+1}$的步骤。因此如何选择 $\boldsymbol{M}$ 就成为 PCG 法的关键问题。一个好的预处理矩阵应该具有如下特征:①矩阵 $\boldsymbol{M}$ 对称正定;②$\boldsymbol{M}$ 应与 $\boldsymbol{A}$ 的稀疏性相近;③$\tilde{\boldsymbol{A}}$ 的条件数远小于 $\boldsymbol{A}$ 的条件数;④方程组 $\boldsymbol{M}\boldsymbol{h}_{k+1}=\boldsymbol{r}_{k+1}$易于求解。

在构造预处理矩阵的方法中,不完全柯勒斯基(Cholesky)分解(incomplete Cholesky conjugate gradient method)是很有效的技巧。设 $\boldsymbol{L}\boldsymbol{L}^{\mathrm{T}}$ 是 $\boldsymbol{A}$ 的一个近似分解,故 $\boldsymbol{A}$ 可表为

$$\boldsymbol{A}=\boldsymbol{L}\boldsymbol{L}^{\mathrm{T}}+\boldsymbol{R} \tag{5-26}$$

完全 Cholesky 分解是直接对 $\boldsymbol{A}$ 进行三角分解 $\boldsymbol{A}=\boldsymbol{L}\boldsymbol{L}^{\mathrm{T}}$(有些书分解为 $\boldsymbol{A}=\boldsymbol{L}\boldsymbol{D}\boldsymbol{L}^{\mathrm{T}}+\boldsymbol{R}$),不完全 Cholesk 分解是对 $\boldsymbol{A}-\boldsymbol{R}$ 进行三角分解 $\boldsymbol{A}-\boldsymbol{R}=\boldsymbol{L}\boldsymbol{L}^{\mathrm{T}}$,即式(5-26)。在完全分解中不能保证 $\boldsymbol{L}$ 有与 $\boldsymbol{A}$ 相近的稀疏性,但不完全分解,由于有剩余矩阵 $\boldsymbol{R}$ 可供选择,所以矩阵的稀疏性结构可预先设定,当然也不是随意设定,还要满足 $\boldsymbol{L}\boldsymbol{L}^{\mathrm{T}}$ 矩阵与 $\boldsymbol{A}$ 矩阵的近似性要求。通常要求 $\boldsymbol{L}$ 与 $\boldsymbol{A}$ 具有相同的稀疏性,按 Cholesky 分解公式计算,若 $a_{ij}\neq0$ 时,计算 l_{ij};若 $a_{ij}=0$ 时,取 $l_{ij}=0$。为保证稀疏性,对 $\boldsymbol{R}$ 中的元素适当调整,使 $\boldsymbol{R}$ 中有较多零元素,从而保证 $\boldsymbol{L}\boldsymbol{L}^{\mathrm{T}}$ 近似于 $\boldsymbol{A}$。

求出 $\boldsymbol{A}$ 的不完全 Cholesky 分解之后,取预处理矩阵 $\boldsymbol{M}=\boldsymbol{L}\boldsymbol{L}^{\mathrm{T}}$。因 $\boldsymbol{L}$ 非奇异,$\boldsymbol{M}$ 对称正定,在 PCG 法中解方程组 $\boldsymbol{M}\boldsymbol{h}=\boldsymbol{r}$,可化为解 2 个三角形方程

$$\begin{cases}\boldsymbol{L}\boldsymbol{y}=\boldsymbol{r}\\ \boldsymbol{L}^{\mathrm{T}}\boldsymbol{h}=\boldsymbol{y}\end{cases}$$

另一种重要的预处理方法为超松弛预处理共轭梯度法(SSOR-PCG),利用对称逐步超松弛迭代法(SSOR 法)的分裂矩阵作为预处理矩阵,即

$$\boldsymbol{M}=\frac{\left(\frac{\boldsymbol{D}}{\omega}-\boldsymbol{C}_L\right)\boldsymbol{D}^{-1}\left(\frac{\boldsymbol{D}}{\omega}-\boldsymbol{C}_L\right)^{\mathrm{T}}}{\omega(2-\omega)}$$

式中，$\boldsymbol{D}$ 为 $\boldsymbol{A}$ 的对角阵，C_L 为 $\boldsymbol{A}$ 的严格下三角矩阵，$0<\omega<2$ 为松弛因子。

令 $\boldsymbol{M}=\boldsymbol{L}\boldsymbol{L}^{\mathrm{T}}$，其中，

$$\boldsymbol{L}=\frac{(\boldsymbol{D}-\omega\boldsymbol{C}_L)\boldsymbol{D}^{-1/2}}{\sqrt{\omega(2-\omega)}},\quad \boldsymbol{L}^{\mathrm{T}}=\frac{\boldsymbol{D}^{-1/2}(\boldsymbol{D}-\omega\boldsymbol{C}_L^{\mathrm{T}})}{\sqrt{\omega(2-\omega)}}$$

因 $\boldsymbol{M}=\boldsymbol{L}\boldsymbol{L}^{\mathrm{T}}\cong\boldsymbol{A}$，胡家赣[14]证明了经过最优的 SSOR 预条件处理后的系数矩阵 $\widetilde{A}=\boldsymbol{L}^{-1}\boldsymbol{A}\boldsymbol{L}^{-\mathrm{T}}$的条件数约等于原系数矩阵 $\boldsymbol{A}$ 条件数的平方根，即 SSOR 预处理有很好的改进效果。

现有的超松弛法预处理的标准迭代格式，往往还要牺牲不小的计算量来实现刚度矩阵和预处理因子内存的共用，林绍忠[15]改进了对称逐步超松弛迭代预处理共轭梯度法(SSOR-PCG)，其迭代格式如下：

令

$$\boldsymbol{W}=\frac{\boldsymbol{D}}{\omega}+\boldsymbol{C}_L,\quad \boldsymbol{V}=\frac{(2-\omega)\boldsymbol{D}}{\boldsymbol{C}_L},\quad \boldsymbol{y}=\boldsymbol{W}^{-1}r,\quad \boldsymbol{z}=\boldsymbol{W}^{\mathrm{T}}\boldsymbol{P}$$

则

$$\begin{aligned}
&\boldsymbol{M}=\boldsymbol{W}\boldsymbol{V}^{-1}\boldsymbol{W}^{\mathrm{T}}\\
&\boldsymbol{A}=\boldsymbol{W}+\boldsymbol{W}^{\mathrm{T}}-\boldsymbol{V},\quad \boldsymbol{A}\boldsymbol{p}=\boldsymbol{W}\boldsymbol{p}+\boldsymbol{z}-\boldsymbol{V}\boldsymbol{p},\quad \boldsymbol{W}^{-1}\boldsymbol{A}\boldsymbol{p}=\boldsymbol{p}+\boldsymbol{W}^{-1}(\boldsymbol{z}-\boldsymbol{V}\boldsymbol{p})\\
&(\boldsymbol{p},\boldsymbol{A}\boldsymbol{p})=(\boldsymbol{p},2\boldsymbol{z}-\boldsymbol{V}\boldsymbol{p}),\quad (\boldsymbol{r},\boldsymbol{h})=(\boldsymbol{y},\boldsymbol{V}\boldsymbol{y})\\
&\boldsymbol{r}_{k+1}=\boldsymbol{r}_k-\alpha_k\boldsymbol{A}\boldsymbol{p}_k\Leftrightarrow\boldsymbol{y}_{k+1}=\boldsymbol{y}_k-\alpha_k(\boldsymbol{p}_k+\boldsymbol{W}^{-1}(\boldsymbol{z}_k-\boldsymbol{V}\boldsymbol{p}_k))\\
&\boldsymbol{p}_{k+1}=\boldsymbol{h}_{k+1}+\beta_k\boldsymbol{p}_k\Leftrightarrow\boldsymbol{z}_{k+1}=\boldsymbol{V}\boldsymbol{y}_{k+1}+\beta_k\boldsymbol{z}_k
\end{aligned}$$

于是，SSOR-PCG 迭代格式可改为

① 取初值：$\boldsymbol{x}_0$，　$\boldsymbol{r}_0=\boldsymbol{A}\boldsymbol{x}_0-\boldsymbol{b}$，　$\boldsymbol{y}_0=\boldsymbol{W}^{-1}\boldsymbol{r}_0,\boldsymbol{z}_0=\boldsymbol{V}\boldsymbol{y}_0$，　$\boldsymbol{p}_0=\boldsymbol{W}^{-\mathrm{T}}\boldsymbol{z}_0$，　$k=0$

② 计算：　$\delta=(\boldsymbol{y}_k,\boldsymbol{V}\boldsymbol{y}_k)$　如果 $\delta\leqslant\varepsilon$，停止迭代，否则

$$\begin{aligned}
&\alpha_k=\frac{\boldsymbol{y}_k,\boldsymbol{V}\boldsymbol{y}_k}{\boldsymbol{p}_k,2\boldsymbol{z}_k-\boldsymbol{V}\boldsymbol{p}_k}\\
&\boldsymbol{x}_{k+1}=\boldsymbol{x}_k+\alpha_k\boldsymbol{p}_k\\
&\boldsymbol{y}_{k+1}=\boldsymbol{y}_k-\alpha_k(\boldsymbol{p}_k+\boldsymbol{W}^{-1}(\boldsymbol{z}_k-\boldsymbol{V}\boldsymbol{p}_k))\\
&\beta_k=\frac{\boldsymbol{y}_{k+1},\boldsymbol{V}\boldsymbol{y}_{k+1}}{\boldsymbol{y}_k,\boldsymbol{V}\boldsymbol{y}_k}\\
&\boldsymbol{z}_{k+1}=\boldsymbol{V}\boldsymbol{y}_{k=1}+\beta_k\boldsymbol{z}_k\\
&\boldsymbol{d}_{k+1}=\boldsymbol{W}^{-\mathrm{T}}\boldsymbol{z}_{k+1}\\
&k=k+1
\end{aligned}\tag{5-26}$$

转到 ②

从以上迭代各式可见,矩阵与向量的乘积运算为$\boldsymbol{W}^{-1}(\boldsymbol{z}-\boldsymbol{V}\boldsymbol{p})$,$\boldsymbol{W}^{-\mathrm{T}}\boldsymbol{z}$,$\boldsymbol{V}\boldsymbol{y}$及$\boldsymbol{V}\boldsymbol{p}$,前2个为求解三角方程组,设$r_a$为$\boldsymbol{A}$的各行非零元素个数的平均值,则计算量为$(r_a+1)n$次乘法运算。由于$\boldsymbol{V}$是对角阵,计算$\boldsymbol{V}\boldsymbol{y}$和$\boldsymbol{V}\boldsymbol{p}$为$2n$次乘法运算。迭代格式(5-26)由于避免了计算$\boldsymbol{A}\boldsymbol{p}$,比原迭代格式可省$(r_a-2)n$次乘法运算[15]。

例 5-6　一简支深梁上表面受均布荷载。采用平面4节点等参单元作线弹性分析。为了检验解法的效率,网格划分为250×200个单元,总的自由度数$N=100899$,整体刚度矩阵只存储下三角,按一维变带宽存储。分别采用Crout分解法和改进的SSOR-PCG法进行求解,后一方法的误差控制为10^{-10}。两种方法的存储量和计算时间对比见表5-1。

表 5-1　计算效率比较

方　法	整体刚度矩阵存储量	松弛因子 ω	迭代次数	计算时间
改进的SSOR-PCG法	953 130	1.0	624	1min33s
		1.2	512	1min23s
		1.4	415	1min9s
		1.6	331	1min
		1.8	251	50s
Crout法	40 752 334	最大半带宽为406		8min42s

从以上结果可以看出,无论是存储量还是计算时间,改进的SSOR-PCG法都比Crout三角分解法少很多,计算速度提高了11倍左右。采用Crout法求解时,带宽的大小是影响存储量和计算速度的关键因素,带宽越小,其存储的元素就越少,分解的时间就越短。该算例中,由于半带宽内的零元素占了97.7%,在三角分解过程中,这些零元素需要与非零元素同样的计算处理,导致巨大的存储需求和计算耗时。用SSOR-PCG法求解时,半带宽内的零元素是不存储的。由于非零元素的分布没有规律,需要一个与刚度矩阵同等大小的索引矩阵指示非零元素的列号,但是,总的存储量还是大大减少。

为了考察该方法的计算速度,将该问题的网格再细分,自由度增加到100万,采用改进的SSOR-PCG法计算只需要18min28s,可见SSOR-PCG法解大型稀疏线性代数方程组问题是非常快速有效的。

从表5-1还可以看出,松弛因子对收敛速度也有一定的影响,最佳松弛因子为1.8左右。值得注意的是,对于某些特殊介质组合(如两种介质的弹模相差很大)的问题,PCG法的稳定性还有待进一步研究。

第 6 章　平面等参有限元的程序设计

本章详细解释平面弹性力学问题 4 结点四边形有限单元法程序。该程序的功能为：能解决弹性力学的平面应变问题和平面应力问题；能考虑集中力、静水压力、法向面力和自重体力的作用。输出结果为：各结点的位移和单元中心点的应力分量及其主应力。

6.1　4 结点四边形等参单元的有关主要公式

1. 位移模式

$$\boldsymbol{u}=\begin{Bmatrix}u\\v\end{Bmatrix}=\boldsymbol{N}\boldsymbol{a}^e \tag{6-1}$$

其中

$$\left.\begin{aligned}&\boldsymbol{N}=\begin{bmatrix}N_1&0&N_2&0&N_3&0&N_4&0\\0&N_1&0&N_2&0&N_3&0&N_4\end{bmatrix}\\&\boldsymbol{a}^e=[u_1\quad v_1\quad u_2\quad v_2\quad u_3\quad v_3\quad u_4\quad v_4]^{\mathrm{T}}\\&N_i=\frac{1}{4}(1+\xi_i\xi)(1+\eta_i\eta),\quad i=1,2,3,4\end{aligned}\right\} \tag{6-2}$$

单元结点编号和面号见图 6-1。

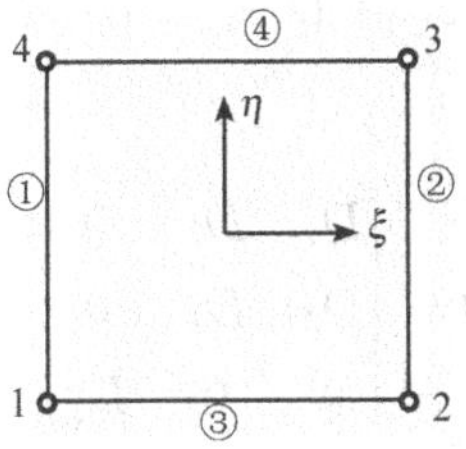

图 6-1

2. 坐标变换

$$\left.\begin{aligned}x&=\sum_{i=1}^{4}N_ix_i\\y&=\sum_{i=1}^{4}N_iy_i\end{aligned}\right\} \tag{6-3}$$

3. 应变公式

$$\boldsymbol{\varepsilon}=[\varepsilon_x\quad\varepsilon_y\quad\gamma_{xy}]^{\mathrm{T}}=\boldsymbol{B}\boldsymbol{a}^e \tag{6-4}$$

其中

$$\boldsymbol{B}=[\boldsymbol{B}_1 \quad \boldsymbol{B}_2 \quad \boldsymbol{B}_3 \quad \boldsymbol{B}_4]$$

$$\boldsymbol{B}_i=\begin{bmatrix} \dfrac{\partial N_i}{\partial x} & 0 \\ 0 & \dfrac{\partial N_i}{\partial y} \\ \dfrac{\partial N_i}{\partial y} & \dfrac{\partial N_i}{\partial x} \end{bmatrix} \quad (i=1,2,3,4) \tag{6-5}$$

$$\begin{Bmatrix} \dfrac{\partial N_i}{\partial x} \\ \dfrac{\partial N_i}{\partial y} \end{Bmatrix}=\boldsymbol{J}^{-1}\begin{Bmatrix} \dfrac{\partial N_i}{\partial \xi} \\ \dfrac{\partial N_i}{\partial \eta} \end{Bmatrix} \tag{6-6}$$

$$\boldsymbol{J}=\begin{bmatrix} \dfrac{\partial x}{\partial \xi} & \dfrac{\partial y}{\partial \xi} \\ \dfrac{\partial x}{\partial \eta} & \dfrac{\partial y}{\partial \eta} \end{bmatrix}=\begin{bmatrix} \sum\limits_{i=1}^{4}\dfrac{\partial N_i}{\partial \xi}x_i & \sum\limits_{i=1}^{4}\dfrac{\partial N_i}{\partial \xi}y_i \\ \sum\limits_{i=1}^{4}\dfrac{\partial N_i}{\partial \eta}x_i & \sum\limits_{i=1}^{4}\dfrac{\partial N_i}{\partial \eta}y_i \end{bmatrix}$$

4. **应力公式**

$$\left.\begin{aligned} &\boldsymbol{\sigma}=\boldsymbol{D\varepsilon} \\ &\sigma_x=D_1\varepsilon_x+D_2\varepsilon_y \\ &\sigma_y=D_2\varepsilon_x+D_1\varepsilon_y \\ &\tau_{xy}=D_3\gamma_{xy} \end{aligned}\right\} \tag{6-7}$$

其中

$$\left.\begin{aligned} &\boldsymbol{D}=\begin{bmatrix} D_1 & D_2 & 0 \\ D_2 & D_1 & 0 \\ 0 & 0 & D_3 \end{bmatrix} \\ &D_1=\frac{(1-\nu)E}{(1+\nu)(1-2\nu)} \\ &D_2=\frac{\nu E}{(1+\nu)(1-2\nu)} \\ &D_3=\frac{E}{2(1+\nu)} \end{aligned}\right\} \tag{6-8}$$

主应力及第一主应力与 x 轴的夹角分别为

$$\sigma_{1,2}=\frac{\sigma_x+\sigma_y}{2}\pm\sqrt{\left(\frac{\sigma_x-\sigma_y}{2}\right)^2+\tau_{xy}^2}$$

$$\alpha=\arctan\frac{\sigma_1-\sigma_x}{\tau_{xy}}$$

5. 单元刚度矩阵

$$\left.\begin{aligned}&\boldsymbol{k}=\int_{-1}^{1}\int_{-1}^{1}\boldsymbol{B}^{\mathrm{T}}\boldsymbol{D}\boldsymbol{B}\mid\boldsymbol{J}\mid\mathrm{d}\xi\mathrm{d}\eta\\&\boldsymbol{k}=\begin{bmatrix}k_{11}&k_{12}&k_{13}&k_{14}\\k_{21}&k_{22}&k_{23}&k_{24}\\k_{31}&k_{32}&k_{33}&k_{34}\\k_{41}&k_{42}&k_{43}&k_{44}\end{bmatrix}\end{aligned}\right\}\tag{6-9}$$

$$\boldsymbol{k}_{ij}=\int_{-1}^{1}\int_{-1}^{1}\boldsymbol{B}_i^{\mathrm{T}}\boldsymbol{D}\boldsymbol{B}_j\mid\boldsymbol{J}\mid\mathrm{d}\xi\mathrm{d}\eta$$

$$=\int_{-1}^{1}\int_{-1}^{1}\begin{bmatrix}\dfrac{\partial N_i}{\partial x}&0&\dfrac{\partial N_i}{\partial y}\\0&\dfrac{\partial N_i}{\partial y}&\dfrac{\partial N_i}{\partial x}\end{bmatrix}\begin{bmatrix}D_1&D_2&0\\D_2&D_1&0\\0&0&D_3\end{bmatrix}\begin{bmatrix}\dfrac{\partial N_j}{\partial x}&0\\0&\dfrac{\partial N_j}{\partial y}\\\dfrac{\partial N_j}{\partial y}&\dfrac{\partial N_j}{\partial x}\end{bmatrix}\mid\boldsymbol{J}\mid\mathrm{d}\xi\mathrm{d}\eta$$

令每一子块矩阵为

$$\boldsymbol{k}_{ij}=\begin{bmatrix}k_{11}&k_{12}\\k_{21}&k_{22}\end{bmatrix}$$

其中

$$\left.\begin{aligned}k_{11}&=\int_{-1}^{1}\int_{-1}^{1}\left(D_1\frac{\partial N_i}{\partial x}\frac{\partial N_j}{\partial x}+D_3\frac{\partial N_i}{\partial y}\frac{\partial N_j}{\partial y}\right)\mid\boldsymbol{J}\mid\mathrm{d}\xi\mathrm{d}\eta\\k_{12}&=\int_{-1}^{1}\int_{-1}^{1}\left(D_2\frac{\partial N_i}{\partial x}\frac{\partial N_j}{\partial y}+D_3\frac{\partial N_i}{\partial y}\frac{\partial N_j}{\partial x}\right)\mid\boldsymbol{J}\mid\mathrm{d}\xi\mathrm{d}\eta\\k_{21}&=\int_{-1}^{1}\int_{-1}^{1}\left(D_2\frac{\partial N_i}{\partial y}\frac{\partial N_j}{\partial x}+D_3\frac{\partial N_i}{\partial x}\frac{\partial N_j}{\partial y}\right)\mid\boldsymbol{J}\mid\mathrm{d}\xi\mathrm{d}\eta\\k_{22}&=\int_{-1}^{1}\int_{-1}^{1}\left(D_1\frac{\partial N_i}{\partial y}\frac{\partial N_j}{\partial y}+D_3\frac{\partial N_i}{\partial x}\frac{\partial N_j}{\partial x}\right)\mid\boldsymbol{J}\mid\mathrm{d}\xi\mathrm{d}\eta\end{aligned}\right\}\tag{6-10}$$

6. 单元等效结点荷载

(1) 集中力

$$\left.\begin{aligned}&\boldsymbol{P}=[P_x\quad P_y]^{\mathrm{T}}\\&\boldsymbol{R}^e=\boldsymbol{N}^{\mathrm{T}}\boldsymbol{P}\\&R_{ix}=N_iP_x\\&R_{iy}=N_iP_y\quad(i=1,2,3,4)\end{aligned}\right\}\tag{6-11}$$

(2) 自重体力

$$\left.\begin{aligned}&\boldsymbol{f}=[0\quad -\rho g]^{\mathrm{T}}\\&\boldsymbol{R}^e=\int_{-1}^{1}\int_{-1}^{1}\boldsymbol{N}^{\mathrm{T}}\begin{Bmatrix}0\\-\rho g\end{Bmatrix}|\boldsymbol{J}|\,\mathrm{d}\xi\mathrm{d}\eta\\&R_{ix}=0\\&R_{iy}=-\rho g\int_{-1}^{1}\int_{-1}^{1}N_i\,|\boldsymbol{J}|\,\mathrm{d}\xi\mathrm{d}\eta\quad(i=1,2,3,4)\end{aligned}\right\}\tag{6-12}$$

(3) 分布面力

$$\bar{\boldsymbol{f}}=[\bar{f}_x\quad \bar{f}_y]^{\mathrm{T}}$$

在 $\xi=\pm1$ 边界，

$$\boldsymbol{R}^e=\int_{-1}^{1}\boldsymbol{N}\bar{f}\sqrt{\left(\frac{\partial x}{\partial\eta}\right)^2+\left(\frac{\partial y}{\partial\eta}\right)^2}\,\mathrm{d}\eta$$

在 $\eta=\pm1$ 边界，

$$\boldsymbol{R}^e=\int_{-1}^{1}\boldsymbol{N}^{\mathrm{T}}\bar{f}\sqrt{\left(\frac{\partial x}{\partial\xi}\right)^2+\left(\frac{\partial y}{\partial\xi}\right)^2}\,\mathrm{d}\xi$$

如果面力为法向压力，则

$$\bar{\boldsymbol{f}}=-\begin{Bmatrix}ql\\qm\end{Bmatrix}$$

(i) 在 $\xi=-1$ 边界，

$$\left.\begin{aligned}&l=\frac{-\partial y/\partial\eta}{\sqrt{\left(\frac{\partial x}{\partial\eta}\right)^2+\left(\frac{\partial y}{\partial\eta}\right)^2}},\quad m=\frac{\partial x/\partial\eta}{\sqrt{\left(\frac{\partial x}{\partial\eta}\right)^2+\left(\frac{\partial y}{\partial\eta}\right)^2}}\\&\boldsymbol{R}^e=\int_{-1}^{1}\boldsymbol{N}^{\mathrm{T}}\begin{Bmatrix}\dfrac{\partial y}{\partial\eta}\\-\dfrac{\partial x}{\partial\eta}\end{Bmatrix}q\,\mathrm{d}\eta\\&R_{ix}=\int_{-1}^{1}N_i\frac{\partial y}{\partial\eta}q\,\mathrm{d}\eta\\&R_{iy}=-\int_{-1}^{1}N_i\frac{\partial x}{\partial\eta}q\,\mathrm{d}\eta\quad(i=1,2,3,4)\end{aligned}\right\}\tag{6-13}$$

(ii) 在 $\xi=1$ 边界，

$$\left.\begin{aligned}
&l=\frac{\partial y/\partial\eta}{\sqrt{\left(\frac{\partial x}{\partial\eta}\right)^2+\left(\frac{\partial y}{\partial\eta}\right)^2}},\quad m=\frac{-\partial x/\partial\eta}{\sqrt{\left(\frac{\partial x}{\partial\eta}\right)^2+\left(\frac{\partial y}{\partial\eta}\right)^2}}\\
&\boldsymbol{R}^e=-\int_{-1}^{1}\boldsymbol{N}^{\mathrm{T}}\begin{Bmatrix}\frac{\partial y}{\partial\eta}\\-\frac{\partial x}{\partial\eta}\end{Bmatrix}q\,\mathrm{d}\eta\\
&R_{ix}=-\int_{-1}^{1}N_i\frac{\partial y}{\partial\eta}q\,\mathrm{d}\eta\\
&R_{iy}=\int_{-1}^{1}N_i\frac{\partial x}{\partial\eta}q\,\mathrm{d}\eta\quad(i=1,2,3,4)
\end{aligned}\right\}\tag{6-14}$$

(iii) 在 $\eta=-1$ 边界，

$$\left.\begin{aligned}
&l=\frac{\partial y/\partial\xi}{\sqrt{\left(\frac{\partial x}{\partial\xi}\right)^2+\left(\frac{\partial y}{\partial\xi}\right)^2}},\quad m=\frac{-\partial x/\partial\xi}{\sqrt{\left(\frac{\partial x}{\partial\xi}\right)^2+\left(\frac{\partial y}{\partial\xi}\right)^2}}\\
&\boldsymbol{R}^e=-\int_{-1}^{1}\boldsymbol{N}^{\mathrm{T}}\begin{Bmatrix}\frac{\partial y}{\partial\xi}\\-\frac{\partial x}{\partial\xi}\end{Bmatrix}q\,\mathrm{d}\xi\\
&R_{ix}=-\int_{-1}^{1}N_i\frac{\partial y}{\partial\xi}q\,\mathrm{d}\xi\\
&R_{iy}=\int_{-1}^{1}N_i\frac{\partial x}{\partial\xi}q\,\mathrm{d}\xi\quad(i=1,2,3,4)
\end{aligned}\right\}\tag{6-15}$$

(iv) 在 $\eta=1$ 边界，

$$\left.\begin{aligned}
&l=\frac{-\partial y/\partial\xi}{\sqrt{\left(\frac{\partial x}{\partial\xi}\right)^2+\left(\frac{\partial y}{\partial\xi}\right)^2}},\quad m=\frac{\partial x/\partial\xi}{\sqrt{\left(\frac{\partial x}{\partial\xi}\right)^2+\left(\frac{\partial y}{\partial\xi}\right)^2}}\\
&\boldsymbol{R}^e=\int_{-1}^{1}\boldsymbol{N}^{\mathrm{T}}\begin{Bmatrix}\frac{\partial y}{\partial\xi}\\-\frac{\partial x}{\partial\xi}\end{Bmatrix}q\,\mathrm{d}\xi\\
&R_{ix}=\int_{-1}^{1}N_i\frac{\partial y}{\partial\xi}q\,\mathrm{d}\xi\\
&R_{iy}=-\int_{-1}^{1}N_i\frac{\partial x}{\partial\xi}q\,\mathrm{d}\xi\quad(i=1,2,3,4)
\end{aligned}\right\}\tag{6-16}$$

在上述公式中，一般来讲，q 在某一边界上是变化的，可以用该边界两端处的值插值得到。例如，单元 23 边界受有法向压力作用，设在结点 2 和 3 的压力集度分别为 q_2 和

q_3,则该边界上任意一点的 q 可用下式表示为

$$\begin{aligned} q &= \sum N_i q_i = (N_2)_{\xi=1} q_2 + (N_3)_{\xi=1} q_3 \\ &= \frac{1}{2}(1-\eta) q_2 + \frac{1}{2}(1+\eta) q_3 \\ &= \frac{1}{2}(q_2+q_3) + \frac{1}{2}(q_3-q_2)\eta \end{aligned} \tag{6-17}$$

6.2　主程序及数据结构

1. 程序流程

有限单元法解题步骤为:

(1) 输入有关信息。

(2) 形成整体刚度矩阵 $\boldsymbol{K}$。

(3) 形成等效结点荷载列阵 $\boldsymbol{R}$。

(4) 求解支配方程 $\boldsymbol{Ka}=\boldsymbol{R}$,得到各未知结点位移。

(5) 计算单元应力分量。

根据上述解题步骤,程序流程图设计如图 6-2 所示,程序框图如图 6-3 所示。

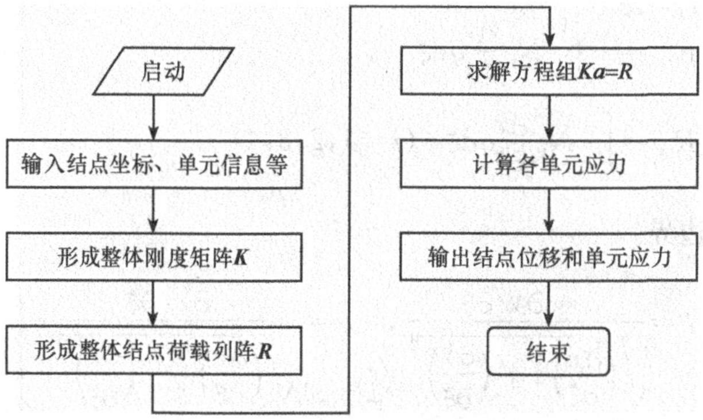

图 6-2

其中,各个子程序的主要功能为:

INPUT——输入原始数据

CBAND——形成主元素序号指示矩阵 $MA(600)$

SKO——形成整体刚度矩阵 $\boldsymbol{K}$

CONCR——计算集中力引起的等效结点荷载 $\boldsymbol{R}^e$

BODYR——计算自重体力引起的等效结点荷载 $\boldsymbol{R}^e$

FACER——计算分布面力引起的等效结点荷载 $\boldsymbol{R}^e$

DECOP——支配方程 Crout 直接解法中的分解和前代计算

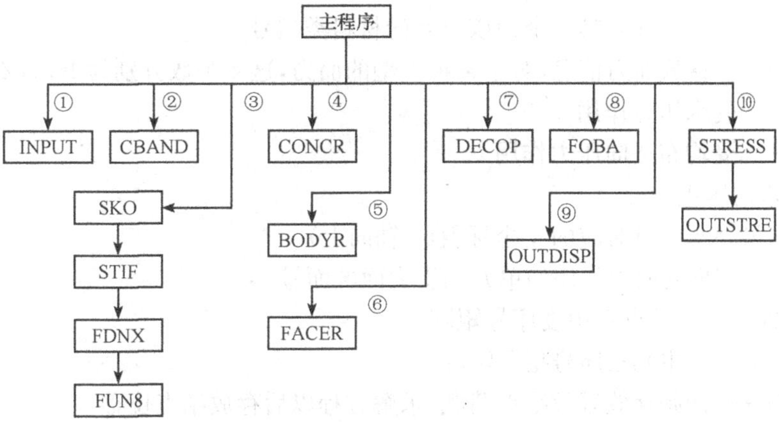

图 6-3

FOBA——Crout 直接解法中的回代计算

OUTDISP——输出结点位移分量

STRESS——计算单元应力分量

OUTSTRE——输出单元应力分量

STIF——计算单元刚度矩阵

FDNX——计算形函数对整体坐标的导数$\begin{bmatrix}\frac{\partial N_i}{\partial x} & \frac{\partial N_i}{\partial y}\end{bmatrix}^{\mathrm{T}}$　$(i=1,2,3,4)$

FUN8——计算形函数及雅可比矩阵J

2. 程序中的主要变量及其意义

NP——结点总数

NE——单元总数

NM——材料类型数

NR——受约束的结点数

N——自由度总数

MX——最大半带宽

NH——整体刚度矩阵按一维存储的总容量

NCP——受集中力作用的结点的数目

IZ——不同类型面力的批数

3. 程序中的主要数组及其意义，括号中的数字表示该数组所设定的最大容量

SK(8000)——按一维存储的整体刚度矩阵

COOR(2,300)——结点坐标

AE(4,11)——材料常数，每种材料 4 个常数，它们分别为弹性模量、泊松比、容量和单元厚度

MEL(5,200)——单元信息，每个单元需要 5 个数据，前 4 个为该单元的 4 个结点号

码,第 5 个为该单元的材料类型号

WG(4)——存放面力信息,对于某种类型的面力,这 4 个数分别为 Ir,γ,Z0,NSU

Ir=1——受水压力作用

Ir=2——受均布法向压力作用

γ——水的容重

Z0——最高水位所对应的 y 坐标值(y 轴向上)

NSU——该批受面力作用的单元的受力面的面号

JR(2,300)——结点自由度序号矩阵

MA(600)——主元素序号指示矩阵

R(600)——开始存放等效结点荷载,求解方程以后存放结点位移

iew(30)——存放受面力作用的单元的单元号

STRE(3,200)——单元应力分量

RF(8)——单元等效结点荷载

SKE(8,8)——单元刚度矩阵

NN(8)——单元结点自由度序号矩阵

RSTG(3)——高斯积分点的坐标值

H(3)——高斯积分点的权系数

对于 3 个积分点的数值积分格式,它们为

RSTG(1)=-0.774 596…

RSTG(2)=0.0

RSTG(3)=0.774 596…

H(1)=0.555 555…

H(2)=0.888 8…

H(3)=0.555 555…

对于 2 个积分点的数值积分格式,它们为

RSTG(1)=-0.577 350…

RSTG(2)=0.577 350…

H(1)=1

H(2)=1

FUN(4)——4 个形函数

PN(2,4)——形函数对局部坐标 ξ,η 的偏导数

DNX(2,4)——形函数对整体坐标 x,y 的偏导数

XJAC(2,2)——雅可比矩阵J 。

6.3 子程序 INPUT

主要的原始数据在该子程序中输入,同时,计算结构的自由度总数 N,并形成结点自由度序号矩阵 $JR(2,*)$。

(1) 输入结点坐标值。*IP* 为结点号，*X*，*Y* 为该结点的 x，y 坐标，并把各结点的坐标值存放在数组 *COOR*(2，*)中。

(2) 输入单元信息。*NEE* 为单元号，*NME* 为该单元的材料类型号，并把它存放在 *MEL*(5，*NEE*)中，(*MEL*(*I*，*NEE*)，*I*=1，4)为该单元的 4 个结点号。

(3) 形成结点自由度序号矩阵 *JR*(2，*)。如果不考虑约束条件，每个结点都有 x，y 方向的两个结点位移自由度，那么 I 结点的两个自由度序号(即对应平衡方程在整体方程组中的序号)是 $2I-1$ 和 $2I$，但是由于在已知结点位移为零的方向是不要建立平衡方程的，结点号与其对应的自由度序号就不再具有上面这种规律，而必须根据具体问题的约束条件予以处理。

用二维数组 *JR*(2，*NP*)存放每个结点的 x，y 两个方向的自由度序号，并以 0 表示对应方位受约束，无自由度。例如，图 6-4 所示结构的自由度序号矩阵 *JR*(2，*NP*)为

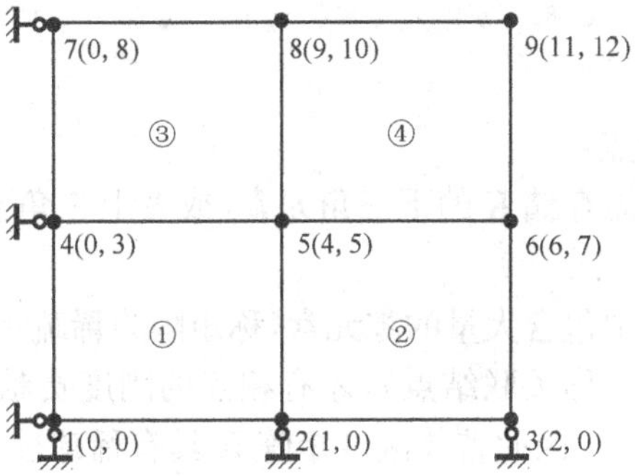

图 6-4

$$JR(2,9)=\begin{bmatrix}0 & 1 & 2 & 0 & 4 & 6 & 0 & 9 & 11\\ 0 & 0 & 0 & 3 & 5 & 7 & 8 & 10 & 12\end{bmatrix}$$

为了形成这个二维数组，先将它全部充 1，也即假设每个结点都是自由的，再根据输入的约束信息将约束的方位上的 1 变为 0，再逐列逐行进行遇 1 累加遇零跳过的运算便可得 *JR*(2，*NP*)。

(4) 输入材料信息，*IM*，(*AE*(*I*，*IM*)，*I*=1，4)。*IM* 为材料类型号，其后 4 个数据分别为该种材料的弹性模量、泊松比、容重、单元厚度，并存放在数组 *AE*(4，*)中。

6.4　整体刚度矩阵 K 的存储与形成

为了采用合适有效的求解方法和存储方式，首先分析一下整体刚度矩阵 **K** 的元素分布特性。

图 6-4 所示离散结构的整体刚度矩阵的元素分布为(其中，“*”表示非零元素)

$$
\boldsymbol{K}=\begin{bmatrix}
\ast^{1} & & & & & & & & & & & \\
\ast^{2} & \ast^{3} & & & & & & & & & & \\
\ast^{4} & \ast^{5} & \ast^{6} & & & & & & & & & \\
\ast^{7} & \ast^{8} & \ast^{9} & \ast^{10} & & & \text{对} & & & & & \\
\ast^{11} & \ast^{12} & \ast^{13} & \ast^{14} & \ast^{15} & & & \text{称} & & & & \\
\ast^{16} & \ast^{17} & \ast^{18} & \ast^{19} & \ast^{20} & \ast^{21} & & & & & & \\
\ast^{22} & \ast^{23} & \ast^{24} & \ast^{25} & \ast^{26} & \ast^{27} & \ast^{28} & & & & & \\
0 & 0 & \ast^{29} & \ast^{30} & \ast^{31} & \ast^{32} & \ast^{33} & \ast^{34} & & & & \\
0 & 0 & \ast^{35} & \ast^{36} & \ast^{37} & \ast^{38} & \ast^{39} & \ast^{40} & \ast^{41} & & & \\
0 & 0 & \ast^{42} & \ast^{43} & \ast^{44} & \ast^{45} & \ast^{46} & \ast^{47} & \ast^{48} & \ast^{49} & & \\
0 & 0 & 0 & \ast^{50} & \ast^{51} & \ast^{52} & \ast^{53} & \ast^{54} & \ast^{55} & \ast^{56} & \ast^{57} & \\
0 & 0 & 0 & \ast^{58} & \ast^{59} & \ast^{60} & \ast^{61} & \ast^{62} & \ast^{63} & \ast^{64} & \ast^{65} & \ast^{66}
\end{bmatrix} \qquad \text{(a)}
$$

$\boldsymbol{K}$ 的元素分布具有如下特点：

(1) 对称性。因此只需存储 $\boldsymbol{K}$ 的下三角元素(或者上三角元素)，这样就能节省将近一半的存储量。

(2) 稀疏性。若矩阵中包含大量的零元素，称矩阵为稀疏矩阵。在有限单元法中，只有在同一个单元上的结点(称关联结点)，才有相互的刚度贡献，即相应的刚度元素不为零。否则，其刚度元素为零。因此整体刚度矩阵 $\boldsymbol{K}$ 具有稀疏性，而且自由度数愈多，其稀疏性愈强。

(3) 带状分布。通过适当的结点编号，零元素有规律地集中在左下角和右上角，非零元素分布在主对角线两侧的带状区域内，如式(a)所示。称 $\boldsymbol{K}$ 中每行第一个非零元素外缘的连线为带缘。考虑对称性后，非零元素分布在带缘与主对角线之间，称这部分元素为“有效元素”，有效元素包括带缘内的零元素。

有效元素占刚度矩阵的比例相当小，对于中型规模的实际应用问题，如果结点编号适当，一般所占比例还不足 1/10。

$\boldsymbol{K}$ 中每行从第一个非零元素到对角线元素的元素个数称为该行的半带宽。半带宽是衡量结点编号好坏的一个指标，最优的结点编号可以使半带宽最小。

为了充分利用刚度矩阵的性质，采用 Crout 直接解法。以后将可以看到，在用 Crout 直接解法求解线性代数方程组的过程中，带缘之外的零元素仍保持为零元素，因此这些零元素可以不必存储，但带缘之内的零元素在求解过程中是变化的，因此仍需要存储。也就是说，采用 Crout 直接法，只需存储有效元素，即每行带宽内的元素。由于每行的半带宽一般并不相等，因此比较恰当的存储方法是将有效元素按行、列次序排成一行存放在一维数组内，式(a)中各元素上标编号表示该元素在一维变带宽存储时在一维数组中的序号。

将按一维变带宽存储的 $\boldsymbol{K}$ 所需的存储量记为 NH，存储有效元素的一维数组记为 $SK(NH)$，结构总自由度数，亦即需要建立的方程个数记为 N。则对于式(a)所示的 $\boldsymbol{K}$，$N=12$，$NH=66$，$SK(NH)$ 为

$$SK(66)=[\,*^{1}\,|\,**^{3}\,|\,***^{6}\,|\,****^{10}\,|\,*****^{15}\,|\,******^{21}\,|\,*******^{28}\,|\,******^{34}\,|\,*******^{41}\,|\,********^{49}\,|\,********^{57}\,|\,*********^{66}\,|\,] \tag{b}$$

为了能使一维数组 $SK(*)$ 的元素与二维矩阵 $\boldsymbol{K}$ 的元素建立起一一对应关系，还必须构造一个指示向量，记为 $MA(*)$，也称主元素序号指示矩阵。

把 $\boldsymbol{K}$ 的主元素在一维数组 $SK(*)$ 中的序号组成向量作为指示向量，如式(a)$\boldsymbol{K}$ 的指示向量为

$$MA(12)=[1\quad 3\quad 6\quad 10\quad 15\quad 21\quad 28\quad 34\quad 41\quad 49\quad 57\quad 66] \tag{c}$$

有了指示向量 $MA(*)$，就能够找到 $\boldsymbol{K}$ 中需要存储的任意一个元素在一维数组 $SK(*)$ 中的位置，如式(a)$\boldsymbol{K}$ 中第 4 行的主元素，就在 $SK(*)$ 的第 $MA(4)$ 的位置，即 $K(4,4)=SK(MA(4))=SK(10)$；$\boldsymbol{K}$ 中第 4 行第 2 列的元素位于 $SK(*)$ 的 $MA(4)-(4-2)$ 的位置上，即 $K(4,2)=SK[MA(4)-(4-2)=SK(10-2)=SK(8)$。

归纳起来，一维数组与二维矩阵 $\boldsymbol{K}$ 有如下对应关系为：

(1) $\boldsymbol{K}$ 中第 I 行的主元素就是 $SK[MA(I)]$，即 $K(I,I)=SK[MA(I)]$。

(2) $K(I,J)=SK[MA(I)-(I-J)]$，$I>J$。

(3) $\boldsymbol{K}$ 中第 I 行第一个非零元素到主对角元素的元素个数为 $MA(I)-MA(I-1)$，于是，$I-[MA(I)-MA(I-1)]+1$ 就是第 I 行第一个非零元素所在的列号。

现在讨论形成指示向量 $MA(*)$ 和一维刚度矩阵 $SK(*)$ 的程序设计方法。

指示向量 $MA(*)$ 由子程序 $CBAND$ 来实现。

(1) 将 $MA(*)$ 全部充零。

(2) 对全部单元循环，利用结构自由度序号矩阵 $JR(2,*)$，计算每个单元的结点自由度序号数组 $NN(8)$，如图 6-4 所示结构各单元的自由度序号数组分别为

单元①：$NN(*)=[0\quad 0\quad 1\quad 0\quad 4\quad 5\quad 0\quad 3]$

单元②：$NN(*)=[1\quad 0\quad 2\quad 0\quad 6\quad 7\quad 4\quad 5]$

单元③：$NN(*)=[0\quad 3\quad 4\quad 5\quad 9\quad 10\quad 0\quad 8]$

单元④：$NN(*)=[4\quad 5\quad 6\quad 7\quad 11\quad 12\quad 9\quad 10]$

(3) 计算单元自由度序号中最小的序号，赋给 L。

(4) 计算与单元各自由度对应行的半带宽，半带宽应等于该行行号(即自由度序号)减去与该自由度号关联的最小自由度号再加 1，即 $JPL=JP-L+1$，JPL 为半带宽，JP 为自由度序号，L 为某一单元最小自由度序号。对所有单元循环完毕，并把在各单元计算得到的半带宽中的最大者赋给 $MA(*)$，便得到每行的半带宽。对于图 6-4 的结构，这时 $MA(*)$ 数组为

$$MA(*)=[1\quad 2\quad 3\quad 4\quad 5\quad 6\quad 7\quad 6\quad 7\quad 8\quad 8\quad 9]$$

(5) 对数组 $MA(*)$，逐个元素累加，便得到所需的主元素序号指示向量，这时 $MA(*)$ 为

$$MA(*)=[1\quad 3\quad 6\quad 10\quad 15\quad 21\quad 28\quad 34\quad 41\quad 49\quad 57\quad 66]$$

最后输出 N,MX,NH,其中 N 为总自由度数,MX 为最大的半带宽,NH 为刚度矩阵按一维存贮的总容量。

整体刚度矩阵的形成由子程序 SKO 来实现。

(1) 采用 3 个积分点的高斯数值积分来计算单元刚度矩阵,对高斯点局部坐标和权系数赋值。

(2) 在对单元循环的循环体内形成单元自由度序号数组 $NN(8)$和单元结点坐标值 $XYZ(2,4)$。自由度序号数组 $NN(8)$是为了将单元刚度矩阵的元素累加到整体刚度矩阵的需要,单元结点坐标 $XYZ(2,4)$是为了计算单元刚度矩阵的需要。

(3) 调用子程序 $STIF$ 计算单元的刚度矩阵 $SKE(8,8)$。

(4) 将每个单元的刚度矩阵累加到一维刚度矩阵数组 $SK(*)$中去。对单元循环完毕,便形成刚度矩阵数组 $SK(*)$。现在分析一下这个过程的实现方法。

每个单元刚度矩阵为 8 行 8 列的矩阵,其中,各行各列在整体刚度矩阵中的序号由单元自由度序号数组 $NN(8)$确定。以图 6-4 中①号单元为例,$NN(8)=[0\quad 0\quad 1\quad 0\quad 4\quad 5\quad 0\quad 3]$,则局部序号与整体序号的关系如表 6-1 所示。

表 6-1 局部序号与整体序号的关系

局部序号	1	2	3	4	5	6	7	8
整体序号	0	0	1	0	4	5	0	3

于是可知数组 $SKE(8,8)$中的某个元素,如第 3 行第 5 列的元素 $SKE(3,5)$应叠加在 $\boldsymbol{K}$ 的第 1 行第 4 列的位置上,即 $SKE(3,5)\Rightarrow K(1,4)=K[NN(3),NN(5)]$。同理,有

$$SKE(5,5)\Rightarrow K(4,4)=K[NN(5),NN(5)]$$
$$SKE(5,8)\Rightarrow K(4,3)=K[NN(5),NN(8)]$$

一般而言,$SKE(8,8)$中 I 行 J 列的元素,应该叠加到 $\boldsymbol{K}$ 中的 $NN(I)$行 $NN(J)$列上,而 $\boldsymbol{K}$ 中的 $NN(I)$行 $NN(J)$列的元素,现在按一维存储方式,应该放到一维刚度数组 $SK(*)$的第 $MA(NN(I))-(NN(I)-NN(J))$号位置上,即 $SKE(I,J)\Rightarrow SK[MA(NN(I))-(NN(I)-NN(J))]$。此外,由于在结点位移为零的方位上不建立平衡方程及只需存贮 $\boldsymbol{K}$ 的下三角元素,因此,当 $NN(I)<(NN(J)$时或 $NN(J)=0$ 时,$SKE(I,J)$不能叠加到 $SK(*)$中去。

下面讨论子程序 $STIF$,该子程序用来计算单元刚度矩阵 $SKE(8,8)$。

通过调用该子程序,进行数据的哑实结合,已将单元的结点坐标 $XYZ(2,4)$,以及存放材料信息的数组 $AE(4,*)$传递过来。

(1) 先对单元刚度矩阵数组 $SKE(*,*)$充零。

(2) 从材料信息数组 $AE(4,*)$中取出考察单元的材料参数:弹性模量 E,泊松比 v,然后实现式(6-8)的计算。

(3) 单元刚度矩阵可分成 4×4 的子块形式，其中，每块为 2×2 的子矩阵，子矩阵中 4 个元素的计算公式由式(6-10)给出。$I1$ 和 $I2$ 分别为子矩阵的第 1 行和第 2 行在 $SKE(8,8)$ 中的行号，$J1$ 和 $J2$ 分别为子矩阵的第 1 列和第 2 列在 $SKE(8,8)$ 中的列号。

(4) 实现高斯数值积分，积分点数为 3，S，R 分别为高斯积分点处的 ξ、η 坐标值，SH，RH 分别为积分权系数。调用子程序 $FDNX$，得到某高斯积分点处的 $DNX(2,4)$。$DNX(2,4)$ 为 4 个形函数对整体坐标的导数。DXX，DXY，DYX，DYY 分别表示以下积分式：

$$DXX=\int_{-1}^{1}\int_{-1}^{1}\frac{\partial N_i}{\partial x}\frac{\partial N_j}{\partial x}\,|\boldsymbol{J}|\,\mathrm{d}\xi\mathrm{d}\eta=\sum_{s=1}^{3}\sum_{r=1}^{3}\left(\frac{\partial N_i}{\partial x}\frac{\partial N_j}{\partial x}\,|\boldsymbol{J}|\right)H_sH_r$$

$$DXY=\int_{-1}^{1}\int_{-1}^{1}\frac{\partial N_i}{\partial x}\frac{\partial N_j}{\partial y}\,|\boldsymbol{J}|\,\mathrm{d}\xi\mathrm{d}\eta=\sum_{s=1}^{3}\sum_{r=1}^{3}\left(\frac{\partial N_i}{\partial x}\frac{\partial N_j}{\partial y}\,|\boldsymbol{J}|\right)H_sH_r$$

$$DYX=\int_{-1}^{1}\int_{-1}^{1}\frac{\partial N_i}{\partial y}\frac{\partial N_j}{\partial x}\,|\boldsymbol{J}|\,\mathrm{d}\xi\mathrm{d}\eta=\sum_{s=1}^{3}\sum_{r=1}^{3}\left(\frac{\partial N_i}{\partial y}\frac{\partial N_j}{\partial x}\,|\boldsymbol{J}|\right)H_sH_r$$

$$DYY=\int_{-1}^{1}\int_{-1}^{1}\frac{\partial N_i}{\partial y}\frac{\partial N_j}{\partial y}\,|\boldsymbol{J}|\,\mathrm{d}\xi\mathrm{d}\eta=\sum_{s=1}^{3}\sum_{r=1}^{3}\left(\frac{\partial N_i}{\partial y}\frac{\partial N_j}{\partial y}\,|\boldsymbol{J}|\right)H_sH_r$$

则式(6-10)成为

$$\begin{aligned}k_{11}&=D_1*DXY+D_3*DYY\\k_{12}&=D_2*DXY+D_3*DYX\\k_{21}&=D_2*DYX+D_3*DXY\\k_{22}&=D_1*DYY+D_3*DXX\end{aligned}$$

(5) 实现上述公式得到 k_{11}，k_{12}，k_{21}，k_{22}，并赋值给 $SKE(8,8)$ 的相应位置。对 I，J 循环完毕，便形成单元刚度矩阵 $SKE(8,8)$。

6.5　等效结点荷载列阵 R 的形成

本程序考虑了 3 种形式的荷载：集中力、自重体力、分布法向压力。集中力引起的等效结点荷载由子程序 CONCR 来实现，该子程序较简单，这里不再介绍；自重体力引起的等效结点荷载由子程序 BODYR 来实现；分布法向压力引起的等效结点荷载由子程序 FACER 实现。下面分别讨论 BODYR 和 FACER 的设计方法。

子程序 BODYR。单元自重体力引起的单元等效结点荷载的计算由公式(6-12)给出，其高斯积分公式为

$$\left.\begin{aligned}R_{ix}&=0\\R_{iy}&=-\rho g\sum_{s=1}^{2}\sum_{r=1}^{2}N_i\,|\boldsymbol{J}|\,H_sH_r\quad(i=1,2,3,4)\end{aligned}\right\}\tag{a}$$

(1) 给高斯积分点坐标和权系数赋值,这里取 2 个积分点。

(2) 对单元循环,*NBE* 表示考虑自重作用的单元数。将 *RF*(8)充零,*RF*(8)是用来存放单元等效结点荷载的 8 个分量的数组,相当于 $\boldsymbol{R}^e$。

(3) 计算考察单元的自由度序号数组 *NN*(8)和结点坐标数组 *XYZ*(2,4)。

(4) 做二重高斯积分的累加。取出高斯点坐标 *S*,*RR* 以及权系数 *SH*,*RH*。

(5) 调用子程序 *FUN*8,该程序用来计算 4 个形函数、形函数对局部坐标的导数及雅可比矩阵 $\boldsymbol{J}$。程序中用 *FUN*(4)存放 4 个形函数,用 *PN*(2,4)存放 4 个形函数对 ξ 和 η 的导数,用 *XJAC*(2,2)存放雅可比矩阵。

(6) 实现式(a)。对 *IS*,*IR* 循环完毕就形成自重引起的单元等效结点荷载。

(7) 调用子程序 ASLOAD。该子程序用来将单元等效结点荷载 $\boldsymbol{R}^e$ 累加到整体等效结点荷载列阵中去。根据已计算得出的单元自由度序号数组 *NN*(8),*RF*(8)中第 *I* 个荷载分量应放在整体荷载列阵 $\boldsymbol{R}$(*)中第 *NN*(*I*)的位置上。该子程序就是根据这个思路写成的。

子程序 FACER。

(1) 给高斯积分点坐标以及权系数赋值,这里采用 2 个积分点。

(2) *ir*=1 表示该种面力为静水压力,*ir*=2 表示该种面力为均布法向压力。公式 *ir*=*WG*(1)+0.1 中的 0.1 是为了避免实数传递时可能的精度损失而人为加上的。*WG*(4)中的第 2 个数为水的容重;第 3 个数为最高水位的 y 坐标值(规定 y 轴向上为正),第 4 个数为该批单元受面力作用的单元面的面号。

(3) 对单元循环。*NSE* 为该批单元的个数。

(4) 计算考察单元的 *NN*(8)和单元的结点坐标数组 *XYZ*(2,4)。

(5) 计算水压力引起的单元等效结点荷载 $\boldsymbol{R}^e$。

(6) 计算匀布法向压力引起的单元等效结点荷载 $\boldsymbol{R}^e$。

(5) 和(6)是调用同一个子程序来实现的,它们的区别在于最后一个哑元参数 *NSI*,*NSI* 为 1 时表示受水压作用,*NSI* 为 2 时表示受匀布法向压力作用。

(7) 把 $\boldsymbol{R}^e$ 的荷载分量累加到 $\boldsymbol{R}$ 中去。

子程序 SURLOD。

该子程序用来计算静水压力或匀布法向压力引起的单元等效结点荷载 $\boldsymbol{R}^e$。先说明一下程序中的一些变量和数组的意义。*NSU* 为考察单元受荷面的面号,对于平面单元,单元的面是直线,规定 $\xi=-1$ 的面为 1 号面,$\xi=1$ 的面为 2 号面,$\eta=-1$ 的面为 3 号面,$\eta=1$ 的面为 4 号面,如图 6-1。*PR*(2)为受荷面上两个结点处的面力集度。*Z*0 为最高水位的 y 坐标值,*GAMA* 为水的容重,*NSI* 等于 1 或 2。1 表示该单元受水压作用,2 表示该单元受匀布法向压力作用。*FVAL*(4)为 4 个单元面的局部坐标,*FACT*(4)分别为式(6-13)~式(6-16)中的正负号,*KCRD*(4)为单元 4 个面的坐标号(1 表示 ξ 坐标面,2 表示 η 坐标面)。它们与单元面号的关系如表 6-2 所示。

表 6-2

面号 NSU	1	2	3	4
$FVAL(NSU)$	−1.0	1.0	−1.0	1.0
$FACT(NSU)$	1.0	−1.0	−1.0	1.0
$KCRD(NSU)$	1	1	2	2

(1) 根据单元面号 NSU 确定式(6-13)～式(6-16)中的正负号 $FACTNSU$。

(2) 数组 $KFACE(2,4)$ 为单元 4 个面(直线)上的两个结点号,把受荷面的两个结点号取出,并放在数组 $NODES(2)$ 中,$NODES(2)$ 与面号的关系如表 6-3 所示。

表 6-3

面　　号	$NODES(1)$	$NODES(2)$
1	1	4
2	2	3
3	1	2
4	4	3

(3) 如该面受水压力,则算出该面两个结点的水压集度,并存放在 $PR(2)$ 中。对于匀布压力,在调用该子程序之前已经把面力集度赋值给 $PR(2)$。

(4) 根据面号,确定积分点坐标,即是采用式(6-13)和式(6-14),还是式(6-15)和式(6-16),当 $NSU=1$ 或 2 时,$ML=1$,$MM=2$,这时 $\xi=$ 常量(±1),积分变量为 η,$RST(2)$随积分点变化。当 $NSU=3$ 或 4 时,$ML=2$,$MM=1$,这时 $\eta=$ 常量(±1),积分变量为 ξ,$RST(1)$随积分点变化。

(5) 调用子程序 $FUN8$,求出形函数及形函数对局部坐标的导数。

(6) 受荷面的面力分布函数由两端点的集度插值得到,即实现式(6-17)。

(7) $A1$ 和 $A2$ 分别为 x,y 对 ξ 或对 η 的导数,它们与面号的关系如表 6-4 所示。

表 6-4

面　　号	1	2	3	4
$A1$	$\dfrac{\partial y}{\partial \eta}$	$\dfrac{\partial y}{\partial \eta}$	$\dfrac{\partial y}{\partial \xi}$	$\dfrac{\partial y}{\partial \xi}$
$A2$	$-\dfrac{\partial x}{\partial \eta}$	$-\dfrac{\partial x}{\partial \eta}$	$-\dfrac{\partial x}{\partial \xi}$	$-\dfrac{\partial x}{\partial \xi}$

(8) 实现式(6-13)或式(6-14)或式(6-15)或式(6-16)的高斯数值积分。

6.6　求解线性代数方程组的计算公式

有限单元法的支配方程为

$$\boldsymbol{Ka}=\boldsymbol{R} \tag{6-18}$$

这是一个大型稀疏的线性代数方程组，求解该方程是有限元计算中最耗费运算时间的工作，在进行程序设计时必须精心研究。

实践表明，克劳特(Crout)直接解法对这样的方程组是比较有效的方法，它包括3个计算步骤：分解、前代、回代。下面给出有关公式：

由于 $\boldsymbol{K}$ 是 N 阶对称、正定矩阵，它可以唯一地分解为

$$\boldsymbol{K}=\boldsymbol{L}\boldsymbol{U} \tag{6-19}$$

式中，$\boldsymbol{L}$ 为下三角矩阵；$\boldsymbol{U}$ 为上三角矩阵。

$$\boldsymbol{L}=\begin{bmatrix} l_{11} & & & & & & & \\ l_{21} & l_{22} & & & 0 & & & \\ \vdots & \vdots & \ddots & & & & & \\ l_{j1} & l_{j2} & \cdots & l_{jj} & & & & \\ \vdots & \vdots & & \vdots & \ddots & & & \\ l_{i1} & l_{i2} & \cdots & l_{ij} & \cdots & l_{ii} & & \\ \vdots & \vdots & & \vdots & & \vdots & \ddots & \\ l_{ni} & l_{n2} & \cdots & l_{nj} & \cdots & l_{ni} & \cdots & l_{nn} \end{bmatrix} \tag{a}$$

$$\boldsymbol{U}=\begin{bmatrix} 1 & u_{12} & \cdots & l_{1j} & \cdots & l_{1i} & \cdots & l_{1n} \\ & 1 & \cdots & u_{2j} & \cdots & u_{2i} & \cdots & u_{2n} \\ & & \ddots & \vdots & & \vdots & & \vdots \\ & & & 1 & \cdots & u_{j1} & \cdots & u_{jn} \\ & & & & \ddots & \vdots & & \vdots \\ & & & & & 1 & \cdots & u_{in} \\ & & & & & & \ddots & \vdots \\ & & & & & & & 1 \end{bmatrix} \tag{b}$$

$$\boldsymbol{K}=\begin{bmatrix} k_{11} & & & & & & & \\ k_{21} & k_{22} & & & \text{对} & & & \\ \vdots & \vdots & \ddots & & & \text{称} & & \\ k_{j1} & k_{j2} & \cdots & k_{jj} & & & & \\ \vdots & \vdots & & \vdots & \ddots & & & \\ k_{i1} & k_{i2} & \cdots & k_{ij} & \cdots & k_{ii} & & \\ \vdots & \vdots & & \vdots & & \vdots & \ddots & \\ k_{n1} & k_{n2} & \cdots & k_{nj} & \cdots & k_{ni} & \cdots & k_{nn} \end{bmatrix} \tag{c}$$

并且 $\boldsymbol{L}$ 与 $\boldsymbol{U}$ 中的元素有关系为

$$u_{pi}=\frac{l_{ip}}{l_{pp}}\quad(i=1,2,\cdots,n,p=1,2,\cdots,i-1)\tag{d}$$

即 $\boldsymbol{U}$ 中第 i 列的第 1 行到第 $i-1$ 行各元素分别等于 $\boldsymbol{L}$ 中第 i 行的第 1 列至第 $i-1$ 列各元素除以各列的主元素。由式(d)可知 $\boldsymbol{L}$ 与 $\boldsymbol{U}$ 两个矩阵中独立元素的个数与对称矩阵 $\boldsymbol{K}$ 中独立元素的个数一样都是 $n(n+1)/2$ 个。

根据式(6-19)的等号两边矩阵中的对应元素相等可得

$$k_{ij}=l_{i1}u_{1j}+l_{i2}u_{2j}+\cdots+l_{i,j-1}u_{j-1,j}+l_{ij}\times 1$$
$$k_{ii}=l_{i1}u_{1i}+l_{i2}u_{2i}+\cdots+l_{i,i-1}u_{i-1,i}+l_{ii}\times 1$$

上述两式可改写为

$$l_{ij}=k_{ij}-\sum_{p=1}^{j-1}l_{ip}u_{pj}\quad(i=1,2,\cdots,n,j=1,2,\cdots,i-1)\tag{e}$$

$$l_{ii}=k_{ii}-\sum_{p=1}^{i-1}l_{ip}u_{pi}\quad(i=1,2,\cdots,n)\tag{f}$$

将由式(d)得到的 $l_{ip}=u_{pi}l_{pp}$ 代入式(f),得

$$l_{ii}=k_{ii}-\sum_{p=1}^{i-1}u_{pi}u_{pi}l_{pp}\quad(i=1,2,\cdots,n)\tag{g}$$

由式(d),式(e),式(g)实现了式(6-19)所示的 $\boldsymbol{K}$ 的三角分解,即由式(e)计算 $\boldsymbol{L}$ 的副元素,由式(g)计算 $\boldsymbol{L}$ 的主元素,由式(d)计算 $\boldsymbol{U}$ 的副元素。

现将式(6-19)代入支配方程(6-18),得

$$\boldsymbol{LUa}=\boldsymbol{R}\tag{h}$$

令

$$\boldsymbol{Ua}=\boldsymbol{g}\tag{6-20}$$

则式(h)成为

$$\boldsymbol{Lg}=\boldsymbol{R}\tag{6-21}$$

于是,解线性代数方程组(6-18)的问题就转化为解两个三角矩阵的线性代数方程组(6-20)和(6-21)的问题。

又由于 $\boldsymbol{L}$ 是个三角矩阵,因此利用式(6-21)便可以自上而下逐个解出中间未知量 $\boldsymbol{g}$ 的各个元素。一般地,由式(6-21)第 i 个方程

$$l_{i1}g_1+l_{i2}g_2+\cdots+l_{i,i-1}g_{i-1}+l_{ii}g_i=R_i$$

便可以求得 $l_{ii}g_i$ 为

$$l_{ii}g_i = R_i - \sum_{p=1}^{i-1} l_{ip}g_p \quad (i=1,2,\cdots,n) \tag{i}$$

在求 $l_{ii}g_i$ 时,$g_p(p=1,2,\cdots,i-1)$已在此之前解得。将由式(d)得来的 $l_{ip}=u_{pi}l_{pp}$ 代入式(i),并令

$$l_{ii}g_i = f_i \quad (i=1,2,\cdots,n) \tag{j}$$

即得

$$f_i = R_i - \sum_{p=1}^{i-1} u_{pi}f_p \quad (i=1,2,\cdots,n) \tag{k}$$

利用式(k),便可将 f_1 至 f_n 逐个解出,再利用式(j)即可解得 $g_1,\cdots,g_n$

$$g_i = \frac{f_i}{l_{ii}} \quad (i=1,2,\cdots,n) \tag{l}$$

由于$\boldsymbol{U}$是个上三角矩阵,而$\boldsymbol{g}$又已由式(k)、式(l)解得,便可利用式(6-20)自下而上逐个解出未知量$\boldsymbol{a}$的各个元素。一般地,由式(6-20)中第i个方程

$$a_i + u_{i,i+1}a_{i+1} + \cdots + u_{in}a_n = g_i$$

便可以求得 a_i 为

$$a_i = g_i - \sum_{p=i+1}^{n} u_{ip}a_p \quad (i=n,n-1,\cdots,1) \tag{m}$$

在求 a_i 时,$a_p(p=n,n-1,\cdots,i+1)$已在此之前解得。利用式(m),便可将 $a_n,\cdots,a_1$ 逐个解出。

现在将解方程用到的式(d)~式(m)作进一步地分析,以便编制出质量较高的程序,使得所需存储量较少,运算时间较短。

首先,由这些公式可见,$\boldsymbol{K}$中任何一个元素 k_{ij}(或 k_{ii})仅在由式(e),式(g)计算 l_{ij}(或 l_{ii})时要用到,在算得 l_{ij}(或 l_{ii})后就用不着 k_{ij}(或 k_{ii})了。因此,可以将由这两个公式算得 l_{ij}(或 l_{ii})后就存放在原来存放 k_{ij}(或 k_{ii})的位置上,不必另开新的存储单元。类似地,由式(k)算得 f_i 后将其存放在R_i 的位置上,由式(l)算得 g_i 后可以存放在 f_i 的位置上,也就是 R_i 的位置上,同样不必另开新的存储单元。此外,在式(g)~式(m)中,只要用到$\boldsymbol{L}$的主元素以及$\boldsymbol{U}$的副元素,在式(e)中只要用到$\boldsymbol{L}$中第i行的第j列之前的副元素(即 l_{ip})以及$\boldsymbol{U}$的副元素。因此,在用式(e)计算 l_{ij}时,并不需要将$\boldsymbol{L}$中第i行之前各行的副元素存储起来。根据这个特点,不必另开存储$\boldsymbol{U}$的存储单元,而只需将由式(d)算得的$\boldsymbol{U}$中第i列的第1行至第$i-1$行的副元素存放在$\boldsymbol{L}$中第i行的第1列至第$i-1$列的副元素位置上,亦即将 u_{pi}存放在k_{ip}的位置上。采用这种存储办法后,需要将式(d)~式(m)中$\boldsymbol{U}$元素的行、列下标对调一下,即式(e)成为

$$l_{ij}=k_{ij}-\sum_{p=1}^{j-1}l_{ip}u_{jp}\quad(i=1,2,\cdots,n,j=1,2,\cdots,i-1)\tag{6-22}$$

式(d)成为

$$u_{ip}=\frac{l_{ip}}{l_{pp}}\quad(i=1,2,\cdots,n,p=1,2,\cdots,i-1)\tag{6-23}$$

式(g)成为

$$l_{ii}=k_{ii}-\sum_{p=1}^{i-1}u_{ip}u_{ip}l_{pp}\quad(i=1,2,\cdots,n)\tag{6-24}$$

式(k)成为

$$f_i=R_i-\sum_{p=1}^{i-1}u_{ip}f_p\quad(i=1,2,\cdots,n)\tag{6-25}$$

式(l)成为

$$g_i=\frac{f_i}{l_{ii}}\quad(i=1,2,\cdots,n)\tag{6-26}$$

式(m)成为

$$a_i=g_i-\sum_{p=i+1}^{n}u_{pi}a_p\quad(i=n,n-1,\cdots,1)\tag{6-27}$$

上面式(6-22)～式(6-24)是用来对 **K** 进行三角分解的，称为三角分解公式，式(6-25)，式(6-26)是前代公式，式(6-27)是回代公式。其中三角分解的运算过程是对行循环，在每一行内先由式(6-22)逐列将 k_{ij} 变为 l_{ij}，再由式(6-23)将 l_{ip} 变为 u_{ip}，最后由式(6-24)将 k_{ii} 变为 l_{ii}。

现在考察一下由于 **K** 的稀疏性与带状分布，对使用这些公式有什么影响。

由式(6-22)可见，若 **K** 中第 i 行第 1 列的元素 k_{ij} 为零，则 l_{i1} 也为零，若 k_{i2} 仍为零，则 l_{i2} 亦为零。以此类推，在 **K** 中第 i 行第 1 个非零元素之前的零元素，在三角分解后仍保持为零元素，亦即由 **K** 分解为 **L** 后，每行的半带宽保持不变。对于 **K** 的带缘内的零元素，三角分解后一般不再是零元素。又由式(6-25)～式(6-27)可见，在前代与回代时只需 **L** 的主元素与 **U** 的副元素，可以把它们存储在 **K** 的带缘内。因此对于 **K** 可以采用一维变带宽存储。由式(6-22)还可见，**K** 中每行的第 1 个非零元素在三角分解后 $l_{ij}=k_{ij}$ 保持不变，也就是 **L** 中该行的第 1 个非零元素。因此在应用式(6-22)时，对行号 I 的循环从 2 至 n 即可，对列号 J 的循环从第 I 行的第 2 个非零元素所在列到第 $I-1$ 列即可。为求和做的循环从 I 与 J 两行中的第 1 个非零元素所在列号较大那个开始到第 $J-1$ 为止即可。同理，在应用式(6-23)～式(6-25)时，对 I 的循环是从 2 到 n，对 p 的循环是从第 I 行第 1 个非零元素所在列到 $I-1$ 列。

子程序 DECOP 用来实现上述三角分解过程。

(1) 在对行循环的循环体内,首先计算出第 I 行第 1 个非零元素所在的列号 L,以及对列循环的下界 $L1$ 与上界 K。若 $L1>K$,则跳过对列的循环。

(2) 在对列循环的循环体内,首先计算出 $\boldsymbol{K}$ 的第 I 行第 J 列的元素在一维数组 SK(∗)中的序号 IJ 以及第 J 个非零元素所在列号 M,并将 L 与 M 比较,较大者赋值于 M。于是,M 成为求总和循环时的下界,MP 是其上界。当 $M>MP$ 时,跳过求总和的循环。

(3) 在求总和循环的循环体内,先计算出 $\boldsymbol{K}$ 第 I 行第 P 列(程序中用 LP)的元素以及第 J 行第 P 列的元素在一维数组 SK(∗)中的序号 IP 与 JP,然后实现式(6-22)。求总和循环结束,k_{ij} 成为 l_{ij}。

(4) 实现式(6-23),将第 I 行的各个副元素 l_{ip} 变成 u_{ip}。IP 与 LPP 分别为第 I 行第 P 列的元素与第 P 行的主对角元素在一维数组 SK(∗)中的序号。

(5) 实现式(6-24),将第 I 行的主对角元素 k_{ii} 变成 l_{ii},对行循环结束,分解完毕。

为了解释实现前代和回代的 3 个公式的源程序,先对回代式(6-27)予以补充说明。设有某个已经分解好的 $\boldsymbol{K}$ 为

$$\begin{bmatrix} l_{11} & & & & & \\ u_{21} & l_{22} & & & 0 & \\ u_{31} & u_{32} & l_{33} & & & \\ 0 & 0 & u_{43} & l_{44} & & \\ 0 & u_{52} & u_{53} & u_{54} & l_{55} & \\ 0 & 0 & u_{63} & u_{64} & u_{65} & l_{66} \end{bmatrix} \begin{Bmatrix} g_1 \\ g_2 \\ g_3 \\ g_4 \\ g_5 \\ g_6 \end{Bmatrix} \tag{n}$$

应用式(6-27),对 I 循环从 6 到 1,假设已求出 $a_6,\cdots,a_3$。为了计算 a_2,由式(6-27)得

$$a_2=g_2-(u_{32}a_3+0a_4+u_{52}a_5+0a_6) \tag{o}$$

由于 $\boldsymbol{U}$ 的元素 u_{ij} 也是按一维变带宽存储在 SK(∗)中,一般说来,在其第 I 列的第 $I+1$ 到第 n 各行中可能由该行带缘之外的零元素,如在式(o)中,第 2 列的 4,6 行的元素就是带缘外的零元素,它们实际上并没有存储在 SK(∗)中。因此,在应用式(6-27)对 P 做循环时要判断所考察到的 u_{pi} 是否在带缘内,若 u_{pi} 在带缘内就参加求和计算,否则跳过不做,这是比较麻烦和耗费计算时间的。为了解决这个问题,把计算 $a_6,\cdots,a_1$ 的公式全部列出来作进一步的分析。这 6 个式子是

$$\left.\begin{aligned} a_6&=g_6\\ a_5&=g_5-u_{65}a_6\\ a_4&=g_4-u_{64}a_6-u_{54}a_5\\ a_3&=g_3-u_{63}a_6-u_{53}a_5-u_{43}a_4\\ a_2&=g_2\qquad\quad -u_{52}a_5\qquad\quad -u_{32}a_3\\ a_1&=g_1\qquad\qquad\quad -u_{31}a_3\qquad\quad -u_{21}a_2 \end{aligned}\right\} \tag{p}$$

由式(p)可见，如果按行计算 u 元素对 a 的贡献，就可以避免对列累加时判断带缘外零元素的困难。其具体做法是：①将 g_i 赋给 a_i，$i=1,\cdots,6$，这时 a_6 已求出($a_6=g_6$)。②将第 6 行的元素 u_{63}，u_{64}，u_{65}分别乘以 a_6，并冠以负号，分别累加到 a_3，a_4，a_5 中去。这时 a_5 已经求出。③将第 5 行的元素 u_{52}，u_{53}，u_{54}分别乘以 a_5，并冠以负号，分别累加到 a_2，a_3，a_4 中去。这时 a_4 已经求出。④将第 4 行的元素 u_{43}乘以 a_4，并冠以负号，累加到 a_3 中去。这时 a_3 已经求出。依次类推，直到将所有行做完，便可解的 a_6，$\cdots$，a_1。

子程序 FOBA 用来实现前代和回代的计算。

(1) 实现式(6-25)，其中，L 与 IP 分别为第 I 行的第一个非零元素所在列号与第 P(程序中用 LP)个元素在一维数组 $SK(*)$中的序号；

(2) 实现式(6-26)；

(3) 实现式(6-27)，其中，L 与 IJ 分别为第 I 行第一个非零元素所在列号与第 J 个元素在一维数组 $SK(*)$中的序号。需要指出的是，这里对 I 从 N 到 2 的循环是通过对 $J1$ 从 2 到 N 循环以及 I 与 $J1$ 之间的关系 $I=2+N-J1$ 来实现的。

6.7　单元应力的计算

计算单元中心点应力分量是由子程序 STRESS 来实现的。

(1) 对单元循环，取出被考察单元的材料类型号 NME，并计算该单元的结点坐标 $XYZ(2,4)$和单元自由度序号数组 $NN(8)$。

(2) 从材料数组 $AE(4,*)$中取出考察单元的材料常数：弹性模量 E 和泊松比 v，并计算式(6-8)中的 $D1$，$D2$，$D3$。

(3) 调用子程序 FDNX，求出形函数对 x，y 的偏导数 $DNX(2,4)$在单元中心点($\xi=0$，$\eta=0$)的值。

(4) 形成应变转换矩阵 $B(3,8)$。

(5) 计算单元应变分量，并存放在数组 $SIG(3)$中。

(6) 根据物理方程(6-7)计算单元中心点的应力分量 σ_x，σ_y，τ_{xy}，并存放在数组 $STRE(3,*)$中，以便打印、输出。

(7) 调用子程序 OUTSTRE。该子程序用来计算单元主应力 σ_1，σ_2 以及第 1 主应力与 x 轴的夹角 α，最后输出应力分量、主应力和 α。在该子程序中注解的具体内容为：①对单元循环，从数组 $STRE(3,*)$中取出单元的 3 个应力分量，并存放在数组 $ST(6)$的前 3 个位置上。②计算主应力 σ_1，σ_2，并存放在 $ST(4)$和 $ST(5)$中。③计算第一主应力与 x 轴的夹角 α，并存放在 $ST(6)$中。其计算公式为 $\alpha_1=\arctan\dfrac{\sigma_1-\sigma_x}{\tau_{xy}}$。当 $\tau_{xy}=0$(程序规定 $|\tau_{xy}|<10^{-4}$)时，若 $\sigma_x>\sigma_y$，$\alpha_1=0$，若 $\sigma_x\leqslant\sigma_y$，$\alpha_1=90$。④分别从 * 通道和 7 通道输出数组 $ST(6)$，$ST(6)$的 6 个元素分别为 σ_x，σ_y，τ_{xy}，σ_1，σ_2，α。* 号通道为屏幕，7 号通道设定为当前操作盘上的“OUT”文件。

6.8 源程序及其使用说明

本节介绍程序的使用方法及原始数据文件的建立,并给出计算考题,并附上源程序。

1. 程序运行操作

在运行程序之前,必须根据程序中输入要求建立一个存放原始数据的文件,这个文件的名字由少于8个字符或数字组成。当程序开始启动时,屏幕出现提示行,按屏幕提示,从屏幕输入数据文件名后,程序就开始运行。

2. 原始数据文件

(1) 总控信息。共一条,4个数据

NP,NE,NM,NR

NP——结点总数

NE——单元总数

NM——材料类型数

NR——约束结点总数

(2) 坐标信息。共 *NP* 条,每条依次输入

IP,X,Y

IP——结点号

X,Y——分别为IP结点的x,y坐标

(3) 单元信息。共 *NE* 条,每条依次输入

NEE,NME,(NEL(I,NEE),I=1,4)

NEE——单元号

NME——NEE单元的材料类型号

(MEL(I,NEE),I=1,4)——分别为NEE单元的4个结点号。单元的结点编号顺序见图6-1。

(4) 约束信息。共 *NR* 条,每条依次输入

IP,IX,IY

IP——结点号

IX,IY——分别为IP结点在x,y方向的约束情况,如果约束填0,如果自由填1。

(5) 材料信息。共 *NM* 条,每条依次输入

IM,(AE(I,IM),I=1,4)

IM——材料类型号

(AE(I,IM),I=1,4)——IM号材料的材料参数,共4个参数,排列顺序为弹模、泊松比、容重、单元厚度

(6) 荷载信息。

(i) 荷载控制信息。共一条,3个数据

NCP,NB,iz

NCP——受集中力作用的结点数

NB——考虑自重作用填 1,不考虑填 0

iz——面力批数

(ii) 若 $NCP>0$,输入

IP,PX,PY

IP——结点号

PX,PY——分别为 IP 结点 x,y 方向的集中力分量

若 $Iz>0$,输入面力荷载信息,共 Iz 批,每批输入

① JS,NSE,(WG(I)I=1,4)

JS——面力批号

NSE——第 JS 批面力受到面力作用的单元个数

(WG(I),I=1,4)——该面力的特征参数,共 4 个数据,第 1 个数为面力类型,填 1 表示受静水压力作用,填 2 表示受均布法向压力作用;第 2 个数为水压密度,如果是均布压力情况,就填均布压力的集度;第 3 个数为最高水位的 y 坐标,如果是均布压力情况,可以填任意数;第 4 个数为面力作用的单元面的面号,单元面号的规定见图 6-1。

② (iew(m),m=1,nse)

iew(*)——受面力作用的单元的单元号,共 NSE 个。

3. *程序考题*

如图 6-4 所示有限元网格尺寸为 6m×4m,厚度为 1m。右边界受均布法向压力作用,设 $q=1.0\text{kN/m}^2$,弹模为 $2.1\times10^6\text{kN/m}^2$,泊松比为 0.167,容重为 2.4t/m^3。

1) 数据文件

```
9  4   1     5
1      0.0    0.0
2      3.0    0.0
3      6.0    0.0
4      0.0    2.0

5    3.0    2.0
6    6.0    2.0
7    0.0    4.0
8    3.0    4.0
9    6.0    4.0

1    1  1  2  5  4
2    1  2  3  6  5
```

```
3    1  4  5  8  7
4    1  5  6  9  8
1    0  0
2    1  0
3    1  0
4    0  1
7    0  1
1      2.1E+ 06  0.167  2.4  1.0
0  0    1
1       2  2     1.0    0    2
        2   4
```

2）输出结果

NODAL DISPLACEMENTS

NODE	X-COMP.	Y-COMP.
1	0.000E+00	0.000E+00
2	−0.139E−05	0.000E+00
3	−0.278E−05	0.000E+00
4	0.000E+00	0.186E−06
5	−0.139E−05	0.186E−06
6	−0.278E−05	0.186E−06
7	0.000E+00	0.371E−06
8	−0.139E−05	0.371E−06
9	−0.278E−05	0.371E−06

ELEMENT STRESSES

ELEMENT	X-STRESS	Y-STRESS	XY-STRESS	MAX-STRESS	MIN-STRESS	ANGLE
1	−1.000	0.000	0.000	0.000	−1.000	90.000
2	−1.000	0.000	0.000	0.000	−1.000	90.000
3	−1.000	0.000	0.000	0.000	−1.000	90.000
4	−1.000	0.000	0.000	0.000	−1.000	90.000

4. 源程序

FINITE ELEMENT PROGRAM
FOR TWO DIMENSIONAL ELASTICITY PROBLEM
WITH 4 NODE

```
PROGRAM ELASTICITY
character* 32 DATname
DIMENSION SK(8000),COOR(2,300),AE(4,11),MEL(5,200),
```

```
&    WG(4),JR(2,300),MA(600),R(600),iew(30),STRE(3,200)
 COMMON /CMN1/ NP,NE,NM,NR
 COMMON /CMN2/ N,MX,NH
 COMMON /CMN3/ RF(8),SKE(8,8),NN(8)
 WRITE(* ,* )'PLEASE ENTER INPUT FILE NAME'
 READ(* ,'(A8)')DATname
 OPEN(4,FILE= DATname,STATUS= 'OLD')
 OPEN(7,FILE= 'OUT',STATUS= 'UNKNOWN')
 READ(4,* )NP,NE,NM,NR
 WRITE(7,'(a)')' NP=  NE=  NM=  NR=  '
 WRITE(7,'(4i6)')NP,NE,NM,NR
 CALL INPUT (JR,COOR,AE,MEL)
 CALL CBAND (MA,JR,MEL)
   DO  I= 1,NH
     SK(I)= 0.0
   enddo
     CALL SK0(SK,MEL,COOR,JR,MA,AE)
  do I= 1,N
    R(I)= 0.0
  enddo
 READ(4,* )NCP,NB,iz
 WRITE(* ,'(5i8)')NCP,NB,iz
 WRITE(7,'(5i8)')NCP,NB,iz
 IF(NCP.GT.0)CALL CONCR(NCP,R,JR)
 IF(NB.GT.0) CALL BODYR(R,MEL,COOR,JR,AE)
   IF(iz.GT.0)then
     do  jj= 1,iz
      READ (4,* )js,nse,(WG(I),I= 1,4)
      read(4,* )(iew(m),m= 1,nse)
      CALL FACER(iew,NSE,R,MEL,COOR,JR,WG)
    enddo
   endif
 CALL DECOP (SK,MA)
 CALL FOBA (SK,MA,R)
 CALL OUTDISP(NP,R,JR)
 CALL STRESS (COOR,MEL,JR,AE,R,STRE)
 WRITE(7,'(A)')' PROGRAM SAFF HAS BEEN ENDED'
 WRITE(* ,'(A)')' PROGRAM SAFF HAS BEEN ENDED'
 STOP
END
C**********************************************************
 SUBROUTINE INPUT (JR,COOR,AE,MEL)
```

```
      DIMENSION JR(2,*),COOR(2,*),AE(4,*),MEL(5,*)
      COMMON /CMN1/ NP,NE,NM,NR
      COMMON /CMN2/ N,MX,NH
   ┌  DO 70 I=1,NP
   │  READ(4,*) IP,X,Y
 ① │  COOR(1,IP)=X
   │  COOR(2,IP)=Y
70 └  CONTINUE

   ┌  DO 11 J=1,NE
 ② │  READ(4,*)NEE,NME,(MEL(I,NEE),I=1,4)
   │  MEL(5,NEE)=NME
11 └  CONTINUE

   ┌  DO 10 I=1,NP
   │  DO 10 J=1,2
10 │  JR(J,I)=1
   │  DO 20 I=1,NR
   │  READ(4,*) IP,IX,IY
   │  JR(1,IP)=IX
 ③ │  JR(2,IP)=IY
20 │  CONTINUE
   │  N=0
   │  DO 30 I=1,NP
   │  DO 30 J=1,2
   │  IF (JR(J,I)) 30,30,25
25 │  N=N+1
   │  JR(J,I)=N
30 └  CONTINUE
   ┌   DO 55 J=1,NM
 ④ │  READ (4,*)IM,(AE(I,IM),I=1,4)
   │  WRITE(*,910) IM,(AE(I,IM),I=1,4)
55 └   CONTINUE

910 FORMAT (/20X,'MATERIAL PROPERTIES'/(3X,I5,4(1x,E8.3)))
      RETURN
      END
C********************************************
      SUBROUTINE CBAND (MA,JR,MEL)
      DIMENSION MA(*),JR(2,*),MEL(5,*),NN(8)
      COMMON /CMN1/ NP,NE,NM,NR
      COMMON /CMN2/ N,MX,NH
```

```
①  DO 65 I= 1,N
65  MA(I)= 0
    DO 90 IE= 1,NE
    DO 75 K= 1,4
    IEK= MEL(K,IE)
②  DO 95 M= 1,2
95  JJ= 2* (K- 1)+ M
    NN(JJ)= JR(M,IEK)
75  CONTINUE
    CONTINUE
    L= N
    DO 80 I= 1,2* 4
③  NNI= NN(I)
    IF(NNI.EQ.0) GO TO 80
    IF(NNI.LT.L) L= NNI
80  CONTINUE
    DO 85 M= 1,2* 4
    JP= NN(M)
④  IF(JP.EQ.0) GO TO 85
    JPL= JP- L+ 1
    IF(JPL.GT.MA(JP)) MA(JP)= JPL
85  CONTINUE
90  CONTINUE
    MX= 0
    MA(1)= 1
    DO 10 I= 2,N
    IF(MA(I).GT.MX) MX= MA(I)
⑤  MA(I)= MA(I)+ MA(I- 1)
10  CONTINUE
    NH= MA(N)
    WRITE (* ,500) N,MX,NH
    WRITE (7,500) N,MX,NH
500 FORMAT (/5X,'FREEDOM N= ',
 &  I5,3X,'SEMI- BANDWI. MX= ',I5,3X, 'STORAGE NH= ',I7)
    RETURN
    END
C*********************************************
    SUBROUTINE SK0(SK,MEL,COOR,JR,MA,AE)
    DIMENSION SK(* ),MEL(5,* ),COOR(2,* ),JR(2,* ),MA(* ),
 &           AE(4,* ),XYZ(2,4)
    COMMON /CMN1/ NP,NE,NM,NR
    COMMON /CMN2/ N,MX,NH
```

```
      COMMON /CMN3/ RF(8),SKE(8,8),NN(8)
      COMMON /CMN4/ NEE,NME
      COMMON /GAUSS/ RSTG(3),H(3)
     ⎧H(1)= 0.555555555555560
     ⎪H(2)= 0.888888888888890
   ① ⎨H(3)= H(1)
     ⎪RSTG(1)= - 0.7745966692414830
     ⎪RSTG(2)= 0.00
     ⎩RSTG(3)= - RSTG(1)
      DO 10 IE= 1,NE
     ⎧NEE= IE
     ⎪NME= MEL(5,IE)
   ② ⎪DO 75 K= 1,4
     ⎪IEK= MEL(K,IE)
     ⎪DO 95 M= 1,2
     ⎪JJ= 2* (K- 1)+ M
     ⎪NN(JJ)= JR(M,IEK)
   95⎪XYZ(M,K)= COOR(M,IEK)
   75⎩CONTINUE
   ③  CALL STIF(XYZ,AE)
     ⎧DO 60 I= 1,8
     ⎪DO 60 J= 1,8
     ⎪II= NN(I)
   ④ ⎨JJ= NN(J)
     ⎪IF ((JJ.EQ.0).OR.(II.LT.JJ)) GO TO 60
     ⎪JN= MA(II)- (II- JJ)
     ⎪SK(JN)= SK(JN)+ SKE(I,J)
   60⎩CONTINUE
   70 CONTINUE
   10 CONTINUE
      RETURN
      END
C**************************************************
      SUBROUTINE STIF(XYZ,AE)
      DIMENSION AE(4,* ),DNX(2,4),XYZ(2,* ),RJAC(2,2)
      COMMON /CMN1/ NP,NE,NM,NR
      COMMON /CMN2/ N,MX,NH
      COMMON /CMN3/ RF(8),SKE(8,8),NN(8)
      COMMON /CMN4/ NEE,NME
      COMMON /GAUSS/ RSTG(3),H(3)
```

```
   ⎧DO 40 I= 1,8
   ⎪RF(I)= 0.00
   ⎪DO 30 J= 1,8
①  ⎨SKE(I,J)= 0.00
30 ⎩CONTINUE
 40  CONTINUE
   ⎧E= AE(1,NME)
   ⎪U= AE(2,NME)
②  ⎨GAMMA= AE(3,NME)
   ⎪D1= E* (1.00- U)/((1.00+ U)* (1.00- 2.00* U))
   ⎪D2= E* U/((1.00+ U)* (1.00- 2.00* U))
   ⎩D3= E* 0.50/(1.00+ U)
   ⎧DO 120 I= 1,4
   ⎪II= 2* (I- 1)
   ⎪I1= II+ 1
③  ⎨I2= II+ 2
   ⎪DO 115 J= 1,4
   ⎪JJ= 2* (J- 1)
   ⎪J1= JJ+ 1
   ⎩J2= JJ+ 2
    DXX= 0
    DXY= 0
    DYX= 0
    DYY= 0
   ⎧DO 99 IS= 1,3
   ⎪S= RSTG(IS)
   ⎪SH= H(IS)
   ⎪DO 98 IR= 1,3
   ⎪R= RSTG(IR)
   ⎪RH= H(IR)
   ⎪CALL FDNX (XYZ,DNX,DET,R,S,RJAC,NEE)
④  ⎨DNIX= DNX(1,I)
   ⎪DNIY= DNX(2,I)
   ⎪DNJX= DNX(1,J)
   ⎪DNJY= DNX(2,J)
   ⎪DXX= DXX+ DNIX* DNJX* DET* RH* SH
   ⎪DXY= DXY+ DNIX* DNJY* DET* RH* SH
   ⎪DYX= DYX+ DNIY* DNJX* DET* RH* SH
   ⎩DYY= DYY+ DNIY* DNJY* DET* RH* SH
98 CONTINUE
99 CONTINUE
```

```
     ⑤ ⎧SKE(I1,J1)= DXX* D1+ DYY* D3
        ⎨SKE(I2,J2)= DYY* D1+ DXX* D3
        ⎨SKE(I1,J2)= DXY* D2+ DYX* D3
        ⎩SKE(I2,J1)= DYX* D2+ DXY* D3
115 CONTINUE
120 CONTINUE
    RETURN
    END
C*******************************************************
    SUBROUTINE CONCR(NCP,R,JR)
    DIMENSION R(* ),JR(2,* ),XYZ(2)
    DO 100 I= 1,NCP
    READ (4,* ) IP,PX,PY
    XYZ(1)= PX
    XYZ(2)= PY
    DO 95 J= 1,2
    L= JR(J,IP)
    IF(L.EQ.0) GO TO 95
    R(L)= R(L)+ XYZ(J)
 95 CONTINUE
100 CONTINUE
    RETURN
    END
C*******************************************************
    SUBROUTINE BODYR(R,MEL,COOR,JR,AE)
    DIMENSION R(* ),MEL(5,* ),COOR(2,* ),JR(2,* ),
   &          AE(4,* ),XYZ(2,4)
    COMMON /CMN1/ NP,NE,NM,NR
    COMMON /CMN2/ N,MX,NH
    COMMON /CMN3/ RF(8),SKE(8,8),NN(8)
    COMMON /CMN5/ FUN(4),PN(2,4),XJAC(2,2)
    COMMON /GAUSS/ RSTG(3),H(3)
  ① ⎧H(1)= 1.0
    ⎨H(2)= 1.0
    ⎨RSTG(1)= - 0.5773502691896260
    ⎩RSTG(2)= - RSTG(1)
  ② ⎧DO 10 IE= 1,NE
    ⎨DO I= 1,8
    ⎨RF(I)= 0.00
    ⎩ENDDO
C   READ(4,* )NEE
```

```
   ┌NEE= ie
   │NME= MEL(5,NEE)
   │GAMMA= AE(3,NME)
   │DO 75 K= 1,4
③ │IEK= MEL(K,NEE)
   │DO 95 M= 1,2
   │JJ= 2* (K- 1)+ M
   │NN(JJ)= JR(M,IEK)
95 │XYZ(M,K)= COOR(M,IEK)
75 └CONTINUE
   ┌DO 99 IS= 1,2
   │S= RSTG(IS)
   │SH= H(IS)
④ │ DO 98 IR= 1,2
   │RR= RSTG(IR)
   └RH= H(IR)
⑤  CALL FUN8 (XYZ,RR,S,DET)
   ┌DO 30 I= 1,4
   │J= 2* I
⑥ │RF(J)= RF(J)- FUN(I)* RH* SH* DET* GAMMA
30 │CONTINUE
98 │CONTINUE
99 └CONTINUE
⑦  CALL ASLOAD (R)
10 CONTINUE
   RETURN
   END
C*********************************************
   SUBROUTINE FACER(iew,NSE,R,MEL,COOR,JR,WG)
   DIMENSION R(* ),MEL(5,* ),COOR(2,* ),JR(2,* ),wg(* ),
  &          XYZ(2,4),iew(* ),PR(2)
   COMMON /CMN1/ NP,NE,NM,NR
   COMMON /CMN2/ N,MX,NH
   COMMON /CMN3/ RF(8),SKE(8,8),NN(8)
   COMMON /CMN4/ NEE,NME
   COMMON /GAUSS/ RSTG(3),H(3)
   ┌H(1)= 1.0
① │H(2)= 1.0
   │RSTG(1)= - 0.5773502691896260
   └RSTG(2)= - RSTG(1)
```

```
②  ir= wg(1)+ 0.1
   ⎧DO 510 IE= 1,NSE
   ⎪DO I= 1,8
③  ⎨RF(I)= 0.00
   ⎪ENDDO
   ⎩nee= iew(ie)
   ⎧DO 575 K= 1,4
   ⎪IEK= MEL(K,NEE)
   ⎪DO 595 M= 1,2
④  ⎨JJ= 2* (K- 1)+ M
   ⎪NN(JJ)= JR(M,IEK)
595⎪XYZ(M,K)= COOR(M,IEK)
575⎩CONTINUE
   ⎧IF(ir.EQ.1) then
   ⎪ GAMA= WG(2)
⑤  ⎨ Z0= WG(3)
   ⎪ NSU= WG(4)+ 0.1
   ⎪ CALL SURLOD (NSU,XYZ,PR,Z0,GAMA,1)
   ⎩endif
   ⎧IF(ir.EQ.2) then
   ⎪ q= WG(2)
   ⎪ NSU= WG(4)+ 0.1
⑥  ⎨ do j= 1,2
   ⎪  PR(J)= q
   ⎪ enddo
   ⎪ CALL SURLOD (NSU,XYZ,PR,Z0,GAMA,2)
   ⎩endif
⑦  CALL ASLOAD (R)
510 CONTINUE
    RETURN
    END
C*******************************************************
    SUBROUTINE SURLOD (NSU,XYZ,PR,Z0,GAMA,NSI)
    DIMENSION XYZ(2,* ),RST(3),PR(2),KCRD(4),KFACE(2,4),
  &          FVAL(4),NODES(2),FACT(4)
    COMMON /CMN1/ NP,NE,NM,NR
    COMMON /CMN2/ N,MX,NH
    COMMON /CMN3/ RF(8),SKE(8,8),NN(8)
    COMMON /CMN4/ NEE,NME
    COMMON /CMN5/ FUN(4),PN(2,4),XJAC(2,2)
    COMMON /GAUSS/ RSTG(3),H(3)
```

```
   DATA KCRD/1,1,2,2/
   DATA KFACE/1, 4,
  &           2, 3,
  &           1, 2,
  &           4, 3/
   DATA FVAL/-1.00,1.00,-1.00,1.00/
  ⎧FACT(1)=1.0
  ⎪FACT(2)=-1.0
① ⎨FACT(3)=-1.0
  ⎪FACT(4)=1.0
  ⎩FACTNUS=FACT(NSU)
  ⎧DO I=1,2
② ⎨J=KFACE(I,NSU)
  ⎪NODES(I)=J
  ⎩ENDDO
  ⎧IF (NSI.EQ.1) THEN
  ⎪DO I=1,2
  ⎪ J=NODES(I)
  ⎪ Z=Z0-XYZ(2,J)
③ ⎨ PR(I)=0.00
  ⎪ IF (Z.GT.0.00) PR(I)=Z*GAMA
  ⎪ ENDDO
  ⎩ENDIF
  ⎧ML=KCRD(NSU)
  ⎪IF(ML.EQ.1)MM=2
④ ⎨IF(ML.EQ.2)MM=1
  ⎪RST(ML)=FVAL(NSU)
  ⎪DO 70 LX=1,2
  ⎩RST(MM)=RSTG(LX)
⑤  CALL FUN8 (XYZ,RST(1),RST(2),DET)
   PXYZ=0.00
  ⎧DO 25 I=1,2
⑥ ⎨J=NODES(I)
  ⎪PXYZ=PXYZ+FUN(J)*PR(I)
25⎩CONTINUE
  ⎛A1=XJAC(MM,2)
⑦ ⎝A2=-XJAC(MM,1)
```

```
30  ┌DO 60 I= 1,2
    │J= NODES(I)
    │K2= 2* J
 ⑧  │K1= K2- 1
    │Q= PXYZ* FUN(J) * H(LX) * FACTNUS
    │RF(K1) = RF(K1) + Q* A1
    │RF(K2) = RF(K2) + Q* A2
60  └CONTINUE
70  CONTINUE
    RETURN
    END
C*********************************************
    SUBROUTINE ASLOAD (R)
    DIMENSION R(* )
    COMMON /CMN1/ NP,NE,NM,NR
    COMMON /CMN3/ RF(8),SKE(8,8),NN(8)
    DO 20 I= 1,8
    L= NN(I)
    IF (L.EQ.0) GO TO 20
    R(L) = R(L) + RF(I)
20  CONTINUE
    RETURN
    END
C**********************************************
    SUBROUTINE DECOP (SK,MA)
    DIMENSION SK(* ),MA(* )
    COMMON /CMN2/ N,MX,NH
    ┌DO 50 I= 2,N
    │L= I- MA(I) + MA(I- 1) + 1
 ①  │K= I- 1
    │L1= L+ 1
    └IF (L1.GT.K) GO TO 30
    ┌DO 20 J= L1,K
    │IJ= MA(I) - I+ J
 ②  │M= J- MA(J) + MA(J- 1) + 1
    │IF (L.GT.M) M= L
    │MP= J- 1
    └IF (M.GT.MP) GO TO 20
    ┌DO 10 LP= M,MP
    │IP= MA(I) - I+ LP
 ③  │JP= MA(J) - J+ LP
    │SK(IJ) = SK(IJ) - SK(IP) * SK(JP)
10  │CONTINUE
20  └CONTINUE
```

```
      IF (L.GT.K) GO TO 50
30    DO 40 LP=L,K
④     IP=MA(I)-I+LP
      LPP=MA(LP)
      SK(IP)=SK(IP)/SK(LPP)
      II=MA(I)
⑤     SK(II)=SK(II)-SK(IP)*SK(IP)*SK(LPP)
40    CONTINUE
50    CONTINUE
      RETURN
      END
C*****************************************************************
      SUBROUTINE FOBA (SK,MA,R)
      DIMENSION SK(*),MA(*),R(*)
      COMMON /CMN2/ N,MX,NH
      DO 10 I=2,N
      L=I-MA(I)+MA(I-1)+1
      K=I-1
      IF (L.GT.K) GO TO 10
①     DO 5 LP=L,K
      IP=MA(I)-I+LP
      R(I)=R(I)-SK(IP)*R(LP)
5     CONTINUE
10    CONTINUE
      DO 20 I=1,N
②     II=MA(I)
45    R(I)=R(I)/SK(II)
20    CONTINUE
      DO 30 J1=2,N
      I=2+N-J1
      L=I-MA(I)+MA(I-1)+1
      K=I-1
③     IF (L.GT.K) GO TO 30
      DO 25 J=L,K
      IJ=MA(I)-I+J
55    R(J)=R(J)-SK(IJ)*R(I)
25    CONTINUE
30    CONTINUE
      RETURN
      END
C*****************************************************************
```

```
      SUBROUTINE STRESS(COOR,MEL,JR,AE,R,STRE)
      DIMENSION XYZ(2,4),DNX(2,4),AE(4,* ),STRE(3,* ),
     &    COOR(2,* ),MEL(5,* ),JR(2,* ),RJAC(2,2),SIG(3),
     &    B(3,8),R(* )
      COMMON /CMN1/ NP,NE,NM,NR
      COMMON /CMN3/ RF(8),SKE(8,8),NN(8)
      COMMON /CMN5/ FUN(4),PN(2,4),XJAC(2,2)

      DO 106 IE= 1,NE
      NME= MEL(5,IE)
    ⎧DO 300 K= 1,4
    ⎪IEK= MEL(K,IE)
  ① ⎪DO 310 M= 1,2
 310⎪XYZ(M,K)= COOR(M,IEK)
    ⎪DO 320 M= 1,2
    ⎪JRR= 2* (K- 1)+ M
 320⎪NN(JRR)= JR(M,IEK)
 300⎩CONTINUE
    ⎧E= AE(1,NME)
    ⎪U= AE(2,NME)
  ② ⎪D1= E* (1.00- U)/((1.00+ U)* (1.00- 2.00* U))
    ⎪D2= E* U/((1.00+ U)* (1.00- 2.00* U))
    ⎩D3= 0.50* E/(1.00+ U)
    ⎧SS= 0.0
  ③ ⎪RR= 0.0
    ⎩CALL FDNX (XYZ,DNX,DET,RR,SS,RJAC,IE)
    ⎧DO 30 I= 1,4
    ⎪II= 2* (I- 1)
    ⎪J1= II+ 1
    ⎪J2= II+ 2
    ⎪BI= DNX(1,I)
  ④ ⎪CI= DNX(2,I)
    ⎪B(1,J1)= BI
    ⎪B(2,J1)= 0.
    ⎪B(3,J1)= CI
    ⎪B(1,J2)= 0.
    ⎪B(2,J2)= CI
    ⎪B(3,J2)= BI
  30⎩CONTINUE
      DO 55 II= 1,3
      SIG(II)= 0.00
```

```
 55 CONTINUE
    DO 70 K= 1,8
    NA= NN(K)
    IF (NA.EQ.0) GO TO 70
    DO 60 L= 1,3
 ⑤  SIG(L)= SIG(L)+ B(L,K)* R(NA)
 60 CONTINUE
 70 CONTINUE
     SX= D1* SIG(1)+ D2* SIG(2)
     SY= D2* SIG(1)+ D1* SIG(2)
 ⑥   SXY= D3* SIG(3)
    STRE(1,IE)= SX
    STRE(2,IE)= SY
    STRE(3,IE)= SXY
106 CONTINUE
    CALL OUTSTRE(NE,STRE)
    RETURN
    END
C*********************************************
    SUBROUTINE FDNX (XYZ,DNX,DET,R,S,RJAC,NEE)
    DIMENSION XYZ(2,* ),DNX(2,4),RJAC(2,2),XJAC(2,2)
    COMMON /CMN5/ FUN(4),PN(2,4)
    CALL FUN8 (XYZ,R,S,DET)
     IF (DET.LT.1.0E-5)THEN
     WRITE(7,600) NEE,R,S,det
 ①   STOP
    ENDIF
    REC= 1.00/DET
    RJAC(1,1)= REC* XJAC(2,2)
 ②  RJAC(2,2)= REC* XJAC(1,1)
    RJAC(2,1)= - REC* XJAC(2,1)
    RJAC(1,2)= - REC* XJAC(1,2)
    DO 30 K= 1,4
    DO 20 I= 1,2
    DNX(I,K)= 0.
 ③  DO 25 M= 1,2
    DNX(I,K)= DNX(I,K)+ RJAC(I,M)* PN(M,K)
 25 CONTINUE
 20 CONTINUE
 30 CONTINUE
600 FORMAT (1X,'ERROR* * *  NEGTIVE OR ZERO '
```

```
     & 'JACOBIAN DETERMINANT FOR '
     & 'ELEMENT'/'ELE. = ',I5,' R= ',F10.5,6X,'S= ',F10.5,
     & 'det= ',f12.5)
      RETURN
      END
C*************************************************
      SUBROUTINE FUN8 (XYZ,R,S,DET)
      DIMENSION XYZ(2,* ),XI(4),ETA(4)
      COMMON /CMN5/ FUN(4),PN(2,4),XJAC(2,2)
      DATA XI/- 1.0,1.0,1.0,- 1.0/
      DATA ETA/- 1.0,- 1.0,1.0,1.0/
      DO 10 I= 1,4
      G1= (1.0+ XI(I)* R)
      G2= (1.0+ ETA(I)* S)
      FUN(I)= 0.25* G1* G2
      PN(1,I)= 0.25* XI(I)* G2
      PN(2,I)= 0.25* ETA(I)* G1
 10   CONTINUE
      DO 80 I= 1,2
      DO 75 J= 1,2
      DET= 0.00
      DO 70 K= 1,4
      DET= DET+ PN(I,K)* XYZ(J,K)
 70   CONTINUE
      XJAC(I,J)= DET
 75   CONTINUE
 80   CONTINUE
      DET= XJAC(1,1)* XJAC(2,2) - XJAC(2,1)* XJAC(1,2)
      RETURN
      END
C*************************************************
      SUBROUTINE OUTDISP(NP,R,JR)
      DIMENSION R(* ),JR(2,* ),U(2)
      WRITE(* ,650)
      WRITE(7,650)
      DO I= 1,NP
       DO M= 1,2
        L= JR(M,I)
        IF(L.EQ.0)U(M)= 0.0
        IF(L.GT.0)U(M)= R(L)
       ENDDO
       WRITE(* ,'(5X,I5,10X,2E14.3)') I,U
```

```
      WRITE(7,'(5X,I5,10X,2E14.3)') I,U
      ENDDO
  650 FORMAT(/25X,'NODAL DISPLACEMENTS'/8X,
     &        'NODE',13X,'X- COMP.',8X,'Y- COMP.')
      RETURN
      END
C*********************************************
      SUBROUTINE OUTSTRE(NE,STRE)
      DIMENSION STRE(3,*),ST(6)
      WRITE(*,700)
      WRITE(7,700)
      DO IE= 1,NE
      SX= STRE(1,IE)
      SY= STRE(2,IE)
 ①    SXY= STRE(3,IE)
      ST(1)= SX
      ST(2)= SY
      ST(3)= SXY
      H1= SX+ SY
 ②    H2= SQRT((SX- SY)* (SX- SY)+ 4.0* SXY* SXY)
      ST(4)= (H1+ H2)/2.0
      ST(5)= (H1- H2)/2.0
      IF(ABS(SXY).LT.1.0E- 4)THEN
       IF (SX.GT.SY) ST(6)= 0.0
 ③     IF (SX.LE.SY) ST(6)= 90.0
      ELSE
       ST(6)= ATAN((ST(4)- SX)/SXY)* 57.29578
      ENDIF
 ④    WRITE(*,'(6X,I4,3X,6F11.3)') IE,ST
      WRITE(7,'(6X,I4,3X,6F11.3)') IE,ST
      ENDDO
  700 FORMAT(/30X,'ELEMENT STRESSES'/5X,
     & 'ELEMENT',5X,'X- STRESS',3X,'Y- STRESS',
     & 2X,'XY- STRESS',1X,'MAX- STRESS',1X,
     & 'MIN- STRESS',4X,'ANGLE'/)
      RETURN
      END
```

习　　题

6-1　利用教学程序计算简支梁顶面受均布压力 q 作用下的应力和位移。梁的长度为 18m,高度 3m,厚度 1m,弹性模量 $E=2.5\times10^{4}$ MPa,泊松比 $\nu=0.167$,面力集度 $q=1.0$ MPa。计算要求为

(1) 列表给出梁中间截面上的应力值,画出它们的分布图,并表明最大值。

(2) 画出梁中性线上切应力分布曲线和挠度曲线,并表明最大值。

(3) 比较不同单元形状和网格疏密对计算结果的影响。

(4) 与材料力学解答或弹性力学解答相比较,分析解答的合理性及其存在差别的原因。

6-2　结合自己专业方向,利用教学程序计算一个工程实际问题,给出关键剖面上的应力分布和位移分布,表明最大值,并分析计算结果的合理性。

6-3　在该教学程序的基础上编写平面 8 结点等参有限元程序。

6-4　在该教学程序的基础上编写空间 8 结点等参有限元程序。

6-5　试编写平面有限元画等值线的程序。

6-6　试编写平面有限元网格自动剖分的程序。

6-7　试编写平面有限元结点优化编码的程序。

第 7 章　弹塑性问题

7.1　非线性代数方程组的解法

弹塑性问题经过有限元离散化之后，最后归结为求解如下一个非线性代数方程组

$$\left.\begin{array}{l}\Psi_1(a_1,\cdots,a_N)=0\\ \cdots\cdots\\ \Psi_N(a_1,\cdots,a_N)=0\end{array}\right\}$$

其中 $a_1,\cdots,a_N$ 是未知量，$\Psi_1,\cdots,\Psi_N$，是 $a_1,\cdots,a_N$ 的非线性函数。如果引用矢量记号

$$\boldsymbol{a}=[a_1,a_2,\cdots,a_N]^{\mathrm{T}}$$
$$\boldsymbol{\Psi}=[\Psi_1,\Psi_2,\cdots,\Psi_N]^{\mathrm{T}}$$

(T 表示转置)上述方程组可以简单地用一个矢量方程

$$\boldsymbol{\Psi}(\boldsymbol{a})=0$$

表示。为了讨论方便，有时我们将这个矢量方程改写为如下形式

$$\boldsymbol{\Psi}(\boldsymbol{a})\equiv\boldsymbol{P}(\boldsymbol{a})-\boldsymbol{R}\equiv\boldsymbol{K}(\boldsymbol{a})\boldsymbol{a}-\boldsymbol{R}=0$$

这里 $\boldsymbol{P}(\boldsymbol{a})$是未知矢量 $\boldsymbol{a}$ 的一个矢量函数，$\boldsymbol{K}(\boldsymbol{a})$是一个 $N\times N$ 的矩阵，矩阵的元素 k_{ij} 是矢量 $\boldsymbol{a}$ 的函数，而 $\boldsymbol{R}$ 是一个已知矢量。在全量问题有限元的位移法中，$\boldsymbol{a}$ 代表未知的节点位移矢量，$\boldsymbol{P}(\boldsymbol{a})$是结点力矢量，$\boldsymbol{R}$ 是等效结点荷载矢量，而矢量方程 $\boldsymbol{\Psi}(\boldsymbol{a})=0$ 表示关于结点的平衡方程，其中每一个分量方程对应于一个自由度的平衡条件。对于增量问题，我们将 $\boldsymbol{a}$ 理解为位移增量矢量，将 $\boldsymbol{R}$ 理解为增量载荷矢量，所作的讨论不变。

我们知道，一个线性的代数方程组

$$\boldsymbol{K}^0\boldsymbol{a}-\boldsymbol{R}=0$$

(其中 $\boldsymbol{K}^0$是 $N\times N$ 的常数矩阵)可以用各种直接方法毫无困难地求解，但对非线性方程组 $\boldsymbol{\Psi}(\boldsymbol{a})=0$ 则不行。一般来说，不能期望求得它们的严格解，通常采用各种数值方法，用一系列线性方程组的解去逼近所讨论的非线性方程组的解。在这一章将简单介绍有限元分析中常见的各种求解非线性方程组的数值方法。

1. 直接迭代法

求解非线性方程组的一个最简单的方法是直接迭代法。从下述形式的方程出发

$$\boldsymbol{K}\boldsymbol{a}-\boldsymbol{R}=0 \tag{7-1}$$

其中

$$\boldsymbol{K}=\boldsymbol{K}(\boldsymbol{a})$$

如果设某个初始近似解为 $\boldsymbol{a}=\boldsymbol{a}^0$,那么一个近似的矩阵 $\boldsymbol{K}$ 可以得到

$$\boldsymbol{K}^0=\boldsymbol{K}(\boldsymbol{a}^0)$$

由式(7-1)可以得到一个改进的近似解

$$\boldsymbol{a}^1=(\boldsymbol{K}^0)^{-1}\boldsymbol{R}$$

其中上标"-1"表示矩阵的逆。重复这样的过程,从第 n 次近似解求第 $n+1$ 次近似解的公式是

$$\left.\begin{aligned}\boldsymbol{K}^n&=\boldsymbol{K}(\boldsymbol{a}^n)\\ \boldsymbol{a}^{n+1}&=(\boldsymbol{K}^n)^{-1}\boldsymbol{R}\end{aligned}\right\} \tag{7-2}$$

直到"偏差"

$$\Delta\boldsymbol{a}^n=\boldsymbol{a}^{n+1}-\boldsymbol{a}^n \tag{7-3}$$

变得充分小时,终止迭代。认为这时收敛到问题(7-1)的解。为了度量偏差 $\Delta\boldsymbol{a}$ 的大小和判断是否收敛,可以使用各种各样的范数定义和收敛准则,例如,范数的定义可取

$$\|\Delta\boldsymbol{a}\|=\max\Delta a_i \tag{7-4}$$

或

$$\|\Delta\boldsymbol{a}\|=((\Delta\boldsymbol{a})^{\mathrm{T}}\Delta\boldsymbol{a})^{1/2} \tag{7-5}$$

收敛准则可取为

$$\|\Delta\boldsymbol{a}^n\|\leqslant\varepsilon\|\boldsymbol{a}^n\| \tag{7-6}$$

ε 是事前指定的一个很小的数,当满足式(7-6)时认为达到收敛,终止迭代。我们还会注意到,在迭代方程的每一步,得到的近似解一般不会严格满足式(7-1)(除非收敛发生),即

$$\boldsymbol{\Psi}(\boldsymbol{a}^n)=\boldsymbol{K}(\boldsymbol{a}^n)\boldsymbol{a}^n-\boldsymbol{R}\neq 0$$

因此,上式也可作为对平衡偏离的一种度量(称为失衡力),收敛准则可相应地采用

$$\|\boldsymbol{\Psi}(\boldsymbol{a}^n)\|\leqslant\beta\|\boldsymbol{R}\| \tag{7-7}$$

(β 是事前指定的一个很小的数)。

对于一个单变量问题的非线性方程,直接迭代法的计算过程如图 7-1 所示。这时矢量 $\boldsymbol{a}$ 和矩阵 $\boldsymbol{K}$ 分别退化为一个标量未知数和它的标量函数。为方便起见,我们在图上给出的是

$P(a)(=K(a)\cdot a)$和 a 之间的关系而不是 $K(a)$和 a 之间的关系。$K(a)$就是过曲线上点$(a,P(a))$与原点的割线的斜率。图 7-1(a)和(b)分别给出了低于和高于真实解的初始近似解 a^0 的迭代过程,从 a^0 出发,由 P-a 曲线直接给出 K 的对应值 K^0,然后从式(7-2)解出 a^1。从 P-a 曲线确定对应于 a^1 的 K 值 K^1,然后求出 a^2。这个循环过程直到 a^{n+1}和 a^n 充分接近时为止。这时收敛到真实解。对单变量情况,这种迭代过程是收敛的,但对多自由度情况,由于未知量通过矩阵 $\boldsymbol{K}$ 的元素互相耦合,在迭代过程中可能出现不稳定现象。

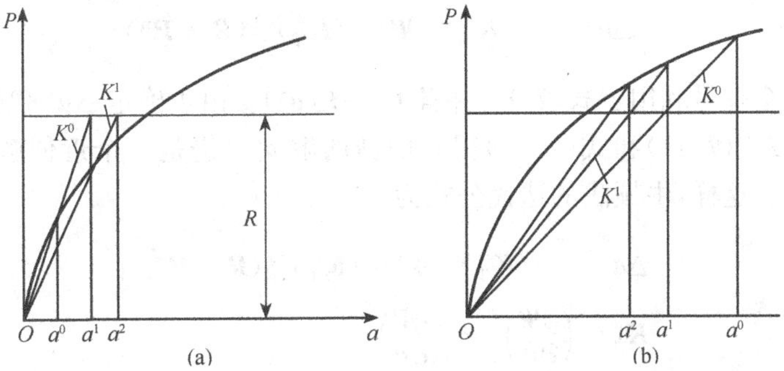

图 7-1

2. 牛顿法

数值求解非线性方程组

$$\boldsymbol{\Psi}(\boldsymbol{a})=\boldsymbol{P}(\boldsymbol{a})-\boldsymbol{R}=0 \tag{7-8}$$

的一个最著名的方法是牛顿-拉弗森(Newton-Raphson)方法,简称牛顿法。下面我们来介绍这种方法。

现在设 $\boldsymbol{a}=\boldsymbol{a}^n$ 是方程(7-8)的第 n 次近似解,一般地,这时

$$\boldsymbol{\Psi}^n\equiv\boldsymbol{\Psi}(\boldsymbol{a}^n)=\boldsymbol{P}(\boldsymbol{a}^n)-\boldsymbol{R}\neq 0 \tag{7-9}$$

我们想求方程组(7-8)的更好的近似解,设修正值为 $\Delta\boldsymbol{a}^n$,这个新的近似解为

$$\boldsymbol{a}=\boldsymbol{a}^{n+1}=\boldsymbol{a}^n+\Delta\boldsymbol{a}^n \tag{7-10}$$

将式(7-10)代入式(7-8)并在 $\boldsymbol{a}=\boldsymbol{a}^n$ 附近将 $\boldsymbol{\Psi}(\boldsymbol{a}^n+\Delta\boldsymbol{a}^n)$泰勒(Taylor)展开

$$\boldsymbol{\Psi}^{n+1}=\boldsymbol{\Psi}^n+\left(\frac{\partial\boldsymbol{\Psi}}{\partial\boldsymbol{a}}\right)^n\Delta\boldsymbol{a}^n+\cdots$$

其中

$$\left(\frac{\partial\boldsymbol{\Psi}}{\partial\boldsymbol{a}}\right)^n=\left(\frac{\partial\boldsymbol{\Psi}}{\partial\boldsymbol{a}}\right)_{\boldsymbol{a}=\boldsymbol{a}^n}$$

在上面展开式中仅取到线性项,并引入记号

$$\boldsymbol{K}_T^n = \boldsymbol{K}_T(\boldsymbol{a}^n) \equiv \left(\frac{\partial \boldsymbol{\Psi}}{\partial \boldsymbol{a}}\right)^n$$

得

$$0 = \boldsymbol{\Psi}(\boldsymbol{a}^n + \Delta \boldsymbol{a}^n) \approx \boldsymbol{\Psi}^n + \boldsymbol{K}_T^n \Delta \boldsymbol{a}^n$$

从而解出修正量 $\Delta \boldsymbol{a}^n$ 为

$$\Delta \boldsymbol{a}^n = -(\boldsymbol{K}_T^n)^{-1} \boldsymbol{\Psi}^n = (\boldsymbol{K}_T^n)^{-1}(\boldsymbol{R} - \boldsymbol{P}^n) \tag{7-11}$$

上式的最后一个等号利用了式(7-9),并且 $\boldsymbol{P}^n = \boldsymbol{P}(\boldsymbol{a}^n)$。由于确定 $\Delta \boldsymbol{a}^n$ 仅使用了泰勒展开式的线性项,按式(7-11)和式(7-10)得到的新的解 $\boldsymbol{a}^{n+1}$ 仍是一个近似解,然而是一个改进了的近似解。这样,牛顿法的迭代公式为

$$\left.\begin{aligned} &\Delta \boldsymbol{a}^n = -(\boldsymbol{K}_T^n)^{-1} \boldsymbol{\Psi}^n = (\boldsymbol{K}_T^n)^{-1}(\boldsymbol{R} - \boldsymbol{P}^n) \\ &\boldsymbol{K}_T^n = \left(\frac{\partial \boldsymbol{\Psi}}{\partial \boldsymbol{a}}\right)^n = \left(\frac{\partial \boldsymbol{P}}{\partial \boldsymbol{a}}\right)^n \\ &\boldsymbol{a}^{n+1} = \boldsymbol{a}^n + \Delta \boldsymbol{a}^n \end{aligned}\right\} \tag{7-12}$$

牛顿法(以及后面讨论的各种迭代法)的收敛准则与前面的直接迭代法完全相同,不再赘述。

一个单变量的非线性问题,用牛顿法求解的过程如图 7-2 所示,其中图(a)和图(b)分别对应于低于和高于真解的初始近似值的情况。这时,$K_T(a)$ 是 P-a 曲线上过点$(a, P(a))$的切线斜率。假设了初始近似解 a^0 之后,就可根据 P-a 曲线确定它所对应的

$$K_T^0 = \left(\frac{\partial \Psi}{\partial a}\right)^0 = \left(\frac{\partial P}{\partial a}\right)^0$$

然后求出 a^0 的修正值 Δa^0,这样就得到了新的近似值 $a^1 = a^0 + \Delta a^0$。反复这样做,直到 Δa^n 或 Ψ^n 充分小时,计算过程终止。

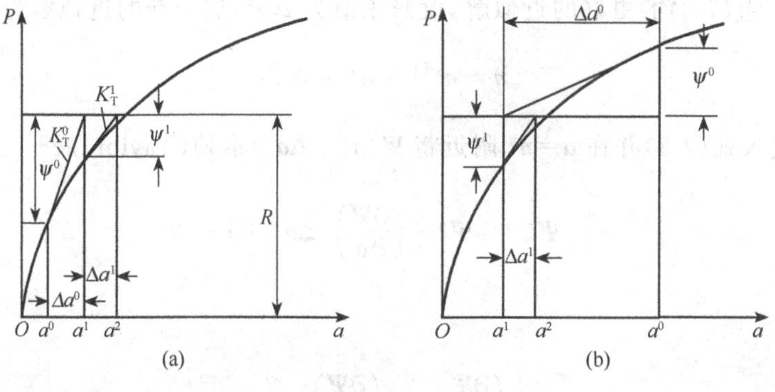

图 7-2

牛顿法的收敛性是好的。在某些非线性问题(如理想塑性和软化塑性问题)中使用牛顿法,在迭代过程中的

$$\boldsymbol{K}_{\mathrm{T}}=\frac{\partial \boldsymbol{\Psi}}{\partial \boldsymbol{a}}$$

可能是奇异的或病态的，于是对 $\boldsymbol{K}_{\mathrm{T}}$ 求逆会出现困难。为了克服这一点，我们可以引进一个阻尼因子 μ^n，以使矩阵 $\left(\frac{\partial \boldsymbol{\Psi}}{\partial \boldsymbol{a}}\right)^n+\mu^n I$ 成为非奇异的或者使它的病态性减弱（这里的 I 是 $N\times N$ 阶的单位矩阵）。这时在牛顿法中用下式代替式(7-11)

$$\Delta \boldsymbol{a}^n=-(\boldsymbol{K}_{\mathrm{T}}^n+\mu^n I)^{-1}\boldsymbol{\Psi}^n \tag{7-13}$$

μ^n 的作用是改变矩阵 $\boldsymbol{K}_{\mathrm{T}}^n$ 的主对角元素。但是，当 μ^n 取得很大时，收敛速度将变慢，当 $\mu^n\to 0$ 时，式(7-13)趋于式(7-11)，这时有最快的收敛速度。

3. 修正的牛顿法

使用直接迭代法和牛顿法求解非线性方程组时，在迭代过程的每一步都必须重新计算 $\boldsymbol{K}^n$ 或 $\boldsymbol{K}_{\mathrm{T}}^n$ 并求它的逆[见式(7-2)和式(7-12)]。如果在牛顿法中，在计算的每一步内，矩阵 $\boldsymbol{K}_{\mathrm{T}}^n$ 均用初始近似解 $\boldsymbol{a}^0$ 计算，即用

$$\boldsymbol{K}_{\mathrm{T}}^0=\boldsymbol{K}_{\mathrm{T}}(\boldsymbol{a}^0)$$

代替

$$\boldsymbol{K}_{\mathrm{T}}^n=\boldsymbol{K}_{\mathrm{T}}(\boldsymbol{a}^n)$$

在这种情况，仅第一步迭代需要完全求解一个线性方程组。例如，将 $\boldsymbol{K}_{\mathrm{T}}(\boldsymbol{a}^0)$ 三角分解并存储起来，而以后各步迭代中采用公式

$$\Delta \boldsymbol{a}^n=-(\boldsymbol{K}_{\mathrm{T}}^0)^{-1}\boldsymbol{\Psi}(\boldsymbol{a}^n) \tag{7-14}$$

则只需按上式右端项中的 $\boldsymbol{\Psi}(\boldsymbol{a}^n)$ 进行回代就行了。这种方法叫修正的牛顿法。

使用修正的牛顿法求解非线性方程组，虽然每一步迭代所花费的计算时间较少，但迭代过程的收敛速度降低了。对单变量问题使用修正牛顿法的计算过程如图 7-3 所示，具体的做法与前面图 7-2 介绍的牛顿法相似。

为了提高修正牛顿法的收敛速度可以采用某些过量修正技术。在按式(7-14)计算出 $\Delta \boldsymbol{a}^n$ 后，新的近似解矢量由下式给出

$$\boldsymbol{a}^{n+1}=\boldsymbol{a}^n+\omega^n\Delta \boldsymbol{a}^n \tag{7-15}$$

其中 ω^n 是大于 1 的正数，它称为过量修正因子。有人还用一个对角矩阵代替 ω^n。在某些非线性有限元分析中曾经使用过这种固定的 ω^n 值的加速方法。这还可使我们想到，借用于一维搜索办法可能取得更好的效果。我们这时将 $\Delta \boldsymbol{a}^n$ 看作 N 维空间中的搜索方向，我们希望在该方向上找到一个更好的近似值，即找到一个在式(7-15)中的最好的 ω^n 值。虽然沿着这一方向，不能期望求得精确解[使 $\boldsymbol{\Psi}(\boldsymbol{a})=0$ 的解]，但我们可以选择因子 ω^n（在搜索问题中称为步长因子），使 $\boldsymbol{\Psi}(\boldsymbol{a})$ 在搜索方向上的分量为零，即

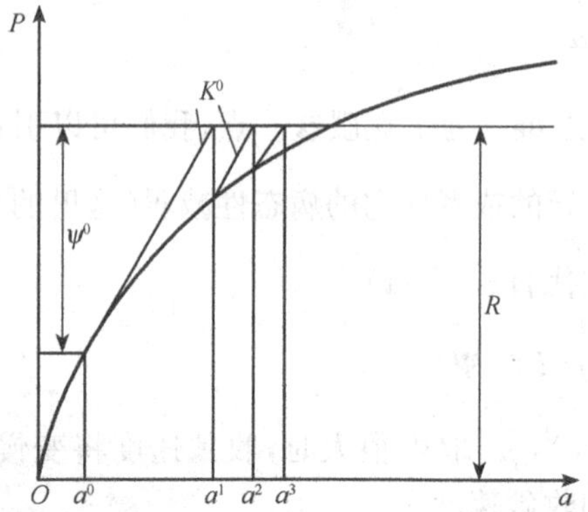

图 7-3

$$(\Delta \boldsymbol{a}^n)^T \boldsymbol{\Psi}(\boldsymbol{a}^n + \omega^n \Delta \boldsymbol{a}^n) = 0 \quad (7\text{-}16)$$

式(7-16)是一个关于 ω^n 的单变量非线性方程。通常用一些比较简单的方法来估算出 ω^n 的大小。

另外,在实践中使用修正牛顿法时,可以在每经过 k 次迭代后再重新计算一个 $\boldsymbol{K}_T$,即在式(7-14)中将 $\boldsymbol{K}_T^0$ 改为

$$\boldsymbol{K}_T^n = \boldsymbol{K}_T^j = \boldsymbol{K}_T(\boldsymbol{a}^j) \quad (j = k, 2k, \cdots) \quad (7\text{-}17)$$

这样也可达到提高收敛速度的效果。

4. 增量法

求解非线性方程组的另一类方法是增量法。增量法是把总荷载划分为若干荷载增量,这些荷载增量可以相等,也可以不相等,从问题的初始状态开始,随着荷载按增量形式逐步增大来求解位移 $\boldsymbol{a}$ 的方法。增量法需要知道问题的初始状态,在实际问题中,初始状态的荷载和位移一般均为零。增量方法的一个优点是可以得到整个荷载变化过程的一些中间数值结果。当问题的性质与加载历史有关时,必须采用增量法。

将总荷载 $\boldsymbol{R}$ 分为 M 个荷载增量步,即

$$\boldsymbol{R} = \sum_{i=1}^{M} \Delta \boldsymbol{R}_i \quad (7\text{-}18)$$

$$\boldsymbol{R}_{m+1} = \boldsymbol{R}_m + \Delta \boldsymbol{R}_m \quad (7\text{-}19)$$

设第 m 步的位移 $\boldsymbol{a}_m$ 已经得到,求第 $m+1$ 步的位移 $\boldsymbol{a}_{m+1}$。第 m 步和 $m+1$ 步的非线性方程分别为

$$\boldsymbol{\Psi}(\boldsymbol{a}_m, \boldsymbol{R}_m) = \boldsymbol{P}(\boldsymbol{a}_m) - \boldsymbol{R}_m = 0 \quad (7\text{-}20)$$

$$\boldsymbol{\Psi}(\boldsymbol{a}_m + \Delta \boldsymbol{a}_m, \boldsymbol{R}_m + \Delta \boldsymbol{R}_m) = \boldsymbol{P}(\boldsymbol{a}_m + \Delta \boldsymbol{a}_m) - \boldsymbol{R}_{m+1} = 0 \quad (7\text{-}21)$$

将 $\boldsymbol{\Psi}(\boldsymbol{a}_m + \Delta \boldsymbol{a}_m)$ 泰勒展开

$$\boldsymbol{\Psi}(\boldsymbol{a}_m + \Delta \boldsymbol{a}_m, \boldsymbol{R}_m + \Delta \boldsymbol{R}_m) = \boldsymbol{\Psi}(\boldsymbol{a}_m) + \nabla \boldsymbol{\Psi} \cdot \Delta \boldsymbol{a}_m + \frac{\partial \boldsymbol{\Psi}}{\partial \boldsymbol{R}} \Delta \boldsymbol{R}_m + \cdots \quad (7\text{-}22)$$

略去上式中的高阶微量,并注意到 $\frac{\partial \boldsymbol{\Psi}}{\partial \boldsymbol{R}} = -\boldsymbol{I}$,得

$$\boldsymbol{K}_T(\boldsymbol{a}_m) \Delta \boldsymbol{a}_m - \Delta \boldsymbol{R}_m = 0 \quad (7\text{-}23)$$

其中

$$\boldsymbol{K}_T(\boldsymbol{a}_m) = \nabla \boldsymbol{\Psi}(\boldsymbol{a}_m)$$

$\boldsymbol{K}_{\mathrm{T}}$ 为 m 级荷载末的切线刚度矩阵。

由式(7-23)得到由 $\boldsymbol{a}_m$ 计算 $\boldsymbol{a}_{m+1}$ 的公式如下，即

$$\left.\begin{aligned}\Delta\boldsymbol{a}_m &= \boldsymbol{K}_{\mathrm{T}}^{-1}(\boldsymbol{a}_m)\Delta\boldsymbol{R}_m \\ \boldsymbol{a}_{m+1} &= \boldsymbol{a}_m + \Delta\boldsymbol{a}_m\end{aligned}\right\} \tag{7-24}$$

增量法的实质是将非线性问题分段线性化，然后累加得到总的位移。

在一个自变量的情况下，上述方法的求解过程如图 7-4 所示。如果 $\Delta\boldsymbol{R}_{\mathrm{m}}$ 取得充分小，有理由认为由式(7-24)得到的解是方程组(7-21)的合理近似解。但是，实际求解过程中，式(7-20)不能严格满足，即

$$\boldsymbol{\varPsi}(\boldsymbol{a}_m, \boldsymbol{R}_m) \neq 0 \tag{7-25}$$

因此，在每个荷载增量步的计算中，都会产生某些偏差，造成对真解的漂移，见图 7-4(a)，而且随着求解步数的增多，这种偏差会不断积累，以致最后的解偏离真解较远。为此需要对算法(7-23)作些改进。在式(7-22)中保留 $\boldsymbol{\varPsi}(\boldsymbol{a}_m)$ 项，便得一种改进的算法

$$\left.\begin{aligned}\Delta\boldsymbol{a}_m &= \boldsymbol{K}_{\mathrm{T}}^{-1}(\boldsymbol{a}_m)(\Delta\boldsymbol{R}_m - \boldsymbol{\varPsi}(\boldsymbol{a}_m)) \\ &= \boldsymbol{K}_{\mathrm{T}}(\boldsymbol{a}_m)(\boldsymbol{R}_{m+1} - \boldsymbol{P}(\boldsymbol{a}_m)) \\ \boldsymbol{a}_{m+1} &= \boldsymbol{a}_m + \Delta\boldsymbol{a}_m\end{aligned}\right\} \tag{7-26}$$

这种改进的算法，对于每一步的增量解计算，都相当于将不平衡量公式(7-25)对真解的偏差做了一次修正。在单变量的情况下，计算过程如图 7-4(b)所示。这种方法称为自修正方法。

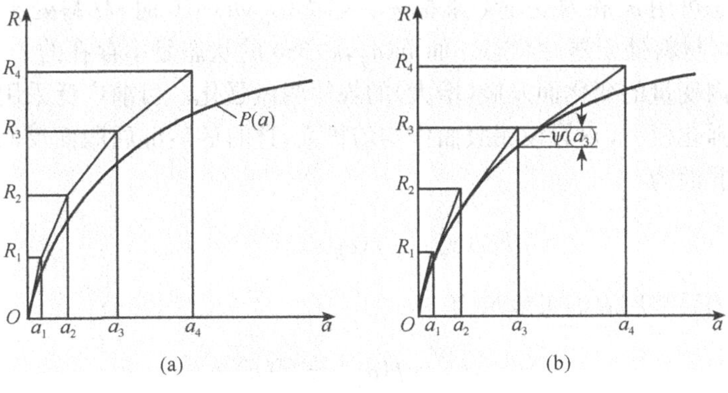

图 7-4　增量法

在实际问题中，荷载增量 $\Delta\boldsymbol{R}_m$ 分得较大的情况，为了进一步提高求解精度，将 $\boldsymbol{a}_m$ 作为一个初步的试探解，在增量步内采用牛顿迭代法或修正的牛顿法可以得到更精确的解。

7.2 塑性屈服条件

在小变形假定下,塑性力学中的平衡微分方程和几何方程仍与弹性力学的相同,只是本构方程不同,因此,塑性力学的主要内容是讨论本构方程和屈服条件。

1. 屈服条件

在一般应力状态下,当应力满足如下条件时材料发生屈服。

$$F(\sigma_{ij},k)=0 \tag{7-27}$$

式(7-27)称为屈服条件,它在应力空间代表一个曲面,称为屈服面,F 称为屈服函数。其中,σ_{ij} 为应力分量,k 是标志材料内部结构永久性变化的量,称为内变量,它可以是塑性功 w^p 或是等效塑性应变 $\bar{\varepsilon}^p$ 等,即

$$w^p=\int\sigma_{ij}\,\mathrm{d}\varepsilon_{ij}^p \tag{7-28a}$$

$$\bar{\varepsilon}^p=\int\sqrt{\mathrm{d}\varepsilon_{ij}^p\,\mathrm{d}\varepsilon_{ij}^p} \tag{7-28b}$$

在加载过程中,最初发生屈服时的屈服条件叫初始屈服条件。进入塑性屈服以后,由于产生了塑性变形,内变量随着增长,使屈服条件发生变化,这时的屈服条件叫后继屈服条件。初始屈服条件和后继屈服条件在应力空间相应的曲面分别称为初始屈服面和后继屈服面,统称为屈服面。

材料的状态可用 σ_{ij} 和内变量 k 来描述。当 $F(\sigma_{ij},k)<0$ 时,材料处于弹性状态。当 $F(\sigma_{ij},k)=0$ 时,材料处于塑性状态。而 $F(\sigma_{ij},k)>0$ 的状态是不存在的。

屈服面随内变量的变化而发展(增大)的规律叫做强化。目前广泛采用的最简单的强化模型是等向强化模型,它假设屈服面作均匀扩大,这时的后继屈服面仅取决于单个参数 k,如果初始屈服面为

$$F^*(\sigma_{ij})=f(\sigma_{ij})-C=0 \tag{7-29}$$

那么等向强化的后继屈服面可表示为

$$F(\sigma_{ij},k)=f(\sigma_{ij})-H(k)=0 \tag{7-30}$$

式(7-29)中的 C 为材料塑性常数。

下面列出几个常用的屈服条件。

1) 屈雷斯卡(Tresca)屈服条件

屈雷斯卡通过对金属材料的试验指出,当最大切应力 $\tau_{\max}$ 达到某一定值 k 时,材料就发生屈服,此条件可表示为

$$\tau_{\max}=k \tag{7-31a}$$

当 $\sigma_1 \geqslant \sigma_2 \geqslant \sigma_3$ 时可写为

$$\sigma_1 - \sigma_3 = 2k \tag{7-31b}$$

在主应力大小次序未知的情况下，屈雷斯卡屈服条件应表示为

$$\left.\begin{array}{l}\sigma_1 - \sigma_2 = \pm 2k \\ \sigma_2 - \sigma_3 = \pm 2k \\ \sigma_3 - \sigma_1 = \pm 2k\end{array}\right\} \tag{7-31c}$$

一般表达式为

$$F = [(\sigma_1 - \sigma_2)^2 - 4k^2][(\sigma_2 - \sigma_3)^2 - 4k^2][(\sigma_3 - \sigma_1)^2 - 4k^2] = 0 \tag{7-31d}$$

在主应力空间中，$\sigma_1 - \sigma_2 = \pm 2k$ 是一对与 π 平面的法线及 σ_3 轴平行的平面，因此，屈雷斯卡屈服面是由 3 对互相平行的平面组成的、垂直于 π 平面的正六边形柱面[图 7-5(a)]，它与 π 平面的截线(屈服线)是一个正六边形，如图 7-5(b)所示。

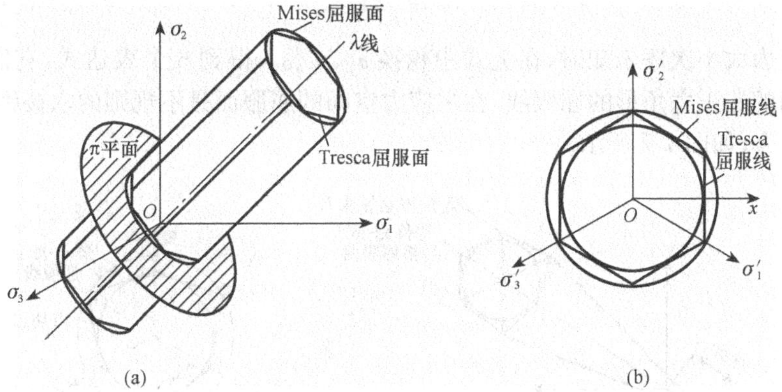

图 7-5　屈雷斯卡和米赛斯屈服面和屈服线

2) 米赛斯(Mises)屈服条件

米赛斯屈服面在 π 平面上的屈服线是屈雷斯卡六边形的外接圆或内切圆，如图 7-5(b)所示。在主应力空间中的屈服面是一个垂直于 π 平面的圆柱面，如图 7-5(a)所示。

米赛斯屈服条件为

$$\begin{aligned}F &= \sqrt{3J_2} - H(k) \\ &= \frac{1}{\sqrt{2}}\sqrt{(\sigma_x - \sigma_y)^2 + (\sigma_y - \sigma_z)^2 + (\sigma_z - \sigma_x)^2 + 6(\tau_{xy}^2 + \tau_{yz}^2 + \tau_{zx}^2)} - H(k) \\ &= 0\end{aligned} \tag{7-32}$$

3) 莫尔-库仑(Mohr-Coulomb)屈服条件

当材料某点应力满足如下关系时，便发生剪切破裂。

$$\tau_n = C - \sigma_n \tan\varphi \tag{7-33}$$

式中,C 为凝聚力;φ 为内摩擦角;τ_n 为破裂面上的切应力;σ_n 为破裂面上的正应力。式(7-33)称为莫尔-库仑屈服条件。

当主应力大小次序已知时,设 $\sigma_1 \geqslant \sigma_2 \geqslant \sigma_3$,由图 7-6 可知式(7-33)可用主应力表示为

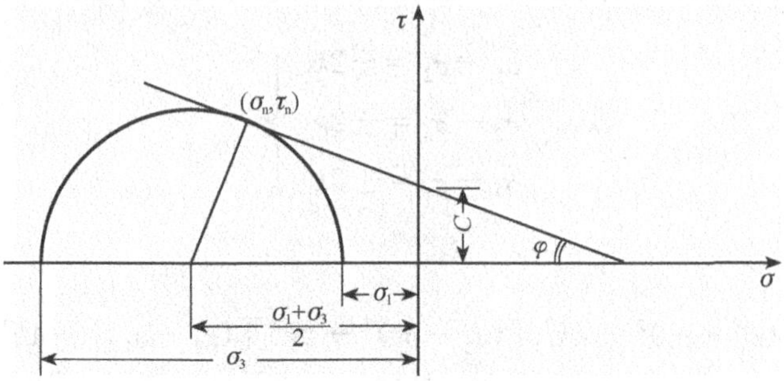

图 7-6 莫尔-库仑屈服条件

$$F=\frac{1}{2}(\sigma_1-\sigma_3)+\frac{1}{2}(\sigma_1+\sigma_3)\sin\varphi-C\cos\varphi \tag{7-34}$$

当主应力大小次序未知时,在上式中轮换 σ_1、σ_2、σ_3,得到 6 个表达式,它们在 π 平面上构成封闭的非正六角形的屈服线,在主应力空间的屈服面是不规则的六棱锥面,其中心线与 λ 线重合,如图 7-7 所示。

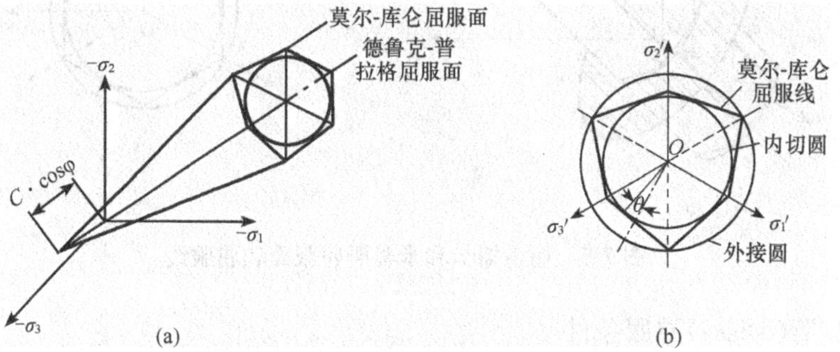

图 7-7 莫尔-库仑和德鲁克-普拉格屈服面和屈服线

4) 德鲁克-普拉格(Drucker-Prager)屈服条件

莫尔-库仑屈服条件在主应力空间是一个不规则的六棱锥面,在棱上几何不光滑。德鲁克和普拉格在 1952 年提出一个屈服面内切于莫尔-库仑六棱锥的屈服条件,它是一个光滑的圆锥面(图 7-7)。德鲁克-普拉格屈服条件为

$$F=\alpha I_1+\sqrt{J_2}-k=0 \tag{7-35}$$

式中,α,k 为材料参数;I_1 为应力张量第一不变量;J_2 为偏应力张量第二不变量。

当规定在平面应变条件下莫尔-库仑条件与德鲁克-普拉格条件一致时,可以确定 α,k 与 C,φ 的关系。

在平面应变情况下,$\mathrm{d}\varepsilon_z=\mathrm{d}\varepsilon_{zx}=\mathrm{d}\varepsilon_{zy}=0$。并假设 $\mathrm{d}\varepsilon_z^p=\mathrm{d}\varepsilon_{zx}^p=\mathrm{d}\varepsilon_{zy}^p=0$。根据关联的

流动法则，对于德鲁克-普拉格屈服条件有

$$d\varepsilon_{ij}^{p}=d\lambda\frac{\partial F}{\partial\sigma_{ij}}=d\lambda\left(\alpha\delta_{ij}+\frac{S_{ij}}{2\sqrt{J_2}}\right)$$

其中 S_{ij} 为偏应力张量。

根据平面应变问题的假设

$$d\varepsilon_{z}^{p}=d\lambda\left(\alpha+\frac{S_{z}}{2\sqrt{J_2}}\right)=0 \tag{7-36a}$$

$$d\varepsilon_{zx}^{p}=d\lambda\frac{S_{zx}}{2\sqrt{J_2}}=0 \tag{7-36b}$$

$$d\varepsilon_{zy}^{p}=d\lambda\frac{S_{zy}}{2\sqrt{J_2}}=0 \tag{7-36c}$$

由上述三式得

$$S_z=-2\alpha\sqrt{J_2}\qquad S_{zx}=0\qquad S_{zy}=0$$

再考虑到

$$I_1=\sigma_x+\sigma_y+\sigma_z=\sigma_x+\sigma_y+S_z+\frac{1}{3}I_1$$

由此解得

$$\begin{aligned}I_1&=\frac{3}{2}(\sigma_x+\sigma_y)-3\alpha\sqrt{J_2}\\ \sigma_z&=I_1-(\sigma_x+\sigma_y)\\ &=\frac{1}{2}(\sigma_x+\sigma_y)-3\alpha\sqrt{J_2}\end{aligned}$$

则

$$\begin{aligned}J_2&=\frac{1}{6}\left[(\sigma_x-\sigma_y)^2+(\sigma_y-\sigma_z)^2+(\sigma_z-\sigma_x)^2+6(\tau_{xy}^2+\tau_{yz}^2+\tau_{zx}^2)\right]\\ &=\frac{1}{1-3\alpha^2}\left[\frac{1}{4}(\sigma_x-\sigma_y)^2+\tau_{xy}^2\right]\end{aligned}$$

将 I_1 和 J_2 的表达式代入式(7-35)，得

$$F=\frac{3\alpha}{2\sqrt{1-3\alpha^2}}(\sigma_x+\sigma_y)+\sqrt{\left(\frac{\sigma_x-\sigma_y}{2}\right)^2+\tau_{xy}^2}-\frac{k}{\sqrt{1-3\alpha^2}}=0 \tag{7-37}$$

将式(7-37)与莫尔-库仑条件(7-34)比较，并注意到，$\sigma_x+\sigma_y=\sigma_1+\sigma_3$，$\sqrt{\left(\frac{\sigma_x-\sigma_y}{2}\right)^2+\tau_{xy}^2}=$

$\frac{1}{2}(\sigma_1-\sigma_3)$，得

$$\frac{3\alpha}{\sqrt{1-3\alpha^2}}=\sin\varphi, \quad \frac{k}{C\sqrt{1-3\alpha^2}}=\cos\varphi$$

解得

$$\alpha=\frac{\tan\varphi}{\sqrt{9+12\tan^2\varphi}}, \quad k=\frac{3C}{\sqrt{9+12\tan^2\varphi}} \tag{7-38}$$

德鲁克-普拉格屈服条件考虑了静水压力对屈服特性的影响，并能反映剪切引起膨胀的性质，在主应力空间的屈服面又是光滑的，因此，在模拟岩土类材料的弹塑性问题时，得到了广泛的应用。

5) Hsieh 四参数屈服条件

Hsieh 等 1979 年针对混凝土试验提出了如下屈服条件[11]为

$$F=a\frac{J_2}{R_c^2}+b\frac{\sqrt{J_2}}{R_c}+c\frac{\sigma_1}{R_c}+d\frac{I_1}{R_c}-1=0 \tag{7-39}$$

式中，a,b,c,d 是由试验确定的材料参数，R_c 为混凝土破坏强度。在子午面上屈服线是曲线，在 π 平面上屈服线不是圆形而接近于三角形，当 $a=c=0$ 时，它退化为德鲁克-普拉格条件，当 $a=c=d=0$，它退化为米塞斯屈服条件。

2. 加载准则

对于理想塑性材料，屈服面的大小和形状不随塑性应变的发展而变化。当应力满足式(7-30)时，材料处于塑性状态，这时，对材料施加应力增量 $d\sigma_{ij}$ 只有两种不同的反应。一种是有新的塑性应变 $d\varepsilon_{ij}^p$ 产生，这种情况称为塑性加载，简称加载，另一种情况是不产生新的塑性应变，反应是纯弹性的，这种情况称为卸载。在卸载时，材料由一个塑性状态退回到一个弹性状态，即应力点离开屈服面。在加载时，材料从一个塑性状态进入到另一个塑性变形更加发展的塑性状态，应力点保持在屈服面上。[图 7-8(a)]因此，理想塑性材料的加载准则为

$$\frac{\partial F}{\partial \sigma_{ij}}d\sigma_{ij}\begin{cases}<0, & \text{卸载}\\ =0, & \text{加载}\end{cases} \tag{7-40}$$

对于强化塑性材料，在加载与卸载之间存在一个中间状况，称中性变载。在中性变载时，没有新的塑性变形发生，但应力点保持在屈服面上[图 7-8(b)]。强化塑性材料的加载准则为

$$\frac{\partial F}{\partial \sigma_{ij}}d\sigma_{ij}\begin{cases}<0, & \text{卸载}\\ =0, & \text{中性变载}\\ >0, & \text{加载}\end{cases} \tag{7-41}$$

混凝土、岩石类材料在破坏过程中还经常出现软化现象。对于软化材料，在加载时屈服面

收缩，应力增量指向屈服面的内侧，因而不能给出一个区别加载和卸载的表达式[图 7-8(c)]。这时，要用应变空间描述本构方程和加载准则。

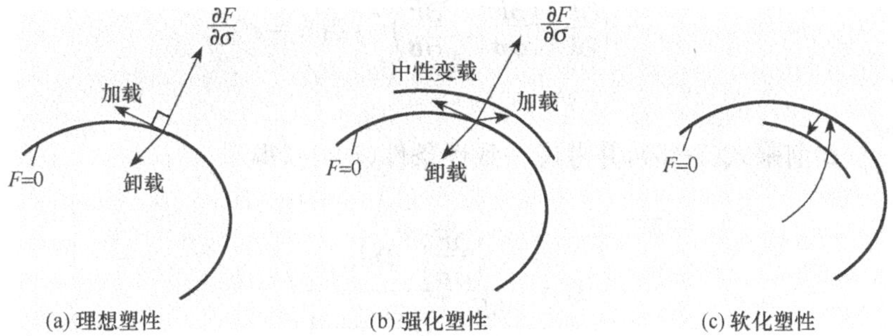

图 7-8

7.3　塑性状态下的本构方程

在应力增量 $\mathrm{d}\boldsymbol{\sigma}$ 作用下，产生的应变增量 $\mathrm{d}\boldsymbol{\varepsilon}$ 由弹性应变和塑性应变组成，即

$$\mathrm{d}\boldsymbol{\varepsilon}=\mathrm{d}\boldsymbol{\varepsilon}^{e}+\mathrm{d}\boldsymbol{\varepsilon}^{p} \tag{7-42}$$

弹性应变 $\mathrm{d}\boldsymbol{\varepsilon}^{e}$ 与应力增量 $\mathrm{d}\boldsymbol{\sigma}$ 满足胡克定律，即

$$\mathrm{d}\boldsymbol{\varepsilon}^{e}=\boldsymbol{D}^{-1}\mathrm{d}\boldsymbol{\sigma} \tag{7-43}$$

对于稳定材料，塑性应变增量由正交流动法则确定，即

$$\mathrm{d}\boldsymbol{\varepsilon}^{p}=\mathrm{d}\lambda\frac{\partial F}{\partial \boldsymbol{\sigma}} \tag{7-44}$$

其中 $\mathrm{d}\lambda$ 是一个非负参数。在加载时 $\mathrm{d}\lambda>0$，其他情况 $\mathrm{d}\lambda=0$，则总应变增量为

$$\mathrm{d}\boldsymbol{\varepsilon}=\boldsymbol{D}^{-1}\mathrm{d}\boldsymbol{\sigma}+\mathrm{d}\lambda\frac{\partial F}{\partial \boldsymbol{\sigma}} \tag{7-45}$$

$\mathrm{d}\lambda$ 由一致性条件 $\mathrm{d}F=0$ 确定，即

$$\left\{\frac{\partial F}{\partial \boldsymbol{\sigma}}\right\}^{\mathrm{T}}\mathrm{d}\boldsymbol{\sigma}+\frac{\partial F}{\partial k}\mathrm{d}k=0 \tag{7-46}$$

$$\mathrm{d}k=\begin{cases}\mathrm{d}\lambda\boldsymbol{\sigma}^{\mathrm{T}}\dfrac{\partial F}{\partial \boldsymbol{\sigma}}, & \text{当 } k=w^{p}=\int\boldsymbol{\sigma}^{\mathrm{T}}\mathrm{d}\boldsymbol{\varepsilon}^{p}\\ \mathrm{d}\lambda\left(\left\{\dfrac{\partial F}{\partial \boldsymbol{\sigma}}\right\}^{\mathrm{T}}\dfrac{\partial F}{\partial \boldsymbol{\sigma}}\right)^{\frac{1}{2}}, & \text{当 } k=\bar{\varepsilon}^{p}=\int(\mathrm{d}\boldsymbol{\varepsilon}^{p\mathrm{T}}\mathrm{d}\boldsymbol{\varepsilon}^{p})^{\frac{1}{2}}\end{cases}$$

因此，式(7-46)可以写成

$$\left\{\frac{\partial F}{\partial \boldsymbol{\sigma}}\right\}^{\mathrm{T}}\mathrm{d}\boldsymbol{\sigma}+\mathrm{d}\lambda A=0 \tag{7-47}$$

$$A=\begin{cases}\dfrac{\partial F}{\partial k}\boldsymbol{\sigma}^{\mathrm{T}}\dfrac{\partial F}{\partial \boldsymbol{\sigma}}, & \text{当 } k=w^{p}\\ \dfrac{\partial F}{\partial k}\left(\left\{\dfrac{\partial F}{\partial \boldsymbol{\sigma}}\right\}^{\mathrm{T}}\dfrac{\partial F}{\partial \boldsymbol{\sigma}}\right)^{\frac{1}{2}}, & \text{当 } k=\bar{\varepsilon}^{p}\end{cases}$$

用$\left\{\dfrac{\partial F}{\partial \boldsymbol{\sigma}}\right\}^{\mathrm{T}}\boldsymbol{D}$前乘式(7-45)，并考虑一致性条件(7-47)，得

$$\mathrm{d}\lambda=\frac{\left\{\dfrac{\partial F}{\partial \boldsymbol{\sigma}}\right\}^{\mathrm{T}}\boldsymbol{D}\mathrm{d}\boldsymbol{\varepsilon}}{\left\{\dfrac{\partial F}{\partial \boldsymbol{\sigma}}\right\}^{\mathrm{T}}\boldsymbol{D}\dfrac{\partial F}{\partial \boldsymbol{\sigma}}-A} \tag{7-48}$$

对式(7-45)前乘 $\boldsymbol{D}$，并将 $\mathrm{d}\lambda$ 的表达式代入，得到应力增量与应变增量的关系式。

$$\mathrm{d}\boldsymbol{\sigma}=\boldsymbol{D}_{ep}\,\mathrm{d}\boldsymbol{\varepsilon} \tag{7-49}$$

$$\boldsymbol{D}_{ep}=\boldsymbol{D}-\boldsymbol{D}_{P} \tag{7-50}$$

$$\boldsymbol{D}_{p}=\frac{\boldsymbol{D}\dfrac{\partial F}{\partial \boldsymbol{\sigma}}\left\{\dfrac{\partial F}{\partial \boldsymbol{\sigma}}\right\}^{\mathrm{T}}\boldsymbol{D}}{\left\{\dfrac{\partial F}{\partial \boldsymbol{\sigma}}\right\}^{\mathrm{T}}\boldsymbol{D}\dfrac{\partial F}{\partial \boldsymbol{\sigma}}-A} \tag{7-51}$$

$\boldsymbol{D}_{p}$ 称为塑性矩阵，$\boldsymbol{D}_{ep}$ 称为弹塑性矩阵。与弹性问题的应力应变关系相比，这里用弹塑性矩阵 $\boldsymbol{D}_{ep}$ 取代了弹性矩阵 $\boldsymbol{D}$，而且 $\boldsymbol{D}_{ep}$ 是应力和内变量的函数。

以下讨论塑性矩阵的具体计算。以米塞斯屈服条件为例

$$F=\bar{\sigma}-H(k)=\bar{\sigma}-\sigma_{s}(k)$$

其中 $\bar{\sigma}=\sqrt{3J_2}$

$$\frac{\partial F}{\partial \boldsymbol{\sigma}}=\frac{3}{\partial\sqrt{3J_2}}\frac{\partial J_2}{\partial \boldsymbol{\sigma}}=\frac{3}{2\bar{\sigma}}\begin{bmatrix}S_x & S_y & S_z & 2\tau_{xy} & 2\tau_{yz} & 2\tau_{zx}\end{bmatrix}^{\mathrm{T}}$$
$$=\frac{3}{2\bar{\sigma}}\bar{\boldsymbol{S}}$$

$$\boldsymbol{D}\frac{\partial F}{\partial \boldsymbol{\sigma}}=\frac{3E}{2\bar{\sigma}(1+\nu)(1-2\nu)}\begin{bmatrix}1-\nu & \nu & \nu & 0 & 0 & 0\\ & 1-\nu & \nu & 0 & 0 & 0\\ & & 1-\nu & 0 & 0 & 0\\ & & & \dfrac{1-2\nu}{2} & 0 & 0\\ & \text{对} & & & \dfrac{1-2\nu}{2} & 0\\ & & \text{称} & & & \dfrac{1-2\nu}{2}\end{bmatrix}\begin{Bmatrix}S_x\\ S_y\\ S_z\\ 2\tau_{xy}\\ 2\tau_{yz}\\ 2\tau_{zx}\end{Bmatrix}$$

$$=\frac{3G}{\bar{\sigma}}[S_x\quad S_y\quad S_z\quad \tau_{xy}\quad \tau_{yz}\quad \tau_{zx}]^{\mathrm{T}}$$

$$=\frac{3G}{\bar{\sigma}}\boldsymbol{S}$$

$$\boldsymbol{D}\left\{\frac{\partial F}{\partial \boldsymbol{\sigma}}\right\}\left\{\frac{\partial F}{\partial \boldsymbol{\sigma}}\right\}^{\mathrm{T}}\boldsymbol{D}=\left(\frac{3G}{\bar{\sigma}}\right)^2\boldsymbol{S}\boldsymbol{S}^{\mathrm{T}} \tag{7-52}$$

$$\left\{\frac{\partial F}{\partial \boldsymbol{\sigma}}\right\}^{\mathrm{T}}\boldsymbol{D}\frac{\partial F}{\partial \boldsymbol{\sigma}}=\frac{3G}{\bar{\sigma}}\boldsymbol{S}^{\mathrm{T}}\frac{3}{2\bar{\sigma}}\boldsymbol{S}$$

$$=\frac{9G}{2(\bar{\sigma})^2}(S_x^2+S_y^2+S_z^2+2\tau_{xy}^2+2\tau_{yz}^2+2\tau_{zx}^2)$$

$$=3G \tag{7-53}$$

当取 $k=w^p=\int\boldsymbol{\sigma}^{\mathrm{T}}\mathrm{d}\boldsymbol{\varepsilon}^p$

$$A=\frac{\partial F}{\partial k}\boldsymbol{\sigma}^{\mathrm{T}}\frac{\partial F}{\partial \boldsymbol{\sigma}}$$

$$=-\frac{\partial H}{\partial \varepsilon^p}\frac{\partial \varepsilon^p}{\partial k}\boldsymbol{\sigma}^{\mathrm{T}}\frac{\partial F}{\partial \boldsymbol{\sigma}}=-H'\frac{1}{\sigma_s(k)}\boldsymbol{\sigma}^{\mathrm{T}}\frac{3}{2\bar{\sigma}}\boldsymbol{S}$$

$$=-H'\frac{1}{\sigma_s(k)}\frac{3}{2\bar{\sigma}}2J_2=-H' \tag{7-54}$$

H'为简单拉伸曲线的斜率(图7-9),称为塑性模量。

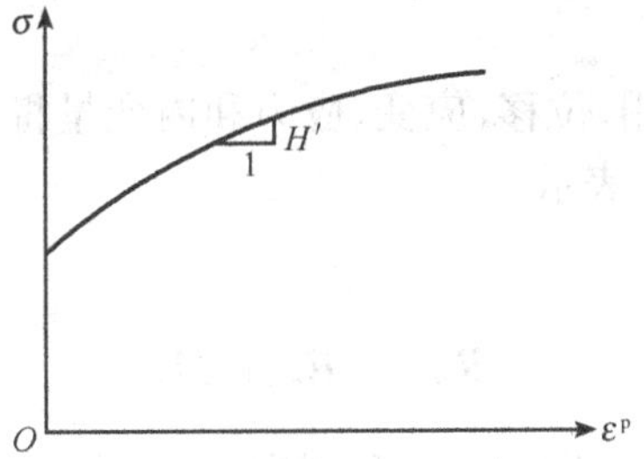

图 7-9

将式(7-52)、式(7-53)和式(7-54)代入式(7-51),得塑性矩阵 $\boldsymbol{D}_p$

$$\boldsymbol{D}_p=\frac{1}{3G+H'}\left(\frac{3G}{\bar{\sigma}}\right)^2\boldsymbol{S}\boldsymbol{S}^{\mathrm{T}}$$

$$=\frac{9G^2}{(3G+H')\bar{\sigma}^2}\begin{bmatrix} S_xS_x & S_xS_y & S_xS_z & S_x\tau_{xy} & S_x\tau_{yz} & S_x\tau_{zx} \\ S_yS_x & S_yS_y & S_yS_z & S_y\tau_{xy} & S_y\tau_{yz} & S_y\tau_{zx} \\ S_zS_x & S_zS_y & S_zS_z & S_z\tau_{xy} & S_z\tau_{yz} & S_z\tau_{zx} \\ \tau_{xy}S_x & \tau_{xy}S_y & \tau_{xy}S_z & \tau_{xy}^2 & \tau_{xy}\tau_{yz} & \tau_{xy}\tau_{zx} \\ \tau_{yz}S_x & \tau_{yz}S_y & \tau_{yz}S_z & \tau_{yz}\tau_{xy} & \tau_{yz}^2 & \tau_{yz}\tau_{zx} \\ \tau_{zx}S_x & \tau_{zx}S_y & \tau_{zx}S_z & \tau_{zx}\tau_{xy} & \tau_{zx}\tau_{yz} & \tau_{zx}^2 \end{bmatrix} \tag{7-55}$$

对于其他各种屈服函数可以类似计算,可见,只要给出适当的屈服函数 $F(\boldsymbol{\sigma},k)$ 就能根据式(7-51)计算出塑性矩阵 $\boldsymbol{D}_p$,继而得到弹塑性矩阵 $\boldsymbol{D}_{ep}$。

$H'>0$ 表示强化,$H'=0$ 为理想塑性,$H'<0$ 为软化。在强化和理想塑性情况,显然有 $(3G+H')>0$;在软化情况,只要 $|H'|<3G$,就可保证 $(3G+H')>0$,本构关系有意义。

7.4　增量形式的弹塑性平衡方程

在弹塑性问题中,应力、应变以及材料的塑性性质均与加载历史有关。因此,求解方程必须要用增量形式表示。这就需要按荷载作用的实际情况,在小的荷载增量下从初始状态开始逐步地计算求解。另一类问题是地表或地下岩土工程、水工结构基础开挖、大型桥梁的分阶段施工等的计算,虽然材料本身可以假设是非线性弹性的,而与变形历史无关,但不同的施工(开挖和建造)过程对结果有重大的影响,这种情况也需要根据具体的施工步序用增量方法进行逐步计算。

在用增量方法求解时,需要把总荷载 $\boldsymbol{R}$ 分为若干小的荷载增量 $\Delta\boldsymbol{R}$,通常是按比例或按实际施工加载设计把总荷载分为 M 个荷载增量。即

$$\boldsymbol{R}=\sum_{m=1}^{M}\Delta\boldsymbol{R}_m$$

考虑结构在一个典型荷载增量 $\Delta\boldsymbol{R}$ 作用下的情况。在这个荷载增量施加之前结构上已经作用有累积荷载 $\boldsymbol{R}_m$,相应的位移、应变、应力和内变量等都已经计算出来,分别用 $\boldsymbol{a}_m,\boldsymbol{\varepsilon}_m,\boldsymbol{\sigma}_m$ 和 k_m 表示。

由于荷载增量 $\Delta\boldsymbol{R}$ 的作用,位移、应变、应力和内变量将相应发生改变,其改变量(增量)分别用 $\Delta\boldsymbol{a},\Delta\boldsymbol{\varepsilon},\Delta\boldsymbol{\sigma}$ 和 Δk 表示。

那么在累积荷载

$$\boldsymbol{R}_{m+1}=\boldsymbol{R}_m+\Delta\boldsymbol{R} \tag{7-56}$$

的作用下,总的位移、应变、应力和内变量分别为

$$\left.\begin{aligned}\boldsymbol{a}_{m+1}&=\boldsymbol{a}_m+\Delta\boldsymbol{a}\\ \boldsymbol{\varepsilon}_{m+1}&=\boldsymbol{\varepsilon}_m+\Delta\boldsymbol{\varepsilon}\\ \boldsymbol{\sigma}_{m+1}&=\boldsymbol{\sigma}_m+\Delta\boldsymbol{\sigma}\\ k_{m+1}&=k_m+\Delta k\end{aligned}\right\} \tag{7-57}$$

根据虚功原理可以得到结构在荷载作用下的平衡方程。设虚位移为 $\delta\boldsymbol{u}$,相应的虚应变为 $\delta\boldsymbol{\varepsilon}$,则在 $m+1$ 级荷载作用下的(此时的累积荷载为 $\boldsymbol{R}_{m+1}$)虚功方程为

$$\int_V\delta\boldsymbol{\varepsilon}^{\mathrm{T}}\boldsymbol{\sigma}_{m+1}\mathrm{d}v=\int_V\delta\boldsymbol{u}^{\mathrm{T}}\boldsymbol{f}_{m+1}\mathrm{d}v+\int_{S_\sigma}\delta\boldsymbol{u}^{\mathrm{T}}\bar{\boldsymbol{f}}_{m+1}\mathrm{d}s$$

结构离散化以后,上式成为

$$\delta \boldsymbol{a}^{\mathrm{T}} \sum_e \boldsymbol{C}_e^{\mathrm{T}} \int_{V^e} \boldsymbol{B}^{\mathrm{T}} \boldsymbol{\sigma}_{m+1} \mathrm{d}v = \delta \boldsymbol{a}^{\mathrm{T}} \sum_e \boldsymbol{C}_e^{\mathrm{T}} \left(\int_{V^e} \boldsymbol{N}^{\mathrm{T}} \boldsymbol{f}_{m+1} \mathrm{d}v + \int_{S^e} \boldsymbol{N}^{\mathrm{T}} \bar{\boldsymbol{f}}_{m+1} \mathrm{d}s \right)$$

由于结点虚位移 $\delta \boldsymbol{a}$ 是任意的，得

$$\sum_e \boldsymbol{C}_e^{\mathrm{T}} \int_{V^e} \boldsymbol{B}^{\mathrm{T}} \boldsymbol{\sigma}_{m+1} \mathrm{d}v - \sum_e \boldsymbol{C}_e^{\mathrm{T}} \boldsymbol{R}_{m+1}^e = 0 \tag{7-58}$$

其中 $\boldsymbol{C}_e$ 为各单元的选择矩阵，$\sum$ 表示对所有相关单元累加，$\boldsymbol{R}_{m+1}^e$ 为单元等效结点荷载。

$$\boldsymbol{R}_{m+1}^e = \int_{V^e} \boldsymbol{N}^{\mathrm{T}} \boldsymbol{f}_{m+1} \mathrm{d}v + \int_{S^e} \boldsymbol{N}^{\mathrm{T}} \bar{\boldsymbol{f}}_{m+1} \mathrm{d}s \tag{7-59}$$

式(7-59)中右边第一项代表体力引起的单元等效荷载，第二项代表面力引起的单元等效荷载。在式(7-58)中第二项表示所有单元等效荷载的累加，即整体等效荷载 $\boldsymbol{R}_{m+1}$。将式(7-58)写成

$$\boldsymbol{\Psi}(\boldsymbol{a}_{m+1}) = \sum_e \boldsymbol{C}_e^{\mathrm{T}} \int_{V^e} \boldsymbol{B}^{\mathrm{T}} \boldsymbol{\sigma}_{m+1} \mathrm{d}v - \boldsymbol{R}_{m+1} = 0 \tag{7-60}$$

式(7-60)就是结构各结点的平衡方程。

同理可以推得 m 级荷载下的平衡方程为

$$\boldsymbol{\Psi}(\boldsymbol{a}_m) = \sum_e \boldsymbol{C}_e^{\mathrm{T}} \int_{V^e} \boldsymbol{B}^{\mathrm{T}} \boldsymbol{\sigma}_m \mathrm{d}v - \boldsymbol{R}_m = 0 \tag{7-61}$$

将式(7-56)和式(7-57)代入式(7-60)，得

$$\sum_e \boldsymbol{C}_e^{\mathrm{T}} \int_{V^e} \boldsymbol{B}^{\mathrm{T}} \Delta \boldsymbol{\sigma} \mathrm{d}v - \Delta \boldsymbol{R} + \boldsymbol{\Psi}(\boldsymbol{a}_m) = 0 \tag{7-62}$$

如果 m 级荷载时的计算足够精确，则式(7-61)严格成立，即 $\boldsymbol{\Psi}(\boldsymbol{a}_m)=0$，这时式(7-62)成为

$$\sum_e \boldsymbol{C}_e^{\mathrm{T}} \int_{V^e} \boldsymbol{B}^{\mathrm{T}} \Delta \boldsymbol{\sigma} \mathrm{d}v = \Delta \boldsymbol{R} \tag{7-63}$$

如果荷载增量足够少，增量应力 $\Delta \boldsymbol{\sigma}$ 与增量应变 $\Delta \boldsymbol{\varepsilon}$ 具有如同式(7-49)的关系。

将弹塑性本构关系式(7-49)代入式(7-63)，得

$$\sum_e \boldsymbol{C}_e^{\mathrm{T}} \int_{V^e} \boldsymbol{B}^{\mathrm{T}} \boldsymbol{D}_{ep} \boldsymbol{B} \Delta \boldsymbol{a}^e \mathrm{d}v - \Delta \boldsymbol{R} = 0 \tag{7-64}$$

考虑到 $\Delta \boldsymbol{a}^e = \boldsymbol{C}_e \Delta \boldsymbol{a}$，上式成为

$$\boldsymbol{K} \Delta \boldsymbol{a} = \Delta \boldsymbol{R} \tag{7-65}$$

这就是弹塑性有限单元法的支配方程。与弹性问题相比，这里的整体刚度矩阵 $\boldsymbol{K}$ 与未知结点位移增量 $\Delta \boldsymbol{a}$ 有关，是一个非线性方程组，其中

$$\boldsymbol{K}=\sum_{e}\boldsymbol{C}_{e}^{\mathrm{T}}\int_{V^{e}}\boldsymbol{B}^{\mathrm{T}}\boldsymbol{D}_{ep}\boldsymbol{B}\mathrm{d}v\boldsymbol{C}_{e} \tag{7-66}$$

$$\Delta\boldsymbol{R}=\sum_{e}\boldsymbol{C}_{e}^{\mathrm{T}}\int_{V^{e}}\boldsymbol{N}^{\mathrm{T}}\Delta\boldsymbol{f}\mathrm{d}v+\sum_{e}\boldsymbol{C}_{e}^{\mathrm{T}}\int_{S^{e}}\boldsymbol{N}^{\mathrm{T}}\Delta\bar{\boldsymbol{f}}\mathrm{d}s \tag{7-67}$$

在数值计算中平衡方程往往不能严格满足，即 $\boldsymbol{\Psi}(\boldsymbol{a}_m)\neq 0$。$\boldsymbol{\Psi}(\boldsymbol{a}_m)$称为不平衡力，不平衡力的不断累积会造成解的偏移，为了减少这种偏移，把不平衡力转入下一级求解。即在式(7-62)中仍保留 $\boldsymbol{\Psi}(\boldsymbol{a}_m)$，这种做法称为平衡校正。这时求解方程成为

$$\begin{aligned}\boldsymbol{K}\Delta\boldsymbol{a}&=\Delta\boldsymbol{R}-\boldsymbol{\Psi}(\boldsymbol{a}_m)\\&=\boldsymbol{R}_{m+1}-\sum_{e}\boldsymbol{C}_{e}^{\mathrm{T}}\int_{V^{e}}\boldsymbol{B}^{\mathrm{T}}\boldsymbol{\sigma}_{m}\mathrm{d}v\end{aligned} \tag{7-68}$$

求解支配方程(7-65)或(7-68)得 $\Delta\boldsymbol{a}$，再由式(7-57)便可求得 $m+1$ 级荷载下的位移 $\boldsymbol{a}_{m+1}$和应力 $\boldsymbol{\sigma}_{m+1}$等。从初始状态开始逐步计算直到最后级荷载施加完毕，就可得到全过程各阶段的位移和应力等。

7.5 弹塑性状态的确定和本构方程的积分

在建立方程组(7-65)或(7-68)和计算应力增量时，都需要知道应力增量 $\Delta\boldsymbol{\sigma}$ 与应变增量 $\Delta\boldsymbol{\varepsilon}$ 之间的关系式。我们知道，弹塑性本构方程是以应力和应变无限小增量 $\mathrm{d}\boldsymbol{\sigma}$ 和 $\mathrm{d}\boldsymbol{\varepsilon}$ 的形式给出的。而在有限元计算中，荷载增量 $\Delta\boldsymbol{R}$ 是以有限大小形式给出的，这就需要从

$$\mathrm{d}\boldsymbol{\sigma}=\boldsymbol{D}_{ep}\mathrm{d}\boldsymbol{\varepsilon}=(\boldsymbol{D}-\boldsymbol{D}_{p})\mathrm{d}\boldsymbol{\varepsilon} \tag{7-69}$$

出发，利用数值积分得到应力的有限增量 $\Delta\boldsymbol{\sigma}$ 和应变的有限增量 $\Delta\boldsymbol{\varepsilon}$ 之间的关系

$$\Delta\boldsymbol{\sigma}=\int_{\boldsymbol{\varepsilon}_m}^{\boldsymbol{\varepsilon}_m+\Delta\boldsymbol{\varepsilon}}\boldsymbol{D}_{ep}\mathrm{d}\boldsymbol{\varepsilon} \tag{7-70}$$

上述的 $\Delta\boldsymbol{\sigma}$ 和 $\Delta\boldsymbol{\varepsilon}$ 是非线性关系。

在荷载增量 $\Delta\boldsymbol{R}$ 作用的前后，所考虑的单元可能处于弹性状态，也可能处于塑性状态。假设在荷载 $\boldsymbol{R}_m$ 作用下应力 $\boldsymbol{\sigma}_m$ 和内变量 $\boldsymbol{k}_m$ 对应于一个弹性状态，即

$$F_m=F(\boldsymbol{\sigma}_m,k_m)<0 \tag{7-71}$$

而在荷载增量 $\Delta\boldsymbol{R}$ 作用之后，进入了塑性状态，有

$$F_{m+1}=F(\boldsymbol{\sigma}_m+\Delta\boldsymbol{\sigma}^{e},k_m)>0 \tag{7-72}$$

其中，$\Delta\boldsymbol{\sigma}^{e}=\boldsymbol{D}\Delta\boldsymbol{\varepsilon}$，称之为弹性应力增量。屈服函数不可能大于零，说明该单元材料不能够承受这样大的应力增量，在这之前就已经塑性屈服。即在应力增量为 $r\Delta\boldsymbol{\sigma}^{e}$ 时，该单元就进入塑性状态($0<r<1$)。我们可以由条件

$$F(\boldsymbol{\sigma}_m+r\Delta\boldsymbol{\sigma}^{e},k_m)=0 \tag{7-73}$$

确定弹性部分和塑性部分的比例因子 r,如图 7-10(a)所示。比例因子 r 也可以对屈服函数值 F 采用线性内插来得到

$$r=\frac{-F_m}{F_{m+1}-F_m} \tag{7-74}$$

这样,$\Delta\boldsymbol{\sigma}$ 和 $\Delta\boldsymbol{\varepsilon}$ 的关系式(7-70)可以具体地写为

$$\begin{aligned}\Delta\boldsymbol{\sigma}&=\int_{\boldsymbol{\varepsilon}_m}^{\boldsymbol{\varepsilon}_m+r\Delta\boldsymbol{\varepsilon}}\boldsymbol{D}\mathrm{d}\boldsymbol{\varepsilon}+\int_{\boldsymbol{\varepsilon}_m+r\Delta\boldsymbol{\varepsilon}}^{\boldsymbol{\varepsilon}_m+\Delta\boldsymbol{\varepsilon}}\boldsymbol{D}_{ep}\mathrm{d}\boldsymbol{\varepsilon}\\&=r\boldsymbol{D}\Delta\boldsymbol{\varepsilon}+\int_{\boldsymbol{\varepsilon}_m+r\Delta\boldsymbol{\varepsilon}}^{\boldsymbol{\varepsilon}_m+\Delta\boldsymbol{\varepsilon}}\boldsymbol{D}_{ep}\mathrm{d}\boldsymbol{\varepsilon}\\&=\boldsymbol{D}\Delta\boldsymbol{\varepsilon}-\int_{\boldsymbol{\varepsilon}_m+r\Delta\boldsymbol{\varepsilon}}^{\boldsymbol{\varepsilon}_m+\Delta\boldsymbol{\varepsilon}}\boldsymbol{D}_p\mathrm{d}\boldsymbol{\varepsilon}\end{aligned} \tag{7-75}$$

当 $\Delta\boldsymbol{\varepsilon}$ 很小时,上式可写为下面的近似公式

$$\Delta\boldsymbol{\sigma}=\boldsymbol{D}\Delta\boldsymbol{\varepsilon}-(1-r)\boldsymbol{D}_p\Delta\boldsymbol{\varepsilon} \tag{7-76}$$

其中 $\boldsymbol{D}_p$ 是按状态 $\boldsymbol{\sigma}_m+r\Delta\boldsymbol{\sigma}^e$、$k_m$ 计算的塑性矩阵。还可以看出,只要取 $r=1$,公式(7-75)或(7-76)代表从弹性状态到弹性状态,以及从塑性状态卸载和中性变载时的 $\Delta\boldsymbol{\sigma}$ 和 $\Delta\boldsymbol{\varepsilon}$ 之间的关系式,如图 7-10(b)所示,应力增量和应变增量服从弹性关系。如果取 $r=0$,公式(7-75)或式(7-76)代表塑性加载时的本构关系,如图 7-10(c)所示。公式(7-75)或式(7-76)反映了增量荷载 $\Delta\boldsymbol{R}$ 作用前后,应力状态所有可能的变化,即:

$r=0$,表示塑性加载;

$0<r<1$,表示从弹性状态进入到塑性状态;

$r=1$,表示弹性状态、塑性状态卸载和中性变载。

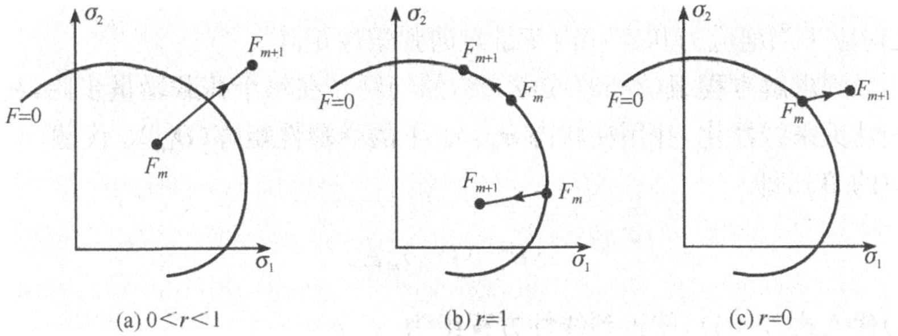

图 7-10

在程序中由 $\Delta\boldsymbol{\varepsilon}$ 计算 $\Delta\boldsymbol{\sigma}$ 的步骤是:

(1) 按弹性关系计算应力增量 $\Delta\boldsymbol{\sigma}^e=\boldsymbol{D}\Delta\boldsymbol{\varepsilon}$。

(2) 计算试探应力 $\boldsymbol{\sigma}_t=\boldsymbol{\sigma}_m+\Delta\boldsymbol{\sigma}^e$。

(3) 用 $\boldsymbol{\sigma}_t$ 和 k_m 计算屈服函数 $F_{m+1}=F(\boldsymbol{\sigma}_t, k_m)$。

(4) 如果 $F_{m+1}\leqslant 0$,为弹性加载或塑性卸载或中性变载,令

$$\Delta\boldsymbol{\sigma}=\Delta\boldsymbol{\sigma}^e, \quad \boldsymbol{\sigma}_{m+1}=\boldsymbol{\sigma}_m+\Delta\boldsymbol{\sigma}$$

返回。

(5) 如果 $F_{m+1}>0$,为塑性加载,由 $F(\boldsymbol{\sigma}_m+r\Delta\boldsymbol{\sigma}^e, k_m)=0$ 计算比例因子 r。

(6) 令 $\boldsymbol{\sigma}_t=\boldsymbol{\sigma}_m+r\Delta\boldsymbol{\sigma}^e$,$\Delta\boldsymbol{\varepsilon}'=(1-r)\Delta\boldsymbol{\varepsilon}$。

(7) 取 M=整数,$\Delta(\Delta\boldsymbol{\varepsilon})=\Delta\boldsymbol{\varepsilon}'/M$,计算

$$\Delta\boldsymbol{\sigma}'=\sum_{i=1}^{M}\Delta(\Delta\boldsymbol{\sigma})_i, \quad k_{m+1}=k_m+\sum_{i=1}^{M}\Delta(\Delta k)_i$$

(8) $\Delta\boldsymbol{\sigma}=r\boldsymbol{\sigma}^e+\Delta\boldsymbol{\sigma}'$,$\boldsymbol{\sigma}_{m+1}=\boldsymbol{\sigma}_m+\Delta\boldsymbol{\sigma}$。

第(7)步中的 M 根据弹性偏应变增量的大小确定,即

$$M=1+\frac{\overline{\Delta e^e}}{\alpha} \tag{7-77}$$

式中 α 根据计算精度要求加以选择,Bushwell 认为取 $\alpha=0.0002$ 可以获得较为满意的结果[12]。$\overline{\Delta e^e}$ 由下式决定

$$\overline{\Delta e^e}=\left(\frac{2}{3}\Delta e_{ij}^e\Delta e_{ij}^e\right)^{1/2} \tag{7-78}$$

$$\Delta e_{ij}^e=\Delta\varepsilon_{ij}-\frac{1}{3}(\Delta\varepsilon_{11}+\Delta\varepsilon_{22}+\Delta\varepsilon_{33})-\Delta\varepsilon_{ij}^p \tag{7-79}$$

子增量应力 $\Delta(\Delta\boldsymbol{\sigma}_i)$ 与子增量应变 $\Delta(\Delta\boldsymbol{\varepsilon})_i$ 的关系为

$$\Delta(\Delta\boldsymbol{\sigma})_i=\boldsymbol{D}_{ep}\Delta(\Delta\boldsymbol{\varepsilon})_i$$

其中 $\boldsymbol{D}_{ep}$ 是对应于当前应力状态和内变量 k 的弹塑性矩阵。

现在再回到求解方程组(7-65)或(7-68)的问题。在每个荷载增量步内,将 $\Delta\boldsymbol{\sigma}$ 和 $\Delta\boldsymbol{\varepsilon}$ 之间的非线性关系线性化,并用在状态 $\boldsymbol{\sigma}_m$,k_m 下的弹塑性矩阵 $(\boldsymbol{D}_{ep})_m$ 代替式(7-70)中的 $\boldsymbol{D}_{ep}$,即

$$\Delta\boldsymbol{\sigma}=(\boldsymbol{D}_{ep})_m\Delta\boldsymbol{\varepsilon} \tag{7-80}$$

将式(7-80)代入式(7-63),就得到线性方程组为

$$\boldsymbol{K}_m\Delta\boldsymbol{a}=\Delta\boldsymbol{R} \tag{7-81}$$

$\boldsymbol{K}_m$ 是第 m 级荷载 $\boldsymbol{R}_m$ 下结构的刚度矩阵

$$\boldsymbol{K}_m=\sum_e\boldsymbol{C}_e^{\mathrm{T}}\left(\int_{V^e}\boldsymbol{B}^{\mathrm{T}}(\boldsymbol{D}_{ep})_m\boldsymbol{B}dv\right)\boldsymbol{C}_e \tag{7-82}$$

如果将式(7-80)代入式(7-62)，这时得到的线性代数方程组为

$$
\begin{aligned}
\boldsymbol{K}_m \Delta \boldsymbol{a} &= \Delta \boldsymbol{R} - \boldsymbol{\Psi}(\boldsymbol{a}_m) \\
&= \boldsymbol{R}_{m+1} - \sum_e \boldsymbol{C}_e^{\mathrm{T}} \int_{V^e} \boldsymbol{B}^{\mathrm{T}} \boldsymbol{\sigma}_m \mathrm{d}v
\end{aligned} \tag{7-83}
$$

这个方程对以前各步计算的误差[失衡力 $\boldsymbol{\Psi}(\boldsymbol{a}_m)$]自动进行了修正。

求解方程组(7-81)或(7-83)，得位移增量 $\Delta \boldsymbol{a}$，根据几何方程求得应变增量 $\Delta \boldsymbol{\varepsilon}$，再由积分本构方程求得应力增量 $\Delta \boldsymbol{\sigma}$，从而求得荷载 $\boldsymbol{R}_{m+1}$ 下的应力 $\boldsymbol{\sigma}_{m+1}$、应变 $\boldsymbol{\varepsilon}_{m+1}$ 及其内变量 k_{m+1}。重复以上过程可以求出各级荷载下的应力、应变和位移。

该方法相当于非线性方程的增量法，是把非线性问题逐段线性化求解，是弹塑性有限元中最简单最直接的一种解法。

在用增量法求解时，通常把结构不发生塑性变形的最大荷载作为第一个增量荷载，其余的荷载再按比例细分为若干等份。如果实际荷载不是按比例施加的，则要根据实际的加载次序设计荷载增量。

7.6　切线刚度法和初应力法

增量法是把非线性问题逐段线性化求解，得到的解一般是不满足平衡方程的。为了得到更精确的近似解，可在每个荷载增量内采用第一节介绍的各种迭代法进行平衡迭代。

1. 切线刚度法

结构在荷载 $\boldsymbol{R}$ 作用下应力为 $\boldsymbol{\sigma}$，此时的平衡方程为

$$
\boldsymbol{\Psi}(\boldsymbol{a}) = \sum \boldsymbol{C}_e^{\mathrm{T}} \int_{V^e} \boldsymbol{B}^{\mathrm{T}} \boldsymbol{\sigma} \mathrm{d}v - \boldsymbol{R} = 0 \tag{7-84}
$$

用牛顿法求解方程(7-84)的迭代公式为

$$
\left.
\begin{aligned}
\Delta \boldsymbol{a}^n &= -(\boldsymbol{K}_T^n)^{-1} \boldsymbol{\Psi}^n = (\boldsymbol{K}_T^n)^{-1} (\boldsymbol{R} - \boldsymbol{R}^n) \\
\boldsymbol{a}^{n+1} &= \boldsymbol{a}^n + \Delta \boldsymbol{a}^n
\end{aligned}
\right\} \tag{7-85}
$$

其中

$$
\left.
\begin{aligned}
\boldsymbol{K}_{\mathrm{T}}^n = \frac{\partial \boldsymbol{\Psi}}{\partial \boldsymbol{a}} &= \sum \boldsymbol{C}_e^{\mathrm{T}} \int_{V^e} \boldsymbol{B}^{\mathrm{T}} \frac{\mathrm{d}\boldsymbol{\sigma}}{\mathrm{d}\boldsymbol{\varepsilon}} \frac{\mathrm{d}\boldsymbol{\varepsilon}}{\mathrm{d}\boldsymbol{a}} \mathrm{d}v \\
&\sum \boldsymbol{C}_e^{\mathrm{T}} \left(\int_{V^e} \boldsymbol{B}^{\mathrm{T}} \boldsymbol{D}_{ep} \boldsymbol{B} \mathrm{d}v \right) \boldsymbol{C}_e \\
\boldsymbol{R}^n &= \sum \boldsymbol{C}_e^{\mathrm{T}} \int_{V^e} \boldsymbol{B}^{\mathrm{T}} \boldsymbol{\sigma}^n \mathrm{d}v
\end{aligned}
\right\} \tag{7-86}
$$

$\boldsymbol{K}_T^n$ 为上一迭代步结构的切线刚度矩阵。

比较全量平衡方程(7-84)与增量平衡方程(7-63)可知，在荷载增量 $\Delta \boldsymbol{R}$ 内的牛顿迭

代公式为

$$\left.\begin{aligned}\Delta\boldsymbol{a}^n&=-\boldsymbol{K}_T^{-1}\boldsymbol{\Psi}^n=\boldsymbol{K}_T^{-1}(\Delta\boldsymbol{R}-(\Delta\boldsymbol{R}^n)')\\&=\boldsymbol{K}_T^{-1}(\boldsymbol{R}_{m+1}-\boldsymbol{R}^n)\\\boldsymbol{a}^{n+1}&=\boldsymbol{a}^n+\Delta\boldsymbol{a}^n\\\boldsymbol{\sigma}^{n+1}&=\boldsymbol{\sigma}^n+\Delta\boldsymbol{\sigma}^n\end{aligned}\right\}\tag{7-87}$$

其中

$$\left.\begin{aligned}\boldsymbol{K}_T&=\sum\boldsymbol{C}_e^{\mathrm{T}}\left(\int_{V^e}\boldsymbol{B}^{\mathrm{T}}(\boldsymbol{D}_{ep})_n\boldsymbol{B}\mathrm{d}v\right)\boldsymbol{C}_e\\(\Delta\boldsymbol{R}^n)'&=\sum\boldsymbol{C}_e^{\mathrm{T}}\int_{V^e}\boldsymbol{B}^{\mathrm{T}}\left(\sum_{i=1}^{n}\Delta\boldsymbol{\sigma}^i\right)\mathrm{d}v\\\boldsymbol{R}^n&=\sum\boldsymbol{C}_e^{\mathrm{T}}\int_{V^e}\boldsymbol{B}^{\mathrm{T}}\boldsymbol{\sigma}^n\mathrm{d}v\end{aligned}\right\}\tag{7-88}$$

在力学上，$\boldsymbol{R}^n$ 代表第 n 次迭代后的应力场 $\boldsymbol{\sigma}^n$ 的等效结点力。由于结点荷载 $\boldsymbol{R}_{m+1}$ 与真实应力场所对应的结点力是平衡的，因此，$\boldsymbol{\Psi}^n=\Delta\boldsymbol{R}-(\Delta\boldsymbol{R}^n)'=\boldsymbol{R}_{m+1}-\boldsymbol{R}^n\neq 0$ 表示前一次迭代解对应的应力场与真实应力场不一致，$\boldsymbol{\Psi}^n$ 为失衡力。这样，迭代算法(7-87)可以看做是按失衡力来计算修正位移 $\Delta\boldsymbol{a}^n$ 的过程。一旦失衡力在计算精度的范围内为零，认为迭代收敛。$\boldsymbol{K}_T$ 为前一次迭代值所对应的结构切向刚度矩阵，所以该方法经常被称为切线刚度法，也称为变刚度法。

变刚度法迭代收敛较快，但每一次迭代都需要重新计算结构的刚度矩阵和求解方程组，比较费时。

变刚度迭代法的计算步骤为：

(1) 根据公式(7-88)由上次迭代结束时的应力(或上一级荷载步结束时的应力)计算 $\boldsymbol{K}_T$ 和 $\boldsymbol{R}^n$。

(2) 求解方程组(7-87)，得到位移修正量 $\Delta\boldsymbol{a}^n$，

$$\boldsymbol{a}^{n+1}=\boldsymbol{a}^n+\Delta\boldsymbol{a}^n$$

(3) 由位移修正量计算应变修正量 $\Delta\boldsymbol{\varepsilon}^n$ 和应力修正量 $\Delta\boldsymbol{\sigma}^n$，

$$\Delta\boldsymbol{\varepsilon}^n=\boldsymbol{B}(\Delta\boldsymbol{a}^e)^n$$

应力修正量 $\Delta\boldsymbol{\sigma}^n$ 的计算方法与上一节讨论的方法相同。本次迭代结束时的应变和应力为

$$\boldsymbol{\varepsilon}^{n+1}=\boldsymbol{\varepsilon}^n+\Delta\boldsymbol{\varepsilon}^n$$

$$\boldsymbol{\sigma}^{n+1}=\boldsymbol{\sigma}^n+\Delta\boldsymbol{\sigma}^n$$

(4) 根据收敛准则检验解是否满足精度要求。如果不满足，重复上述各步继续迭代；如果满足，结束迭代。依次对每个荷载增量步执行上述迭代计算，直到全部荷载施加完毕。

常用的收敛准则有：

位移收敛准则 $\| \Delta \boldsymbol{a}^n \| \leqslant \varepsilon \| \boldsymbol{a}_m \|$；

平衡收敛准则 $\| \boldsymbol{\Psi}(\boldsymbol{a}^n) \| \leqslant \varepsilon \| \Delta \boldsymbol{R} \|$；

能量收敛准则 $(\Delta \boldsymbol{a}^n)^{\mathrm{T}} \boldsymbol{\Psi}(\boldsymbol{a}^n) \leqslant \varepsilon (\Delta \boldsymbol{a}^n)^{\mathrm{T}} \Delta \boldsymbol{R}$。

其中，ε 是规定的容许误差，需要根据具体问题的特点和精度要求来确定。

2. *初应力法*

上面讨论的切线刚度法在数学上相当于牛顿法，在迭代的每一步都要重新形成整体刚度矩阵 $\boldsymbol{K}_T^n$，并求解一个线性代数方程组。如果在迭代公式(7-87)中，将各步的 $\boldsymbol{K}_T^n$ 一律改用初始的弹性刚度矩阵 $\boldsymbol{K}_0$，就得到常刚度法的迭代公式。这在数学上相当于修正的牛顿法。

$$\left.\begin{aligned} \boldsymbol{K}_0 \Delta \boldsymbol{a}^n &= -\boldsymbol{\Psi}(\boldsymbol{a}^n) = \Delta \boldsymbol{R} - (\Delta \boldsymbol{R}^n)' \\ \boldsymbol{a}^{n+1} &= \boldsymbol{a}^n + \Delta \boldsymbol{a}^n \end{aligned}\right\} \tag{7-89}$$

其中

$$\boldsymbol{K}_0 = \sum_e \boldsymbol{C}_e^{\mathrm{T}} \left(\int_{V^e} \boldsymbol{B}^{\mathrm{T}} \boldsymbol{D} \boldsymbol{B} \mathrm{d}v \right) \boldsymbol{C}_e \tag{7-90}$$

由于 $\boldsymbol{\Psi}(\boldsymbol{a}^n)$ 是第 n 次迭代结束近似应力场所对应的失衡力，按上式迭代计算，可以看作按弹性方式重新分配这个失衡力以恢复平衡的过程。实际上，在迭代中的每一步都使用弹性刚度矩阵，将材料全部作为线弹性材料，这样做势必夸大了那些已进入塑性状态的单元的刚度，使它承受了过大的应力。这种按线弹性计算的应力与实际材料能够承受的应力之差的等效结点力就是这一步计算的失衡力。而在下一步计算中，再将这个失衡力重新按线弹性方式分配给各个单元。这种迭代过程相当于单元之间的应力不断地调整，使刚度较弱的单元上不能承受的那部分应力逐渐地转移到刚度较强的其他单元上去。因此，Zienkiewicz 最初提出这个迭代方法时，称它为应力转移法[10]。

在式(7-89)中，$\Delta \boldsymbol{a}^n$ 表示第 n 次迭代位移的修正量，$\boldsymbol{a}^n$ 和 $\boldsymbol{a}^{n+1}$ 分别表示第 n 次迭代和 $n+1$ 次迭代的位移总量。把它们分别减去前一级荷载增量步末的位移 $\boldsymbol{a}_m$，得到本级荷载增量步第 n 次迭代和 $n+1$ 次迭代的位移增量。为了书写简明起见，仍把它们记为 $\Delta \boldsymbol{a}^n$ 和 $\Delta \boldsymbol{a}^{n+1}$。这里的 $\Delta \boldsymbol{a}^n$ 与式(7-89)中的 $\Delta \boldsymbol{a}^n$ 是不同的，这里的 $\Delta \boldsymbol{a}^n$ 表示该荷载增量步第 n 次迭代时的增量位移，而式(7-89)中的 $\Delta \boldsymbol{a}^n$ 表示 n 次迭代的位移修正量。为了区别，把式(7-89)中的位移修正量 $\Delta \boldsymbol{a}^n$ 记为 $(\Delta \boldsymbol{a}^n)'$，则位移修正量与增量位移的关系为

$$(\Delta \boldsymbol{a}^n)' = \boldsymbol{a}^{n+1} - \boldsymbol{a}^n = \Delta \boldsymbol{a}^{n+1} - \Delta \boldsymbol{a}^n \tag{7-91}$$

代回式(7-89)，得

$$\boldsymbol{K}_0 \Delta \boldsymbol{a}^{n+1} = \boldsymbol{K}_0 \Delta \boldsymbol{a}^n + \Delta \boldsymbol{R} - (\Delta \boldsymbol{R}^n)' \tag{7-92}$$

考虑到

$$\boldsymbol{K}_0 \Delta \boldsymbol{a}^n = \sum \boldsymbol{C}_e^{\mathrm{T}} \int_{V^e} \boldsymbol{B}^{\mathrm{T}} (\Delta \boldsymbol{\sigma}^e)^n \mathrm{d}v \tag{7-93}$$

其中

$$\Delta \boldsymbol{\sigma}^e = \boldsymbol{D} \Delta \boldsymbol{a}^e \tag{7-94}$$

称其为弹性应力

将式(7-93)代入式(7-92),得到迭代公式

$$\left.\begin{aligned} \boldsymbol{K}_0 \Delta \boldsymbol{a}^{n+1} &= \Delta \boldsymbol{R} + \Delta \boldsymbol{R}^n \\ \Delta \boldsymbol{R}^n &= \sum_e \boldsymbol{C}_e^{\mathrm{T}} \int_{V^e} \boldsymbol{B}^{\mathrm{T}} ((\Delta \boldsymbol{\sigma}^e)^n - \Delta \boldsymbol{\sigma}^n) \mathrm{d}v \end{aligned}\right\} \tag{7-95}$$

这是关于增量位移的迭代公式,当迭代计算达到精度要求时,这时 $\Delta \boldsymbol{a}^{n+1}$ 就是荷载增量 $\Delta \boldsymbol{R}$ 作用下产生的增量位移 $\Delta \boldsymbol{a}$,$\Delta \boldsymbol{\sigma}^{n+1}$ 就是相应的增量应力 $\Delta \boldsymbol{\sigma}$。要注意,在迭代过程中 $(\Delta \boldsymbol{\sigma}^e)^n$ 和 $\Delta \boldsymbol{\sigma}^n$ 分别是由 $\Delta \boldsymbol{a}^n$ 按线弹性和按真实的材料本构关系计算的应力。在迭代过程中 $\Delta \boldsymbol{R}^n$ 并不趋于零,而是趋于一常数矢量,这个矢量是收敛解的真实应力与弹性应力之差 $\Delta \boldsymbol{\sigma} - \Delta \boldsymbol{\sigma}^e$ 的等效结点力,而 $\Delta \boldsymbol{\sigma} - \Delta \boldsymbol{\sigma}^e$ 可以看做是一个"初应力"。这样,上述迭代过程相当于寻找一个合适的"初应力"场的过程,一旦找到了这个"初应力"场,那么按这个"初应力"场与实际荷载 $\Delta \boldsymbol{R}$ 求解一个线弹性问题的解就是原来弹塑性问题的解。因此,按式(7-95)迭代求解的方法也叫初应力法。这是一种虚拟的初应力,与实际初应力是不同的。有时也把这种虚拟初应力的负值叫做塑性应力,并记为 $\Delta \boldsymbol{\sigma}^p$,即 $\Delta \boldsymbol{\sigma}^p = \Delta \boldsymbol{\sigma}^e - \Delta \boldsymbol{\sigma}$。

迭代公式(7-95)中的 $\boldsymbol{K}_0$ 也可取前一级荷载末的应力所对应的结构整体刚度矩阵。这样,迭代公式可以改写成

$$\begin{aligned} \boldsymbol{K}_m \Delta \boldsymbol{a}^{n+1} &= \Delta \boldsymbol{R} + \Delta \boldsymbol{R}^n \\ \Delta \boldsymbol{R}^n &= \sum \boldsymbol{C}_e^{\mathrm{T}} \int_{V^e} \boldsymbol{B}^{\mathrm{T}} ((\Delta \boldsymbol{\sigma}^e)^n - \Delta \boldsymbol{\sigma}^n) \mathrm{d}v \end{aligned} \tag{7-96}$$

其中

$$\begin{aligned} \boldsymbol{K}_m &= \sum \boldsymbol{C}_e^{\mathrm{T}} \left(\int_{V^e} \boldsymbol{B}^{\mathrm{T}} (\boldsymbol{D}_{ep})_m \boldsymbol{B} \mathrm{d}v \right) \boldsymbol{C}_e \\ \Delta \boldsymbol{\sigma}^e &= (\boldsymbol{D}_{ep})_m \Delta \boldsymbol{a}^e \end{aligned} \tag{7-97}$$

初应力法的计算步骤是:

(1) 将全部荷载分成若干份

$$\boldsymbol{R}_0 = 0, \boldsymbol{R}_1, \boldsymbol{R}_2, \cdots, \boldsymbol{R}_m, \cdots$$
$$\Delta \boldsymbol{R} = \boldsymbol{R}_{m+1} - \boldsymbol{R}_m$$

(2) 从 $m=0$ 开始,对荷载增量 $\Delta \boldsymbol{R}$ 步开始时的诸量 $\boldsymbol{\sigma}_m$、$\boldsymbol{\varepsilon}_m$、$\boldsymbol{a}_m$,$k_m$ 是已知的,计算整体刚度矩阵和塑性应力等效结点力

$$\boldsymbol{K}_m = \sum_e \boldsymbol{C}_e^{\mathrm{T}} \left(\int_{V^e} \boldsymbol{B}^{\mathrm{T}} (\boldsymbol{D}_{ep})_m \boldsymbol{B} \mathrm{d}v \right) \boldsymbol{C}_e$$

$$\Delta \boldsymbol{R}^n = \sum_e \boldsymbol{C}_e^{\mathrm{T}} \int_{V^e} \boldsymbol{B}^{\mathrm{T}} ((\Delta \boldsymbol{\sigma}^e)^n - \Delta \boldsymbol{\sigma}^n) \mathrm{d}v$$

当 $n=0$ 时，$\Delta \boldsymbol{R}^0 = 0$

(3) 根据式(7-96)进行迭代计算，直到满足精度要求为止。得到位移增量 $\Delta \boldsymbol{a}$ 从而求得应变增量 $\Delta \boldsymbol{\varepsilon}$ 和应力增量 $\Delta \boldsymbol{\sigma}$。由应变增量计算应力增量的方法与上一节讨论的方法相同。

(4) 计算荷载 $\boldsymbol{R}_{m+1}$ 下的诸量

$$\boldsymbol{\sigma}_{m+1} = \boldsymbol{\sigma}_m + \Delta \boldsymbol{\sigma} \qquad \boldsymbol{\varepsilon}_{m+1} = \boldsymbol{\varepsilon}_m + \Delta \boldsymbol{\varepsilon}$$
$$\boldsymbol{a}_{m+1} = \boldsymbol{a}_m + \Delta \boldsymbol{a} \qquad k_{m+1} = k_m + \Delta k$$

(5) 继续计算下一个荷载增量 $\Delta \boldsymbol{R}$，重复(2)～(4)各步，直到全部荷载增量施加完毕。

7.7　特殊破坏模式的本构关系及计算

1. 层状材料

节理和含裂隙的岩石以及断层带内的介质，它们破坏时，微破裂在层面内占有优势，以致宏观破裂沿层面发生。这类介质在强度上是各向异性的，破坏的形式仅可能是沿层面的剪破裂(滑移)和垂直层面的张拉破裂。可以采用具有软化特性的弹塑性模型来描述这种介质。取 z 轴为层面的法向，屈服条件用层面内的应力分量 $\sigma_z, \tau_{zy}, \tau_{zx}$，表示，即

$$F(\boldsymbol{\sigma}、k) = (\tau_{zy}^2 + \tau_{zx}^2 + \alpha^2 C^2)^{\frac{1}{2}} + \sigma_z \tan\varphi - C = 0 \tag{7-98}$$

这里的 α 是一个小参数，引入 α 的目的是用双曲线屈服面代替顶点为奇点的库仑屈服面。式中的 C 和 φ 分别是层面内的凝聚力和内摩擦角，它们均是内变量 k 的函数，并取 $k=w^p$。容易计算得

$$\left.\begin{aligned}
&\frac{\partial F}{\partial \boldsymbol{\sigma}} = [0 \quad 0 \quad \tan\varphi \quad 0 \quad \tau_{zy/\beta} \quad \tau_{zx/\beta}]^{\mathrm{T}} \\
&\boldsymbol{D}\frac{\partial F}{\partial \boldsymbol{\sigma}} = [\lambda\tan\varphi, \lambda\tan\varphi, (\lambda+2G)\tan\varphi, 0, G\tau_{zy/\beta}, G\tau_{zx/\beta}]^{\mathrm{T}} \\
&\left(\frac{\partial F}{\partial \boldsymbol{\sigma}}\right)^{\mathrm{T}} \boldsymbol{D}\frac{\partial F}{\partial \boldsymbol{\sigma}} = (\lambda+2G)\tan^2\varphi + G\frac{\beta^2-\alpha^2C^2}{\beta^2} \\
&A = \frac{1}{\beta^2}\left(\beta\frac{\partial C}{\partial w^p} - \beta\sigma_z\frac{\partial \tan\varphi}{\partial w^p} - \alpha^2 C\frac{\partial e}{\partial w^p}\right)(\beta\sigma_z\tan\varphi + \beta^2 - \alpha^2C^2) \\
&\beta = (\tau_{zy}^2 + \tau_{zx}^2 + \alpha^2C^2)^{\frac{1}{2}}
\end{aligned}\right\} \tag{7-99}$$

把上述公式代入式(7-51)便可计算出塑性矩阵 $\boldsymbol{D}_p$。

2. 混凝土材料的开裂破坏

混凝土或完整的岩石材料，其破坏模式经常表现为开裂破坏和压剪破坏两种。压剪破坏可以采用莫尔-库仑屈服条件或德鲁克-普拉格屈服条件，这在前面已经讨论过。这里只讨论开裂破坏的情况。

当混凝土材料的最大拉应力 $\sigma_1 \geqslant \sigma_t$ 时(σ_t 为抗拉强度)，该材料沿垂直于 σ_1 方向的截面发生开裂。开裂以后，认为材料呈各向异性体，沿开裂面法向无刚度，其他方向刚度不变(也可以考虑刚度削弱)。设(x',y',z')为材料开裂前的应力主轴，x'轴指向开裂面法向。于是，开裂以后的本构关系为

$$\Delta\boldsymbol{\sigma}' = \bar{\boldsymbol{D}}\Delta\boldsymbol{\varepsilon}' \tag{7-100}$$

其中，$\Delta\boldsymbol{\sigma}'$和 $\Delta\boldsymbol{\varepsilon}'$分别为局部坐标$(x',y',z')$(即开裂时应力主轴)下的主应力分量和应变分量

$$\bar{\boldsymbol{D}} = \begin{bmatrix} 0 & & & & & \\ 0 & \lambda+2G & & \text{对} & \text{称} & \\ 0 & \lambda & \lambda+2G & & & \\ 0 & 0 & 0 & 0 & & \\ 0 & 0 & 0 & 0 & G & \\ 0 & 0 & 0 & 0 & 0 & 0 \end{bmatrix} \tag{7-101}$$

把开裂看做是广义的塑性屈服。材料初始开裂相当于从弹性阶段进入塑性阶段，将引起破坏单元的应力释放。开裂前垂直于开裂面的正应力为 σ_1，一旦开裂，该面上的应力全部变为零。则初始开裂的本构关系为

$$\Delta\boldsymbol{\sigma} = \boldsymbol{D}\Delta\boldsymbol{\varepsilon} - \Delta\boldsymbol{\sigma}^p \tag{7-102}$$

其中，$\Delta\boldsymbol{\sigma}^p$ 为弹性应力与真实应力的差值，相当于初应力法中“初应力”负值(或塑性应力)，即

$$\begin{gathered} \Delta\boldsymbol{\sigma}^p = \boldsymbol{T}^{\mathrm{T}}\begin{Bmatrix} \sigma_1 \\ 0 \\ 0 \end{Bmatrix} \\ \boldsymbol{T} = \begin{bmatrix} l_1^2 & m_1^2 & n_1^2 & l_1m_1 & m_1n_1 & n_1l_1 \\ l_2^2 & m_2^2 & n_2^2 & l_2m_2 & m_2n_2 & n_2l_2 \\ l_3^2 & m_3^2 & n_3^2 & l_3m_3 & m_3n_3 & n_3l_3 \end{bmatrix} \end{gathered} \tag{7-103}$$

式中，l_i, m_i, n_i 分别为开裂瞬时三个主应力的方向余弦。

这样，按初应力法计算的迭代公式(7-96)可以改写成

$$\left.\begin{aligned}&\boldsymbol{K}_m\Delta\boldsymbol{a}^{n+1}=\Delta\boldsymbol{R}+\Delta\boldsymbol{R}^n\\&\Delta\boldsymbol{R}^n=\sum\boldsymbol{C}_e^{\mathrm{T}}\int_{V^e}\boldsymbol{B}^{\mathrm{T}}\Delta\boldsymbol{\sigma}^p\mathrm{d}v\end{aligned}\right\}\tag{7-104}$$

习　题

7-1　弹塑性有限元法与弹性有限元法的主要区别是什么？

7-2　导出 Tresca 条件下的弹塑性矩阵 $\boldsymbol{D}_{ep}$。

7-3　导出平面应力问题线性强化情况的弹塑性矩阵 $\boldsymbol{D}_{ep}$。

7-4　如图 7-11(a)所示的两端固定的一维杆件弹塑性问题，杆的截面积 $A=1$，作用于中间截面的轴力 $P=30$。材料性质如图 7-11(b)所示。试分别用直接迭代法、切线刚度法和初应力法求解中间结点的位移和单元应力，并比较各种方法的收敛性。假设荷载一次全部施加。

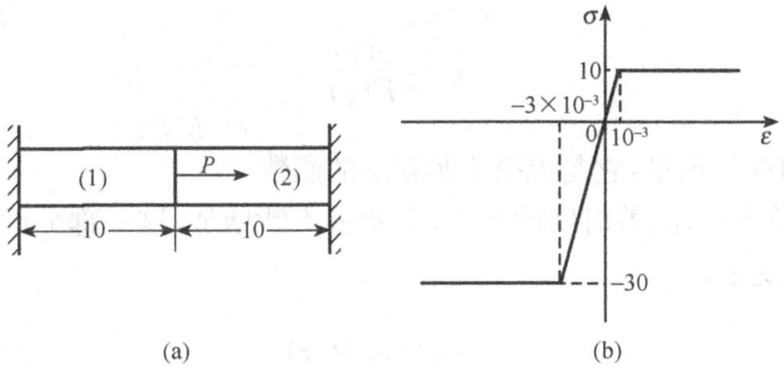

图 7-11　一维弹塑性问题

7-5　对于题 7-4，荷载按以下两种加载方案：

(1) 0→15→20→25→30；

(2) 0→16→24→30。

分别用有平衡校正和无平衡校正计算中间结点的位移和单元应力，并比较两种方法的收敛性。

7-6　试在教学程序的基础上编写弹塑性有限元计算程序。

第8章　混凝土徐变和黏弹性问题

工程材料，如混凝土，岩石、黏土、塑料等都具有明显的流变特性。流变指的是材料随时间而变的变形。通常用黏弹性或徐变等来描述材料的流变特性。

8.1　混凝土徐变的本构模型

混凝土的变形与加荷时的龄期有密切关系，早龄期混凝土的变形远大于晚龄期的变形。根据试验资料，当压应力不超过抗压强度的一半，拉应力不超过抗拉强度的0.8倍时，混凝土的徐变与应力基本上保持线性关系。以下的讨论认为混凝土的徐变服从线性规律。

在龄期 τ 混凝土受单向应力 $\sigma(\tau)$ 作用，产生的瞬时弹性应变为

$$\varepsilon^e = \frac{\sigma(\tau)}{E(\tau)} \tag{8-1}$$

式中，$E(\tau)$ 为瞬时弹性模量，它是混凝土龄期 τ 的函数。

如果应力保持不变，随着时间的延长，应变将不断增加，这一部分随着时间而增加的应变称为徐变，记为 ε^c。

$$\varepsilon^c = \sigma(\tau)C(t,\tau) \tag{8-2}$$

$C(t,\tau)$ 是在单位应力作用下产生的徐变，称为徐变度。因此，在龄期 τ 施加常应力 $\sigma(\tau)$，到时间 t 的总应变为弹性应变和徐变之和(图 8-1)，即

$$\begin{aligned}\varepsilon(t,\tau) &= \varepsilon^e + \varepsilon^c \\ &= \frac{\sigma(\tau)}{E(\tau)} + \sigma(\tau)C(t,\tau) \\ &= J(t,\tau)\sigma(\tau)\end{aligned} \tag{8-3}$$

式中，$J(t,\tau)$ 称为徐变柔量。

$$J(t,\tau) = \frac{1}{E(\tau)} + C(t,\tau) \tag{8-4}$$

在加荷的瞬时，$t=\tau$，徐变为零，因此有 $C(\tau,\tau)=0$。

混凝土的弹性模量 $E(\tau)$ 和徐变度 $C(t,\tau)$ 都与加荷龄期 τ 有关。如果在不同龄期加荷，例如在 $t=\tau_0$、τ_1、τ_2、$\cdots\tau_n$ 加荷，就可以得到一簇徐变柔量曲线(图 8-2)。根据这些试验曲线，通过回归分析就可以得出徐变柔量依时间 t 和龄期 τ 的函数关系。

以上讨论的是应力不随时间变化的情况，如果应力随时间而变化，根据叠加原理，混凝土的应变为

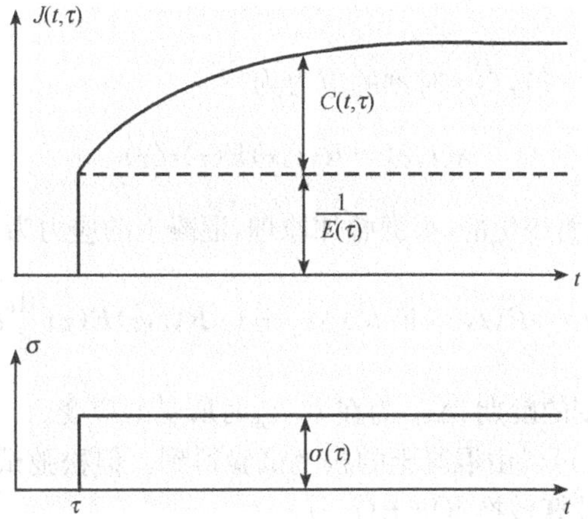

图 8-1　常应力作用下的应变

$$\varepsilon(t)=\Delta\sigma_0 J(t,t_0)+\int_{t_0}^{t} J(t,\tau)\frac{\mathrm{d}\sigma}{\mathrm{d}\tau}\mathrm{d}\tau \tag{8-5}$$

式中，t_0 为开始加荷时混凝土的龄期，$\Delta\sigma_0$ 为 $t=t_0$ 时施加的应力增量。

如果在混凝土中保持应变为常量(如两端夹紧的杆件，其轴向应变为常量)，应力将随时间而不断衰减，如图 8-3 所示。这种现象称为应力松弛。下面讨论应力松弛的本构关系。

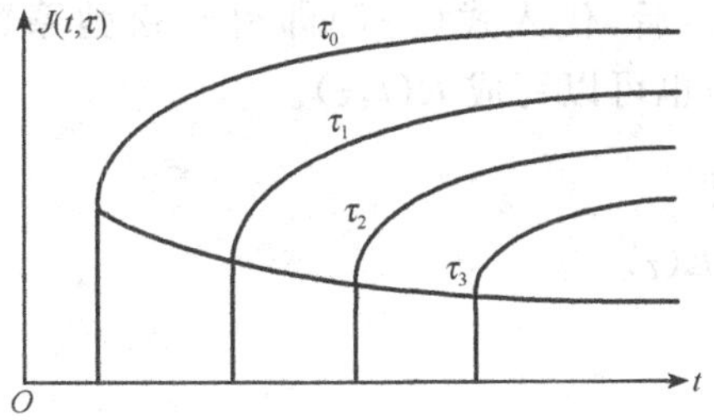

图 8-2　不同加荷龄期的徐变柔量

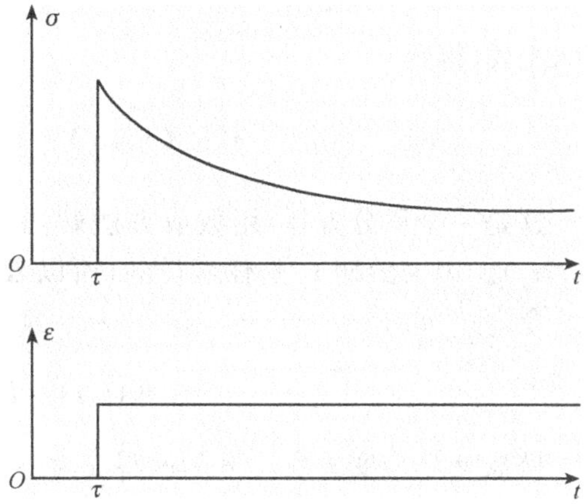

图 8-3　混凝土的应力松弛

设在龄期 τ 混凝土受到强迫应变 $\varepsilon(\tau)$，这时产生的瞬时弹性应力为

$$\sigma(\tau)=E(\tau)\varepsilon(\tau) \tag{8-6}$$

保持应变 $\varepsilon(\tau)$ 不变，由于应力松弛，当 $t>\tau$ 时，应力 $\sigma(t,\tau)$ 将比瞬时弹性应力 $\sigma(\tau)$ 有所减少，两者的比值为

$$R(t,\tau)=\sigma(t,\tau)/\sigma(\tau) \tag{8-7}$$

$R(t,\tau)$ 称为松弛系数，根据定义式(8-7)，$R(t,\tau)$ 的变化范围为 $0\leqslant R(t,\tau)\leqslant 1$，$R(\tau,\tau)=$

$1, R(\infty,\tau)=0$。

将式(8-6)代入式(8-7)，得 t 时刻的应力为

$$\sigma(t,\tau)=R(t,\tau)E(\tau)\varepsilon(\tau) \tag{8-8}$$

如果应变是随时间而变化的，根据叠加原理，混凝土的应力为

$$\sigma(t)=R(t,\tau_0)E(t_0)\Delta\varepsilon_0+\int_{t_0}^{t}R(t,\tau)E(\tau)\frac{\mathrm{d}\varepsilon}{\mathrm{d}\tau}d\tau \tag{8-9}$$

式中，t_0 为开始产生应变的龄期，$\Delta\varepsilon_0$ 为在 $t=t_0$ 时所受的应变。

松弛系数 $R(t,\tau)$ 也可以由混凝土的松弛试验得到。但松弛试验比较费事，一般是根据徐变试验资料，通过计算转换得出 $R(t,\tau)$。

现在说明徐变柔量 $J(t,\tau)$ 与松弛系数 $R(t,\tau)$ 之间的关系。设在龄期 τ_1 施加应力 $\sigma(\tau_1)$，在 t 时刻($t>\tau$)的应变为

$$\varepsilon(t)=\sigma(\tau_1)\left[\frac{1}{E(\tau_1)}+C(t,\tau_1)\right]+\int_{\tau_1}^{t}J(t,\tau)\frac{\mathrm{d}\sigma}{\mathrm{d}\tau}\mathrm{d}\tau$$

令

$$\varepsilon(t)=\varepsilon(\tau_1)=\frac{\sigma(\tau_1)}{E(\tau_1)}=常量$$

代入上式，得到

$$\sigma(\tau_1)C(t,\tau_1)+\int_{\tau_1}^{t}J(t,\tau)\frac{\mathrm{d}\sigma}{\mathrm{d}\tau}\mathrm{d}\tau=0 \tag{8-10}$$

这是一个积分方程，用数值方法解出 $\sigma(t,\tau_1)$ 后，代入式(8-7)即得到松弛系数 $R(t,\tau_1)$。因为龄期 τ_1 是任意设的，所以 $R(t,\tau_1)$ 也可以写成 $R(t,\tau)$。

令

$$K(t,\tau)=R(t,\tau)E(\tau)$$

松弛应力-应变关系式(8-9)改写成为

$$\sigma(t)=K(t,t_0)\Delta\varepsilon_0+\int_{t_0}^{t}K(t,\tau)\frac{\mathrm{d}\varepsilon}{\mathrm{d}\tau}\mathrm{d}\tau \tag{8-11}$$

式中，$K(t,\tau)$ 称为松弛模量。

以上讨论的是单向应力状态下的应力-应变关系。对于复杂应力状态，假定混凝土的泊松比为常量，并等于瞬时弹性应变的泊松比(已有试验资料证明该假定基本符合实际情况)。这样就可以类似于胡克定律将式(8-5)推广到三维本构关系，即

$$\boldsymbol{\varepsilon}(t)=\boldsymbol{A}\Delta\boldsymbol{\sigma}_0J(t,t_0)+\int_{t_0}^{t}J(t,\tau)\boldsymbol{A}\frac{\mathrm{d}\boldsymbol{\sigma}(\tau)}{\mathrm{d}\tau}\mathrm{d}\tau \tag{8-12}$$

式中

$$
\left.\begin{aligned}
&\boldsymbol{\varepsilon}=[\varepsilon_x \quad \varepsilon_y \quad \varepsilon_z \quad r_{xy} \quad r_{yz} \quad r_{zx}]^{\mathrm{T}}\\
&\boldsymbol{\sigma}=[\sigma_x \quad \sigma_y \quad \sigma_z \quad \tau_{xy} \quad \tau_{yz} \quad \tau_{zx}]^{\mathrm{T}}\\
&\boldsymbol{A}=\begin{bmatrix}1 & -\nu & -\nu & 0 & 0 & 0\\ & 1 & -\nu & 0 & 0 & 0\\ & & 1 & 0 & 0 & 0\\ & \text{对} & & 2(1+\nu) & 0 & 0\\ & & \text{称} & & 2(1+\nu) & 0\\ & & & & & 0\end{bmatrix}
\end{aligned}\right\} \tag{8-13}
$$

矩阵 **A** 与弹性矩阵 **D** 的关系为

$$
\boldsymbol{D}=E(\tau)\boldsymbol{A}^{-1} \tag{8-14}
$$

容易计算 **A** 的逆矩阵 $\boldsymbol{A}^{-1}$ 为

$$
\boldsymbol{A}^{-1}=\frac{1-\nu}{(1+\nu)(1-2\nu)}\begin{bmatrix}1 & \frac{\nu}{1-\nu} & \frac{\nu}{1-\nu} & 0 & 0 & 0\\ & 1 & \frac{\nu}{1-\nu} & 0 & 0 & 0\\ & & 1 & 0 & 0 & 0\\ & \text{对} & & \frac{1-2\nu}{2(1-\nu)} & 0 & 0\\ & & \text{称} & & \frac{1-2\nu}{2(1-\nu)} & 0\\ & & & & & \frac{1-2\nu}{2(1-\nu)}\end{bmatrix} \tag{8-15}
$$

本构关系(8-12)中的徐变柔量 $J(t,\tau)$包含弹性模量和徐变度，它们都是混凝土龄期的函数，已有大量试验研究。朱伯芳教授建议取指数形式与试验资料符合的较好。在缺少试验资料时，对水工大体积混凝土，用于初步设计的弹性模量和徐变度取如下计算公式。

$$
\left.\begin{aligned}
E(\tau)&=E_0(1-\mathrm{e}^{-0.4\tau^{0.34}})\\
C(t,\tau)&=C_1(1+9.20\tau^{-0.45})[1-\mathrm{e}^{-0.30(t-\tau)}]\\
&\quad+C_2(1+1.70\tau^{-0.45})[1-\mathrm{e}^{-0.005(t-\tau)}]
\end{aligned}\right\} \tag{8-16}
$$

式中

$$
C_1=0.23/E_0, C_2=0.52/E_0
$$

$$
E_0=1.05E(360) \text{ 或 } E_0=1.20E(90)
$$

式中，$E(90)$，$E(360)$分别为 90d 和 360d 龄期的瞬时弹性模量。

同样的分析,相应于松弛本构关系(8-9)的三维情形为

$$\boldsymbol{\sigma}(t)=\boldsymbol{D}\Delta\boldsymbol{\varepsilon}_0 R(t,t_0)+\int_{t_0}^{t}R(t,\tau)\boldsymbol{D}\frac{\mathrm{d}\boldsymbol{\varepsilon}(\tau)}{\mathrm{d}\tau}\mathrm{d}\tau \tag{8-17}$$

8.2 徐变问题的有限元支配方程

与线弹性问题相比,徐变问题仅是本构方程(8-12)与胡克定律所表达的应力-应变关系不一样。由于本构方程(8-12)是依时间 t 的积分关系,即某时刻的应变与之前的所有应力历史有关。因此需要按增量方法求解。

将时间 t 分成若干个时间步,$t_0,t_1,t_2,\cdots,t_n$,见图 8-4。在 t_n 时刻本构方程(8-12)可以近似地表示为(相当于数值积分)

$$\begin{aligned}\boldsymbol{\varepsilon}_{t_n}&=\boldsymbol{A}\Delta\boldsymbol{\sigma}_o J(t_n,t_o)+\sum_{i=1}^{n}J(t_n,t_i)\boldsymbol{A}\Delta\boldsymbol{\sigma}_i\\&=\sum_{i=0}^{n}J(t_n,t_i)\boldsymbol{A}\Delta\boldsymbol{\sigma}_i\end{aligned} \tag{8-18}$$

式中,$\boldsymbol{\varepsilon}_{t_n}=\boldsymbol{\varepsilon}(t_n)$,$\Delta\boldsymbol{\sigma}_i=\Delta\boldsymbol{\sigma}(t_i)=\boldsymbol{\sigma}(t_i)-\boldsymbol{\sigma}(t_{i-1})$。

同理,在 t_{n-1}时刻的应变 $\boldsymbol{\varepsilon}_{t_{n-1}}$ 为

$$\boldsymbol{\varepsilon}_{t_{n-1}}=\sum_{i=0}^{n-1}J(t_{n-1},t_i)\boldsymbol{A}\Delta\boldsymbol{\sigma}_i \tag{8-19}$$

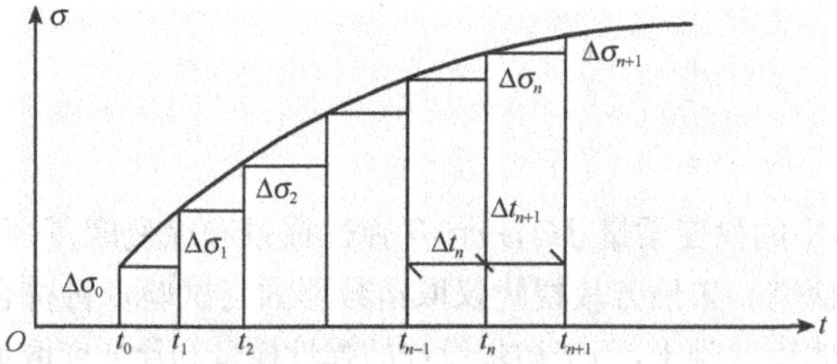

图 8-4 持续变化的应力

将式(8-18)减去式(8-19),并注意到 $J(t_n,t_n)=\dfrac{1}{E(t_n)}$,就得到时间步长 $\Delta t_n=t_n-t_{n-1}$内的应变增量 $\Delta\boldsymbol{\varepsilon}_n$

$$\Delta\boldsymbol{\varepsilon}_n=\boldsymbol{\varepsilon}_n-\boldsymbol{\varepsilon}_{n-1}=\sum_{i=0}^{n-1}\boldsymbol{A}\Delta\boldsymbol{\sigma}_i[J(t_n,t_i)-J(t_{n-1},t_i)]+\frac{1}{E(t_n)}\boldsymbol{A}\Delta\boldsymbol{\sigma}_n \tag{8-20}$$

上式表明,在时间步长 Δt_n 内应变增量可以分成两部分,一部分是由于增量应力 $\Delta\boldsymbol{\sigma}_n$ 产生的弹性应变,即上式中第二项;另一部分是以前累积的应变,即上式中第一项,称该部分应

变为该时间步的徐变应变。把式(8-20)简写为

$$\Delta \boldsymbol{\varepsilon}_n = \Delta \boldsymbol{\varepsilon}_n^e + \Delta \boldsymbol{\varepsilon}_n^c \tag{8-21}$$

式中，$\Delta \boldsymbol{\varepsilon}^e$ 为弹性应变增量，$\Delta \boldsymbol{\varepsilon}^c$ 为徐变应变增量。

$$\Delta \boldsymbol{\varepsilon}_n^e = \frac{1}{E(t_n)} \boldsymbol{A} \Delta \boldsymbol{\sigma}_n = \boldsymbol{D}^{-1} \Delta \boldsymbol{\sigma}_n \tag{8-22}$$

$$\begin{aligned} \Delta \boldsymbol{\varepsilon}_n^c &= \sum_{i=0}^{n-1} \boldsymbol{A} \Delta \boldsymbol{\sigma}_i [J(t_n, t_i) - J(t_{n-1}, t_i)] \\ &= \sum_{i=0}^{n-1} \boldsymbol{A} \Delta \boldsymbol{\sigma}_i [C(t_n, t_i) - C(t_{n-1}, t_i)] \end{aligned} \tag{8-23}$$

从式(8-23)看出，$\Delta \boldsymbol{\varepsilon}^c$ 只与 t_n 时刻之前的应力增量有关，而这些应力增量在 t_n 时刻都已求出。因此，$\Delta \boldsymbol{\varepsilon}^c$ 相当于已知的初始应变。

将式(8-22)代入式(8-21)，得到时间步 Δt_n 增量应力与增量应变的本构关系。

$$\Delta \boldsymbol{\sigma}_n = \boldsymbol{D} \Delta \boldsymbol{\varepsilon}_n - \boldsymbol{D} \Delta \boldsymbol{\varepsilon}_n^c \tag{8-24}$$

结构离散后增量形式的平衡方程为

$$\sum_e \boldsymbol{C}_e^{\mathrm{T}} \int_{V^e} \boldsymbol{B}^{\mathrm{T}} \Delta \boldsymbol{\sigma}_n \mathrm{d}v = \Delta \boldsymbol{R} \tag{8-25}$$

将式(8-24)代入，上式成为

$$\sum_e \boldsymbol{C}_e^{\mathrm{T}} \int_{V^e} \boldsymbol{B}^{\mathrm{T}} (\boldsymbol{D} \Delta \boldsymbol{\varepsilon}_n - \boldsymbol{D} \Delta \boldsymbol{\varepsilon}_n^c) \mathrm{d}v = \Delta \boldsymbol{R}$$

进一步写成

$$\boldsymbol{K} \Delta \boldsymbol{a} = \Delta \boldsymbol{R} + \Delta \boldsymbol{R}^c \tag{8-26}$$

这就是徐变问题有限元的支配方程。其中，$\Delta \boldsymbol{R}$ 为增量体力和增量面力引起的等效结点荷载，$\boldsymbol{K}$ 为结构整体刚度矩阵，$\Delta \boldsymbol{R}$ 和 $\boldsymbol{K}$ 与线弹性中的公式完全一样，$\Delta \boldsymbol{R}^c$ 是徐变引起的等效结点荷载。

$$\left.\begin{aligned} \boldsymbol{K} &= \sum_e \boldsymbol{C}_e^{\mathrm{T}} \int_{V^e} \boldsymbol{B}^{\mathrm{T}} \boldsymbol{D} \boldsymbol{B} \mathrm{d}v \boldsymbol{C}_e \\ \Delta \boldsymbol{R} &= \sum_e \boldsymbol{C}_e^{\mathrm{T}} \int_{V^e} \boldsymbol{N}^{\mathrm{T}} \Delta \boldsymbol{f} \mathrm{d}v + \sum_e \boldsymbol{C}_e^{\mathrm{T}} \int_{S^e} \boldsymbol{N}^{\mathrm{T}} \Delta \bar{\boldsymbol{f}} \mathrm{d}s \\ \Delta \boldsymbol{R}^c &= \sum_e \boldsymbol{C}_e^{\mathrm{T}} \int_{V^e} \boldsymbol{B}^{\mathrm{T}} \boldsymbol{D} \Delta \boldsymbol{\varepsilon}_n^c \mathrm{d}v \end{aligned}\right\} \tag{8-27}$$

求解方程组(8-26)，得到结点增量位移 $\Delta \boldsymbol{a}$，继而由几何方程求出各单元的增量应变 $\Delta \boldsymbol{\varepsilon}_n$，再由公式(8-24)求出该时刻的增量应力 $\Delta \boldsymbol{\sigma}_n$。该时刻总的应力、应变和位移为

$$\left.\begin{aligned}\boldsymbol{\sigma}_n &= \boldsymbol{\sigma}_{n-1} + \Delta\boldsymbol{\sigma}_n \\ \boldsymbol{\varepsilon}_n &= \boldsymbol{\varepsilon}_{n-1} + \Delta\boldsymbol{\varepsilon}_n \\ \boldsymbol{a}_n &= \boldsymbol{a}_{n-1} + \Delta\boldsymbol{a}\end{aligned}\right\} \tag{8-28}$$

再求下一时间步的增量位移 $\Delta\boldsymbol{a}$ 等,依此类推,可以求出全时间过程中各时刻的应力和位移等诸量。

需要指出,以上算法中,在计算徐变应变增量式(8-23)时很不经济,需要储存各单元在 t_n 时刻之前所有时刻的应力增量。在实际工程的温控徐变计算中,往往要计算几年时间,需要上千个甚至更多的时间步。因此,储存全部时间历史的应力需要很大的储存容量。而且每次累加计算也要耗费很多计算时间。

如果徐变度 $C(t,\tau)$ 用指数型函数表示,则可以解决这个困难。

1. $C(t,\tau)=\phi(\tau)[1-\mathrm{e}^{-r(t-\tau)}]$ 时的徐变应变增量

t_n 时刻的徐变度与 t_{n-1} 时刻的徐变之差为

$$\begin{aligned}C(t_n,t_i)-C(t_{n-1},t_i) &= \phi(t_i)\mathrm{e}^{rt_i}(\mathrm{e}^{-rt_{n-1}}-\mathrm{e}^{-rt_n}) \\ &= \phi(t_i)\mathrm{e}^{-r(t_{n-1}-t_i)}(1-\mathrm{e}^{-r\Delta t_n})\end{aligned}$$

将上式代入式(8-23),得 t_n 时刻的徐变增量为

$$\begin{aligned}\Delta\boldsymbol{\varepsilon}_n^c &= (1-\mathrm{e}^{-r\Delta t_n})\sum_{i=0}^{n-1}\boldsymbol{A}\Delta\boldsymbol{\sigma}_i\phi(t_i)\mathrm{e}^{-r(t_{n-1}-t_i)} \\ &= (1-\mathrm{e}^{-r\Delta t_n})\boldsymbol{w}_n\end{aligned} \tag{8-29}$$

式中

$$\boldsymbol{w}_n = \sum_{i=0}^{n-1}\boldsymbol{A}\Delta\boldsymbol{\sigma}_i\phi(t_i)\mathrm{e}^{-r(t_{n-1}-t_i)} \tag{8-30}$$

同理,可得 t_{n+1} 时刻的徐变增量为

$$\begin{aligned}\Delta\boldsymbol{\varepsilon}_{n+1}^c &= (1-\mathrm{e}^{-r\Delta t_{n+1}})\sum_{i=0}^{n}\boldsymbol{A}\Delta\boldsymbol{\sigma}_i\phi(t_i)\mathrm{e}^{-r(t_n-t_i)} \\ &= (1-\mathrm{e}^{-r\Delta t_{n+1}})\boldsymbol{w}_{n+1}\end{aligned} \tag{8-31}$$

式中

$$\boldsymbol{w}_{n+1} = \sum_{i=0}^{n}\boldsymbol{A}\Delta\boldsymbol{\sigma}_i\phi(t_i)\mathrm{e}^{-r(t_n-t_i)} \tag{8-32}$$

上式还可以进一步写成

$$\boldsymbol{w}_{n+1} = \sum_{i=0}^{n-1}\boldsymbol{A}\Delta\boldsymbol{\sigma}_i\phi(t_i)\mathrm{e}^{-r(t_n-t_i)} + \boldsymbol{A}\Delta\boldsymbol{\sigma}_n\phi(t_n)$$

$$
\begin{aligned}
&= e^{-r\Delta t_n}\sum_{i=0}^{n-1}\boldsymbol{A}\Delta\boldsymbol{\sigma}_i\phi(t_i)e^{-r(t_{n-1}-t_i)}+\boldsymbol{A}\Delta\boldsymbol{\sigma}_n\phi(t_n)\\
&= e^{-r\Delta t_n}\boldsymbol{w}_n+\boldsymbol{A}\Delta\boldsymbol{\sigma}_n\phi(t_n)
\end{aligned}
\tag{8-33}
$$

式(8-31)和式(8-33)就构成了计算徐变应变增量的递推公式。当计算 $\Delta\boldsymbol{\varepsilon}_{n+1}^c$ 时，只需要前一时刻的 $\boldsymbol{w}_n$ 和前一时刻的应力增量 $\Delta\boldsymbol{\sigma}_n$，由公式(8-33)计算 $\boldsymbol{w}_{n+1}$，再由公式(8-31)计算 $\Delta\boldsymbol{\varepsilon}_{n+1}^c$。在整个计算过程中只需要储存 $\boldsymbol{w}_n$ 和 $\Delta\boldsymbol{\sigma}_n$ 就可以了。$\boldsymbol{w}_n$ 的初值为

$$
\boldsymbol{w}_1=\boldsymbol{A}\Delta\boldsymbol{\sigma}_0\phi(t_0)
\tag{8-34}
$$

2. $C(t,\tau)=\sum_{j=1}^{m}\phi_j(\tau)(1-e^{-r_j(t-\tau)})$ 时的徐变应变增量

经过与上述相同的推导，得到更为一般的递推公式

$$
\left.
\begin{aligned}
\Delta\boldsymbol{\varepsilon}_{n+1}^c &= \sum_{j=1}^{m}(1-e^{-r_j\Delta t_{n+1}})(\boldsymbol{w}_{n+1})_j\\
(\boldsymbol{w}_{n+1})_j &= e^{-r\Delta t_n}(\boldsymbol{w}_n)_j+\boldsymbol{A}\Delta\boldsymbol{\sigma}_n\phi_j(t_n)\\
(\boldsymbol{w}_1)_j &= \boldsymbol{A}\Delta\boldsymbol{\sigma}_0\phi_j(t_0)
\end{aligned}
\right\}
\tag{8-35}
$$

当 $m=1$ 时，上式就成为第一种情况的递推公式。

8.3　黏弹性模型

岩石、黏土、混凝土等工程材料依时间变形的流变特性也可以用黏弹性模型来模拟。

黏弹性模型通常可用一些简单的力学模型的组合来直观地说明。现在考虑一维应力状态。我们将服从胡克定律

$$
\sigma=E\varepsilon
\tag{8-36}
$$

的弹性元件用一个弹簧表示，见图 8-5(a)。将服从黏性牛顿规律

$$
\sigma=\eta\frac{d\varepsilon}{dt}
\tag{8-37}
$$

的黏性元件用一个在盛满黏性流体的圆柱内运动的活塞组成的模型来表示，见图 8-5(b)，式(8-37)中的 η 是黏性系数，$\frac{d}{dt}$表示对时间 t 的导数，有时视方便也可用"·"表示对时间的导数。用一个摩擦滑块表示理想塑性或强化塑性的塑性元件，如图 8-5(c)所示，当应力低于屈服极限时没有变形，仅当应力满足屈服条件 $\sigma=\sigma_s$ 时发生流动。将这些简单元件进行不同组合可以得到具有各种复杂性质的介质模型。例如，将弹性元件与塑性元件串联(图 8-6)就得到前一节介绍的弹塑性模型。下面介绍如何得到几种常用的黏弹性模型。

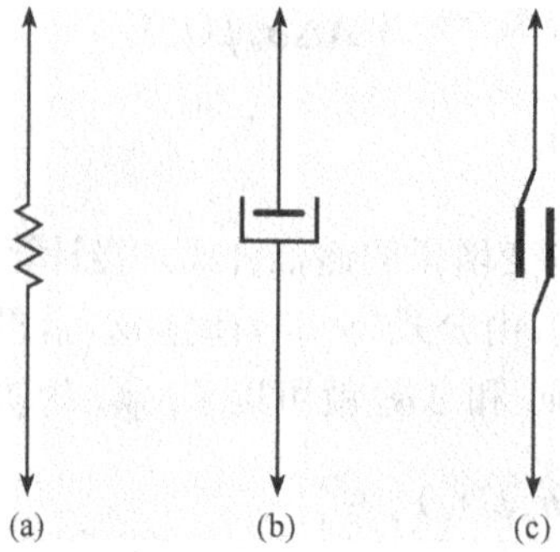

图 8-5

图 8-6

1. Kelvin 模型

将弹性元件和黏性元件并联,见图 8-7(a)得到开尔文(Kelvin)黏弹性模型。这种模型介质中的总应力 σ 等于由弹性变形产生的应力 σ^e 和黏性阻力产生的应力 σ^v 之和,而介质的总应变 ε 与弹性元件的应变 ε^e、黏性元件的应变 ε^v 相同。于是,由式(8-36)和式(8-37)有

$$\sigma = E\varepsilon + \eta \frac{\mathrm{d}\varepsilon}{\mathrm{d}t} \tag{8-38}$$

如果介质处于静止状态,

$$\frac{\mathrm{d}\varepsilon}{\mathrm{d}t} = 0$$

黏弹性介质相当于弹性的胡克介质。随着应变率的增加,介质的应力也增加。如果介质承受常应变 $\varepsilon = \varepsilon_0$,则应力也等于常量 $\sigma = E\varepsilon_0$;反之,如果介质承受常应力 $\sigma = \sigma_0$,则对于 $t \geqslant 0$,由式(8-38)可解得

$$\varepsilon = \frac{\sigma_0}{E}(1 - \mathrm{e}^{-Et/\eta}) \tag{8-39}$$

即应变逐渐增加,并趋向于 σ_0/E,见图 8-7(b)。这种常应力下应变随时间增加的性质称为徐变。

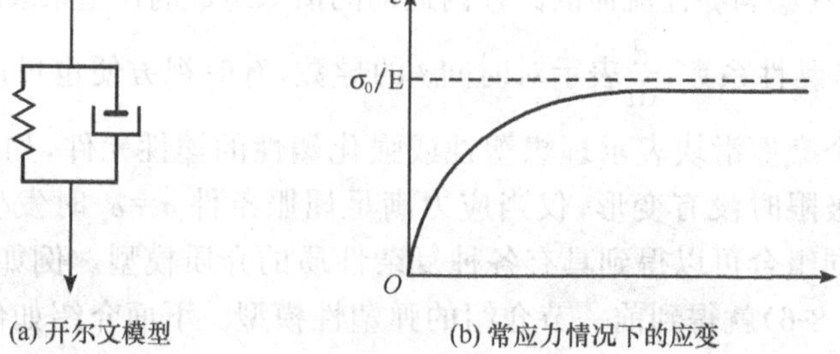

(a) 开尔文模型　(b) 常应力情况下的应变

图 8-7

2. Maxwell 模型

如果将弹性元件与黏性元件串联，见图 8-8(a)，得到麦克斯韦(Maxwell)黏弹性模型。这种模型质介的总应变 ε 等于弹性应变 ε^e 和黏性应变 ε^v 之和，而总应力 σ 等于弹性元件内的应力 σ^e 或黏性元件内的应力 σ^v。因此介质的应变率为

$$\frac{\mathrm{d}\varepsilon}{\mathrm{d}t}=\frac{1}{E}\frac{\mathrm{d}\sigma}{\mathrm{d}t}+\frac{1}{\eta}\sigma \tag{8-40}$$

如果这种介质承受一个常应力 $\sigma=\sigma_0$，它将具有常速率的变形，这与黏性流体相似。当介质保持常应变 $\varepsilon=\varepsilon_0$，这时 $\frac{\mathrm{d}\varepsilon}{\mathrm{d}t}=0$，由式(8-40)解得

$$\sigma=\sigma_0\mathrm{e}^{-Et/\eta} \tag{8-41}$$

式中，σ_0 是初始施加的应力。从式(8-41)可见，保持应变不变，应力按指数规律随时间衰减，并超于零。这种常应变下应力随时间减小的性质称为应力松弛，见图 8-8(b)。

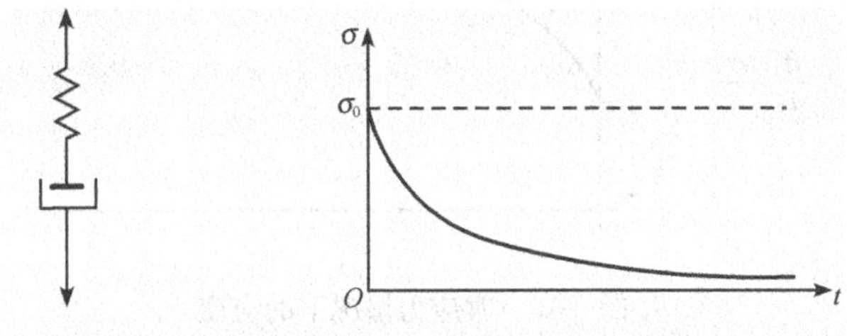

(a) 麦克斯韦模型　　(b) 常应变情况下的应力

图 8-8

3. 三元件黏弹性模型

将弹性元件和开尔文模型串联(图 8-9)，得到三元件黏弹性模型。这种模型介质中的总应变等于弹性应变 ε^e 加上开尔文模型的应变 ε^v，这里仍把开尔文模型产生的应变记为 ε^v，作为复合黏性应变；总应力等于弹性应力 σ^e 或开尔文模型产生的应力 σ^v。于是，根据图 8-9 所示参数有

$$\sigma=E\varepsilon^e \tag{8-42}$$

$$E_1\varepsilon^v+\eta\frac{\mathrm{d}\varepsilon^v}{\mathrm{d}t}=\sigma \tag{8-43}$$

$$\varepsilon=\varepsilon^e+\varepsilon^v \tag{8-44}$$

将式(8-42)代入式(8-44)，然后再代入式(8-43)，整理以后得

$$\frac{\mathrm{d}\varepsilon}{\mathrm{d}t}+\frac{E_1}{\eta}\varepsilon=\frac{1}{E}\frac{\mathrm{d}\sigma}{\mathrm{d}t}+\frac{E+E_1}{\eta E}\sigma \tag{8-45}$$

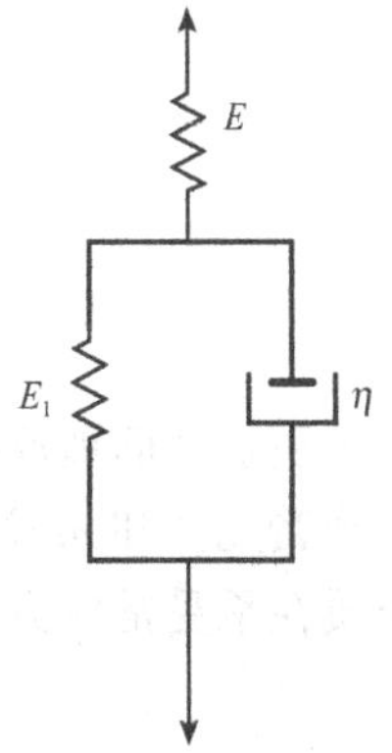

图 8-9 三元件模型

如果这种介质承受常量应力 $\sigma=\sigma_0$，这时$\frac{d\sigma}{dt}=0$，并考虑初始应变为 σ_0/E(当 $t=0$ 时，只发生弹性应变，黏性元件还来不及反应)，由式(8-45)解得

$$\varepsilon=\frac{\sigma_0}{E}+\frac{\sigma_0}{E_1}(1-e^{-E_1t/\eta}) \tag{8-46}$$

应变随时间 t 的变化过程如图 8-10 所示。初始应变是纯弹性元件产生的为 σ_0/E，然后随时间应变逐渐增加，并趋于$\left(\frac{\sigma_0}{E}+\frac{\sigma_0}{E_1}\right)$。表明这种介质具有徐变特性。如果这种介质承受常量应变 $\varepsilon=\varepsilon_0$，这时$\frac{d\varepsilon}{dt}=0$，并考虑初始弹性应力为 $E\varepsilon_0$，由式(8-45)解得

$$\sigma=\frac{EE_1}{E+E_1}\varepsilon_0+\frac{EE}{E+E_1}\varepsilon_0 e^{-(E+E_1)t/\eta} \tag{8-47}$$

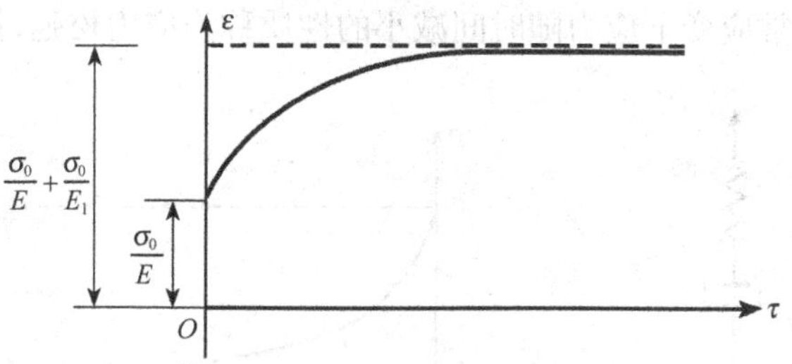

图 8-10 常应力情况下的应变

应力随时间 t 的变化过程如图 8-11 所示。开始应力为 σ_0，然后随时间衰减，并趋于$\frac{EE_1}{E+E_1}\varepsilon_0$。表明这种介质具有应力松弛特性。

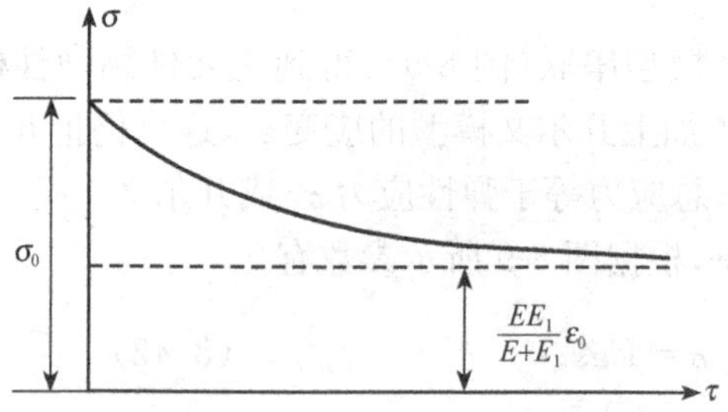

图 8-11 常应变情况下的应力

为了更加全面地反映介质的流变特性，还可以采用更加一般的复合黏弹性模型，它是由一个弹簧元件和 m 个开尔文模型串联而成，如图 8-12 所示。经过与上述相同的分析，这种介质在承受常应力 $\sigma=\sigma_0$ 时，应变为

$$\varepsilon=\frac{\sigma_0}{E}+\sigma_0\sum_{j=1}^{m}\frac{1}{E_j}(1-e^{-E_jt/\eta_j}) \tag{8-48}$$

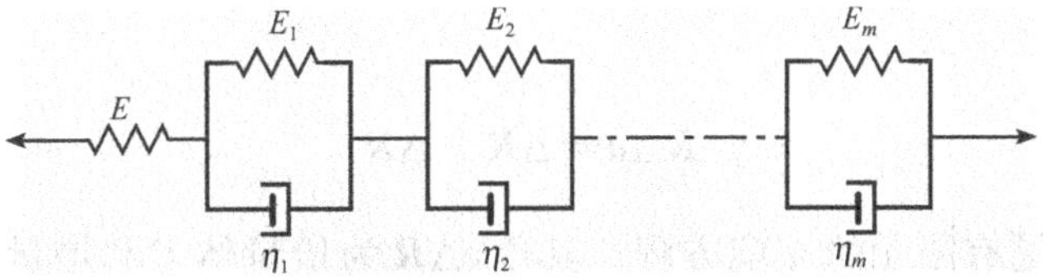

图 8-12　复合黏弹性模型

8.4　黏弹性问题的有限元支配方程

考虑典型时间步从 t_{n-1} 变化到 t_n，时间步长 $\Delta t = t_n - t_{n-1}$。在这个时间步长内应变增量 $\Delta\varepsilon_n$ 等于弹性应变增量 $\Delta\varepsilon_n^e$ 与黏性应变增量 $\Delta\varepsilon_n^v$ 之和，即

$$\Delta\varepsilon_n = \Delta\varepsilon_n^e + \Delta\varepsilon_n^v \tag{8-49}$$

式中，弹性应变增量符合胡克定律，黏性应变增量根据差分方法由黏性应变率确定，即

$$\Delta\varepsilon_n^v = \dot{\varepsilon}_{n-1}^v \Delta t \tag{8-50}$$

以三元件模型为例，由式(8-43)得上式中的黏性应变率为

$$\dot{\varepsilon}_{n-1}^v = \frac{1}{\eta}\sigma_{n-1} - \frac{E_1}{\eta}\varepsilon_{n-1}^v \tag{8-51}$$

将式(8-51)代入式(8-50)，得

$$\Delta\varepsilon_n^v = \left(\frac{1}{\eta}\sigma_{n-1} - \frac{E_1}{\eta}\varepsilon_{n-1}^v\right)\Delta t \tag{8-52}$$

将上述一维的公式进行推广，便得到三维应力状态的本构关系

$$\Delta\boldsymbol{\varepsilon}_n = \Delta\boldsymbol{\varepsilon}_n^e + \Delta\boldsymbol{\varepsilon}_n^v \tag{8-53}$$

$$\Delta\boldsymbol{\sigma}_n = \boldsymbol{D}\Delta\boldsymbol{\varepsilon}_n^e = \boldsymbol{D}\Delta\boldsymbol{\varepsilon}_n - \boldsymbol{D}\Delta\boldsymbol{\varepsilon}_n^v \tag{8-54}$$

$$\Delta\boldsymbol{\varepsilon}_n^v = \left(\frac{1}{\eta}\boldsymbol{A}\boldsymbol{\sigma}_{n-1} - \frac{E_1}{\eta}\boldsymbol{\varepsilon}_{n-1}^v\right)\Delta t \tag{8-55}$$

初始应力和初始黏性应变均设为零，即，$\boldsymbol{\sigma}_0 = 0$，$\boldsymbol{\varepsilon}_0^v = 0$。

结构离散后增量形式的平衡方程为

$$\sum_e \boldsymbol{C}_e^{\mathrm{T}} \int_{V^e} \boldsymbol{B}^{\mathrm{T}} \Delta\boldsymbol{\sigma}_n \mathrm{d}v = \Delta\boldsymbol{R} \tag{8-56}$$

将式(8-54)代入，上式成为

$$\sum_e \boldsymbol{C}_e^{\mathrm{T}} \int_{V^e} \boldsymbol{B}^{\mathrm{T}} (\boldsymbol{D}\Delta\boldsymbol{\varepsilon}_n - \boldsymbol{D}\Delta\boldsymbol{\varepsilon}_n^v) \mathrm{d}v = \Delta\boldsymbol{R}$$

进一步写成

$$\boldsymbol{K}\Delta\boldsymbol{a}=\Delta\boldsymbol{R}+\Delta\boldsymbol{R}^{v} \tag{8-57}$$

这就是黏弹性问题有限元的支配方程。其中,$\Delta\boldsymbol{R}$ 为增量体力和增量面力引起的等效结点荷载,$\boldsymbol{K}$ 与结构整体刚度矩阵,$\Delta\boldsymbol{R}$ 和 $\boldsymbol{K}$ 与线弹性中的公式完全相同,$\Delta\boldsymbol{R}^{v}$ 是黏性变形产生的等效结点荷载。

$$\left.\begin{aligned}\boldsymbol{K}&=\sum_{e}\boldsymbol{C}_{e}^{\mathrm{T}}\int_{V^{e}}\boldsymbol{B}^{\mathrm{T}}\boldsymbol{D}\boldsymbol{B}\,\mathrm{d}v\,\boldsymbol{C}_{e}\\\Delta\boldsymbol{R}&=\sum_{e}\boldsymbol{C}_{e}^{\mathrm{T}}\int_{V^{e}}\boldsymbol{N}^{\mathrm{T}}\Delta\boldsymbol{f}\,\mathrm{d}v+\sum_{e}\boldsymbol{C}_{e}^{\mathrm{T}}\int_{S^{e}}\boldsymbol{N}^{\mathrm{T}}\Delta\bar{\boldsymbol{f}}\,\mathrm{d}s\\\Delta\boldsymbol{R}^{v}&=\sum_{e}\boldsymbol{C}_{e}^{\mathrm{T}}\int_{V^{e}}\boldsymbol{B}^{\mathrm{T}}\boldsymbol{D}\Delta\boldsymbol{\varepsilon}_{n}^{v}\,\mathrm{d}v\end{aligned}\right\} \tag{8-58}$$

式中,$\Delta\boldsymbol{\varepsilon}_{n}^{v}$ 由公式(8-55)决定。

求解方程组(8-57),得到结点增量位移 $\Delta\boldsymbol{a}$,继而由几何方程求出各单元的增量应变 $\Delta\boldsymbol{\varepsilon}_{n}$,再由公式(8-54)求出增量应力 $\Delta\boldsymbol{\sigma}_{n}$。该时刻总的应力,应变和位移为

$$\left.\begin{aligned}\boldsymbol{\sigma}_{n}&=\boldsymbol{\sigma}_{n-1}+\Delta\boldsymbol{\sigma}_{n}\\\boldsymbol{\varepsilon}_{n}&=\boldsymbol{\varepsilon}_{n-1}+\Delta\boldsymbol{\varepsilon}_{n}\\\boldsymbol{a}_{n}&=\boldsymbol{a}_{n-1}+\Delta\boldsymbol{a}\end{aligned}\right\} \tag{8-59}$$

再求下一时间步的增量位移 $\Delta\boldsymbol{a}$ 等,依此类推,可以求出全时间过程中各时刻的应力和位移等诸量。

8.5 黏弹性模型与徐变模型的比较

以三元件黏弹性模型为例,该模型由弹簧元件与开尔文元件串联而成,这种模型的总应变为弹性应变 ε^{e} 和黏性应变 ε^{v} 之和,即

$$\varepsilon=\varepsilon^{e}+\varepsilon^{v} \tag{8-60}$$

其中黏性应变 ε^{v} 由开尔文模型确定,其应力-应变关系为

$$\dot{\varepsilon}^{v}+\frac{E_{1}}{\eta}\varepsilon^{v}=\frac{1}{\eta}\sigma \tag{8-61}$$

当应力为常量时,积分上式,得

$$\varepsilon^{v}=\frac{\sigma}{E_{1}}\left(1-\mathrm{e}^{-\frac{E_{1}}{\eta}t}\right) \tag{8-62}$$

注意式中的 t 是表示荷载持续作用的时间。

当应力随时间变化时,可将整个时间过程分成若干时段,在某个典型时段时间从 t_{n-1}

变到 t_n，时间步长为 Δt。如果在这时间步长内应力增量设为常量，设在 τ 时刻受到应力增量 $\Delta\sigma=\Delta\sigma(\tau)$ 的作用。在持续时间 $t-\tau$ 以后的总应变为

$$\Delta\varepsilon=\Delta\varepsilon^e+\Delta\varepsilon^v \tag{8-63}$$

其中，$\Delta\varepsilon^e$ 为瞬时弹性应变

$$\Delta\varepsilon^e=\frac{\Delta\sigma}{E} \tag{8-64}$$

$\Delta\varepsilon^v$ 为黏性应变应变，根据式(8-62)有

$$\Delta\varepsilon^v=\Delta\sigma\frac{1}{E_1}(1-e^{-\frac{E_1}{\eta}(t-\tau)})=\Delta\sigma C(t,\tau) \tag{8-65}$$

其中 $C(t,\tau)$ 在形式上相当于混凝土材料的徐变度，即在单位应力作用下的黏性应变

$$C(t,\tau)=\frac{1}{E_1}\left(1-e^{-\frac{E_1}{\eta}(t-\tau)}\right) \tag{8-66}$$

在持续变化的应力作用下，根据叠加原理，t 时刻总的黏性应变则为各时段应力增量所引起的徐变应变叠加而成，即

$$\begin{aligned}\varepsilon&=\Delta\sigma_0\left[\frac{1}{E}+C(t,0)\right]+\int_0^t\left(\frac{1}{E}\frac{d\sigma}{d\tau}d\tau+C(t,\tau)\frac{d\sigma}{d\tau}d\tau\right)\\&=\Delta\sigma_0 J(t,0)+\int_0^t J(t,\tau)\frac{d\sigma}{d\tau}d\tau\end{aligned} \tag{8-67}$$

其中，

$$J(t,\tau)=\frac{1}{E}+C(t,\tau) \tag{8-68}$$

如果将公式中弹性模量看成是时间的函数，则式(8-67)与混凝土徐变的本构关系式(8-12)完全一样。因此，黏弹性模型通过弹性元件与黏性元件的不同组合，可以描述材料更广泛的流变特性，当取开尔文元件与弹簧元件串联时，就得到徐变模型。反之，如果徐变度取为指数形式，将其中的 $\phi(t_i)$ 取为固定的 $\frac{1}{E_1}$，将 r 取为 $\frac{E_1}{\eta}$，将弹性模量 $E(\tau)$ 取为固定的 E，则得到三元件黏弹性模型。这对两种模型的有限元程序互相利用非常方便。

8.6 计算实例

例 8-1　用黏弹性模型计算路基工后沉降。采用三元件黏弹性模型，对沪宁高速公路某路段进行沉降计算。由于没有现成的黏弹性参数，首先利用现场量测资料对路基土体的黏弹性参数进行反演。表 8-1 是某路段的实测沉降值。根据这些实测资料反演得到该路段

土体的黏弹性参数为：$E=0.562\times10^2$MPa，$E_1=0.188\times10^2$MPa，$\eta=0.272\times10^2$d·MPa。图 8-13 是反演过程中的计算值与实测值的比较，从图中可见，沉降过程线反演值和实测值拟合较好，说明把路基土体作为三元件黏弹性模型是合适的，能反映土体的实际流变特性。

表 8-1　路基沉降实测值

1993 年/月.日	6.5	7.10	7.31	8.24	9.28	10.16	11.2	12.16	12.3	
填高/m	0.52	0.52	0.52	0.68	0.86	1.03	1.21	1.42	1.98	
沉降/mm	9	63	77	105	117	142	169	199	228	
1994 年/月.日	1.22	3.22	3.26	4.2	5.2	6.3	7.15	7.22	7.28	8.12
填高/m	2.08	2.3	2.5	2.65	2.9	3.08	3.08	3.88	3.88	3.88
沉降/mm	243	245	246	250	251	270	275	286	288	289

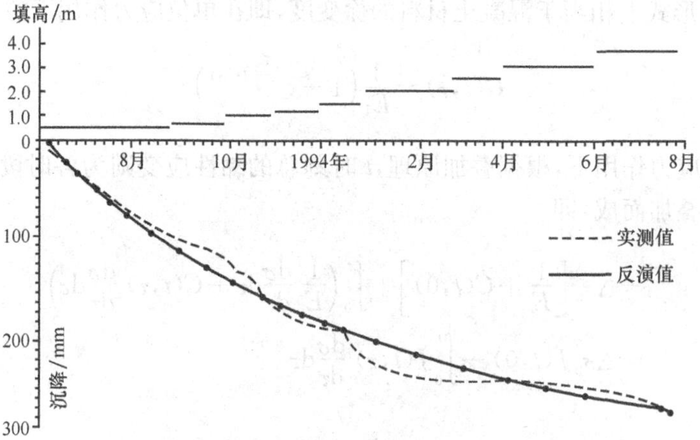

图 8-13　路基沉降反演结果

为了计算路基最终沉降，将反演得到的参数代回到黏弹性正分析模型，再进行正分析。图 8-14 是正分析计算的沉降过程线。从图中看出，开始沉降速率较大，随后逐渐缓慢趋于稳定，最终稳定沉降量为 345.9mm。该路段 1994 年 7 月 22 日路面铺筑完毕，其时实测沉降量为 286mm，因此，工后沉降为 345.9－286＝59.9(mm)，满足设计要求。

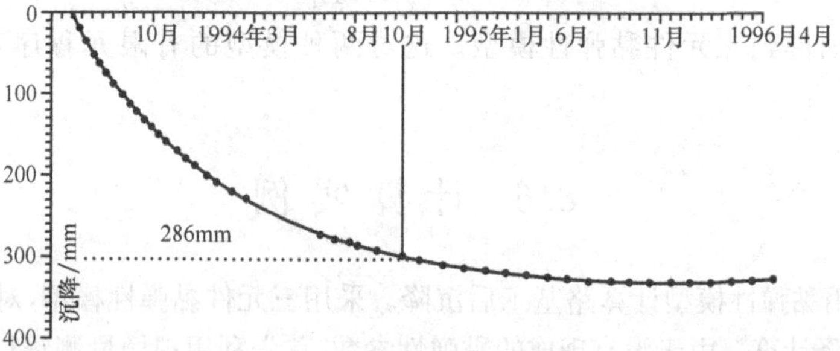

图 8-14　路基沉降预报曲线

例 8-2　龙滩地下洞室群围岩稳定性的黏弹性分析。龙滩水电工程是国家西部大开发的十大标志性工程和“西电东送”的战略项目之一。它的开发建设对于满足广东和广西地区电力增长的需要，优化华南地区电源结构和电力结构，减轻红水河下游及西江两岸地区的洪水威胁，促进广西和贵州少数民族地区经济和社会全面发展，具有重要的作用。龙滩水电工程位于红水河下游的天峨县境内，距天峨县城 15km，坝址以上流域面积 98500km^2，占该河流域面积的 71%，共装机容量占红水河可开发容量的 35%～40%，是仅次于长江三峡的巨型水电工程。龙滩水电工程规划总装机容量 540 万 kW，安装 9 台 60 万 kW 的水轮发电机组，年均发电量 187 亿 kW·h。总库容 273 亿 m^3，防洪库容 70 亿 m^3。龙滩工程的地下发电厂房是当今世界最大的地下厂房（长 388.5m，宽 28.5m，高 74.5m）。

图 8-15 为龙滩模型洞某断面测线实测位移过程线，模型洞位于设计地下厂房顶拱部位，开挖尺寸为 3m×5m×25.18m。在洞深 7.7m 和 16.2m 处分别布置了多点位移计量测断面，每个断面有 7 个观测孔，其中有 2 个预埋孔，每个观测孔布置有 5～6 个测点。在洞深 7.9m，16.4m 和 17.4m 处分别布置了收敛量测断面，每个断面设有 3 条收敛测线。模型洞围岩变形观测分施工期量测（约 47 天）、开挖后期变形量测（约 15 天）、流变观测（172 天）。勘探洞和模型洞的资料分析都表明洞室围岩比较符合三元件黏弹性模型的流变特性，所以在有限元计算中采用 Kelvin 模型与弹簧元件串联的三元件黏弹性模型，其中的黏弹性参数是利用龙滩模型洞的实测位移观测数据资料，经反演分析得到 $E=9.49\times10^3$(MPa)，$E_1=8.228\text{E}\times10^3$(MPa)，$\eta=8.786\text{E}\times10^5$(MPa·d)。

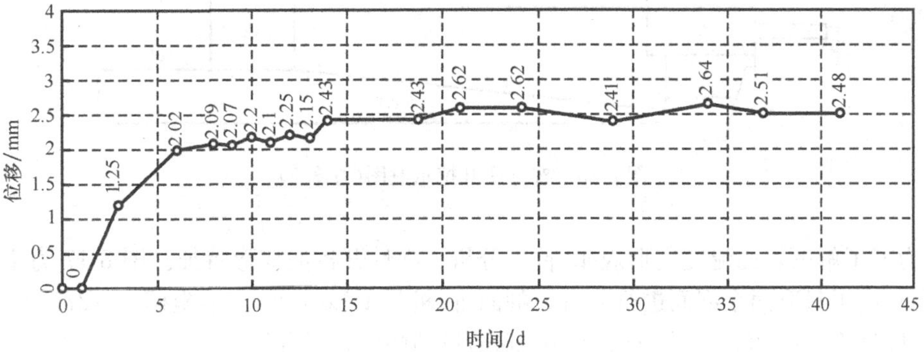

图 8-15　龙滩岩体试验模型洞实测位移过程线

地下洞室施工过程中地应力的不断释放，是围岩稳定性的主要因素。岩体地应力场沿深度的分布取如下表达式。

对于强风化岩体

$$
\left.\begin{aligned}
\sigma_y &= -\gamma h \\
\sigma_x &= \sigma_z = -\frac{\nu}{1-\nu}\gamma h
\end{aligned}\right\} \tag{a}
$$

对于微新岩体

$$\left.\begin{aligned}\sigma_x&=-A_1-B_1h,\quad \tau_{xy}=0.9\\\sigma_y&=-A_2-B_2h,\quad \tau_{yz}=-1.2\\\sigma_z&=-A_3-B_3h,\quad \tau_{zx}=-0.3\end{aligned}\right\}\tag{b}$$

式中,γ为岩体容重;ν为泊松比;h为地表至计算点的高程差。A_i,B_i(i=1,…,3)的取值范围见表 8-2。

表 8-2 地应力参数

参数	A_1	B_1	A_2	B_2	A_3	B_3
取值	0.75	0.046	0.70	0.028	1.1	0.050

有限元网格与图 4-17 相同。为了比较,洞室开挖按两种施工步序(方案)。方案 1:假设一次开挖成洞;方案 2:分 7 步按顺序由上而下开挖成洞,如图 8-16 所示。

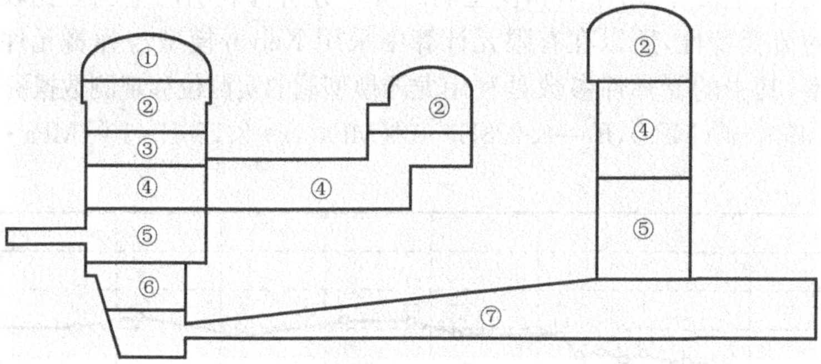

图 8-16 按顺序开挖示意图(方案 2)

为了了解围岩的流变变形规律,首先分析一次性开挖的变形特征。图 8-17 为主厂房Ⅲ剖面(这里只取两个剖面进行分析。剖面Ⅲ:桩号 HL0+051.25,坐标 x=277.25m;剖面Ⅴ:桩号 HL0+258.25,坐标 x=70.25m)拱顶的位移过程线。

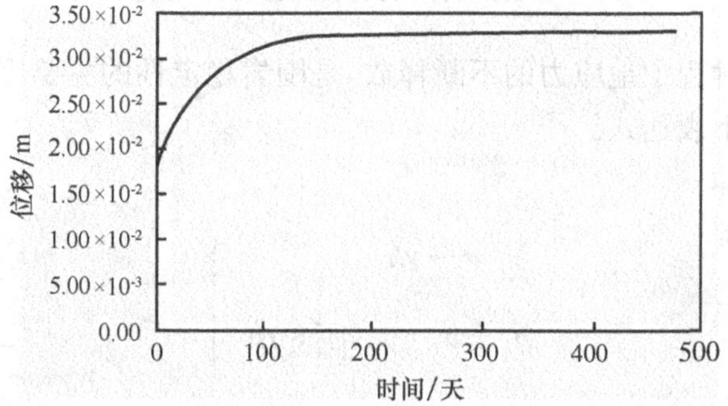

图 8-17 一次性开挖,主厂房Ⅲ剖面拱顶位移过程线

从位移过程线看出，围岩的变形随时间变化比较明显，具有明显的流变特性，包括瞬时弹性变形、加速流变变形和稳定流变变形，而且流变位移占总位移的比例较大。其瞬时弹性位移为 1.77cm，最终稳定位移为 3.28cm，流变位移为两者之差 1.51cm，流变位移占总位移的比例为 46%，其他各控制点的变形特征和变形规律基本上一致。流变位移值随时间变化列在表 8-3 中。

表 8-3　主厂房Ⅲ剖面拱顶流变位移随时间变化

时间/天	0	10	20	30	50	70	90	120	150
流变位移/cm	0	0.27	0.49	0.68	0.95	1.14	1.26	1.37	1.43
占总流变位移的比例	0	18%	32%	45%	63%	75%	83%	91%	95%
时间/天	180	210	240	270	300	330	360	390	∞
流变位移/cm	1.47	1.49	1.50	1.50	1.50	1.51	1.51	1.51	1.51
占总流变位移的比例	97%	99%	99%	99%	99%	100%	100%	100%	—

从表 8-3 中可以看出，最终稳定流变位移为 1.51cm，流变稳定时间为 240 天左右。在开挖初期流变非常显著，开始 30 天流变位移为 0.68cm，占总流变位移的 45%，70 天的流变位移为 1.14cm，占总流变位移的 75%。往后流变位移缓慢增长，到 240 天基本趋于稳定。由此可以决定合适的支护时间，使得既能充分发挥围岩的自稳能力，又能使支护体优化可靠。

图 8-18 是分步开挖Ⅴ剖面拱顶的位移过程线。位移曲线呈锯齿状，这是由于每步开挖时瞬时弹性变形所致，在每一施工步间隔期位移随时间变化。从图 8-18 中可以看出，第一施工步的流变位移随时间的变化较为明显，往后的施工步位移变化比较平缓，这是因为第一步开挖的岩体紧靠拱顶，对拱顶位移影响较大，往后的施工步开挖的岩体远离拱顶，对拱顶位移影响较小。

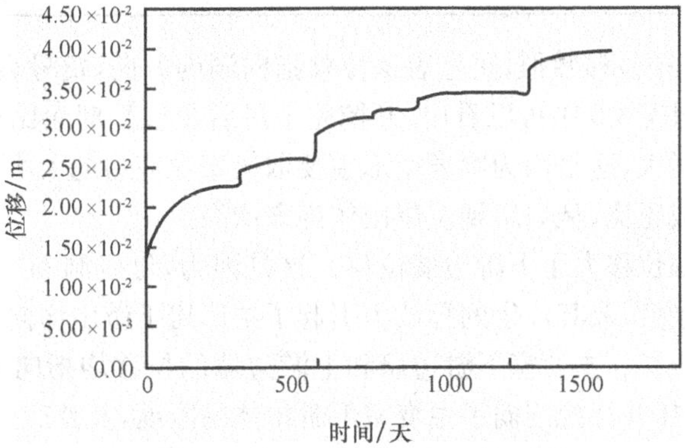

图 8-18　分步开挖(方案 2)，主厂房Ⅴ剖面拱顶位移过程线

表 8-4 为施工方案 1 围岩的最终位移，表 8-5 为施工方案 2 围岩的最终位移。

表 8-4 方案 1,开挖完工最后洞周径向位移 (单位:cm)

位置		Ⅲ剖面			Ⅴ剖面		
		瞬时位移	流变位移	合位移	瞬时位移	流变位移	合位移
主厂房	拱顶	1.77	1.51	3.28	2.30	1.91	4.21
	上游边墙	2.19	1.71	3.90	2.64	2.11	4.75
	下游边墙	0.64	0.66	1.30	0.94	0.95	1.89
主变室	拱顶	1.94	1.57	3.51	2.48	1.94	4.42
	上游边墙	0.84	0.70	1.54	1.06	0.89	1.95
	下游边墙	−1.07	−0.77	−1.84	−1.44	−1.05	−2.49
调压井	拱顶	1.84	1.54	3.38	2.44	2.03	4.47
	上游边墙	2.80	2.37	5.17	4.13	3.32	7.45
	下游边墙	3.73	3.23	6.96	4.80	4.22	9.02

表 8-5 方案 2,开挖完工最后洞周径向位移 (单位:cm)

位置		Ⅲ剖面			Ⅴ剖面		
		瞬时位移	流变位移	合位移	瞬时位移	流变位移	合位移
主厂房	拱顶	1.77	1.24	3.01	2.30	1.65	3.95
	上游边墙	2.19	1.43	3.62	2.64	1.78	4.42
	下游边墙	0.64	0.72	1.36	0.94	1.02	1.96
主变室	拱顶	1.94	1.20	3.14	2.48	1.51	3.99
	上游边墙	0.84	0.52	1.36	1.06	0.70	1.76
	下游边墙	−1.07	−0.54	−1.61	−1.44	−0.62	−2.06
调压井	拱顶	1.84	1.30	3.14	2.44	1.70	4.14
	上游边墙	2.80	2.10	4.90	4.13	2.86	6.99
	下游边墙	3.73	3.12	6.85	4.80	3.89	8.69

表 8-4 和表 8-5 中位移数值,正号表示位移指向洞内方向,负号表示位移指向洞外山体方向。从表 8-4 和表 8-5 中可以看出,开挖完工最后变形Ⅴ剖面比Ⅲ剖面的大,沿厂房轴线从右到左逐步增大,这是因为围岩变形主要取决于地应力的大小,因为所采用的地应力场与岩层覆盖层成正比,从右岸到左岸山体逐渐增高。

主厂房上游边墙位移大于下游边墙位移。这是因为,母线洞和主变室的开挖削弱了主厂房下游山体的刚度,及其产生的释放力引起了主厂房下游山体向下游变形,抵消了主厂房释放力的部分位移。主变室下游边墙和上游边墙的位移均指向下游,呈整体向下游变形。这是因为,调压井开挖削弱了主变室下游山体的刚度,及其产生的释放力引起了主变室下游山体向下游变形。调压井上游边墙位移大于下游边墙位移。从位移过程线可以看出,围岩的位移具有显著的流变特性,不同的开挖步序不仅变形过程线不同,而且最终位移值也不一样。为了比较不同施工方案对变形的影响,表 8-6 列出两个施工方案开挖完工最后拱顶位移。

表 8-6　两个方案开挖完工最后拱顶位移比较　　(单位:cm)

位　置	方　案	Ⅲ剖面		Ⅴ剖面	
		流变位移	合位移	流变位移	合位移
主厂房	方案 1	1.51	3.28	1.91	4.21
	方案 2	1.24	3.01	1.65	3.95
主变室	方案 1	1.57	3.51	1.94	4.42
	方案 2	1.20	3.14	1.51	3.99
调压井	方案 1	1.54	3.38	2.03	4.47
	方案 2	1.30	3.14	1.70	4.14

瞬时弹性位移在支护之前已经发生,支护措施只能限制流变位移,另外各施工方案的瞬时弹性位移是一样的。因此在方案比较时只分析流变位移。从表 8-6 中看出,开挖方式对流变位移有一定的影响,一次性开挖(方案 1)主厂房拱顶的流变位移为 1.91cm,按顺序分步开挖(方案 2)主厂房拱顶的流变位移为 1.65cm。方案 2 的位移比案 1 的位移小 16%。

另外,当第二层开挖完毕,在Ⅴ剖面,主厂房拱顶总位移为 2.61cm,主变室拱顶总位移 1.88cm,调压井拱顶总位移为 2.75cm,如果考虑支护对流变参数的抑制作用,各洞室拱顶的总位移分别只有 2.43cm,1.78cm,2.57cm,相应的流变位移分别为 0.97cm,0.61cm,0.97cm,都不超过 1cm,这与当时实际监测值比较一致。

围岩应力见表 8-7 和表 8-8。总体上围岩应力水平不高,各洞室围岩应力以压应力为主,拉应力出现在主厂房上边墙及调压井下游边墙底部个别区域,但量值很小。分步开挖明显减少了局部区域的应力集中现象,经比较,方案 2(即按顺序由上而下开挖)变形和应力状态都比较好。Ⅴ剖面洞周的应力相对比较大。在Ⅴ剖面调压井上游拱脚应力为−22.66MPa,调压井下游拱脚应力为−20.84MPa,调压井拱顶应力为−18.89MPa,最大压应力为−25.7MPa,发生在调压井上游边墙上部,但只是局部区域。主厂房和主变室的应力均不超过 20MPa。

表 8-7　方案 1,各剖面洞周最大压应力　　(单位:MPa)

位　置		Ⅱ剖面	Ⅲ剖面	Ⅴ剖面	Ⅵ剖面
主厂房	拱顶	−7.92	−8.44	−11.43	−11.64
	上游拱脚	−7.42	−7.90	−12.33	−12.37
	下游拱脚	−10.55	−10.99	−13.56	−13.75
	上游边墙	−4.33	−4.50	−6.22	−16.50
	下游边墙	−1.93	−2.10	−2.35	−15.50
主变室	拱顶	−8.31	−8.57	−10.60	−13.89
	上游拱脚	−6.52	−6.72	−9.30	−11.95
	下游拱脚	−11.04	−11.48	−14.13	−13.81
	上游边墙	−6.75	−7.12	−9.04	−11.37
	下游边墙	−10.83	−11.38	−14.25	−12.16

续表

位　　置		Ⅱ剖面	Ⅲ剖面	Ⅴ剖面	Ⅵ剖面
调压井	拱顶	−14.26	−15.10	−20.02	−18.37
	上游拱脚	−14.68	−15.74	−22.45	−17.00
	下游拱脚	−18.07	−19.42	−23.78	−18.26
	上游边墙	−6.84	−7.00	−9.71	−13.81
	下游边墙	−1.52	−1.77	−1.57	−18.95
全域	最大	−18.53	−19.86	−30.59	−20.7
	位置	主厂与尾水洞交汇处	主厂与尾水洞交汇处	调压井上游边墙上部	调压井上游底角偶

表 8-8　方案 2,开挖完工后各剖面洞周最大压应力　　(单位:MPa)

位　　置		Ⅱ剖面	Ⅲ剖面	Ⅴ剖面	Ⅵ剖面
主厂房	拱顶	−7.88	−8.40	−11.33	−11.64
	上游拱脚	−8.15	−8.69	−12.96	−13.06
	下游拱脚	−10.31	−10.67	−13.32	−13.55
	上游边墙	−4.01	−4.18	−5.71	−13.59
	下游边墙	−1.74	−1.91	−1.94	−12.81
主变室	拱顶	−8.81	−9.16	−11.51	−13.85
	上游拱脚	−6.58	−6.83	−9.38	−11.67
	下游拱脚	−9.77	−10.14	−12.78	−13.31
	上游边墙	−6.83	−7.21	−9.11	−10.90
	下游边墙	−9.21	−9.68	−12.15	−11.52
调压井	拱顶	−13.58	−14.32	−18.89	−17.19
	上游拱脚	−14.68	−15.79	−22.66	−17.05
	下游拱脚	−15.96	−17.12	−20.84	−16.92
	上游边墙	−12.45	−13.27	−10.74	−10.91
	下游边墙	−1.98	−2.27	−2.06	−16.24
全域	最大	−18.09	−17.12	−25.70	−17.19
	位置	主厂与尾水洞交汇处	调压井下游拱脚	调压井上游边墙上部	调压井拱顶

习　　题

8-1　徐变模型与黏弹性模型有什么相同和不同之处?

8-2　以平面三角形单元为例,导出徐变等效结点荷载的计算公式。

8-3　以平面三角形单元为例,导出黏弹性等效结点荷载的计算公式。

8-4　在教学程序的基础上,编写平面黏弹性有限元程序。

8-5　在教学程序的基础上,编写平面徐变应力有限元程序。

第 9 章　温度场及温度应力

当弹性体的温度有所改变时，它的每一部分一般都将由于温度的升高或降低而产生膨胀或收缩。但是，由于弹性体所受的外在约束以及各个部分之间的相互约束，这种膨胀或收缩并不能自由地发生，于是就产生应力，即所谓温度应力。

温度场与温度应力是大体积混凝土结构温控防裂的最主要依据，本章介绍混凝土结构温度场及其温度应力的有限单元法。

9.1　热传导微分方程

根据热平衡原理，在任意一段时间内，物体的任一微小部分所积蓄的热量（亦即温度增高所需的热量），等于传入该微小部分的热量加上内部热源所供给的热量。

取直角坐标系并取微小六面体 $\mathrm{d}x\mathrm{d}y\mathrm{d}z$，如图 9-1 所示。假定该六面体的温度在 $\mathrm{d}t$ 时间内由 T 升高到 $T+\frac{\partial T}{\partial t}\mathrm{d}t$。由于温度升高了 $\frac{\partial T}{\partial t}\mathrm{d}t$，它所积蓄的热量是 $c\rho\mathrm{d}x\mathrm{d}y\mathrm{d}z\frac{\partial T}{\partial t}\mathrm{d}t$，式中，$\rho$ 为物体的密度，它的单位是 $\mathrm{kg/m^3}$；c 是比热容，它的单位是 kJ/(kg・℃)，也就是单位质量的物体温度升高 1℃时所需的热量。

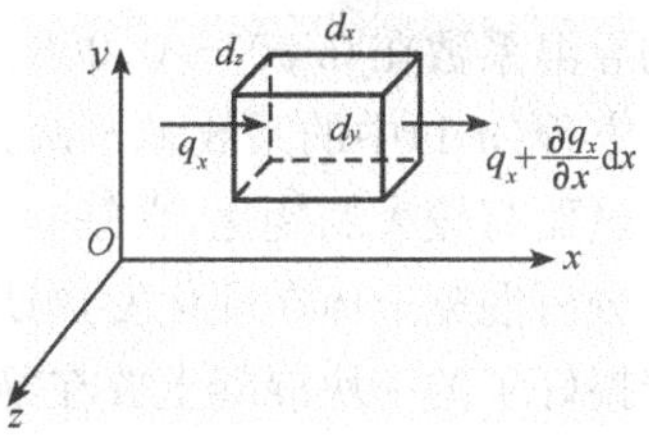

图 9-1

在同一时间 $\mathrm{d}t$ 内，由六面体左面传入热量 $q_x\mathrm{d}y\mathrm{d}z\mathrm{d}t$，由右面传出热量 $\left(q_x+\frac{\partial q_x}{\partial x}\mathrm{d}x\right)\mathrm{d}y\mathrm{d}z\mathrm{d}t$。因此，传入的净热量为 $-\frac{\partial q_x}{\partial x}\mathrm{d}x\mathrm{d}y\mathrm{d}z\mathrm{d}t$。由热传导的基本定律，热流密度与温度梯度成正比而方向相反，即

$$q=-\lambda\,\nabla T \tag{a}$$

式中，比例常数 λ 为导热系数，它的因次是[热量][长度]$^{-1}$[时间]$^{-1}$[温度]$^{-1}$，单位为 kJ/(m・h・℃)，因此传入的净热量为 $\lambda\frac{\partial^2 T}{\partial x^2}\mathrm{d}x\mathrm{d}y\mathrm{d}z\mathrm{d}t$。同样，由上下两面及前后两面传入的净热量分别为 $\lambda\frac{\partial^2 T}{\partial y^2}\mathrm{d}x\mathrm{d}y\mathrm{d}z\mathrm{d}t$ 及 $\lambda\frac{\partial^2 T}{\partial z^2}\mathrm{d}x\mathrm{d}y\mathrm{d}z\mathrm{d}t$。这样，传入六面体的净热量总共是 $\lambda\left(\frac{\partial^2 T}{\partial x^2}+\frac{\partial^2 T}{\partial y^2}+\frac{\partial^2 T}{\partial z^2}\right)\mathrm{d}x\mathrm{d}y\mathrm{d}z\mathrm{d}t$，即 $\lambda\,\nabla^2 T\mathrm{d}x\mathrm{d}y\mathrm{d}z\mathrm{d}t$。

设该六面体的内部有热源，强度为 W（在单位时间、单位体积内供给的热量），则该热源在时间 $\mathrm{d}t$ 内所供给的热量为 $W\mathrm{d}x\mathrm{d}y\mathrm{d}z\mathrm{d}t$。在这里，供热的热源作为正的热源，如金属通电时发热、混凝土硬化时发热、水分结冰时发热等，吸热的热源作为负的热源，如水分蒸

发时吸热、冰粒溶解时吸热等。于是,根据热量平衡原理,有

$$c\rho \mathrm{d}x\mathrm{d}y\mathrm{d}z\frac{\partial T}{\partial t}\mathrm{d}t=\lambda\nabla^2 T\mathrm{d}x\mathrm{d}y\mathrm{d}z\mathrm{d}t+W\mathrm{d}x\mathrm{d}y\mathrm{d}z\mathrm{d}t$$

除以 $c\rho\mathrm{d}x\mathrm{d}y\mathrm{d}z\mathrm{d}t$,移项以后,即得热传导微分方程

$$\frac{\partial T}{\partial t}-\frac{\lambda}{c\rho}\nabla^2 T=\frac{W}{c\rho} \tag{b}$$

简写为

$$\frac{\partial T}{\partial t}-\alpha\nabla^2 T=\frac{W}{c\rho} \tag{9-1}$$

式中

$$\alpha=\frac{\lambda}{c\rho} \tag{9-2}$$

称为导温系数,它的因次是[长度]^2[时间]$^{-1}$,它的单位是 m^2/h。在通常的情况下,混凝土的导温系数在 0.003～0.005。

方程(9-1)中的系数 λ,c,ρ,α 都可以近似地当做常量,但热源强度 W 却往往随着时间的经过而有较大的变化,它是时间 t 已知函数。

分析混凝土体在硬化发热期间的不稳定温度场时,通常用绝热温升来代替热源强度。把拌捣好了的一块混凝土放在绝热条件下,使混凝土硬化时所发的热量全部用于提高混凝土试块本身的温度,这时量得的试块温度的升高 θ 称为绝热温升,它随时间(龄期)t 的变化大致如图 9-2 中的绝热温升曲线所示。绝热温升对于时间的改变率$\frac{\partial\theta}{\partial t}$称为绝热温升率,可由绝热温升曲线的斜率得来。

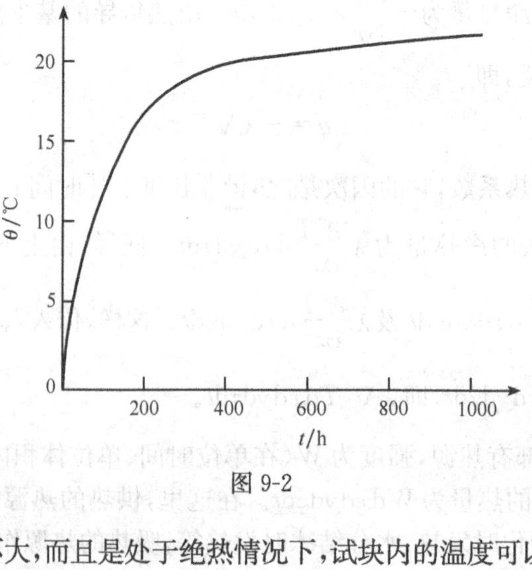

图 9-2

由于混凝土试块不大,而且是处于绝热情况下,试块内的温度可以认为是均匀的。也就

是说，它的温度只随时间变化而不是坐标的函数。这样就有$\nabla^2 T=0$，从而由式(9-1)得

$$\frac{\partial T}{\partial t}=\frac{W}{c\rho} \tag{c}$$

但这时的$\frac{\partial T}{\partial t}$就是绝热温升率$\frac{\partial \theta}{\partial t}$，因此又有

$$\frac{W}{c\rho}=\frac{\partial \theta}{\partial \mathrm{t}}$$

再代回式(9-1)，即得混凝土热传导微分方程

$$\frac{\partial T}{\partial t}-\alpha\,\nabla^2 T=\frac{\partial \theta}{\partial t},\quad x\in V \tag{9-3}$$

如果经过长期热交换以后，温度不再随时间而变化，就称为稳定温度场。这时热传导微分方程(9-3)成为

$$\nabla^2 T=0,\quad \boldsymbol{x}\in V \tag{9-4}$$

为了能够求解热传导微分方程，从而求得温度场，必须已知物体在初瞬时的温度分布，即所谓初始条件；同时还必须已知初瞬时以后物体表面与周围介质之间进行热交换的规律，即所谓边界条件。初始条件和边界条件合称为边值条件，初始条件称为时间边值条件，而边界条件称为空间边值条件。

初始条件一般表示为如下的形式

$$(T)_{t=0}=f(x,y,z),\quad \boldsymbol{x}\in V \tag{9-5}$$

边界条件可以3种方式给出。

第一类边界条件：已知物体表面上任意一点在所有各瞬时的温度，即

$$T=f(t),\qquad \boldsymbol{x}\in S_1 \tag{9-6}$$

式中，T为物体表面的温度。

第二类边界条件：已知物体表面上任意一点的法向热流密度，即

$$(q_n)=\bar{q}_n$$

式中，角码n为物体表面的外法向。由式(a)，上式也可以改写成为

$$-\lambda\left(\frac{\partial T}{\partial n}\right)=(q_n)=\bar{q}_n,\quad \boldsymbol{x}\in S_2 \tag{9-7}$$

在绝热边界上，由于热流密度为零，由式(9-7)得到

$$\left(\frac{\partial T}{\partial n}\right)=0,\quad \boldsymbol{x}\in S_2 \tag{9-8}$$

第三类边界条件:已知物体边界上任意一点在所有各瞬时的运流(对流)放热情况。按照热量的运流定律,在单位时间内从物体表面传向周围介质的热流密度,是与两者的温度差成正比的,即

$$(q_n)=\beta(T-T_a) \tag{9-9}$$

式中,T_a 为周围介质的温度;β 为运流放热系数,或简称为放热系数,它的因次是[热量][长度]$^{-2}$[时间]$^{-1}$[温度]$^{-1}$,它的单位是 kJ/(m^2 · h · ℃)。放热系数 β 依赖于周围介质的密度、黏度、流速、流态,还依赖于物体表面的曲率及糙率,它的数值范围是很大的。由式(a),式(9-9)可以改写成为

$$\left(\frac{\partial T}{\partial n}\right)=-\frac{\beta}{\lambda}(T-T_a),\quad \boldsymbol{x}\in S_3 \tag{9-10}$$

如果周围介质的运流很大,运流几乎是完全的,则物体表面被迫取周围介质的温度,则上式简化为第一类边界条件

$$T=T_a \tag{9-11}$$

如果运流很小,β 趋近于 0,则式(9-10)简化为绝热边界条件(9-8)。

对于实际工程上提出的问题,按照边值条件求解上述热传导微分方程,用函数求解几乎是不可能的。有限单元法是非常有效的求解方法。

9.2　温度场的变分原理

1. 稳定温度场的变分原理

稳定温度场由微分方程(9-4)和边界条件(9-6)或式(9-7)和式(9-9)决定。在满足强制边界条件(9-6)的情况下,与微分方程(9-4)和边界条件(9-7)、式(9-9)等效的伽辽金提法为

$$\int_V \delta T\,\nabla^2 T\mathrm{d}v-\int_{S_2}\delta T\left(\frac{\partial T}{\partial n}+\frac{1}{\lambda}\bar{q}_n\right)\mathrm{d}s-\int_{S_3}\delta T\left(\frac{\partial T}{\partial n}+\frac{\beta}{\lambda}T-\frac{\beta}{\lambda}T_a\right)\mathrm{d}s=0 \tag{9-12}$$

经分部积分得

$$\int_V\left(\frac{\partial\delta T}{\partial x}\frac{\partial T}{\partial x}+\frac{\partial\delta T}{\partial y}\frac{\partial T}{\partial y}+\frac{\partial\delta T}{\partial z}\frac{\partial T}{\partial z}\right)\mathrm{d}v+\int_{S_2}\frac{1}{\lambda}\delta T\bar{q}_n\mathrm{d}s-\int_{S_3}\frac{\beta}{\lambda}\delta T(T_a-T)\mathrm{d}s=0$$

将上式各项乘以 $\alpha=\dfrac{\lambda}{c\rho}$,可改写成为

$$\int_V\alpha\left(\frac{\partial T}{\partial x}\frac{\partial\delta T}{\partial x}+\frac{\partial T}{\partial y}\frac{\partial\delta T}{\partial y}+\frac{\partial T}{\partial z}\frac{\partial\delta T}{\partial z}\right)\mathrm{d}v+\int_{S_2}\frac{1}{c\rho}\delta T\bar{q}_n\mathrm{d}s$$
$$-\int_{S_3}\bar{\beta}\delta T(T_a-T)\mathrm{d}s=0 \tag{9-13}$$

其中，

$$\bar{\beta}=\frac{\beta}{c\rho} \tag{9-14}$$

根据变分的运算规则，式(9-13)可进一步改写成为

$$\delta\Pi=0 \tag{9-15}$$

其中

$$\begin{aligned}\Pi=&\int_V \frac{\alpha}{2}\left[\left(\frac{\partial T}{\partial x}\right)^2+\left(\frac{\partial T}{\partial y}\right)^2+\left(\frac{\partial T}{\partial z}\right)^2\right]\mathrm{d}v\\&+\int_{S_2}\frac{1}{c\rho}T\bar{q}_n\mathrm{d}s-\int_{S_3}\bar{\beta}T\left(T_a-\frac{1}{2}T\right)\mathrm{d}s\end{aligned} \tag{9-16}$$

式(9-15)即为稳定温度场的变分原理，即在满足强制边界条件(9-6)的所有可能的温度场中，真实温度场使泛函式(9-16)取极值。可以证明式(9-15)等价于微分方程(9-4)和边界条件(9-7)、式(9-9)。当第二类边界为绝热边界时，式(9-16)所示的泛函简化为

$$\Pi=\int_V \frac{\alpha}{2}\left[\left(\frac{\partial T}{\partial x}\right)^2+\left(\frac{\partial T}{\partial y}\right)^2+\left(\frac{\partial T}{\partial z}\right)^2\right]\mathrm{d}v+\int_{S_3}\bar{\beta}\left(\frac{1}{2}T^2-T_aT\right)\mathrm{d}s \tag{9-17}$$

2. 瞬态稳定温度场的变分原理

经过与稳定温度场的变分原理类似的讨论和推导，可以得到瞬态稳定温度场变分原理为：在满足强制边界条件(9-6)和初始条件(9-5)的所有可能的温度场中，真实温度场满足

$$\delta\Pi=0 \tag{9-18}$$

其中

$$\begin{aligned}\Pi=&\int_V\left\{\frac{\alpha}{2}\left[\left(\frac{\partial T}{\partial x}\right)^2+\left(\frac{\partial T}{\partial y}\right)^2+\left(\frac{\partial T}{\partial z}\right)^2\right]+\left(\frac{\partial T}{\partial t}-\frac{\partial\theta}{\partial t}\right)T\right\}\mathrm{d}v\\&+\int_{S_2}\frac{1}{c\rho}Tq_n\mathrm{d}s-\int_{S_3}\bar{\beta}T\left(T_a-\frac{1}{2}T\right)\mathrm{d}s\end{aligned} \tag{9-19}$$

可以证明式(9-18)等价于热传导微分方程(9-3)和边界条件(9-7)、式(9-9)。当第二类边界为绝热边界式，式(9-19)所示的泛函简化为

$$\begin{aligned}\Pi=&\int_V\left\{\frac{\alpha}{2}\left[\left(\frac{\partial T}{\partial x}\right)^2+\left(\frac{\partial T}{\partial y}\right)^2+\left(\frac{\partial T}{\partial z}\right)^2\right]+\left(\frac{\partial T}{\partial t}-\frac{\partial\theta}{\partial t}\right)T\right\}\mathrm{d}v\\&+\int_{S_3}\bar{\beta}\left(\frac{1}{2}T^2-T_aT\right)\mathrm{d}s\end{aligned} \tag{9-20}$$

9.3 稳定温度场

由 9.2 节知道，求解稳定温度场的问题归结为求泛函(9-17)的极值问题。将求解域划分为有限元网格。各单元的温度函数用该单元结点温度值插值得到，设单元的结点数为 m，则单元的温度可以表示为

$$T(x,y,z)=T(\xi,\eta,\zeta)=\sum_{i=1}^{m}N_iT_i=\boldsymbol{N}\boldsymbol{T}^e \tag{9-21}$$

式中，$N_i(i=1,2,\cdots,m)$为形函数；$\boldsymbol{N}$ 为形函数矩阵；$\boldsymbol{T}^e$为单元结点温度列阵。

$$\boldsymbol{N}=[N_1\quad N_2\quad \cdots\quad N_m] \tag{9-22}$$

$$\boldsymbol{T}^e=[T_1\quad T_2\quad \cdots\quad T_m]^{\mathrm{T}} \tag{9-23}$$

有限元离散后的泛函等于各单元泛函之和，即

$$\begin{aligned}\Pi&=\int_V\frac{\alpha}{2}\left[\left(\frac{\partial T}{\partial x}\right)^2+\left(\frac{\partial T}{\partial y}\right)^2+\left(\frac{\partial T}{\partial z}\right)^2\right]\mathrm{d}v+\int_{S_3}\bar{\beta}\left(\frac{1}{2}T^2-T_aT\right)\mathrm{d}s\\&=\sum_e\int_{V^e}\frac{\alpha}{2}\left[\left(\frac{\partial T}{\partial x}\right)^2+\left(\frac{\partial T}{\partial y}\right)^2+\left(\frac{\partial T}{\partial z}\right)^2\right]\mathrm{d}v\\&\quad+\sum_e\int_{S_3^e}\bar{\beta}\left(\frac{1}{2}T^2-T_aT\right)\mathrm{d}s\\&=\frac{1}{2}\sum_e(\boldsymbol{T}^e)^{\mathrm{T}}\int_{V^e}\alpha\left[\left(\frac{\partial\boldsymbol{N}^{\mathrm{T}}}{\partial x}\frac{\partial\boldsymbol{N}}{\partial x}\right)+\left(\frac{\partial\boldsymbol{N}^{\mathrm{T}}}{\partial y}\frac{\partial\boldsymbol{N}}{\partial y}\right)+\left(\frac{\partial\boldsymbol{N}^{\mathrm{T}}}{\partial z}\frac{\partial\boldsymbol{N}}{\partial z}\right)\right]\mathrm{d}v\boldsymbol{T}^e\\&\quad+\frac{1}{2}\sum_e(\boldsymbol{T}^e)^{\mathrm{T}}\int_{S_3^e}\bar{\beta}\boldsymbol{N}^{\mathrm{T}}\boldsymbol{N}\mathrm{d}s\boldsymbol{T}^e-\sum_e(\boldsymbol{T}^e)^{\mathrm{T}}\int_{S_3^e}\bar{\beta}T_a\boldsymbol{N}^{\mathrm{T}}\mathrm{d}s\end{aligned} \tag{9-24}$$

令

$$\left.\begin{aligned}\boldsymbol{h}&=\int_{V^e}\alpha\left[\left(\frac{\partial\boldsymbol{N}^{\mathrm{T}}}{\partial x}\frac{\partial\boldsymbol{N}}{\partial x}\right)+\left(\frac{\partial\boldsymbol{N}^{\mathrm{T}}}{\partial y}\frac{\partial\boldsymbol{N}}{\partial y}\right)+\left(\frac{\partial\boldsymbol{N}^{\mathrm{T}}}{\partial z}\frac{\partial\boldsymbol{N}}{\partial z}\right)\right]\mathrm{d}v\\\boldsymbol{g}&=\int_{S_3^e}\bar{\beta}\boldsymbol{N}^{\mathrm{T}}\boldsymbol{N}\mathrm{d}s\\\boldsymbol{f}&=\int_{S_3^e}\bar{\beta}T_a\boldsymbol{N}^{\mathrm{T}}\mathrm{d}s\end{aligned}\right\} \tag{9-25}$$

称 $\boldsymbol{h}$ 为单元热传导矩阵，称 $\boldsymbol{g}$ 为放热边界对热传导矩阵的贡献矩阵，称 $\boldsymbol{f}$ 为单元温度荷载列阵。它们的元素分别为

$$\left.\begin{aligned}h_{ij}&=\alpha\int_{V^e}\left(\frac{\partial N_i}{\partial x}\frac{\partial N_j}{\partial x}+\frac{\partial N_i}{\partial y}\frac{\partial N_j}{\partial y}+\frac{\partial N_i}{\partial z}\frac{\partial N_j}{\partial z}\right)\mathrm{d}v\\g_{ij}&=\int_{S_3^e}\bar{\beta}N_iN_j\mathrm{d}s\\f_i&=\int_{S_3^e}\bar{\beta}T_aN_i\mathrm{d}s\end{aligned}\right\}\quad(i,j=1,2,\cdots,m) \tag{9-26}$$

再引进单元选择矩阵 $\boldsymbol{C}_e$，使得

$$\boldsymbol{T}^e=\boldsymbol{C}_e\boldsymbol{T} \tag{9-27}$$

式中，$\boldsymbol{T}$ 为整体结点温度列阵。

将式(9-25)和式(9-27)代入式(9-24)，得

$$\Pi=\frac{1}{2}\boldsymbol{T}^{\mathrm{T}}(\boldsymbol{H}+\boldsymbol{G})\boldsymbol{T}-\boldsymbol{T}^{\mathrm{T}}\boldsymbol{F} \tag{9-28}$$

其中，

$$\boldsymbol{H}=\sum_e \boldsymbol{C}_e^{\mathrm{T}}\boldsymbol{h}\boldsymbol{C}_e \tag{9-29}$$

$$\boldsymbol{G}=\sum_e \boldsymbol{C}_e^{\mathrm{T}}\boldsymbol{g}\boldsymbol{C}_e \tag{9-30}$$

$$\boldsymbol{F}=\sum_e \boldsymbol{C}_e^{\mathrm{T}}\boldsymbol{f} \tag{9-31}$$

根据变分原理，使泛函(9-28)的变分 $\delta\Pi=0$，即$\frac{\partial\Pi}{\partial\boldsymbol{T}}=0$，得到稳定温度场的有限元支配方程

$$(\boldsymbol{H}+\boldsymbol{G})\boldsymbol{T}=\boldsymbol{F} \tag{9-32}$$

这是线性代数方程组，求解该方程组便得到整体结点温度值 $\boldsymbol{T}$。需要指出的是，如同弹性力学问题，在集成整体矩阵以后，还需引入至少限制“刚体运动”的给定位移条件。对于温度温度场问题，在集成整体矩阵以后，至少还需引入一个点的已知温度条件。

对于等参单元，式(9-25)中的各系数矩阵可以通过高斯数值积分计算。对于比较简单的单元，可以直接解析求出。例如，对于平面 3 结点三角形单元，形函数为

$$N_i=\frac{(a_i+b_ix+c_iy)}{2A}\quad(i,j,m)$$

式中，A 为三角形面积。

代入式(9-26)，得

$$\boldsymbol{h}=\frac{\alpha}{4A}\begin{bmatrix} b_ib_i+c_ic_i & b_ib_j+c_ic_j & b_ib_m+c_ic_m \\ b_jb_i+c_jc_i & b_jb_j+c_jc_j & b_jb_m+c_jc_m \\ b_mb_i+c_mc_i & b_mb_j+c_mc_j & b_mb_m+c_mc_m \end{bmatrix}$$

当三角形 ij 边界为散热边界时(图 9-3)，

$$\boldsymbol{g}=\frac{\bar{\beta}l}{6}\begin{bmatrix} 2 & 1 & 0 \\ 1 & 2 & 0 \\ 0 & 0 & 0 \end{bmatrix}$$

$$\boldsymbol{f}=\frac{\bar{\beta}T_al}{2}\begin{Bmatrix} 1 \\ 1 \\ 0 \end{Bmatrix}$$

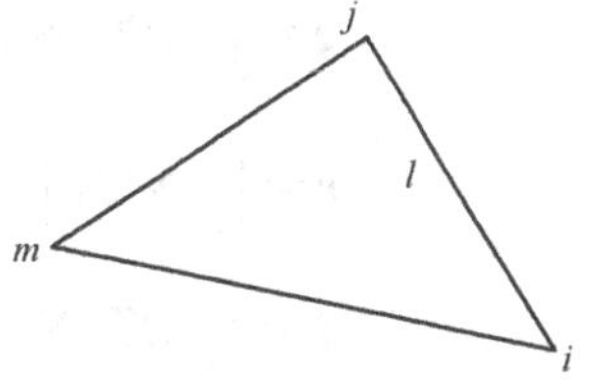

图 9-3

9.4 瞬态温度场

瞬态温度场是空间和时间 t 的函数,相应的泛函如式(9-19)或式(9-20)所示。将求解域划分为有限元网格,各单元的温度函数用该单元结点温度值插值得到。设单元的结点数为 m,则单元的温度可以表示为

$$T(x,y,z,t)=T(\xi,\eta,\zeta,t)=\sum_{i=1}^{m}N_iT_i=\boldsymbol{N}\boldsymbol{T}^e \tag{9-33}$$

式中,$N_i(i=1,2,\cdots,m)$为形函数;$\boldsymbol{N}$ 为形函数矩阵,仍与式(9-22)相同;$\boldsymbol{T}^e$为单元结点温度列阵,如式(9-23)所示。但是现在各结点温度是随时间变化的。

$$\dot{T}(x,y,z,t)=\dot{T}(\xi,\eta,\zeta,t)=\sum_{i=1}^{m}N_i\dot{T}_i=\boldsymbol{N}^{\mathrm{T}}\dot{\boldsymbol{T}}^e \tag{9-34}$$

式中,$\dot{T}$为温度对时间的导数。

有限元离散后的泛函(式(9-20))等于各单元泛函之和,即

$$\begin{aligned}\Pi=&\int_V\left\{\frac{\alpha}{2}\left[\left(\frac{\partial T}{\partial x}\right)^2+\left(\frac{\partial T}{\partial y}\right)^2+\left(\frac{\partial T}{\partial z}\right)^2\right]+\left(\frac{\partial T}{\partial t}-\frac{\partial\theta}{\partial t}\right)T\right\}\mathrm{d}v+\int_{S_3}\bar{\beta}\left(\frac{1}{2}T^2-T_aT\right)\mathrm{d}s\\
=&\sum_e\int_{V^e}\left\{\frac{\alpha}{2}\left[\left(\frac{\partial T}{\partial x}\right)^2+\left(\frac{\partial T}{\partial y}\right)^2+\left(\frac{\partial T}{\partial z}\right)^2\right]+\left(\frac{\partial T}{\partial t}-\frac{\partial\theta}{\partial t}\right)T\right\}\mathrm{d}v\\
&+\sum_e\int_{S_3^e}\bar{\beta}\left(\frac{1}{2}T^2-T_aT\right)\mathrm{d}s\\
=&\frac{1}{2}\sum_e(\boldsymbol{T}^e)^{\mathrm{T}}\int_{V^e}\alpha\left[\left(\frac{\partial\boldsymbol{N}^{\mathrm{T}}}{\partial x}\frac{\partial\boldsymbol{N}}{\partial x}\right)+\left(\frac{\partial\boldsymbol{N}^{\mathrm{T}}}{\partial y}\frac{\partial\boldsymbol{N}}{\partial y}\right)+\left(\frac{\partial\boldsymbol{N}^{\mathrm{T}}}{\partial z}\frac{\partial\boldsymbol{N}}{\partial z}\right)\right]\mathrm{d}v\boldsymbol{T}^e\\
&+\sum_e(\boldsymbol{T}^e)^{\mathrm{T}}\int_{V^e}(\boldsymbol{N}^{\mathrm{T}}\boldsymbol{N})\mathrm{d}v\dot{\boldsymbol{T}}^e-\sum_e(\boldsymbol{T}^e)^{\mathrm{T}}\int_{V^e}\left(\boldsymbol{N}^{\mathrm{T}}\frac{\partial\theta}{\partial t}\right)\mathrm{d}v\\
&+\frac{1}{2}\sum_e(\boldsymbol{T}^e)^{\mathrm{T}}\int_{S_3^e}\bar{\beta}\boldsymbol{N}^{\mathrm{T}}\boldsymbol{N}\mathrm{d}s\boldsymbol{T}^e-\sum_e(\boldsymbol{T}^e)^{\mathrm{T}}\int_{S_3^e}\bar{\beta}T_a\boldsymbol{N}^{\mathrm{T}}\mathrm{d}s\end{aligned} \tag{9-35}$$

令

$$\left.\begin{aligned}\boldsymbol{h}&=\int_{V^e}\alpha\left[\left(\frac{\partial\boldsymbol{N}^{\mathrm{T}}}{\partial x}\frac{\partial\boldsymbol{N}}{\partial x}\right)+\left(\frac{\partial\boldsymbol{N}^{\mathrm{T}}}{\partial y}\frac{\partial\boldsymbol{N}}{\partial y}\right)+\left(\frac{\partial\boldsymbol{N}^{\mathrm{T}}}{\partial z}\frac{\partial\boldsymbol{N}}{\partial z}\right)\right]\mathrm{d}v\\
\boldsymbol{g}&=\int_{S_3^e}\bar{\beta}\boldsymbol{N}^{\mathrm{T}}\boldsymbol{N}\mathrm{d}s\\
\boldsymbol{r}&=\int_{V^e}\boldsymbol{N}^{\mathrm{T}}\boldsymbol{N}\mathrm{d}v\\
\boldsymbol{f}&=\int_{S_3^e}\bar{\beta}T_a\boldsymbol{N}^{\mathrm{T}}\mathrm{d}s+\int_{V^e}\frac{\partial\theta}{\partial t}\boldsymbol{N}^{\mathrm{T}}\mathrm{d}v\end{aligned}\right\} \tag{9-36}$$

式中,称 $\boldsymbol{h}$ 为单元热传导矩阵;$\boldsymbol{g}$ 为放热边界对热传导矩阵的贡献矩阵;$\boldsymbol{r}$ 为单元热容矩阵;$\boldsymbol{f}$ 为单元温度荷载列阵,其中,第一项是放热边界引起的,第二项是绝热温升引起的。

它们的元素分别为

$$\left.\begin{aligned} h_{ij} &= \alpha\int_{V^e}\left(\frac{\partial N_i}{\partial x}\frac{\partial N_j}{\partial x}+\frac{\partial N_i}{\partial y}\frac{\partial N_j}{\partial y}+\frac{\partial N_i}{\partial z}\frac{\partial N_j}{\partial z}\right)\mathrm{d}v \\ g_{ij} &= \int_{S_3^e}\bar{\beta}N_iN_j\,\mathrm{d}s \\ r_{ij} &= \int_{V^e}N_iN_j\,\mathrm{d}v \\ f_i &= \int_{S_3^e}\bar{\beta}T_aN_i\,\mathrm{d}s+\int_{V^e}\frac{\partial\theta}{\partial t}N_i\,\mathrm{d}v \end{aligned}\quad (i,j=1,2,\cdots,m)\right\} \tag{9-37}$$

再引进单元选择矩阵 $\boldsymbol{C}_e$，使得

$$\boldsymbol{T}^e=\boldsymbol{C}_e\boldsymbol{T},\quad \dot{\boldsymbol{T}}^e=\boldsymbol{C}_e\dot{\boldsymbol{T}} \tag{9-38}$$

式中，$\boldsymbol{T}$ 为整体结点温度列阵。

将式(9-36)和式(9-38)代入式(9-35)，得

$$\Pi=\frac{1}{2}\boldsymbol{T}^{\mathrm{T}}(\boldsymbol{H}+\boldsymbol{G})\boldsymbol{T}+\boldsymbol{T}^{\mathrm{T}}\boldsymbol{R}\dot{\boldsymbol{T}}-\boldsymbol{T}^{\mathrm{T}}\boldsymbol{F} \tag{9-39}$$

其中，

$$\boldsymbol{H}=\sum_e\boldsymbol{C}_e^{\mathrm{T}}\boldsymbol{h}\boldsymbol{C}_e \tag{9-40}$$

$$\boldsymbol{G}=\sum_e\boldsymbol{C}_e^{\mathrm{T}}\boldsymbol{g}\boldsymbol{C}_e \tag{9-41}$$

$$\boldsymbol{R}=\sum_e\boldsymbol{C}_e^{\mathrm{T}}\boldsymbol{r}\boldsymbol{C}_e \tag{9-42}$$

$$\boldsymbol{F}=\sum_e\boldsymbol{C}_e^{\mathrm{T}}\boldsymbol{f} \tag{9-43}$$

根据变分原理，使泛函(9-39)的变分 $\delta\Pi=0$，即$\dfrac{\partial\Pi}{\partial\boldsymbol{T}}=0$，得到瞬态温度场的有限元支配方程

$$\boldsymbol{R}\dot{\boldsymbol{T}}+(\boldsymbol{H}+\boldsymbol{G})\boldsymbol{T}=\boldsymbol{F} \tag{9-44}$$

为了分析方便，把式(9-44)写成

$$\boldsymbol{R}\dot{\boldsymbol{T}}+\boldsymbol{K}\boldsymbol{T}=\boldsymbol{F} \tag{9-45}$$

其中，

$$\boldsymbol{K}=\boldsymbol{H}+\boldsymbol{G} \tag{9-46}$$

式中，$\boldsymbol{R}$ 为整体热容矩阵；$\boldsymbol{K}$ 为整体热传导矩阵；$\boldsymbol{F}$ 为整体温度荷载列阵。求解方程组(9-45)便得到各时刻整体结点温度值 $\boldsymbol{T}$。如果有已知温度的边界，还需引入已知温度条件对方

程组进行处理。这是一个以时间 t 为变量的常微分线性代数方程组。有限元分析中求解该方程组通常有两种方法:差分法和模态叠加法。下面介绍应用较广泛的差分法。

首先将求解的时间域划分为若干个时间步:$t_0,t_1,t_2,\cdots,t_n,\cdots$,每一时间步的步长为 $\Delta t=t_{i+1}-t_i$,时间步长可以是等步长,也可以是不等步长。因为初始结点温度是已知的,当计算 t_1 时刻的结点温度 $\boldsymbol{T}_1$ 时,$\boldsymbol{T}_0$ 是已知的。所以可以假设当计算 t_{n+1} 时刻的结点温度 $\boldsymbol{T}_{n+1}$ 时,$\boldsymbol{T}_n$ 以及之前所有时刻的结点温度均已经知道。设 t_{n+1} 与 t_n 时刻之间的时间步长为 Δt,假设在 Δt 内温度是线性变化的(图 9-4),即

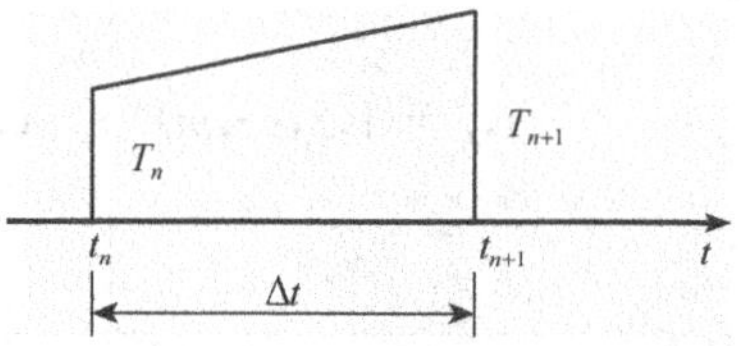

图 9-4

$$\left.\begin{aligned}\boldsymbol{T}(t+s\Delta t)&=(1-s)\boldsymbol{T}_n+s\boldsymbol{T}_{n+1}\\ \dot{\boldsymbol{T}}(t+s\Delta t)&=\frac{(\boldsymbol{T}_{n+1}-\boldsymbol{T}_n)}{\Delta t}\end{aligned}\right\}\quad(0\leqslant s\leqslant 1)\tag{9-47}$$

将式(9-47)代入式(9-45),并将其中的 $\boldsymbol{F}$ 表示成与 $\boldsymbol{T}$ 相同的分布形式,则得到建立在 $(t_n+s\Delta t)$ 时刻的差分方程

$$\left(s\boldsymbol{K}+\frac{1}{\Delta t}\boldsymbol{R}\right)\boldsymbol{T}_{n+1}=\frac{1}{\Delta t}\boldsymbol{R}\boldsymbol{T}_n-(1-s)\boldsymbol{K}\boldsymbol{T}_n+(1-s)\boldsymbol{F}_n+s\boldsymbol{F}_{n+1}\tag{9-48}$$

从初始时刻 $t_0=0$ 开始,依次求解方程组(9-48)可以得到各时刻 $t_1,t_2,\cdots,t_n,\cdots$ 的结点温度列阵。

方程(9-48)是建立在 $(t_n+s\Delta t)$ 时刻的差分方程,也就说在 $(t_n+s\Delta t)$ 时间点是严格满足微分方程(9-45)的。因此,参数 s 的取值对解的精度和稳定性有很大的影响。当取 $s=0,0.5,1$ 时,分别得到向前差分、中点差分和向后差分。如果取 $s=\frac{2}{3}$,称为伽辽金差分。

9.5　解的稳定性

在求解差分方程(9-48)时,当时间步长 Δt 取不同时,计算过程中的误差会不会不断积累以致无限增长,这就是解的稳定性问题。如果时间步长取任意值,误差都不会无限增长,则称该差分格式是无条件稳定的,如果时间步长需要满足一定的条件才能使误差不会无限增长,则称此差分格式是有条件稳定的。

对于单自由度问题,求解方程(9-45)成为

$$R\dot{T}+KT=F\tag{a}$$

为了讨论方便,取 $R=1,K=1,F=0$,式(a)成为

$$\dot{T}+T=0\tag{b}$$

方程(b)的解析解为 $T=e^{-t}$。采用差分求解的方程(9-48)成为

$$\left(s+\frac{1}{\Delta t}\right)T_{n+1}=\frac{1}{\Delta t}T_n-(1-s)T_n \tag{c}$$

取时间步长 $\Delta t=1.5$ 和 2.5，对于每个时间步长取参数 s 分别等于 0(向前差分)，0.5(中心差分)和 1(向后差分)。图 9-5 给出了各种情况的计算结果。从图 9-5 中可以看到，当时间步长取 $\Delta t=1.5$ 时，向前差分($s=0$)的解出现振荡，中心差分($s=0.5$)和向后差分($s=1$)的解都能收敛于精确解。当时间步长取 $\Delta t=2.5$ 时，向前差分的解无限增长，即不稳定，中心差分的解也出现振荡，向后差分的解仍然稳定收敛。从该例看出，只有向后差分的解是无条件稳定的，其他几种差分格式需要满足一定的条件才能使解稳定收敛。下面讨论解的稳定性条件。

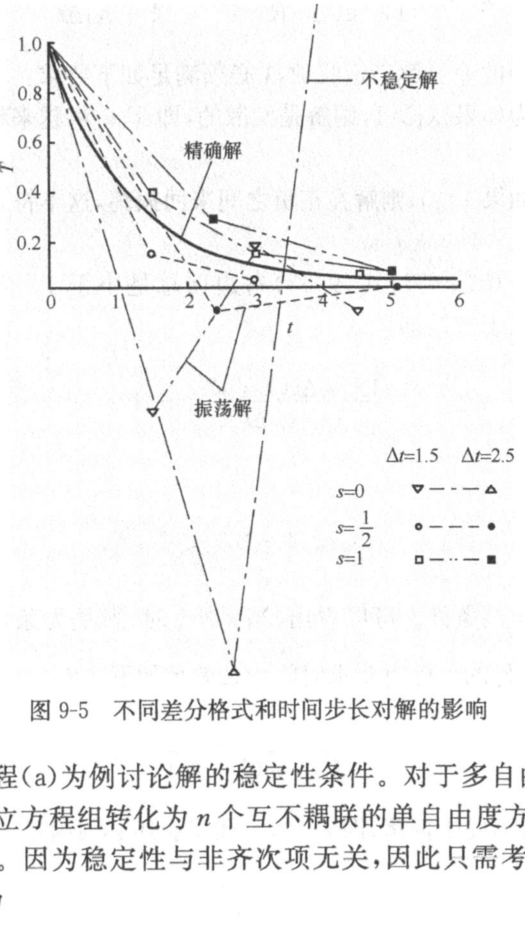

图 9-5　不同差分格式和时间步长对解的影响

仍以单自由度方程(a)为例讨论解的稳定性条件。对于多自由度问题也总可以通过模态分析将 n 阶联立方程组转化为 n 个互不耦联的单自由度方程，然后选择其中一个典型方程进行讨论。因为稳定性与非齐次项无关，因此只需考虑方程的齐次形式。令 $F=0$，方程(a)成为

$$R\dot{T}+KT=0 \tag{9-49}$$

该齐次方程的解析解是

$$T=Ae^{-\omega t} \tag{9-50}$$

式中,A 为任意常数;$\omega=K/R$;ω 总是正值,相当于方程(9-49)的特征值。

从式(9-50)可以看出,该解析解随时间单调趋于零。假设 A 为正的常数,则该解析解单调恒大于零。现用差分法对方程(9-49)进行求解,它的差分方程为

$$\left(sK+\frac{1}{\Delta t}R\right)T_{n+1}=\left(\frac{1}{\Delta t}R-(1-s)K\right)T_n \tag{9-51}$$

将式(9-51)进一步写成

$$T_{n+1}=\lambda T_n \tag{9-52}$$

其中

$$\lambda=\frac{1-K(1-s)\Delta t/R}{1+sK\Delta t/R}=\frac{1-\omega\Delta t(1-s)}{1+s\omega\Delta t} \tag{9-53}$$

为了使方程(9-49)的差分解稳定收敛,λ 必须满足如下要求:

(1) $|\lambda|<1$。因为如果$|\lambda|>1$,则解是发散的,即 T_{n+1}将越来越大,这不符合实际(解析解)情况。

(2) $\lambda>0$。因为如果 $\lambda<0$,则解在正负之间来回振荡,这不符合解析解单调恒正或恒负的要求。

由于 ω 是正的,又 $0\leqslant s\leqslant 1$,式(9-53)右边项总是小于 1。因此为了满足$|\lambda|<1$,式(9-53)右边项必须大于-1,即

$$\frac{1-\omega\Delta t(1-s)}{1+s\omega\Delta t}>-1$$

或写成

$$\omega\Delta t(1-2s)<2 \tag{9-54}$$

式(9-54)即为解的稳定性条件。可以看出,当 $s\geqslant\frac{1}{2}$时,解是无条件稳定的,当 $0<s<\frac{1}{2}$时,解的稳定性是有条件的。此时要求时间步长满足如下条件

$$\Delta t<\frac{2}{\omega(1-2s)} \tag{9-55}$$

另一方面,为了解不发生振荡,即 $\lambda>0$,时间步长还必须满足

$$\Delta t<\frac{1}{\omega(1-s)} \tag{9-56}$$

综上所述,为了保证差分解的稳定收敛,向前差分和中点差分时间步长必须同时满足式(9-55)和式(9-56)两个条件。

图 9-6 给出了当 s 取某些值时,λ 随 $\omega\Delta t$ 的变化情况。从图 9-6 中可以看出,向后差分在时间步长很大时仍能保持解的收敛性,既稳定又不振荡,而对于中心差分和伽辽金差分($s=$

2/3)，当时间步长较大时，λ 值趋近于－1 和－1/2，这会使解发生振荡。从图 9-6 中还可以看出，当时间步长较大时，向后差分比中心差分和伽辽金差分具有更高的精度。

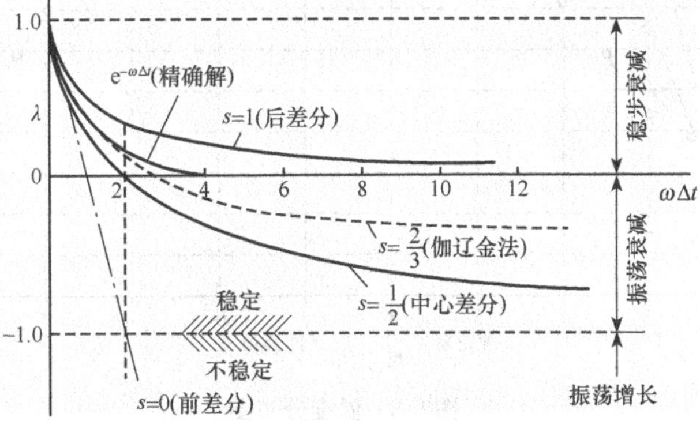

图 9-6　不同差分格式的稳定性

图 9-5 的算例中，当取 $\Delta t=1.5$ 时，向前差分不能满足条件(9-56)，所以解发生振荡。当取 $\Delta t=2.5$ 时，向前差分不能满足条件(9-55)，所以解无限增长；这时中点差分也不能满足条件(9-56)，所以解发生振荡。

9.6　计 算 实 例

例 9-1　矩形无限长混凝土体[3]，断面尺寸为 10m×4m，如图 9-7 所示。初始温度为 20℃，AB，DC 两面为绝热边界。AD，BC 两面给定边界温度为 10℃，混凝土的导温系数为 $\alpha=0.0042\text{m}^2/\text{h}$。用平面 4 结点等参单元将其离散成 20×10 的网格。

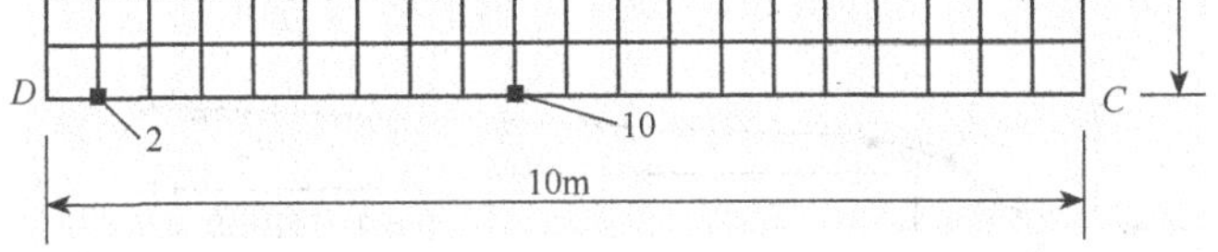

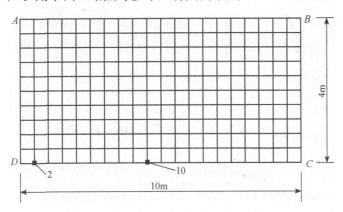

图 9-7　混凝土浇筑块

采用向后差分格式计算不同时间的温度分布，计算结果如图 9-8 所示。由图 9-8 可见，计算点子全部落在理论解曲线上。

例 9-2　某混凝土重力坝，坝底建基面高程 980m，坝顶高程 1139m，最大坝高 159m。沿坝轴线从左至右依次为左岸非溢流坝段、左岸冲沙底孔坝段、厂房坝段、右岸冲沙底孔

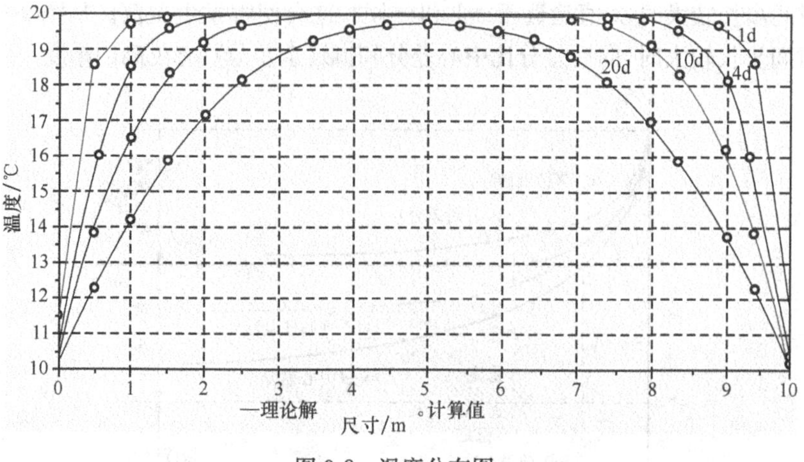

图 9-8　温度分布图

坝段、右岸泄洪中孔坝段、右岸非溢流坝段、溢流坝段和右岸心墙堆石坝段。混凝土的绝热温升 $\theta(\tau)$ 与龄期的关系可用指数式表示为

$$\theta(\tau)=\theta_0\times(1-\mathrm{e}^{-a\tau^b}) \tag{a}$$

根据实验数据进行回归分析，得到式(a)中的各参数 θ_0,a,b。图 9-9 和图 9-10 分别为常态 $C_{90}20$(三级配)和常态 $C_{90}15$(三级配)绝热温升拟合曲线。工程场地月平均气温见表 9-1。各种材料的绝热温升参数列于表 9-2。

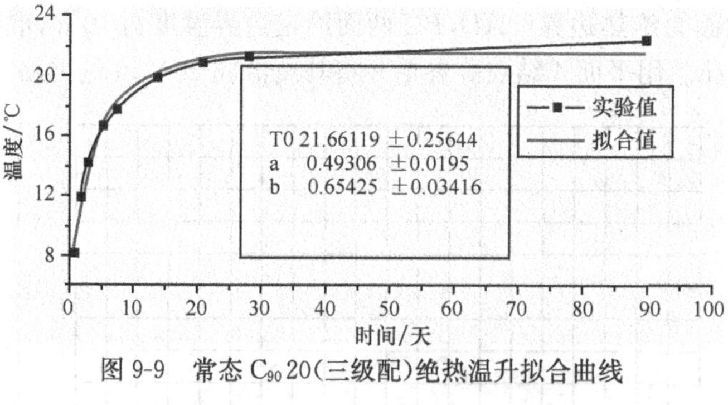

图 9-9　常态 $C_{90}20$(三级配)绝热温升拟合曲线

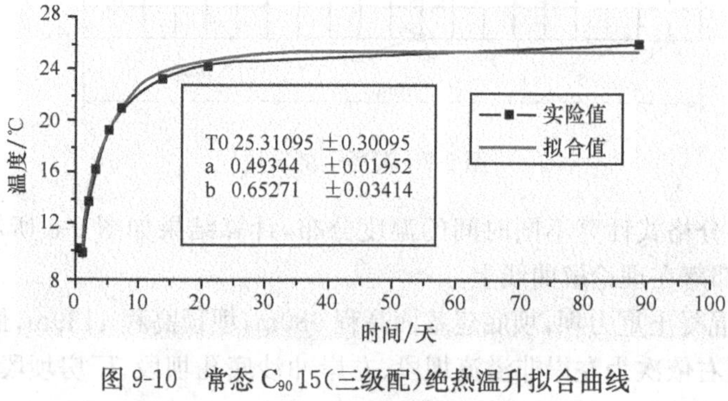

图 9-10　常态 $C_{90}15$(三级配)绝热温升拟合曲线

表 9-1　工程场地月平均气温　　　　（单位：℃）

月　份	1	2	3	4	5	6	7	8	9	10	11	12
气　温	12.4	15.8	20.1	23.7	25.0	26.0	25.4	25.0	22.6	20.3	15.7	12.1

表 9-2　绝热温升计算公式中的常数

混凝土品种	θ_0	a	b
常态 $C_{90}20$(三级配)	21.66	0.49	0.65
碾压 $C_{90}15$(三级配)	15.32	0.40	0.66
碾压 $C_{90}20$(二级配)	19.82	0.47	0.66
常态 $C_{90}15$(三级配)	25.31	0.49	0.65
碾压 $C_{90}20$(三级配)	17.52	0.47	0.66

坝体各部位混凝土级配及其热力学性能指标见表 9-3 和表 9-4。

表 9-3　坝体混凝土主要设计指标

编　号	部　位	混凝土类别
Ⅰ	非溢流坝段 1126m 以上坝顶	常态三级配混凝土 $C_{90}15W8F100$
Ⅱ	各坝段 1070m 以上坝体内部	碾压三级配混凝土 $C_{90}15W4F100$
Ⅲ	上、下游防渗层	碾压二级配混凝土 $C_{90}20W8F100$
Ⅳ	大坝基础垫层	常态三级配混凝土 $C_{90}20W6F100$
Ⅴ	各坝段 1070m 以下坝体内部	碾压三级配混凝土 $C_{90}20W6F100$

表 9-4　混凝土热学指标

热力学指标	单　位	混凝土强度等级				
		常态 $C_{90}20$(三级配)	碾压 $C_{90}15$(三级配)	碾压 $C_{90}20$(二级配)	常态 $C_{90}15$(三级配)	碾压 $C_{90}20$(三级配)
导温系数(a)	m^2/h	0.00418	0.00436	0.00418	0.00413	0.00473
比热(c)	kJ/(kg・℃)	0.89	0.87	0.91	0.91	0.81
容重(ρ)	kg/m^3	2420	2400	2400	2400	2400
线膨胀系(α)	$\times 10^{-6}$/℃	6.5	6.5	6.5	6.5	2400
导热系数(λ)	kJ/(m・h・℃)	9.0	9.1	9.2	9.1	9.2
泊松比(μ)		0.167	0.167	0.167	0.167	0.167

取溢流坝段进行空间有限元仿真计算。溢流坝段坝顶高程 1111.0m，坝底高程 1036.0m。考虑坝段的对称性取坝段宽的一半 10m，地基深度取 120.0m，上下游各取 120.0m。采用空间 8 结点六面体等参单元，有限元网格如图 9-11 所示。地基的底面和四周侧面取为绝热边界，顶面的临空面为散热边界；坝体混凝土表面均为散热边界面。混凝土浇筑温度为 17℃，浇筑层厚 1.5m 左右，间歇期 7 天，假设 4 天拆模，无其他温控措施。

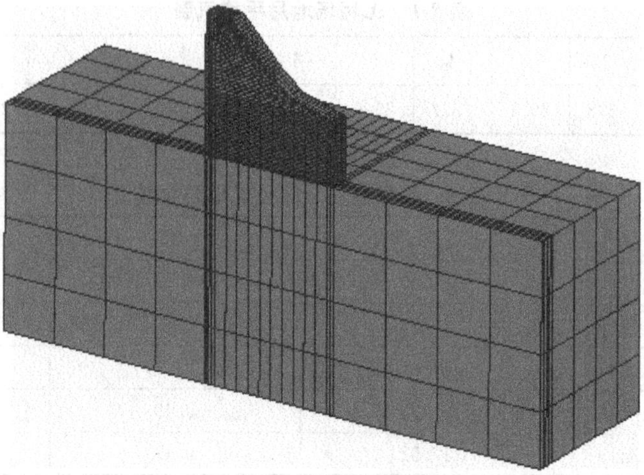

图 9-11　有限元网格图

假设从 2006 年 7 月 1 日开始浇筑施工，分 53 个施工步，从施工开始到大坝封顶共计算 371 天。

表 9-5 列出了各高程的最高温度值。图 9-12 给出了溢流坝中各典型时刻的温度 T 分布。综合计算结果可以看出，浇筑面附近温度梯度比较大，尤其在冬季，边界处和表面等值线很密。浇筑面附近的温度并不是很高，但变化梯度比较大，因此注意表面保护对于防裂控制也是很重要的。高温区主要发生在坝体中上部，发生在 6 月下旬和 7 月上旬，这些混凝土均是在 6 月份入仓浇筑的。夏季入仓浇筑的混凝土将产生较高温升，一般在龄期 10 天左右温度达到最高值。所以避开夏季开工浇筑可以有效地降低基础附近混凝土的温度。从表 9-5中可见，高程 1038～1047 强约束区，施工期最高温度达 36℃左右。根据我国《碾压混凝土坝设计规范》，碾压混凝土坝基础允许温差在强约束区为 12℃。经计算该坝段在基础部位的稳定温度场为 19℃左右。因此，基础温差为 36℃－19℃＝17℃，可见其不能满足温控要求，必须要采用其他有效的温控措施。

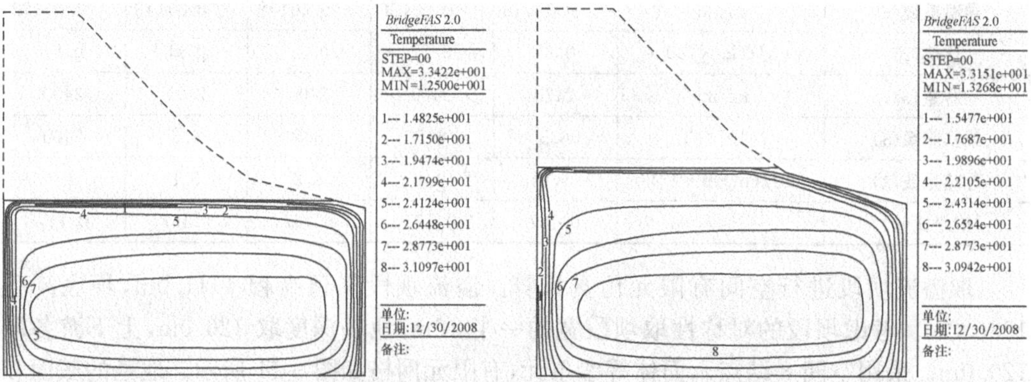

(a) 2006年12月26日，175天　　(b) 2007年 1月24日，203天

图 9-12　溢流坝中面典型时刻的温度 T 分布图(单位:℃)

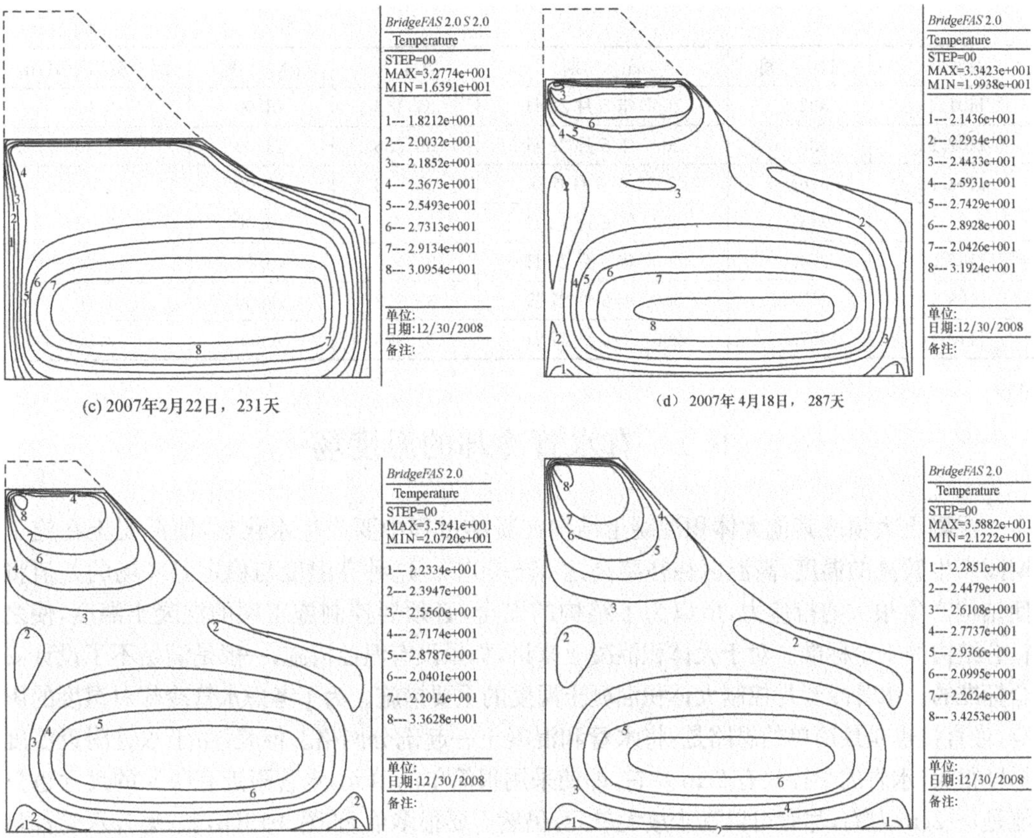

(c) 2007年2月22日，231天　　(d) 2007年4月18日，287天

(e) 2007年5月30日，329天　　(f) 2007年6月28日，357天

图 9-12　溢流坝中面典型时刻的温度 T 分布图(单位:℃)(续)

表 9-5　各高程最高温度

高程/m	时　间	日　期	温度/℃	龄　期	距上游面距离/m
1036.50	11.50	2006 年 7 月 11 日	30.973	10.50	74.00
1037.50	20.00	2006 年 7 月 20 日	33.974	12.00	2.00
1038.75	28.00	2006 年 7 月 28 日	35.339	13.00	2.00
1040.25	35.00	2006 年 8 月 5 日	35.785	13.00	3.33
1041.75	42.00	2006 年 8 月 12 日	35.854	13.00	3.33
1043.25	49.00	2006 年 8 月 19 日	35.875	13.00	3.33
1044.75	49.00	2006 年 8 月 19 日	35.875	6.00	3.33
1046.25	56.00	2006 年 8 月 26 日	35.702	6.00	3.33
1047.75	63.00	2006 年 9 月 3 日	35.256	6.00	3.33
1049.25	70.00	2006 年 9 月 10 日	34.867	6.00	3.33
1097.03	301.00	2007 年 5 月 1 日	34.389	13.00	2.00
1098.50	308.00	2007 年 5 月 8 日	34.641	13.00	2.00
1099.97	315.00	2007 年 5 月 15 日	34.917	13.00	2.00

续表

高程/m	时　间	日　期	温度/℃	龄　期	距上游面距离/m
1101.44	322.00	2007 年 5 月 22 日	35.148	13.00	2.00
1102.91	329.00	2007 年 5 月 29 日	35.336	13.00	2.00
1104.38	336.00	2007 年 6 月 6 日	35.473	13.00	2.00
1105.85	343.00	2007 年 6 月 13 日	35.724	13.00	2.00
1107.32	350.00	2007 年 6 月 20 日	35.920	13.00	2.00
1108.79	357.00	2007 年 6 月 27 日	35.973	13.00	2.00
1110.26	357.00	2007 年 6 月 27 日	35.973	6.00	2.00

9.7　有水管冷却的温度场

混凝土大坝或其他大体积混凝土结构在凝结过程中要产生水化热，使混凝土在施工期间产生较高的温度，高温区往往要高达 30～50℃。这种高温度与稳定温度场的差值将使结构产生很大的拉应力，所以为了结构的安全，必须要控制施工期的混凝土温度，使之符合结构的安全标准。对于大体积混凝土来讲，如果没有温控措施，一般是满足不了设计安全标准的。水管冷却是控制大体积混凝土温度的重要措施。为了考虑水管冷却对温度的影响，最直接也是最简单的思路是：将水管和混凝土一起剖分网格。但是，由于水管附近温度梯度很大，水管的半径只有 2cm 左右，即使采用很简单的单元，水管附近有限元的尺寸也只能是1～2cm 左右，尽管可以逐步放大单元，仍然需要很多单元[图 9-13(b)]。另外水管都是采用蛇形布置[图 9-13(a)]的，间排距一般为 1.5m×1.5m 左右。考虑这样密集而走向又复杂的水管，有限元网格剖分的难度是极大的。即使把网格剖分出来，所需要的结点数也是惊人的。朱伯芳院士作过估算，如计算单个坝段 100 个浇筑层需要约 100 万个结点，而且混凝土高坝仿真计算历时往往长达数年，在现有计算条件下，实际上是无法实现的。

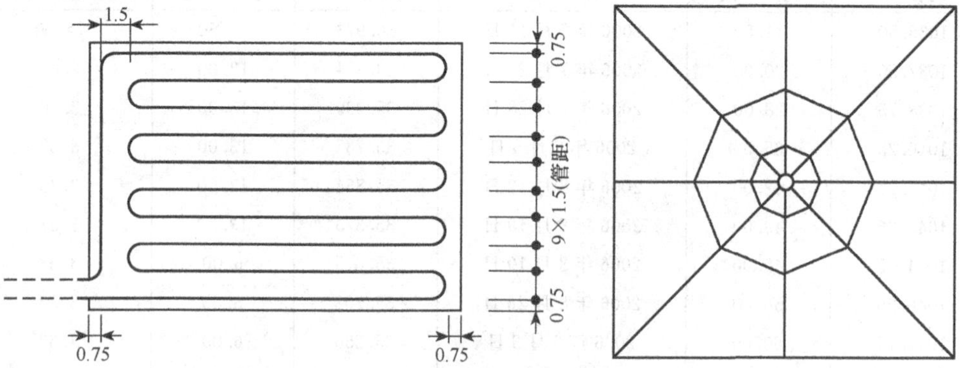

(a) 冷却水管平面布置示意图(单位：m)　　(b) 水管附近网格

图 9-13

本节介绍等效绝热温升的方法来模拟水管的冷却效应。这种方法只是在热传导方程中用等效绝热温升代替原来的绝热温升，有限元网格与通常的相同。

含有一根冷却水管的混凝土圆柱体，图 9-14，柱体的直径为 D，长度为 L。通过该问题温度场的解析分析[3]导出等效绝热温升为

$$T(t)=T_w-T_0+(T_0-T_w)\varphi(t)+\theta_0\psi(t) \tag{9-57}$$

其中，

$$\varphi(t)=\mathrm{e}^{-pt} \tag{9-58}$$

$$p=\frac{k\alpha}{D^2} \tag{9-59}$$

$$k=2.09-1.35\xi+0.320\xi^2 \tag{9-60}$$

$$\xi=\frac{\lambda L}{c_w\rho_w q_w} \tag{9-61}$$

$$\theta_0\psi(t)=\int_0^t \mathrm{e}^{-p(t-\tau)}\frac{\partial\theta}{\partial\tau}\mathrm{d}\tau \tag{9-62}$$

式中，T_w 为冷却水温；T_0 为混凝土初始温度，θ_0 为混凝土的最大绝热温升，α(m^2/h)为混凝土导温系数，λ[kJ/(m·h·℃)]为混凝土导热系数，L(m)为水管长度，c_w[kJ/(kg·℃)]为冷却水的比热，ρ_w(kg/m^3)为冷却水的密度，q_w(m^3/h)为通水量，D(m)为圆柱体直径。由水管间排距(图 9-14)，根据面积相等得到，即

$$D=2\sqrt{\frac{s_1 s_2}{\pi}} \tag{9-63}$$

式中，s_1 为水管水平间距，s_2 为水管竖向间距。

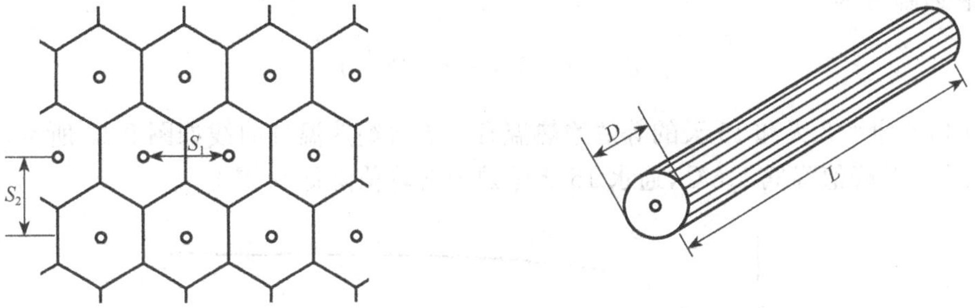

(a) 水管梅花形布置　(b) 混凝土水管冷却圆柱体

图 9-14

当绝热温升为如下指数型时

$$\theta=\theta_0(1-\mathrm{e}^{-m\tau}) \tag{9-64}$$

代入式(9-62)可以直接积分得出

$$\psi(t)=\frac{m}{m-p}(\mathrm{e}^{-pt}-\mathrm{e}^{-mt}) \tag{9-65}$$

如果绝热温升为任意函数

$$\theta = \theta_0 f(\tau) \tag{9-66}$$

式(9-62)中的 $\psi(t)$ 可以通过数值积分得到

$$\psi(t) = \int_0^t e^{-p(t-\tau)} \frac{\partial f}{\partial \tau} d\tau = \sum e^{-p(t-\tau)} \Delta f(\tau) \tag{9-67}$$

其中

$$\Delta f(\tau) = f(\tau - \Delta\tau) - f(\tau)$$

将混凝土热传导微分方程(9-3)中的绝热温升 θ 用等效绝热温升 $T(t)$[式(9-57)]代替，就得到考虑水管冷却效应的热传导微分方程

$$\frac{\partial T}{\partial t} - \alpha \nabla^2 T = (T_0 - T_w)\frac{\partial \varphi(t)}{\partial t} + \theta_0 \frac{\partial \psi(t)}{\partial t} \tag{9-68}$$

求解该方程的有限元列式与前面的一样，只是要把温度荷载列阵 $\boldsymbol{f}$ 中绝热温升项 $\frac{\partial \theta}{\partial t}$ 改成 $(T_0 - T_w)\frac{\partial \varphi(t)}{\partial t} + \theta_0 \frac{\partial \psi(t)}{\partial t}$ 即可。

例 9-3　计算碾压混凝土通水冷却对降温的效果。$\alpha = 0.004\,18\text{m}^2/\text{h}$，$\lambda = 9.0\text{kJ}/(\text{m}\cdot\text{h}\cdot℃)$，$L = 300\text{m}$，$c_w = 4.187\text{kJ}/(\text{kg}\cdot℃)$，$\rho_w = 1000\text{kg}/\text{m}^3$，$q_w = 0.8\text{m}^3/\text{h}$。水管间排距为 1.5m×1.5m，混凝土的初始温度为 17℃，冷却水温度为 12℃。混凝土的绝热温升为

$$\theta = 21.66(1 - e^{-0.49t^{0.65}})$$

分别计算了通水 8 天和 15 天的等效绝热温升。等效绝热温升曲线如图 9-15 所示。通水 8 天绝热温升峰值降低 4.6℃，通水 15 天绝热温升峰值降低 9.2℃。

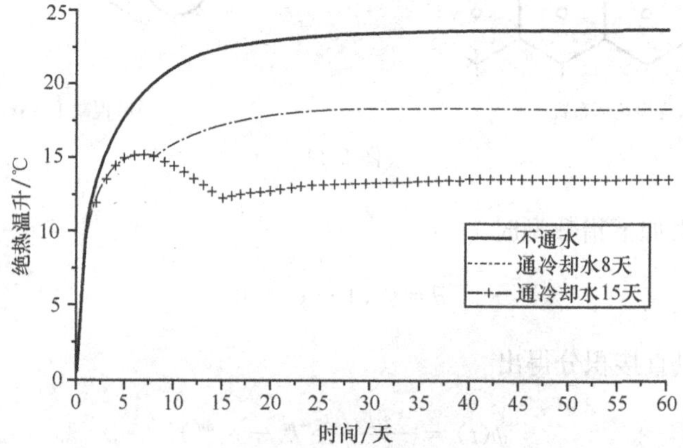

图 9-15　等效绝热温升

9.8　水管埋置单元

水管冷却是大体积混凝土施工中控制温度的重要措施，在进行大体积混凝土结构的仿真计算时，必须考虑水管冷却的影响，由于问题的重要性和复杂性，吸引了相关专家和学者的重视，发表了很多文章。但归纳起来主要有两种方法：其一是上节介绍的等效温升方法，目前被广泛应用。但该方法忽略了水管附近温度的剧烈变化，得到的是平均意义上的温度场；其二是考虑水管的实际存在，将混凝土与水管接触面作为温度已知的边界面，水管附近布置密集的单元网格，该方法虽然能精确反应水管附近温度的高梯度变化，但实际应用存在极大的困难。

本节介绍笔者提出的一种新的方法求解温控中水管冷却效应。思路如下：首先，构造一种包含水管的混凝土单元，姑且把它称为“水管埋置单元”，把混凝土与水管的接触面作为散热边界条件处理，该单元除了表面以外，还存在与水管接触的散热面；然后，把混凝土与水管的接触面作为散热面纳入控制方程的边界条件，根据水管的厚度和导热系数估算出混凝土接触面的等效放热系数；网格剖分时不需考虑水管的存在，当网格形成后再根据水管的位置找出与混凝土单元相交的节段，自动构成水管埋置单元。这种方法既不增加网格剖分的任何困难，也精确考虑了水管附近温度的变化，算例表明效果很好。

考虑一典型的混凝土单元，单元中包含一根冷却水管（可以多根），如图 9-16 所示。

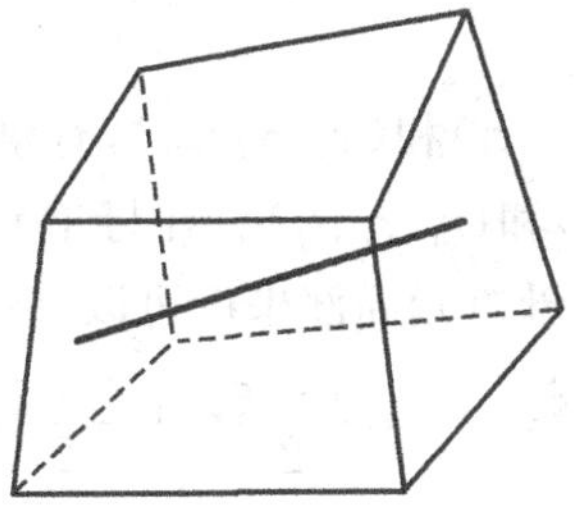
(a) 水管在实际单元中位置

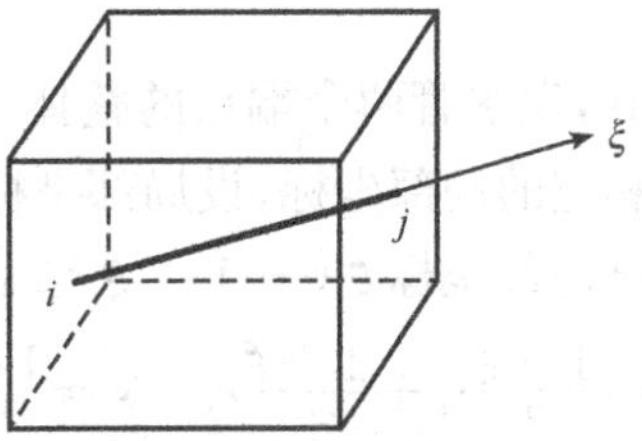

(b) 水管在母单元中位置

图 9-16　水管埋置单元

把与水管接触的混凝土面作为散热面，因此该单元除了原来的散热面以外，还增加了与水管接触的散热面，将该散热面区域记为 S' 。

该单元的泛函除了式(9-35)中的单元泛函以外，还要增加沿水管接触面的积分，即

$$\begin{aligned}\Pi_e=&\int_{V^e}\left\{\frac{\alpha}{2}\left[\left(\frac{\partial T}{\partial x}\right)^2+\left(\frac{\partial T}{\partial y}\right)^2+\left(\frac{\partial T}{\partial z}\right)^2\right]+\left(\frac{\partial T}{\partial t}-\frac{\partial \theta}{\partial t}\right)T\right\}\mathrm{d}v\\&+\int_{S_3^e}\bar{\beta}\left(\frac{1}{2}T^2-T_aT\right)\mathrm{d}s+\int_{S'}\beta'\left(\frac{1}{2}T^2-T_wT\right)\mathrm{d}s\\=&\frac{1}{2}(\boldsymbol{T}^e)^{\mathrm{T}}\int_{V^e}\alpha\left[\left(\frac{\partial \boldsymbol{N}^{\mathrm{T}}}{\partial x}\frac{\partial \boldsymbol{N}}{\partial x}\right)+\left(\frac{\partial \boldsymbol{N}^{\mathrm{T}}}{\partial y}\frac{\partial \boldsymbol{N}}{\partial y}\right)+\left(\frac{\partial \boldsymbol{N}^{\mathrm{T}}}{\partial z}\frac{\partial \boldsymbol{N}}{\partial z}\right)\right]\mathrm{d}v\boldsymbol{T}^e\end{aligned}$$

$$+(\boldsymbol{T}^e)^{\mathrm{T}}\int_{V^e}(\boldsymbol{N}^{\mathrm{T}}\boldsymbol{N})\mathrm{d}v\dot{\boldsymbol{T}}^e-(\boldsymbol{T}^e)^{\mathrm{T}}\int_{V^e}\left(\boldsymbol{N}^{\mathrm{T}}\frac{\partial\theta}{\partial t}\right)\mathrm{d}v$$
$$+\frac{1}{2}(\boldsymbol{T}^e)^{\mathrm{T}}\int_{S_3^e}\bar{\beta}\boldsymbol{N}^{\mathrm{T}}\boldsymbol{N}\mathrm{d}s\boldsymbol{T}^e-(\boldsymbol{T}^e)\int_{S_3^e}\bar{\beta}T_a\boldsymbol{N}^{\mathrm{T}}\mathrm{d}s$$
$$+\frac{1}{2}(\boldsymbol{T}^e)^{\mathrm{T}}\int_{S'}\beta'\boldsymbol{N}^{\mathrm{T}}\boldsymbol{N}\mathrm{d}s\boldsymbol{T}^e-(\boldsymbol{T}^e)\int_{S'}\beta'T_w\boldsymbol{N}^{\mathrm{T}}\mathrm{d}s \tag{9-69}$$

式中最后两项是冷却水管对泛函的修正项,其中,β'为水管接触面的等效放热系数,T_w为水管中的冷却水温度。

考虑冷却水管修正项后,单元系数矩阵的计算公式(9-36)中的第二个和第四个公式要相应改正为

$$\left.\begin{aligned}\boldsymbol{g}&=\int_{S_3^e}\beta\,\boldsymbol{N}^{\mathrm{T}}\boldsymbol{N}\mathrm{d}s+\int_{S'}\beta'\,\boldsymbol{N}^{\mathrm{T}}\boldsymbol{N}\mathrm{d}s\\ \boldsymbol{f}&=\int_{S_3^e}\bar{\beta}T_a\,\boldsymbol{N}^{\mathrm{T}}\mathrm{d}s+\int_{S'}\beta'T_w\,\boldsymbol{N}^{\mathrm{T}}\mathrm{d}s+\int_{V^e}\frac{\partial\theta}{\partial t}\boldsymbol{N}^{\mathrm{T}}\mathrm{d}v\end{aligned}\right\} \tag{9-70}$$

其他计算公式和求解方程均不变。

下面讨论等效放热系数β'的确定和式(9-70)中附加项的计算。设水管的厚度为h,水管材料的导热系数为λ,那么水管材料的热阻为$\frac{h}{\lambda}$,等效放热系数为$\beta'=\frac{\lambda}{h}$。如果忽略水管的壁厚,混凝土与水管的接触面就相当于第一类边界条件,这时等效放热系数为无穷大。

如图 9-16,设水管两个端点的整体坐标为$(x_i、y_i、z_i)$和$(x_j、y_j、z_j)$,有整体坐标可以很方便求出相应的局部坐标,设局部坐标为$(r_i、s_i、t_i)$和$(r_j、s_j、t_j)$。在母单元中沿水管方向再建立一维局部坐标$\xi(-1\leqslant\xi\leqslant1)$,沿水管的母单元局部坐标可以表示为

$$r=\frac{1-\xi}{2}r_i+\frac{1+\xi}{2}r_j\quad s=\frac{1-\xi}{2}s_i+\frac{1+\xi}{2}s_j\quad t=\frac{1-\xi}{2}t_i+\frac{1+\xi}{2}t_j$$

由于水管直径很小,认为水温和其他被积函数沿水管周长方向为常量,则对水管接触面的积分可以转化为沿水管的一维积分。式(9-70)中附加项改写成为:

$$\left.\begin{aligned}\int_{S'}\beta'N^{\mathrm{T}}N\mathrm{d}s&=2\pi a\beta'\int_{-1}^{1}\beta'\boldsymbol{N}^{T}\boldsymbol{N}\frac{l}{2}\mathrm{d}\xi\\ \int_{S'}\beta'T_w\boldsymbol{N}^{\mathrm{T}}\mathrm{d}s&=2\pi a\beta'\int_{-1}^{1}T_w\boldsymbol{N}^{T}\frac{l}{2}\mathrm{d}s\end{aligned}\right\} \tag{9-71}$$

其中,a为水管的半径,l为该单元水管节段的长度,T_w为冷却水温度。该两式用数值积分容易求得。

例 9-4 某混凝土浇筑块长$L=40\text{m}$,宽 10m,分三层浇筑,浇筑层厚度为 2m,间歇时间为 3 天,每一层中心埋有 5 根塑料水管,直径 2.5cm,壁厚 0.2cm,导热系数 1.66kJ/(m·h·℃),浇筑层顶面和钢管共同散热,两侧及底面假设为绝热边界。外界气温 20℃,混凝土浇筑温度为 17 ℃,冷却水温度为 10 ℃,冷却水流量为 21.6m³/d,通水时间 15 天,水的比热为 4.187kJ/(kg·℃)。混凝土导热系数为 9.0kJ/(m·h·℃),导温系数 0.00418m²/h。绝热温升为$\theta=21.66(1-\mathrm{e}^{-0.49\tau^{0.65}})$,图 9-17 为$y=1\text{m}$横截面有限元网

格及水管位置示意图(x 为浇筑层横向宽度方向，y 为长度纵向方向，z 为竖向)。

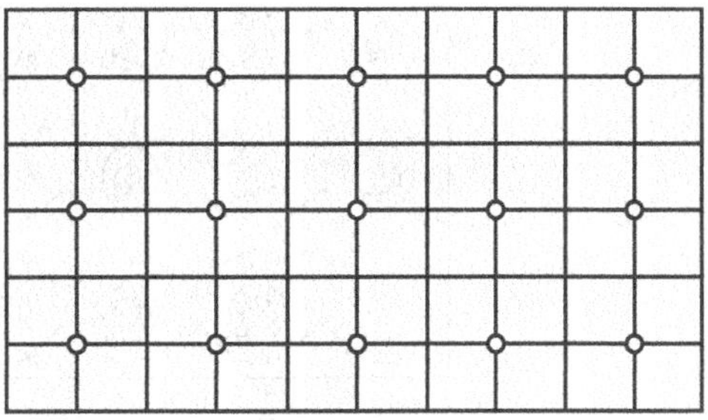

图 9-17　横截面网格及水管的位置

图 9-18 是采用本文方法考虑水管冷却后各时间的温度场的变化历程图(说明：图 a 是第 7 天的温度场，第 7 天只浇注了 2 层，第 3 层空白表示还没有浇注)。从图中看出各典型时间步的温度场在水管附近等值线很密集，最高温度 30.2 ℃，水管附近最低温度只有 13.9℃，温差达 16.3℃，反映出水管附近的温度变化很大，比较真实地反映了水管附近的温度变化规律。到第 30 天温度分布[图 9-18(f)]已经趋于稳定，因为这时通水已经结束 6 天了。在通水期间水管附近的温度呈现高梯度，温度分布规律与实际情况非常符合，而这种高梯度温度场往往产生较大的局部温度拉应力，这种拉应力会使混凝土产生局部损伤，继而产生开裂，给实际工程带来极大危害。所以工程实际中在采用水管冷却时，冷却水温度与混凝土温度不能相差过大，以避免引起局部拉应力，防止混凝土坝体出现开裂。图 9-19 为水管附近点温度随时间的变化规律，初期温度主要受冷却水温控制，温度较低，当第 15 天通水结束，温度迅速上升，20 天以后温度缓慢增长，30 天以后温度趋于稳定；图 9-20 为两水管中间点温度随时间的变化规律，因为该点离水管较远，初期冷却水对其影响不及混凝土自身水化热的升温，温度呈上升趋势，到第 7 天温度逐渐下降，当第 15 天通水结束后温度缓慢回升，30 天以后温度趋于稳定。

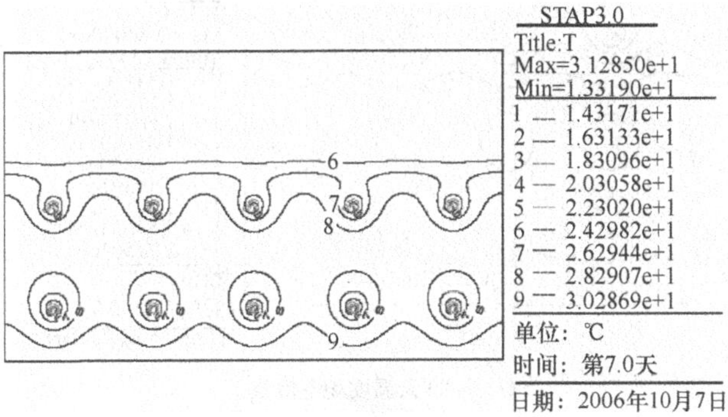

(a)第 7 天温度场等值线

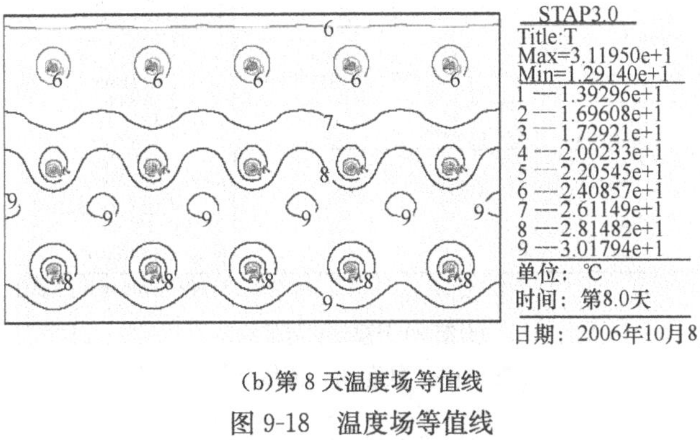

(b)第 8 天温度场等值线

图 9-18　温度场等值线

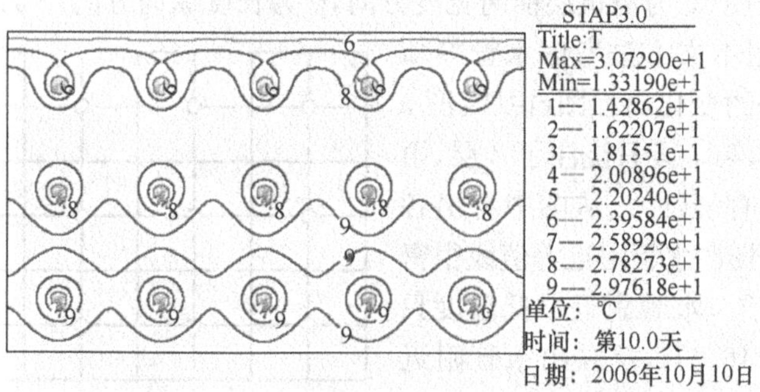

(c)第 10 天温度场等值线

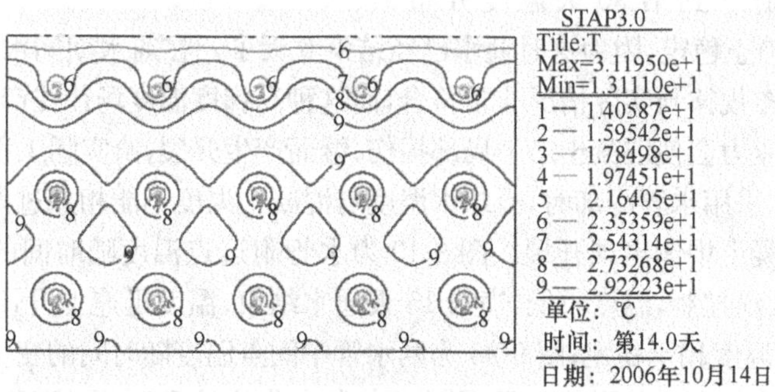

(d)第 14 天温度场等值线

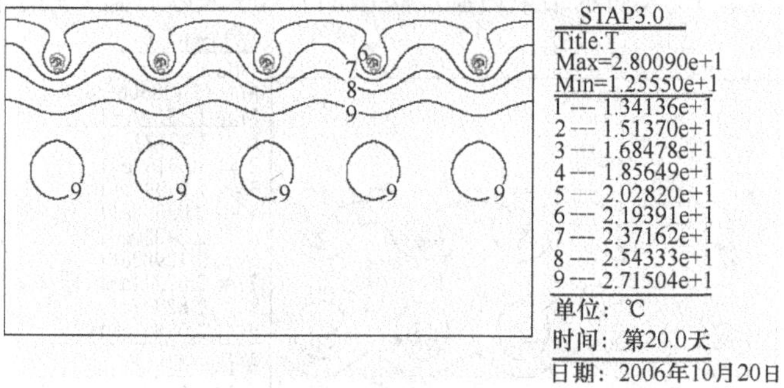

(e)第 20 天温度场等值线

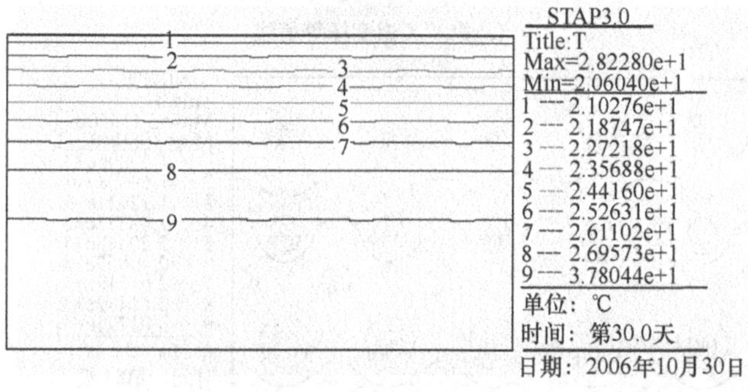

(f)第 30 天温度场等值线

图 9-18　温度场等值线(续)

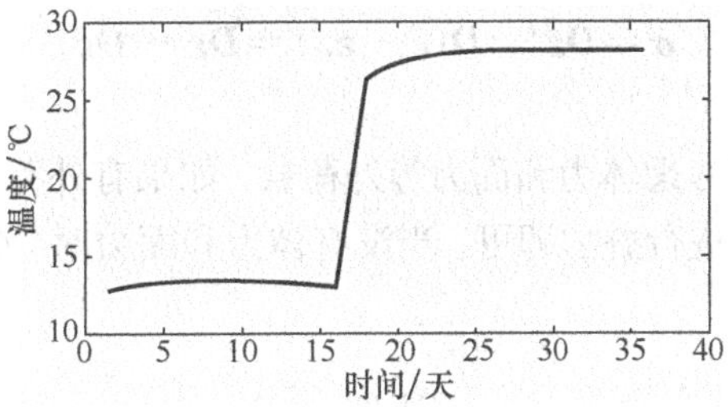

图 9-19　水管附近点温度随时间变化

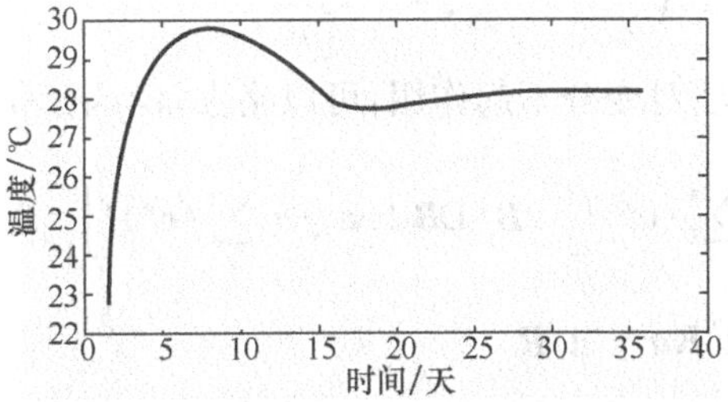

图 9-20　两水管中间点温度随时间变化

9.9　温度应力

前面讨论了温度场的计算方法。不同时刻的温度分布是不同的，两时刻温度的改变量(差值)称为变温。温度的改变会使弹性体的体积产生膨胀或收缩，由于弹性体所受的外在约束以及体内各部分之间的相互约束，这种膨胀或收缩并不能自由地发生，使物体产生应力。将这种由于温度的改变而产生的应力称为温度应力。本节中介绍如何用有限单元法计算温度应力。为了简便，仍用 T 代表变温，即 $T=T^{(2)}-T^{(1)}$，其中 $T^{(1)}$ 和 $T^{(2)}$ 代表两个不同时刻的温度，它们是空间坐标(x,y,z)的函数。

由于变温 T，弹性体内的微小长度，如果不受任何约束将发生正应变 αT，其中 α 为热胀系数。在各向同性体中，此项正应变在所有各个方向都相同，而且并不伴随有任何剪切应变。因此弹性体内由于变温而产生的初始应变为

$$\begin{aligned}\boldsymbol{\varepsilon}_0&=[\alpha T\quad \alpha T\quad \alpha T\quad 0\quad 0\quad 0]^{\mathrm{T}}\\&=\alpha T[1\quad 1\quad 1\quad 0\quad 0\quad 0\quad 0]^{\mathrm{T}}\end{aligned}\tag{9-72}$$

式中，$\boldsymbol{\varepsilon}_0$ 为变温引起的初始应变，或为变温应变。

现在弹性体内总应变 $\boldsymbol{\varepsilon}$ 包括两部分，一部分是由应力产生的应变，称为弹性应变，记为 $\boldsymbol{\varepsilon}^e$；另一部分是由于变温引起的初始应变 $\boldsymbol{\varepsilon}_0$，即

$$\boldsymbol{\varepsilon}=\boldsymbol{\varepsilon}^e+\boldsymbol{\varepsilon}_0\tag{9-73}$$

弹性应变与应力满足胡克定律，即

$$\boldsymbol{\sigma}=\boldsymbol{D}\boldsymbol{\varepsilon}^{e}=\boldsymbol{D}(\boldsymbol{\varepsilon}-\boldsymbol{\varepsilon}_{0})=\boldsymbol{D}\boldsymbol{\varepsilon}-\boldsymbol{D}\boldsymbol{\varepsilon}_{0} \tag{9-74}$$

在计算温度应力时不考虑体力和面力等外荷载，如果有外荷载，可以根据叠加原理将外荷载引起的应力等结果进行叠加即可。当没有体力和面力时，弹性体的总势能只有应变能，即

$$\begin{aligned}\Pi&=\frac{1}{2}\int_{V}(\boldsymbol{\varepsilon}^{e})^{\mathrm{T}}\boldsymbol{\sigma}\mathrm{d}v=\frac{1}{2}\int_{V}(\boldsymbol{\varepsilon}-\boldsymbol{\varepsilon}_{0})^{\mathrm{T}}\boldsymbol{D}(\boldsymbol{\varepsilon}-\boldsymbol{\varepsilon}_{0})\mathrm{d}v\\&=\frac{1}{2}\int_{V}\boldsymbol{\varepsilon}^{\mathrm{T}}\boldsymbol{D}\boldsymbol{\varepsilon}\mathrm{d}v-\int_{V}\boldsymbol{\varepsilon}^{\mathrm{T}}\boldsymbol{D}\boldsymbol{\varepsilon}_{0}\mathrm{d}v+\frac{1}{2}\int_{V}\boldsymbol{\varepsilon}_{0}^{\mathrm{T}}\boldsymbol{D}\boldsymbol{\varepsilon}_{0}\mathrm{d}v\end{aligned} \tag{9-75}$$

离散化以后,并考虑第 3 项对变分不起作用,可以略去,泛函(9-75)成为

$$\begin{aligned}\Pi&=\frac{1}{2}\sum_{e}(\boldsymbol{a}^{e})^{\mathrm{T}}\int_{V^{e}}\boldsymbol{B}^{\mathrm{T}}\boldsymbol{D}\boldsymbol{B}\mathrm{d}v\boldsymbol{a}^{e}-\sum_{e}(\boldsymbol{a}^{e})^{\mathrm{T}}\int_{V^{e}}\boldsymbol{B}^{\mathrm{T}}\boldsymbol{D}\boldsymbol{\varepsilon}_{0}\mathrm{d}v\\&=\frac{1}{2}\boldsymbol{a}^{\mathrm{T}}\boldsymbol{K}\boldsymbol{a}-\boldsymbol{a}^{\mathrm{T}}\boldsymbol{R}\end{aligned} \tag{9-76}$$

其中

$$\left.\begin{aligned}\boldsymbol{K}&=\sum_{e}\boldsymbol{C}_{e}^{\mathrm{T}}\boldsymbol{k}\boldsymbol{C}_{e}\\\boldsymbol{R}&=\sum_{e}\boldsymbol{C}_{e}^{\mathrm{T}}\boldsymbol{R}^{e}\\\boldsymbol{k}&=\int_{V^{e}}\boldsymbol{B}^{\mathrm{T}}\boldsymbol{D}\boldsymbol{B}\mathrm{d}v\\\boldsymbol{R}^{e}&=\int_{V^{e}}\boldsymbol{B}^{\mathrm{T}}\boldsymbol{D}\boldsymbol{\varepsilon}_{0}\mathrm{d}v\end{aligned}\right\} \tag{9-77}$$

对泛函(9-76)变分并令其等于零,得到温度应力有限元的支配方程

$$\boldsymbol{K}\boldsymbol{a}=\boldsymbol{R} \tag{9-78}$$

与前几章建立的有限元求解方程相比,式(9-77)中只是等效结点荷载 $\boldsymbol{R}^{e}$ 的计算公式不一样。该结点荷载就是变温引起的等效结点荷载。

对于 3 结点三角形单元,$\boldsymbol{B}$ 的元素都是常量,该等效结点荷载可以直接计算出来。

$$\begin{aligned}\boldsymbol{R}^{e}&=\int_{V^{e}}\boldsymbol{B}^{\mathrm{T}}\boldsymbol{D}\boldsymbol{\varepsilon}_{0}\mathrm{d}v\\&=\int_{\Omega^{e}}\alpha T\boldsymbol{B}^{\mathrm{T}}\boldsymbol{D}[1\quad 1\quad 0]^{\mathrm{T}}\mathrm{d}x\mathrm{d}y\end{aligned} \tag{a}$$

单元上的变温 T 可以用形函数表示为

$$T=N_{i}T_{i}+N_{j}T_{j}+N_{m}T_{m} \tag{b}$$

代入式(a)积分,得到

$$\boldsymbol{R}^e = \frac{\alpha(T_i + T_j + T_m)Et}{6(1-\nu)}[b_i \quad c_i \quad b_j \quad c_j \quad b_m \quad c_m]^{\mathrm{T}} \tag{9-79}$$

式中，T_i, T_j, T_m 为结点 i, j, m 处的变温；t 为单元厚度。

用式(9-79)所示的等效结点荷载代替以前所用的实际体力或面力所引起的结点荷载，求出的结点位移就是变温引起的结点位移。但需注意在根据结点位移计算单元的应力时，必须应用式(7-74)。也就是

$$\begin{aligned}\boldsymbol{\sigma} &= \boldsymbol{DBa}^e - \boldsymbol{D\varepsilon}_0 = \boldsymbol{Sa}^e - \alpha T\boldsymbol{D}[1 \quad 1 \quad 0]^{\mathrm{T}} \\ &= \boldsymbol{Sa}^e - \frac{E\alpha T}{1-\nu}[1 \quad 1 \quad 0]^{\mathrm{T}}\end{aligned} \tag{c}$$

对于平面应变问题，将式(c)中的 E 换成 $\frac{E}{1-\nu^2}$，ν 换成 $\frac{\nu}{1-\nu}$，α 换成 $(1+\nu)\alpha$ 即可。

例 9-5　图 9-21 所示某一空腹重力拱坝的溢流段剖面及其单元网格图。该坝虽为拱形，但拱的曲率很小，因此就把温度场和应力场的问题都作为平面问题计算。坝体和基岩的弹性模量都取为 1.8×10^4 MPa，泊松系数都取为 0.167，线热胀系数都取为 10^{-5}/℃，坝体的稳定温度场如图 9-22 所示；基岩温度系根据国内某些实测资料，选定地面以下 25m 处的温度为年平均气温 16.6℃，在 25m 以下为每向下 30m 增高 1℃。图 9-23 示出靠近坝体边界处一些单元中的应力，单位为 10^{-2} MPa。必须指出：图 9-22 中的温度是相对于 0℃均匀温度场的变温，因而图 9-23 中的应力只是相对于 0℃均匀温度时的变温应力。如果要计算相对于另一指定温度场，如施工期中或竣工以后某一温度场的变温应力，就必须算出 0℃均匀温度场相对于该指定温度场的变温应力，再把它和图 9-23 所示的应力相叠加。

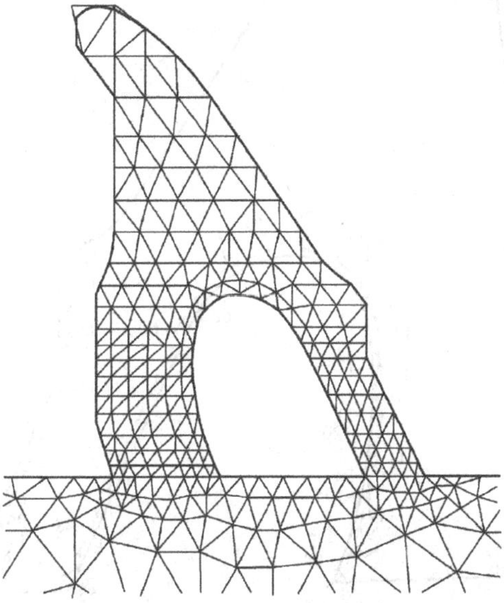

图 9-21

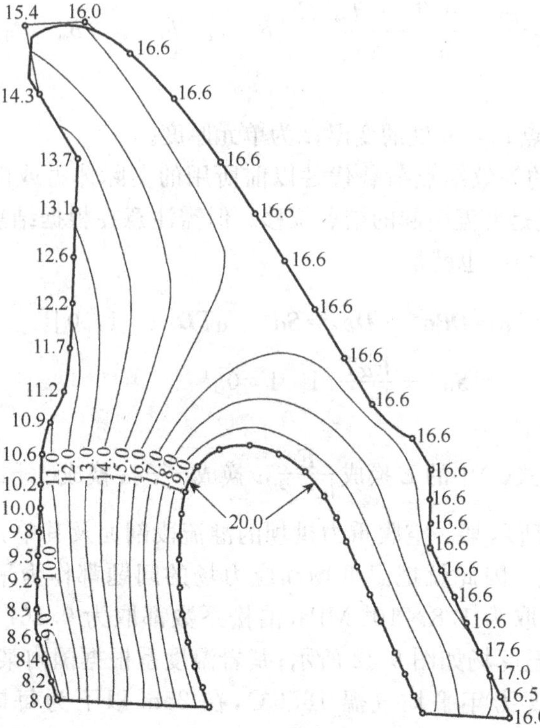
15.4
16.0
16.6
14.3
16.6
13.7
16.6
13.1
16.6
12.6
16.6
12.2
16.6
11.7
16.6
11.2
16.6
10.9
16.6
10.6
11.0
12.0
13.0
14.0
15.0
16.0
17.0
18.0
19.0
16.6
10.2
16.6
10.0
20.0
16.6
9.8
16.6
9.5
10.0
16.6
9.2
16.6
8.9
9.0
16.6
8.6
17.6
8.4
17.0
8.2
16.5
8.0
16.0
图 9-22

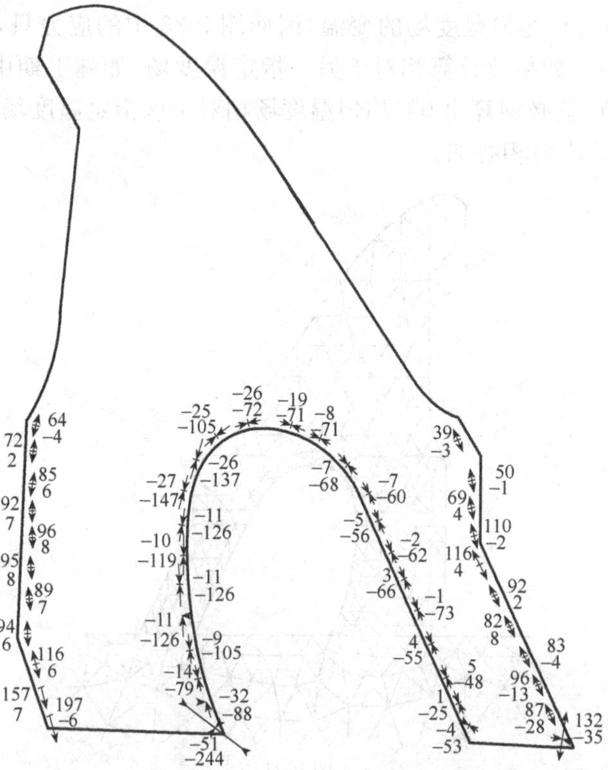
-26
-72
-19
-71
-8
-71
-25
-105
64
-4
72
2
39
-3
-26
-137
-7
-68
-27
-147
85
6
50
-1
-7
-60
92
7
69
4
-11
-126
96
8
110
-2
-10
-119
-5
-56
95
8
-2
-62
116
4
-11
-126
89
7
3
-66
92
2
-1
-73
-11
-126
94
6
82
8
-9
-105
4
-55
116
6
83
-4
-14
-79
5
-48
96
-13
157
7
-32
-88
197
-6
1
-25
87
-28
132
-35
-51
-244
-4
-53
图 9-23

习　　题

9-1　温度场变分原理中的泛函是如何构造的？它与弹性力学泛函的构造方法有什么不同？

9-2　证明泛函式(9-16)的变分极值条件等价于稳定温度场的微分方程式(9-4)、边界条件式(9-7)和式(9-9)。

9-3　证明泛函式(9-19)的变分极值条件等价于瞬态温度场的微分方程式(9-3)、边界条件式(9-7)和式(9-9)。

9-4　用平面三角形 3 结点单元，编写单元热传导矩阵 $\boldsymbol{h}$，单元热容矩阵 $\boldsymbol{r}$，单元温度荷载列阵 $\boldsymbol{f}$ 的计算程序。

9-5　用平面 4 结点等参单元，编写单元热传导矩阵 $\boldsymbol{h}$，单元热容矩阵 $\boldsymbol{r}$，单元温度荷载列阵 $\boldsymbol{f}$ 的计算程序。

9-6　在教学程序的基础上编写考虑变温的有限元程序。

第 10 章　弹性动力问题

结构动力分析，特别是地震作用下的响应分析，是工程设计中的一个重要内容。过去，这类问题都是在简化的条件下进行计算的。现在，应用有限单元法已经可以比较合理地进行结构的动力计算。本章将介绍动力问题有限单元法的基本概念及其在结构动力计算中的应用。

10.1　动力平衡方程

有限单元法应用于结构的动力学问题时，在基本概念上，与静力有限元法类似。但是，这时结构除了受外荷载如体力、面力作用外，还要考虑由于结构运动而引起的惯性力和阻尼力。结构离散化以后，在结构的单元体积上的作用力为

$$\boldsymbol{f}=\boldsymbol{f}^{*}-\rho\frac{\partial^{2}\boldsymbol{u}}{\partial t^{2}}-\mu\frac{\partial\boldsymbol{u}}{\partial t} \tag{10-1}$$

式中，$\boldsymbol{f}^{*}$ 为单元体积上所受的外力（如自重体力），$\boldsymbol{u}$ 为位移，$-\rho\frac{\partial^{2}\boldsymbol{u}}{\partial t^{2}}$ 为惯性力，$-\mu\frac{\partial\boldsymbol{u}}{\partial t}$ 为阻尼力，ρ 为材料质量密度，μ 为阻尼系数。

在动力问题中，位移模式仍然取与静力问题的位移模式相同，即

$$\boldsymbol{u}=\boldsymbol{N}\boldsymbol{a}^{e} \tag{10-2}$$

式中，$\boldsymbol{a}^{e}$ 为单元结点位移，它是时间 t 的函数，$\boldsymbol{N}$ 为形函数矩阵。将式(10-2)代入式(10-1)，得到

$$\boldsymbol{f}=\boldsymbol{f}^{*}-\rho\boldsymbol{N}\frac{\partial^{2}\boldsymbol{a}^{e}}{\partial t^{2}}-\mu\boldsymbol{N}\frac{\partial\boldsymbol{a}^{e}}{\partial t} \tag{10-3}$$

记 $\ddot{\boldsymbol{a}}^{e}=\frac{\partial^{2}\boldsymbol{a}^{e}}{\partial t^{2}}$，$\dot{\boldsymbol{a}}^{e}=\frac{\partial\boldsymbol{a}^{e}}{\partial t}$，则式(10-3)简写为

$$\boldsymbol{f}=\boldsymbol{f}^{*}-\rho\boldsymbol{N}\ddot{\boldsymbol{a}}^{e}-\mu\boldsymbol{N}\dot{\boldsymbol{a}}^{e} \tag{10-4}$$

单元的等效结点荷载为

$$\boldsymbol{R}^{e}=\int_{V^{e}}\boldsymbol{N}^{\mathrm{T}}\boldsymbol{f}\mathrm{d}v+\int_{S^{e}}\boldsymbol{N}^{\mathrm{T}}\bar{\boldsymbol{f}}\mathrm{d}s \tag{10-5}$$

式中，$\bar{\boldsymbol{f}}$ 是作用在单元边界上的面力，将式(10-4)代入式(10-5)，并注意到 $\ddot{\boldsymbol{a}}^{e}$ 和 $\dot{\boldsymbol{a}}^{e}$ 不随坐标变化，可提到积分号外，式(10-5)成为

$$\begin{aligned}\boldsymbol{R}^{e}&=\boldsymbol{R}_{w}^{e}-\int_{V^{e}}\boldsymbol{N}^{\mathrm{T}}\rho\boldsymbol{N}\mathrm{d}v\,\ddot{\boldsymbol{a}}^{e}-\int_{V^{e}}\boldsymbol{N}^{\mathrm{T}}\mu\boldsymbol{N}\mathrm{d}v\,\dot{\boldsymbol{a}}^{e}\\&=\boldsymbol{R}_{w}^{e}-\boldsymbol{m}\ddot{\boldsymbol{a}}^{e}-\boldsymbol{c}\dot{\boldsymbol{a}}^{e}\end{aligned} \tag{10-6}$$

式中，$\boldsymbol{R}_{w}^{e}$ 为单元上由外力（体力和面力）引起的等效结点荷载，$\boldsymbol{m}$ 称为单元质量矩阵，$\boldsymbol{c}$ 称

为单元阻尼矩阵，

$$\left.\begin{aligned} \boldsymbol{m} &= \int_{V^e} \boldsymbol{N}^{\mathrm{T}} \rho \boldsymbol{N} \mathrm{d}v \\ \boldsymbol{c} &= \int_{V^e} \boldsymbol{N}^{\mathrm{T}} \mu \boldsymbol{N} \mathrm{d}v \end{aligned}\right\} \tag{10-7}$$

与静力问题一样，根据结点的平衡条件，即结点力等于等效结点荷载，可以得到以结点位移表示的平衡方程，对于每个结点都可以列出这样的平衡方程，于是得到结构的动力平衡方程

$$\boldsymbol{K}\boldsymbol{a} = \boldsymbol{R}_w - \boldsymbol{M}\ddot{\boldsymbol{a}} - \boldsymbol{C}\dot{\boldsymbol{a}} \tag{10-8}$$

式中，$\boldsymbol{R}_w$ 为由外力引起的等效结点荷载列阵，为了方便仍将 $\boldsymbol{R}_w$ 记为 $\boldsymbol{R}$ ，式(10-8)写为

$$\boldsymbol{M}\ddot{\boldsymbol{a}} + \boldsymbol{C}\dot{\boldsymbol{a}} + \boldsymbol{K}\boldsymbol{a} = \boldsymbol{R} \tag{10-9}$$

式中，$\boldsymbol{a}$ 为结点位移列阵，$\dot{\boldsymbol{a}}$ 为结点速度列阵，$\ddot{\boldsymbol{a}}$ 为结点加速度列阵，$\boldsymbol{K}$ 为整体刚度矩阵，$\boldsymbol{C}$ 为整体阻尼矩阵，$\boldsymbol{M}$ 为整体质量矩阵。它们可分别由单元的刚度矩阵、阻尼矩阵、质量矩阵集合得到，即

$$\boldsymbol{K} = \sum_e \boldsymbol{C}_e^{\mathrm{T}} \boldsymbol{k} \boldsymbol{C}_e \tag{10-10}$$

$$\boldsymbol{C} = \sum_e \boldsymbol{C}_e^{\mathrm{T}} \boldsymbol{c} \boldsymbol{C}_e \tag{10-11}$$

$$\boldsymbol{M} = \sum_e \boldsymbol{C}_e^{\mathrm{T}} \boldsymbol{m} \boldsymbol{C}_e \tag{10-12}$$

式(10—10)～式(10—12)中，$\boldsymbol{C}_e$ 为单元选择矩阵，$\boldsymbol{c}$ 为单元阻尼矩阵，$\boldsymbol{k}$ 为单元刚度矩阵，$\boldsymbol{m}$ 为单元质量矩阵。式(10-9)即为结构的动力平衡方程。

可以看出，用有限单元法进行结构动力分析，必须解决以下两个问题：建立结构的整体质量矩阵 $\boldsymbol{M}$、整体阻尼矩阵 $\boldsymbol{C}$ 和整体刚度矩阵 $\boldsymbol{K}$；动力平衡方程是关于时间 t 的二阶微分方程组，需要求解二阶微分方程组的有效方法。在以下几节中将解决上面这两个问题。动力问题的刚度矩阵 $\boldsymbol{K}$ 与静力问题相同，前面已经详细介绍，这里不再重复。

10.2　质量矩阵和阻尼矩阵

式(10-7)所表达的单元质量矩阵称为协调质量矩阵或一致质量矩阵，这是因为推导单元质量矩阵时采用了与推导刚度矩阵时相同的位移模式(即形函数相同)。

对于平面 3 结点三角形单元，形函数矩阵可用面积坐标表示为

$$\boldsymbol{N} = [\boldsymbol{I}L_i \quad \boldsymbol{I}L_j \quad \boldsymbol{I}L_m] = [\boldsymbol{L}_i \quad \boldsymbol{L}_j \quad \boldsymbol{L}_m] \tag{10-13}$$

其中 $\boldsymbol{I}$ 是二阶单位矩阵，于是可得一致质量矩阵为

$$\begin{aligned} \boldsymbol{m} &= \int_{V^e} \boldsymbol{N}^{\mathrm{T}} \rho \boldsymbol{N} \mathrm{d}v = \rho \iint \begin{bmatrix} \boldsymbol{L}_i \\ \boldsymbol{L}_j \\ \boldsymbol{L}_m \end{bmatrix} [\boldsymbol{L}_i \quad \boldsymbol{L}_j \quad \boldsymbol{L}_m] \mathrm{d}x\mathrm{d}y \\ &= \rho \iint \begin{bmatrix} \boldsymbol{L}_i\boldsymbol{L}_i & \boldsymbol{L}_i\boldsymbol{L}_j & \boldsymbol{L}_i\boldsymbol{L}_m \\ \boldsymbol{L}_j\boldsymbol{L}_i & \boldsymbol{L}_j\boldsymbol{L}_j & \boldsymbol{L}_j\boldsymbol{L}_m \\ \boldsymbol{L}_m\boldsymbol{L}_i & \boldsymbol{L}_m\boldsymbol{L}_j & \boldsymbol{L}_m\boldsymbol{L}_m \end{bmatrix} \mathrm{d}x\mathrm{d}y \end{aligned} \tag{10-14}$$

利用面积坐标的积分公式(2-58)，可由上式求得

$$m=\frac{W}{3g}\begin{bmatrix}\frac{1}{2} & 0 & \frac{1}{4} & 0 & \frac{1}{4} & 0\\ 0 & \frac{1}{2} & 0 & \frac{1}{4} & 0 & \frac{1}{4}\\ \frac{1}{4} & 0 & \frac{1}{2} & 0 & \frac{1}{4} & 0\\ 0 & \frac{1}{4} & 0 & \frac{1}{2} & 0 & \frac{1}{4}\\ \frac{1}{4} & 0 & \frac{1}{4} & 0 & \frac{1}{2} & 0\\ 0 & \frac{1}{4} & 0 & \frac{1}{4} & 0 & \frac{1}{2}\end{bmatrix} \tag{10-15}$$

式中，W 为单元的重量，g 为重力加速度。一致质量矩阵(10-15)中的第 1 列代表 $\ddot{u}_i=1$ 时单元各结点处的等效惯性力，第 2 列代表 $\ddot{v}_i=1$ 时单元各结点处的等效惯性力等。可以看出，结点的水平加速度只引起水平惯性力，结点的竖向加速度只引起竖向惯性力。

由式(10-15)集合得到的整体质量矩阵 $\boldsymbol{M}$ 也将是带状的对称矩阵，在计算中其存储数据量与刚度矩阵 $\boldsymbol{K}$ 相同。

为了简化计算，假设单元的质量集中分配在各结点上，这时，各结点的加速度只引起本结点处的惯性力。这样得到的质量矩阵是对角矩阵，称为单元集中质量矩阵。于是，整体质量矩阵 $\boldsymbol{M}$ 也将是对角矩阵，给存储和计算都带来了很大方便。

集中质量按单元自重分配的原则分配到结点上，因为单元自重分配到各结点的等效荷载为 $R_{iy}=\int_{V^e}\rho g N_i \mathrm{d}v$，所以 $m_i=\frac{R_{iy}}{g}=\int_{V^e}\rho N_i \mathrm{d}v$，$m_i$ 即为 i 结点处的集中质量。平面 3 结点三角形单元的集中质量矩阵为

$$m=\frac{W}{3g}\begin{bmatrix}1&0&0&0&0&0\\0&1&0&0&0&0\\0&0&1&0&0&0\\0&0&0&1&0&0\\0&0&0&0&1&0\\0&0&0&0&0&1\end{bmatrix} \tag{10-16}$$

阻尼矩阵的计算公式与质量矩阵相同，只是系数不同。但需注意，这里考虑的是最简单的黏滞阻尼的情况，即假设阻尼力与速度成正比。这个假设与实验结果并不能很好地符合，不过由于这个假设在数学处理上很方便所以仍被广泛采用。

可以通过调整阻尼矩阵，使它与实验结果更加相符。应用上为保留数学处理上的简单，同时又要符合实际情况，通常不是直接计算阻尼矩阵 $\boldsymbol{C}$，而是根据实测资料，由振动过程中结构的能量消耗来决定阻尼矩阵。一般采用如下线性关系确定阻尼矩阵，称为瑞利(*Rayleigh*)阻尼，即

$$\boldsymbol{C}=\alpha\boldsymbol{M}+\beta\boldsymbol{K} \tag{10-17}$$

式中 α、β 由实验确定，也可以取 $\boldsymbol{C}=\alpha\boldsymbol{M}$ 或 $\boldsymbol{C}=\beta\boldsymbol{K}$。

10.3　结构的自振特性

结构的自振特性(频率和振型)是结构动力计算的主要内容。在共振分析和振型叠加法中都要用到结构的自振特性。计算和实践都表明,结构的阻尼对结构的频率和振型的影响很小,因此在计算频率和振型时忽略阻尼的影响。在动力方程(10-9)中,令 $\boldsymbol{C}$ 和 $\boldsymbol{R}$ 为零,得到无阻尼自由振动方程

$$\boldsymbol{K}\boldsymbol{a}+\boldsymbol{M}\ddot{\boldsymbol{a}}=0 \tag{10-18}$$

假设各质点作简谐振动,各结点的位移可以表示为

$$\boldsymbol{a}=\boldsymbol{\varphi}\cos\omega t \tag{10-19}$$

式中,$\boldsymbol{\varphi}$ 为结点振幅列阵,即振型,ω 为该振型对应的频率。

将式(10-19)代入式(10-18),可得如下齐次方程

$$(\boldsymbol{K}-\omega^2\boldsymbol{M})\boldsymbol{\varphi}=0 \tag{10-20}$$

结构在自由振动时,各结点的振幅不全为零,所以式(10-20)的系数行列式必须为零,由此可得求解结构自振频率的方程,称之为特征方程。

$$|\boldsymbol{K}-\omega^2\boldsymbol{M}|=0 \tag{10-21}$$

因为结构的刚度矩阵 $\boldsymbol{K}$ 和质量矩阵 $\boldsymbol{M}$ 都是 n 阶的方阵,n 为自由度数,所以上式是关于 ω^2 的 n 次代数方程,可解出结构的 n 个自振频率,记为 $\omega_1<\omega_2<\cdots<\omega_n$,再由式(10-20)解得相应的 n 个振型。

1. 振型的规准化

对于每个自振频率 $\omega_i(1\leqslant i\leqslant n)$,都可以通过式(10-20)解得一个振型 $\boldsymbol{\varphi}_i$,$\boldsymbol{\varphi}_i=[\varphi_1\quad \varphi_2\quad \cdots\quad \varphi_n]^{\mathrm{T}}$,由式(10-21)可知,方程(10-20)的矩阵不是满秩的,因此,$\boldsymbol{\varphi}_i$ 中至少有一个元素可以任意规定,即各结点的位移幅值是相对位移,应用中视方便可采用不同的规定,如:令第一个元素 $\varphi_1=1$,于是,$\boldsymbol{\varphi}_i=\begin{bmatrix}1 & \dfrac{\varphi_2}{\varphi_1} & \dots & \dfrac{\varphi_n}{\varphi_1}\end{bmatrix}^{\mathrm{T}}$;或令最后一个元素 $\varphi_n=1$,于是,$\boldsymbol{\varphi}_i=\begin{bmatrix}\dfrac{\varphi_1}{\varphi_n} & \dfrac{\varphi_2}{\varphi_n} & \dots & 1\end{bmatrix}^{\mathrm{T}}$;或令其中最大的元素为 1 等,这样规定的振型称为规准化振型。还可以这样规定 $\boldsymbol{\varphi}_i=\dfrac{1}{c}[\bar{\varphi}_1\quad \bar{\varphi}_2\quad \cdots\quad \bar{\varphi}_n]^{\mathrm{T}}$,其中 $c=(\bar{\boldsymbol{\varphi}}_i^{\mathrm{T}}\boldsymbol{M}\bar{\boldsymbol{\varphi}}_i)^{1/2}$,于是,$\boldsymbol{\varphi}_i^{\mathrm{T}}\boldsymbol{M}\boldsymbol{\varphi}_i=1$,这样规定的振型称为正则化振型。对于正则化振型,$k_i=\boldsymbol{\varphi}_i^{\mathrm{T}}\boldsymbol{K}\boldsymbol{\varphi}_i=\boldsymbol{\varphi}_i^{\mathrm{T}}\omega_i^2\boldsymbol{M}\boldsymbol{\varphi}_i=\omega_i^2$ 。

2. 振型的正交性

任意两个振型 $\boldsymbol{\varphi}_i$ 和 $\boldsymbol{\varphi}_j$ 满足

$$\boldsymbol{\varphi}_i^{\mathrm{T}}\boldsymbol{M}\boldsymbol{\varphi}_j=0\quad (i\neq j) \tag{10-22}$$

称该振型关于 $\boldsymbol{M}$ 具有正交性。振型的正交性证明如下。

设结构分别以 $\boldsymbol{\varphi}_i$ 和 $\boldsymbol{\varphi}_j$ 为振幅作独立自由振动,其位移可分别表示为

$$\left.\begin{aligned}\boldsymbol{a}_i &= \boldsymbol{\varphi}_i \cos\omega_i t \\ \boldsymbol{a}_j &= \boldsymbol{\varphi}_j \cos\omega_j t\end{aligned}\right\} \tag{a}$$

相应的加速度分别为

$$\left.\begin{aligned}\ddot{\boldsymbol{a}}_i &= -\omega_i^2 \boldsymbol{\varphi}_i \cos\omega_i t \\ \ddot{\boldsymbol{a}}_j &= -\omega_j^2 \boldsymbol{\varphi}_j \cos\omega_j t\end{aligned}\right\} \tag{b}$$

两个自由振动的惯性力分别为 $-\boldsymbol{M}\ddot{\boldsymbol{a}}_i$ 和 $-\boldsymbol{M}\ddot{\boldsymbol{a}}_j$，惯性力的幅值分别为

$$\left.\begin{aligned}\boldsymbol{R}_i &= \omega_i^2 \boldsymbol{M} \boldsymbol{\varphi}_i \\ \boldsymbol{R}_j &= \omega_j^2 \boldsymbol{M} \boldsymbol{\varphi}_j\end{aligned}\right\} \tag{c}$$

将该两个振动幅值状态作为两个动平衡状态，第一状态的荷载为 $\boldsymbol{R}_i$，位移为 $\boldsymbol{\varphi}_i$，第二状态的荷载为 $\boldsymbol{R}_j$，位移为 $\boldsymbol{\varphi}_j$，根据功的互等定理，有

$$\boldsymbol{\varphi}_j^{\mathrm{T}} \boldsymbol{R}_i = \boldsymbol{\varphi}_i^{\mathrm{T}} \boldsymbol{R}_j$$

将式(c)代入上式，并考虑质量矩阵的对称性，则

$$\omega_i^2 \boldsymbol{\varphi}_j^{\mathrm{T}} \boldsymbol{M} \boldsymbol{\varphi}_i = \omega_j^2 \boldsymbol{\varphi}_i^{\mathrm{T}} \boldsymbol{M} \boldsymbol{\varphi}_j = \omega_j^2 \boldsymbol{\varphi}_j^{\mathrm{T}} \boldsymbol{M} \boldsymbol{\varphi}_i$$

移项得

$$(\omega_i^2 - \omega_j^2) \boldsymbol{\varphi}_j^{\mathrm{T}} \boldsymbol{M} \boldsymbol{\varphi}_i = 0$$

由于 $\omega_i \neq \omega_j$，则有 $\boldsymbol{\varphi}_j^{\mathrm{T}} \boldsymbol{M} \boldsymbol{\varphi}_i = 0$。

由式(10-20)，$\boldsymbol{K}\boldsymbol{\varphi}_j = \omega_j^2 \boldsymbol{M}\boldsymbol{\varphi}_j$，两边同乘以 $\boldsymbol{\varphi}_i^{\mathrm{T}}$，有

$$\boldsymbol{\varphi}_i^{\mathrm{T}} \boldsymbol{K} \boldsymbol{\varphi}_j = \omega_j^2 \boldsymbol{\varphi}_i^{\mathrm{T}} \boldsymbol{M} \boldsymbol{\varphi}_j = 0$$

于是有

$$\boldsymbol{\varphi}_i^{\mathrm{T}} \boldsymbol{K} \boldsymbol{\varphi}_j = 0 \quad (i \neq j) \tag{10-23}$$

对于瑞利阻尼矩阵，正交性质也自然满足，即

$$\boldsymbol{\varphi}_i^{\mathrm{T}} \boldsymbol{C} \boldsymbol{\varphi}_j = 0 \quad (i \neq j) \tag{10-24}$$

因此，振型关于 $\boldsymbol{M}$、$\boldsymbol{K}$ 和 $\boldsymbol{C}$ 均具有正交性。

10.4 结构自振频率的计算

1. 迭代法

将式(10-20)改写成 $\boldsymbol{K}\boldsymbol{\varphi} = \omega^2 \boldsymbol{M}\boldsymbol{\varphi}$，两边同乘以 $\boldsymbol{K}^{-1}\dfrac{1}{\omega^2}$，并令 $\boldsymbol{A} = \boldsymbol{K}^{-1}\boldsymbol{M}$，得

$$\lambda \boldsymbol{\varphi} = \boldsymbol{A}\boldsymbol{\varphi} \tag{10-25}$$

式中，$\lambda = 1/\omega^2$ 为 $\boldsymbol{A}$ 的特征值，$\boldsymbol{\varphi}$ 为 $\boldsymbol{A}$ 的特征向量。所以求解结构动力特性的问题，在数学上就是矩阵 $\boldsymbol{A}$ 的特征值问题。

求解式(10-25)最直接的方法是迭代解法，因为特征值和特征向量事先均属未知，故迭代开始时可任选一合适的初始特征向量 $\boldsymbol{\varphi}^0$。一般将初始振型设为单位列阵，即 $\boldsymbol{\varphi}^0 = [1 \quad 1 \quad \ldots \quad 1]^{\mathrm{T}}$。将 $\boldsymbol{\varphi}^0$ 代入式(10-25)，得

$$\lambda^1 \boldsymbol{\varphi}^1 = \boldsymbol{A}\boldsymbol{\varphi}^0 = [x_1 \quad x_2 \quad \ldots \quad x_n]^{\mathrm{T}}$$

$$=x_1\begin{bmatrix}1 & \dfrac{x_2}{x_1} & \cdots & \dfrac{x_n}{x_1}\end{bmatrix}^{\mathrm{T}}$$

于是取特征值和特征向量的第一次近似值为

$$\lambda^1=x_1$$

$$\boldsymbol{\varphi}^1=\begin{bmatrix}1 & \dfrac{x_2}{x_1} & \cdots & \dfrac{x_n}{x_1}\end{bmatrix}^{\mathrm{T}}$$

继续迭代，经过 $k-1$ 次迭代后，可得到 λ^{k-1} 和 $\boldsymbol{\varphi}^{k-1}$，则第 k 次的迭代公式为

$$\lambda^k\boldsymbol{\varphi}^k=\boldsymbol{A}\boldsymbol{\varphi}^{k-1} \tag{10-26}$$

直到 $\|\boldsymbol{\varphi}^k-\boldsymbol{\varphi}^{k-1}\|\leqslant\varepsilon$ 时结束迭代，ε 为精度控制参数，此时迭代的前后两次的 λ 和 $\boldsymbol{\varphi}$ 近乎相同(在精度范围内相等)，把此时的迭代值作为结构的频率 $\omega^2=1/\lambda$ 和振型 $\boldsymbol{\varphi}$。

可以证明，按上述迭代计算得到的频率是结构的最低阶频率，证明如下。

选定初始振型 $\boldsymbol{\varphi}^0$ 后，迭代过程将产生如下序列，即

$$\boldsymbol{\varphi}^1=\frac{1}{\lambda^1}\boldsymbol{A}\boldsymbol{\varphi}^0$$

$$\boldsymbol{\varphi}^2=\frac{1}{\lambda^2}\boldsymbol{A}\boldsymbol{\varphi}^1=\frac{1}{\lambda^1\lambda^2}\boldsymbol{A}^2\boldsymbol{\varphi}^0$$

$$\boldsymbol{\varphi}^3=\frac{1}{\lambda^3}\boldsymbol{A}\boldsymbol{\varphi}^2=\frac{1}{\lambda^1\lambda^2\lambda^3}\boldsymbol{A}^3\boldsymbol{\varphi}^0$$

$$\vdots$$

$$\boldsymbol{\varphi}^k=\frac{1}{\lambda^1\cdots\lambda^k}\boldsymbol{A}^k\boldsymbol{\varphi}^0$$

设结构的 n 个振型为 $\boldsymbol{\varphi}_1,\boldsymbol{\varphi}_2,\cdots,\boldsymbol{\varphi}_n$，初始振型 $\boldsymbol{\varphi}^0$ 可表示为 n 个振型的线性组合，即

$$\boldsymbol{\varphi}^0=\alpha_1\boldsymbol{\varphi}_1+\alpha_2\boldsymbol{\varphi}_2+\cdots+\alpha_n\boldsymbol{\varphi}_n=\sum_{i=1}^{n}\alpha_i\boldsymbol{\varphi}_i \tag{10-27}$$

式中，α_i 为待定系数，$\boldsymbol{\varphi}_i$ 为第 i 阶振型，对上式左乘以 $\boldsymbol{A}$，考虑到 $\boldsymbol{A}\boldsymbol{\varphi}_i=\lambda_i\boldsymbol{\varphi}_i$，有

$$\begin{aligned}\boldsymbol{A}\boldsymbol{\varphi}^0&=\alpha_1\boldsymbol{A}\boldsymbol{\varphi}_1+\alpha_2\boldsymbol{A}\boldsymbol{\varphi}_2+\cdots+\alpha_n\boldsymbol{A}\boldsymbol{\varphi}_n\\&=\alpha_1\lambda_1\boldsymbol{\varphi}_1+\alpha_2\lambda_2\boldsymbol{\varphi}_2+\cdots+\alpha_n\lambda_n\boldsymbol{\varphi}_n\end{aligned}$$

同理

$$\boldsymbol{A}^2\boldsymbol{\varphi}^0=\alpha_1\lambda_1^2\boldsymbol{\varphi}_1+\alpha_2\lambda_2^2\boldsymbol{\varphi}_2+\cdots+\alpha_n\lambda_n^2\boldsymbol{\varphi}_n$$

$$\vdots$$

$$\boldsymbol{A}^k\boldsymbol{\varphi}^0=\alpha_1\lambda_1^k\boldsymbol{\varphi}_1+\alpha_2\lambda_2^k\boldsymbol{\varphi}_2+\cdots+\alpha_n\lambda_n^k\boldsymbol{\varphi}_n$$

由于 $\omega_1<\omega_2<\cdots<\omega_n$，$\lambda_1>\lambda_2>\cdots>\lambda_n$，当 k 充分大时，有 $\lambda_1^k\gg\lambda_2^k\gg\cdots\gg\lambda_n^k$，符号 $\gg$ 表示远大于，与第一项相比，其他各项可以忽略，只要 $\alpha_1\neq0$，就有

$$\boldsymbol{A}^k\boldsymbol{\varphi}^0=\lambda^1\cdots\lambda^k\boldsymbol{\varphi}^k\approx\alpha_1\lambda_1^k\boldsymbol{\varphi}_1$$

这说明，经过 k 次迭代之后，$\boldsymbol{\varphi}^k$ 与 $\boldsymbol{\varphi}_1$ 成比例，即 $\boldsymbol{\varphi}^k$ 收敛于 $\boldsymbol{\varphi}_1$，此时，λ^k 就是 $\boldsymbol{\varphi}_1$ 对应的特征值，即 λ^k 收敛于 $\lambda_1=1/\omega_1^2$。

上述迭代过程只能求出方程(10-25)的最大特征值 λ_1，从而求得最低频率 ω_1 和振型 $\boldsymbol{\varphi}_1$。为了进一步依次求出其他频率和振型，可在初始振型中去掉第一阶振型，即令 $\alpha_1=0$，则按迭代方程(10-26)迭代后将收敛于第二阶振型。由此，可以在第一阶振型 $\boldsymbol{\varphi}_1$ 求出

以后，清除掉假设振型中的第一阶振型，然后迭代求解就可得到 $\boldsymbol{\varphi}_2$，依此类推，当要求解第 $r+1$ 阶振型 $\boldsymbol{\varphi}_{r+1}$ 时，可以在假设振型中清除掉所有前面已经求出的 r 个振型，然后迭代计算便可得到 $\boldsymbol{\varphi}_{r+1}$，这种方法称为滤频法。

在初始振型表达式(10-27)两边同乘以 $\boldsymbol{\varphi}_i^{\mathrm{T}}\boldsymbol{M}$，并考虑振型的正交性质，得

$$\boldsymbol{\varphi}_i^{\mathrm{T}}\boldsymbol{M}\boldsymbol{\varphi}^0=\boldsymbol{\varphi}_i^{\mathrm{T}}\boldsymbol{M}\sum_{j=1}^{n}\alpha_j\boldsymbol{\varphi}_j=\boldsymbol{\varphi}_i^{\mathrm{T}}\boldsymbol{M}\boldsymbol{\varphi}_i\alpha_i$$

$$\alpha_i=\frac{\boldsymbol{\varphi}_i^{\mathrm{T}}\boldsymbol{M}\boldsymbol{\varphi}^0}{\boldsymbol{\varphi}_i^{\mathrm{T}}\boldsymbol{M}\boldsymbol{\varphi}_i}\qquad(i=1,2,\cdots,n)$$

为了在假设振型中清掉前面阶振型，取初始振型为

$$\begin{aligned}\boldsymbol{\varphi}^0-\sum_{j=1}^{r}\alpha_j\boldsymbol{\varphi}_j&=\boldsymbol{\varphi}^0-\sum_{j=1}^{r}\boldsymbol{\varphi}_j\frac{\boldsymbol{\varphi}_j^{\mathrm{T}}\boldsymbol{M}\boldsymbol{\varphi}^0}{\boldsymbol{\varphi}_j^{\mathrm{T}}\boldsymbol{M}\boldsymbol{\varphi}_j}\\&=\left(\boldsymbol{I}-\sum_{j=1}^{r}\frac{\boldsymbol{\varphi}_j\boldsymbol{\varphi}_j^{\mathrm{T}}\boldsymbol{M}}{\boldsymbol{\varphi}_j^{\mathrm{T}}\boldsymbol{M}\boldsymbol{\varphi}_j}\right)\boldsymbol{\varphi}^0=\boldsymbol{S}_r\boldsymbol{\varphi}^0\end{aligned}$$

式中，$\boldsymbol{S}_r$ 称为清型矩阵，$\boldsymbol{I}$ 为单位矩阵

$$\boldsymbol{S}_r=\boldsymbol{I}-\sum_{j=1}^{r}\frac{\boldsymbol{\varphi}_j\boldsymbol{\varphi}_j^{\mathrm{T}}\boldsymbol{M}}{\boldsymbol{\varphi}_j^{\mathrm{T}}\boldsymbol{M}\boldsymbol{\varphi}_j}$$

滤频法的迭代格式为

$$\lambda^k\boldsymbol{\varphi}^k=\boldsymbol{A}\boldsymbol{S}_r\boldsymbol{\varphi}^{k-1}\tag{10-28}$$

当 $r=0$ 时，$\boldsymbol{S}_r=\boldsymbol{I}$，式(10-28)成为式(10-26)，因此，所有频率的求解可以在一个程序里完成。

比较式(10-26)和式(10-28)可见，经清型后的频率方程为

$$\lambda\boldsymbol{\varphi}=\boldsymbol{A}_r\boldsymbol{\varphi}\tag{10-29}$$

其中 $\boldsymbol{A}_r=\boldsymbol{A}\boldsymbol{S}_r$，称其为收缩矩阵。方程(10-29)称为滤频方程。

$$\boldsymbol{A}_r=\boldsymbol{A}\boldsymbol{S}_r=\boldsymbol{A}-\sum_{j=1}^{r}\frac{\boldsymbol{A}\boldsymbol{\varphi}_j\boldsymbol{\varphi}_j^{\mathrm{T}}\boldsymbol{M}}{\boldsymbol{\varphi}_j^{\mathrm{T}}\boldsymbol{M}\boldsymbol{\varphi}_j}=\boldsymbol{A}-\sum_{j=1}^{r}\frac{\lambda_j\boldsymbol{\varphi}_j\boldsymbol{\varphi}_j^{\mathrm{T}}\boldsymbol{M}}{\boldsymbol{\varphi}_j^{\mathrm{T}}\boldsymbol{M}\boldsymbol{\varphi}_j}$$

这样，就把原来求频率方程(10-25)的问题，转换为求滤频方程(10-29)的问题。也即把求矩阵 $\boldsymbol{A}$ 的特征对(特征值和特征向量)的问题，转化为求收缩矩阵 $\boldsymbol{A}_r$ 的特征对的问题。

可以证明，$\boldsymbol{A}_r$ 的前 r 个的特征值为零；而从 $r+1$ 起，$\boldsymbol{A}_r$ 的特征值和特征向量与 $\boldsymbol{A}$ 的特征对均相同，证明如下

设 λ_i 和 $\boldsymbol{\varphi}_i$ 是 $\boldsymbol{A}$ 的特征值和特征向量。当 $i\leqslant r$，则

$$\boldsymbol{A}_r\boldsymbol{\varphi}_i=\left(\boldsymbol{A}-\sum_{j=1}^{r}\frac{\lambda_j\boldsymbol{\varphi}_j\boldsymbol{\varphi}_j^{\mathrm{T}}\boldsymbol{M}}{\boldsymbol{\varphi}_j^{\mathrm{T}}\boldsymbol{M}\boldsymbol{\varphi}_j}\right)\boldsymbol{\varphi}_i$$

根据振型正交性质，当 $i\neq j$ 时，$\boldsymbol{\varphi}_j^{\mathrm{T}}\boldsymbol{M}\boldsymbol{\varphi}_i=0$，故有

$$\boldsymbol{A}_r\boldsymbol{\varphi}_i=\boldsymbol{A}\boldsymbol{\varphi}_i-\sum_{j=1}^{r}\frac{\lambda_j\boldsymbol{\varphi}_j\boldsymbol{\varphi}_j^{\mathrm{T}}\boldsymbol{M}\boldsymbol{\varphi}_i}{\boldsymbol{\varphi}_j^{\mathrm{T}}\boldsymbol{M}\boldsymbol{\varphi}_j}=\boldsymbol{A}\boldsymbol{\varphi}_i-\lambda_i\boldsymbol{\varphi}_i=0$$

这说明，当 $i\leqslant r$ 时，$\boldsymbol{A}_r$ 的特征值为 0。

当 $i>r$，

$$\begin{aligned}\boldsymbol{A}_r\boldsymbol{\varphi}_i&=\left(\boldsymbol{A}-\sum_{j=1}^{r}\frac{\lambda_j\boldsymbol{\varphi}_j\boldsymbol{\varphi}_j^{\mathrm{T}}\boldsymbol{M}}{\boldsymbol{\varphi}_j^{\mathrm{T}}\boldsymbol{M}\boldsymbol{\varphi}_j}\right)\boldsymbol{\varphi}_i\\&=\boldsymbol{A}\boldsymbol{\varphi}_i=\lambda_i\boldsymbol{\varphi}_i\end{aligned}$$

这说明，收缩矩阵 $\boldsymbol{A}_r$ 与 $\boldsymbol{A}$ 具有相同的特征值和特征向量。

收缩矩阵 $\boldsymbol{A}_r$ 还具有如下的递推公式

$$\begin{aligned}\boldsymbol{A}_r &= \boldsymbol{A} - \sum_{j=1}^{r} \frac{\lambda_j \boldsymbol{\varphi}_j \boldsymbol{\varphi}_j^{\mathrm{T}} \boldsymbol{M}}{\boldsymbol{\varphi}_j^{\mathrm{T}} \boldsymbol{M} \boldsymbol{\varphi}_j} \\ &= \boldsymbol{A} - \sum_{j=1}^{r-1} \frac{\lambda_j \boldsymbol{\varphi}_j \boldsymbol{\varphi}_j^{\mathrm{T}} \boldsymbol{M}}{\boldsymbol{\varphi}_j^{\mathrm{T}} \boldsymbol{M} \boldsymbol{\varphi}_j} - \frac{\lambda_r \boldsymbol{\varphi}_r \boldsymbol{\varphi}_r^{\mathrm{T}} \boldsymbol{M}}{\boldsymbol{\varphi}_r^{\mathrm{T}} \boldsymbol{M} \boldsymbol{\varphi}_r} \\ &= \boldsymbol{A}_{r-1} - \frac{\lambda_r \boldsymbol{\varphi}_r \boldsymbol{\varphi}_r^{\mathrm{T}} \boldsymbol{M}}{\boldsymbol{\varphi}_r^{\mathrm{T}} \boldsymbol{M} \boldsymbol{\varphi}_r}\end{aligned}$$

由此，收缩矩阵除第 1 步外，只需计算第二项，减小了计算工作量。

滤频法求解结构高阶频率和振型时，要用到以前的特征值和特征向量，前面的误差会影响到后面的计算精度，产生误差累积，所求特征值和特征向量阶数越高，计算工作量越大，甚至难以收敛，所以计算阶数不宜太高。实践表明，用该方法计算前面 5～8 阶特征值和特征向量是合适的。

例 10-1　用滤频法计算某岩基上重力坝的自振特性，采用集中质量矩阵，假设基础不变形，网格如图 10-1(a)所示。混凝土的弹性模量 $E = 2 \times 10^4 \mathrm{MPa}$，泊松比系数 $\nu =$ 0.20，容重 $\gamma = 24 \mathrm{kN/m^3}$。迭代容许误差为 10^{-5}。计算前五个振型的结果见表 10-1 及图 10-1(b)～(f)。

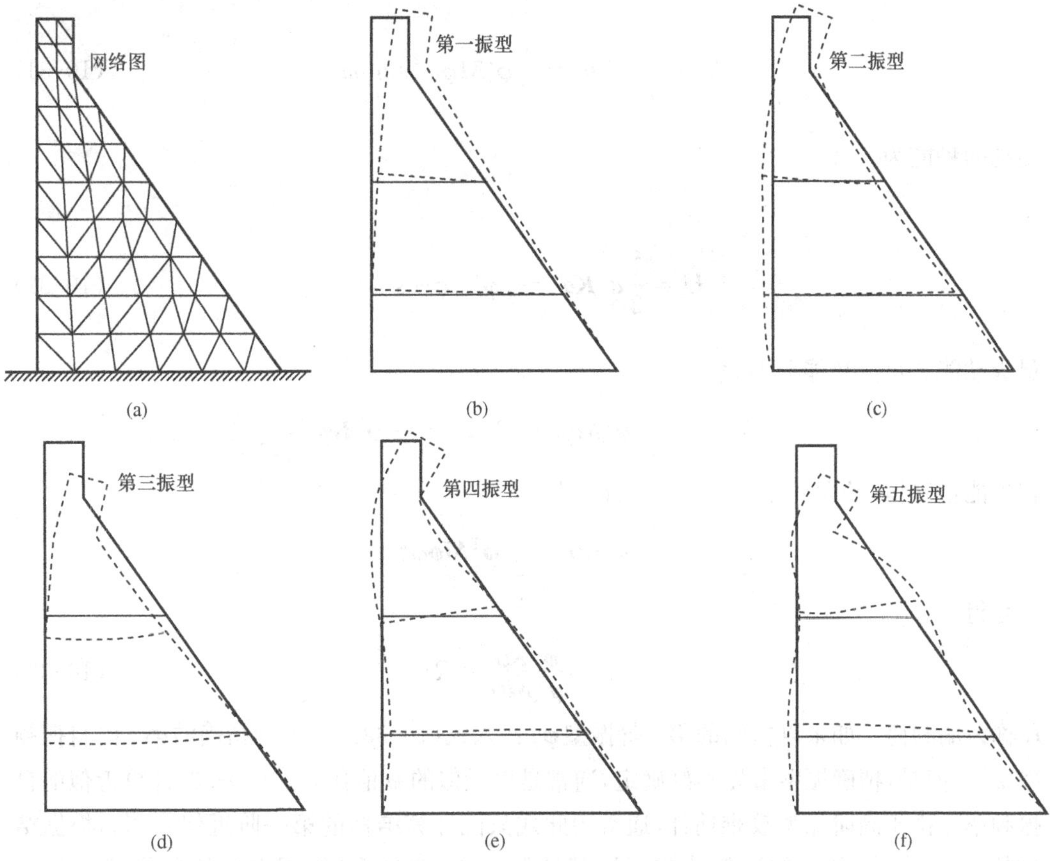

图 10-1　重力坝网格及振型图

表 10-1 自振周期及迭代次数

振　型	周期/s	迭代次数
1	0.2019	7
2	0.0843	31
3	0.0716	15
4	0.0471	14
5	0.0335	83

2. 能量法求解结构自振特性

1)瑞利法

根据能量守恒定理,若忽略结构在振动过程中的能量损耗,则在任何瞬间,结构的动能 V 和势能 U 之和应等于常量,即

$$U(t)+V(t)=\text{常量} \tag{10-30}$$

设结构自由振动时的结点位移为 $\boldsymbol{a}=\boldsymbol{\varphi}\cos\omega t$,则结点速度为

$$\dot{\boldsymbol{a}}=-\boldsymbol{\varphi}\omega\sin\omega t$$

结构的动能为

$$V=\frac{1}{2}\dot{\boldsymbol{a}}^{\mathrm{T}}\boldsymbol{M}\dot{\boldsymbol{a}}=\frac{1}{2}\boldsymbol{\varphi}^{\mathrm{T}}\boldsymbol{M}\boldsymbol{\varphi}\omega^{2}\sin^{2}\omega t \tag{10-31}$$

结构的势能为

$$U=\frac{1}{2}\boldsymbol{a}^{\mathrm{T}}\boldsymbol{K}\boldsymbol{a}=\frac{1}{2}\boldsymbol{\varphi}^{\mathrm{T}}\boldsymbol{K}\boldsymbol{\varphi}\cos^{2}\omega t \tag{10-32}$$

最大动能和最大势能分别为

$$V_{\max}=\frac{1}{2}\boldsymbol{\varphi}^{\mathrm{T}}\boldsymbol{M}\boldsymbol{\varphi}\omega^{2},\ U_{\max}=\frac{1}{2}\boldsymbol{\varphi}^{\mathrm{T}}\boldsymbol{K}\boldsymbol{\varphi}$$

根据能量守恒,最大动能等于最大势能,即

$$\frac{1}{2}\boldsymbol{\varphi}^{\mathrm{T}}\boldsymbol{K}\boldsymbol{\varphi}=\frac{1}{2}\boldsymbol{\varphi}^{\mathrm{T}}\boldsymbol{M}\boldsymbol{\varphi}\omega^{2}$$

于是得

$$\omega^{2}=\frac{\boldsymbol{\varphi}^{\mathrm{T}}\boldsymbol{K}\boldsymbol{\varphi}}{\boldsymbol{\varphi}^{\mathrm{T}}\boldsymbol{M}\boldsymbol{\varphi}}=R \tag{10-33}$$

R 称为瑞利商。如果以精确的第 j 阶振型 $\boldsymbol{\varphi}_j$ 代入式(10-33),将得到精确的第 j 阶自振频率 ω_j 。但是,精确振型事先不好确定,通常是以近似的 $\boldsymbol{\varphi}$ 值代入式(10-33)计算近似的自振频率。由于高阶振型较难估计,通常用此式只能计算结构的第一阶近似频率。根据结构的边界条件给出 $\boldsymbol{\varphi}$ 的近似值或者用某种静荷载(如自重)作用下的位移代替 $\boldsymbol{\varphi}$ 代入

式(10-33)，得到结构的第一阶自振频率。经验表明，尽管给的 $\boldsymbol{\varphi}$ 值比较粗略，算出的第一阶自振频率的精度仍是令人满意的，因为最简单的变形往往与最低阶振型比较一致。

2) 瑞利-里兹法

瑞利-里兹法是在瑞利法的基础上改进得到，可用来求更精确的频率，同时还可求高阶频率和振型。在 n 维空间中，选取 s 个($s<n$)特征向量，这 s 个向量定义的空间称之为原 n 维空间的子空间。

记子空间中的向量为 $\boldsymbol{\psi}_i$ ($i=1,2,\cdots s$)，将振型 $\boldsymbol{\varphi}$ 表示为这 s 个向量的线性组合

$$\begin{aligned}\boldsymbol{\varphi}&=y_1\boldsymbol{\psi}_1+y_2\boldsymbol{\psi}_2+\cdots+y_s\boldsymbol{\psi}_s\\&=[\boldsymbol{\psi}_1\quad\boldsymbol{\psi}_2\quad\cdots\quad\boldsymbol{\psi}_s]\boldsymbol{y}=\boldsymbol{\psi}_{n\times s}\,\boldsymbol{y}_{s\times 1}\end{aligned}\tag{10-34}$$

式中，y_1，y_2，…，y_s 为 s 个待定系数。

将式(10-34)代入式(10-33)得到

$$R=\omega^2=\frac{\boldsymbol{y}^{\mathrm{T}}\,\boldsymbol{\psi}^{\mathrm{T}}\boldsymbol{K}\boldsymbol{\psi}\boldsymbol{y}}{\boldsymbol{y}^{\mathrm{T}}\,\boldsymbol{\psi}^{\mathrm{T}}\boldsymbol{M}\boldsymbol{\psi}\boldsymbol{y}}=\frac{U(y)}{V(y)}\tag{10-35}$$

选择待定系数 y_i 使得瑞利商取最小值，令瑞利商对 y_i 的偏导数为零，即

$$\frac{\partial R}{\partial y_i}=0\quad(i=1,2,\cdots,s)$$

于是有

$$\frac{1}{V^2}\left(V(y)\,\frac{\partial U}{\partial y_i}-U(y)\,\frac{\partial V}{\partial y_i}\right)=0$$

将 $U(y)=\omega^2V(y)$ 代入得到

$$\frac{\partial U}{\partial y_i}-\omega^2\,\frac{\partial V}{\partial y_i}=0\quad(i=1,2,\cdots,s)\tag{10-36}$$

由式(10-35)有

$$\begin{aligned}\frac{\partial U}{\partial y_i}&=\frac{\partial(\boldsymbol{y}^{\mathrm{T}}\,\boldsymbol{\psi}^{\mathrm{T}}\boldsymbol{K}\boldsymbol{\psi}\boldsymbol{y})}{\partial y_i}=\frac{\partial\,\boldsymbol{y}^{\mathrm{T}}}{\partial y_i}\,\boldsymbol{\psi}^{\mathrm{T}}\boldsymbol{K}\boldsymbol{\psi}\boldsymbol{y}+\boldsymbol{y}^{\mathrm{T}}\,\boldsymbol{\psi}^{\mathrm{T}}\boldsymbol{K}\boldsymbol{\psi}\,\frac{\partial\boldsymbol{y}}{\partial y_i}\\&=2\,\frac{\partial\,\boldsymbol{y}^{\mathrm{T}}}{\partial y_i}\,\boldsymbol{\psi}^{\mathrm{T}}\boldsymbol{K}\boldsymbol{\psi}\boldsymbol{y}=2\,\boldsymbol{\psi}^{\mathrm{T}}\boldsymbol{K}\boldsymbol{\psi}\boldsymbol{y}\end{aligned}\tag{10-37}$$

同理可得

$$\frac{\partial V}{\partial y_i}=2\,\boldsymbol{\psi}^{\mathrm{T}}\boldsymbol{M}\boldsymbol{\psi}\boldsymbol{y}\tag{10-38}$$

将式(10-37)和式(10-38)代入式(10-36)得

$$\boldsymbol{\psi}^{\mathrm{T}}\boldsymbol{K}\boldsymbol{\psi}\boldsymbol{y}-\omega^2\,\boldsymbol{\psi}^{\mathrm{T}}\boldsymbol{M}\boldsymbol{\psi}\boldsymbol{y}=0\tag{10-39}$$

若令 $\bar{\boldsymbol{K}}=\boldsymbol{\psi}^{\mathrm{T}}\boldsymbol{K}\boldsymbol{\psi}$，$\bar{\boldsymbol{M}}=\boldsymbol{\psi}^{\mathrm{T}}\boldsymbol{M}\boldsymbol{\psi}$，则式(10-39)可写为

$$(\bar{\boldsymbol{K}}-\omega^2\bar{\boldsymbol{M}})\,\boldsymbol{y}=0\tag{10-40}$$

式中，$\bar{\boldsymbol{K}}$ 称为广义刚度矩阵，$\bar{\boldsymbol{M}}$ 称为广义质量矩阵。这样，原来求解 $n\times n$ 阶矩阵的特征值问题就转化为求解 $s\times s$ 阶矩阵的特征值问题，可见，瑞利-里兹法起到了缩减自由度的作用。由于 s 一般远小于 n，求解式(10-40)比较容易，解得的 s 个特征值就是原结构前 s 个自振频率的近似值。将求出的每个自振频率 ω_i 代回到式(10-40)可求得对应的特征向

量 $\boldsymbol{y}_i$ 。而结构的前 s 个振型为

$$\boldsymbol{\varphi}_i = \boldsymbol{\psi}\boldsymbol{y}_i \qquad (i=1,2,\cdots,s) \tag{10-41}$$

可以证明特征向量 $\boldsymbol{y}_i$ 关于广义刚度矩阵 $\overline{\boldsymbol{K}}$ 和广义质量矩阵 $\overline{\boldsymbol{M}}$ 也是正交的,即

$$\left.\begin{aligned} \boldsymbol{y}_i^{\mathrm{T}}\overline{\boldsymbol{K}}\,\boldsymbol{y}_j &= 0 \\ \boldsymbol{y}_i^{\mathrm{T}}\overline{\boldsymbol{M}}\,\boldsymbol{y}_j &= 0 \end{aligned}\right\} \quad (i \neq j) \tag{10-42}$$

瑞利-里兹法的计算精度取决于假设振型 $\boldsymbol{\psi} = [\boldsymbol{\psi}_1 \quad \boldsymbol{\psi}_2 \quad \cdots \quad \boldsymbol{\psi}_s]$,$\boldsymbol{\psi}$ 越接近前 s 阶实际振型精度越高。假设振型原则上可以任意选取,只要他们是相互独立的向量即可。例如取 $\boldsymbol{\psi}_1$ 的全部元素等于 1,$\boldsymbol{\psi}_i(i=2,3,\cdots,s)$ 的元素依次在第 2 行、第 3 行、第 4 行等取 1,其余全部取零的单位向量。或者 $\boldsymbol{\psi}_i(i=1,2,\cdots,s)$ 全部取随机向量也是一种选择。

3. 子空间迭代法

子空间迭代法的基本思路就是把瑞利-里兹法和迭代法结合起来,既利用瑞利-里兹法来缩减自由度,又在计算过程中利用迭代法使振型逐步逼近精确值。由于它吸收了两个方法的优点,因而计算效果较好。经验表明,这是目前求解大型结构自振频率和振型的最有效的方法之一。

自由振动的频率方程式(10-25) $\lambda\boldsymbol{\varphi} = \boldsymbol{A}\boldsymbol{\varphi}$ 具有 n 个频率 ω_i 和相应的特征向量(振型) $\boldsymbol{\varphi}_i$ 。

根据瑞利-里兹法,选取的 s 个 n 维特征向量作为初始特征向量,记为 $\boldsymbol{\psi}_i^0$ $(i=1, 2,\cdots,s)$,将它们组成一个 $n\times s$ 阶矩阵

$$\boldsymbol{\psi}^0 = [\boldsymbol{\psi}_1^0 \quad \boldsymbol{\psi}_2^0 \quad \cdots \quad \boldsymbol{\psi}_s^0]_{n\times s}$$

把它作为结构前 s 阶振型的初值,即

$$\boldsymbol{\Phi}^0 = \boldsymbol{\psi}^0$$

左乘 $\boldsymbol{A}$

$$\boldsymbol{\psi}^1 = \boldsymbol{A}\boldsymbol{\Phi}^0$$

结构前 s 阶振型的第一次迭代值表示为

$$\boldsymbol{\varphi}_i^1 = \boldsymbol{\psi}^1\,\boldsymbol{y}_i^1 \qquad (i=1,2,\cdots,s)$$

或者写成

$$\boldsymbol{\Phi}^1 = \boldsymbol{\psi}^1\,\boldsymbol{\Omega}^1 \tag{10-43}$$

式中,$\boldsymbol{\Phi}^1 = [\boldsymbol{\varphi}_1^1,\boldsymbol{\varphi}_2^1,\cdots,\boldsymbol{\varphi}_s^1]$,$\boldsymbol{\Omega}^1 = [\boldsymbol{y}_1^1,\boldsymbol{y}_2^1,\cdots,\boldsymbol{y}_s^1]$,$\boldsymbol{y}_i^1$ 为待定系数,由瑞利一里兹法求得。

根据瑞利-里兹法,广义质量矩阵和广义刚度矩阵分别为

$$\overline{\boldsymbol{K}}^1 = (\boldsymbol{\psi}^1)^{\mathrm{T}}\mathbf{K}\boldsymbol{\psi}^1\,,\ \overline{\boldsymbol{M}}^1 = (\boldsymbol{\psi}^1)^{\mathrm{T}}\boldsymbol{M}\boldsymbol{\psi}^1$$

代入式(10-40),得到

$$(\overline{\boldsymbol{K}}^1 - \omega^2\,\overline{\boldsymbol{M}}^1)\,\boldsymbol{y} = 0$$

由上式可解得 s 阶自振频率 $\omega_1,\omega_2,\cdots,\omega_s$ 和相应的特征向量 $\boldsymbol{y}_i$ 的第一次近似解,分别记为 ω_i^1 、$\boldsymbol{y}_i^1$ 。代入式(10-43)得到结构的前 s 阶振型的第一次近似值 $\boldsymbol{\Phi}^1$ 。

用 $\boldsymbol{\Phi}^1$ 作为新的初值,左乘矩阵 $\mathbf{A}$ 得到 $\boldsymbol{\psi}^2$,再次归结为瑞利-里兹法的特征值问题,由此解得 ω_i^2 、$\boldsymbol{y}_i^2$,从而求得第二次近似的振型

$$\boldsymbol{\Phi}^2 = \boldsymbol{\psi}^2 \boldsymbol{\Omega}^2$$

重复上述迭代计算，依次求出 $\boldsymbol{\Phi}^1, \boldsymbol{\Phi}^2, \cdots, \boldsymbol{\Phi}^i$，当 $\| \boldsymbol{\Phi}^i - \boldsymbol{\Phi}^{i-1} \| \leqslant \varepsilon$ 时，结束迭代，ε 是误差控制参数，此时的 $\boldsymbol{\Phi}^i$、ω_i 即为结构的前 s 阶振型和频率。

上述方法可以归结为如下迭代公式，即

$$\begin{gathered}
\boldsymbol{\psi}^i = \boldsymbol{A}\boldsymbol{\Phi}^{i-1} \\
\overline{\boldsymbol{K}}^i = (\boldsymbol{\psi}^i)^{\mathrm{T}} \boldsymbol{K} \boldsymbol{\psi}^i \\
\overline{\boldsymbol{M}}^i = (\boldsymbol{\psi}^i)^{\mathrm{T}} \boldsymbol{M} \boldsymbol{\psi}^i \qquad (i = 1, 2, \cdots) \\
(\overline{\boldsymbol{K}}^i - \omega^2 \overline{\boldsymbol{M}}^i)\, \boldsymbol{y}^i = 0 \\
\boldsymbol{\Phi}^i = \boldsymbol{\psi}^i \boldsymbol{\Omega}^i
\end{gathered} \tag{10-44}$$

子空间迭代法是对一组初始向量反复应用迭代法和瑞利一里兹法，按照精度要求求解结构的前 s 阶振型和频率。实际计算中，通常多取几阶初始假设振型，例如取 $p\,(p > s)$ 阶假设振型，将迭代计算进行到前 s 阶振型满足所需精度为止。这里增加的 $p - s$ 阶假设振型是为了加快前 s 阶振型的收敛速度。当然这也要在每次迭代中增加一些计算量，有文献建议取 p 为 $2s$ 和 $s+8$ 两个数值中的较小者效果比较好，即取 $p = \min(2s, s+8)$。另外，为了计算中数值保持适当的大小，每次迭代结束都要将振型进行规准化处理，可令各振型位移的最大模取为 1。

10.5　振型叠加法

求解结构振动问题常用的方法有两种，即振型叠加法和逐步积分法，本节介绍振型叠加法。

把结构的运动表示为各个振型线性叠加，即

$$\boldsymbol{a} = \boldsymbol{\varphi}_1 y_1(t) + \boldsymbol{\varphi}_2 y_2(t) + \cdots + \boldsymbol{\varphi}_n y_n(t) \tag{10-45}$$

式中，$y_1(t)$，$y_2(t)$，…，$y_n(t)$ 为待定系数，它们均为时间的函数，称为振型坐标、或广义坐标。将上式简写为

$$\boldsymbol{a} = \boldsymbol{\Phi} \boldsymbol{y}$$

式中，$\boldsymbol{\Phi} = [\boldsymbol{\varphi}_1 \quad \boldsymbol{\varphi}_2 \quad \cdots \quad \boldsymbol{\varphi}_n]$，$\boldsymbol{y} = [y_1(t) \quad y_2(t) \quad \cdots \quad y_n(t)]^{\mathrm{T}}$，代入动力平衡方程(10-9)，得

$$\boldsymbol{M}\boldsymbol{\Phi}\ddot{\boldsymbol{y}} + \boldsymbol{C}\boldsymbol{\Phi}\dot{\boldsymbol{y}} + \boldsymbol{K}\boldsymbol{\Phi}\boldsymbol{y} = \boldsymbol{R}$$

用 $\boldsymbol{\varphi}_i^{\mathrm{T}}$ 左乘上式并考虑振型的正交性，得到

$$\boldsymbol{\varphi}_i^{\mathrm{T}} \boldsymbol{M} \boldsymbol{\varphi}_i \ddot{y}_i + \boldsymbol{\varphi}_i^{\mathrm{T}} \boldsymbol{C} \boldsymbol{\varphi}_i \dot{y}_i + \boldsymbol{\varphi}_i^{\mathrm{T}} \boldsymbol{K} \boldsymbol{\varphi}_i y_i = \boldsymbol{\varphi}_i^{\mathrm{T}} \boldsymbol{R} \tag{10-46}$$

令 $\boldsymbol{\varphi}_i^{\mathrm{T}} \boldsymbol{M} \boldsymbol{\varphi}_i = m_i$，则

$$\boldsymbol{\varphi}_i^{\mathrm{T}} \boldsymbol{K} \boldsymbol{\varphi}_i = \boldsymbol{\varphi}_i^{\mathrm{T}} (\omega_i^2 \boldsymbol{M})\, \boldsymbol{\varphi}_i = \omega_i^2 m_i$$

$$\boldsymbol{\varphi}_i^{\mathrm{T}} \boldsymbol{C} \boldsymbol{\varphi}_i = (\alpha + \beta \omega_i^2) m_i = 2\xi_i \omega_i m_i$$

式中，ξ_i 为阻尼比

$$\xi_i = \frac{\alpha}{2\omega_i} + \frac{\beta \omega_i}{2} \tag{10-47}$$

把这些关系式代入式(10-46)，得到

$$\ddot{y}_i + 2\xi_i\omega_i^2\dot{y}_i + \omega_i^2 y_i = \frac{\boldsymbol{\varphi}_i^{\mathrm{T}}\boldsymbol{R}}{m_i} \quad (i=1,2,\cdots,n) \tag{10-48}$$

式(10-48)是 n 个彼此独立的二阶常微分方程,可由数值方法或解析方法进行求解。解出 n 个 $y_i(t)$ 后,由式(10-45)即可得到结构的位移 $\boldsymbol{a}$,继而可解出各个时刻的应力和应变。

瑞利阻尼中的比例系数 α 和 β ,可根据实测的两个阻尼比,由公式(10-47)计算得到。例如,已知两个阻尼比 ξ_i 和 ξ_j ,由式(10-47)

$$\begin{aligned} \xi_i &= \frac{\alpha}{2\omega_i} + \frac{\beta\omega_i}{2} \\ \xi_j &= \frac{\alpha}{2\omega_j} + \frac{\beta\omega_j}{2} \end{aligned} \tag{a}$$

求解式(a),可得

$$\begin{aligned} \alpha &= \frac{2(\xi_i\omega_j - \xi_j\omega_i)}{\omega_j^2 - \omega_i^2}\omega_i\omega_j \\ \beta &= \frac{2(\xi_j\omega_j - \xi_i\omega_i)}{\omega_j^2 - \omega_i^2} \end{aligned} \tag{10-49}$$

计算经验指出,阻尼比 ξ_i 对结构的动力响应有较大的影响。ξ_i 值主要与结构类型、材料性质和振型等有关,通常在 0.02～0.24 变化。高阶振型对结构的动力响应贡献较小,通常只要计算部分低阶振型即可,对于地震荷载,一般只要取前面低频的 5～20 个振型就能满足精度要求。

10.6 反应谱法

反应谱方法是工程抗震设计中广泛使用的方法,目前被各国的规范普遍采用。先通过单自由度的地震响应来阐明反应谱的基本概念。设一个单自由度振子的质量、刚度和阻尼分别表示为 m , k , c ,其基底受到地面地震加速度为 $\ddot{a}_g$ 的作用。

根据 D—Alembert 原理,单自由度的振动方程为

$$m(\ddot{a} + \ddot{a}_g) + c\dot{a} + ka = 0 \tag{10-50}$$

上式可以改写为

$$\ddot{a} + 2\xi\omega^2\dot{a} + \omega^2 a = -\ddot{a}_g \tag{10-51}$$

式中,a 为单自由度振子相对位移,ξ 为阻尼比,ω 为无阻尼频率,$\omega = \sqrt{k/m}$ 。当初始位移和初始速度为零时,上述振动方程的解可以用杜哈美(Duhamel)积分表示为

$$a(t) = -\frac{1}{\omega_d}\int_0^t \mathrm{e}^{-\xi\omega(t-\tau)}\ddot{a}_g(\tau)\sin\omega_d(t-\tau)\mathrm{d}\tau \tag{a}$$

式中,ω_d 为有阻尼频率,$\omega_d = \omega\sqrt{1-\xi^2}$ 。

对式(a)分别求一次和两次导数,得相对速度和绝对加速度

$$\dot{a}(t) = -\frac{\omega}{\omega_d}\int_0^t \mathrm{e}^{-\xi\omega(t-\tau)}\ddot{a}_g(\tau)\cos[\omega_d(t-\tau) + \alpha]\mathrm{d}\tau \tag{b}$$

$$\ddot{a}(t) + \ddot{a}_g(t) = \frac{\omega^2}{\omega_d}\int_0^t \mathrm{e}^{-\xi\omega(t-\tau)}\ddot{a}_g(\tau)\sin[\omega_d(t-\tau) + 2\alpha]\mathrm{d}\tau \tag{c}$$

式中，$\tan\alpha=\xi/\sqrt{1-\xi^2}$ 。

由于工程结构的阻尼比一般很小，$\omega\approx\omega_d$ ，并且相位差也可以忽略不计，因此，式(a)～(c)可以简化为

$$a(t)=-\frac{1}{\omega}\int_0^t e^{-\xi\omega(t-\tau)}\ddot{a}_g(\tau)\sin\omega(t-\tau)d\tau \tag{10-52}$$

$$\dot{a}(t)=-\int_0^t e^{-\xi\omega(t-\tau)}\ddot{a}_g(\tau)\cos\omega(t-\tau)d\tau \tag{10-53}$$

$$\ddot{a}(t)+\ddot{a}_g(t)=\omega\int_0^t e^{-\xi\omega(t-\tau)}\ddot{a}_g(\tau)\sin\omega(t-\tau)d\tau \tag{10-54}$$

由于地震加速度是不规则的时间函数，式(10-52)～式(10-54)难以直接求积，但可以通过数值积分的办法来求得。由上述公式，取不同周期和阻尼比，可以获得一系列的相对位移 a 、相对速度 $\dot{a}$ 和绝对加速度 $\ddot{a}(t)+\ddot{a}_g(t)$ 的地震响应时程曲线，并可从中找到它们的最大值。以周期 T_i 为横坐标，以不同阻尼比 ξ 为参数，就能绘出最大相对位移、最大相对速度和最大绝对加速度的谱曲线，分别称为相对位移反应谱、相对速度反应谱和加速度反应谱，并记为 SD,SV 和 SA。

通常，不同场地、不同地震地面运动引起的加速度反应谱曲线相差较大，然而，不同场地、不同地震地面运动对应的动力放大系数反应谱则比较一致，因此，可将多次地震得出的动力放大系数反应谱曲线取其平均的曲线作为代表，并认为这条平均的动力放大系数反应谱适用于所有多次地震。动力放大系数是指，结构的最大加速度响应与地震时地面最大加速度的比值，即 $SA/|\ddot{a}_g|_{\max}$ ，记为 $\beta(\xi,T)$ ，它也是阻尼比和周期的函数。这种用于抗震设计的动力放大系数反应谱称为设计反应谱，也称为正规化加速度反应谱，我国常称为反应谱。我国新修订的《水工建筑物抗震设计规范(SL 203—97)》中的设计反应谱曲线如图 10-2 所示。从图中看出：当自振周期较小时曲线急剧上升，当 T 达到 0.1s 时，动力放大系数达到最大值 $\beta_{\max}$ 。$\beta_{\max}$ 对拱坝取 2.5，对重力坝取 2.0，对岩基、一般土基和软弱土基上的土坝与堆石坝，分别取 1.6、1.3 和 1.22。当 T 大于 T_g 后(T_g 为特征周期，与地基类别有关)，曲线单调下降。当 T 大于某数 T_1 后，动力系数较小，为安全计，规范规定反应谱的下限值 $\beta_{\min}$ 不应小于其最大值的 20%。《公路工程抗震设计规范(JTJ 044—89)》给出了四类场地的设计反应谱，如图 10-3 所示。从图中看出：当自振周期较小时曲线急剧上升，当 T 达到 0.1s 时，动力放大系数达到最大值 2.25。与《水工建筑物抗震设计规范(SL 203—97)》给出的设计反应谱相比，《公路工程抗震设计规范(JTJ 044—89)》给出了四类场地的特征周期 T_g 值，不同场地的下降段曲线不同，反应谱的下限值 $\beta_{\min}$ 为 0.3。

1. 单自由度反应谱法

惯性力的最大绝对值，即地震荷载为

$$R=m\left|\ddot{a}+\ddot{a}_g\right|_{\max}=W\frac{\left|\ddot{a}_g\right|_{\max}}{g}\frac{\left|\ddot{a}+\ddot{a}_g\right|_{\max}}{\left|\ddot{a}_g\right|_{\max}}=k\beta W \tag{10-55}$$

式中，g 为重力加速度；W 为结构自重；k 为地震系数，$k=\frac{|\ddot{a}_g|_{\max}}{g}$ ，根据抗震设防烈度确

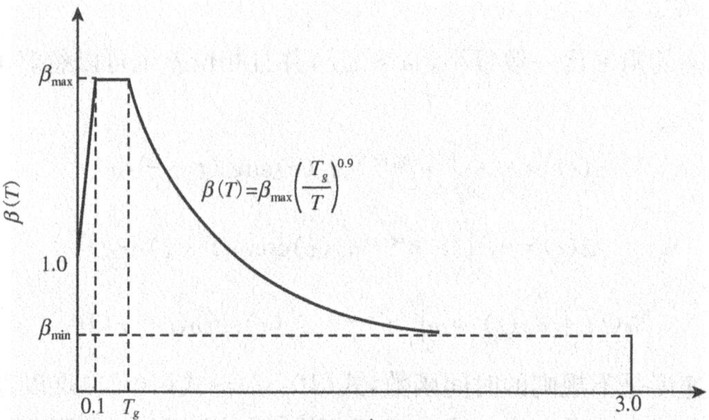

图 10-2　水工建筑物抗震设计规范中的设计反应谱

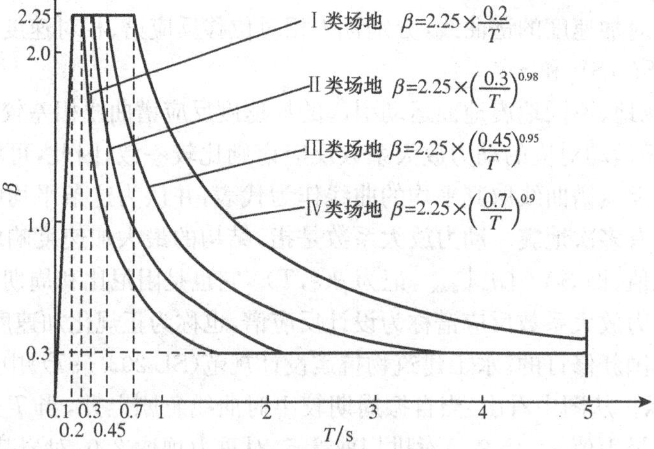

图 10-3　公路工程抗震设计规范中的设计反应谱

定，如抗震设防烈度为 7 度时，$k=0.1$，抗震设防烈度为 8 度时，$k=0.2$。。$\beta(T,\xi)$ 为动力放大系数，由设计反应谱曲线确定。

在实际抗震设计时，地震荷载采用以下形式计算

$$R=Ck\beta W \tag{10-56}$$

式中，C 为综合影响系数，它既反映结构弹塑性带来的抗震潜力和结构对地面运动的抑制，也包括施工质量和运行条件等因素，C 值一般取 0.25～0.35，也由规范确定。

2. 多自由度反应谱法

对于多自由度的复杂结构，在某地震作用下的动力平衡方程为

$$\boldsymbol{M}\ddot{\boldsymbol{a}}+\boldsymbol{C}\dot{\boldsymbol{a}}+\boldsymbol{K}\boldsymbol{a}=-\boldsymbol{M}\boldsymbol{I}\ddot{a}_g \tag{10-57}$$

式中，$\boldsymbol{a}$ 为结构相对位移，$\boldsymbol{M}$，$\boldsymbol{C}$，$\boldsymbol{K}$ 分别为结构的质量矩阵，阻尼矩阵和刚度矩阵，对上式进行振型分解，可得到类似于单自由度体系的运动方程

$$\ddot{y}_i+2\xi_i\omega_i^2\dot{y}_i+\omega_i^2y_i=-\frac{\boldsymbol{\varphi}_i^{\mathrm{T}}\boldsymbol{M}\boldsymbol{I}\ddot{a}_g}{\boldsymbol{\varphi}_i^{\mathrm{T}}\boldsymbol{M}\boldsymbol{\varphi}_i}=-\eta_i\ddot{a}_g\ (i=1,2,\cdots,n) \tag{10-58}$$

式中，$\boldsymbol{I}=[\alpha_x,\alpha_y,\alpha_z\cdots\alpha_x,\alpha_y,\alpha_z]^{\mathrm{T}}$，其中 $\alpha_x,\alpha_y,\alpha_z$ 分别为 3 个方向地震输入的比例系数，这 3 个系数按如下方法确定：$\alpha_x\ddot{a}_g$ 等于 x 方向的地震输入加速度等。

式(10-58)与式(10-51)相比只是在等号右边多了一个系数 η_i，$\eta_i=\dfrac{\boldsymbol{\varphi}_i^{\mathrm{T}}\boldsymbol{MI}}{\boldsymbol{\varphi}_i^{\mathrm{T}}\boldsymbol{M}\boldsymbol{\varphi}_i}$，称其为振型参与系数，简称为振型系数。

第 j 阶振型对位移的影响为 $\boldsymbol{\varphi}_j\eta_j a_j(t)$，根据振型叠加法，总位移为 $\sum\limits_{j=1}^{n}\boldsymbol{\varphi}_j\eta_j a_j(t)$，$a_j(t)$ 为单自由度体系的杜哈美积分，总相对加速度为 $\sum\limits_{j=1}^{n}\boldsymbol{\varphi}_j\eta_j\ddot{a}_j$，则总的惯性力为 $\boldsymbol{F}=\boldsymbol{M}\left[\sum\limits_{j=1}^{n}\boldsymbol{\varphi}_j\eta_j\ddot{a}_j(t)+\boldsymbol{I}\ddot{a}_g(t)\right]$，可以证明 $\sum\limits_{j=1}^{n}\boldsymbol{\varphi}_j\eta_j=\boldsymbol{I}$，所以 $\boldsymbol{F}=\boldsymbol{M}\sum\limits_{j=1}^{n}\boldsymbol{\varphi}_j\eta_j[\ddot{a}_j(t)+\ddot{a}_g(t)]=\sum\limits_{j=1}^{n}\boldsymbol{F}_j$，$\boldsymbol{F}_j$ 为第 j 振型产生的惯性力。

$$\boldsymbol{F}_j=\boldsymbol{M}\boldsymbol{\varphi}_j\eta_j[\ddot{a}_j(t)+\ddot{a}_g(t)] \tag{10-59}$$

第 j 阶振型所产生的地震荷载(也称为振型荷载)为

$$\boldsymbol{R}_j=(\boldsymbol{F}_j)_{\max}=\boldsymbol{M}\boldsymbol{\varphi}_j\eta_j\left|\ddot{a}_j(t)+\ddot{a}_g(t)\right|_{\max}=k\beta_j g\boldsymbol{M}\boldsymbol{\varphi}_j\eta_j\quad(i=1,2,\cdots,n) \tag{10-60}$$

式中，g 为重力加速度，其他符号意义同式(10-55)。有了地震荷载后，就可以按静力的方法求得各阶振型产生的位移及应力，然后累加得到总的位移和应力。由于各振型的最大响应值不是同时发生的，所以，如果把各振型荷载产生的响应值如应力等，进行简单的叠加，就夸大了地震响应。我国规范根据概率理论和实际地震资料分析，建议把各振型荷载产生的响应值平方和再 开平方作为总的地震响应，即

$$S=\sqrt{\sum_{i=1}^{n}S_i^2} \tag{10-61}$$

式中，S_i 为第 i 阶振型荷载作用下的响应，S 为结构总的响应。

反应谱法除了需要考虑上述最大响应值的组合外，实际应用中，还需要考虑多向地震动作用时的振型组合问题。对此各国现行规范大都采用简单的“100%＋30%”的组合原则，即分别计算两个正交的最不利水平方向的地震荷载，然后再把某一水平方向地震荷载的 100%＋与之正交的另一水平方向地震荷载的 30%，作为设计的地震荷载。

10.7 逐步积分法

动力平衡方程是关于时间的二阶常微分方程组，也可用差分法直接求解，微分方程的求解本质上是积分过程，所以也称为逐步积分法。把时间历程划分为一系列时间段 Δt，在时间段 Δt 内，假设位移、速度和加速度按某种规律变化，采用不同的假设得到不同的逐步积分法。逐步积分法的计算过程一般为，假设 $t=0$ 时刻的位移、速度和加速度已知，将时间求解域 $0\leqslant t\leqslant T$ 划分为若干时间段，从 $t=0$ 时刻开始，计算 $t=0+\Delta t$ 时刻的响应，进而计算 $t_{i+1}=t_i+\Delta t$ 时刻的响应，直至 $t=T$ 时刻终止，这样便得到动力响应的全过程。

应用于动力问题的逐步积分法很多，这里介绍用有限单元法进行结构动力计算时比

较有效的几种方法。

1. 线性加速度法

假设在时间段 Δt 内加速度随时间线性变化，如图 10-4 所示，即

$$\ddot{\boldsymbol{a}}(t)=\ddot{\boldsymbol{a}}(t_i)+\frac{\ddot{\boldsymbol{a}}(t_{i+1})-\ddot{\boldsymbol{a}}(t_i)}{t_{i+1}-t_i}(t-t_i) \tag{a}$$

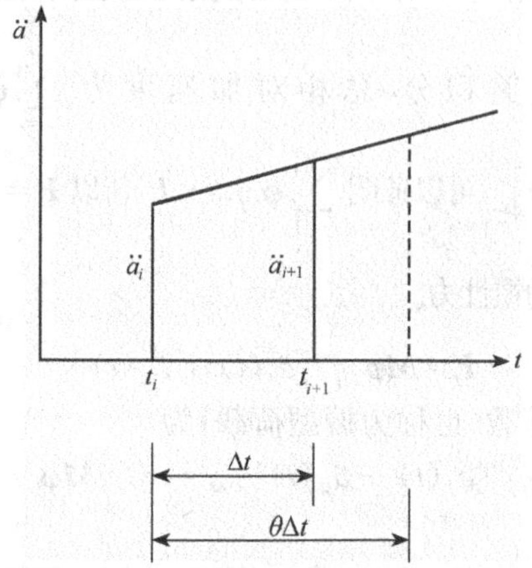

图 10-4 时段 $\theta\Delta t$ 内的加速度变化

对式(a)积分可得时刻 t 的结点速度和位移

$$\dot{\boldsymbol{a}}(t)=\dot{\boldsymbol{a}}(t_i)+\int_{t_i}^{t}\ddot{\boldsymbol{a}}(t)\mathrm{d}t \tag{b}$$

$$\boldsymbol{a}(t)=\boldsymbol{a}(t_i)+\int_{t_i}^{t}\dot{\boldsymbol{a}}(t)\mathrm{d}t \tag{c}$$

将式(a)代入式(b)和式(c)，并令 $t=t_{i+1}$，得

$$\dot{\boldsymbol{a}}(t_{i+1})=\dot{\boldsymbol{a}}(t_i)+\frac{\Delta t}{2}\ddot{\boldsymbol{a}}(t_i)+\frac{\Delta t}{2}\ddot{\boldsymbol{a}}(t_{i+1}) \tag{d}$$

$$\boldsymbol{a}(t_{i+1})=\boldsymbol{a}(t_i)+\Delta t\dot{\boldsymbol{a}}(t_i)+\frac{\Delta t^2}{3}\ddot{\boldsymbol{a}}(t_i)+\frac{\Delta t^2}{6}\ddot{\boldsymbol{a}}(t_{i+1}) \tag{e}$$

由式(e)得到

$$\ddot{\boldsymbol{a}}(t_{i+1})=\frac{6}{\Delta t^2}\boldsymbol{a}(t_{i+1})-\frac{6}{\Delta t^2}\boldsymbol{a}(t_i)-\frac{6}{\Delta t}\dot{\boldsymbol{a}}(t_i)-2\ddot{\boldsymbol{a}}(t_i) \tag{f}$$

将式(f)代入式(d)得到

$$\dot{\boldsymbol{a}}(t_{i+1})=\frac{3}{\Delta t}\boldsymbol{a}(t_{i+1})-\frac{3}{\Delta t}\boldsymbol{a}(t_i)-2\dot{\boldsymbol{a}}(t_i)-\frac{\Delta t}{2}\ddot{\boldsymbol{a}}(t_i) \tag{g}$$

将式(f)、式(g)代入式(10-9)，并将 $\boldsymbol{a}(t_i)$ 记为 $\boldsymbol{a}_i$ 等，得到 t_{i+1} 时刻的动力平衡方程

$$\overline{\boldsymbol{K}}\boldsymbol{a}_{i+1}=\overline{\boldsymbol{R}} \tag{10-62}$$

式中，

$$\overline{\boldsymbol{K}}=\boldsymbol{K}+\frac{6}{\Delta t^2}\boldsymbol{M}+\frac{3}{\Delta t}\boldsymbol{C} \tag{h}$$

$$\overline{\boldsymbol{R}}=\boldsymbol{R}+\boldsymbol{M}\left(\frac{6}{\Delta t^2}\boldsymbol{a}_i+\frac{6}{\Delta t}\dot{\boldsymbol{a}}_i+2\ddot{\boldsymbol{a}}_i\right)+\boldsymbol{C}\left(\frac{3}{\Delta t}\boldsymbol{a}_i+2\dot{\boldsymbol{a}}_i+\frac{\Delta t}{2}\ddot{\boldsymbol{a}}_i\right) \tag{i}$$

由式(i)可知，在 t_{i+1} 时刻，前一时刻的位移、速度、加速度均已求出，所以 $\bar{\boldsymbol{R}}$ 是已知的。求解式(10-62)，可得 t_{i+1} 时刻的位移 $\boldsymbol{a}_{i+1}$ 。再利用式(f)、式(g)求出 t_{i+1} 时刻的加速度和速度 $\ddot{\boldsymbol{a}}_{i+1}$ 、$\dot{\boldsymbol{a}}_{i+1}$ 。

求出 $\boldsymbol{a}_{i+1}$ 、$\dot{\boldsymbol{a}}_{i+1}$ 、$\ddot{\boldsymbol{a}}_{i+1}$ 后，再把它们作为下一时刻的起点值，代入式(i)求出下一时刻的 $\bar{\boldsymbol{R}}$ ，代入式(10-62)求得下一时刻的位移、速度、和加速度。如此逐步计算，可得到全过程的动力响应。

从式(h)可见，如果整个计算过程中采用相同的时间步长 Δt ，$\bar{\boldsymbol{K}}$ 将始终保持为常量。只要对 $\bar{\boldsymbol{K}}$ 分解一次，以后每步计算只需简单的回代，除第一步外，全过程计算耗时很少。

线性加速度法是有条件稳定的方法，当 $\Delta t/T$(T 为结构基本周期)过大时，结构响应会出现振荡现象。可以证明，线性加速度法的计算稳定条件为 $\Delta t/T \leqslant 0.551$，通常取 $\Delta t/T = 0.5$。

2. Wilson *θ* 方法

假设在时间间隔 $\tau = \theta\Delta t$ 内加速度是线性的，根据与前面同样的推导，得到

$$\dot{\boldsymbol{a}}(t_i+\tau) = \frac{3}{\tau}\boldsymbol{a}(t_i+\tau) - \frac{3}{\tau}\boldsymbol{a}(t_i) - 2\dot{\boldsymbol{a}}(t_i) - \frac{\tau}{2}\ddot{\boldsymbol{a}}(t_i) \tag{j}$$

$$\ddot{\boldsymbol{a}}(t_i+\tau) = \frac{6}{\tau^2}\boldsymbol{a}(t_i+\tau) - \frac{6}{\tau^2}\boldsymbol{a}(t_i) - \frac{6}{\tau}\dot{\boldsymbol{a}}(t_i) - 2\ddot{\boldsymbol{a}}(t_i) \tag{k}$$

将式(j)、式(k)代入式(10-9)，并将 $\boldsymbol{a}(t_i+\tau)$ 记为 $\boldsymbol{a}_{i+\tau}$ 等等，得到 $t_i+\tau$ 时刻的动力平衡方程

$$\bar{\boldsymbol{K}}\boldsymbol{a}_{i+\tau} = \bar{\boldsymbol{R}} \tag{10-63}$$

式中，

$$\bar{\boldsymbol{K}} = \boldsymbol{K} + \frac{6}{\tau^2}\boldsymbol{M} + \frac{3}{\tau}\boldsymbol{C} \tag{l}$$

$$\bar{\boldsymbol{R}} = \boldsymbol{R} + \boldsymbol{M}\left(\frac{6}{\tau^2}\boldsymbol{a}_i + \frac{6}{\tau}\dot{\boldsymbol{a}}_i + 2\ddot{\boldsymbol{a}}_i\right) + \boldsymbol{C}\left(\frac{3}{\tau}\boldsymbol{a}_i + 2\dot{\boldsymbol{a}}_i + \frac{\tau}{2}\ddot{\boldsymbol{a}}_i\right) \tag{m}$$

求解式(10-63)，可得 $t_{i+\tau}$ 时刻的位移 $\boldsymbol{a}_{i+\tau}$ 。由式(k)求出 $\ddot{\boldsymbol{a}}_{i+\tau}$ ，利用下式

$$\ddot{\boldsymbol{a}}_{i+1} = \left(1-\frac{1}{\theta}\right)\ddot{\boldsymbol{a}}_i + \frac{1}{\theta}\ddot{\boldsymbol{a}}_{i+\tau} \tag{n}$$

求出 t_{i+1} 时刻的加速度 $\ddot{\boldsymbol{a}}_{i+1}$ 。再根据式(d)、式 (e)求出 t_{i+1} 时刻的位移和速度。

求出 $\boldsymbol{a}_{i+1}$ 、$\dot{\boldsymbol{a}}_{i+1}$ 、$\ddot{\boldsymbol{a}}_{i+1}$ 后，再把它们作为下一时刻的起点值，代入式(m)求出下一时刻的 $\bar{\boldsymbol{R}}$ ，重复以上计算求得下一时刻的位移、速度、和加速度。如此逐步计算，可得到全过程的动力响应。

Wilson θ 方法的计算步骤：

1) 初始计算

(1) 形成结构的刚度矩阵 $\boldsymbol{K}$，质量矩阵 $\boldsymbol{M}$ 和阻尼矩阵 $\boldsymbol{C}$。

(2) 选择时间步长 Δt 和参数 θ ，$\tau = \theta\Delta t$ 。

(3) 计算系数

$$b_1 = \frac{6}{\tau^2}\ ,\ b_2 = \frac{6}{\tau}\ ,\ b_3 = 2$$

$$b_4 = \frac{3}{\tau}\ ,\ b_5 = 2\ ,\ b_6 = \frac{\tau}{2}$$

(4) 形成等效刚度矩阵

$$\bar{\boldsymbol{K}} = \boldsymbol{K} + b_1\boldsymbol{M} + b_4\boldsymbol{C}$$

(5) 对 $\bar{\boldsymbol{K}}$ 进行三角分解。

(6) 确定初始条件 $\boldsymbol{a}_0$，$\dot{\boldsymbol{a}}_0$，$\ddot{\boldsymbol{a}}_0$。

2) 对每一时间步长 $t = \Delta t$，$2\Delta t$，…

(1) 计算 $t + \Delta t$ 时刻的等效荷载

$$\bar{\boldsymbol{R}} = \boldsymbol{R} + \boldsymbol{M}[b_1\boldsymbol{a}_i + b_2\dot{\boldsymbol{a}}_i + b_3\ddot{\boldsymbol{a}}_i] + \boldsymbol{C}[b_4\boldsymbol{a}_i + b_5\dot{\boldsymbol{a}}_i + b_6\Delta t\ddot{\boldsymbol{a}}_i]$$

(2) 求解 $\bar{\boldsymbol{K}}\boldsymbol{a}_{i+\tau} = \bar{\boldsymbol{R}}$ 得 $t + \tau$ 时刻的位移 $\boldsymbol{a}_{i+\tau}$。

(3) 由公式 $\ddot{\boldsymbol{a}}_{i+1} = \left(1 - \frac{1}{\theta}\right)\ddot{\boldsymbol{a}}_i + \frac{1}{\theta}\ddot{\boldsymbol{a}}_{i+\tau}$ 求出 t_{i+1} 时刻的加速度 $\ddot{\boldsymbol{a}}_{i+1}$，再由下述公式求出 t_{i+1} 时刻的位移和速度。

$$\dot{\boldsymbol{a}}(t_{i+1}) = \dot{\boldsymbol{a}}(t_i) + \frac{\Delta t}{2}\ddot{\boldsymbol{a}}(t_i) + \frac{\Delta t}{2}\ddot{\boldsymbol{a}}(t_{i+1})$$

$$\boldsymbol{a}(t_{i+1}) = \boldsymbol{a}(t_i) + \Delta t\dot{\boldsymbol{a}}(t_i) + \frac{\Delta t^2}{3}\ddot{\boldsymbol{a}}(t_i) + \frac{\Delta t^2}{6}\ddot{\boldsymbol{a}}(t_{i+1})$$

(4) 转步骤 2)之(1)，继续计算，直到最后时刻。

3. Newmark *方法*

Newmark 方法可以从线性加速度方法推广得到，在时间间隔 Δt 内假设

$$\boldsymbol{a}_{i+1} = \boldsymbol{a}_i + \Delta t\dot{\boldsymbol{a}}_i + \left(\frac{1}{2} - \alpha\right)\Delta t^2\ddot{\boldsymbol{a}}_i + \alpha\Delta t^2\ddot{\boldsymbol{a}}_{i+1} \tag{o}$$

$$\dot{\boldsymbol{a}}_{i+1} = \dot{\boldsymbol{a}}_i + (1 - \beta)\Delta t\ddot{\boldsymbol{a}}_i + \beta\Delta t\ddot{\boldsymbol{a}}_{i+1} \tag{p}$$

式中，α、β 是按积分精度和稳定性要求而确定的参数。当取 $\alpha = 1/6$、$\beta = 1/2$ 时，即得到线性加速度方法。

由式(o)得

$$\ddot{\boldsymbol{a}}_{i+1} = \frac{1}{\alpha\Delta t^2}\boldsymbol{a}_{i+1} - \frac{1}{\alpha\Delta t^2}\boldsymbol{a}_i - \frac{1}{\alpha\Delta t}\dot{\boldsymbol{a}}_i - \left(\frac{1}{2\alpha} - 1\right)\ddot{\boldsymbol{a}}_i \tag{q}$$

把式(q)代入式(p)得

$$\dot{\boldsymbol{a}}_{i+1} = \frac{\beta}{\alpha\Delta t}\boldsymbol{a}_{i+1} - \frac{\beta}{\alpha\Delta t}\boldsymbol{a}_i - \left(\frac{\beta}{\alpha} - 1\right)\dot{\boldsymbol{a}}_i - \left(\frac{\beta}{2\alpha} - 1\right)\Delta t\ddot{\boldsymbol{a}}_i \tag{r}$$

将式(q)、式(r)代入式(10-9)，得到 t_{i+1} 时刻的动力平衡方程

$$\bar{\boldsymbol{K}}\boldsymbol{a}_{i+1} = \bar{\boldsymbol{R}} \tag{10-64}$$

式中，

$$\bar{\boldsymbol{K}} = \boldsymbol{K} + \frac{1}{\alpha\Delta t^2}\boldsymbol{M} + \frac{\beta}{\alpha\Delta t}\boldsymbol{C} \tag{s}$$

$$\begin{aligned}\bar{\boldsymbol{R}} = \boldsymbol{R} &+ \boldsymbol{M}\left[\frac{1}{\alpha\Delta t^2}\boldsymbol{a}_i + \frac{1}{\alpha\Delta t}\dot{\boldsymbol{a}}_i + \left(\frac{1}{2\alpha} - 1\right)\ddot{\boldsymbol{a}}_i\right] \\ &+ \boldsymbol{C}\left[\frac{\beta}{\alpha\Delta t}\boldsymbol{a}_i + \left(\frac{\beta}{\alpha} - 1\right)\dot{\boldsymbol{a}}_i + \left(\frac{\beta}{2\alpha} - 1\right)\Delta t\ddot{\boldsymbol{a}}_i\right]\end{aligned} \tag{t}$$

求解式(10-64)，可得 t_{i+1} 时刻的位移 a_{i+1} 。再利用式(q)和式(r)求出 t_{i+1} 时刻的加速度和速度 $\ddot{\boldsymbol{a}}_{i+1}$ 、$\dot{\boldsymbol{a}}_{i+1}$ 。

求出 $\boldsymbol{a}_{i+1}$ 、$\dot{\boldsymbol{a}}_{i+1}$ 、$\ddot{\boldsymbol{a}}_{i+1}$ 后，再把它们作为下一时刻的起点值，代入式(t)求出下一时刻的 $\bar{\boldsymbol{R}}$，代入式(10-64)求得下一时刻的位移、速度、和加速度。如此逐步计算，可得到全过程的动力响应。

研究表明，对于 Wilson θ 方法，当 $\theta \geqslant 1.37$ 时，计算是无条件稳定的，通常取 $\theta=1.4$ 。线性加速度方法相对于 $\theta=1$，所以是有条件稳定的。对于 Newmark 方法，当 $\beta \geqslant 0.5$ 且 $\alpha \geqslant 0.25\,(\beta+0.5)^2$ 时，计算是无条件稳定的，通常取 $\beta=0.5$，$\alpha=0.25$。

Newmark 方法的计算步骤：

1) 初始计算

(1) 形成结构的刚度矩阵 $\boldsymbol{K}$，质量矩阵 $\boldsymbol{M}$ 和阻尼矩阵 $\boldsymbol{C}$。

(2) 选择时间步长 Δt 和参数 α 、β 。

(3) 计算系数

$$b_1=\frac{1}{\alpha\Delta t^2}\,,\ b_2=\frac{1}{\alpha\Delta t}\,,\ b_3=\frac{1}{2\alpha}-1$$

$$b_4=\frac{\beta}{\alpha\,\Delta t}\,,\ b_5=\frac{\beta}{\alpha}-1\,,\ b_6=\frac{\beta}{2\alpha}-1$$

(4) 形成等效刚度矩阵

$$\bar{\boldsymbol{K}}=\boldsymbol{K}+b_1\boldsymbol{M}+b_4\boldsymbol{C}$$

(5) 对 $\bar{\boldsymbol{K}}$ 进行三角分解。

(6) 确定初始条件 $\boldsymbol{a}_0$，$\dot{\boldsymbol{a}}_0$，$\ddot{\boldsymbol{a}}_0$。

2) 对每一时间步长 $t=\Delta t$，$2\Delta t$，…

(1) 计算 $t+\Delta t$ 时刻的等效荷载

$$\bar{\boldsymbol{R}}=\boldsymbol{R}+\boldsymbol{M}[b_1\boldsymbol{a}_i+b_2\dot{\boldsymbol{a}}_i+b_3\ddot{\boldsymbol{a}}_i]+\boldsymbol{C}[b_4\boldsymbol{a}_i+b_5\dot{\boldsymbol{a}}_i+b_6\Delta t\ddot{\boldsymbol{a}}_i]$$

(2) 求解 $\bar{\boldsymbol{K}}\boldsymbol{a}_{i+1}=\bar{\boldsymbol{R}}$ 得 $t+\Delta t$ 时刻的位移 a_{i+1}。

(3) 由下述公式计算 $t+\Delta t$ 时刻的加速度和速度

$$\ddot{\boldsymbol{a}}_{i+1}=\frac{1}{\alpha\Delta t^2}\boldsymbol{a}_{i+1}-\frac{1}{\alpha\Delta t^2}\boldsymbol{a}_i-\frac{1}{\alpha\Delta t}\dot{\boldsymbol{a}}_i-\left(\frac{1}{2\alpha}-1\right)\ddot{\boldsymbol{a}}_i$$

$$\dot{\boldsymbol{a}}_{i+1}=\frac{\beta}{\alpha\,\Delta t}\boldsymbol{a}_{i+1}-\frac{\beta}{\alpha\,\Delta t}\boldsymbol{a}_i-\left(\frac{\beta}{\alpha}-1\right)\dot{\boldsymbol{a}}_i-\left(\frac{\beta}{2\alpha}-1\right)\Delta t\ddot{\boldsymbol{a}}_i$$

(4) 转步骤 2)之(1)，继续计算，直到最后时刻。

比较 Newmark 方法和 Wilson θ 方法的计算步骤，两者很相似，因此可以在一个程序模块中实现。

10.8　多点激励的地震反应

前面介绍的地震反应分析中，我们假定了结构每点的地震输入是相同的，称之为一致激励。对于尺寸较小的结构，这样作法是是可行的。然而，对于大跨度多支承结构，如缆索支承桥梁，大型空间网架结构等，各支承点的实际地震输入有很大的差别，而且地震波到达的时间也不相同。因此,需要考虑不同支承处地震输入的差别,这种作法称为多点激励。

将结构的自由度分为两类,即内部自由度和支座自由度,于是平衡方程可以写成分块矩阵形式。

$$\begin{bmatrix} \boldsymbol{K}_s & \boldsymbol{K}_{sb} \\ \boldsymbol{K}_{bs} & \boldsymbol{K}_b \end{bmatrix} \begin{Bmatrix} \boldsymbol{a}_s \\ \boldsymbol{a}_b \end{Bmatrix} = \begin{Bmatrix} \boldsymbol{R}_s \\ \boldsymbol{R}_b \end{Bmatrix} \tag{10-65}$$

式中,$\boldsymbol{a}_s$ 代表结构所有非支承结点位移,$\boldsymbol{a}_b$ 代表地面支座的强迫位移,$\boldsymbol{K}_s$ 代表结构非支承点的刚度矩阵,$\boldsymbol{K}_b$ 代表结构支承点的刚度矩阵,$\boldsymbol{K}_{sb}$ 和 $\boldsymbol{K}_{bs}$ 代表结构与支承点的耦合刚度矩阵;$\boldsymbol{R}_s$ 代表作用在结构上的外荷载,$\boldsymbol{R}_b$ 代表支座反力。

一般情况,支座强迫位移 $\boldsymbol{a}_b$ 和外荷载 $\boldsymbol{R}_s$ 是已知的,而结构内部结点位移 $\boldsymbol{a}_s$ 和支反力 $\boldsymbol{R}_b$ 为未知量,将式(10-65)展开可得

$$\boldsymbol{K}_s \boldsymbol{a}_s + \boldsymbol{K}_{sb} \boldsymbol{a}_b = \boldsymbol{R}_s \tag{10-66}$$

$$\boldsymbol{K}_{bs} \boldsymbol{a}_s + \boldsymbol{K}_b \boldsymbol{a}_b = \boldsymbol{R}_b \tag{10-67}$$

将式(10-66)写为

$$\boldsymbol{K}_s \boldsymbol{a}_s = \boldsymbol{R}_s - \boldsymbol{K}_{sb} \boldsymbol{a}_b \tag{10-68}$$

当只受到强迫位移 $\boldsymbol{a}_b$ 作用时,求解式(10-68)可得到结构非支承点的位移。

$$\boldsymbol{a}_s = -\boldsymbol{K}_s^{-1} \boldsymbol{K}_{sb} \boldsymbol{a}_b \tag{10-69}$$

假设结构有 n 个支座,将结构的动力平衡方程写成分块形式

$$\begin{bmatrix} \boldsymbol{M}_s & \boldsymbol{M}_{sb} \\ \boldsymbol{M}_{bs} & \boldsymbol{M}_b \end{bmatrix} \begin{Bmatrix} \ddot{\boldsymbol{a}}_s \\ \ddot{\boldsymbol{a}}_b \end{Bmatrix} + \begin{bmatrix} \boldsymbol{C}_s & \boldsymbol{C}_{sb} \\ \boldsymbol{C}_{bs} & \boldsymbol{C}_b \end{bmatrix} \begin{Bmatrix} \dot{\boldsymbol{a}}_s \\ \dot{\boldsymbol{a}}_b \end{Bmatrix} + \begin{bmatrix} \boldsymbol{K}_s & \boldsymbol{K}_{sb} \\ \boldsymbol{K}_{bs} & \boldsymbol{K}_b \end{bmatrix} \begin{Bmatrix} \boldsymbol{a}_s \\ \boldsymbol{a}_b \end{Bmatrix} = \begin{Bmatrix} 0 \\ \boldsymbol{R}_b \end{Bmatrix} \tag{10-70}$$

式中,$\ddot{\boldsymbol{a}}_s$ 、$\dot{\boldsymbol{a}}_s$ 、$\boldsymbol{a}_s$ 代表结构所有非支承点的绝对加速度、速度和位移;$\ddot{\boldsymbol{a}}_b$ 、$\dot{\boldsymbol{a}}_b$ 、$\boldsymbol{a}_b$ 代表支承点的绝对加速度、速度和位移;$\boldsymbol{M}_s$ 、$\boldsymbol{C}_s$ 、$\boldsymbol{K}_s$ 代表结构非支承点的质量、阻尼和刚度矩阵;$\boldsymbol{M}_b$ 、$\boldsymbol{C}_b$ 、$\boldsymbol{K}_b$ 代表结构支承点的质量、阻尼和刚度矩阵;$\boldsymbol{M}_{sb}$ 、$\boldsymbol{C}_{sb}$ 、$\boldsymbol{K}_{sb}$ 代表结构与支承点的耦合质量、阻尼和刚度矩阵,$\boldsymbol{R}_b$ 代表支座反力。

地震发生时,结构承受随时间变化的支座移动,结构的反应由两部分组成,一部分为支座随地面移动引起的结构反应,称为拟静力反应,另一部分为地震加速度作用引起的结构反应,称为动力反应,即

$$\begin{Bmatrix} \boldsymbol{a}_s \\ \boldsymbol{a}_b \end{Bmatrix} = \begin{Bmatrix} \boldsymbol{a}_s^d \\ 0 \end{Bmatrix} + \begin{Bmatrix} \boldsymbol{a}_s^s \\ \boldsymbol{a}_b \end{Bmatrix} \tag{10-71}$$

式中,$\boldsymbol{a}_s^d$ 为动力位移,$\boldsymbol{a}_s^s$ 为拟静力位移。

由式(10-69)可知

$$\boldsymbol{a}_s^s = -\boldsymbol{K}_s^{-1} \boldsymbol{K}_{sb} \boldsymbol{a}_b \tag{10-72}$$

分别对其求一阶和二阶导数,得到相应的速度和加速度为

$$\dot{\boldsymbol{a}}_s^s = -\boldsymbol{K}_s^{-1} \boldsymbol{K}_{sb} \dot{\boldsymbol{a}}_b ,\ \ddot{\boldsymbol{a}}_s^s = -\boldsymbol{K}_s^{-1} \boldsymbol{K}_{sb} \ddot{\boldsymbol{a}}_b \tag{10-73}$$

将式(10-70)中的第一行展开,并采用集中质量矩阵,得

$$\boldsymbol{M}_s \ddot{\boldsymbol{a}}_s + \boldsymbol{C}_s \dot{\boldsymbol{a}}_s + \boldsymbol{C}_{sb} \dot{\boldsymbol{a}}_b + \boldsymbol{K}_s \boldsymbol{a}_s + \boldsymbol{K}_{sb} \boldsymbol{a}_b = 0 \tag{10-74}$$

将式(10-71)代入式(10-74)得

$$\boldsymbol{M}_s \ddot{\boldsymbol{a}}_s^d + \boldsymbol{C}_s \dot{\boldsymbol{a}}_s^d + \boldsymbol{K}_s \boldsymbol{a}_s^d = -\boldsymbol{M}_s \ddot{\boldsymbol{a}}_s^s - \boldsymbol{C}_s \dot{\boldsymbol{a}}_s^s - \boldsymbol{K}_s \boldsymbol{a}_s^s - \boldsymbol{C}_{sb} \dot{\boldsymbol{a}}_b - \boldsymbol{K}_{sb} \boldsymbol{a}_b \tag{10-75}$$

阻尼力一般较小，忽略式(10-75)右端中拟静力速度引起的阻尼力，并考虑到式(10-72)，式(10-75)成为

$$\boldsymbol{M}_s\ddot{\boldsymbol{a}}_s^d+\boldsymbol{C}_s\dot{\boldsymbol{a}}_s^d+\boldsymbol{K}_s\boldsymbol{a}_s^d=\boldsymbol{M}_s\boldsymbol{K}_s^{-1}\boldsymbol{K}_{sb}\ddot{\boldsymbol{a}}_b \tag{10-76}$$

这就是多点激励的动力平衡方程。当抗震分析时，式(10-76)右端的 $\ddot{\boldsymbol{a}}_b$ 即为各支座点的地震输入加速度。求解(10-76)得结构由于支座加速度引起的动力反应，再根据静力的方法求出拟静力反应，两者叠加便得到地震引起的总反应。如果在各支座以不同的相位输入地震加速度，即可以模拟地震的行波效应。对于非线性结构，叠加原理不再适用，拟静力反应和动力反应不能单独求解，这时只能直接求解同时以支座位移和支座加速度为激励、以结构绝对位移为基本变量的动力平衡方程。

10.9　挡水结构的地震反应

挡水结构，如坝体、闸门等，在进行自振特性和地震反应计算时需要考虑流体质量的影响。在地震作用下，流体与结构的接触面上的水压力要发生变化，所以在计及流体与结构的相互影响后，结构的频率和地震反应等将有显著的改变。本节将简单介绍考虑结构和流体共同作用时结构动力计算的方法。

地震时挡水结构上作用的荷载通常有：①体力-结构的重力和地震惯性力；②面力-水压力和附加水压力(动水压力)。在这里，重力和水压力属于静荷载，不随时间变化，它们所引起的应力和位移可以单独计算最后叠加，也可以与地震反应一起计算；地震惯性力的计算在前面几节已经介绍，下面着重讨论动水压力的计算和考虑流体和结构共同作用的运动方程的建立。

1. 动水压力的计算

当不可压缩流体作小振幅运动时，附加水压力，即动水压力 p 满足拉普拉斯方程，即

$$\frac{\partial^2 p}{\partial x^2}+\frac{\partial^2 p}{\partial y^2}+\frac{\partial^2 p}{\partial z^2}=0 \tag{10-77}$$

在流体的边界上，动水压力 p 的边界条件是已知的，例如在流体表面上 $p=0$，在与以某种规律运动的固体接触面上(如在水与坝体的接触面上)，边界条件为

$$\frac{\partial p}{\partial n}=-\rho\frac{\partial^2 a_n}{\partial t^2} \tag{10-78}$$

式中，a_n 为边界位移的法向分量，ρ 为流体的密度，n 为接触面的法线方向，法线方向的正方向指向流体外部。

根据变分原理，与微分方程(10-77)对应的泛函为

$$\chi=\int_V\frac{1}{2}\left[\left(\frac{\partial p}{\partial x}\right)^2+\left(\frac{\partial p}{\partial y}\right)^2+\left(\frac{\partial p}{\partial z}\right)^2\right]\mathrm{d}v \tag{10-79}$$

当具有如(10-78)的边界条件时，可以在泛函 χ 中加一项 $\int_S\left(\rho\frac{\partial^2 a_n}{\partial t^2}\right)p\mathrm{d}s$，这时边界条件便自动满足。这样，求解动水压力 p 的问题就等价于求泛函 χ 的极小值问题，即

$$\chi = \int_V \frac{1}{2}\left[\left(\frac{\partial p}{\partial x}\right)^2 + \left(\frac{\partial p}{\partial y}\right)^2 + \left(\frac{\partial p}{\partial z}\right)^2\right]\mathrm{d}v + \int_S \left(\rho \frac{\partial^2 a_n}{\partial t^2}\right) p\mathrm{d}s = \min \tag{10-80}$$

将流体求解域划分为有限元网格。各单元的动水压力用该单元结点水压力值插值得到。设结点总数为 n，单元的结点数设为 m，单元的动水压力可以表示为

$$p(x,y,z) = p(\xi,\eta,\zeta) = \sum_{i=1}^{m} N_i p_i = \boldsymbol{N}\boldsymbol{p}^e \tag{10-81}$$

式中，N_i $(i=1,2,\cdots,m)$为形函数，$\boldsymbol{N}$ 为形函数矩阵，$\boldsymbol{p}^e$ 为单元结点动水压力。

$$N = [N_1 \quad N_2 \cdots N_m] \tag{a}$$

$$p^e = [p_1 \quad p_2 \cdots p_m]^{\mathrm{T}} \tag{b}$$

离散以后流体的泛函 χ 为

$$\chi = \sum_e \chi^e = \sum_e \int_{V^e} \frac{1}{2}\left[\left(\frac{\partial p}{\partial x}\right)^2 + \left(\frac{\partial p}{\partial y}\right)^2 + \left(\frac{\partial p}{\partial z}\right)^2\right]\mathrm{d}v + \sum_e \int_{S^e} \rho \frac{\partial^2 a_n}{\partial t^2} p\mathrm{d}s \tag{10-82}$$

式中，$\sum_e$ 表示对所有的单元求和，χ^e 为单元的泛函

$$\chi^e = \int_{V^e} \frac{1}{2}\left[\left(\frac{\partial p}{\partial x}\right)^2 + \left(\frac{\partial p}{\partial y}\right)^2 + \left(\frac{\partial p}{\partial z}\right)^2\right]\mathrm{d}v + \int_{S^e} \rho \frac{\partial^2 a_n}{\partial t^2} p\mathrm{d}s \tag{c}$$

将式(10-81)代入式(10-82)，得

$$\chi = \sum_e \int_{V^e} (\boldsymbol{p}^e)^{\mathrm{T}} \left(\frac{\partial \boldsymbol{N}^{\mathrm{T}}}{\partial x}\frac{\partial \boldsymbol{N}}{\partial x} + \frac{\partial \boldsymbol{N}^{\mathrm{T}}}{\partial y}\frac{\partial \boldsymbol{N}}{\partial y} + \frac{\partial \boldsymbol{N}^{\mathrm{T}}}{\partial z}\frac{\partial \boldsymbol{N}}{\partial z}\right)\boldsymbol{p}^e \mathrm{d}v + \sum_e \int_{S^e} (\boldsymbol{p}^e)^{\mathrm{T}} \boldsymbol{N}^{\mathrm{T}} \rho \frac{\partial^2 a_n}{\partial t^2} \mathrm{d}s \tag{10-83}$$

令

$$\left.\begin{aligned} \boldsymbol{h} &= \int_{V^e} \left[\left(\frac{\partial \boldsymbol{N}^{\mathrm{T}}}{\partial x}\frac{\partial \boldsymbol{N}}{\partial x}\right) + \left(\frac{\partial \boldsymbol{N}^{\mathrm{T}}}{\partial y}\frac{\partial \boldsymbol{N}}{\partial y}\right) + \left(\frac{\partial \boldsymbol{N}^{\mathrm{T}}}{\partial z}\frac{\partial \boldsymbol{N}}{\partial z}\right)\right]\mathrm{d}v \\ \boldsymbol{f} &= -\int_{S^e} \rho \ddot{a}_n \boldsymbol{N}^{\mathrm{T}} \mathrm{d}s \end{aligned}\right\} \tag{10-84}$$

对照弹性力学问题，$\boldsymbol{h}$ 相当于刚度矩阵，$\boldsymbol{f}$ 相当于等效荷载列阵。它们的元素分别为

$$\left.\begin{aligned} h_{ij} &= \int_{V^e} \left(\frac{\partial N_i}{\partial x}\cdot\frac{\partial N_j}{\partial x} + \frac{\partial N_i}{\partial y}\cdot\frac{\partial N_j}{\partial y} + \frac{\partial N_i}{\partial z}\cdot\frac{\partial N_j}{\partial z}\right)\mathrm{d}v \\ f_i &= -\int_{S^e} \rho \ddot{a}_n N_i \mathrm{d}s \end{aligned}\right\} \tag{10-85}$$

再引进单元选择矩阵 $\boldsymbol{C}_e$，使得

$$\boldsymbol{p}^e = \boldsymbol{C}_e \boldsymbol{p} \tag{10-86}$$

式中，$\boldsymbol{P}$ 为整体结点水压力列阵。

将公式(10-84)和式(10-86)代入式(10-83)，得

$$\chi = \frac{1}{2}\boldsymbol{P}^{\mathrm{T}}\boldsymbol{H}\boldsymbol{P} - \boldsymbol{P}^{\mathrm{T}}\boldsymbol{F} \tag{10-87}$$

其中

$$\boldsymbol{H} = \sum_e \boldsymbol{C}_e^{\mathrm{T}} \boldsymbol{h} \boldsymbol{C}_e \tag{10-88}$$

$$\boldsymbol{F} = \sum_e \boldsymbol{C}_e^{\mathrm{T}} \boldsymbol{f} \tag{10-89}$$

根据变分原理，使泛函式(10-87)的变分 $\delta\chi=0$，即 $\dfrac{\partial\chi}{\partial\boldsymbol{P}}=0$，得到动水压力的有限元支配方程

$$\boldsymbol{HP}=\boldsymbol{F} \tag{10-90}$$

这是线性代数方程组，求解该方程组便得到整体结点动水压力 $\boldsymbol{P}$。需要指出的是，如同弹性力学问题，在集成整体刚度矩阵以后，还需引入至少限制“刚体运动”的给定位移条件。对于动水压力问题，在集成整体刚度矩阵以后，至少还需引入一个点的已知动水压力条件。

对于等参单元，公式(10-84)中的各系数矩阵可以通过高斯数值积分计算。对于比较简单的单元，可以直接解析求出。例如，对于平面 3 结点三角形单元，形函数为

$$N_i=(a_i+b_ix+c_iy)/2A. \quad (i,j,m) \tag{d}$$

式中，A 为三角形面积。

代入式(10-84)，得

$$\boldsymbol{h}=\frac{1}{4A}\begin{bmatrix} b_ib_i+c_ic_i & b_ib_j+c_ic_j & b_ib_m+c_ic_m \\ b_jb_i+c_jc_i & b_jb_j+c_jc_j & b_jb_m+c_jc_m \\ b_mb_i+c_mc_i & b_mb_j+c_mc_j & b_mb_m+c_mc_m \end{bmatrix} \tag{e}$$

设三角形 ij 边界与固体接触，单元边界长度为 l，如图 10-5 所示。

流体在固体边界上的 i 点有法向加速度 $\ddot{u}_n$，并假定水压力为线性分布，即 $\ddot{a}_n=\ddot{u}_nN_i$，则作用于 i 的导效结点荷载为

$$f_i=-\int_{S^e}\rho\ddot{u}_nN_iN_i\mathrm{d}s=-\frac{1}{3}\rho\ddot{u}_nl \tag{f}$$

同理，可以求得由于固体在 i 结点的法向加速度所引起的 j 点的结点“荷载”为

$$f_j=-\int_{S^e}\rho\ddot{u}_nN_iN_j\mathrm{d}s=-\frac{1}{6}\rho\ddot{u}_nl \tag{g}$$

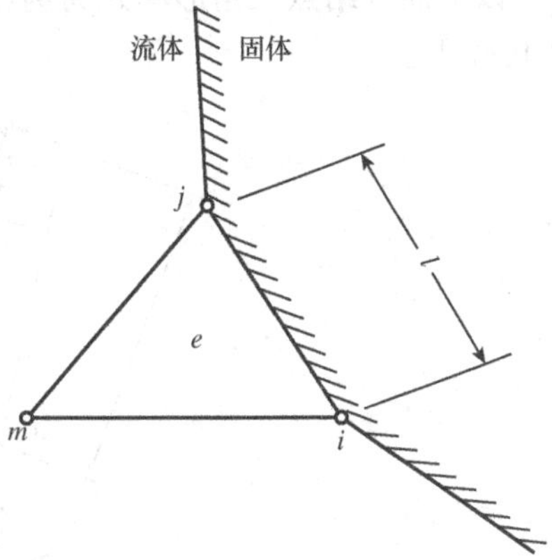

图 10-5　流体与固体边界单元

如果在各不同时刻，流体与固体接触面上各点的加速度已知(例如由实验测出图 10-6 所示的弧形闸门上 6 个结点的加速度分量 $\ddot{u}_1$，$\ddot{v}_1$，…，$\ddot{u}_6$，$\ddot{v}_6$)，为了计算闸门上的动水压力，可以分别令闸门上 1～6 结点分别有加速度 $\ddot{u}_1=1$，$\ddot{v}_1=1$，…解出与各单位加速度对应的动水压力值。将得出的结果排列成矩阵 $\boldsymbol{E}$，$\boldsymbol{E}$ 的第一列为 $\ddot{u}_1=1$ 时闸门上各点的动水压力，第二列为 $\ddot{v}_1=1$ 时闸门上各点的动水压力等等。于是闸门上各点的动水压力为

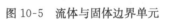

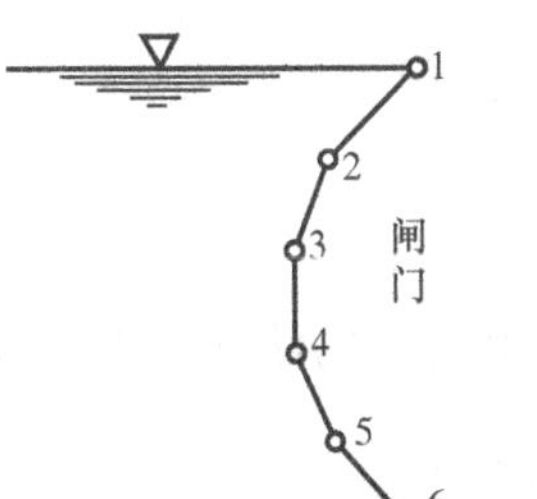

图 10-6　弧形闸门示意图

$$\begin{Bmatrix} p_1 \\ p_2 \\ \vdots \\ p_6 \end{Bmatrix} = \boldsymbol{E} \begin{Bmatrix} \ddot{u}_1 \\ \ddot{v}_1 \\ \ddot{u}_2 \\ \ddot{v}_2 \\ \vdots \\ \ddot{u}_6 \\ \ddot{v}_6 \end{Bmatrix} \tag{h}$$

上式可进一步简写为

$$\boldsymbol{p} = \boldsymbol{E}\ddot{\boldsymbol{a}} \tag{10-91}$$

可见,矩阵 $\boldsymbol{E}$ 表示闸门迎水面各点的单位加速度对闸门上动水压力的影响,称为影响矩阵。如果 $\boldsymbol{P}$ 是一个 $n\times1$ 的列阵,$\ddot{\boldsymbol{a}}$ 是一个 $2n\times1$ 的列阵,则 $\boldsymbol{E}$ 是一个 $n\times2n$ 的矩阵。当图 10-6 中所示的闸门上各结点在各时刻的加速度已知时,便可以由式(10-91)求出各时刻闸门上的动水压力。

2. 考虑动水压力作用的结构动力平衡方程

以平面 3 结点三角形单元为例,取固体与流体接触面上 $i-1$、i、$i+1$ 3 个结点,如图 10-7所示。

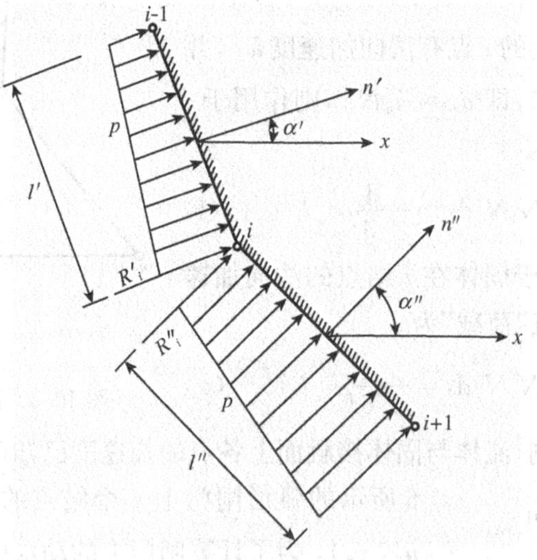

图 10-7　流体与固体边界单元

如果已知接触面上各结点处的动水压力 p_{i-1} , p_i 和 p_{i+1} ,则 i 处的法向结点荷载为

$$R'_{in} = \frac{l't}{3}\left(p_i + \frac{1}{2}p_{i-1}\right), \ R''_{in} = \frac{l''t}{3}\left(p_i + \frac{1}{2}p_{i+1}\right) \tag{i}$$

式中,l' 与 l'' 为单元的边长,t 为单元的厚度,R'_{in} 为边界 $(i-1,i)$ 上作用的动水压力对应结点 i 处的法向等效荷载,R''_{in} 为边界 $(i,i+1)$ 上的动水压力对应结点 i 处的法向等效荷载。

将 R'_{in} 和 R''_{in} 分别投影到 x ,y 方向,然后相加,即

$$\boldsymbol{R}_i=\begin{Bmatrix}R_{ix}\\R_{iy}\end{Bmatrix}=\frac{l't}{3}\left(p_i+\frac{1}{2}p_{i-1}\right)\begin{Bmatrix}\cos\alpha'\\\sin\alpha'\end{Bmatrix}+\frac{l''t}{3}\left(p_i+\frac{1}{2}p_{i+1}\right)\begin{Bmatrix}\cos\alpha''\\\sin\alpha''\end{Bmatrix}\tag{10-92}$$

式中，α' 与 α'' 为单元边界法向与 x 轴所夹的角度。

由式(10-92)可见，为了求得动水压力的等效结点荷载，只需将式(10-91)前乘以与边界几何性状有关的系数矩阵 $\boldsymbol{A}$ 即可。由于式(10-91)中的 $\ddot{\boldsymbol{a}}$ 应为绝对加速度，为明确起见，应将其中的 $\ddot{\boldsymbol{a}}$ 改写成为 $\ddot{\boldsymbol{a}}_a$ 。用 $\boldsymbol{R}_f$ 表示动水压力引起的等效结点荷载，则有

$$\boldsymbol{R}_f=\boldsymbol{AE}\ddot{\boldsymbol{a}}_a\tag{10-93}$$

因为各结点处的等效荷载只与相邻 3 个结点处的动水压力有关，所以系数矩阵 $\boldsymbol{A}$ 的每一行中只有 3 个元素不为零。对于第 $2i-1$ 行(对应于 i 结点 x 方向)，3 个不为零的元素为

$$a_{2i-1,i-1}=\frac{l't}{6}\cos\alpha'$$

$$a_{2i-1,i}=\frac{l't}{3}\cos\alpha'+\frac{l''t}{3}\cos\alpha''$$

$$a_{2i-1,i+1}=\frac{l''t}{6}\cos\alpha''$$

对于第 $2i$ 行，三个不为零的元素为

$$a_{2i,i-1}=\frac{l't}{6}\sin\alpha'$$

$$a_{2i,i}=\frac{l't}{3}\sin\alpha'+\frac{l''t}{3}\sin\alpha''$$

$$a_{2i,i+1}=\frac{l''t}{6}\sin\alpha''$$

令

$$\boldsymbol{M}_p=-\boldsymbol{AE}\tag{10-94}$$

可以把式(10-93)进一步简写为

$$\boldsymbol{R}_f=-\boldsymbol{M}_p\ddot{\boldsymbol{a}}_a\tag{10-95}$$

这就是动水压力等效结点荷载的公式。

将地震惯性力和动水压力引起的等效结点荷载代入结构动力平衡方程(10-9)，得到考虑地震和动水压力作用的结构动力平衡方程

$$\boldsymbol{M}\ddot{\boldsymbol{a}}+\boldsymbol{C}\dot{\boldsymbol{a}}+\boldsymbol{K}\boldsymbol{a}=-\boldsymbol{M}_p\ddot{\boldsymbol{a}}_a-\boldsymbol{M}\ddot{\boldsymbol{a}}_g\tag{10-96}$$

由于 $\ddot{\boldsymbol{a}}_a=\ddot{\boldsymbol{a}}_g+\ddot{\boldsymbol{a}}$ ，式(10-96)可写为

$$(\boldsymbol{M}+\boldsymbol{M}_p)\ddot{\boldsymbol{a}}+\boldsymbol{C}\dot{\boldsymbol{a}}+\boldsymbol{K}\boldsymbol{a}=-(\boldsymbol{M}+\boldsymbol{M}_p)\ddot{\boldsymbol{a}}_g\tag{10-97}$$

可见，考虑动水压力作用后，结构动力平衡方程的形式不变，只是在质量矩阵 $\boldsymbol{M}$ 上附加了矩阵 $\boldsymbol{M}_p$ ，$\boldsymbol{M}_p$ 体现了流体质量对固体运动的影响，通常称为附加质量矩阵。考虑动水压力作用后，结构自振特性和动力反应的求解方法与前面介绍的相同。

在 10.4 节求解了不考虑动水压力作用的混凝土重力坝自振特性。这里对该问题考虑动水压力的作用，也采用滤频法，计算了该混凝土重力坝在满库情况下的 5 个周期和振型，计算结果见表 10-2。

表 10-2　考虑动水压力作用的下结构自振周期

振　　型	周期/s	迭代次数/次
1	0.2450	6
2	0.0953	19
3	0.0720	18
4	0.0503	12
5	0.0340	106

与不考虑动水压力作用的情况相比(表 10-1),考虑动水压力作用后,坝体的第一周期改变最大,增大了 21.3%,其他各周期分别增大了 13.0%,0.6%,6.8%,1.5%。库水对坝体的振型也有显著的影响。图 10-1(a) 所示重力坝的上游面是铅直的,只有水平方向的附加质量,而铅直方向的附加质量为零,所以满库时各振型中的水平振幅与铅直振幅的比值比空库时有所增大。特别是第五振型,在空库时以铅直振动为主,而在满库时则以水平振动为主,如图 10-8 所示。

库水对坝体的地震应力也有显著的影响。我们对同一重力坝用相同的地震记录进行了满库情况下的动力计算。计算结果表明,上游面单元中,最大主应力增大了很多,有的增大了 40%到 60%,如图 10-9 所示。图中所示应力的单位是 10^{-1}MPa。

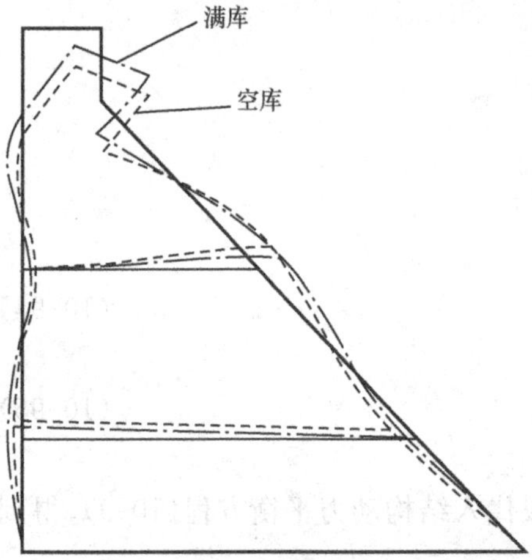

图 10-8　结构第 5 振型对比示意图

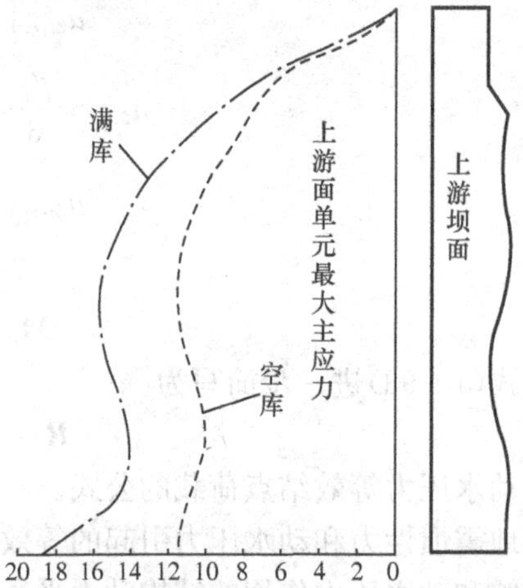

图 10-9　结构上游面单元最大主应力对比示意图

应该指出,在上面的分析中,假定流体是不可压缩的,这个假定存在一定近似性,但给分析计算带来很大的方便。如果要考虑水体的压缩,则需要对流体和固体分别建立微分方程,而且它们是互相关联的。这样,问题的求解就不像上面这样方便了。

10.10　结构抗震的计算实例

1. 连续刚构桥地震响应

1) 工程概况

虎跳河特大桥为国道主干线上海至瑞丽公路(贵州境)镇宁至胜境关公路上一座跨越虎

跳河的特大型桥梁。桥梁全长 1957.74m，主桥为 120m+4×225m+120m 预应力混凝土连续刚构，两侧引桥分别为 5×50m 和 5×50m+6×50m，先简支后连续的预应力 T 梁。

连续刚构半幅桥宽采用单箱单室，C50 混凝土，三向预应力，箱宽 6.7m、翼板悬臂 2.65m、全宽 12m。箱梁根部高 14m，端部及跨中高 3.8m。箱梁高度采用 1.8 次抛物线方式从箱梁根部高 14m 变化至端部及跨中高 3.8m。箱梁底板厚度采用 1.8 次抛物线方式从箱梁根部厚 140cm 变化至端部及跨中厚 35cm。箱梁腹板厚度从 3.0m 节段 70cm 变化到 3.5m 节段的 60cm，以及从 3.5m 节段 60cm 变化到 4.3m 节段的 50cm。主桥在两岸交界墩处各设一道 ZL480 型钢伸缩缝。

主墩墩身为钢筋混凝土双薄壁墩身，其中 6、10 号墩为空心薄壁墩，采用 C50 混凝土。7,8,9 号墩为矩形实体截面墩，采用 C50 混凝土。该桥主桥的立面图如图 10-10 所示。图 10-11 是桥梁施工阶段的实拍照片。

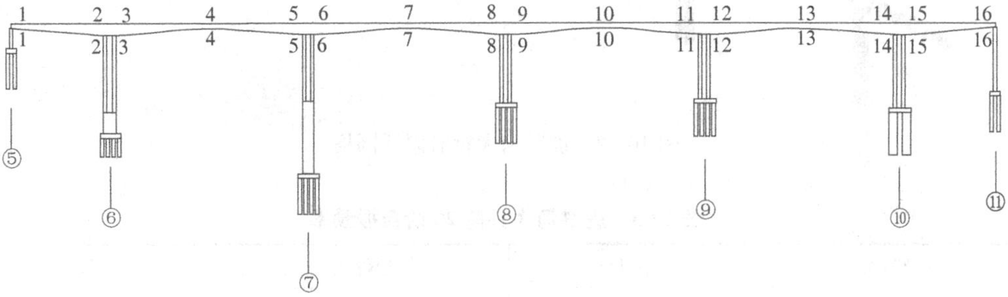

图 10-10　虎跳河大桥主桥立面布置图

图 10-11　虎跳河大桥 9 号墩及上部结构施工图

2）桥梁自振特性

主梁与桥墩均采用空间 8 结点等参单元，计算采用的坐标系为：横桥向为 x 方向，竖向为 y 方向，顺桥向为 z 方向。图 10-12 为有限元计算网格。采用子空间迭代法对虎跳河特大桥的自振特性进行了计算。表 10-3 给出了桥梁前 20 阶频率，图 10-13 给出了前 10 阶振型。

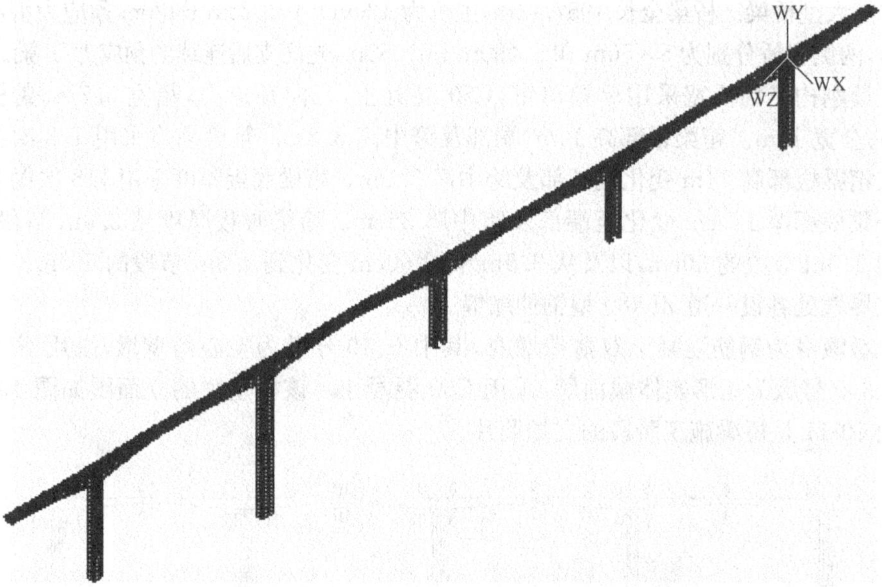

图 10-12　虎跳河大桥有限元网格

表 10-3　虎跳河大桥前 20 阶自振频率

振型阶次	频率/Hz	振型阶次	频率/Hz
1	0.178	11	0.791
2	0.214	12	0.855
3	0.225	13	0.862
4	0.24	14	1.075
5	0.293	15	1.293
6	0.418	16	1.315
7	0.514	17	1.353
8	0.596	18	1.383
9	0.671	19	1.406
10	0.680	20	1.500

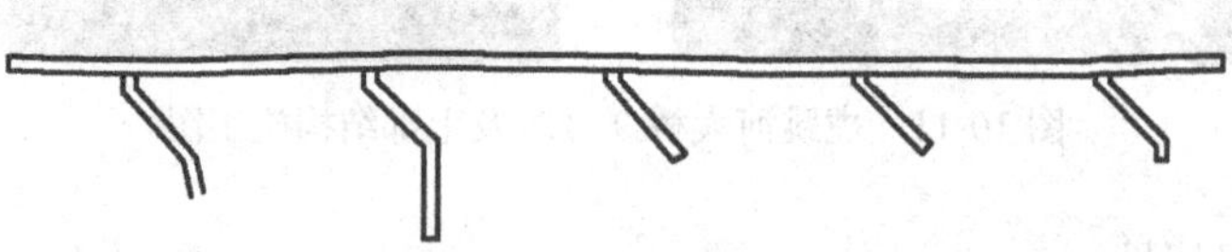

第1阶振型　纵向顺弯

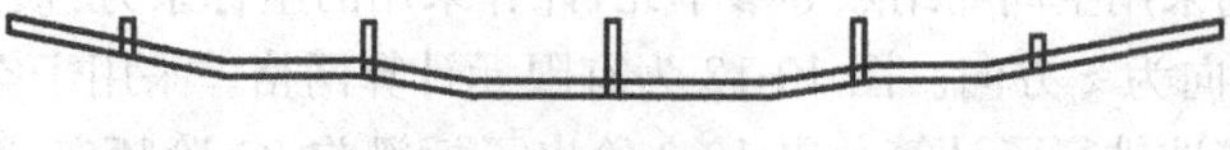

第2阶振型　横向侧弯

图 10-13　虎跳河大桥前 10 阶振型

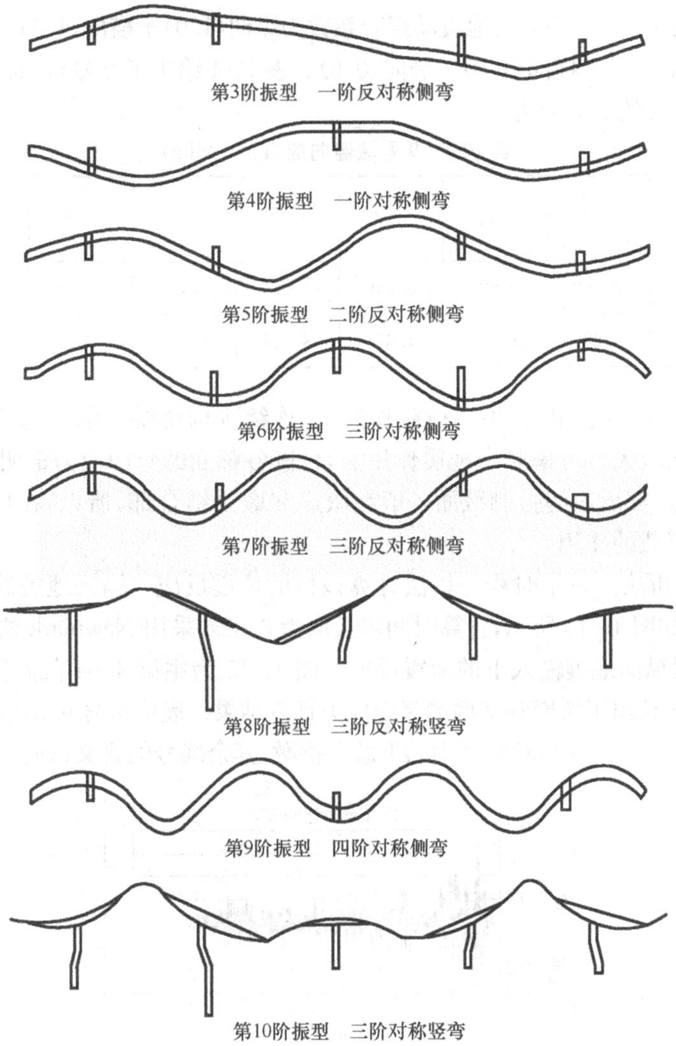

图 10-13　虎跳河大桥前 10 阶振型(续)

在前 10 阶振型中，振型差别较大。第 1 阶振型是主桥的顺桥向振动，振动频率为 0.178，对于纵向除了要保证桥梁在地震作用下不发生任何形式的破坏之外，还要考虑桥梁端部要有足够的位移空间，第 1 阶振型反映了桥梁纵向变形的主要部分。第 2～7 阶振型均为横向弯曲变形，振动频率分别为 0.214，0.225，0.24，0.293，0.418，0.514。第 8 阶振型为竖向振动，振动频率为 0.596。第 9 阶振型为横向弯曲变形，振动频率为 0.671。第 10 阶振型为竖向振动，振动频率为 0.680。可以看出，桥梁主要振动形态为横向弯曲变形，说明桥梁横向刚度较弱。

3) 连续刚构桥的地震反应分析

(1) 反应谱法。采用反应谱法计算该桥的地震反应。根据桥址处具体的场地条件，参照《公路桥梁抗震设计细则(JTGTB 02-01—2008)》，其场地土类型确定为Ⅱ类场地土，反应谱采用Ⅱ类场地土的标准反应谱曲线。抗震设防烈度为 7 度，地震动峰值加速度取为 $0.1g$。

地震动输入按两种工况,工况 1:地震动组合系数为纵向(1.0)+横向(1.0),工况 2 的地震动组合系数为纵向(1.0)+横向(1.0)+竖向(0.5)。表 10-4 给出了 9 号桥墩在两种工况下,从顶部到底部各截面的竖向应力。

表 10-4　9 号墩竖向应力 σ_y (MPa)

截面位置(L 为墩高)	墩顶	6/7L	5/7L	4/7L	3/7L	2/7L	1/7L	墩底
工况 1	2.169	0.694	0.649	2.071	3.158	0.438	0.435	3.298
工况 2	3.291	1.725	1.678	3.186	4.339	0.525	0.528	4.488

从表 10-4 中可以看出,在地震荷载作用下,连续刚构桥桥墩的应力反应在桥墩的墩顶和墩底区域比较大。考虑竖向地震作用后,桥墩各截面的竖向应力都明显增大,对于连续刚构桥,桥墩地震反应的控制截面一般在墩底和墩梁结合部,所以,在桥墩的设计中应考虑竖向地震荷载的作用。

(2) 时程分析法。采用时程分析法计算该桥的地震反应。输入地震波采用 EI-Centro 实测地震记录,如图 10-14 所示,计算时间步长取为 0.02s,采用 Newmark 法进行动力计算。计算得到在桥梁纵向地震输入下的地震反应。图 10-15 为主梁 4—4 截面横向位移反应时程曲线。表 10-5 给出了桥墩和墩底的竖向应力计算结果。表中编号 6-1 代表 6 号双柱墩中的上游向桥墩,6-2 代表 6 号双柱墩中的下游向桥墩,其余编号的含义以此类推。

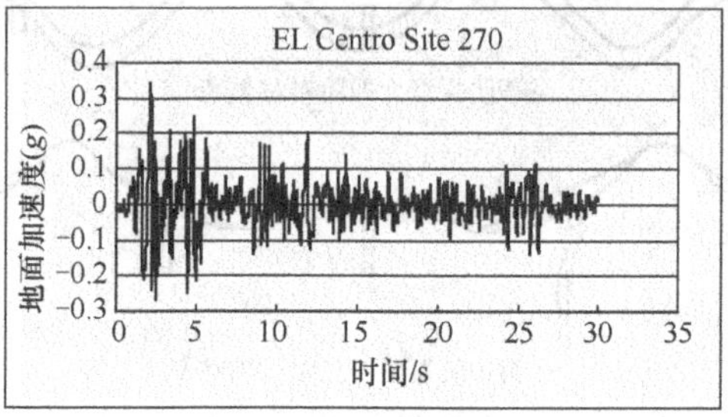

图 10-14　EI-Centro 地震波加速度时程曲线

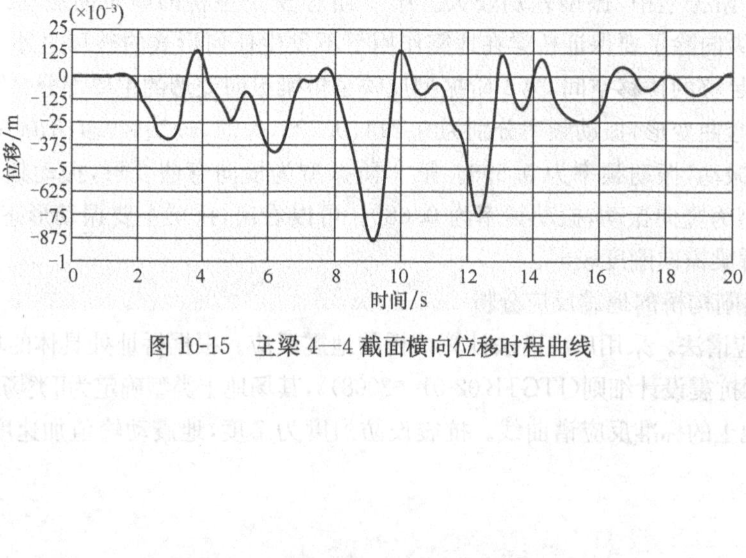

图 10-15　主梁 4—4 截面横向位移时程曲线

表 10-5　桥墩竖向应力 σ_y(MPa)

桥墩编号	6—1	6—2	7—1	7—2	8—1	8—2	10—1	10—2
墩顶	1.635	1.462	2.237	2.338	2.218	2.461	1.635	1.342
墩底	3.967	4.624	6.112	6.006	8.071	7.845	7.955	7.294

从表 10-5 中可以看出,桥墩顶部的应力基本上控制在允许范围之内,均没有超过 2.5MPa。底部的应力比较大,最大值为 8.071MPa,发生 8 号墩墩底。可见墩底是墩体的最危险截面,在设计中应重视该截面的加强设计。时程分析计算表明,连续刚构桥的横向位移反应较大,这是由于连续钢构桥的横向刚度较小,在地震发生时容易发生破坏的方向。将反应谱法与时程分析法的计算结果进行比较可以发现,时程分析法得到的计算结果大于反应谱法计算结果。在抗震设计中,应对结构同时进行反应谱分析和时程分析,并取两种分析结果的较大值作为最终设计依据。值得指出的是,在上述计算中,反应谱法采用 7 度地震设防烈度,地震加速度为 0.15g,时程分析法采用 EI-Centro 地震波实测记录,其峰值加速度为 0.35g 左右,所以两者结果没有可比性。

4) 一致激励及行波激励地震反应分析

采用多点激励模拟行波效应。同样采用 EI-Centro 地震波实测记录,时间步长取为 0.02s。因为地震波传播到达各个桥墩和桥台的时间不同,在各个桥墩和桥台处的地震波激励是不同的,为了反映这种地震波的行波效应对结构地震反应的影响,采用多点激励的地震输入。

地震波的行波效应通常采用视波速来表征。视波速指沿地表测线方向观测到的地震波传播速度。视波速不同于地震波的真实速度(即行波速度),原因是地震波在空间介质内沿射线方向以真实速度传播,但地震勘探的观测大多是在地表沿测线进行,因测线的方向与地震波的射线方向往往不同,沿测线的速度一般不同于真实速度,称之为视波速。视波速一方面反映真实速度,另一方面又受测线方向影响,是描述地震波的特征值之一。当地震波传播的方向与测线方向一致时,视波速即是真实速度。这里为了方便,假设地震波传播方向与地表测线方向一致,直接采用行波速度反映地震波的传播速度。分别计算了不同行波速度下,考虑地震行波效应的桥梁地震反应,假定行波速度分别为 1500 m/s,1250 m/s,1000 m/s,750 m/s,500 m/s,250m/s,并与一致激励下的桥梁地震反应进行对比。图 10-16 和图 10-17 给出了 10 号墩地震应力反应。

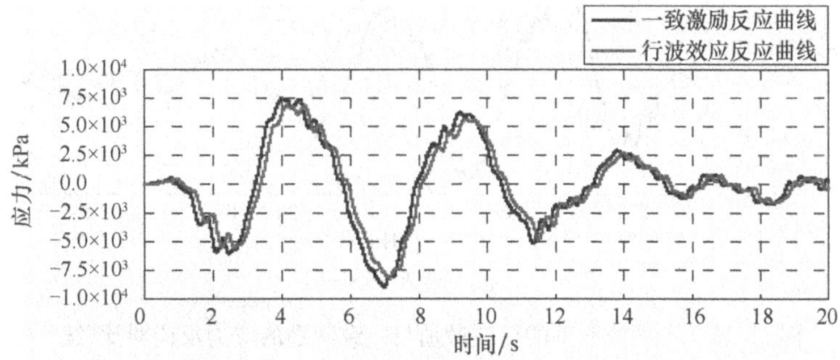

(a) 行波速度1500m/s

图 10-16　不同波速下的行波激励与一致激励的应力反应对比

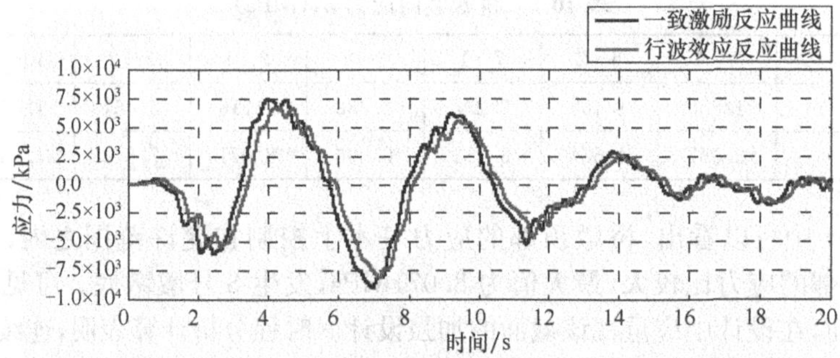

(b) 行波速度1250m/s

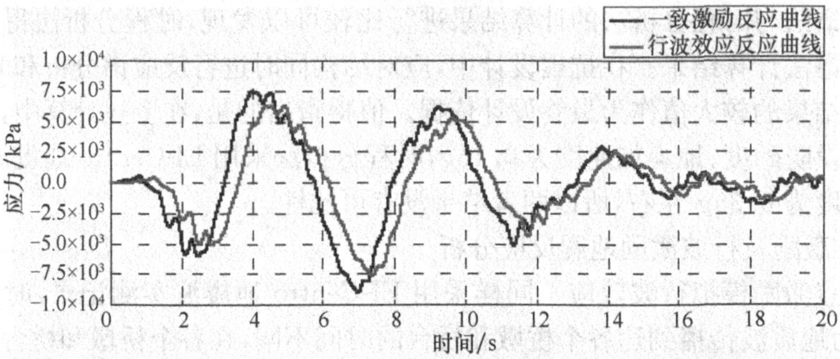

(c) 行波速度1000m/s

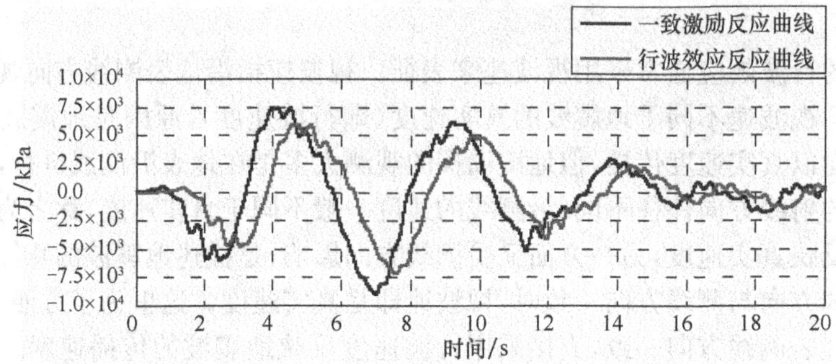

(d) 行波速度750m/s

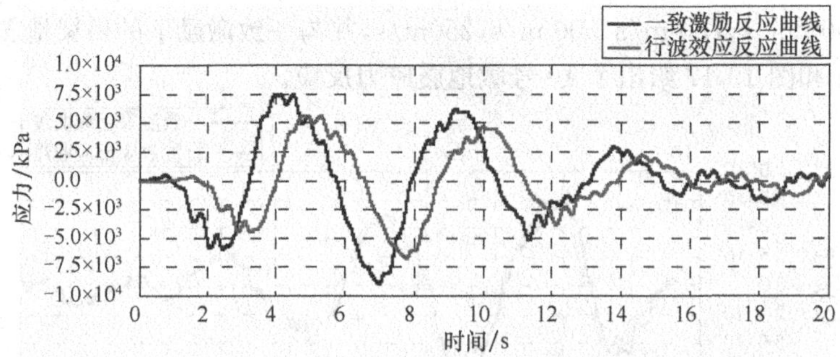

(e) 行波速度500m/s

图 10-16　不同波速下的行波激励与一致激励的应力反应对比(续)

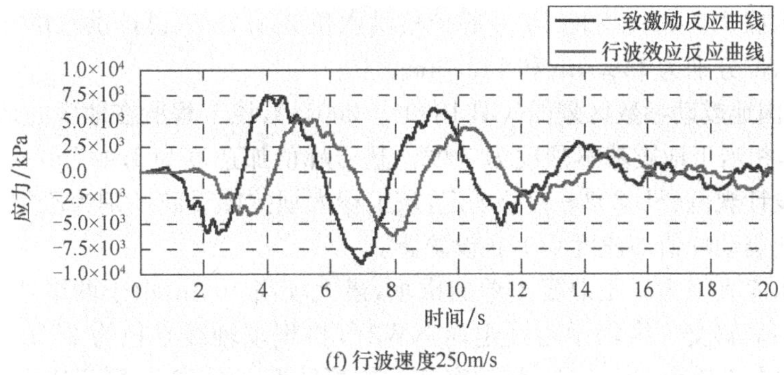

(f) 行波速度250m/s

图 10-16　不同波速下的行波激励与一致激励的应力反应对比(续)

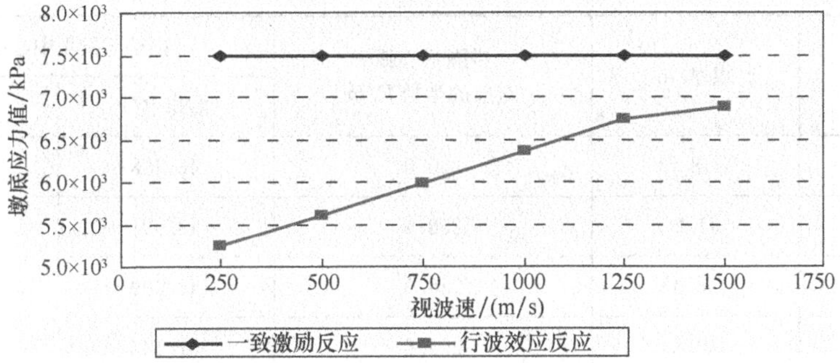

图 10-17　10 号墩墩底最大应力

从图中可见,行波效应对连续刚构桥的应力反应影响比较大。与一致激励计算结果相比,行波激励下的应力反应存在着明显的延迟现象,行波速度越小延迟现象越明显。在墩底截面,行波激励下的应力小于一致激励的应力,随着行波速度的增加,行波效应逐渐增大。距离震源不同的部位受到的地震激励不同,距离震源越远行波效应影响越显著,但最大反应值一般比一致激励的小,距离震源较近的部位受到的影响相对小一些,但最大反应值比一致激励的大。

2. 白莲崖拱坝空间地震反应分析

1) 工程概况

白莲崖水库位于安徽省霍山县境内西支漫水河上,距下游的佛子岭水库 26km,距霍山县城约 30km,流域面积 745km^2。开发任务以防洪为主,兼有发电、灌溉、供水等综合利用效益。水库总库容 4.51 亿 m^3,电站总装机容量 50MW。枢纽工程等别属二等,大坝、泄洪中孔、泄洪隧洞和发电引水隧洞进水口等主要建筑物级别为 2 级,发电引水隧洞及电站厂房为 3 级建筑物。

水库汛期限制水位 205.0m,汛后正常蓄水位 209.0m,死水位 180.0m。水库 100 年一遇设计洪水位 210.35m,5000 年一遇校核洪水位 233.75m,设计洪水位和校核洪水位时相应坝后水位分别为 140.0m 和 142.0m。

根据《中国地震动参数区划图(GB 18306—2001)》,该工程所在地区的地震动峰值加速度为 0.1g,相当于地震基本烈度为 7 度。基岩峰值加速度为 1.447m/s^2。根据《水工建筑物抗震设计规范(SL 203—97)》规定,该工程大坝抗震设防类别为乙类,建筑物抗震设计按基岩地震动峰值加速度 0.15g 设防。

白莲崖水库大坝为碾压混凝土单曲拱坝,最大坝高 104m,由于两岸地形不对称,坝轴线与河道略显斜交。拱坝中心线走向 NW3 °,拱坝坝轴线半径为 260m,底拱中心角 29.089°,顶拱中心角为 89.089°。坝顶宽 8m,拱冠处坝底厚 40m,厚高比为 0.385。坝顶弧线长 404m、弦长 364.348m、弦高比为 3.503。拱坝体型参数如表 10-6 所示。

表 10-6 白莲崖拱坝体形参数

高程/m	拱厚/m	拱圈中心弧对应的半径 R/m	拱端与拱坝中心线夹角	
			右岸/(°)	左岸/(°)
234	8	260.0	46.498	42.531
220	11.2	258.4	13.891	39.967
205	16.0	256.0	41.099	37.220
190	20.8	253.6	37.132	34.473
175	25.6	251.2	33.165	31.726
160	30.4	248.8	29.199	28.978
145	35.2	246.4	25.563	21.872
130	40.0	244.0	14.324	14.765

根据设计单位提供的资料,计算参数的选取如下。

(1) 坝体混凝土材料。弹性模量 $E=2.6\times10^4$MPa，泊松比 $\nu=0.167$，重度 $\gamma=$ 24KN/m^3，线膨胀系数 $\alpha=0.9\times10^{-5}$/C°。

(2) 大坝地基岩体。弹性模量 $E=2.0\times10^4$MPa，泊松比系数 $\nu=0.23$,在动力计算中不考虑地基的质量,取地基的重度 γ 为为 0。

2) 有限元计算模型

有限元网格划分时,考虑 4 个中孔,基岩假设为均质,以空间 8 结点六面体单元为主,坝体与地基交界面处布置少量的五面体填充单元,以保证网格的规整,单元总数为 10 620,结点总数为 12 966。有限元网格如图 10-18 所示。图 10-19 为坝体的网格,坝体单元总数为 4500,坝体结点总数为 5646。计算坐标系为:横河向为 x，顺河向为 y，竖向为 z。

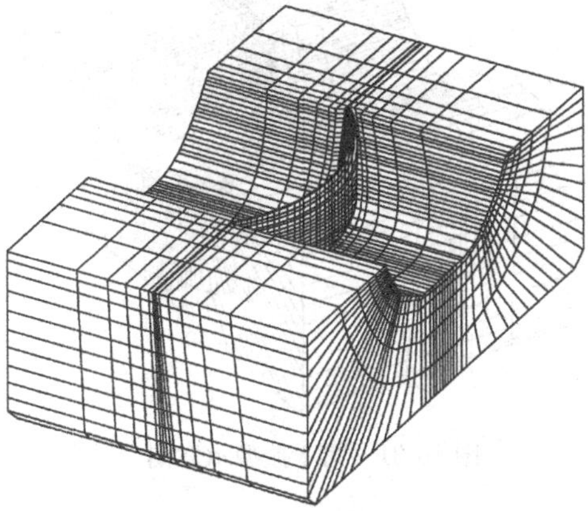

图 10-18　拱坝有限元网格

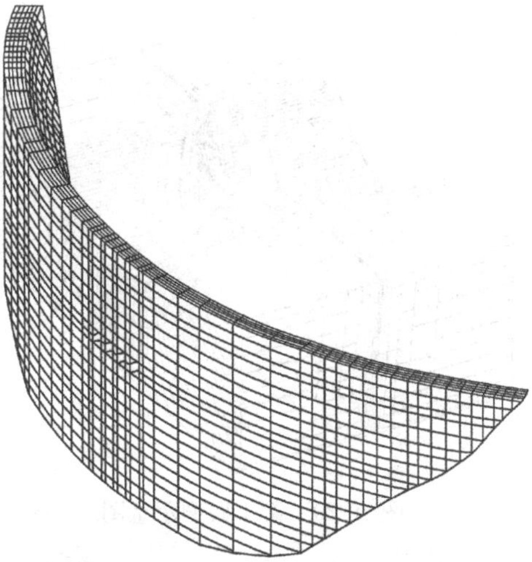

图 10-19　拱坝坝体网格

3）结构的自振特性

动力计算时，考虑动水压力和上下游孔口挑坎、支墩等引起的附加质量，假设地基为无质量的弹性基础，混凝土和地基的动弹性模量取对应静弹性模量的 1.30 倍。地基场地类别为Ⅰ，地震设计烈度为 7 度，特征周期 T_g 取为 0.20s，设计反应谱最大值 β_{max} 为 2.5，各阶振型的阻尼比 ξ 都取为 0.04。设计地震水平加速度取为 0.15cm/s^2，竖向加速度取水平加速度的 $\frac{2}{3}$。

采用滤频法计算结构的自振特性。表 10-7 给出了正常水位下的拱坝前 10 阶振型的振型参与系数、周期、圆频率和频率。图 10-20～图 10-29 给出了正常水位下拱坝的前 10 阶振型。

表 10-7　正常水位下拱坝的自振特性

阶　次	振型参与系数			周期/s	圆频率/(rad/s)	频率/Hz
	η_x	η_y	η_z			
1	−0.0371	2.7451	−0.3332	0.3929	15.9924	2.5452
2	0.8022	−0.0156	0.0040	0.3332	18.8549	3.0012
3	−0.0972	1.1113	−0.1328	0.2537	24.7679	3.9417
4	−0.8051	−0.0400	0.0048	0.1989	31.5949	5.0276
5	0.0812	−2.7195	−0.2373	0.1707	36.8052	5.8582
6	0.6271	0.6602	0.0738	0.1572	39.9673	6.3613
7	1.5210	0.0070	−0.0584	0.1496	41.9906	6.6845
8	−1.1406	−0.1352	−0.0301	0.1451	43.3141	6.8918
9	0.0566	0.1140	1.4732	0.1272	49.3817	7.8616
10	0.0621	−0.9810	0.2526	0.1258	49.9493	7.9491

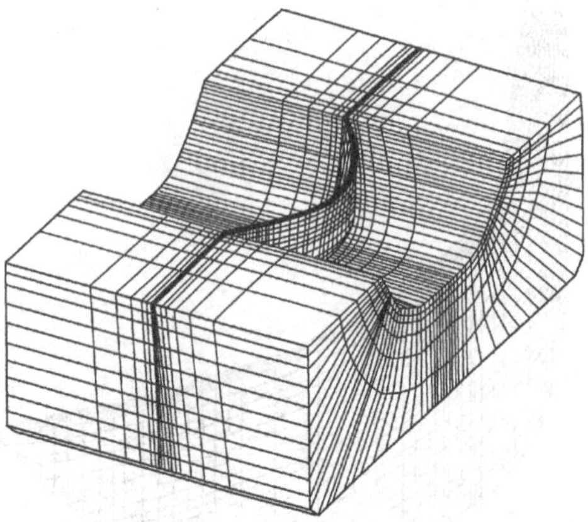

图 10-20　第 1 振型示意图

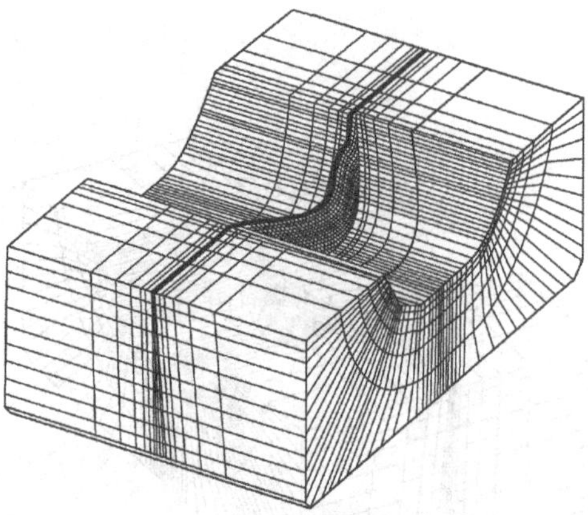

图 10-21　第 2 振型示意图

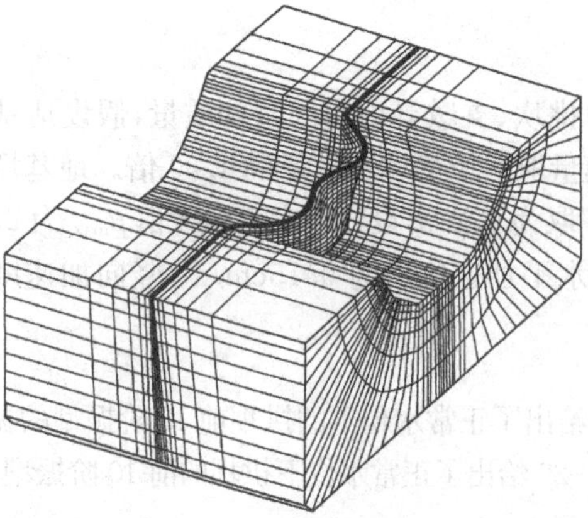

图 10-22　第 3 振型示意图

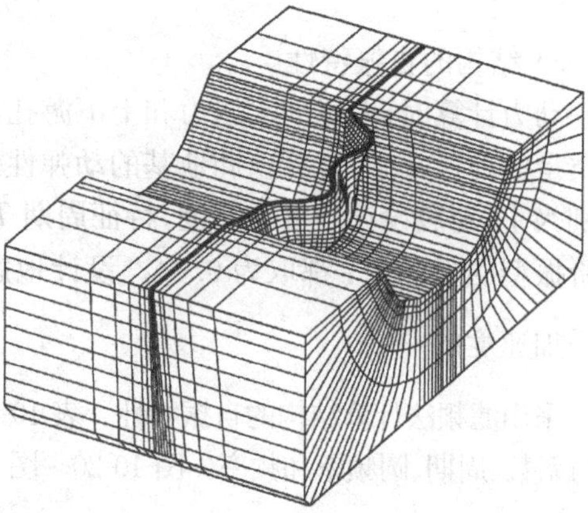

图 10-23　第 4 振型示意图

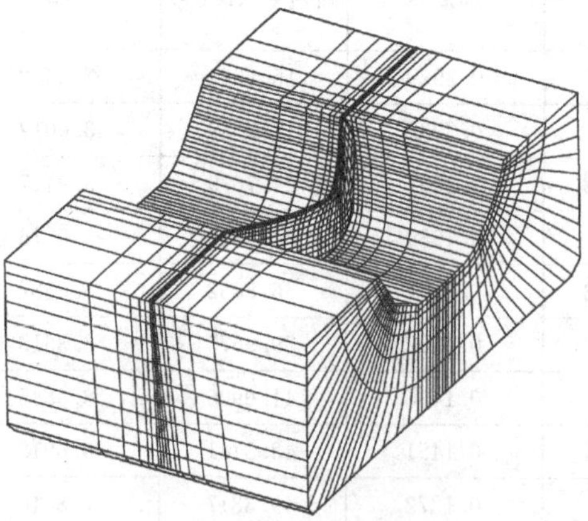

图 10-24　第 5 振型示意图

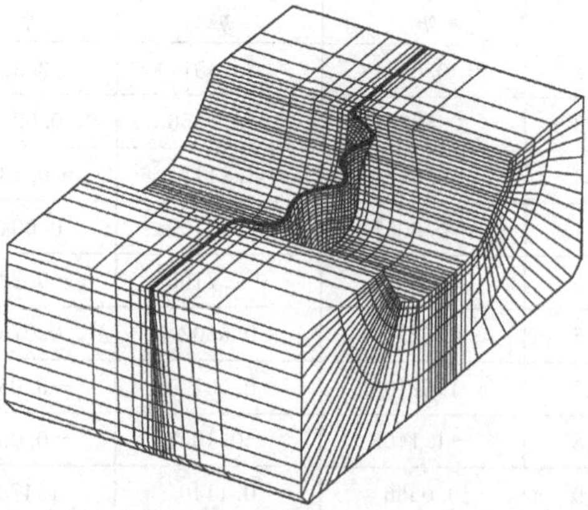

图 10-25　第 6 振型示意图

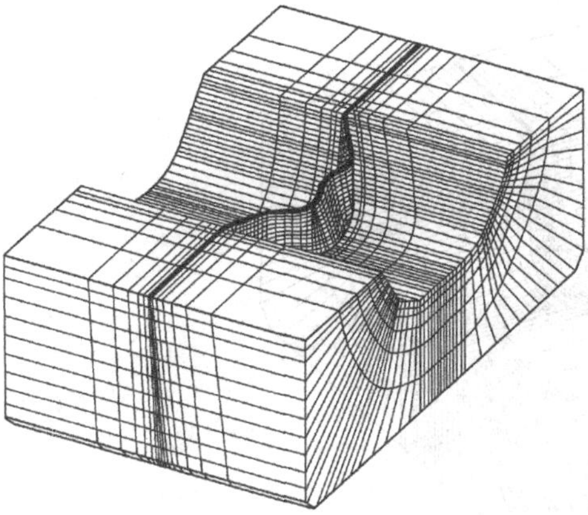

图 10-26　第 7 振型示意图

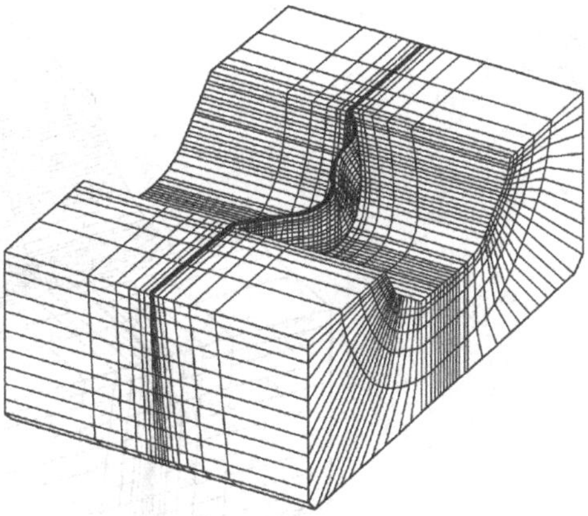

图 10-27　第 8 振型示意图

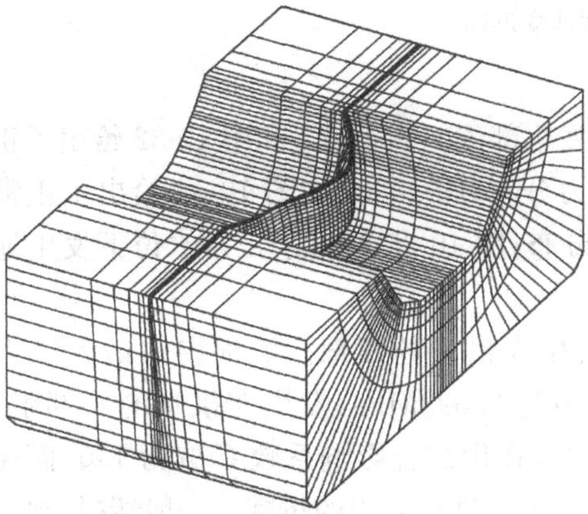

图 10-28　第 9 振型示意图

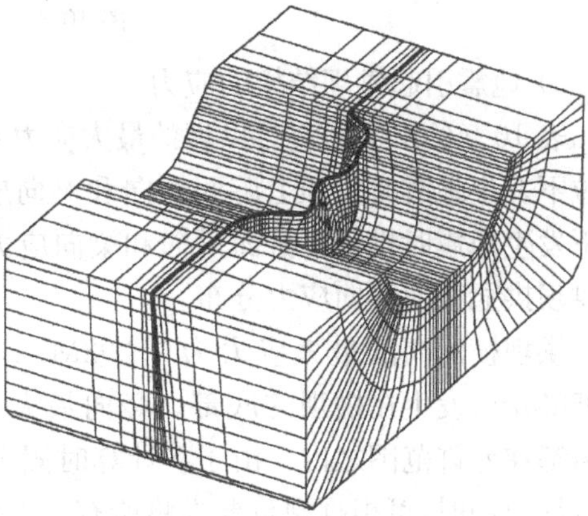

图 10-29　第 10 振型示意图

在正常水位时，拱坝第 1 阶周期为 0.3929s，大于特征周期 $T_g = 0.2s$，因此动力放大系数是比较小的。从计算所得到的各阶振型参与系数和振型可以看出，振动以坝体的水平变形为主。

4）地震引起拱坝结构的位移

用反应谱法对拱坝的地震反应进行了计算，计算中采用前 10 阶振型。表 10-8 给出了地震时拱坝结构产生的最大位移及位置坐标。拱坝顺河向的最大位移，为 2.279cm，发生在拱坝顶部。图 10-30 为正常水位下发生地震时拱坝变形示意图。

表 10-8　地震时拱坝的最大位移

地震工况	分　量	位移值/cm	x/m	y/m	z/m
正常水位	U_x	0.428	−65.315	255.793	234.000
	U_y	2.279	−2.909	255.984	234.000
	U_z	0.555	−5.999	263.932	234.000

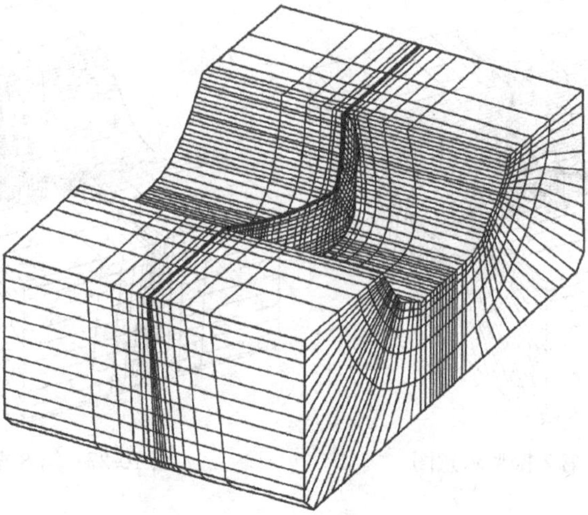

图 10-30 坝体变形图

5) 地震引起拱坝结构的应力

表 10-9 给出了地震时拱坝的最大应力及发生部位。图 10-31 和图 10-32 给出了正常水位下发生地震时拱坝上游面拱向和梁向应力分布;图 10-33 和图 10-34 给出了正常水位下发生地震时拱坝下游面拱向和梁向应力分布;图 10-35 给出了正常水位下发生地震时拱坝拱冠截面梁向应力分布。

拱坝横河向的最大应力为 2.292MPa,发生在拱坝的顶部。顺河向的最大应力为 1.058MPa,发生在拱坝的底部。竖向最大应力为 2.593MPa,发生在拱坝的底部附近。数值都在允许范围之内。由于在计算时假定地震作用综合影响系数 C 取为 1.0,而在实际设计使用时,可根据规范要求将所有动力反应结果进行适当的折减。一般情况,地震作用综合影响系数可取为 0.25~1。因此结构具有足够的安全裕度。

表 10-9 地震时拱坝的最大应力

地震工况	应力分量	应力/MPa	x/m	y/m	z/m
正常水位	σ_x	2.292	5.999	263.932	234.000
	σ_y	1.058	−3.000	263.983	130.000
	σ_z	2.593	−3.000	263.983	133.750

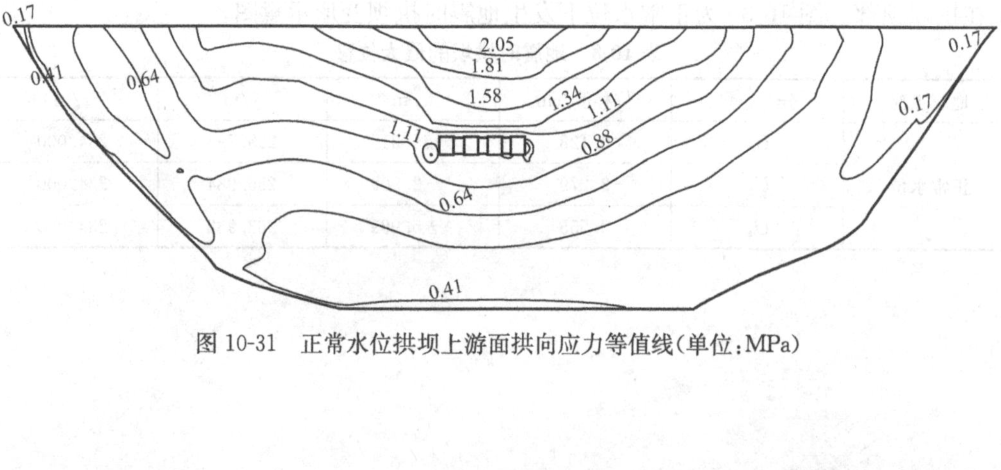

图 10-31 正常水位拱坝上游面拱向应力等值线(单位:MPa)

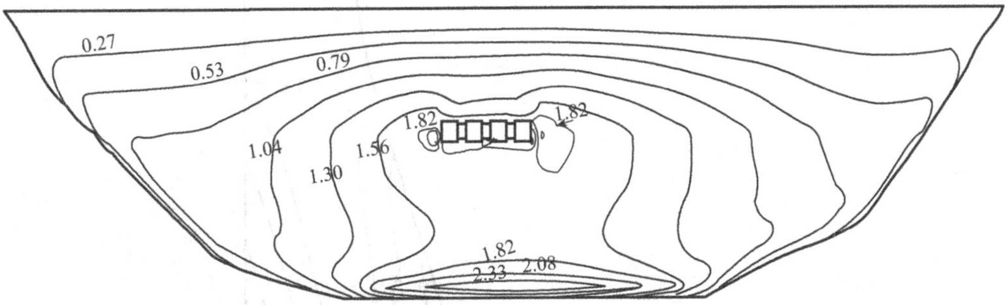

图 10-32　正常水位拱坝上游面梁向应力等值线(单位:MPa)

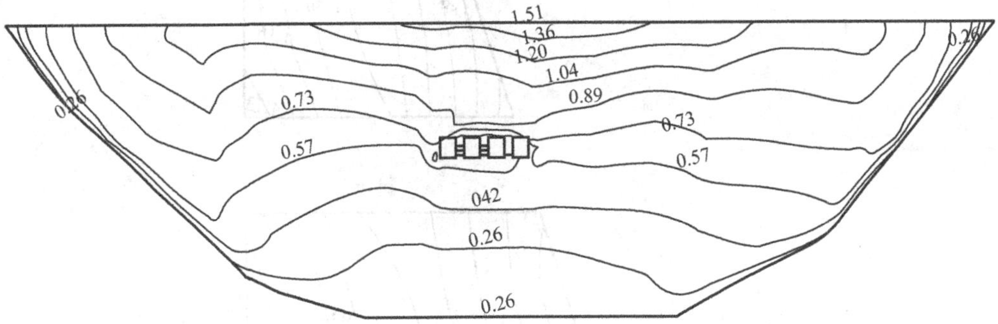

图 10-33　正常水位拱坝下游面拱向应力等值线(单位:MPa)

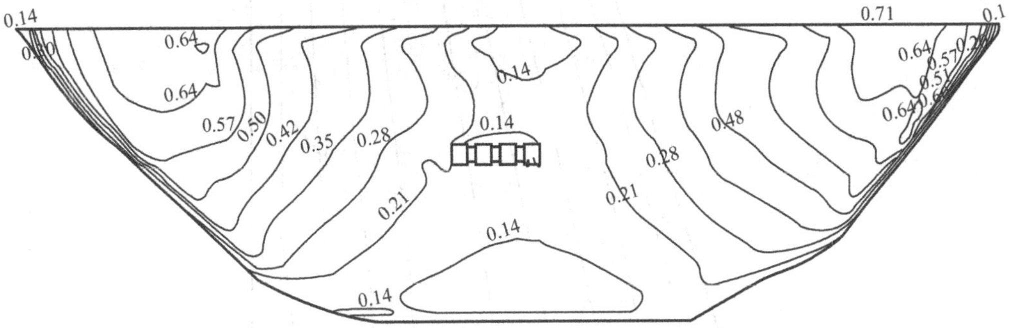

图 10-34　正常水位拱坝下游面梁向应力等值线(单位:MPa)

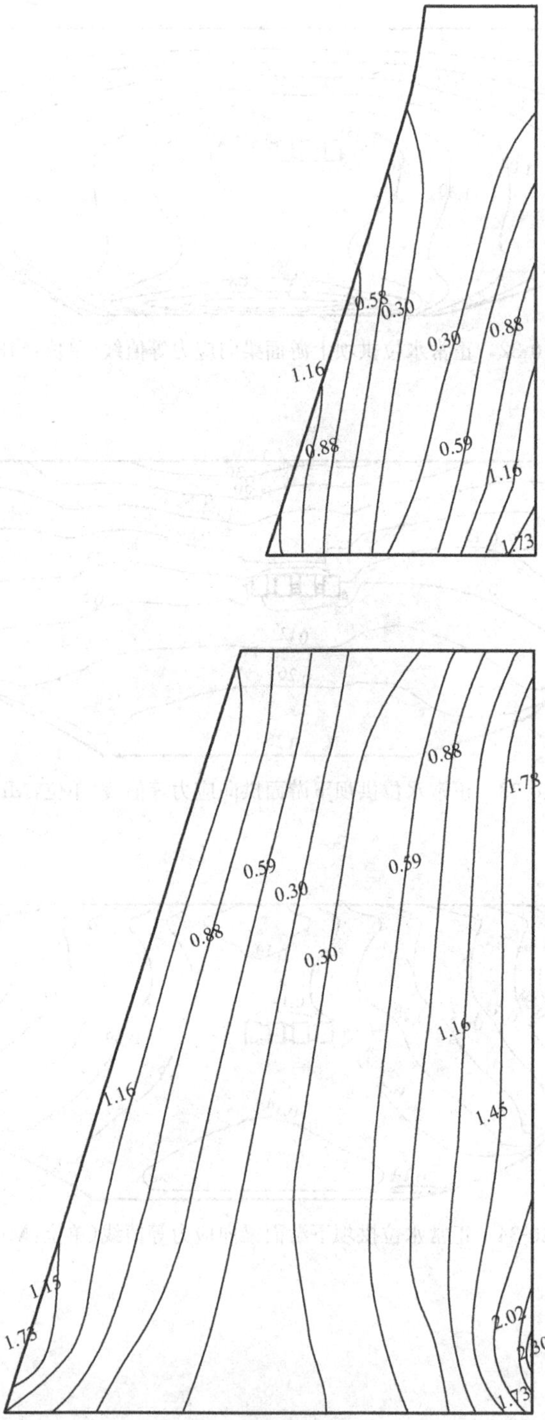

图 10-35　正常水位拱坝拱冠截面梁向应力等值线(单位:MPa)

习　题

10-1　比较动力学和静力学的有限元支配方程和求解方法，它们有什么异同点？

10-2　一致质量矩阵和集中质量矩阵如何计算？它们有什么异同点？

10-3　什么是阻尼、阻尼力？产生阻尼的原因一般有哪些？阻尼比是如何测定的？

10-4　已知刚度矩阵和质量矩阵为

$$K=\begin{bmatrix}2 & -1 & 0\\ -1 & 3 & -2\\ 0 & -2 & 2\end{bmatrix},M=\begin{bmatrix}1 & 0 & 0\\ 0 & 1 & 0\\ 0 & 0 & 1\end{bmatrix},K^{-1}=\begin{bmatrix}1 & 1 & 1\\ 1 & 2 & 2\\ 1 & 2 & 2.5\end{bmatrix}$$

分别用下述方法求解前两阶频率和振型，并比较它们的效率和精度：①滤频法；②瑞利-里兹法；③子空间迭代法。

第 11 章 板壳问题

在某些工程中广泛应用的板壳结构，由于它在几何上有一个方向的尺寸远小于其他两个方向的尺寸，在弹性力学理论中，引入一定的假设后，使之简化为二维问题，可以使计算工作量大大减少。由两个平行面和垂直于这两个平行面的柱面所围成的物体，称为平板，或简称为板（而由两个平行曲面和垂直于这两个曲面的柱面所围成的物体，称为壳），如图 11-1 所示。这两个平行面称为板面，而这个柱面称为侧面或板边。两个板面之间的距离 t 称为板的厚度，而平分厚度 t 的平面称为板的中间平面，简称为中面。如果板的厚度 t 远小于中面的最小尺寸 b（如小于 $b/8 \sim b/5$），这个板就称为薄板，否则就称为厚板。本章只讨论薄板或薄壳问题的有限单元法，对于厚板或厚壳问题可以用空间有限元来计算。在目前快速的计算条件下，再用简化计算是不必要的。

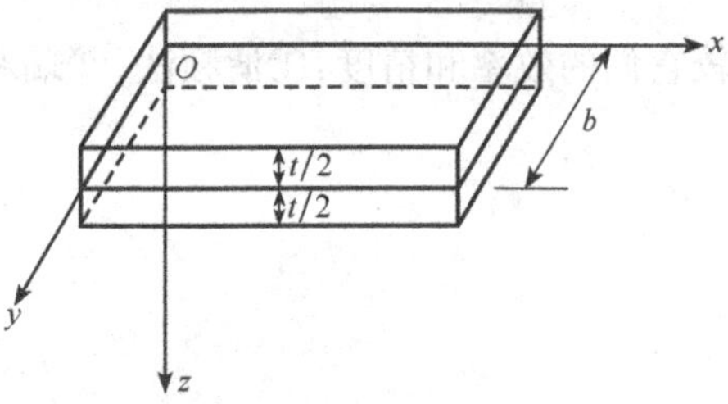

图 11-1

11.1 薄板弯曲理论的基本公式

设薄板的中面为 xy 平面，当薄板弯曲时，中面所弯成的曲面，称为薄板的弹性曲面，而中面内各点在横向的（即垂直于中面方面的）位移，称为挠度。由于板的厚度比其他两个方向的尺寸小的多，以及挠度比厚度又小得多的特点，薄板理论是在弹性力学的基础上进一步引进以下 3 个假定：

(1) 垂直于中面方向的正应变 ε_z 可以不计。取 $\varepsilon_z=0$，则由几何方程得 $\frac{\partial w}{\partial z}=0$，从而得

$$w=w(x,y) \tag{11-1}$$

这就是说，在中面的任一根法线上，薄板全厚度内的所有各点都具有相同的位移 w，也就等于挠度。

(2) 应力分量，τ_{zx}，τ_{zy}和 σ_z 远小于其余 3 个应力分量，因而是次要的，它们所引起的应变可以不计（注意：它们本身却是维持平衡所必需的，不能不计）。因为不计 τ_{zx} 及 τ_{zy}所引起的应变，所以有

$$\gamma_{zx}=0, \quad \gamma_{yz}=0$$

于是由几何方程得

$$\frac{\partial u}{\partial z}+\frac{\partial w}{\partial x}=0, \quad \frac{\partial w}{\partial y}+\frac{\partial v}{\partial z}=0$$

从而得

$$\frac{\partial u}{\partial z}=-\frac{\partial w}{\partial x}, \quad \frac{\partial v}{\partial z}=-\frac{\partial w}{\partial y} \tag{11-2}$$

由于$\varepsilon_z=0,\gamma_{zx}=0,\gamma_{yz}=0$,可见中面的法线在薄板弯曲时保持不伸缩,并且成为弹性曲面的法线。因为不计σ_z所引起的应变,所以由物理方程

$$\left.\begin{aligned}\varepsilon_x&=\frac{1}{E}(\sigma_x-\nu\sigma_y)\\ \varepsilon_y&=\frac{1}{E}(\sigma_y-\nu\sigma_x)\\ \gamma_{xy}&=\frac{2(1+\nu)}{E}\tau_{xy}\end{aligned}\right\} \tag{11-3}$$

这就是说,薄板小挠度弯曲问题中的物理方程和薄板平面应力问题中的物理方程是相同的。

(3) 薄板中面内的各点都没有平行于中面的位移,即

$$(u)_{z=0}=0, \quad (v)_{z=0}=0 \tag{11-4}$$

因为$\varepsilon_x=\frac{\partial u}{\partial x},\varepsilon_y=\frac{\partial v}{\partial y},\gamma_{xy}=\frac{\partial v}{\partial x}+\frac{\partial u}{\partial y}$,所以由式(11-4)得出

$$(\varepsilon_x)_{z=0}=0, \quad (\varepsilon_y)_{z=0}=0, \quad (\gamma_{xy})_{z=0}=0$$

这就是说,中面的任意一部分,虽然弯曲成为弹性曲面的一部分,但它在xy面上的投影形状却保持不变。

在上述假定下,板内的应力、应变及其由应力合成的内力都可以用中面的挠度来表示,即

$$u=-\frac{\partial w}{\partial x}z, \quad v=-\frac{\partial w}{\partial y}z, \quad w(x,y,z)=w(x,y,0)=w(x,y)$$

$$\left.\begin{aligned}\varepsilon_x&=\frac{\partial u}{\partial x}=-\frac{\partial^2 w}{\partial x^2}z\\ \varepsilon_y&=\frac{\partial v}{\partial y}=-\frac{\partial^2 w}{\partial y^2}z\\ \gamma_{xy}&=\frac{\partial v}{\partial x}+\frac{\partial u}{\partial y}=-2\frac{\partial^2 w}{\partial x\partial y}z\end{aligned}\right\} \tag{a}$$

弹性曲面在坐标方向的曲率及扭率,即广义应变可以用w表示为

$$\chi=\left\{\begin{array}{l}-\dfrac{\partial^2 w}{\partial x^2}\\-\dfrac{\partial^2 w}{\partial y^2}\\-2\dfrac{\partial^2 w}{\partial x\partial y}\end{array}\right\}=\boldsymbol{L}w \tag{11-5}$$

其中

$$\boldsymbol{L}=\left\{\begin{array}{l}-\dfrac{\partial^2}{\partial x^2}\\-\dfrac{\partial^2}{\partial y^2}\\-2\dfrac{\partial^2}{\partial x\partial y}\end{array}\right\}$$

所以式(a)也可以改写为

$$\boldsymbol{\varepsilon}=\boldsymbol{\chi}z \tag{11-6}$$

其次,将应力分量 $\sigma_x,\sigma_y,\tau_{xy}$ 用 w 来表示。由物理方程(11-3)求解应力分量,得

$$\left.\begin{aligned}\sigma_x&=\frac{E}{1-\nu^2}(\varepsilon_x+\nu\varepsilon_y)\\\sigma_y&=\frac{E}{1-\nu^2}(\varepsilon_y+\nu\varepsilon_x)\\\tau_{xy}&=\frac{E}{2(1+\nu)}\gamma_{xy}\end{aligned}\right\} \tag{b}$$

将式(a)代入式(b),即得所需的表达式

$$\left.\begin{aligned}\sigma_x&=-\frac{Ez}{1-\nu^2}\left(\frac{\partial^2 w}{\partial x^2}+\nu\frac{\partial^2 w}{\partial y^2}\right)\\\sigma_y&=-\frac{Ez}{1-\nu^2}\left(\frac{\partial^2 w}{\partial y^2}+\nu\frac{\partial^2 w}{\partial x^2}\right)\\\tau_{xy}&=-\frac{Ez}{1+\nu}\frac{\partial^2 w}{\partial x\partial y}\end{aligned}\right\} \tag{11-7}$$

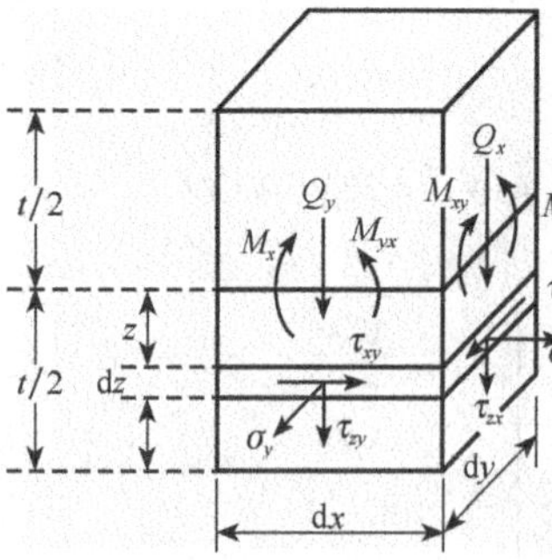

图 11-2

将这些应力沿薄板厚度方向积分合成薄板截面上的内力。为此从薄板内取出一个平行六面体,它的三边的长度分别为 $\mathrm{d}x$, $\mathrm{d}y$ 和 t,如图 11-2 所示。

在 x 为常量的横截面上,作用着应力分量 σ_x, τ_{xy} 和 τ_{xz}。因为 σ_x 及 τ_{xy} 都和 z 成正比,所以它们在薄板全厚度上的代数和分别等于零,只可能分别合成为弯矩及扭矩。

在该横截面的每单位宽度上,应力分量 σ_x 合成为弯矩

$$M_x=\int_{-\frac{t}{2}}^{\frac{t}{2}}(\sigma_x 1\mathrm{d}z)z=\int_{-\frac{t}{2}}^{\frac{t}{2}}z\sigma_x\mathrm{d}z$$

将式(12-7)中的第1式代入,对 z 进行积分,得

$$\begin{aligned}M_x&=-\frac{E}{1-\nu^2}\left(\frac{\partial^2 w}{\partial x^2}+\nu\frac{\partial^2 w}{\partial y^2}\right)\int_{-\frac{t}{2}}^{\frac{t}{2}}z^2\mathrm{d}z\\&=-\frac{Et^3}{12(1-\nu^2)}\left(\frac{\partial^2 w}{\partial x^2}+\nu\frac{\partial^2 w}{\partial y^2}\right)\end{aligned}$$

与此相似,应力分量 τ_{xy} 将合成为扭矩

$$M_{xy}=\int_{-\frac{t}{2}}^{\frac{t}{2}}z\tau_{xy}\mathrm{d}z \tag{c}$$

将式(12-7)中的第3式代入,对 z 进行积分,得

$$M_{xy}=-\frac{E}{1+\nu}\frac{\partial^2 w}{\partial x\partial y}\int_{-\frac{t}{2}}^{\frac{t}{2}}z^2\mathrm{d}z=-\frac{Et^3}{12(1+\nu)}\frac{\partial^2 w}{\partial x\partial y}$$

同样,在 y 为常量的横截面上,每单位宽度内的 σ_y,τ_{xy} 和 τ_{yz} 也分别合成为如下的弯矩、扭矩为

$$M_y=\int_{-\frac{t}{2}}^{\frac{t}{2}}z\sigma_y\mathrm{d}z=-\frac{Et^3}{12(1-\nu^2)}\left(\frac{\partial^2 w}{\partial y^2}+\nu\frac{\partial^2 w}{\partial x^2}\right) \tag{d}$$

$$M_{yx}=\int_{-\frac{t}{2}}^{\frac{t}{2}}z\tau_{yx}\mathrm{d}z=-\frac{Et^3}{12(1+\nu)}\frac{\partial^2 w}{\partial x\partial y}=M_{xy} \tag{e}$$

归纳起来,得到广义应力-应变关系为

$$\left.\begin{aligned}M_x&=-D_0\left(\frac{\partial^2 w}{\partial x^2}+\nu\frac{\partial^2 w}{\partial y^2}\right)\\M_y&=-D_0\left(\frac{\partial^2 w}{\partial y^2}+\nu\frac{\partial^2 w}{\partial x^2}\right)\\M_{xy}&=M_{yx}=-D_0(1-\nu)\frac{\partial^2 w}{\partial x\partial y}\end{aligned}\right\} \tag{11-8}$$

写成矩阵形式为

$$\boldsymbol{m}=\begin{Bmatrix}M_x\\M_y\\M_{xy}\end{Bmatrix}=\boldsymbol{D\chi} \tag{11-9}$$

式中,

$$\boldsymbol{D}=D_0\begin{bmatrix}1 & \nu & 0\\ \nu & 1 & 0\\ 0 & 0 & \dfrac{1-\nu}{2}\end{bmatrix}$$

为薄板弹性矩阵;D_0 为薄板的弯曲刚度,$D_0=\dfrac{Et^3}{12(1-\nu^2)}$。

利用公式(11-7)~式(11-9),应力分量与内力之间的关系为

$$\boldsymbol{\sigma}=\begin{Bmatrix}\sigma_x\\ \sigma_y\\ \tau_{xy}\end{Bmatrix}=\frac{12}{t^3}z\begin{Bmatrix}M_x\\ M_y\\ M_{xy}\end{Bmatrix}=\frac{12}{t^3}z\boldsymbol{m} \tag{11-10}$$

将广义应力应变关系(11-9)和几何关系(11-5)代入平衡方程[7]

$$\frac{\partial^2 M_x}{\partial x^2}+2\frac{\partial^2 M_{xy}}{\partial x\partial y}+\frac{\partial^2 M_y}{\partial y^2}+q=0 \tag{11-11}$$

便得到求解挠度的微分方程

$$D_0\left(\frac{\partial^4 w}{\partial x^4}+2\frac{\partial^4 w}{\partial x^2\partial y^2}+\frac{\partial^4 w}{\partial y^4}\right)=q(x,y) \tag{11-12}$$

式中,$q(x,y)$为作用在板表面 z 方向的分布荷载。

薄板边界条件有以下 3 种类型。

(1) 在 S_1 边界上给定位移 $\bar{w}$ 和截面转动 $\bar{\theta}$,即

$$(w)_{S_1}=\bar{w},\quad \left(\frac{\partial w}{\partial n}\right)_{S_1}=\bar{\theta} \tag{11-13}$$

在特殊情况,S_1 为固支边界时,则有

$$(w)_{S_1}=0,\quad \left(\frac{\partial w}{\partial n}\right)_{S_1}=0$$

(2) 在 S_2 边界上给定位移 $\bar{w}$ 和力矩 $\overline{M}_n$,即

$$(w)_{S_2}=\bar{w},\quad (M_n)_{S_2}=\overline{M}_n \tag{11-14}$$

其中,

$$M_n=-D_0\left(\frac{\partial^2 w}{\partial n^2}+\nu\frac{\partial^2 w}{\partial s^2}\right)$$

在特殊情况,S_2 为简支边界时,则有

$$(w)_{S_2}=0,\quad (M_n)_{S_2}=0$$

以上式中,n,s 分别为边界法向和切向方向的坐标。

(3) 在 S_3 边界上给定力矩 $\overline{M}_n$ 和横向剪力 $\overline{V}$,即

$$(M_n)_{S_3}=\overline{M}_n,\quad \left(Q_n+\frac{\partial M_{ns}}{\partial s}\right)_{S_3}=\overline{V} \tag{11-15}$$

其中,

$$M_{ns}=-D_0(1-\nu)\frac{\partial^2 w}{\partial n\partial s}$$

$$Q_n=\frac{\partial M_n}{\partial n}+\frac{\partial M_{ns}}{\partial s}=-D_0\frac{\partial}{\partial n}\left(\frac{\partial^2 w}{\partial n^2}+\frac{\partial^2 w}{\partial s^2}\right)$$

在特殊情况,S_3 为自由边界时,则有

$$(M_n)_{S_3}=0,\quad \left(Q_n+\frac{\partial M_{ns}}{\partial s}\right)_{S_3}=0$$

与上述微分方程和边界条件相对应的最小势能原理的泛函(即板的总势能)为

$$\Pi=\int_\Omega\left(\frac{1}{2}\boldsymbol{\chi}^{\mathrm{T}}\boldsymbol{D}\boldsymbol{\chi}-wq\right)\mathrm{d}x\mathrm{d}y-\int_{S_3}w\overline{V}\mathrm{d}s-\int_{S_2+S_3}\frac{\partial w}{\partial n}\overline{M}_n\mathrm{d}s \tag{11-16}$$

当第二类边界为简支边界和第三类边界为自由边界时,泛函(11-16)成为

$$\Pi=\int_\Omega\frac{1}{2}\boldsymbol{\chi}^{\mathrm{T}}\boldsymbol{D}\boldsymbol{\chi}\mathrm{d}x\mathrm{d}y-\int_\Omega wq\mathrm{d}x\mathrm{d}y \tag{11-17}$$

式中,第一项为板的应变能;第二项为板的外力势能。

11.2 矩形薄板单元的位移模式

与二维或三维有限元一样,在薄板有限单元法中,首先用四边形或三角形的薄板单元将薄板离散化,如图 11-3(b)所示的矩形单元,板的边长分别为 $2a$ 和 $2b$,4 个角结点分别记为 i,j,m,p。由于相邻单元之间有法向力和力矩的传送,所以必须把结点当成刚接的。每个结点具有 3 个参数(3 个自由度),一个线位移(挠度 w)和两个角位移(绕 x 轴的转角 θ_x 及绕 y 轴的转角 θ_y)。线位移以沿 z 轴正向的为正,角位移则以按右手螺旋规则标出的矢量沿坐标轴正向的为正,即

$$\boldsymbol{a}_i=\begin{Bmatrix}w_i\\ \theta_{xi}\\ \theta_{yi}\end{Bmatrix}=\begin{Bmatrix}w_i\\ \left(\dfrac{\partial w}{\partial y}\right)_i\\ -\left(\dfrac{\partial w}{\partial x}\right)_i\end{Bmatrix}\quad(i,j,m,p) \tag{11-18}$$

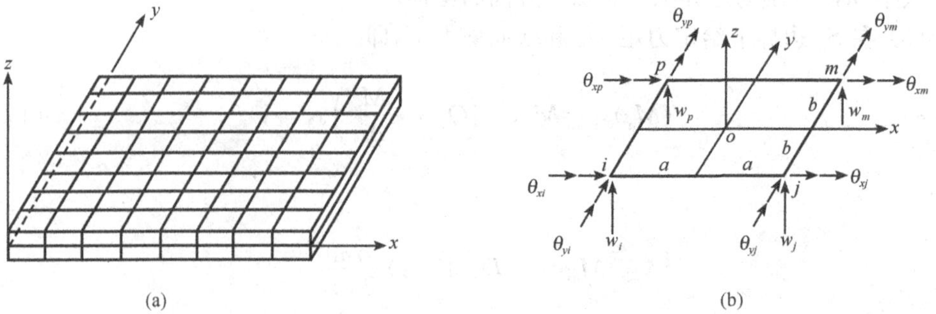

图 11-3

如果某个结点,如 i,是在一个铰支座上,或是在一个支柱的顶上,而这个支柱的弯曲刚度很小,就可以把结点 i 当做一个所谓简支点,认为 $w_i=0$。如果结点 i 是在一个固定支座上,或是在一个支柱的顶上,而这个支柱的弯曲刚度很大,就可以把结点 i 当做一个所谓固支点,认为 $w_i=\theta_{xi}=\theta_{yi}=0$。如果结点 i 是在 x 为常量的一个支承梁上,或是在 y 为常量的一个支承梁上,而支承梁的弯曲刚度很大,并且扭转刚度很小,就可以认为 $w_i=\theta_{xi}=0$ 或 $w_i=\theta_{yi}=0$。在支承梁为边梁的特殊情况下,这就是一个所谓简支边。如果支承梁的弯曲刚度和扭转刚度都很大,就可以认为 $w_i=\theta_{xi}=\theta_{yi}=0$。这就是一个所谓固支边。

单元的结点位移(广义结点位移)列阵为

$$\boldsymbol{a}^e=\begin{Bmatrix}\boldsymbol{a}_i\\ \boldsymbol{a}_j\\ \boldsymbol{a}_m\\ \boldsymbol{a}_p\end{Bmatrix} =[w_i \quad \theta_{xi} \quad \theta_{yi} \quad w_j \quad \theta_{xj} \quad \theta_{yj} \quad w_m \quad \theta_{xm} \quad \theta_{ym} \quad w_p \quad \theta_{xp} \quad \theta_{yp}]^{\mathrm{T}} \tag{11-19}$$

矩形薄板单元有 12 个自由度,因此可以用含有 12 个待定参数的多项式来定义位移函数(挠度)。试取位移模式为

$$\begin{aligned}w=&\alpha_1+\alpha_2x+\alpha_3y+\alpha_4x^2+\alpha_5xy+\alpha_6y^2+\alpha_7x^3+\alpha_8x^2y\\&+\alpha_9xy^2+\alpha_{10}y^3+\alpha_{11}x^3y+\alpha_{12}xy^3\end{aligned} \tag{11-20}$$

在结点 $i(-a,-b)$,应当有

$$\left.\begin{aligned}w_i=&\alpha_1-a\alpha_2-b\alpha_3+a^2\alpha_4+ab\alpha_5+b^2\alpha_6-a^3\alpha_7-a^2b\alpha_8-ab^2\alpha_9\\&-b^3\alpha_{10}+a^3b\alpha_{11}+ab^3\alpha_{12}\\ \theta_{xi}=&\left(\frac{\partial w}{\partial y}\right)_i=\alpha_3-a\alpha_5-2b\alpha_6+a^2\alpha_8+2ab\alpha_9+3b^2\alpha_{10}-a^3\alpha_{11}-3ab^2\alpha_{12}\\ -\theta_{yi}=&\left(\frac{\partial w}{\partial x}\right)_i=\alpha_2-2a\alpha_4-b\alpha_5+3a^2\alpha_7+2ab\alpha_8+b^2\alpha_9-3a^2b\alpha_{11}-b^3\alpha_{12}\end{aligned}\right\} \tag{11-21}$$

在结点 j,m,p,也各有与式(11-21)类似的 3 个方程。由这 12 个方程联立求解,得出

$\alpha_1,\cdots,\alpha_{12}$，再代入式(11-20)，整理以后，得到

$$
\begin{aligned}
w=&N_iw_i+N_{xi}\theta_{xi}+N_{yi}\theta_{yi}+N_jw_j+N_{xj}\theta_{xj}+N_{yj}\theta_{yj}\\
&+N_mw_m+N_{xm}\theta_{xm}+N_{ym}\theta_{ym}+N_pw_p+N_{xp}\theta_{xp}+N_{yp}\theta_{yp}
\end{aligned}
\tag{11-22}
$$

式中，形函数 $N_i,N_{xi},\cdots,N_{yp}$ 为 x 和 y 的非完整四次多项式为

$$
\left.
\begin{aligned}
&N_i=\frac{1}{8}(1+\xi_i\xi)(1+\eta_i\eta)(2+\xi_i\xi+\eta_i\eta-\xi^2-\eta^2)\\
&N_{xi}=-\frac{1}{8}b\eta_i(1+\xi_i\xi)(1+\eta_i\eta)^2(1-\eta_i\eta),\quad (i,j,m,p)\\
&N_{yi}=\frac{1}{8}a\xi_i(1+\xi_i\xi)^2(1-\xi_i\xi)(1+\eta_i\eta)
\end{aligned}
\right\}
\tag{11-23}
$$

其中，

$$
\xi=\frac{x}{a},\quad \eta=\frac{y}{b}
$$

将式(11-22)写成矩阵形式

$$
w=\boldsymbol{Na}^e \tag{11-24}
$$

其中

$$
\begin{aligned}
\boldsymbol{N}&=[\boldsymbol{N}_i\quad \boldsymbol{N}_j\quad \boldsymbol{N}_m\quad \boldsymbol{N}_p]\\
&=[N_i\quad N_{xi}\quad N_{yi}\quad N_j\quad N_{xj}\quad N_{yj}\quad N_m\quad N_{xm}\quad N_{ym}\quad N_p\quad N_{xp}\quad N_{yp}]
\end{aligned}
\tag{11-25}
$$

现在分析位移模式(11-24)的收敛性。整个薄板的位移完全由中面的位移确定，而中面又只有 z 方向的位移，即挠度 w。因此，中面可能有的刚体位移就只是沿 z 方向的刚体移动以及绕 x 轴和 y 轴的刚体转动。在式(11-20)中，α_1 是不随坐标而变的 z 方向的移动，所以它就代表薄板单元在 z 方向的刚体移动；$-\alpha_2$ 及 α_3 分别为不随坐标而变的、绕 y 轴及 x 轴的转角 θ_y 及 θ_x，所以它们就代表薄板单元的刚体转动。也就是说，位移模式中的前 3 项完全反映了薄板单元的刚体位移。另外，薄板内所有各点的应变由广义应变 $\boldsymbol{\chi}$ 完全确定。将式(11-20)代入式(11-5)以后，可见 $\boldsymbol{\chi}$ 的 3 个元素中分别有不随坐标而变的 $-2\alpha_4,-2\alpha_6,-2\alpha_5$。这就是说，位移模式中的 3 个二次式的项完全反映了常量的应变。

可见位移模式满足完备性要求，即有限元收敛性的必要条件。

再来考察相邻单元之间的位移连续条件。有限元连续性(协调)提法是：如果在泛函中出现的最高阶导数是 m 阶，则插值函数在单元交界面上必须具有 C_{m-1} 连续，即在相邻单元交界面的位移函数应具有直至 $m-1$ 阶的连续导数。当单元的插值函数满足该要求时，称这样的单元是协调的，否则是非协调的。据此，二维、三维问题的插值函数应具有 C_0 连续性，即只需位移在相邻单元交界面上要保持连续。对于板壳问题，由于泛函中包含了挠度的二阶导数，所以插值函数应具有 C_1 连续性，即挠度及其一阶导数在相邻单元交界面上要保持连续。

以 ij 边为例,y 是常量,w 是 x 的三次式,所以 w_i,w_j,$\theta_{yi}=-\left(\frac{\partial w}{\partial x}\right)_i$ 和 $\theta_{yj}=-\left(\frac{\partial w}{\partial x}\right)_j$ 这 4 个数量可以完全确定它。既然以 ij 为共同边界的两个相邻单元在 i 点和 j 点具有相同的上述 4 个数量,2 个单元的这个边界将成为完全相同的一根三次曲线,因而保证了这 2 个单元之间的挠度 w 及转角 θ_y 的连续。另一方面,在 ij 这个边界上,$\theta_x=\frac{\partial w}{\partial y}$也是 x 的三次式,也需要 4 个条件才可以完全确定它。可是,现在只有 i 点和 j 点的 $\theta_{xi}=\left(\frac{\partial w}{\partial y}\right)_i$ 和 $\theta_{xj}=\left(\frac{\partial w}{\partial y}\right)_j$ 两个数量相等,而不能完全确定它。因此,在 ij 两边的相邻单元并不是在整个共同边界上都具有相同的 θ_x,而具有差异。也就是说,这种单元是非协调的。对于非协调单元需要通过分片检验才能判断解答是否收敛。所谓分片检验是指:当赋予单元片(至少包含一个内结点,如结点 i)边界结点与常应变状态相应的位移值和荷载值时,求解单元片的有限元方程,可得到内部结点 i 的位移值 $\boldsymbol{a}_i$,若 $\boldsymbol{a}_i$ 与常应变状态一致,则认为通过分片检验,此时单元能满足常应变要求,有限元解是收敛的;若 $\boldsymbol{a}_i$ 与常应变状态不一致,则没有通过分片检验,如果不能通过分片检验,则解答不收敛。理论和已有的实际计算结果已证明矩形单元是能够通过分片检验的,因此当单元逐步取小的时候,解答是能够收敛于正确解答的。

11.3 矩形薄板单元的刚度矩阵与荷载列阵

将位移模式(11-24)代入薄板弯曲问题中的几何方程(11-5),得

$$\boldsymbol{\chi}=\boldsymbol{L}w=\boldsymbol{L}\boldsymbol{N}\boldsymbol{a}^e=\boldsymbol{B}\boldsymbol{a}^e \tag{11-26}$$

式中,$\boldsymbol{B}$ 为薄板单元的应变矩阵,即

$$\boldsymbol{B}=-\begin{bmatrix}\frac{\partial^2 N_i}{\partial x^2} & \frac{\partial^2 N_{xi}}{\partial x^2} & \cdots & \frac{\partial^2 N_{yp}}{\partial x^2}\\ \frac{\partial^2 N_i}{\partial y^2} & \frac{\partial^2 N_{xi}}{\partial y^2} & \cdots & \frac{\partial^2 N_{yp}}{\partial y^2}\\ 2\frac{\partial^2 N_i}{\partial x\partial y} & 2\frac{\partial^2 N_{xi}}{\partial x\partial y} & \cdots & 2\frac{\partial^2 N_{yp}}{\partial x\partial y}\end{bmatrix} \tag{11-27}$$

再将式(11-26)代入式(11-9),得

$$\boldsymbol{m}=\begin{Bmatrix}M_x\\ M_y\\ M_{xy}\end{Bmatrix}=\boldsymbol{D}\boldsymbol{\chi}=\boldsymbol{D}\boldsymbol{B}\boldsymbol{a}^e=\boldsymbol{S}\boldsymbol{a}^e \tag{11-28}$$

式中,$\boldsymbol{S}$ 为薄板单元的内力矩阵,即

$$\boldsymbol{S}=\boldsymbol{DB}=-\frac{Et^3}{12(1-\nu^2)}\begin{bmatrix}1 & \nu & 0\\ \nu & 1 & 0\\ 0 & 0 & \frac{1-\nu}{2}\end{bmatrix}\begin{bmatrix}\frac{\partial^2 N_i}{\partial x^2} & \frac{\partial^2 N_{xi}}{\partial x^2} & \cdots & \frac{\partial^2 N_{yp}}{\partial x^2}\\ \frac{\partial^2 N_i}{\partial y^2} & \frac{\partial^2 N_{xi}}{\partial y^2} & \cdots & \frac{\partial^2 N_{yp}}{\partial y^2}\\ 2\frac{\partial^2 N_i}{\partial x\partial y} & 2\frac{\partial^2 N_{xi}}{\partial x\partial y} & \cdots & 2\frac{\partial^2 N_{yp}}{\partial x\partial y}\end{bmatrix}$$

按照式(11-23)求出上式中的各个二阶导数，依次将 i,j,m,p 4 个结点的坐标代入，求出乘积，即得 4 个结点处的内力矩阵为

$$\boldsymbol{S}_i=\frac{Et^3}{48ab(1-\nu^2)}\begin{bmatrix}6\left(\frac{b}{a}+\nu\frac{a}{b}\right) & 8\nu a & -8b & -6\frac{b}{a} & 0 & -4b & 0 & 0 & 0 & -6\nu\frac{a}{b} & 4\nu a & 0\\ 6\left(\frac{a}{b}+\nu\frac{b}{a}\right) & 8a & -8\nu b & -6\nu\frac{b}{a} & 0 & -4\nu b & 0 & 0 & 0 & -6\frac{a}{b} & 4a & 0\\ 1-\nu & 2(1-\nu)b & -2(1-\nu)a & -(1-\nu) & -2(1-\nu)b & 0 & 1-\nu & 0 & 0 & -(1-\nu) & 0 & 2(1-\nu)a\end{bmatrix} \tag{11-29}$$

$$\boldsymbol{S}_j=\frac{Et^3}{48ab(1-\nu^2)}\begin{bmatrix}-6\frac{b}{a} & 0 & 4b & 6\left(\frac{b}{a}+\nu\frac{a}{b}\right) & 8\nu a & 8b & 8b & -6\nu\frac{a}{b} & 4\nu a & 0 & 0 & 0\\ -6\nu\frac{b}{a} & 0 & 4\nu b & 6\left(\frac{a}{b}+\nu\frac{b}{a}\right) & 8a & 8\nu b & -6\frac{a}{b} & 4a & 0 & 0 & 0 & 0\\ 1-\nu & 2(1-\nu)b & 0 & -(1-\nu) & -2(1-\nu)b & -2(1-\nu)a & 1-\nu & 0 & 2(1-\nu)a & -(1-\nu) & 0 & 0\end{bmatrix} \tag{11-30}$$

$$\boldsymbol{S}_m=\frac{Et^3}{48ab(1-\nu^2)}\begin{bmatrix}0 & 0 & 0 & -6\nu\frac{b}{a} & -4\nu a & 0 & 6\left(\frac{b}{a}+\nu\frac{a}{b}\right) & -8\nu a & 8b & -6\frac{b}{a} & 0 & 4b\\ 0 & 0 & 0 & -6\frac{b}{a} & -4a & 0 & 6\left(\frac{a}{b}+\nu\frac{b}{a}\right) & -8a & 8\nu b & -6\nu\frac{b}{a} & 0 & 4\nu b\\ 1-\nu & -2(1-\nu)b & 2(1-\nu)a & -(1-\nu) & 2(1-\nu)b & 0 & 1-\nu & -2(1-\nu)b & 0 & -(1-\nu) & 2(1-\nu)b & 2(1-\nu)a\end{bmatrix} \tag{11-31}$$

$$\boldsymbol{S}_p=\frac{Et^3}{48ab(1-\nu^2)}\begin{bmatrix}-6\nu\frac{a}{b} & -4\nu a & 0 & 0 & 0 & 0 & -6\frac{b}{a} & 0 & -4b & 6\left(\frac{b}{a}+\nu\frac{a}{b}\right) & -8\nu a & -8b\\ -6\frac{a}{b} & -4a & 0 & 0 & 0 & 0 & -6\nu\frac{b}{a} & 0 & -4\nu b & 6\left(\frac{a}{b}+\nu\frac{b}{a}\right) & -8a & -8\nu b\\ 1-\nu & 0 & -2(1-\nu)a & -(1-\nu) & 0 & 0 & 1-\nu & -2(1-\nu)b & 0 & -(1-\nu) & 2(1-\nu)b & 2(1-\nu)a\end{bmatrix} \tag{11-32}$$

将式(11-26)代入式(11-17)，得离散化以后板的总势能为

$$\begin{aligned}\Pi&=\sum_e\int_{\Omega^e}\frac{1}{2}\boldsymbol{\chi}^{\mathrm{T}}\boldsymbol{D}\boldsymbol{\chi}\,\mathrm{d}x\mathrm{d}y-\sum_e\int_{\Omega^e}wq\,\mathrm{d}x\mathrm{d}y\\ &=\sum_e\frac{1}{2}(\boldsymbol{a}^e)^{\mathrm{T}}\left(\int_{\Omega^e}\boldsymbol{B}^{\mathrm{T}}\boldsymbol{DB}\,\mathrm{d}x\mathrm{d}y\right)\boldsymbol{a}^e-\sum_e(\boldsymbol{a}^e)^{\mathrm{T}}\int_{\Omega^e}\boldsymbol{N}^{\mathrm{T}}q\,\mathrm{d}x\mathrm{d}y\end{aligned} \tag{11-33}$$

可见，单元的刚度矩阵和等效结点荷载分别为

$$\boldsymbol{k}=\int_{\Omega^e}\boldsymbol{B}^{\mathrm{T}}\boldsymbol{DB}\,\mathrm{d}x\mathrm{d}y \tag{11-34}$$

$$\boldsymbol{R}^e=\int_{\Omega^e}\boldsymbol{N}^{\mathrm{T}}q\,\mathrm{d}x\mathrm{d}y \tag{11-35}$$

将 $\boldsymbol{B}$ 的表达式(11-27)代入式(11-34),展开以后,将各个元素分别对 x 积分从 $-a$ 到 a,对 y 积分从 $-b$ 到 b,整理以后,便可求得单元刚度矩阵,这里从略。

下面给出几个常用的荷载所引起的单元等效结点荷载。

设矩形薄板单元与各个结点位移相应的等效结点荷载用列阵表示为

$$\boldsymbol{R}^e=[Z_i \quad T_{xi} \quad T_{yi} \quad Z_j \quad T_{xj} \quad T_{yj} \quad Z_m \quad T_{xm} \quad T_{ym} \quad Z_p \quad T_{xp} \quad T_{yp}]^{\mathrm{T}}$$

在单元 $ijmp$ 上的任意一点(x,y)受法向集中荷载 P 作用(图 11-4)。相应的等效结点荷载为

$$\boldsymbol{R}^e=\boldsymbol{N}^{\mathrm{T}}P \tag{11-36}$$

式中,P 为该集中荷载的大小;$\boldsymbol{N}$ 为集中力作用点处的函数值。

当荷载 P 作用在单元的中心,即 $x=y=0$ 时,由式(11-36)计算得荷载列阵为

$$\boldsymbol{R}^e=P\begin{bmatrix}\frac{1}{4} & \frac{b}{8} & -\frac{a}{8} & \frac{1}{4} & \frac{b}{8} & \frac{a}{8} & \frac{1}{4} & -\frac{b}{8} & \frac{a}{8} & \frac{1}{4} & -\frac{b}{8} & -\frac{a}{8}\end{bmatrix}^{\mathrm{T}} \tag{a}$$

即

$$Z_i=Z_j=Z_m=Z_p=\frac{p}{4}$$

$$T_{xi}=T_{xj}=-T_{xm}=-T_{xp}=\frac{Pb}{8}$$

$$-T_{yi}=T_{yj}=T_{ym}=-T_{yp}=\frac{Pa}{8}$$

如图 11-5 所示。在这里,移置到各结点的荷载,除了法向荷载以外,还有力矩荷载。但是,这些力矩荷载随着 a 和 b 的减小而减小;在较小的单元中,它们对位移及内力的影响将远小于法向荷载的影响。因此,在实际计算时,可以将力矩荷载略去不计,于是荷载列阵(a)简化为

$$\boldsymbol{R}^e=P\begin{bmatrix}\frac{1}{4} & 0 & 0 & \frac{1}{4} & 0 & 0 & \frac{1}{4} & 0 & 0 & \frac{1}{4} & 0 & 0\end{bmatrix}^{\mathrm{T}} \tag{b}$$

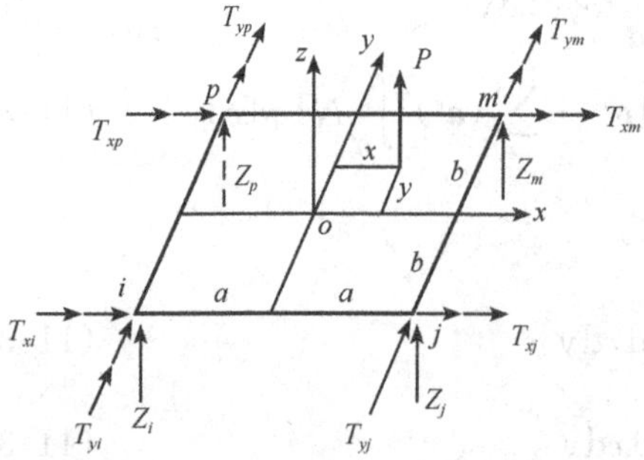

图 11-4

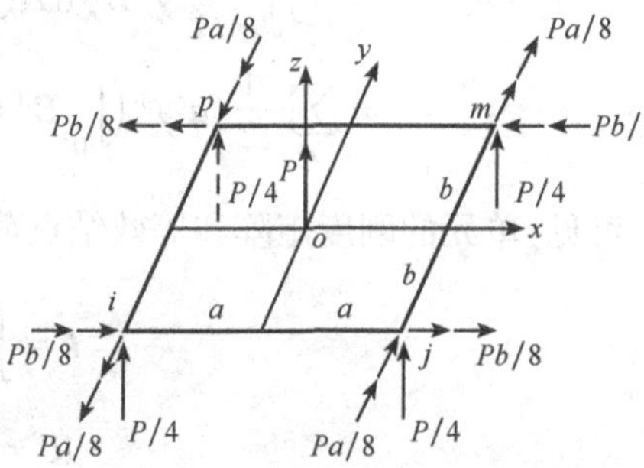

图 11-5

也就是说，只需将荷载的$\frac{1}{4}$移置到每个结点。

当单元上受均匀分布荷载为时，荷载集度 q 为常量 q_0，由式(11-35)得

$$\begin{aligned}\boldsymbol{R}&=q_0\int_{-a}^{a}\int_{-b}^{b}\boldsymbol{N}^{\mathrm{T}}\mathrm{d}x\mathrm{d}y\\&=q_0\int_{-a}^{a}\int_{-b}^{b}[N_i\quad N_{xi},\cdots,N_{yp}]^{\mathrm{T}}\mathrm{d}x\mathrm{d}y\end{aligned}$$

将式(11-23)代入后，对每个元素进行积分，得

$$\boldsymbol{R}^e=4q_0ab\begin{bmatrix}\frac{1}{4} & \frac{b}{12} & -\frac{a}{12} & \frac{1}{4} & \frac{b}{12} & \frac{a}{12} & \frac{1}{4} & -\frac{b}{12} & \frac{a}{12} & \frac{1}{4} & -\frac{b}{12} & -\frac{a}{12}\end{bmatrix}^{\mathrm{T}}$$

根据与上相同的理由，在实际计算时，可将上式简化为

$$\boldsymbol{R}^e=4q_0ab\begin{bmatrix}\frac{1}{4} & 0 & 0 & \frac{1}{4} & 0 & 0 & \frac{1}{4} & 0 & 0 & \frac{1}{4} & 0 & 0\end{bmatrix}^{\mathrm{T}} \tag{11-37}$$

它仍然表示只需将总荷载 $4q_0ab$ 的$\frac{1}{4}$移置到每个结点。

如果单元受有在 x 方向按线性变化的法向荷载，在 i 及 p 处为零，而在 j 及 m 处为 q_1，则

$$q=\frac{q_1}{2a}(x+a)=\frac{q_1}{2}\left(1+\frac{x}{a}\right)$$

于是由式(11-35)得

$$\boldsymbol{R}^e=\frac{q_1}{2}\iint\boldsymbol{N}^{\mathrm{T}}\left(1+\frac{x}{a}\right)\mathrm{d}x\mathrm{d}y$$

经积分，并略去力矩荷载，即得

$$\boldsymbol{R}^e=2q_1ab\begin{bmatrix}\frac{3}{20} & 0 & 0 & \frac{7}{20} & 0 & 0 & \frac{7}{20} & 0 & 0 & \frac{3}{20} & 0 & 0\end{bmatrix}^{\mathrm{T}} \tag{11-38}$$

它表示需将总荷载的$\frac{3}{20}$移置列结点 i 及 p，$\frac{7}{20}$移置到结点 j 及 m。对于在 y 方向按线性变化的法向荷载，也必然得出与此相似的结果。

有了单元刚度矩阵和单元等效结点荷载的计算公式(11-34)和式(11-35)，就可以按标准化集成板的整体刚度矩阵和整体结点荷载，从而建立有限元求解方程

$$\boldsymbol{Ka}=\boldsymbol{R} \tag{11-39}$$

考虑位移约束条件以后，求解该方程，得到广义结点位移 $\boldsymbol{a}$，再由式(11-26)和式(11-28)求出广义应变和内力。

11.4　用矩形薄板单元进行计算的实例

用矩形单元计算薄板弯曲问题，由于采用了较高次的位移模式，收敛情况是很好的。即使用较疏的网格，也能得出较精确的成果。

1. 边界支撑的薄板

设有四边固定的正方形薄板，在中点受集中荷载 P(图 11-6)。用 2×2 的网格进行计算。由于对称，只有一个基本未知量 w_i。在单元 $ijmp$ 上，只需用到刚度矩阵中的第 1 行第 1 列元素，i 结点的平衡方程为

$$\frac{D_0}{30ab}\left(21-6\nu+30\frac{b^2}{a^2}+30\frac{a^2}{b^2}\right)w_i=-\frac{p}{4}$$

取 $\nu=0.3$，并用 a 代替 b，解得

$$w_i=-\frac{Pa^2}{10.56D_0}=-\frac{0.00592PL^2}{D_0}$$

与级数解 $-0.00560PL^2/D_0$ 相差约 6%。

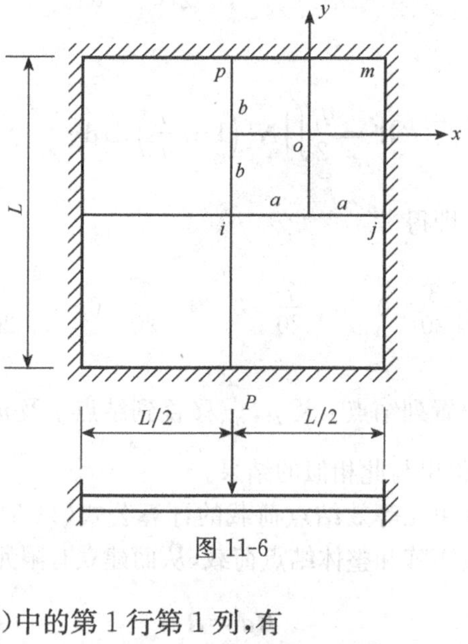

图 11-6

按照内力矩阵(11-30)中的第 1 行第 1 列，有

$$(M_x)_j=\frac{Et^3}{48ab(1-\nu^2)}\left(-6\frac{b}{a}\right)w_i$$

$$=\frac{D_0}{4ab}\left(-6\frac{b}{a}\right)w_i=-\frac{1.5}{a^2}D_0w_i$$

将已求得的 w_i 代入，即得

$$(M_x)_j = 0.142P$$

与级数解 0.126P 相差约 13%。

对四边固定及四边简支的、受均布荷载 q 或中央集中荷载 P 的正方形薄板，当 ν=0.3 时，用矩形单元算出的最大挠度 w_{max}，如表 11-1 所示。表 11-1 中的 L 是薄板的边长，D_0 是薄板的弯曲刚度。由表 11-1 可见，收敛情况是很好的。

表 11-1 边界支撑的正方形薄板的最大挠度

单元数	结点数	四边固定		四边简支	
		均布荷载	集中荷载	均布荷载	集中荷载
		$w_{max}/qL^4/D_0$	$w_{max}/PL^2/D_0$	$w_{max}/qL^4/D_0$	$w_{max}/PL^2/D_0$
2×2	9	0.001 48	0.005 92	0.003 45	0.0138
4×4	25	0.001 40	0.006 13	0.003 94	0.0123
8×8	81	0.001 30	0.005 80	0.004 03	0.0118
12×12	169	0.00128	0.00571	0.004 05	0.0117
16×16	289	0.001 27	0.005 67	0.004 06	0.0116
级数解		0.001 26	0.005 60	0.004 06	0.0116

2. 在角点支撑的薄板

对于在角点支撑的薄板，由于靠近角点处的应力集中，是不容易求得精确解答的。即使是对于这种薄板，用有限单元法求解时，仍然可以用较疏的网格而得出较好的成果。表 11-2 中给出了均布荷载作用下四角点支撑的正方形薄板的挠度及弯矩。表 11-2 中的 L 是边长，D_0 是弯曲刚度。

表 11-2 角点支撑的正方形薄板的挠度及弯矩

单元数	边界中点		薄板中心	
	$w/qL^4/D_0$	M/qL^2	$w/qL^4/D_0$	M/qL^2
2×2	0.0126	0.139	0.0176	0.095
4×4	0.0165	0.149	0.0232	0.108
6×6	0.0173	0.150	0.0244	0.109
级数解	0.0170	0.140	0.0265	0.109

3. 连续板

图 11-7 为一连续板，右边一跨受有均布荷载 5N/cm^2，厚度 t=1cm，弹性模量 $E=2\times10^5$MPa，泊松系数 ν=0.3。由于对称，只计算一半，用 12×6 的网格。在 y=0 的各结点上，取 θ_x=0。表 11-3～表 11-5 示出一部分计算成果。

为了和级数解相比，根据上述成果的叠加，求出两跨均受荷载 5N/cm^2 时的挠度和弯

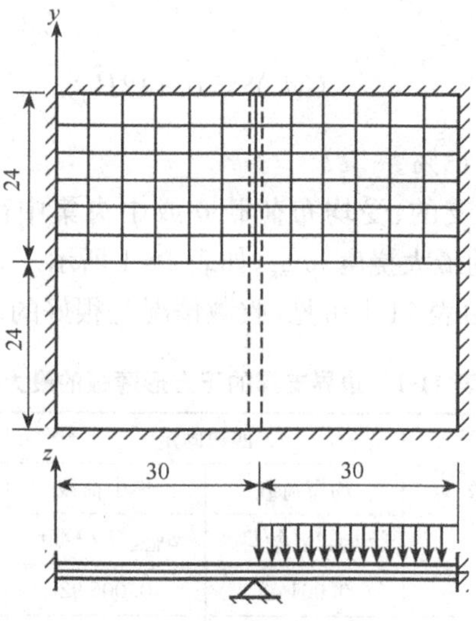

图 11-7

矩(这时每一跨都成为四边固定的薄板,因为这时在 $x=30\text{cm}$ 处有 $\theta_y=0$)。在 $y=0$ 而 $x=15\text{cm}$ 处,挠度为 $w=(1.52-6.71)\times10^{-3}=-5.19\times10^{-3}\text{cm}$,与级数解 $-5.08\times10^{-3}\text{cm}$ 相差约 2%。在 $x=y=0$ 处,弯矩 M_x 为 $M_x=-48+391=343\text{N}$,与级数解 351N 相差约 3%。在 $y=24\text{cm}$ 而 $x=15\text{cm}$ 处,弯矩 M_y 为 $M_y=-43+294=251\text{N}$,与级数解 257N 相差约 2%。

表 11-3　在 $y=0$ 处的挠度

结点的 x/cm	0	5	10	15	20	25	30	35	40	45	50	55	60
挠度 /$\times10^{-3}$cm	0.00	0.27	0.87	1.52	1.93	1.65	0.00	−3.29	−6.05	−6.71	−4.99	−1.91	0.00

表 11-4　在 $y=0$ 处的 M_x

结点的 x/cm	0	5	10	15	20	25	30	35	40	45	50	55	60
弯矩 M_x/×10N	−4.8	−21.9	−0.1	2.2	5.4	10.1	17.1	−6.7	−18.5	−20.5	−13.0	5.6	39.1

表 11-5　在 $y=24$ 处的 M_y

结点的 x/cm	0	5	10	15	20	25	30	35	40	45	50	55	60
弯矩 M_y/×10N	0.0	−0.4	−2.1	−4.3	−6.4	−6.7	0.0	15.0	26.8	29.4	22.4	8.9	0.0

4. 变厚度板

图 11-8(a)为一变厚度板,四边简支,中间部分的厚度为 0.5m,其余部分的厚度为 0.3m,受均布荷载 $1.5\times10^{-2}\text{MPa}$。由于对称,只计算 $\frac{1}{4}$,用 6×8 的网格。取弹性模量 $E=$

2×10^4 MPa，泊松系数 $\nu=0.17$。在厚度有突变之处，内力也有突变。因此在用绕结点平均法整理内力时，只能对厚度相同的单元中的内力取平均值。图 11-8(b)示出 $y=0$ 处的弯矩图，图 11-8(c)示出 $x=0$ 处的弯矩图，弯矩的单位为 10kN。

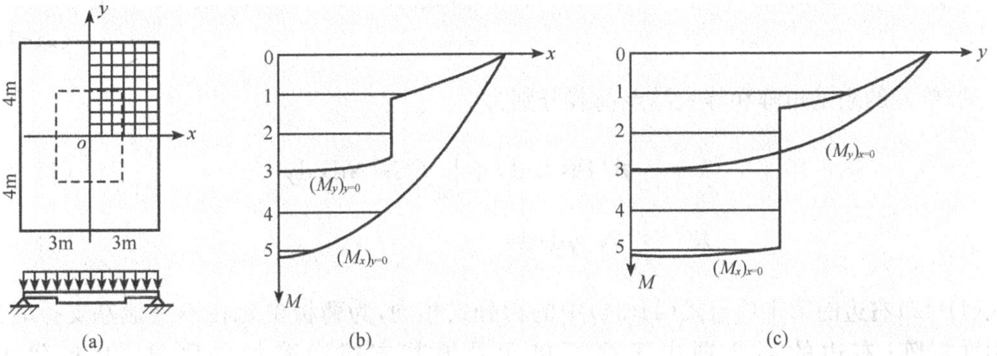

图 11-8

11.5　文克勒地基上的薄板

所谓文克勒地基，是指符合文克勒假定的地基。该假定认为地基表面所受的压力 P 与表面的沉陷 w 成正比，用公式表示为

$$p=k_0 w \tag{11-40}$$

式中，比例常数 k_0 为垫层系数或基床系数，也称为抗力系数，它的单位是 $\mathrm{MPa/m^3}$ 或 $\mathrm{N/cm^3}$。

在 60 年代，用有限单元法计算文克勒地基上的薄板时，曾进行如下的简单处理：将薄板划分成为单元以后，把每个结点领域内的地基当做一个弹性支柱，即杆件单元。后来发现，计算结果与级数解相差很大，有时竟得出完全不合理的结果。这是因为，薄板单元的位移模式是非线性模式，弯曲以后成为曲面，因此不能保证薄板与地基保持连续接触，而它们只是在结点处互相接触。合理的做法还是要从变分原理出发导出计算公式并建立求解方程。

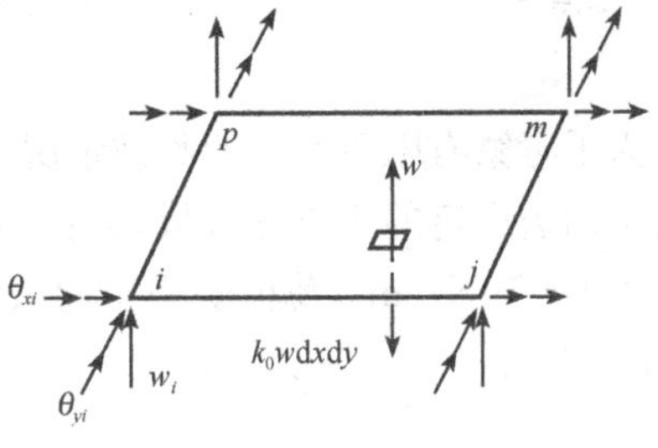

图 11-9

取出一个薄板单元 $ijmp$(图 11-9)，它除了板面受有实际的外力 $q(x,x)$ 以外，还受有地基所施的实际反力 p。如果该单元在任一点处的实际挠度是 w，而地基与薄板单元保持连续接触，则地基表面在该点的沉陷也应当是 w。按照文克勒假定，地基与薄板在该点相互作用的反力是 $p=k_0 w$，而在该点的微分面积上，薄板将受有实际的外力 $k_0 w\,\mathrm{d}x\,\mathrm{d}y$。要注意该反力与板的挠度 w 方向相反。

此时板的总势能为

$$\Pi=\sum_{e}\int_{\Omega^e}\frac{1}{2}\boldsymbol{\chi}^{\mathrm{T}}\boldsymbol{D}\boldsymbol{\chi}\,\mathrm{d}x\mathrm{d}y-\sum_{e}\int_{\Omega^e}wq\,\mathrm{d}x\mathrm{d}y+\sum_{e}\int_{\Omega^e}\frac{1}{2}k_0ww\,\mathrm{d}x\mathrm{d}y$$

$$=\sum_{e}\frac{1}{2}(\boldsymbol{a}^e)^{\mathrm{T}}\left(\int_{\Omega^e}\boldsymbol{B}^{\mathrm{T}}\boldsymbol{D}\boldsymbol{B}\,\mathrm{d}x\mathrm{d}y\right)\boldsymbol{a}^e+\sum_{e}\frac{1}{2}(\boldsymbol{a}^e)^{\mathrm{T}}\left(\int_{\Omega^e}k_0\boldsymbol{N}^{\mathrm{T}}\boldsymbol{N}\,\mathrm{d}x\mathrm{d}y\right)\boldsymbol{a}^{\mathrm{e}}-\sum_{\mathrm{e}}(\boldsymbol{a}^e)^{\mathrm{T}}\int_{\Omega^e}\boldsymbol{N}^{\mathrm{T}}q\,\mathrm{d}x\mathrm{d}y \tag{11-41}$$

可见,单元的刚度矩阵和等效结点荷载分别为

$$\boldsymbol{k}=\int_{\Omega^e}\boldsymbol{B}^{\mathrm{T}}\boldsymbol{D}\boldsymbol{B}\,\mathrm{d}x\mathrm{d}y+\int_{\Omega^e}k_0\boldsymbol{N}^{\mathrm{T}}\boldsymbol{N}\,\mathrm{d}x\mathrm{d}y \tag{11-42}$$

$$\boldsymbol{R}^e=\int_{\Omega^e}\boldsymbol{N}^{\mathrm{T}}q\,\mathrm{d}x\mathrm{d}y \tag{11-43}$$

式(11-42)右边的第 1 项与式(11-34)中的积分式相同,为薄板单元在不受地基支撑时的刚度矩阵;右边的第 2 项由于薄板单元受地基支撑而附加的刚度,用 $\boldsymbol{k}'$ 代表。式(11-43)所示的结点荷载也与原来的一样,式(11-35)。于是,在计算文克勒地基上的薄板时,只要在原来的单元刚度矩阵中加上附加刚度矩阵 $\boldsymbol{k}'$ 即可,其他的所有计算都不变。附加刚度矩阵 $\boldsymbol{k}'$ 可以通过积分显示地计算出来,如下式所示:

$$\boldsymbol{k}'=\frac{k_0ab}{6300}\begin{bmatrix}
3454 & & & & & & & & & & & \\
922b & 320b^2 & & & & & & & & & & \\
-922a & -252ab & 320a^2 & & & & & & & & & \\
1226 & 398b & -548a & 3454 & & & & & & & & \\
398b & 160b^2 & -168ab & 922b & 320b^2 & & \text{对称} & & & & & \\
548a & 168ab & -240a^2 & 922a & 252ab & 320a^2 & & & & & & \\
394 & 232b & -232a & 1226 & 548b & 398a & 3454 & & & & & \\
-232b & -120b^2 & 112ab & -548b & -240b^2 & -168ab & -922b & 320b^2 & & & & \\
232a & 112ab & -120a^2 & 398a & 168ab & 160a^2 & 922a & -252ab & 320a^2 & & & \\
1226 & 548b & -398a & 394 & 232b & 232a & 1226 & -398b & 548a & 3454 & & \\
-548b & -240b^2 & 168ab & -232a & -120b^2 & -112ab & -398b & 160b^2 & -168ab & -922b & 320b^2 & \\
-398a & -168ab & 160a^2 & -232a & -112ab & -120a^2 & -548a & 168ab & -240a^2 & -922a & 252ab & 320a^2
\end{bmatrix} \tag{11-44}$$

为了考察有限单元解的收敛情况及计算精度,计算了有级数解的两个实例。第 1 个实例是四边固定的正方形薄板,边长 100cm,厚 1cm,$E=2\times10^5$MPa,$\nu=0.3$,地基的垫层系数为 $k=50\mathrm{N/cm^3}$,薄板受均布荷载 $1\mathrm{N/cm^2}$。计算结果用绕结点平均法整理以后,如表 11-6 所示。

表 11-6 四边固定的正方形薄板

网　格	板中心处的挠度 /cm	板中心处的弯矩 /×10N	边中点处的弯矩 /×10N
2×2	−0.0251	−14.36	11.05
4×4	−0.0210	−5.02	16.43
8×8	−0.0205	−4.85	19.33
12×12	−0.0205	−4.84	20.02
级数解	−0.0205	−4.84	20.72

第2个实例是四边简支的正方形薄板，边长20m，厚2m，$E=1.8\times10^4$MPa，$\nu=0.16$，地基的垫层系数为$k_0=7500$kN/m³，受均布荷载30kN/m²。计算结果用绕结点平均法整理以后，如表11-7所示。

表11-7 四边简支的正方形薄板

网格	板中心处的挠度 /m	板中心处的弯矩 /×10kN	边中点处的弯矩 /×10kN	角点处的扭矩 /×10kN
2×2	−0.001 027	−49.10	8.74	17.59
4×4	−0.001 202	−40.21	1.53	31.75
8×8	−0.001 245	−39.88	0.21	36.39
12×12	−0.001 251	−39.87	0.06	37.41
级数解	−0.001 257	−39.86	0.00	37.66

由以上的两个实例可见，收敛情况是很好的，计算结果的精度是令人满意的。

再介绍一个工程实例。某一建筑物的混凝土底板，长20.6m，宽17.2m，厚0.65m，它的四分之一如图11-10所示，承受均布荷载5.3kN/m²及柱基传来的荷载326kN。地基的基床系数k_0提供为5200kN/m³。取底板的弹性模量$E=2\times10^4$MPa，泊松系数$\nu=0.17$。采用网格如图11-10所示，把底板在柱基下面的部分取为一个单元，并假定柱基荷载也是均布荷载，$q=\dfrac{326}{0.6\times0.8}=679$kN/m²。算出的地基沉陷如图11-11所示，弯矩M_x及M_y如图11-12及图11-13所示。

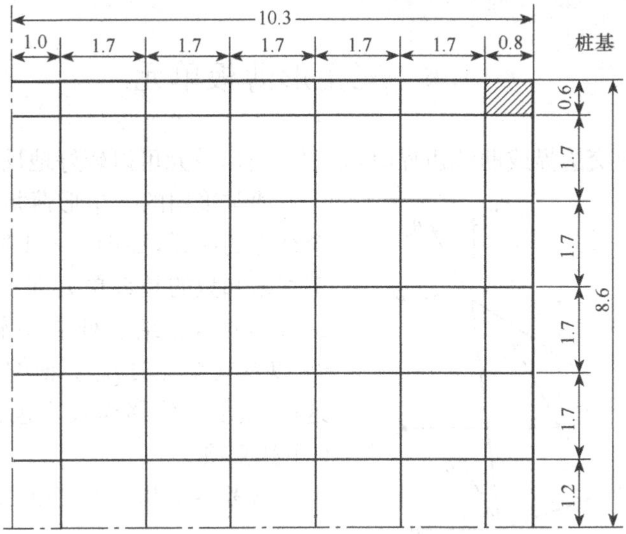

图11-10

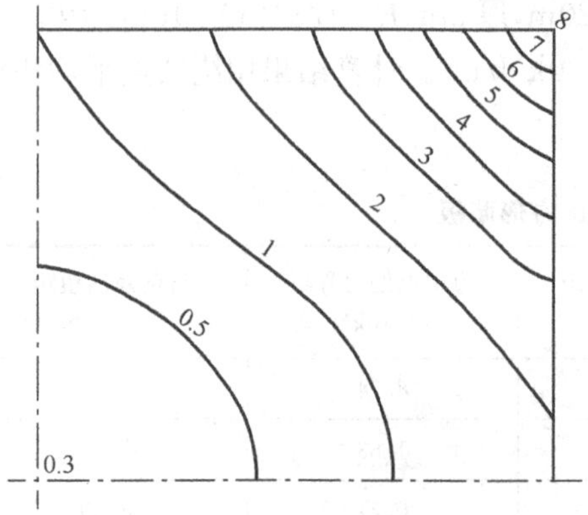

图 11-11　沉陷(mm)

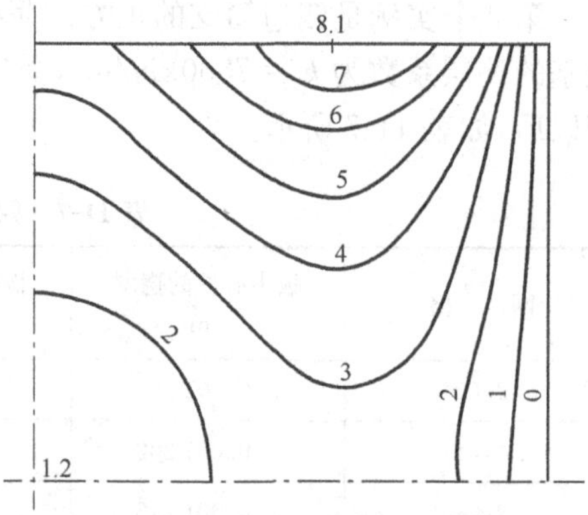

图 11-12　弯矩 M_x(×10kN)

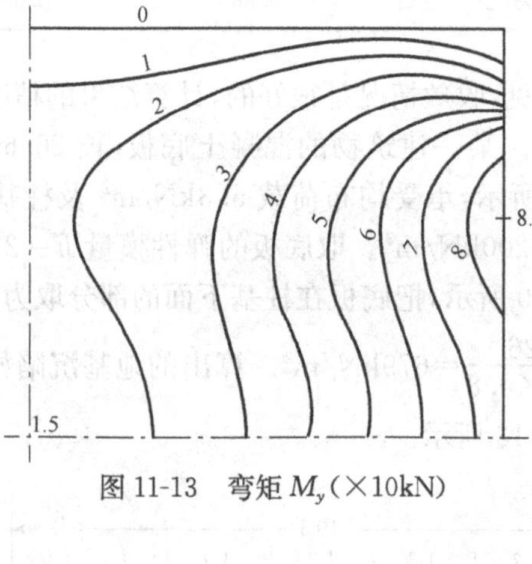

图 11-13　弯矩 M_y(×10kN)

11.6　三角形薄板单元

当薄板具有斜交边界或曲线边界时,采用三角形单元可以较好地反映边界形状。

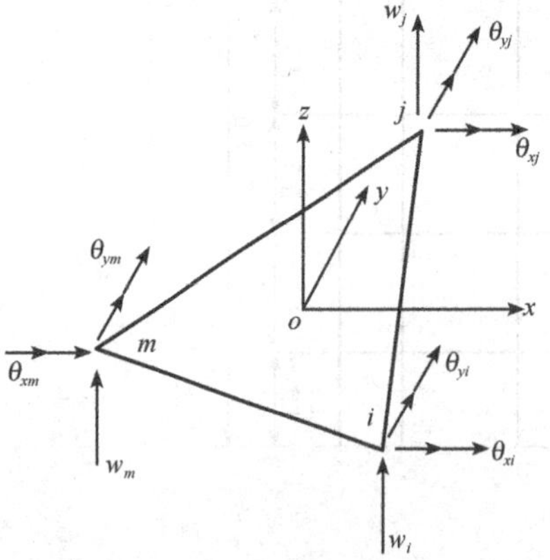

图 11-14

通常采用的三角形薄板单元,就是具有 3 个结点的单元,如图 11-14 所示的 ijm。取为基本未知量的是该单元在 3 个结点处的挠度 w_i,w_j,w_m,在结点处绕 x 轴的转角 $\theta_{xi},\theta_{xj},\theta_{xm}$ 以及在结点处绕 y 轴的转角 $\theta_{yi},\theta_{yj},\theta_{ym}$。这样,所取的位移模式应包含 9 个参数,亦即 9 个独立项。

试考察 x 和 y 的完整三次式

$$\alpha_1+\alpha_2x+\alpha_3y+\alpha_4x^2+\alpha_5xy$$
$$+\alpha_6y^2+\alpha_7x^3+\alpha_8x^2y+\alpha_9xy^2+\alpha_{10}y^3$$

式中,最前三项反映刚体位移,次三项反映常量的应变，都必须保存，以满足收敛性的必要条件。为了减少一个独立项，即减少一个参数，以适应自由度的数目，只能在4个三次项中进行考虑。如果把任何一个三次项删去，则位移模式将失去 x 与 y 的对等性。为了减少一个独立项而仍然保持 x 与 y 的对等性，曾有人试将 x^2y 项与 xy^2 合并，把位移模式取为

$$\alpha_1+\alpha_2x+\alpha_3y+\alpha_4x^2+\alpha_5xy+\alpha_6y^2+\alpha_7x^3+\alpha_8(x^2y+xy^2)+\alpha_9y^3$$

但是，这样却又发生更大的问题：在某些情况下，如当三角形的两个边平行于坐标轴时，求解 α_1 至 α_9 将成为不可能的，因为取为基本未知量的9个结点位移将不是互相独立的。

采用面积坐标，可以解决这个问题。因为面积坐标有3个分量 L_i,L_j,L_m，要构造一个含9项多项式仍能保持 L_i,L_j,L_m 的对称性是比较容易的。

在如图11-14所示的三角形薄板单元 ijm 上，单元结点位移应为

$$\boldsymbol{a}^e=[\boldsymbol{a}_i^{\mathrm{T}}\quad \boldsymbol{a}_j^{\mathrm{T}}\quad \boldsymbol{a}_m^{\mathrm{T}}]^{\mathrm{T}}=[w_i\quad \theta_{xi}\quad \theta_{yi}\quad w_j\quad \theta_{xj}\quad \theta_{yj}\quad w_m\quad \theta_{xm}\quad \theta_{ym}]^{\mathrm{T}} \tag{11-45}$$

单元的位移模式取为

$$w=\boldsymbol{N}\boldsymbol{a}^e \tag{11-46}$$

其中，

$$\boldsymbol{N}=[\boldsymbol{N}_i\quad \boldsymbol{N}_j\quad \boldsymbol{N}_m]=[N_i\quad N_{xi}\quad N_{yi}\quad N_j\quad N_{xj}\quad N_{yj}\quad N_m\quad N_{xm}\quad N_{ym}] \tag{11-47}$$

$$\left.\begin{aligned}
N_i&=L_i+L_i^2L_j+L_i^2L_m-L_iL_j^2-L_iL_m^2\\
N_{xi}&=b_jL_i^2L_m-b_mL_i^2L_j+\frac{1}{2}(b_j-b_m)L_iL_jL_m\quad (i,j,m)\\
N_{yi}&=c_jL_i^2L_m-c_mL_i^2L_j+\frac{1}{2}(c_j-c_m)L_iL_jL_m
\end{aligned}\right\} \tag{11-48}$$

由式(2-56)，可见上述形函数具有如下表的性质：

形函数及其导数		N_i	$\frac{\partial}{\partial y}N_i$	$-\frac{\partial}{\partial x}N_i$	N_{xi}	$\frac{\partial}{\partial y}N_{xi}$	$-\frac{\partial}{\partial x}N_{xi}$	N_{yi}	$\frac{\partial}{\partial y}N_{yi}$	$-\frac{\partial}{\partial x}N_{yi}$
在角点	i	1	0	0	0	1	0	0	0	1
	j,m	0	0	0	0	0	0	0	0	0

这就保证

$$\text{在结点 } i,w=w_i,\frac{\partial w}{\partial y}=\theta_{xi},-\frac{\partial w}{\partial x}=\theta_{yi}\quad (x,j,m)$$

通过式(11-48)，利用式(2-56)，可以证明式(11-46)所示的位移模式能满足完备性要求，即解答收敛性的必要条件。因为其中包含了常数项，x 和 y 的一次项以及 x 和 y 的二

次项,从而反映了薄板单元的刚体位移以及常量应变。

现在来分析单元交界面上的连续性条件,在单元边界上,w 是三次多项式,可以由两端结点的挠度 w 和切向导数$\frac{\partial w}{\partial s}$位移确定,所以在相邻单元交界面上 w 是连续的,$\frac{\partial w}{\partial s}$自然也是连续的。但是单元边界上的法向导数$\frac{\partial w}{\partial n}$沿 s 方向仍是三次式,它不能由该边界两端结点$\frac{\partial w}{\partial n}$唯一确定。也就是说,在相邻单元的交界面上法向导数$\frac{\partial w}{\partial n}$是不连续的。因此这种三角形单元是非协调的。但是实际计算表明,解答的收敛性还是比较好的。

有了位移模式(11-46)后,代入式(11-27)可得到应变矩阵 $\boldsymbol{B}$。单元刚度矩阵和单元结点荷载仍按式(11-34)和式(11-35)计算。由于刚度矩阵和结点荷载的计算式中的被积函数都是用面积坐标表示的,可以应用公式(2-58)显式求出积分。

下面给出几种常见的荷载作用下,单元的等效结点荷载。

当单元上受有均布法向荷载 q_0 时,由式(11-35)得

$$\begin{aligned}\boldsymbol{R}^e&=q_0\int_{\Omega^e}\boldsymbol{N}^{\mathrm{T}}\mathrm{d}x\mathrm{d}y\\&=q_0\int_{\Omega^e}[N_i\quad N_{xi}\quad\cdots\quad N_{ym}]^{\mathrm{T}}\mathrm{d}x\mathrm{d}y\\&=q_0A\left[\frac{1}{3}\quad\frac{b_j-b_m}{24}\quad\frac{c_j-c_m}{24}\quad\frac{1}{3}\quad\frac{b_m-b_i}{24}\quad\frac{c_m-c_i}{24}\quad\frac{1}{3}\quad\frac{b_i-b_j}{24}\quad\frac{c_i-c_j}{24}\right]^{\mathrm{T}}\end{aligned}$$

式中,A 为三角形单元的面积。如果不计力矩荷载,则上式简化为

$$\boldsymbol{R}^e=q_0A\left[\frac{1}{3}\quad 0\quad 0\quad\frac{1}{3}\quad 0\quad 0\quad\frac{1}{3}\quad 0\quad 0\right]^{\mathrm{T}}\tag{11-49}$$

它表示只需将总荷载 q_0A 的 1/3 移置到每个结点。

如果该单元受有按线性变化的法向荷载,在 i 处的集度为 q_i,在 j 及 m 处为零,则 $q=q_iL_i$ 而

$$\boldsymbol{R}^e=q_i\int_{\Omega^e}\boldsymbol{N}^{\mathrm{T}}L_i\mathrm{d}x\mathrm{d}y$$

将各个形函数代入,利用式(2-58)对各个元素进行积分,不计力矩荷载,即得

$$\boldsymbol{R}^e=q_iA\left[\frac{8}{45}\quad 0\quad 0\quad\frac{7}{90}\quad 0\quad 0\quad\frac{7}{90}\quad 0\quad 0\right]^{\mathrm{T}}\tag{11-50}$$

如果该单元受有按线性变化的法向荷载,在三结点处的集度分别为 q_i,q_j,q_m 则可利用式(11-50)所示的结点荷载进行轮换及叠加,得到

$$\boldsymbol{R}^e=\frac{A}{90}[16q_i+7q_j+7q_m\quad 0\quad 0\quad 7q_i+16q_j+7q_m\quad 0\quad 0\quad 7q_i+7q_j+16q_m\quad 0\quad 0]^{\mathrm{T}}\tag{11-51}$$

内力矩阵和刚度矩阵的推导是非常烦琐的，这里省略推导过程，只给出计算的结果。内力矩阵用4个矩阵的乘积来表示

$$\boldsymbol{S}=\frac{1}{4A^3}\boldsymbol{DHCT} \tag{11-52}$$

式中，A 为三角形 ijm 的面积；$\boldsymbol{D}$ 是薄板单元的弹性矩阵。将坐标原点放在三角形 ijm 的形心，则矩阵 $\boldsymbol{H}$ 为

$$\boldsymbol{H}=\begin{bmatrix}1 & 0 & 0 & 3x & y & 0 & 0\\ 0 & 0 & 1 & 0 & 0 & x & 3y\\ 0 & 1 & 0 & 0 & 2x & 2y & 0\end{bmatrix} \tag{11-53}$$

矩阵 $\boldsymbol{T}$ 为

$$\boldsymbol{T}=\begin{bmatrix}-\dfrac{c_i}{2A} & 1 & 0 & -\dfrac{c_j}{2A} & 0 & 0 & -\dfrac{c_m}{2A} & 0 & 0\\ \dfrac{b_i}{2A} & 0 & 1 & \dfrac{b_j}{2A} & 0 & 0 & \dfrac{b_m}{2A} & 0 & 0\\ -\dfrac{c_i}{2A} & 0 & 0 & -\dfrac{c_j}{2A} & 1 & 0 & -\dfrac{c_m}{2A} & 0 & 0\\ \dfrac{b_i}{2A} & 0 & 0 & \dfrac{b_j}{2A} & 0 & 1 & \dfrac{b_m}{2A} & 0 & 0\\ -\dfrac{c_i}{2A} & 0 & 0 & -\dfrac{c_j}{2A} & 0 & 0 & -\dfrac{c_m}{2A} & 1 & 0\\ \dfrac{b_i}{2A} & 0 & 0 & \dfrac{b_j}{2A} & 0 & 0 & \dfrac{b_m}{2A} & 0 & 1\end{bmatrix} \tag{11-54}$$

矩阵 $\boldsymbol{C}$ 是由6个列阵组成的

$$\boldsymbol{C}=[\boldsymbol{C}_x^i \quad \boldsymbol{C}_y^i \quad \boldsymbol{C}_x^j \quad \boldsymbol{C}_y^j \quad \boldsymbol{C}_x^m \quad \boldsymbol{C}_y^m] \tag{11-55}$$

其中，

$$\boldsymbol{C}_x^i=\begin{Bmatrix}C_{x1}^i\\ C_{x2}^i\\ \vdots\\ C_{x7}^i\end{Bmatrix},\quad \boldsymbol{C}_y^i=\begin{Bmatrix}C_{y1}^i\\ C_{y2}^i\\ \vdots\\ C_{y7}^i\end{Bmatrix}\quad (i,j,m)$$

而

$$\left.\begin{aligned}C_{xl}^i&=X_l^i b_m-Y_l^i b_j+E_l F^i\\ C_{yl}^i&=X_l^i c_m-Y_l^i c_j+E_l G^i\end{aligned}\quad (i,j,m)\quad (l=1,2,\cdots,7)\right\}$$

$$\left.\begin{aligned}
&X_1^i=\frac{2}{3}A(b_i^2+2b_ib_j),\quad Y_1^i=\frac{2}{3}A(b_i^2+2b_ib_m)\\
&X_2^i=\frac{4}{3}A(b_ic_i+b_jc_i+b_ic_j),\quad Y_2^i=\frac{4}{3}A(b_ic_i+b_mc_i+b_ic_m)\\
&X_3^i=\frac{2}{3}A(c_i^2+2c_ic_j),\quad Y_3^i=\frac{2}{3}A(c_i^2+2c_ic_m)\\
&X_4^i=b_i^2b_j,\quad Y_4^i=b_i^2b_m\\
&X_5^i=2b_ic_ib_j+b_i^2c_j,\quad Y_5^i=2b_ic_ib_m+b_i^2c_m\\
&X_6^i=c_i^2b_j+2b_ic_ic_j,\quad Y_6^i=c_i^2b_m+2b_ic_ic_m\\
&X_7^i=c_i^2b_j,\quad Y_7^i=c_i^2c_m\\
&F^i=\frac{b_m-b_j}{2}\quad G^i=\frac{c_m-c_j}{2}
\end{aligned}\right\}(i,j,m)$$

$$\left.\begin{aligned}
&E_1=\frac{2}{3}A(b_ib_j+b_jb_m+b_mb_i)\\
&E_2=\frac{2}{3}A(c_ib_j+b_ic_j+c_jb_m+b_jc_m+c_mb_i+b_mc_i)\\
&E_3=\frac{2}{3}A(c_ic_j+c_jc_m+c_mc_i)\\
&E_4=b_ib_jb_m\\
&E_5=c_ib_jb_m+c_jb_mb_i+c_mb_ib_j\\
&E_6=c_ic_jb_m+c_jc_mb_i+c_mc_ib_j\\
&E_7=c_ic_jc_m
\end{aligned}\right\}$$

单元刚度矩阵 $\boldsymbol{k}$ 也表为如下的矩阵乘积

$$\boldsymbol{k}=\frac{1}{64A^5}\boldsymbol{T}^{\mathrm{T}}\boldsymbol{CICT} \tag{11-56}$$

式中,$\boldsymbol{T}$ 及 $\boldsymbol{C}$ 同上;矩阵 $\boldsymbol{I}$ 为

$$\boldsymbol{I}=\frac{Et^3}{3(1-\nu^2)}\begin{bmatrix}
1 & 0 & \nu & 0 & 0 & 0 & 0\\
0 & \frac{1-\nu}{2} & 0 & 0 & 0 & 0 & 0\\
\nu & 0 & 1 & 0 & 0 & 0 & 0\\
0 & 0 & 0 & 9I_1 & 3I_3 & 3\nu I_1 & 9\nu I_3\\
0 & 0 & 0 & 3I_3 & I_2+2(1-\nu)I_1 & (2-\nu)I_3 & 3\nu I_2\\
0 & 0 & 0 & 3\nu I_1 & (2-\nu)I_3 & I_1+2(1-\nu)I_2 & 3I_3\\
0 & 0 & 0 & 9\nu I_3 & 3\nu I_2 & 3I_3 & 9I_2
\end{bmatrix}$$

其中

$$I_1=\frac{1}{12}(x_i^2+x_j^2+x_m^2)$$

$$I_2=\frac{1}{12}(y_i^2+y_j^2+y_m^2)$$

$$I_3=\frac{1}{12}(x_iy_i+x_jy_j+x_my_m)$$

同样以四边简支的正方形薄板为例，采用同样结点数目的三角形单元(但三角形单元的数目两倍于矩形单元的数目)，算出得到的最大挠度 $w_{\max}$ 如表 11-8 所示。

表 11-8 正方形薄板最大挠度

网　　格	结 点 数	$\frac{w_{\max}}{qL^4/D_0}$		
		三角形单元	矩形单元	级数解
4×4	25	0.004 25	0.003 94	
8×8	81	0.004 15	0.004 03	0.004 06
16×16	289	0.004 10	0.004 06	

从表 11-8 中可见，用三角形薄板单元进行计算时，收敛情况和精度虽然不如矩形单元，但也是令人满意的。

11.7 用矩形薄板单元计算薄壳问题

对于薄壳问题，不同的文献往往在不同的假定之下给出不同的基本方程和边界条件，导致不同的解答。对于某些较复杂的问题，不同解答之间的差异还是不小的。这就往往使得设计人员在计算时无所适从。另一方面数学公式之复杂冗长，特殊函数之种类繁多，也使得设计人员望而生畏。

在有限单元法中，上述两方面的困难是可以消除的。这是因为，有限单元法无需借助于复杂的数学公式和特殊函数，而且过去对薄壳所作的各种不同假定，可以用这样一个统一的假定来代替：一个单曲或双曲的薄壳，可以用薄板单元组成的一个单向或双向折板来代替。可以预想到，当单元的尺寸逐步取小的时候，这个折板的解答可以收敛于薄板的精确解答。

对于具有正交边界的柱面薄壳，可以采用矩形薄板单元。这种单元的应力状态，就是平面应力与弯扭应力的组合。

平面应力状态由位移分量 u 和 v 确定[图 11-15(a)]，每个结点的位移和结点力为

$$\left.\begin{aligned}\boldsymbol{a}_i^{(p)}&=\begin{Bmatrix}u_i\\v_i\end{Bmatrix}\\ \boldsymbol{F}_i^{(p)}&=\begin{Bmatrix}U_i\\V_i\end{Bmatrix}\end{aligned}\right\}\quad(i,j,m,p)\tag{11-57}$$

单元结点位移和结点力之间的关系为

$$\begin{Bmatrix}\boldsymbol{F}_i^{(p)}\\\boldsymbol{F}_j^{(p)}\\\boldsymbol{F}_m^{(p)}\\\boldsymbol{F}_p^{(p)}\end{Bmatrix}=\boldsymbol{k}^{(p)}\begin{Bmatrix}\boldsymbol{a}_i^{(p)}\\\boldsymbol{a}_j^{(p)}\\\boldsymbol{a}_m^{(p)}\\\boldsymbol{a}_p^{(p)}\end{Bmatrix}\tag{11-58}$$

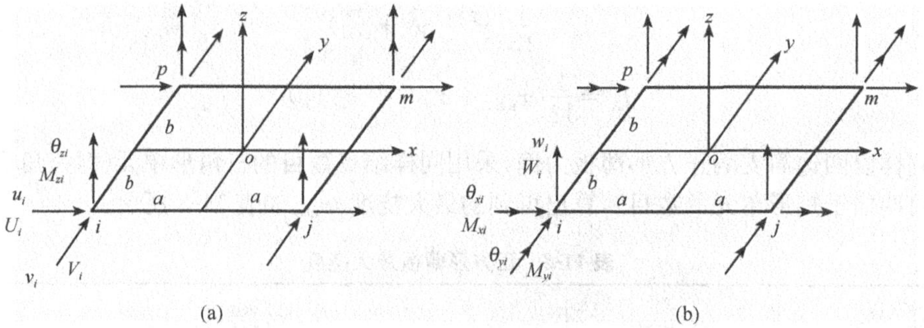

图 11-15 薄板单元的结点位移与结点力

弯曲应力状态由挠度 w 及其转角 θ_x 和 θ_y 确定[图 11-15(b)],每个结点的自由度为

$$\boldsymbol{a}_i^{(b)}=\begin{Bmatrix}w_i\\ \theta_{xi}\\ \theta_{yi}\end{Bmatrix}\qquad \boldsymbol{F}_i^{(b)}=\begin{Bmatrix}W_i\\ M_{xi}\\ M_{yi}\end{Bmatrix}\qquad (i,j,m,p) \tag{11-59}$$

单元结点位移和结点力之间的关系为

$$\begin{Bmatrix}\boldsymbol{F}_i^{(b)}\\ \boldsymbol{F}_j^{(b)}\\ \boldsymbol{F}_m^{(b)}\\ \boldsymbol{F}_p^{(b)}\end{Bmatrix}=\boldsymbol{k}^{(b)}\begin{Bmatrix}\boldsymbol{a}_i^{(b)}\\ \boldsymbol{a}_j^{(b)}\\ \boldsymbol{a}_m^{(b)}\\ \boldsymbol{a}_p^{(b)}\end{Bmatrix} \tag{11-60}$$

式中,上标$^{(p)}$为平面单元,$^{(b)}$为薄板单元,$\boldsymbol{k}^{(p)}$为平面单元的刚度矩阵,$\boldsymbol{k}^{(b)}$为薄板单元的刚度矩阵。

现在将两种单元组合起来,取结点位移为

$$\boldsymbol{a}_i=[u_i\quad v_i\quad w_i\quad \theta_{xi}\quad \theta_{yi}\quad \theta_{zi}]^{\mathrm{T}}\quad (i,j,m,p) \tag{11-61}$$

相应的结点力取为

$$\boldsymbol{F}_i=[U_i\quad V_i\quad W_i\quad M_{xi}\quad M_{yi}\quad M_{zi}]^{\mathrm{T}}\quad (i,j,m,p) \tag{11-62}$$

要注意,在局部坐标系中并不包括角位移 θ_{zi},θ_{zi} 并不影响单元的应力。但是两种单元组合以后,在整体坐标系中,将会产生弯扭结点力,为了计算不共面的相邻单元的弯扭应力,θ_{zi} 是必须要考虑的。另一方面,平面单元的自由度不会产生薄板弯曲单元的结点力。因此,单元刚度矩阵就等于平面单元刚度矩阵和薄板单元刚度矩阵的简单组合,其分块子矩阵为

$$\boldsymbol{k}_{ij}=\begin{bmatrix} k_{ij}^{p} & & 0 & 0 & 0 & 0 \\ & & 0 & 0 & 0 & 0 \\ 0 & 0 & & & & 0 \\ 0 & 0 & & k_{ij}^{b} & & 0 \\ 0 & 0 & & & & 0 \\ 0 & 0 & 0 & 0 & 0 & 0 \end{bmatrix} \quad (i,j,m,p) \tag{11-63}$$

这就是由平面单元与薄板单元组合起的薄壳单元的刚度矩阵。同样，单元结点荷载也由该两种单元的结点荷载组合得到。

单元的结点力与结点位移的关系为

$$\boldsymbol{F}^{e}=\boldsymbol{k}\boldsymbol{a}^{e} \tag{11-64}$$

以上在分析单元的时候，为了简便，都以单元的中面为 xy 面，z 轴垂直于单元的中面。这个坐标系是各单元的局部坐标。现在对于薄壳，为了不同平面内的单元在结点处的集合，建立结点的平衡方程，就必须另定一个统一的整体坐标，并需将各单元在局部坐标系中的刚度矩阵转换到整体坐标系中去。

下面局部坐标仍然用 x,y,z 表示，整体坐标则用 x',y',z' 表示。在局部坐标系中，任一结点，如结点 i 处的位移及结点力，仍按照式(11-61)和式(11-62)所示。在整体坐标系中，该结点处的位移及结点力则表示为

$$\boldsymbol{a}_i'=[u_i' \quad v_i' \quad w_i' \quad \theta_{xi}' \quad \theta_{yi}' \quad \theta_{zi}']^{\mathrm{T}} \tag{11-65}$$

$$\boldsymbol{F}_i'=[U_i' \quad V_i' \quad W_i' \quad M_{xi}' \quad M_{yi}' \quad M_{zi}']^{\mathrm{T}} \tag{11-66}$$

结点位移及结点力在两个坐标系中的变换式可以写成

$$\boldsymbol{a}_i=\boldsymbol{\lambda}\boldsymbol{a}_i', \quad \boldsymbol{F}_i=\boldsymbol{\lambda}\boldsymbol{F}_i' \tag{11-67}$$

其中，

$$\boldsymbol{\lambda}=\begin{bmatrix} \lambda_{xx'} & \lambda_{xy'} & \lambda_{xz'} & 0 & 0 & 0 \\ \lambda_{yx'} & \lambda_{yy'} & \lambda_{yz'} & 0 & 0 & 0 \\ \lambda_{zx'} & \lambda_{zy'} & \lambda_{zz'} & 0 & 0 & 0 \\ 0 & 0 & 0 & \lambda_{xx'} & \lambda_{xy'} & \lambda_{xz'} \\ 0 & 0 & 0 & \lambda_{yx'} & \lambda_{yy'} & \lambda_{yz'} \\ 0 & 0 & 0 & \lambda_{zx'} & \lambda_{zy'} & \lambda_{zz'} \end{bmatrix} \tag{11-68}$$

而 $\lambda_{xx'}$ 为 x 轴与 x' 轴的夹角余弦等。式中，零元素表示结点的位移与转角互不相关，结点力与结点力矩互不相关。

对于柱面薄壳，为了简便，可以把整体坐标系的 x' 轴放在柱面的母线方向，并使各个单元的局部坐标系的 x 轴就沿着 x' 轴的方向(图 11-16)。

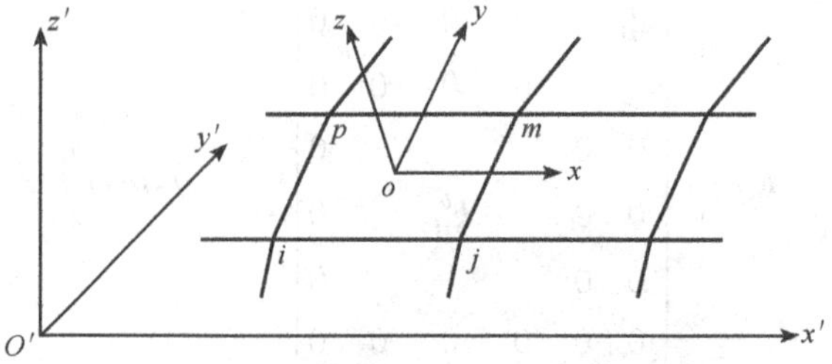

图 11-16

这样就有

$$\lambda_{xx'}=1,\quad \lambda_{xy'}=0,\quad \lambda_{xz'}=0$$

$$\lambda_{yx'}=0,\quad \lambda_{yy'}=\frac{y'_p-y'_i}{l_{pi}},\quad \lambda_{yz'}=\frac{z'_p-z'_i}{l_{pi}}$$

$$\lambda_{zx'}=0,\quad \lambda_{zy'}=-\frac{z'_p-z'_i}{l_{pi}},\quad \lambda_{zz'}=\frac{y'_p-y'_i}{l_{pi}}$$

式中，l_{pi} 为 pi 边的长度，即

$$l_{pi}=[(z'_p-z'_i)^2+(y'_p-y'_i)^2]^{1/2}$$

现在，把整个单元在整体坐标中的结点位移和结点力分别用 $\boldsymbol{a}'^e$ 及 $\boldsymbol{F}'^e$ 表示，则由变换式(11-67)得

$$\boldsymbol{a}^e=\boldsymbol{L}\boldsymbol{a}'^e,\quad \boldsymbol{F}^e=\boldsymbol{L}\boldsymbol{F}'^e \tag{11-69}$$

其中，

$$\boldsymbol{L}=\begin{bmatrix}\lambda & 0 & 0 & 0\\ 0 & \lambda & 0 & 0\\ 0 & 0 & \lambda & 0\\ 0 & 0 & 0 & \lambda\end{bmatrix}$$

将式(11-64)代入式(11-69)，并考虑到坐标转换矩阵 $\boldsymbol{L}$ 的正交性，得到

$$\boldsymbol{F}'^e=\boldsymbol{L}^{-1}\boldsymbol{k}\boldsymbol{a}^e=\boldsymbol{L}^{\mathrm{T}}\boldsymbol{k}\boldsymbol{L}\boldsymbol{a}'^e$$

可见整体坐标中单元刚度矩阵为

$$\boldsymbol{k}'=\boldsymbol{L}^{\mathrm{T}}\boldsymbol{k}\boldsymbol{L} \tag{11-70}$$

同理，整体坐标系中的荷载列阵与局部坐标系中的荷载列阵的关系为

$$\boldsymbol{R}'^e=\boldsymbol{L}^{\mathrm{T}}\boldsymbol{R}^e \tag{11-71}$$

有了各个单元在整体坐标系中的刚度矩阵和荷载列阵，就可以在整体坐标系中和以前一样地建立结点的平衡方程，即薄壳的有限元支配方程

$$\boldsymbol{K}'\boldsymbol{a}'=\boldsymbol{R}' \tag{11-72}$$

从而求得各结点在整体坐标系中的位移。但是，必须利用变换式 $\boldsymbol{a}^e=\boldsymbol{L}\boldsymbol{a}'^e$ 求出各结点在局部坐标系中的位移，然后才能利用局部坐标系中的内力矩阵及应力矩阵求得各单元中的内力及应力。

在实际计算时，计算步骤如下：①划分单元，选定整体坐标系 $x'y'z'$，定出结点的整体坐标。②建立变换矩阵 $\boldsymbol{\lambda}$ 及 $\boldsymbol{L}$。③求出各单元在其局部坐标系中的荷载列阵 $\boldsymbol{R}^e$，从而求出其在整体坐标系中的荷载列阵 $\boldsymbol{R}'$。④建立局部坐标系中的刚度矩阵 $\boldsymbol{k}$，从而求出整体坐标系中的刚度矩阵 $\boldsymbol{k}'$。⑤建立整体坐标系中的结点平衡方程。⑥解结点平衡方程，得出结点位移 $\boldsymbol{a}'$，从而求出 $\boldsymbol{a}$。⑦利用平面应力问题中的应力矩阵求出 $\sigma_x^p,\sigma_y^p,\tau_{xy}^p$。⑧利用弯扭内力矩阵求出 M_x,M_y,M_{xy}。⑨再叠加求出组合应力 $\sigma_x,\sigma_y,\tau_{xy}$，从而求出主应力及应力主向。

有一种特殊情况需要注意。如果交汇于一个结点的各个单元都在一个平面内，由于在式(11-63)中已令 θ_{zi} 方向的刚度系数等于零，在局部坐标系中，这个结点的第 6 个平衡方程(θ_{zi} 方向)将是 0=0，如果整体坐标与这一局部坐标一致，显然，整体刚度矩阵的行列式 $|\boldsymbol{K}'|=0$，因而整体平衡方程(11-72)没有确定的唯一解。如果整体坐标与局部坐标不一致，经过变换后，在这个结点 θ_{zi} 方向得到了表面上似乎正确的平衡方程，但是刚度矩阵 $\boldsymbol{K}'$ 在该行的向量是线性相关的，因此 $\boldsymbol{K}'$ 仍然是奇异的，方程组(11-72)仍没有确定的唯一解。

为了解决这一困难，对于这种各有关单元位于同一平面内的结点，可以在局部坐标系建立平衡方程以后，删去该结点 θ_{zi} 方向的平衡方程及其相应的列。于是剩下的方程组满足唯一解的条件。但这个方法在程序设计比较麻烦。

另一方法是在这些特殊结点上，给以任意的刚度系数 $k_{\theta z}$，因此在局部坐标系中，这个结点在 θ_z 方向的平衡方程为 $k_{\theta z}\theta_{zi}=0$，经过坐标变换以后，在整体坐标中的平衡方程将满足唯一解的条件。在解出的位移中包括 $\theta_{\theta z}$。由于 $\theta_{\theta z}$ 不影响单元应力，并与其他结点平衡方程无关，所以实际上可以给定任意的 $k_{\theta z}$ 值而不会影响计算结果。

11.8　用三角形薄板单元计算薄壳问题

三角形单元具有良好的边界适应性，对于一般的双曲薄壳以及具有斜边界或曲线边界的柱面薄壳，为了适应边界的形状，通常采用三角形薄板单元。采用三角形薄板单元时，计算原理与矩形单元完全相同。对于平面应力状态，即采用第 2 章中所述的三角形平面单元；对于弯扭应力状态，即采用 11.6 节中所述的三角形薄板单元。将上述两种单元的刚度矩阵中的元素结合起来，即可得出组合应力状态下的三角形单元在局部坐标系中的刚度矩阵。

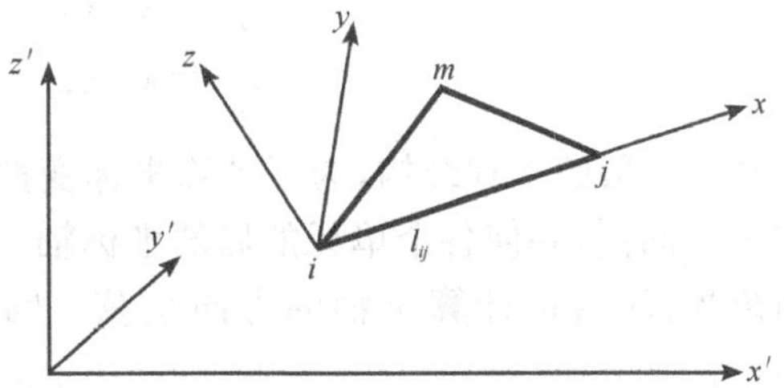

图 11-17

现在，单元刚度矩阵和荷载列阵在两个坐标系的变换仍如式(11-70)和式(11-71)所示，但各个 λ 元素的计算要复杂一些。设图 11-17 中所示的三

角形单元 ijm,其 3 个结点的整体坐标为 $x'_i, y'_i, z'_i, x'_j, \cdots, z'_m$。为了简便,取结点 i 为局部坐标的原点,x 轴沿 ij 的边,y 轴在三角形的平面内并垂直于 ij 边,z 轴垂直于三角形的平面(使 xyz 成为右手坐标系)。如果把 ij 边,从 i 到 j,作为一个矢量 $\vec{V}_{ij}$,则该矢量在整体坐标轴上的投影为

$$x'_{ji} = x'_j - x'_i, \quad y'_{ji} = y'_j - y'_i, \quad z'_{ji} = z'_j - z'_i \tag{a}$$

而该矢量在整体坐标系中的方向余弦就是

$$\lambda'_{xx} = \frac{x'_{ji}}{l_{ij}}, \quad \lambda'_{xy} = \frac{y'_{ji}}{l_{ij}}, \quad \lambda'_{xz} = \frac{z'_{ji}}{l_{ij}} \tag{b}$$

式中,l_{ij} 为 ij 边的长度,即

$$l_{ij} = [(x'_{ji})^2 + (y'_{ji})^2 + (z'_{ji})^2]^{1/2}$$

与上相似,如果把 im 边,从 i 到 m,作为一个矢量 $\vec{V}_{im}$,则它在整体坐标轴上的投影为

$$x'_{mi} = x'_m - x'_i, \quad y'_{mi} = y'_m - y'_i, \quad z'_{mi} = z'_m - z'_i \tag{c}$$

根据矢量积的运算规则,$\vec{V}_{ij} \times \vec{V}_{im}$ 的投影可由式(a)及式(c)得出为

$$y'_{ji}z'_{mi} - z'_{ji}y'_{mi}, \quad z'_{ji}x'_{mi} - x'_{ji}z'_{mi}, \quad x'_{ji}y'_{mi} - y'_{ji}x'_{mi}$$

而 $\vec{V}_{ij} \times \vec{V}_{im}$ 的模是 ijm 三角形面积的 2 倍,即

$$2A = [(y'_{ji}z'_{mi} - z'_{ji}y'_{mi})^2 + (z'_{ji}x'_{mi} - x'_{ji}z'_{mi})^2 + (x'_{ji}y'_{mi} - y'_{ji}x'_{mi})^2]^{1/2}$$

由此得该矢量积的方向余弦,亦即 z 轴的方向余弦为

$$\lambda_{zx'} = \frac{y'_{ji}z'_{mi} - z'_{ji}y'_{mi}}{2A}, \quad \lambda_{zy'} = \frac{z'_{ji}x'_{mi} - x'_{ji}z'_{mi}}{2A}, \quad \lambda_{zz'} = \frac{x'_{ji}y'_{mi} - y'_{ji}x'_{mi}}{2A} \tag{d}$$

为了求出 y 轴的方向余弦,在 x,y,z 方向分别取单位矢量 $\boldsymbol{e}_x, \boldsymbol{e}_y, \boldsymbol{e}_z$。显然,$\boldsymbol{e}_z$ 在整体坐标的投影,即为 $\lambda_{zx'}, \lambda_{zy'}, \lambda_{zz'}$;$\boldsymbol{e}_x$ 在整体坐标的投影,即为 $\lambda_{xx'}, \lambda_{xy'}, \lambda_{xz'}$;而 $\boldsymbol{e}_y = \boldsymbol{e}_z \times \boldsymbol{e}_x$,于是可按矢量积的运算规则得出 $\boldsymbol{e}_y$ 的投影,亦即 $\boldsymbol{e}_y$ 或 y 轴与整体坐标轴夹角的余弦为

$$\left.\begin{aligned} \lambda_{yx'} &= \lambda_{zy'}\lambda_{xz'} - \lambda_{zz'}\lambda_{xy'} \\ \lambda_{yy'} &= \lambda_{zz'}\lambda_{xx'} - \lambda_{zx'}\lambda_{xz'} \\ \lambda_{yz'} &= \lambda_{zx'}\lambda_{xy'} - \lambda_{zy'}\lambda_{xx'} \end{aligned}\right\} \tag{e}$$

对于一般的工程结构,为了计算坐标变换系数的方便,最好将整体坐标系的 $x'y'$ 面放在水平面内,并使各个单元的局部坐标轴 x 平行于 $x'y'$ 面。首先用式(d)求出 z 轴的方向余弦,然后再计算 x 轴的方向余弦。因为 x 轴与 z' 轴垂直,所以 x 轴的方向余弦为

$$\lambda_{xx'},\quad \lambda_{xy'},\quad 0$$

为了决定$\lambda_{xx'}$和$\lambda_{xy'}$，可利用如下的2个几何条件，一个是上述3个方向余弦的平方之和等于1，即

$$\lambda_{xx'}^2+\lambda_{xy'}^2=1$$

一个是$\boldsymbol{e}_x$与$\boldsymbol{e}_z$的数量积等于零，即

$$\lambda_{xx'}\lambda_{zx'}+\lambda_{xy'}\lambda_{zy'}=0$$

由上述二式可以解出$\lambda_{xx'}$及$\lambda_{xy'}$。最后再用式(e)求出y轴的方向余弦。

作为简例，如图11-18所示的圆柱面顶盖薄壳，其厚度为$t=8\text{cm}$，半径为$R=8\text{m}$，中心角为80°，长度$L=15\text{m}$。薄壳的两端($y'=\pm L/2=\pm 7.5\text{m}$)支撑在隔板上，作为简支边，纵向直边为自由边。弹性模量取为$E=2\times10^4\text{MPa}$，泊松系数取为$\nu=0$。荷载为均匀分布的铅直荷载4kN/m^2。由于对称，只计算该薄壳的四分之一。采用了3种不同的网络：4×5(40个单元)，8×12(192个单元)及10×16(320个单元)。图11-18中示出了4×5网格。

图11-19示出对称截面($y'=0$)上各结点处的挠度w'。图中的小三角和小圆圈分别表示4×5网格和8×12网格给出的计算成果，曲线表示级数解给出的计算成果(对于这样具有简单边界、承受简单荷载的圆柱面薄壳，不同假定之下的级数解并无显著的差异)。至于10×16网格给出的成果，则因其与级数解几乎完全相同，图线上看不出差异，所以没有示出。图11-20及图11-21分别示出该对称截面上的弯矩M及拉压力N，均系绕结点平均所得的成果，记号同上，曲线仍然表示级数解给出的成果。显然，4×5网格绘出的成果误差比较大，而8×12网格给出的位移和内力与级数解很接近，完全可以满足工程上对精度的要求。

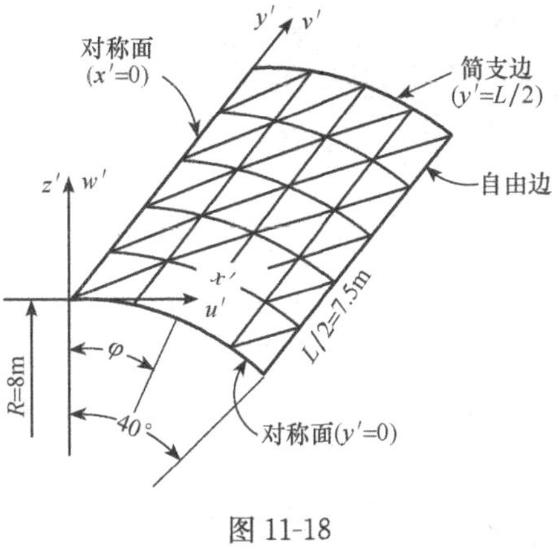

图 11-18

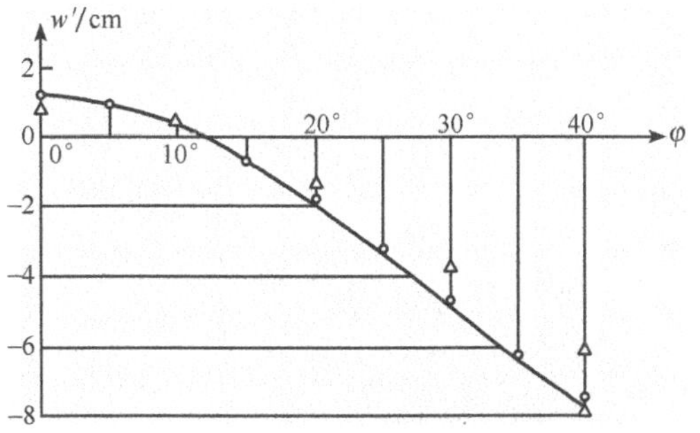

图 11-19

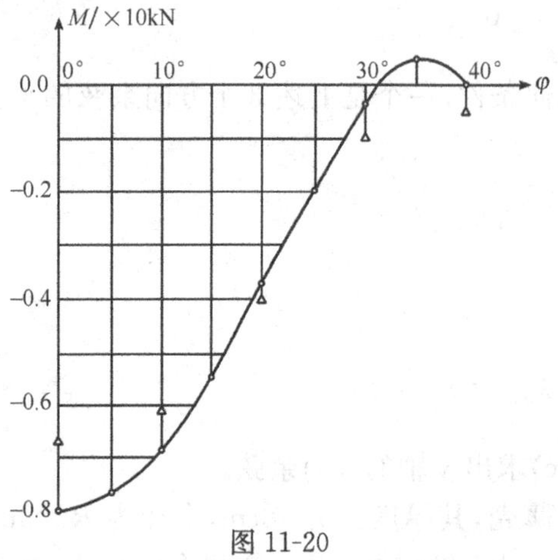

图 11-20

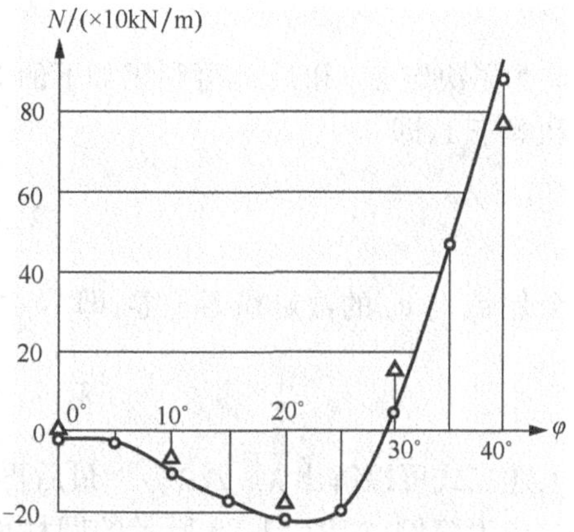

图 11-21

习　题

11-1　导出矩形薄板单元刚度矩阵的显示表达式。

11-2　如果三角形薄板单元的位移模式是

$$\alpha_1+\alpha_2 x+\alpha_3 y+\alpha_4 x^2+\alpha_5 xy+\alpha_6 y^2+\alpha_7 y^3+\alpha_8(x^2 y+xy^2)+\alpha_9 y^3$$

验证当单元的两条边分别平行于坐标轴且长度相等时,决定参数 $\alpha_1,\alpha_2,\cdots,\alpha_9$ 的代数方程组的系数矩阵是奇异的。

11-3　试编写矩形薄板单元或三角形薄板单元的有限元程序。

11-4　矩形薄板单元和三角形薄板单元都是非协调单元,试用不同形状的三角形单元计算图 11-6 所示的正方形薄板,分析解答的收敛性。

第 12 章　混凝土细观力学问题

前面已介绍了有限单元法的基本原理，本章主要介绍有限单元法在混凝土细观力学方面的应用。

混凝土是由水泥、水泥砂浆和骨料组成的复合材料。混凝土材料力学性能的试验研究，不仅需要花费大量的人力、物力、财力，而且所得到的试验成果又往往与试验条件、环境条件、操作水平、材料本身的组成及各组分的材料特性有关，这些使得试验成果相对离散，难以反映实际混凝土的真实力学指标。

选择适当的混凝土细观结构模型，在细观层次上划分单元，将骨料单元、固化水泥砂浆单元和界面单元分别赋予不同的材料力学特征，采用简单的破坏准则或以损伤模型反映单元刚度的退化，借助于计算机的强大运算能力，对混凝土复杂的力学行为进行数值模拟，不仅能够避开外在因素对于试验结果的影响，而且可直观再现混凝土细观结构损伤和破坏过程。

近年来，随着计算机技术的高速发展，图形软件和网格剖分工具的升级，用数值实验进行材料细观损伤破坏的研究已成为研究的热点。例如，如原来的二维模型发展到三维模型，由圆形骨料到椭圆形骨料进而发展到多边形骨料[16, 17]，由原来的密剖分圆形(包括椭圆)骨料到稀疏剖分骨料，或者通过映射网格的方法来剖分骨料以及三维混凝土破裂过程分析等。

本章运用蒙特卡罗(Monte-Carlo)方法模拟产生由骨料、水泥砂浆基体和两者之间的胶结带组成的三相复合材料混凝土试件，采用各向同性的 Mazars 损伤演化模型描述混凝土细观各相弹性损伤退化，利用有限元方法分别进行混凝土二、三、四级配圆形，多边形骨料试件的单轴拉伸数值模拟。

12.1　混凝土细观力学研究概况

现代科学的一个重要的思维方式与研究方法就是层次的方法，在对客观世界的研究中，当停留在某一层次，许多问题无法解决时，深入到下一个层次，问题就会迎刃而解，同时也只有进入到下一个层次上，才能揭示更深层次的机理，对混凝土损伤断裂问题的研究同样如此。混凝土破坏问题的研究可归纳为三个层次，即宏观层次、细观层次和微观层次，如图 12-1 所示。

(1) 宏观层次(macrolevel)：特征尺寸大于几厘米。混凝土作为非均质材料存在着一种特征体积，一般认为是相当于 3～4 倍的最大骨料体积。当小于特征体积时，材料的非均质性质将会十分明显；当大于特征体积时，材料假定为均质。有限元计算结果反映了一定体积内的平均效应，这个特征体积的平均应力和平均应变的关系即认为是宏观应力-应变关系。

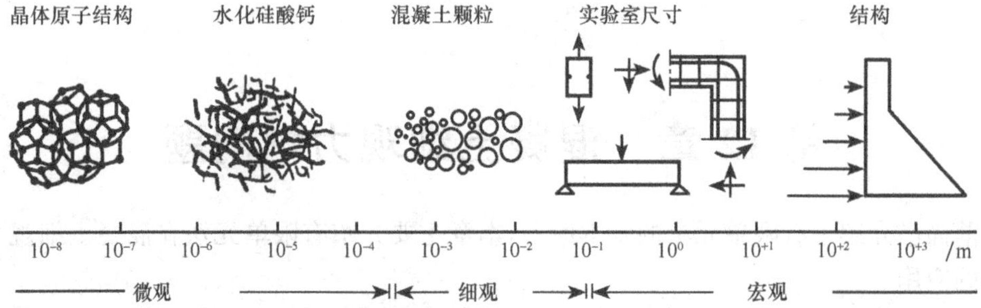

图 12-1 混凝土尺度层次结构示意图

(2) 细观层次(mesolevel):从分子尺度到宏观尺度,其结构单元尺度变化范围在 10^{-4}cm 至几厘米,或更大些。在这个层次上,混凝土被认为是一种由粗骨料、硬化水泥砂浆和它们之间的过渡区(黏结带)组成的三相材料。由于泌水、干缩和温湿度的变化引起骨料和水泥砂浆机体间的黏结缝可由切片观察到,细观内部的发展直接影响混凝土的宏观力学性能。本章就是在该层次上研究的。

(3) 微观层次(microlevel):在该层次中,材料的结构单元尺度在原子、分子量级,即在 10^{-7}～10^{-4}cm 范围内,着眼于水泥水化物的微观结构分析。由晶体结构及分子结构组成,可用电子显微镜观察分析,是材料科学的研究对象。

1. 细观力学的研究现状

自从 1984 年国际理论与应用力学协会(IUTAM)召开的哥本哈根大会上将细观力学确定为"理论与应用力学中振奋人心的新领域之一"以来,细观力学已被国际力学界列为当今固体力学领域中最重要的研究方向之一。细观力学的研究需要实验、理论和计算三方面的密切配合。实验观测提供了细观力学的物理依据和检验标准;理论研究总结了细观力学的基本原理和理论模型;计算分析是细观力学不可少的有效研究手段,它既为理论研究的彻底实现和广泛应用提供了有力的工具,又为实验研究创造了有效的计算机模拟技术。

当前国内外细观计算力学的研究主要沿着以下 3 个方向进行:

(1) 将连续介质力学、损伤力学和计算力学相结合去分析细观尺度的变形、损伤和破坏的过程,以发展较精确的细观本构关系和模拟细观破坏的物理机制。

(2) 基于对细观结构和细观本构关系的认识,将随机分析等理论方法与计算力学相结合去预测材料的宏观性质和本构关系,对结构部件的宏观响应进行计算机仿真。

(3) 将分子动力学、细观力学和计算力学相结合,构成宏、细、微观多重尺度的,描述材料变形-损伤-破坏过程的统一理论框架和相应的计算机程序。

混凝土细观力学研究的尺度范围介于连续介质力学与微观力学之间。连续介质力学分析宏观构件、结构和裂纹的性质;微观力学用固体物理学的手段研究微孔洞、位错、原子或分子结合力等力学行为;而细观力学则是采用连续介质力学和材料科学的一些方法,对上述尺度之间的细观结构,如微孔洞、微裂纹等进行力学描述。因此,细观力学一方面忽略了损伤的过于复杂的微观物理过程,避免了统计力学烦琐冗长的计算;另一方面又包含了不同材料的细观结构的几何特征,为混凝土性质的研究提供了较清晰的物理背景。

混凝土力学试验是研究其断裂过程和宏观力学性质的基本手段。但是，由于试验条件的限制，其试验结果往往不能反映试件的材料特性，而只能反映整个试样-加载系统的结构特性。细观力学数值模拟，在计算模型合理和混凝土各相材料特性数据足够精确的条件下，可以取代部分试验，而且能够避开试验条件的客观限制和人为因素对其结果的影响。F. H. Wittmann 和 Y. V. Zaitsev 把混凝土看成非均质复合材料，在细观层次上研究了混凝土的结构、力学特性和裂缝扩展过程。随着计算机技术的发展，在细观层次上利用数值方法直接模拟混凝土试件或结构的裂缝扩展过程及破坏形态，直观地反映出试件的损伤破坏机理引起了广泛的注意。

近十几年来，基于混凝土的细观结构，人们提出了许多研究混凝土断裂过程的细观力学模型，最具典型的有格构模型(lattice model)、随机粒子模型(random particle model)、A. R. Mohamed 等提出的细观模型、随机骨料模型(random aggregate model)及唐春安等[18]提出的随机力学特性模型等。这些模型都假定混凝土是砂浆基体、骨料和两者之间的黏结带组成的三相复合材料，用细观层次上的简单本构关系来模拟复杂的宏观断裂过程。

2. *混凝土破坏细观力学模型研究现状*

在细观尺度上，混凝土是一种结构复杂的多相非均质复合材料。在数值模拟中，随机骨料的投放技术是混凝土材料强度研究的重要内容。混凝土计算模型要求骨料形状、尺寸以及分布都要和真实的混凝土在统计意义上一致。对于混凝土细观结构，人们提出了许多研究混凝土断裂的细观力学模型。

1) 格构模型

格构模型(lattice model)思想产生于 50 多年前，最初它被用来解释经典的弹性力学问题，使用的网格是规则的三角形网格，网格由杆或者梁单元组成。当时由于缺乏足够的数值计算能力，仅仅停留在理论上。20 世纪 80 年代后期，该模型被用于非均质材料的破坏过程模拟。后来，E. Schlangen 等将格构模型应用于混凝土断裂破坏研究，模拟了混凝土及其他非均质材料所表现的典型破坏机理和开裂面的贯通过程。J. G. M. Van Mier 用该模型模拟了单轴拉伸、联合拉剪、单轴压缩试验。在国内，杨强等采用格构模型模拟了岩石类材料开裂、破坏过程以及岩石中锚杆拔出试验。有关研究表明，利用格构模型模拟由于拉伸破坏所引起的断裂过程是非常有效的，但用于模拟混凝土等材料在压缩荷载(包括单轴压缩和多轴压缩) 作用下的宏观效应时，结果不够理想。另外，用该模型得到的荷载-位移曲线呈脆性，与混凝土的实际不符。实际上，格构模型采用杆单元本构关系和破坏准则较为简单，单元的破坏为不可逆过程，不能反映单元实际变形形态，因此很难反映卸载问题。人们认为，这是由于该模型中忽略了较小的颗粒以及用二维模型研究三维问题引起的。

2) 随机骨料模型

随机骨料模型(random aggregate model)将混凝土看作由骨料、硬化水泥砂浆以及两者之间的胶结带组成的三相非均质复合材料。借助富勒(Fuller)骨料级配曲线确定骨料颗粒数，按照蒙特卡罗方法在试件内随机生成骨料分布模型。刘光廷[19]用随机骨料模型数值模拟了混凝土材料的断裂。宋玉普基于随机骨料模型模拟计算了单轴拉伸、压缩的各种本构行为，计算了双轴荷载下的强度及劈裂破坏过程，并引入断裂力学的强度准则，模拟了各种受力状态下的裂纹扩展。黎保琨等对碾压混凝土细观损伤断裂进行了研究，模拟了碾压混凝土静力特性及试件尺寸效应。这些研究都假定骨料颗粒为圆形。为了尽可能模拟实际骨料的形态，王宗敏[20]利用一种凸多边形骨料模型，按正交异性损伤本构关系，数值模拟了混凝土应变软化与局部化过程。高政国等进一步研究了二维混凝土多边形随机骨料的投放算法，确定了以面积为标度的骨料侵入判断准则和凸多边形骨料生成方式，在此基础上形成二维混凝土骨料投放算法，现已提出以体积为标度的三维混凝土骨料随机投放方法。

3）随机力学特性模型

随机力学特性模型是由唐春安等[18]提出。为了考虑混凝土各相材料力学特性分布的随机性，将各相材料特性按照某个给定的 Weibull 分布来赋值。各相(包括砂浆基体、骨料和两者之间的界面)投影在网格上进行有限元分析，并赋予各相材料单元以不同的力学参数，从数值上得到一个力学特性随机分布的混凝土数值试样。用有限元法计算这些细观单元的应力和位移。按照弹性损伤本构关系描述细观单元的损伤演化。按最大拉应力(或者拉应变准则) 和摩尔库仑准则分别作为细观单元发生拉伸损伤和剪切损伤的阈值条件。利用该模型分别对混凝土单轴拉压、双轴拉压组合、拉伸Ⅰ型断裂、三点弯拉以及剪切断裂进行了较为系统的数值模拟。

4）粒子模型

1971 年，Cundall 等[21]提出了粒子模型（particle model)，该模型用于颗粒复合材料的力学特性的数值模拟。此后，该模型继续发展逐步形成了现在的离散单元法(discrete element method)。Zubelewis 等把该模型应用于具有界面性质材料中微结构变化和裂纹扩展的模拟。随机粒子模型(random particle model)假定混凝土是由基体和骨料组成的两相复合材料，在数值模型中，首先按照混凝土中实际骨料的粒径分布在基体中随机地生成混凝土的非均匀细观结构模型，骨料用一些随机分布的刚性的圆形(或者球体)颗粒来模拟；然后，把混凝土的两相(基体和骨料)都划分成三角形的桁架单元，对于位于不同相中的单元赋予相应的材料力学参数。此时，每个单元都是均匀的，只能表征一个相。在 Cundall 最初假设骨料是刚性的基础上，Bazant 等提出了假定基体和骨料都是弹性的随机粒子模型，通过假定颗粒周围的接触层(基体相)具有拉伸应变软化特征来模拟混凝土的断裂过程。该模型假定过渡层只传递颗粒轴向的应力，忽略了基体传递剪力的能力，当过渡层的应变达到给定的拉伸应变时，其应力-应变曲线按照线性应变软化曲线来表示。

5）MH 模型

Mohamed 等[22]提出了类似微观模型的细观数值模型(micromechanical model)。该模型从混凝土的细观结构出发，假定混凝土是砂浆基体(mortar)、骨料(aggregate)和两者之间的界面(interface)组成的三相复合材料，考虑了骨料在基体中分布的随机性以及各相的力学性质的随机性，以此为基础进行混凝土的断裂过程模拟。该模型按照混凝土的细观结构(三相结构)将其划分成三角形单元，三角形的边长假定为杆，这样，就把混凝土材料看成是由杆组成的框架结构。对于处于每相中的单元赋予相应的材料力学参数(包括弹性模量、强度和断裂能等)，每个单元本身是均匀和各向同性的，各单元的材料性质均假定服从 Weibull 分布或正态分布。该模型借用在宏观断裂力学中使用的断裂能这一概念，给出了细观单元单轴拉伸破坏时应变软化本构关系，并认为细观层次上的拉伸破坏是混凝土在该层次上唯一的破裂模式。

6) 梁-颗粒模型(beam-aggregate model)

梁-颗粒模型是邢纪波等[23]在离散元的基础上提出的，并进行了岩石和混凝土的模拟。梁-颗粒细观数值模型中，假定混凝土为细骨料(砂粒)、粗骨料(石子)及水泥浆组成的三相复合材料。混凝土中的粗骨料(石子)以颗粒单元集合体模拟，砂粒直接以颗粒单元模拟，相邻颗粒单元由有限单元法中的弹、脆性梁单元来联结，以模拟石子内部颗粒之间的联结作用以及砂粒之间、砂粒与石子之间的水泥浆胶结作用。根据混凝土骨料的级配，将不同粒径骨料随机分布在混凝土中，产生了混凝土结构。若某个颗粒单元的生成位置为混凝土中的石子，那么，该颗粒单元被称为“增强颗粒”，其他颗粒单元称之为“砂体颗粒”。由于所联结的颗粒类型不同，梁单元可分为 3 种类型：增强梁单元(联结增强颗粒与增强颗粒)、砂体梁单元(联结砂体颗粒与砂体颗粒)以及界面梁单元(联结增强颗粒与砂体颗粒)。梁单元的类型不同，其性质，如强度、刚度、弹性模量以及剪切模量等也不同，梁单元的这种差别反映了混凝土材料细观层次的非均匀性。混凝土结构内部初始微裂纹和孔洞缺陷等可通过断开梁单元和去除颗粒单元来模拟。当某梁单元内的应力大于其强度时，即将该单元从计算网格中去除，表示裂纹的产生，这种方法可以模拟混凝土材料的断裂过程。

7) Gurson 细观损伤模型

1977 年，Gurson[24]建立了描述含微孔材料力学行为的 Gurson 模型，发展了一套比较完善的本构方程，来描述微孔洞损伤对材料塑性变形行为的影响。该细观模型的一个显著特点在于摒弃了无限大基体的概念而将有限尺度的孔洞嵌套在有限尺度的基体中。该模型的假设使得采用数值方法处理孔洞间交互作用成为可能，这就为细观损伤力学方法走向实用开辟了一条道路。Tvergraard 在 Gurson 的工作基础上，提出了改进 Gurson 模型，使其更具有一般性，并且考虑了微孔洞之间的相互作用效应。Gurson 模型最初是针对韧性金属的损伤破坏提出的，金属的断裂过程会经过明显的塑性变形，而混凝土虽然也具有塑性力学性质，但其破坏过程不会经历一个明显的塑性变形，而是表现出类似脆性材料的准脆性破坏。李笃权等将 Gurson 模型运用到混凝土材料的损伤研究中，在变形梯度和乘法分解的基础上，推导和建立了细观力学分析的混凝土材料弹塑性有限变形计算方法。Gurson 模型的损伤变量即孔洞百分比有清晰的几何意义和明确的物理内涵。Gurson 模型认为损伤主要与材料的塑性变形有关，提供了一套完善的韧性损伤的本构方程，并能较好地反映材料的细观结构，可以同时考虑微孔洞的形成和扩展过程。但是 Gurson 模型中的单纯的孔洞体积分数表征不了孔洞的几何构形，这一缺点在处理相邻孔洞间的作用过程时显得十分突出。

除上述主要模型外，还有刚体-弹簧模型(rigid body spring)、随机骨料随机参数模型、UDEC(universal distinct element code)模型、DDA(discontinuous deformation analysis)模型等。

12.2　随机骨料模型

1. 混凝土骨料级配

混凝土骨料分为细骨料和粗骨料，一般认为骨料粒径小于5mm为细骨料，大于5mm为粗骨料。粗骨料按种类分为卵石、碎石、破碎卵石、卵石和碎石的混合物。粗骨料按粒径分为小石(5～20mm)、中石(20～40mm)、大石(40～80mm)、特大石(80～150mm)。混凝土按包含的骨料粒径范围可分为二、三、四级配。当混凝土包含4种级配时，称为全级配混凝土。按照常规，把只包含一、二级配的混凝土称为小骨料混凝土，把只包含三、四级配的混凝土称为大骨料混凝土。常用四级配粗骨料重量比例为66%，小石∶中石∶大石∶特大石比例为2∶2∶3∶3，三级配骨料重量比例为59%，小石∶中石∶大石的比例为3∶3∶4，二级配骨料重量比例为47%，小石∶中石比例为5.5∶4.5。20世纪初，W. B. Fuller等美国学者经过大量试验工作，依靠筛分试验结果，提出了最大密度理想级配曲线，如图12-2所示。

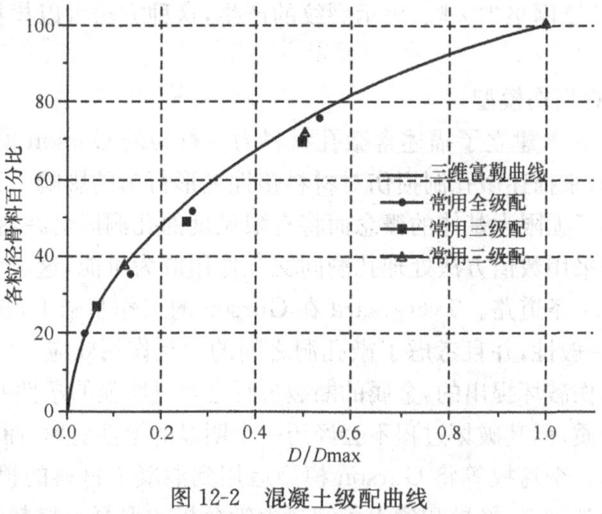

图12-2　混凝土级配曲线

从图12-2中可以看出常用的3种混凝土级配(二级配、三级配、全级配)曲线与三维富勒级配曲线吻合较好。富勒级配理论的依据是将混凝土材料的骨料颗粒，按粒度大小，有规则地组合排列，粗细搭配，成为密度最大，空隙最小的混合物。富勒曲线为

$$P=100\sqrt{\frac{D}{D_{\max}}} \tag{12-1}$$

式中，P为骨料通过筛孔直径为D的质量百分比；D为筛孔直径；$D_{\max}$为最大粒径。

采用此法设计的混凝土，强度高、抗渗性好、节约水泥。为简化起见，对于卵石和砾石等球状或浑圆状的骨料，可假定骨料颗粒为球形，借助富勒曲线确定骨料的三维级配曲线，按照该级配曲线浇筑的混凝土可产生优化的结构密度和强度。

2. Monte-Carlo 方法

1) Monte-Carlo 方法简介

Monte-Carlo 方法是一种常用的随机数值计算方法。它主要用于求解具有随机的不确定性问题，但也能求解确定性问题。计算机的出现和迅速发展，尤其是微型电子计算机的普及为 Monte-Carlo 方法提供了有效的工具。另外，近代科学技术发展的需要，使 Monte-Carlo 方法的应用范围愈加广泛。将 Monte-Carlo 方法与有限元相结合则进一步拓宽了它的应用领域。

Monte-Carlo 方法可以求解各种问题，总的可以分为两类。

第一类是求解确定性问题。用 Monte-Carlo 方法求解这类问题时，首先建立一个与所解问题有关的概率模型，使所求的解就是所建立模型的概率分布或数学期望；然后对该模型进行随机试验，即生成随机变量；最后用其相应的统计特征量作为待求解的近似值。解决确定性问题，与其他的数值计算方法相比，Monte-Carlo 方法有这样几个优点：

(1) 收敛速度与问题维数无关。换句话说，要达到某一精度，用 Monte-Carlo 方法选取的点数与维数无关；计算时间仅与点数成比例。

(2) 受问题的条件限制的影响小。

(3) 程序结构简单，在电子计算机上实现 Monte-Carlo 计算时程序结构清晰简单，便于编制和调试。

(4) 具有处理连续问题的能力和直接处理随机性问题的能力。

Monte-Carlo 方法的弱点是计算量大，收敛速度慢，但随着计算机科学技术的飞速发展，计算机运算能力不断得到大幅提高的今天，Monte-Carlo 方法以其独特的优点被广泛应用于计算数学和物理工程领域，成为解决许多较复杂问题的重要手段。

第二类是求解随机性问题。这类问题中的有关物理量不仅受到某些确定性因素的影响，而且更多的是受到若干随机性因素的影响。

应用 Monte-Carlo 方法解决实际问题的步骤如下：

(1) 建立简单而又便于实现的概率统计模型，使所求的解恰好是所建立模型的概率分布或数学期望等概率特征量。

(2) 根据概率统计模型的特点和计算方法的需要，改进模型，以提高计算效率，降低计算费用。

(3) 建立对随机变量的抽样方法，其中，包括建立产生伪随机数的方法和特定概率分布产生相应随机变量的随机抽样方法。

(4) 给出获得所需求的统计估计值及其方差或标准差的方法。

2) 随机数的产生

产生随机数的方法很多，有物理方法、随机数表法和数学方法。目前使用最广的是在计算机上通过各种数学运算产生随机数序列。数学方法产生随机数序列主要以线性递推方法为基础，分为两类：一类是线性同余方法；另一类是模 2 线性递推序列方法，也称为陶思沃思(Tausworthe)方法。实际上，这两类方法都是递推的方法，按照一定的数学步骤进行。由于计算机的字长有限，或递推的级数有限，这样生成的序列到一定的时刻又回到初始值，即序列具有一定的周期。因此严格地说，这样生成的序列并非真正相互独立、均匀分布的随机变量子样。但是,通过选取适当的参数,使产生出来的序列可以通过各种关于均匀分布与相互独立性的统计检验,因而可以被接受为独立均匀随机数序列使用,这种随机数常常被称为伪随机数。产生伪随机数的方法有取中法、乘同余法、加同余法、混合同余法等。

从数学方法上看,只要有了一种分布规律的随机数,可以通过各种数学变换或抽样方法,产生具有任意分布的随机数。为了快速、高精度的产生随机数。通常分为两步进行:首先,产生最简单的[0,1]区间上均匀分布的随机数。然后,在此基础上将其转换成所需各种分布的随机数。例如,产生[0,1]区间均匀分布的随机数,是指产生在[0,1]区间均匀分布的数值序列,即这些数值出现的概率是相等的。设随机变量 X 的概率密度函数为

$$f(x)=\begin{cases}1, & x\in[0,1]\\0, & x\notin[0,1]\end{cases} \tag{12-2}$$

x 为[0,1]区间上均匀分布的随机变量。在计算机上,可产生随机变量 x 的抽样序列 $\{x_n\}$,通常称 x_n 为[0,1]区间上均匀分布的随机变量 x 的随机数。

若骨料中心点(x_c,y_c,z_c)在混凝土试块范围内服从均匀分布且 $x_c\in[x_{\min},x_{\max}]$, $y_c\in[y_{\min},y_{\max}]$, $z_c\in[z_{\min},z_{\max}]$,则

$$\left.\begin{aligned}x_c&=x_{\min}+(x_{\max}-x_{\min})x\\y_c&=y_{\min}+(y_{\max}-y_{\min})y\\z_c&=z_{\min}+(z_{\max}-z_{\min})z\end{aligned}\right\} \tag{12-3}$$

式中,y 和 z 为与 x 相似的、区间[0,1]上均匀分布的随机变量。

3. 二维骨料颗粒投放

对于二维平面问题,可用累积分布函数代表在混凝土中的一个内截面上任一点具有直径 $D<D_0$ 的概率

$$\begin{aligned}P_c(D<D_0)=&P_k\times[1.065(D_0/D_{\max})^{1/2}-0.053(D_0/D_{\max})^4-0.012(D_0/D_{\max})^6\\&-0.0045(D_0/D_{\max})^8+0.0025(D_0/D_{\max})^{10}]\end{aligned} \tag{12-4}$$

式中,P_k 为骨料体积与混凝土总体积的百分比;$D_{\max}$ 为骨料最大料径。根据不同的 D_0 值,由式(12-4)可求得概率分布曲线 $P_c(D<D_0)$,据此可求得在试件内截面上各种骨料粒径的颗粒数。

这里以典型的二级配、三级配和四级配混凝土标准试件为实例,实验上述球骨料模型的生成过程。根据混凝土中骨料含量比例和骨料级配的比例计算出颗粒数(这里取混凝土的密度为 $2.5\times10^3\text{kg/m}^3$,骨料容重为 $2.8\times10^3\text{kg/m}^3$,二、三、四级配骨料含量分别为47%,59%和66%),其中,各级配所采用的骨料粒径为小石15mm,中石30mm,大石60mm,特大石120mm。试验所采用的试件为湿筛二级配混凝土试件棱长为150mm正方体,三级配混凝土试件棱长为300mm正方体,四级配混凝土试件棱长为450mm正方体。

下面分别计算二、三、四级配骨料粒径 $D<D_0$ 在截面内出现的概率。以四级配混凝土试件为例:

试件体积

$$V=450\times450\times450=9.112\times10^{6}(\mathrm{mm}^{3})$$

石料用量

$$9.112\times10^{-2}\times2500\times66\%=150.348(\mathrm{kg})$$

石料体积

$$V_a=\frac{150.348}{2.8}\times10^{3}=53.70\times10^{6}(\mathrm{mm}^{3})$$

试件侧面积

$$A=450\times450=2.025\times10^{5}(\mathrm{mm}^{2})$$

骨料体积与试件体积之比为

$$P_k=\frac{V_a}{V}=0.589$$

四级配混凝土骨料最大粒径 $D_{\max}=150\mathrm{mm}$，小于 5mm 的骨料($D_0<5\mathrm{mm}$)计入砂浆。根据公式(12-4)即可确定粒径 $D<D_0$ 的骨料颗粒在截面内出现的概率 P_c。二、三级配混凝土试件圆形骨料在截面内出现的概率计算方法和过程与四级配类同，计算结果如表 12-1 所示。

表 12-1　二、三、四级配骨料粒径 $D<D_0$ 在截面内出现的概率汇总表

粒　径	二级配		三级配		四级配	
D_0/mm	$D_0/D_{\max}$	P_c	$D_0/D_{\max}$	P_c	$D_0/D_{\max}$	P_c
150	—	—	—	—	1.0	0.626
80	—	—	1.0	0.559	0.533	0.458
40	1.0	0.419	0.5	0.396	0.267	0.324
20	0.5	0.297	0.25	0.280	0.133	0.229
5	0.125	0.248	0.063	0.140	0.033	0.114

下面以四级配混凝土为例计算各种粒径在截面内的颗粒数。

(1) 特大石。粒径为 80～150mm，骨料控制面积为

$$S_1=(0.626-0.458)\times A=0.168\times2.025\times10^{5}=3.40\times10^{4}(\mathrm{mm}^{2})$$

取 $D=120\mathrm{mm}$，求得需要投入的圆形骨料颗粒数目为

$$n=\frac{S_1}{\pi D^2/4}=\frac{3.40\times10^{4}}{3.14\times120^{2}/4}=3.01$$

取 $n=3$。

(2) 大石。粒径为 40～80mm，骨料控制面积为

$$S_2=(0.458-0.324)\times A=0.134\times2.025\times10^{5}=2.71\times10^{4}(\mathrm{mm}^{2})$$

取 $D=60\mathrm{mm}$，求得需要投入的圆形骨料颗粒数目为

$$n=\frac{S_2}{\pi D^2/4}=\frac{2.71\times 10^4}{3.14\times 60^2/4}=9.58$$

取 $n=10$。

(3) 中石。粒径为 20～40mm,骨料控制面积为

$$S_3=(0.324-0.229)\times A=0.095\times 2.025\times 10^5=1.92\times 10^4(\text{mm}^2)$$

取 $D=30$mm,求得需要投入的圆形骨料颗粒数目为

$$n=\frac{S_3}{\pi D^2/4}=\frac{1.92\times 10^4}{3.14\times 30^2/4}=27.14$$

取 $n=27$。

(4) 小石。粒径为 5～20mm,骨料控制面积为

$$S_4=(0.229-0.114)\times A=0.115\times 2.025\times 10^5=2.32\times 10^4(\text{mm}^2)$$

取 $D=15$mm,求得需要投入的圆形骨料颗粒数目为

$$n=\frac{S_4}{\pi D^2/4}=\frac{2.32\times 10^4}{3.14\times 15^2/4}=131.36$$

取 $n=131$。

二、三级配混凝土试件截面内的颗粒数计算方法和过程与四级配类同。各级配混凝土试件截面内所含的圆形骨料数如表 12-2。根据表 12-2 数据建立的圆形随机骨料分布图如图 12-3 所示。

表 12-2　各级配混凝土试件截面内所含的骨料颗粒数汇总

粒径/mm	二级配/个	三级配/个	四级配/个
120	—	—	3
60	—	5	10
30	4	15	27
15	19	73	131
合计/个	23	93	171

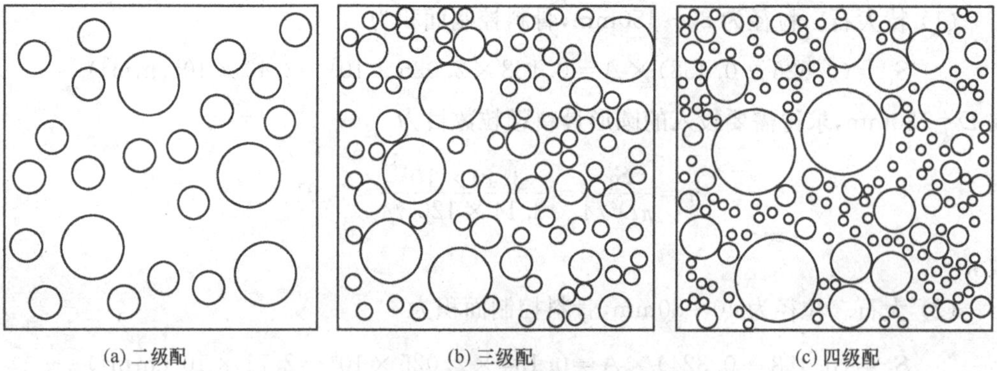

(a) 二级配　(b) 三级配　(c) 四级配

图 12-3　表 12-2 数据建立的圆形随机骨料分布图

4. 三维骨料颗粒投放

根据混凝土中骨料含量比例和骨料级配的比例计算出颗粒数，并由此生成数值试验所需的棱长为150mm正方体湿筛二级配混凝土试件，棱长为300mm正方体三级配混凝土试件，棱长为450mm正方体四级配混凝土试件。

首先计算四级配混凝土试件各种粒径的骨料数。

试件体积

$$V=450\times450\times450=9.112\times10^{6}(\mathrm{mm}^{3})$$

石料用量

$$M=9.112\times10^{-2}\times2500\times66\%=150.348(\mathrm{kg})$$

石料体积

$$V_a=\frac{150.348}{2.8}\times10^{3}=53.70\times10^{6}(\mathrm{mm}^{3})$$

(1) 特大石：粒径范围为80～150mm，取$d=120$mm，则

单个骨料体积V_b

$$V_b=\frac{\pi d^{3}}{6}=3.14\times\frac{0.120^{3}}{6}=9.0432\times10^{-4}(\mathrm{m}^{3})$$

骨料个数

$$n=0.3\times\frac{V_a}{V_b}=\frac{0.3\times5.37\times10^{-2}}{9.0432\times10^{-4}}=17.81$$

取特大石数18个。

(2) 大石：粒径范围为40～80mm，取$d=60$mm，则

单个骨料体积V_b

$$V_b=\frac{\pi d^{3}}{6}=3.14\times\frac{0.06^{3}}{6}=1.1304\times10^{-4}(\mathrm{m}^{3})$$

骨料个数

$$n=0.3\times\frac{V_a}{V_b}=\frac{0.3\times5.37\times10^{-2}}{1.1304\times10^{-4}}=142.52$$

取大石数143个。

(3) 中石：粒径范围为20～40mm，取$d=30$mm，则

单个骨料体积V_b

$$V_b=\frac{\pi d^{3}}{6}=3.14\times\frac{0.03^{3}}{6}=1.413\times10^{-5}(\mathrm{m}^{3})$$

骨料个数

$$n=0.2\times\frac{V_a}{V_b}=\frac{0.2\times5.37\times10^{-2}}{1.413\times10^{-5}}=760.09$$

取中石数 760 个。

(4) 小石：粒径范围为 5～20mm，取 $d=15\text{mm}$，则

单个骨料体积 V_b

$$V_b=\frac{\pi d^3}{6}=3.14\times\frac{0.015^3}{6}=1.766\times10^{-6}(\text{m})^3$$

骨料个数

$$n=0.2\times\frac{V_a}{V_b}=\frac{0.2\times5.37\times10^{-2}}{1.766\times10^{-6}}=6081.54$$

取小石数 6082 个。

二、三级配混凝土试件内的颗粒数计算方法和过程与四级配类同。各级配混凝土试件内所含的球形骨料数见表 12-3。以表 12-3 数据建立的球形随机骨料分布图如图 12-4 所示。

表 12-3　三维各级配混凝土试件内所含的骨料颗粒数汇总表

粒径/mm	二级配/个	三级配/个	四级配/个
120	—	—	18
60	—	50	143
30	45	300	760
15	438	2400	6082
合计/个	483	2750	7003

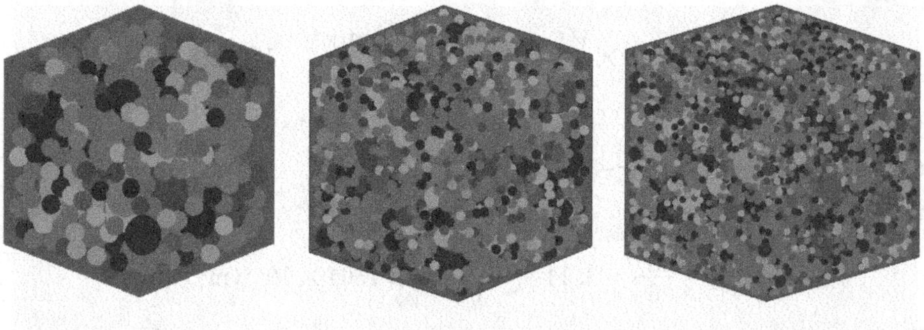

(a) 二级配　(b) 三级配　(c) 四级配

图 12-4　表 12-3 数据建立的球形随机骨料分布图

5. 随机骨料的生成

根据上节计算出的各种级配混凝土试件的颗粒数，将骨料由大到小进行投放。首先，确定骨料所在的空间范围，然后在混凝土试件空间内用蒙特卡罗方法随机地确定骨料的球心位置。每一个骨料球体的确定都需要 4 个变量，即球体的直径、球心的坐标值(X,Y,Z)。由于球的直径已定，故此处只要定出球心坐标值即可。先确定较大骨料球心坐标，每次产生 3 个随机变量，当较大骨料颗粒确定位置之后，再确定较小骨料颗粒的位置，依次循环直至全部骨料颗粒生成。其中必须保证任意两个骨料之间不相互干扰，即要求任意两个圆的中心距离大于这两个圆半径及两倍界面厚度 2δ 之和，即要求新生成的骨料 i 与前面

生成所有的骨料 $j(j=1,2,\cdots,i-1)$ 满足

$$d_{ij}=\sqrt{(x_i-x_j)^2+(y_i-y_j)^2}>r_i+r_j+2\delta \tag{12-5}$$

一般而言，在混凝土试件空间内直接完成随机骨料的投放，在骨料含量较高时，会有一定的困难。为了提高骨料投放效率，马怀发[25]提出的“被占区域剔除”法能够完成在一定区域内高含量骨料的快速投放。首先以小于最小骨料半径的步长将试件区域剖分为长方体单元，这样可将贴近边界的单元“剔除”。然后用蒙特卡罗方法等几率地从“内部单元”中随机选取某一单元，再在该单元区域内等几率地随机选取坐标点，并判断以该点为球心的某种粒径的骨料是否侵入已经存在的骨料颗粒所占的空间，若侵入，则另选其他单元；否则，即可确定该骨料的位置，并将到该骨料球心最大距离小于其半径与最小骨料半径之和的单元“剔除”。在确定剩下的骨料位置时，将不会选取这些已经剔除的单元。随机骨料投放算法见图 12-5。

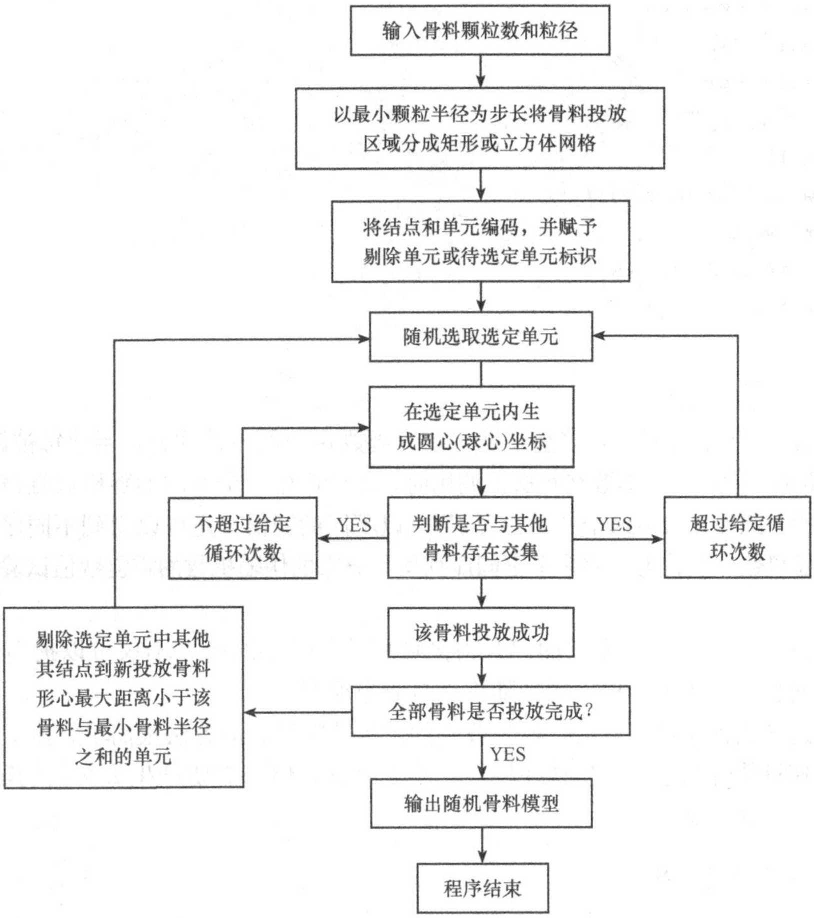

图 12-5　随机骨料投放程序框图

马怀发[25]提出的“被占区域剔除”法的确可以提高骨料的投放效率，但需要对骨料投放区域进行分区与标识，设计与编写程序需要一定的技巧，有一定的难度。除按照上述方法进行数值计算外，我们还找到了另一种方法，即不对投放区域分区，采用“数字累加推进

方法”进行骨料投放也取得了良好的效果。骨料整体投放效率低的原因可能是由于产生的伪随机数回归,不能在整个骨料投放区域均匀分布。针对这个原因,可以在程序设计上进行一些改进,即给产生伪随机数的函数一种“动力”,使其产生的随机坐标能在骨料投放区域均匀分布。改进的产生伪随机数函数的完整程序如下:

```
function qr()
implicit none
real,parameter::a= 2053.0
real,parameter::c= 13849.0
real,parameter::m= 2**16
integer::j
integer::jj
real::w= 1.0
real::ww
real::qr
save w,j,jj
j= jj
ww= mod(a*w+ c,m)
qr= ww/m
w= j/(c+ 3*j)+ ww
write(*,*) qr
jj= j+ 1
end function
```

上述程序段中的 j 就是给产生伪随机数的函数 $qr()$的一种动力，函数每被调用一次，j 即自动累加一次，它使函数在每次被调用时，均能产生一个不同的随机数且该随机数是均匀分布的。此外，若给这个“动力源 j”赋以不同的初值，还可以得到不同序列的分布均匀的伪随机数，这就为需要多个不同序列均匀分布的伪随机数的重复数值试验提供了极大的方便。

这种方法和马怀发[25]提出的“被占区域剔除”法相结合，不仅可以提高骨料的投放效率，而且可以产生多种不同的随机骨料分布模型。

从上述函数程序可以看出，这种改进的产生伪随机数的方法很简单。该函数在产生较少的伪随机数时和通常产生伪随机数几乎无差别，但当需要产生大量的伪随机数时，其优势就会十分明显。

6. 随机骨料的旋转

多边形骨料是从圆形骨料演变而来，即在圆形骨料内，随机生成凸多面体，然后进行凸多面体的延伸，延伸后的凸多面体之间也不能有相互干扰的现象。对于圆形或球形骨料而言，不存在骨料的转动问题，但对于椭圆（椭球）形或多边形（多面体）而言，则必须要考虑骨料的平移和转动。下面讨论坐标系的转动问题。

如图 12-6 所示，在平面内有笛卡儿坐标系 Oxy 和 $Ox'y'$，其中，新坐标系 $Ox'y'$ 是

绕 O 点逆时针旋转角度 α 实现的。

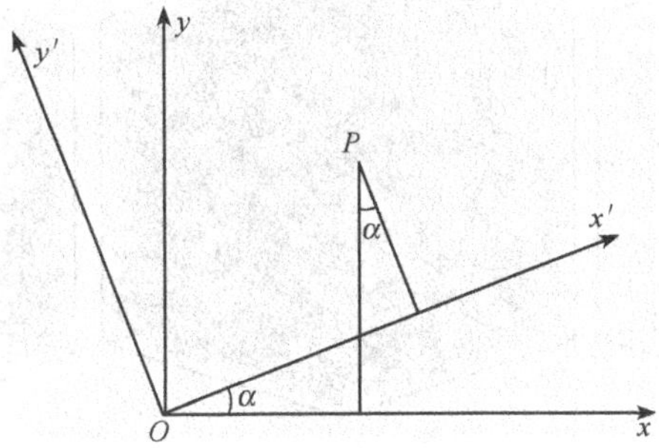

图 12-6　二维坐标变换示意图

(1) 平面上任一点 P 的位置可以用老坐标表示也可以用新坐标表示，新坐标系和老坐标系有如下关系为

$$\begin{cases} x' = x\cos\alpha + y\sin\alpha \\ y' = -x\sin\alpha + y\cos\alpha \end{cases} \tag{12-6}$$

其矩阵形式为

$$[x' \quad y']^{\mathrm{T}} = \begin{pmatrix} \cos\alpha & \sin\alpha \\ -\sin\alpha & \cos\alpha \end{pmatrix} [x \quad y]^{\mathrm{T}} \tag{12-7}$$

(2) 对于空间内任一点 P 的位置，可以用老坐标表示也可以用新坐标表示，新坐标系和老坐标系有如下关系为

$$[x' \quad y' \quad z']^{\mathrm{T}} = \begin{pmatrix} \cos\alpha & \sin\alpha & 0 \\ -\sin\alpha & \cos\alpha & 0 \\ 0 & 0 & 1 \end{pmatrix} \begin{pmatrix} 1 & 0 & 0 \\ 0 & \cos\beta & \sin\beta \\ 0 & -\sin\beta & \cos\beta \end{pmatrix} \begin{pmatrix} \cos\theta & 0 & \sin\theta \\ 0 & 1 & 0 \\ -\sin\theta & 0 & \cos\theta \end{pmatrix} [x \quad y \quad z]^{\mathrm{T}} \tag{12-8}$$

式中，α，β，θ 分别为绕 x，y，z 轴旋转的角度。

通过平面与空间坐标旋转产生的多边形骨料和多面体骨料如图 12-7 和图 12-8 所示。

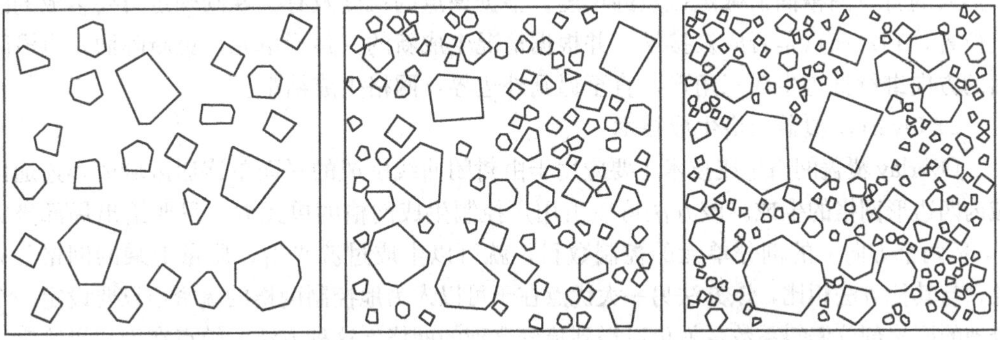

(a) 二级配　(b) 三级配　(c) 四级配

图 12-7　二维任意多边形骨料分布图

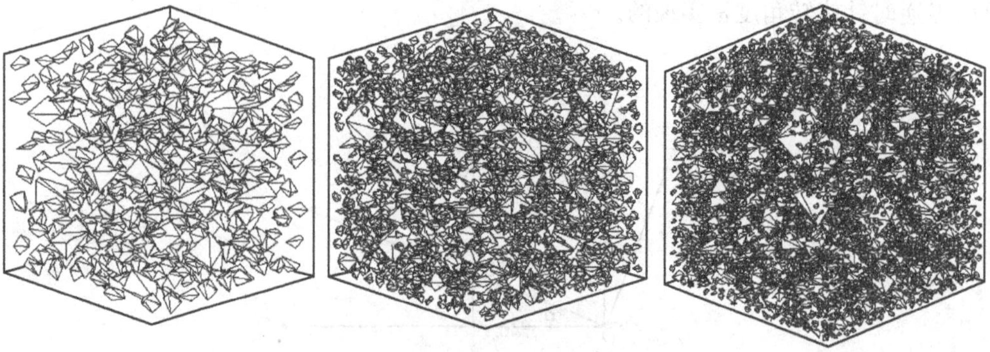

(a) 二级配　　(b) 三级配　　(c) 四级配

图 12-8　三维多边形骨料分布图

12.3 网格剖分

1. 网格剖分方法

1) Advancing Front 剖分方法

在平面有限元网格剖分中，阵面推进 Advancing Front 法是 1985 年由 Lo[26] 提出的，所谓阵面推进法，就是从边界上的网格点所形成的一系列线段（初始阵面）出发，然后根据背景网格上所提供的局部尺度参数，在区域内部生成新的网格点，或者利用阵面上更合适的点，形成新的三角形，最后修改阵面，使边界点的连接信息向流场内部推进，直至整个流场被三角形覆盖为止。

阵面推进法是一种网格和结点同时生成的网格生成方法，它的基本方法如下：

根据网格密度控制的需要，在平面上布置一些控制点，给每一个控制点定义一个尺度。根据这些控制点将平面划分成大块的三角形背景网格，每一个背景网格中所有点的尺度都可以根据其 3 个顶点的尺度插值得到。因此相当于布置了一个遍布整个平面的网格尺度函数。根据外边界定义初始阵面，按逆时针方向进行阵面初始化。初始化阵面上的每一条边都称为活动边。由初始阵面上的一条活动边开始推进，根据该活动边的中点所落入的背景网格插值确定该点的尺度，根据该点的尺度及有关规则确定将要生成的结点位置，判定该点是否应被接纳，并根据情况生成新的三角形单元，更新阵面，再沿阵面的方向继续推进生成三角形，直至遇到外边界，网格生成结束。

2) Overlay 覆盖网格生成技术

Overlay 覆盖网格生成技术主要应用于由封闭曲线围成的平面单连通区域或多连通区域内四边形网格的生成。该方法可以由用户控制生成网格的单元数，只要给出局部坐标 U，V 两个方向上的剖分单元的控制数目，就可以生成过渡平滑，质量上乘的网格。另外，与其他方法相比，该方法另一大优点在于可以人为地控制网格的疏密，只要设定一个合理的网格剖分偏斜系数，就可以得到疏密合理的网格。这种方法的缺点在于如果给定的 U，V 方向的单元控制数目过小或过大，有可能造成网格剖分的失败。同时，所得的网格的形态较差。

3) Delaunay 三角剖分

俄国数学家 Delaunay 在 1934 年证明了必存在且仅存在一种三角剖分算法，使得所有三角形的最小内角之和最大，因此 Delaunay 三角剖分能尽可能地避免病态三角形的出现。Delaunay 三角形的主要性能为通过 Delaunay 三角形的三个顶点的外接圆不包含另外的基本点，这将产生一个很方便的计算工具，即“圆内测试”。同样，对于 Delaunay 四面体也产生一个很方便的计算工具，即“球内测试”。Delaunay 网格剖分图有以下优点：

(1) 所有 Delaunay 三角形（四面体）互不重叠且完整地覆盖整个问题域。

(2) 所有的结点都称为 Delaunay 三角形（四面体）的顶点，而没有遗漏。

(3) 能够尽可能地避免病态三角形（四面体）的出现，生成比较规则的三角形（四面体）。

(4) 可以充分利用计算机，自动生成 Delaunay 三角剖分图。

在平面有限元网格划分中，Delaunay 三角网格剖分方法是应用非常广泛的方法。Delaunay 三角剖分的概念与 Vornoi 图密切相关。Vornoi 图是计算图形学的主要研究领域，在航天、计算流体力学、地质信息分析及气象学等学科中有广泛的应用。同样，也可将其应用到土木工程学科中。

Delaunay 三角剖分算法[27]主要有 Waston 算法、Lawson 算法、Thiessen 算法等。Waston 算法一开始就要形成一个包含所有给定点区域的超级三角形。起初，超级三角形是不完全的。然后，通过算法继续递增地在已经存在的三角化网格内插入新的点。这样就产生了新的三角网格。这个过程一直将持续到用完所有的插入点以及所有拥有超级三角形顶点的三角形被删除。

Delaunay 网格划分方法是先生成覆盖区域的稀疏三角形单元，然后局部加密，生成所需密度的三角形网格。所生成的单元形态趋向于等边三角形。Delaunay 网格划分方法充分考虑了几何形状中存在的微小几何特征，并能在微小几何特征处划分较细的单元，在不需要稠密网格处，采用稀疏单元。疏密网格的过渡十分平滑。但是，由于其结点的产生和连接是彼此独立的，在连接过程中，就有可能破坏原有的边界，即不能保证边界的完整性。丁永祥等利用 Delaunay 三角剖分的优化性质，提出了一种简洁、通用的任意多边 Delaunay 三角剖分算法，并给出了该算法在有限元网格自动剖分中的应用。张玉萍等在研究 Delaunay 算法的基础上提出了基于单调链法的凸壳三角剖分算法。

在进行平面随机骨料的三角剖分时，把骨料的边界面也作为剖分的边界，具体剖分步骤如下：

(1) 在边界上设置结点。

(2) 在边界框中圈定几何区域。

(3) 三角形剖分边界。

(4) 逐条检查所考虑的三角形剖分。

(5) 在大的三角形的中点插入结点。

(6) 如果还没有达到要求的最大边长，重复步骤 (4)。

(7) 移动边界框。三维球形或椭球形骨料的网格剖分要复杂一些，原因是球面比较光滑，没有作为球面结点不断生成的基线，如果随机生成网格则整个球体网格十分密集。为此，可以采取削片处理的办法预先生成两条经线，要求这两条经线重合且相差一周（360°），然后在这两条经线上均匀布点，并由经线上的点分别向两侧拓扑生成球面Delaunay三角形单元，然后通过渐变技术（渐进值通常设为1.5～2.0），把表面单元往里拓扑生成Delaunay四面体空间单元。在程序控制上要求表面单元的结点顺序均按逆时针排列（或者均按顺时针排列），这样便于往里拓扑生成四面体单元。对于砂浆单元可以在试块表面形成表面单元，然后与骨料界面单元形成封闭连通域，同样可以采用渐变技术拓扑生成Delaunay砂浆基体四面体空间单元。

2. 网格剖分

混凝土中骨料边界形状都是不规则的。为适应这种不规则边界，应用Delaunay分别对混凝土各相材料（硬化水泥砂浆、骨料和两者之间的胶结层）进行单元剖分。基于Delaunay方法的二、三、四级配圆形和多边形骨料试件渐进网格剖分如图12-9和图12-10所示，三维二级配球形和多面体随机骨料网格剖分如图12-11所示。和图12-9及图12-10相应的各级配圆形和多边形骨料试件单元数如表12-4所示。

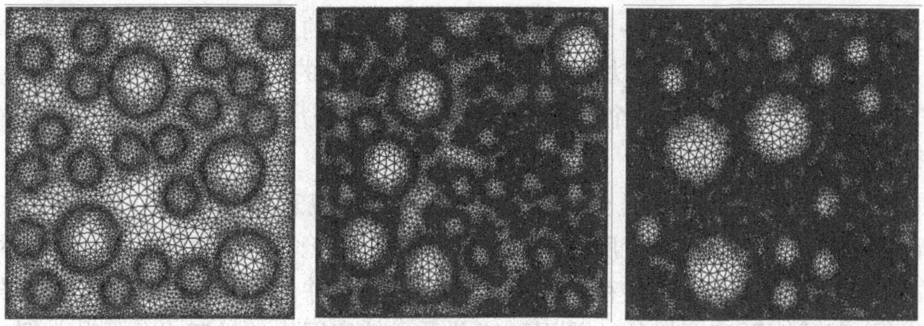

(a) 二级配　　(b) 三级配　　(c) 四级配

图12-9　二维圆形随机骨料网格剖分图

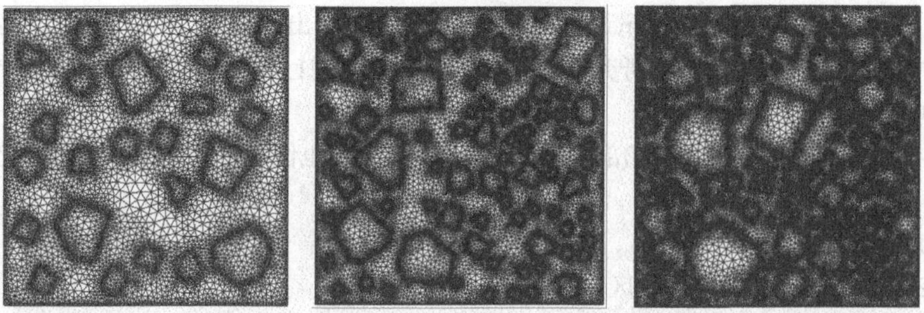

(a) 二级配　　(b) 三级配　　(c) 四级配

图12-10　二维多边形随机骨料网格剖分图

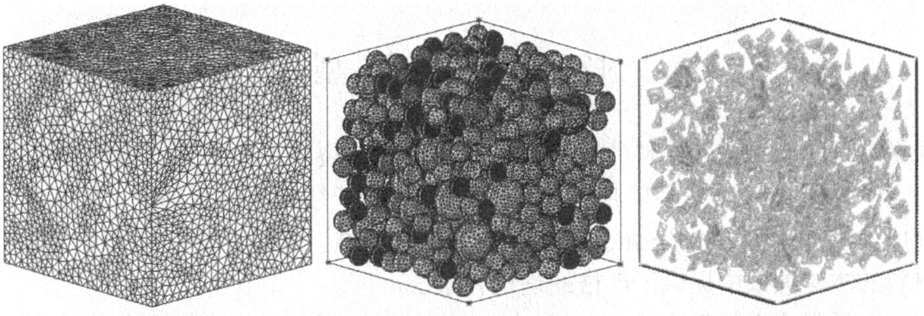

(a) 数值模拟试件　(b) 球形骨料　(c) 多面体骨料

图 12-11　三维二级配随机骨料网格剖分图

表 12-4　各种级配圆形和多边形骨料试件单元数汇总表

项　目	二 级 配	三 级 配	四 级 配
圆形骨料试件单元数/个	19 116	71 738	143 964
多边形骨料试件单元数/个	18 624	70 774	145 236

3. 和映射网格剖分方法的比较

映射网格方法的主要思想是生成均匀的有限元网格，并保证每一个单元的尺寸都小于最小骨料尺寸，由混凝土的级配曲线以及混凝土试件尺寸算出混凝土试件中所含不同粒径下的骨料数目，根据蒙特卡罗方法和骨料从大到小的投放原则，随机生成一套虚拟的骨料域。根据单元结点是否全部落在、部分落在和不落在骨料域，判别单元是否属于骨料单元、界面单元和砂浆单元，如图 12-12 所示。这种映射网格技术能够解决复杂形状骨料的三维模拟，但在界面处理上，其模拟要差一些，因为最小骨料尺寸相对于界面层大得多，而且界面边界线出现阶梯状，不光滑，使得混凝土最关键的细观结构部位失真，弥补的办法是采用更细小的单元，但这样付出的代价是计算规模巨大，因为它要求每个单元都保持相同的尺寸。采用映射网格技术剖分的网格如图 12-13 和图 12-14 所示，从直观上也能感受到这种网格的缺陷，计算量大，界面层比较粗糙。

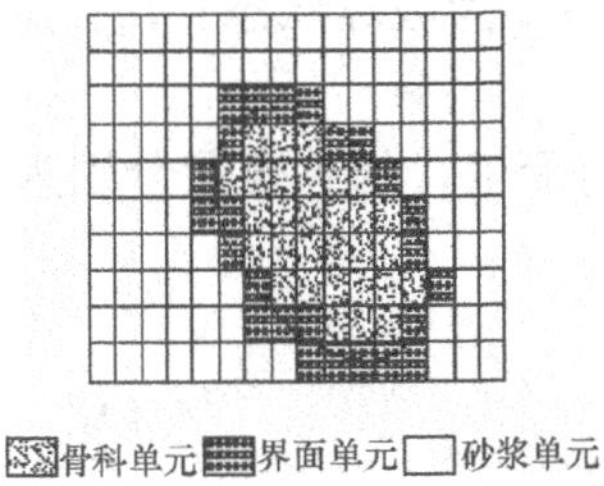

图 12-12　网格映射示意图

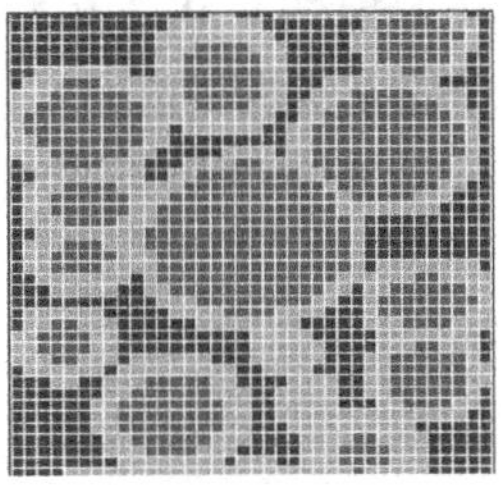

图 12-13　立方体映射网格纵剖面图

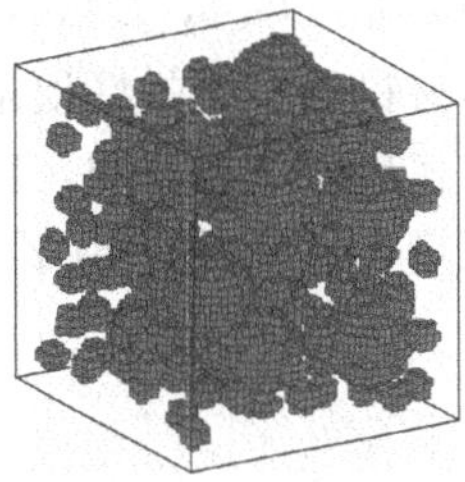

图 12-14　立方体映射网格

基于 Delaunay 四面体空间单元的渐变网格剖分方法，如果经线上布点太少，则会使试件在切削生成网格后，试件的骨料含量较实际骨料含量大为减少。

12.4 损伤模型

在微观结构水平上，材料的缺陷，如微孔洞和微裂纹，称之为“损伤”。许多工程材料的力学性质和应力-应变响应在很大程度上归因于结构内的微缺陷。混凝土材料的非线性应力-应变特性主要是由于微裂纹的产生和集结。连续介质损伤力学理论在发展这种材料的本构关系中提供了严格的理论背景。

连续介质损伤力学理论首先由 Kachanov (1958) 提出，用来描述金属的蠕变断裂，后来得到扩展并应用于材料静力断裂、疲劳和蠕变问题。70 年代后期，发现连续介质损伤理论能很好地模拟应变软化特性。这个理论进一步发展用来描述混凝土的各向同性或各向异性损伤特性。目前，该理论的进一步应用仍处于不断的发展中。

1. 基本假定及基本公式

Krajcinovic (1984)[28]综述了连续介质损伤力学理论，指出损伤理论的基本假设包括 2 条，即

(1) 材料的响应仅取决于微观结构排列的当前状态。

(2) 微观结构排列的当前状态通过一组内部变量来描述，这些内变量称之为“损伤变量”。

损伤变量可以是标量，也可以是张量。最初 Kachanov (1958) 认为横断面的损伤可由测量孔洞相应面积得到，大多数早期的损伤理论沿用这一观点，并用一个标量作为损伤变量，由于标量意味着损伤是各向同性的，与微缺陷方位无关，这仅在描述球形微空隙时才适合。但是，由于这样处理简单且计算精度能满足一般的要求，因此损伤的标量度量仍具有吸引力。本章采用标量形式的损伤变量来描述混凝土材料的损伤破坏。

假定损伤材料为各向同性，损伤变量 D 为标量参数，自由能表达式可以表示为

$$\psi=\frac{1}{2}(1-D)L_{ijkl}\varepsilon_{ij}\varepsilon_{kl} \tag{12-9}$$

式中，$0\leqslant D\leqslant 1$，$D=0$，与初始（无损伤）状态相对应，$D=1$ 为破坏状态；L_{ijkl} 为未损伤材料的初始弹性模量张量；ε_{ij} 是应变张量。

在热力学框架内，应变张量 ε_{ij} 是可观察的变量，D 为内变量，相关变量分别为应力张量 σ_{ij} 和热力学力 Y

$$\sigma_{ij}=\frac{\partial\psi}{\partial\varepsilon_{ij}}=\frac{1}{2}(1-D)L_{ijkl}\,\varepsilon_{kl} \tag{12-10}$$

$$Y=\frac{\partial\psi}{\partial D}=-\frac{1}{2}L_{ijkl}\varepsilon_{ij}\varepsilon_{kl} \tag{12-11}$$

热力学第二定律导出的 Clausius-Duham 不等式为

$$-Y\dot{D} \geqslant 0 \tag{12-12}$$

从式（12-11）可以看出，（$-Y$）是应变的二次正定函数。因此，为了使能量释放率$-Y\dot{D}$为非负值（不等式 12-12），损伤率 $\dot{D}$ 必须非负，即 $\dot{D} \geqslant 0$。

对于混凝土材料，损伤通常与拉伸应变有关，Mazars（1981）建议用等效应变 $\bar{\varepsilon}$ 作为局部拉伸的度量

$$\bar{\varepsilon} = \sqrt{\sum_i (\varepsilon_i)^2} \tag{12-13}$$

式中，ε_i 为主应变。则损伤准则可定义为

$$f(D) = \bar{\varepsilon} - K(D) = 0 \tag{12-14}$$

其中，K（D）为阈值，它表征材料体内所研究的某点在加载历史中所达到的最大等效应变值 $\bar{\varepsilon}$。

损伤率可表示为

$$\dot{D} = \begin{cases} 0, & f=0，\dot{f}<0 \text{ 或 } f<0 \\ F(\bar{\varepsilon}) \cdot \dot{\bar{\varepsilon}}, & f=0，\dot{f}=0 \end{cases} \tag{12-15}$$

式中，F（$\bar{\varepsilon}$）为 $\bar{\varepsilon}$ 的连续正定函数。

在比例加载的情况下，可得到对应于最大等效应变 $\bar{\varepsilon}_M$ 的 D 值为

$$D(\bar{\varepsilon}_M) = \int_0^{\bar{\varepsilon}_M} F(\bar{\varepsilon}) \mathrm{d}\bar{\varepsilon} = \bar{F}(\bar{\varepsilon}_M) \tag{12-16}$$

2. 损伤演化定律

在小变形的前提下，可以假定混凝土各组分（骨料、硬化水泥砂浆和两者之间的界面）均为各向同性材料。各组分材料均采用各向同性的 Mazars 损伤本构模型（只是根据不同的材料，选取不同的参数值）。针对不同的工况，采用不同的本构模型。下面以水泥砂浆为例来说明混凝土各相材料的损伤演化规律。

1）单轴拉抻情况

根据单轴拉伸应力-应变关系曲线，假定在应力峰值之前，应力-应变为线性关系，材料无损伤，或者说初始损伤不扩展，即 $\sigma = E_0\varepsilon$。在应力峰值后，应力-应变曲线可用来 $\sigma = (1-D_t)E_0\varepsilon$ 近似描述，其中，E_0 为弹性模量，D_t 为拉伸损伤变量。Mazars 采用下式来描述应力-应变关系曲线，即

$$\left.\begin{aligned} &\sigma = E_0\varepsilon, && (\varepsilon \leqslant \varepsilon_f) \\ &\sigma = E_0\left\{\varepsilon_f(1-A_t) + \frac{A_t\varepsilon}{\exp[B_t(\varepsilon-\varepsilon_f)]}\right\} && (\varepsilon > \varepsilon_f) \end{aligned}\right\} \tag{12-17}$$

式中，A_t，B_t 为拉伸时的材料参数；ε_f 为对应峰值应力的应变。对于混凝土这类摩擦

型材料，取 $0.5<A_t<1.0$，$10^4<B_t<10^5$，$0.5\times10^{-4}<\varepsilon_f<1.5\times10^{-4}$。由式（12-17）可导出损伤演化变量为

$$\left.\begin{aligned} &D_t=0, &&(\varepsilon\leqslant\varepsilon_f)\\ &D_t=1-\frac{\varepsilon_f(1-A_t)}{\varepsilon}-\frac{A_t}{\exp[B_t(\varepsilon-\varepsilon_f)]} &&(\varepsilon>\varepsilon_r)\end{aligned}\right\}\tag{12-18}$$

硬化水泥砂浆单轴拉伸应力-应变关系及其损伤演化曲线分别如图 12-15 和图 12-16 所示。

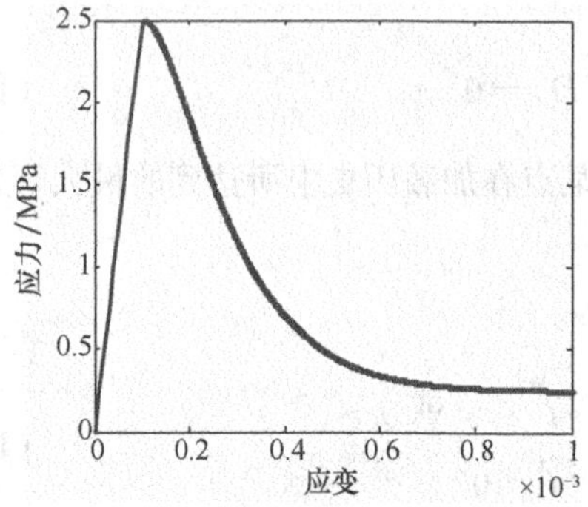

图 12-15　砂浆单轴拉伸应力-应变关系曲线

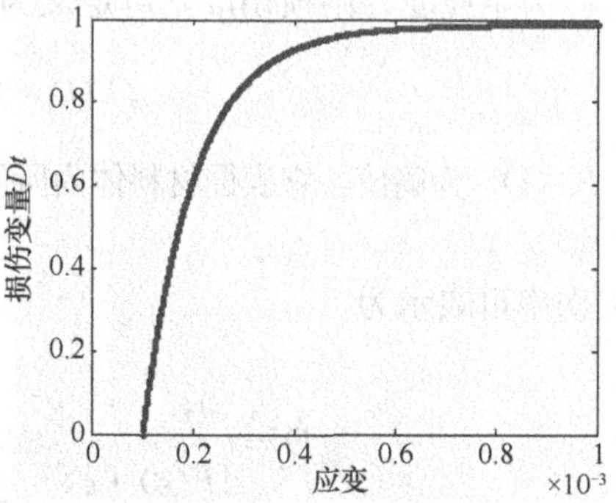

图 12-16　砂浆单轴拉伸损伤演化曲线

2）单轴压缩情况

单轴压缩时的应变张量为

$$(\varepsilon_{ij})=\begin{bmatrix}\varepsilon_1 & 0 & 0\\ 0 & -\nu\varepsilon_f & 0\\ 0 & 0 & -\nu\varepsilon_1\end{bmatrix}\quad(\varepsilon_f<0)\tag{12-19}$$

定义等效应变为 $\varepsilon^*=[(\varepsilon_1)^2+(\varepsilon_2)^2+(\varepsilon_3)^2]^{1/2}=-\sqrt{2}\nu\varepsilon_1$。式中，$\varepsilon_i$（$i=1,2,3$）为主应变。当等效应变与损伤应变阈值相等时，即 $\varepsilon^*=\varepsilon_f$，则 $-\varepsilon_1=\varepsilon_f/(\sqrt{2}\nu)$。和单轴拉伸类似，单轴压缩应力-应变曲线可以用下式来描述

$$\left.\begin{aligned} &\sigma_1=E_0\varepsilon_1 &&(-\varepsilon_1\leqslant\varepsilon_f/\sqrt{2}\nu)\\ &\sigma_1=E_0\left\{\frac{\varepsilon_f(1-A_c)}{-\sqrt{2}\nu}+\frac{A_c\varepsilon_f}{\exp[B_c(-\sqrt{2}\nu\varepsilon_1-\varepsilon_f)]}\right\} &&(-\varepsilon_1>\varepsilon_f/\sqrt{2}v)\end{aligned}\right\}\tag{12-20}$$

式中，A_c，B_c 为材料压缩时的材料参数；其变化范围一般为 $1.0<A_c<1.5$，$1000<B_c<2000$。同理，当等效应变超过损伤阈值时，应力应变曲线可用 $\sigma=E_0(1-D_c)\cdot\varepsilon$ 来描述，式中，D_c 为压缩损伤变量。由此可导出单轴压缩损伤演化方程为

$$\left.\begin{aligned} &D_c=0 & (\varepsilon^* \leqslant \varepsilon_f) \\ &D_c=1-\frac{\varepsilon_f(1-A_c)}{\varepsilon^*}-\frac{A_c}{\exp[B_c(\varepsilon^*-\varepsilon_f)]} & (\varepsilon^* > \varepsilon_f) \end{aligned}\right\} \tag{12-21}$$

硬化水泥砂浆单轴压缩应力-应变关系及其损伤演化曲线分别如图 12-17 和图 12-18 所示。

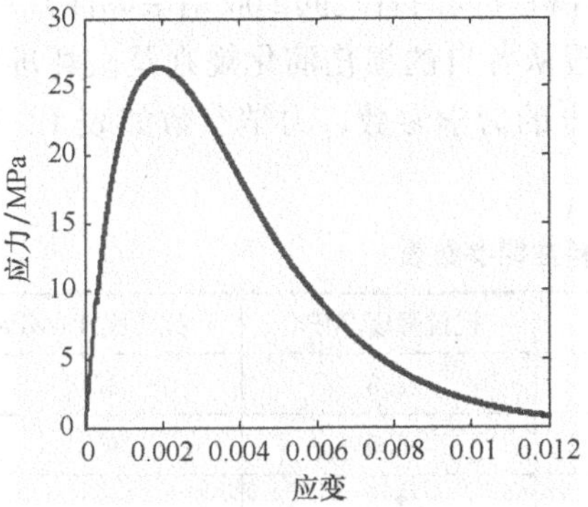

图 12-17　砂浆单轴压缩应力-应变关系曲线

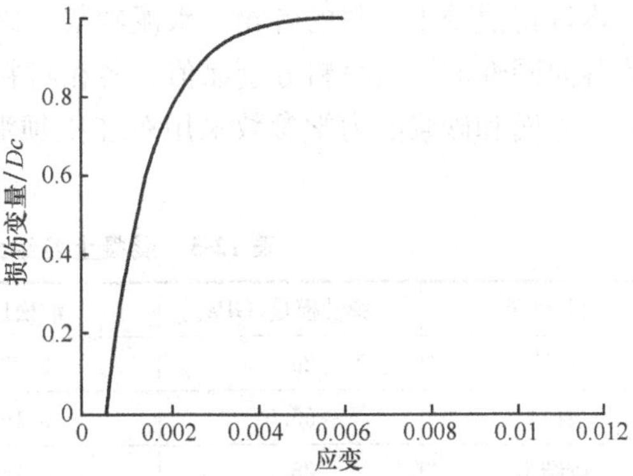

图 12-18　砂浆单轴压缩损伤演化曲线

3）多轴应力状态情况

多轴应力状态下，拉、压损伤之间存在耦合效应，Mazars 建议用下式描述单元的总损伤

$$D=\alpha_T D_T+\alpha_C D_C \tag{12-22}$$

当 $\alpha_C=0$ 时为纯拉伸，$\alpha_T=0$ 时为纯压缩，组合情况 $\alpha_C+\alpha_T=1$。

Mazars 定义耦合系数 α_T，α_C 为

$$\left.\begin{aligned} \alpha_T &= \sum_i \frac{H_i \varepsilon_{Ti}(\varepsilon_{Ti}+\varepsilon_{Ci})}{\tilde{\varepsilon}^2} \\ \alpha_C &= \sum_i \frac{H_i \varepsilon_{Ci}(\varepsilon_{Ci}+\varepsilon_{Ti})}{\tilde{\varepsilon}^2} \end{aligned}\right\} \tag{12-23}$$

式中，H_i 为 Heaviside 函数，$\tilde{\varepsilon}^2=\sum_i H_i(\varepsilon_{Ti}^2+\varepsilon_{Ci}^2+2\varepsilon_{Ti}\varepsilon_{Ci})$，$\varepsilon_i=\varepsilon_{Ti}+\varepsilon_{Ci}$，$\varepsilon_{Ti}$，$\varepsilon_{Ci}$ 分别为正主应力和负主应力引起的应变。

3. *加载方式及破坏准则*

为了得到完整的曲线，采用控制应变加载方式。这里的应变为试件上端面轴向平均位移与试件高度之比。试件上端面施加垂直方向的荷载，下端面受垂直方向约束，下端面中点（或几个单元）固定。

破坏准则采用最大拉应变破坏准则，根据弹性模量的折减反映试件的损伤程度。在 $\varepsilon\leqslant\varepsilon_f$ 时，认为试件的各个部位不会发生破坏，应力-应变关系呈线性。在 $\varepsilon>\varepsilon_f$ 后，发

生损伤的单元将赋予损伤后新的弹性模量。重复上述过程，直至加载完毕。

4. 混凝土各相材料参数的选择

混凝土是一种非均匀脆性材料，在破坏前表现出非弹性性质，但由于本文对混凝土的建模采用细观量级，对其材料参数的赋值同样可以准确到其中各个组成成分[29]。因此，本章将混凝土材料的各相（水泥砂浆、碎石骨料及其两者之间的胶结层界面）均确定为各向同性的均质材料分别赋值。各相材料均服从各自的损伤演化规则及破坏准则。骨料、界面和砂浆的力学参数采用东江拱坝混凝土的力学参数，力学参数如表 12-5 所示。

表 12-5 混凝土各组分材料性能参数表

材料性能	弹性模量/GPa	泊松比	抗拉强度/MPa	抗压强度/MPa
砂浆	26	0.22	2.5	27.5
骨料	55.5	0.16	6.0	66
胶结带	25	0.16	2.0	22

12.5 数值试验

如表 12-4 所示，二维混凝土试件，即混凝土二、三、四级配圆形和多边形骨料试件的单元数是非常大的，要求解这样的问题，单台计算机是很难完成的。因此，可以借助于河海大学校园网格进行高性能计算。

利用河海校园网格的高性能计算平台，分别对二、三、四级配混凝土试件进行单轴拉伸试验。

1. 二维单轴拉伸数值试验

混凝土是一种多相复合材料，其内部受力状况是相当复杂的。这种复杂性使得混凝土试验结果普遍存在着离散性。为了克服混凝土试验结果的这种缺陷，使试验结果具有代表性，各级配取 10 个不同随机试件试验结果的平均值进行分析。

为了避免各级配 10 个数值试件的重复，必须保证这 10 个试件的随机骨料分布各不相同。事实上，只要预先确定了各个试件中最开始投放的几个随机骨料的位置，那么根据骨料的投放原则，各个试件中的骨料分布将各不相同。经过试验，只要在每个随机试件中预先任意确定一个随机骨料的位置，就可使各个试件中随机骨料的分布各不相同。也可以采用 12.2.5 小节介绍的方法，即在产生伪随机数的程序段中，给 j 赋予不同的初值（注意每个 j 值的差别必须足够大，如 1000，2000，3000，…，10 000），就可得到 10 个随机骨料分布不同的数值试件。

在单轴拉伸条件下，二级配圆形、多边形骨料试件应力分布如图 12-19 所示。以表 12-5 中各相材料（硬化水泥砂浆、骨料和两者之间的胶结层）的抗拉强度为阈值来判断单元的死活，即当单元的拉应力大于相应材料的抗拉强度时，即认为该单元死去，在应力分布图上不显示该单元。由此可得到单轴拉伸条件下，二级配圆形、多边形骨料试件的破坏过程图，如图 12-20 和 12-21 所示，图中白线表示裂纹的扩展过程。

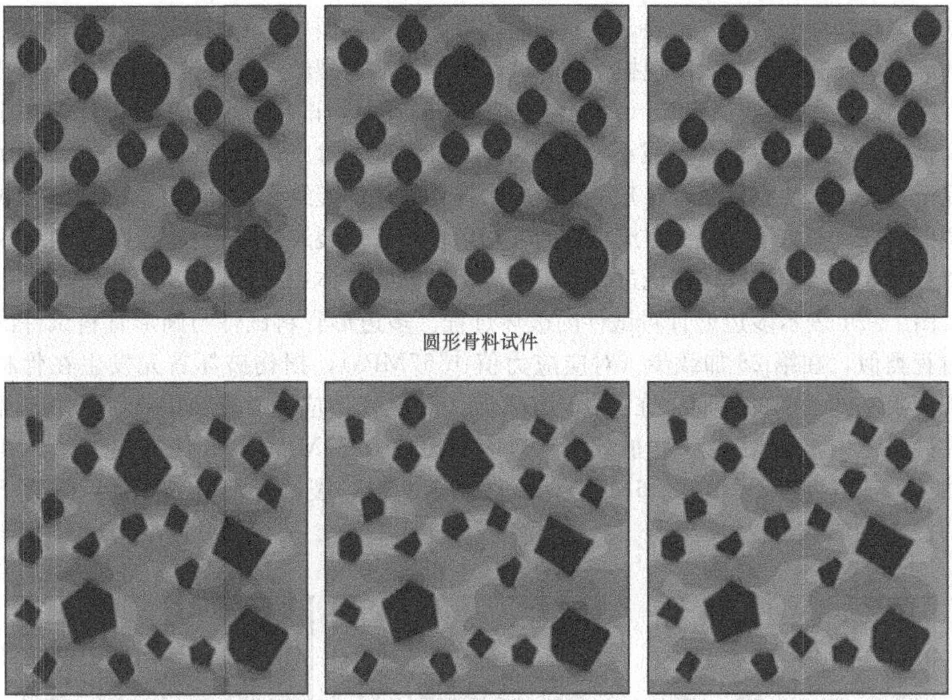

多边形骨料试件

(a) 第40步　　(b) 第45步　　(c) 第50步

图 12-19　二级配多边形骨料试件应力分布图

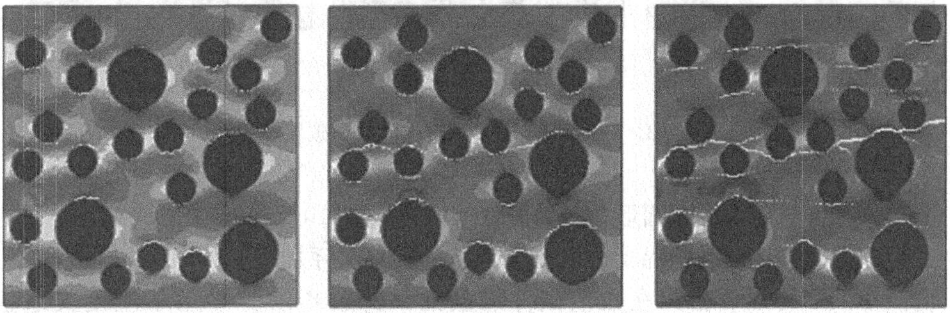

圆形骨料试件

(a) 裂纹萌生　　(b) 裂纹扩展　　(c) 裂纹贯通

图 12-20　二级配圆形骨料试件损伤破坏过程

图 12-20 表示圆形骨料试件的破坏过程。由图显示，由于骨料和水泥砂浆之间的界面是混凝土材料的薄弱环节，在第 28 加载步（对应应力值 1.45MPa），损伤破坏首先发生在骨料和水泥砂浆基体之间的界面。这些界面单元的损伤导致整个试件的应力重新分布，在它们的周围形成应力集中，引起相邻单元应力集中，产生拉伸损伤，并发生明

显的变形局部化。随着外载荷的不断增加，不断有新的单元发生拉伸损伤，并且这些损伤的单元相互贯通最终形成了宏观裂纹。在第 40 加载步（对应峰值应力 1.94MPa），损伤破坏已经在砂浆体内扩展，一些相距较近的骨料界面单元的损伤破坏开始联合，大量的界面单元和砂浆单元出现损伤破坏，继而发展成为裂纹，这些裂纹相互贯通形成了宏观裂纹带。在第 45 加载步（对应应力值 0.55MPa），试件发生失稳，但保留一定的残余强度，承载能力进一步减小。在第 50 个加载步（对应应力值 0.07MPa），承载能力完全丧失，试件完全断裂，几个发生较大损伤破坏的裂纹带汇合成了接近垂直于拉伸荷载的主裂纹。由于混凝土组成材料的非均匀性，宏观裂纹的路径表现出曲折性，又由于骨料强度较高，裂纹往往绕过骨料，在界面和砂浆基体中扩展。

图 12-21 表示多边形骨料试件的破坏过程。多边形骨料试件与圆形骨料试件的破坏过程类似，在第 28 加载步（对应应力值 1.57MPa），损伤破坏首先发生在骨料和水泥砂浆基体之间的界面。在第 40 加载步（对应峰值应力 2.23MPa），损伤破坏已经在砂浆体内扩展。在第 45 加载步（对应应力值 0.53MPa），试件发生失稳。在第 50 加载步（对应应力值 0.06MPa），试件完全断裂，裂纹带汇合成了接近垂直于拉伸荷载的主裂纹。

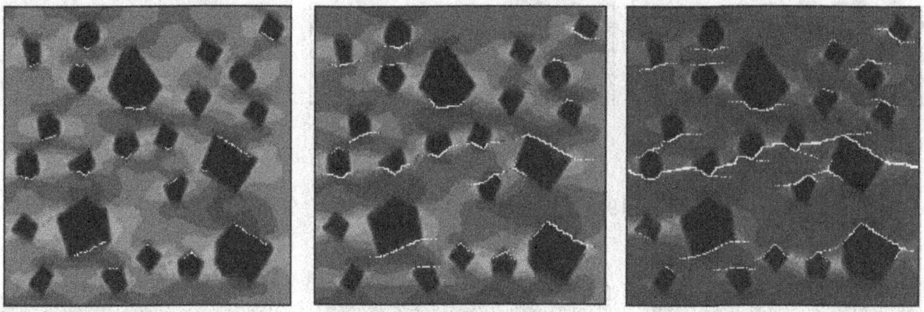

多边形骨料试件

(a) 裂纹萌生　(b) 裂纹扩展　(c) 裂纹贯通

图 12-21　二级配多边形骨料试件损伤破坏过程

分别将二、三、四级配圆形、多边形骨料试件（各 10 个）数值试验统计结果进行拟合，得到二、三、四级配混凝土单轴拉伸应力-应变关系曲线，如图 12-22 所示。

由图 12-22 可以看出，在数值试件加载到某荷载步以前，应力-应变关系基本上是呈线性变化，说明应变随荷载步的增大有规律地变化，表明混凝土试件未发生损伤。而在该加载步之后，应变增幅明显加大，说明混凝土试件内部的某些单元已开始发生损伤，混凝土细观结构的损伤破坏已经引起了宏观响应。再继续加载，由于试件内部的损伤进一步加剧，有些单元已经发生破坏，因此发生的应变值非常大。数值试验的这种现象正与混凝土的变形和体积膨胀主要是由于混凝土中裂纹萌生、扩展和相互贯通而形成宏观裂纹的结果相一致。在整个加载过程中，细观单元的损伤与破坏是最后形成宏观裂纹的主要原因。

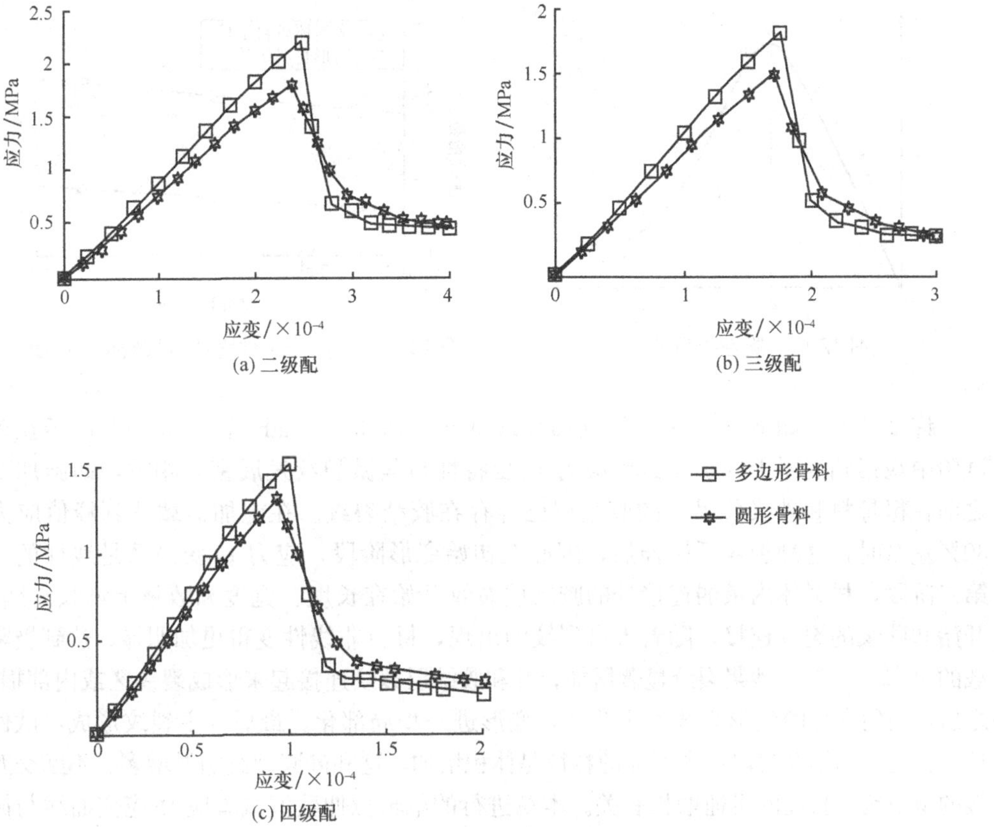

图 12-22　二、三、四级配混凝土单轴拉伸应力-应变关系曲线

2. 脆性分析

在断裂力学里一般用与断裂韧度有关的量来表示材料的韧性，但要通过对有裂纹的试件进行测定才能获得断裂韧度这个物理量。为了能直观定量地描述混凝土试件抵抗断裂的能力，而又不用去做混凝土试件的断裂试验，可以利用应力-应变关系曲线定义的脆性指数[18]来代替断裂韧度。如图 12-23 所示，将材料的应力-应变曲线以峰值应力所对应的应变为界限分成两段。脆性指数定义为图 12-23 中Ⅰ和Ⅱ部分之比，即

$$B=\frac{\int_0^{\varepsilon_0}\sigma\varepsilon\,\mathrm{d}\varepsilon}{\int_{\varepsilon_0}^{2\varepsilon_0}\sigma\varepsilon\,\mathrm{d}\varepsilon} \tag{12-24}$$

式中，ε_0 为应力峰值所对应的应变。由此可见，脆性指数 B 反映了应力-应变曲线的脆性，脆性指数 B 越大，该曲线的峰值后段越陡，材料越脆。

运用上述脆性指数的定义，可以对圆形和多边形骨料的混凝土试件进行脆性分析，如图 12-24 所示。由图 12-24 可见随着级配的升高，尺寸的增大，混凝土试件的脆性指数增大。多边形骨料混凝土试件的脆性指数较圆形骨料混凝土试件的脆性指数明显高。

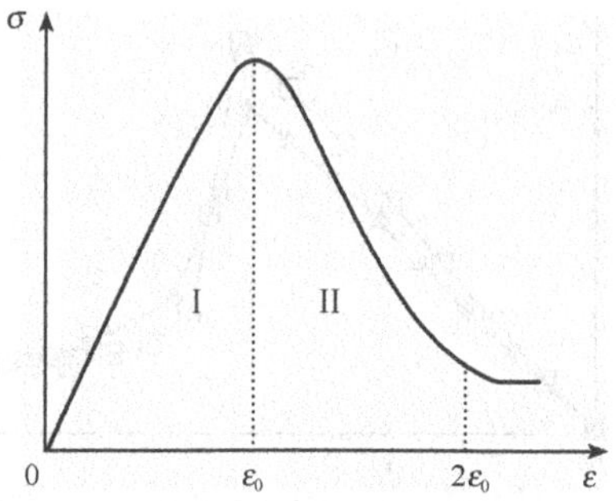

图 12-23　脆性指数的定义

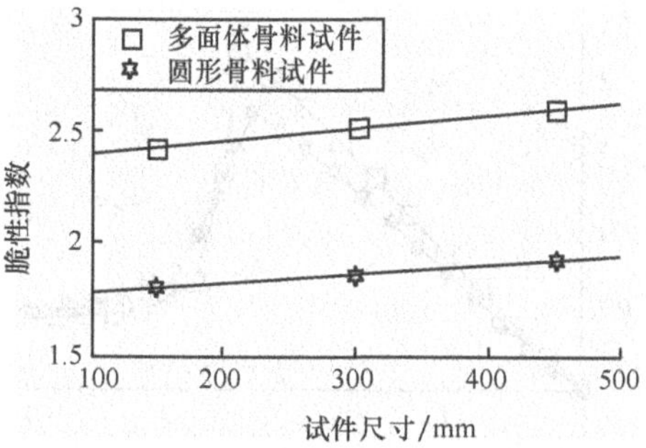

图 12-24　混凝土试件脆性指数变化趋向图

许多学者［如 Kotsovoset 等（1977），Hsu（1963），Shah 等（1968）］已经在单轴试验中观察到混凝土的宏观试验应力-应变特性与其微裂纹发展密切相关，即施加荷载之前在粗骨料和砂浆分界面的胶结层已经存在胶结裂纹。在施加荷载达到峰值应力的30％左右时，这种裂纹开始伸展，因此在初始变形阶段，应力-应变关系是线性的。在第二阶段，材料体内最弱连接处的胶结层裂纹开始在长度、宽度和数量上增长。随后，开始和砂浆的裂纹连接。随着大量裂纹的出现，材料非线性变得更加明显，达到极限荷载的 70％～90％，砂浆裂纹显著增加，并和胶结层裂纹连接起来形成裂纹区或内部损伤。之后，均匀变化的变形方式发生改变，变形进一步局部化。最后，主裂纹形成，试件破坏。在变形的第 3 阶段一个明显的特征是体积增加，这和砂浆裂纹明显增多、不断交互连接的微小裂纹长度的迅速增长有关。本章进行的单轴拉伸数值试验应力-应变曲线与微细观试验相吻合。

综上所述，本章将混凝土材料当成由硬化水泥砂浆基体、骨料和二者之间的胶结层组成的三相复合材料，利用混凝土材料的级配曲线及各级配的骨料含量计算了二维（三维）混凝土试件圆形（球形）骨料颗粒数，采用 Monte-Carlo 方法生成了各级配二维（三维）数值试验试件，同时认为硬化水泥砂浆基体、骨料和及其胶结层均服从 Mazars 损伤演化规律，对生成的二维各级配试件分别进行了单轴拉伸数值试验。

宏观力学认为混凝土是一种均匀材料，在均匀外力作用下，其内部应力是均匀分布的，这完全不能反映混凝土内部应力的真实分布情况，很难找到混凝土破坏的物理机制；而细观力学认为混凝土是一种由三相材料组成的不均匀的复合材料，在均匀外力作用下，其内部应力分布是相当复杂的，数值模拟结果更接近于混凝土材料的断裂试验结果。因此，在分析混凝土材料强度及断裂机制方面，细观力学较宏观力学更具有优势。此外，由本章的数值试验还可得到以下结论：

(1) 二、三、四级配混凝土试件随着级配的升高，试件尺寸的增大，其峰值应力对应的应变值依次减小。

(2) 同一级配任意多边形骨料试件的极限强度总体上要大于圆形骨料试件的极限强度。

(3) 多边形骨料混凝土试件的脆性指数较圆形骨料混凝土试件的脆性指数明显高。

(4) 在达到极限应力之前，同一级配多边形骨料较圆形骨料试件有较大的刚度，但在极限应力之后的软化阶段，圆形骨料试件较多边形骨料试件的软化曲线平缓。

附录　有限元教学程序及使用说明

A.1　平面三角形 3 结点有限元程序

1. 程序名

FEM3. FOR，FEM3. EXE

2. 程序功能

该程序能计算弹性力学的平面应力问题和平面应变问题；考虑自重和结点集中力两种荷载的作用，在计算自重时 y 轴取垂直向上为正；能处理非零已知位移，如支座沉降的作用。主要输出的内容包括：结点位移、单元应力、主应力、第一主应力与 x 轴的夹角以及约束结点的支座反力。

程序采用 Fortran 编写而成，输入数据全部采用自由格式。

3. 程序流程及框图（图 A-1 和图 A-2）

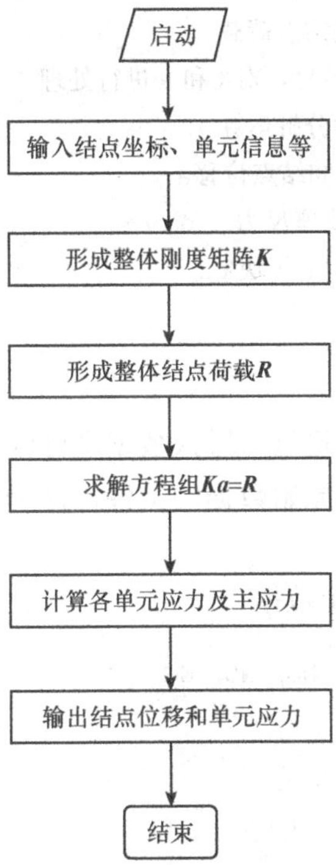

图 A-1　程序流程图

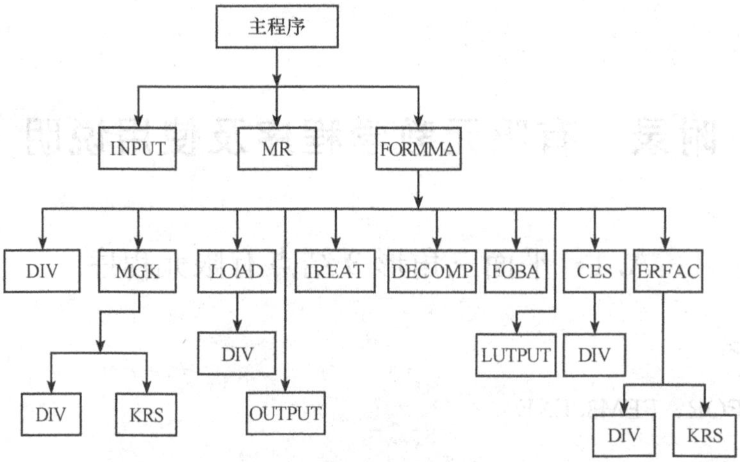

图 A-2　程序框图

其中，各子程序的功能如下：

INPUT——输入结点坐标、单元信息和材料参数

MR——形成结点自由度序号矩阵

FORMMA——形成指标矩阵 MA（N）并调用其他功能子程序，相当于主控程序

DIV——取出单元的 3 个结点号码和该单元的材料号并计算单元的 b_i，c_i 等

MGK——形成整体刚度矩阵并按一维存放在 SK（NH）中

LOAD——形成整体结点荷载列阵R

OUTPUT——输出结点位移或结点荷载

TREAT——由于有非零已知位移，对K 和 R 进行处理

DECOMP——整体刚度矩阵的分解运算

FOBA——前代、回代求出未知结点位移a

ERFAC——计算约束结点的支座反力

KRS——计算单元刚度矩阵中的子块k_{rs}

4. 程序使用说明

当程序开始运行时，按屏幕提示，键入数据文件的名字。在运行程序之前，必须根据程序中输入要求建立一个存放原始数据的文件，这个文件的名字由少于 8 个字符或数字组成。数据文件包括如下内容：

(1) 总控信息，共一条，9 个数据

NP, NE, NM, NR, NI, NL, NG, ND, NC

NP——结点总数

NE——单元总数

NM——材料类型总数

NR——约束结点总数

NI——问题类型标识，0 为平面应力问题，1 为平面应变问题

NL——受荷载作用的结点的数目

NG——考虑自重作用为 1，不计自重为 0

ND——非零已知位移结点的数目

NC——要计算支座约束反力的结点数目

(2) 材料信息，共 *NM* 条，每条依次输入

EO, VO, W, t

EO——弹性模量（kN/m^2）

VO——泊松比

W——材料容重（t/m^3）

t——单元厚度（m）

这些信息都存放在数组 AE（4，NM）中。

(3) 坐标信息，共 *NP* 条，每条依次输入

IP, X, Y

IP——结点号

X, Y——结点的 x 坐标和 y 坐标

坐标信息存放在数组 X（2，NP）中。

(4) 单元信息，共 *NE* 条，每条依次输入

JE, L, Io, Jo, Mo

JE——单元号

L——该单元的材料类型号

Io, Jo, Mo——该单元 i, j, m 的整体编码

单元信息存放在数组 MEO（4，NE）中。

(5) 约束信息，共 *NR* 条，每条依次输入一个数

$$\underbrace{\times\times\times}_{\downarrow\ \mathrm{IP}}\quad \underset{\downarrow\ I_x}{\times}\quad \underset{\downarrow\ I_y}{\times}$$

IP——结点号

I_x, I_y——该结点的约束情况，如果某方向受约束时填 0，如果自由则填 1

(6) 荷载信息，共 *NL* 条，每条依次输入

IP, F_x, F_y

IP——结点号

F_x, F_y——该结点的 x, y 方向的荷载分量（kN）

结点号存放在数组 NF（NL）中，结点荷载分量存放在数组 FV（2，NL）中。

(7) 若 ND>0，输入非零已知位移信息，共 *ND* 条，每条依次输入

IP, u_x, u_y

IP——结点号

u_x, u_y——该结点 x,y 方向已知位移分量(m),若其中某方向为自由,则其相应分量为 0

结点号存放在数 NDI(ND)中,已知位移分量存放在数组 DV(2,ND)中。

(8) 支座反力信息,共 *NC* 条,每条依次输入

IP,M1,M2,M3,M4

IP——支座结点号

M1,M2,M3,M4——与该支座结点相关的单元号,若不足 4 个,则用 0 补充。支座结点号存放在数组 NCI(NC)中,相关单元号存放在数组 NCE(4,NC)中

以上数据须按如上顺序存放在数据文件中。除此之外,程序中还用到其他一些主要变量和数组,说明如下:

N——结构自由度总数

NH——按一维存储的整体刚度矩阵的总容量

MX——最大半带宽

SK(10000)——维存储的刚度矩阵

R(1000)——开始存放等效结点荷载,求解方程以后,用来存放结点位移

B(6)——存放单元应力 σ_x, σ_y, τ_{xy}, σ_1, σ_2, α

MA(1000)——主元素序号指标矩阵

JR(2,500)——结点自由度序号矩阵

ME(3)——存放单元结点 i,j,m 的整体编码

NN(6)——单元结点自由度序号

BI(3),CI(3)——单元刚度矩阵计算公式中的 b_i, b_j, b_m 和 c_i, c_j, c_m

S——三角形单元的面积

H_{11}, H_{12}, H_{21}, H_{22}——单元刚度矩阵中子块 K_{rs} 的 4 个元素。

5. 算例 A-1

一个正方形弹性体,厚度为 1m,四边受单位均布法向力作用,由于对称性,取其 1/4 进行计算,其有限元网格如图 A-3 所示,设 $E=2.4\times10^5$MPa,$\nu=0.167$,不考虑自重。该问题的精确解应力为 $\sigma_x=1$kN/m^2,$\sigma_y=1$kN/m^2,$\tau_{xy}=0$。

(1) 输入文件数据:

```
6  4  1  5  0  3  0  0  5
2000.0   0.0   0.0  1.0
1   0.0   2.0
2   0.0   1.0
3   1.0   1.0
4   0.0   0.0
5   1.0   0.0
6   2.0   0.0
11    3   1   2
```

```
  21   2  4  5
  31   3  2  5
  41   5  6  3
   1 0 1
   2 0 1
   4 0 0
   5 1 0
   6 1 0
1  - 0.5  - 0.5
3  - 1.0  - 1.0
6  - 0.5  - 0.5
1   1   0   0   0
2   1   2   3   0
4   2   0   0   0
5   2   3   4   0
6   4   0   0   0
```

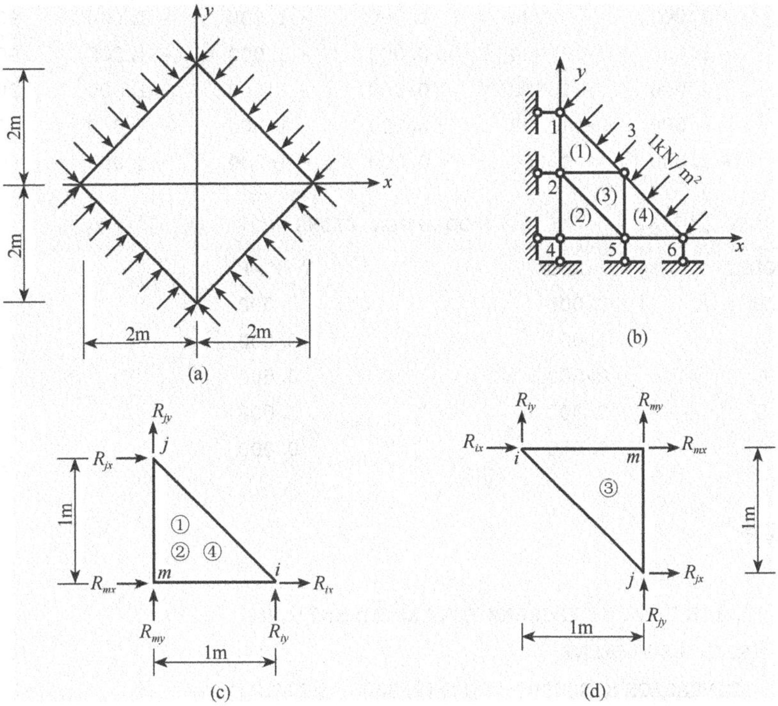

图 A-3　有限元网格

(2) 输出文件结果：

NODAL DISPLACEMENTS

NODE	X- COMP.	Y- COMP.
1	0.00000E+ 00	- 0.10000E- 02

2	0.00000E+ 00	- 0.50000E- 03
3	- 0.50000E- 03	- 0.50000E- 03
4	0.00000E+ 00	0.00000E+ 00
5	- 0.50000E- 03	0.00000E+ 00
6	- 0.10000E- 02	0.00000E+ 00

E LEMENT STRESSES

ELEMENT	X-STRESS	Y-STRESS	XY-STRESS	MAX-STRESS	MIN-STRESS	ANGLE
1	- 1.000	- 1.000	0.000	- 1.000	- 1.000	90.000
2	- 1.000	- 1.000	0.000	- 1.000	- 1.000	90.000
3	- 1.000	- 1.000	0.000	- 1.000	- 1.000	90.000
4	- 1.000	- 1.000	0.000	- 1.000	- 1.000	90.000

N ODE STRESSES

NODE	X-STRESS	Y-STRESS	XY-STRESS	MAX-STRESS	MIN-STRESS	ANGLE
1	- 1.000	- 1.000	0.000	- 1.000	- 1.000	90.000
2	- 1.000	- 1.000	0.000	- 1.000	- 1.000	90.000
3	- 1.000	- 1.000	0.000	- 1.000	- 1.000	90.000
4	- 1.000	- 1.000	0.000	- 1.000	- 1.000	90.000
5	- 1.000	- 1.000	0.000	- 1.000	- 1.000	90.000
6	- 1.000	- 1.000	0.000	- 1.000	- 1.000	90.000

N ODAL REACTIONS

NODE	X-COMP	Y-COMP
1	0.000	0.000
2	1.000	0.000
4	0.500	0.500
5	0.000	1.000
6	0.000	0.000

6. 源程序

```
C    FINITE ELEMENT PROGRAM FOR TWO DIMENSIONAL
C    TRIANGLE ELEMENT
C      DIMENSION K(800000),COOR(2,3000),AE(4,11),
     * MEL(5,2000),MA(6000)
       CHARACTER* 32 dat
       COMMON /CA/ NP,NE,NM,NR,NI,NL,NG,ND,NC
       WRITE(* ,300)
 300   FORMAT(///'                                   '
     *  ':**** '/'+ PLEASE INPUT FILE NAME OF DATA')
       READ(* ,* )data
```

```
      OPEN (4,FILE= data,STATUS= 'OLD')
      OPEN (7,FILE= 'OUT',STATUS= 'UNKNOWN')
      READ (4,* ) NP,NE,NM,NR,NI,NL,NG,ND,NC
C      WRITE (* ,400) NP,NE,NM,NR,NI,NL,NG,ND,NC
C      WRITE (7,400) NP,NE,NM,NR,NI,NL,NG,ND,NC
      CALL INPUT (JR,COOR,MEL,AE)
      CALL CBAND (MA,JR,MEL)
      CALL SK0(SK,R,COOR,MEL,MA,JR,AE)
      CALL LOAD (COOR,MEL,R,JR,AE)
      IF (ND.GT.0) CALL TREAT (SK,MA,JR,R)
      CALL DECOMP (SK,MA)
      CALL FOBA (SK,MA,R)
      WRITE(* ,650)
      WRITE(7,650)
      CALL OUTPUT(JR,R)
      WRITE(* ,700)
      WRITE(7,700)
      CALL CES (COOR,MEL,JR,R,AE)
      IF(NC.GT.0) call ERFAC (COOR,MEL,JR,R,AE)
400   FORMAT (/2X,'NP= ',I3,2X,'NE= ',I3,2X,'NM= '
     * ,I3,2X,'NR= ',I3,2X,'NI= 'I3,2X,'NL= ',I3,2X,
     * 'NG= ',I3,2X,'ND= ',I3,2X,'NC= ',I3)
500   FORMAT(1X,'TOTAL DEGREES OF FREEDOM N= ',
     * I4,1X,'TOTAL- STORAGE ','NH= ',I5,1X,
     * 'MAX- SEMI- BANDWIDTH MX= ',I3)
550   FORMAT(/20X,'TOTAL STORAGE IS
     * GREATER THAN 50000')
600   FORMAT(30X,'NODAL FORCES'/8X,'NODE',
     * 11X,'X- COMP.',14X,'Y- COMP.')
650   FORMAT(/30X,'NODAL DISPLACEMENTS'/8X,
     * 'NODE',13X,'X- COMP.',12X,'Y- COMP.')
700   FORMAT(/30X,'ELEMENT STRESSES'/5X,
     * 'ELEMENT',5X,'X- STRESS',3X,'Y- STRESS',
     * 2X,'XY- STRESS',1X,'MAX- STRESS',1X,
     * 'MIN- STRESS',6X,'ANGLE'/)
      STOP
      END
C ************************************************
      SUBROUTINE KRS (BR,BS,CR,CS)
      COMMON /CB/ EO,VO,W,T,A,H11,H12,H21,H22
     * ,ME(3),BI(3),CI(3)
      ET= EO* T/(1.0- VO* VO)/A/4.0
```

```
      V= (1.0- VO)/2.0
      H11= ET* (BR* BS+ V* CR* CS)
      H12= ET* (VO* BR* CS+ V* BS* CR)
      H21= ET* (VO* CR* BS+ V* BR* CS)
      H22= ET* (CR* CS+ V* BR* BS)
      RETURN
      END
C *******************************************
      SUBROUTINE INPUT (JR,COOR,MEL,AE)
      DIMENSION JR(2,* ),COOR(2,* ),AE(4,* ),MEL(3,* )
      COMMON /CA/ NP,NE,NM,NR
      COMMON /CC/ N,MX,NH
      DO 70 I= 1,NP
      READ(4,* ) IP,X,Y
      COOR(1,IP)= X
      COOR(2,IP)= Y
70    CONTINUE
      DO 11 J= 1,NE
      READ(4,* )NEE,NME,(MEL(I,NEE),I= 1,3)
      MEL(3,NEE)= NME
11    CONTINUE
      DO 10 I= 1,NP
      DO 10 J= 1,2
10    JR(J,I)= 1
      DO 20 I= 1,NR
      READ(4,* ) IP,IX,IY
      JR(1,IP)= IX
      JR(2,IP)= IY
20    CONTINUE
      N= 0
      DO 30 I= 1,NP
      DO 30 J= 1,2
      IF (JR(J,I)) 30,30,25
25    N= N+ 1
      JR(J,I)= N
30    CONTINUE
       DO 55 J= 1,NM
       READ (4,* )jj,(AE(I,jj),I= 1,4)
C       WRITE(* ,910)jj,(AE(I,jj),I= 1,4)
    IF(NI.eq.1)then
        AE(1,jj)= AE(1,jj)/(1.0- AE(2,jj)* AE(2,jj))
        AE(2,jj)= AE(2,jj)/(1.0- AE(2,jj))
```

```
      endif
55      CONTINUE
910   FORMAT (/20X,'MATERIAL PROPERTIES'/(3X,I5,4(1x,E8.3)))
      RETURN
      END
C *******************************************
      SUBROUTINE CBAND (MA,JR,MEL)
      DIMENSION MA(* ),JR(2,* ),MEL(3,* ),NN(6)
      COMMON /CA/ NP,NE,NM,NR
      COMMON /CC/ N,MX,NH
      DO 65 I= 1,N
65    MA(I)= 0
      DO 90 IE= 1,NE
      DO 75 K= 1,3
      IEK= MEL(K,IE)
      DO 95 M= 1,2
      JJ= 2* (K- 1)+ M
      NN(JJ)= JR(M,IEK)
95    CONTINUE
75    CONTINUE
      L= N
      DO 80 I= 1,6
      NNI= NN(I)
      IF(NNI.EQ.0) GO TO 80
      IF(NNI.LT.L) L= NNI
80    CONTINUE
      DO 85 M= 1,6
      JP= NN(M)
      IF(JP.EQ.0) GO TO 85
      JPL= JP- L+ 1
      IF(JPL.GT.MA(JP)) MA(JP)= JPL
85    CONTINUE
90    CONTINUE
      MX= 0
      MA(1)= 1
      DO 10 I= 2,N
      IF(MA(I).GT.MX) MX= MA(I)
      MA(I)= MA(I)+ MA(I- 1)
10    CONTINUE
      NH= MA(N)
      WRITE (* ,500) N,MX,NH
      WRITE (7,500) N,MX,NH
```

```
500   FORMAT (/5X,'FREEDOM N= '
     * ,I5,3X,'SEMI- BANDWI. MX= ',I5,3X,
     * 'STORAGE NH= ',I7)
      RETURN
      END
C ***********************************************
      SUBROUTINE SK0(SK,R,COOR,MEL,MA,JR,AE)
      DIMENSION AE(4,* ),COOR(2,* ),MEL(3,* ),JR(2,* ),R(* ),
     * MA(* ),SK(* ),SKE(6,6),NN(6)
      COMMON /CA/ NP,NE,NM,NR,NI,NL,NG,ND,NC
      COMMON /CB/ EO,VO,W,T,A,H11,H12,H21,H22,
     * ME(3),BI(3),CI(3)
      COMMON /CC/ N,NH
      DO 10 I= 1,NH
10    SK(I)= 0.0
      DO 70 IE= 1,NE
      CALL DIV (IE,COOR,MEL,AE)
      DO 30 I= 1,3
      DO 30 J= 1,3
      CALL KRS (BI(I),BI(J),CI(I),CI(J))
      SKE(2* I- 1,2* J- 1)= H11
      SKE(2* I- 1,2* J)= H12
      SKE(2* I,2* J- 1)= H21
      SKE(2* I,2* J)= H22
30    CONTINUE
      DO 40 I= 1,3
      J2= ME(I)
      DO 40 J= 1,2
      J3= 2* (I- 1)+ J
      NN(J3)= JR(J,J2)
40    CONTINUE
      DO 60 I= 1,6
      DO 60 J= 1,6
      IF(NN(J).EQ.0.OR.NN(I).LT.NN(J)) GO TO 60
      JJ= NN(I)
      JK= NN(J)
      JL= MA(JJ)
      JM= JJ- JK
      JN= JL- JM
      SK(JN)= SK(JN)+ SKE(I,J)
60    CONTINUE
70    CONTINUE
```

```
c       WRITE(0,500) (SK(I),I= 1,20)
500     FORMAT(/10X,'SK= '(6F12.5))
        RETURN
        END
C ********************************************************
        SUBROUTINE LOAD (COOR,MEL,R,JR,AE)
        DIMENSION AE(4,* ),COOR(2,* ),MEL(3,* ),R(* ),JR(2,* ),
     *            NF(50),FV(2,50)
        COMMON /CA/ NP,NE,NM,NR,NI,NL,NG,ND,NC
        COMMON /CB/ EO,VO,W,T,A,A1(4),ME(3),BB(6)
        COMMON /CC/ N,NH
        DO 10 I= 1,N
 10     R(I)= 0.0
        IF(NG) 70,70,30
 30     DO 60 IE= 1,NE
        CALL DIV (IE,COOR,MEL,AE)
        DO 50 I= 1,3
        J2= ME(I)
        J3= JR(2,J2)
        IF(J3) 50,50,40
 40     R(J3)= R(J3)- T* W* A/3.0
 50     CONTINUE
 60     CONTINUE
 70     IF(NL) 110,110,80
 80     READ(4,* ) (NF(I),I= 1,NL)
        READ(4,* ) ((FV(I,J),I= 1,2),J= 1,NL)
C        WRITE(* ,500) (NF(I),I= 1,NL)
C        WRITE(7,500) (NF(I),I= 1,NL)
C        WRITE(* ,600) ((FV(I,J),I= 1,2),J= 1,NL)
C        WRITE(7,600) ((FV(I,J),I= 1,2),J= 1,NL)
        DO 100 I= 1,NL
        JJ= NF(I)
        J= JR(1,JJ)
        M= JR(2,JJ)
        IF (J.GT.0) R(J)= R(J)+ FV(1,I)
        IF (M.GT.0) R(M)= R(M)+ FV(2,I)
 100    CONTINUE
 110    RETURN
 500    FORMAT(/20X,'NODES OF APPLIED LOAD*** NF= '          * /(1X,10I8))
 600    FORMAT(/30X,'LUMPED- LOADS*** FV= '
     * /(5X,5F15.3))
        END
```

```
C ********************************************
      SUBROUTINE TREAT (SK,MA,JR,R)
      DIMENSION SK(* ),MA(* ),NDI(75),DV(2,75),JR(2,* ),R(* )
      COMMON /CA/ NP,NE,NM,NR,NI,NL,NG,ND,NC
      COMMON /CC/ N,NH
      READ(4,* ) (NDI(J),J= 1,ND)
      READ(4,* ) ((DV(I,J),I= 1,2),J= 1,ND)
C      WRITE(* ,500) (NDI(J),J= 1,ND)
C      WRITE(7,500) (NDI(J),J= 1,ND)
C      WRITE(* ,550) ((DV(I,J),I= 1,2),J= 1,ND)
C      WRITE(7,550) ((DV(I,J),I= 1,2),J= 1,ND)
      DO 20 I= 1,ND
      DO 20 J= 1,2
      IF(DV(J,I)) 10,20,10
 10   JJ= NDI(I)
      L= JR(J,JJ)
      JN= MA(L)
      SK(JN)= 1.0E30
      R(L)= DV(J,I)* 1.0E30
 20   CONTINUE
500   FORMAT(/25X,'NODE NO.* * NDI= '/(1X,10I8))
550   FORMAT(/25X,'DISPLACEMENT- VALUES* * DV= '/
     * (10X,6F10.6))
      RETURN
      END
C ********************************************
      SUBROUTINE DECOMP (SK,MA)
      DIMENSION SK(* ),MA(* )
      COMMON /CC/ N,NH
      DO 50 I= 2,N
      L= I- MA(I)+ MA(I- 1)+ 1
      K= I- 1
      L1= L+ 1
      IF (L1.GT.K) GO TO 30
      DO 20 J= L1,K
      IJ= MA(I)- I+ J
      M= J- MA(J)+ MA(J- 1)+ 1
      IF (L.GT.M) M= L
      MP= J- 1
      IF (M.GT.MP) GO TO 20
      DO 10 LP= M,MP
      IP= MA(I)- I+ LP
```

```
      JP= MA(J) - J+ LP
      SK(IJ) = SK(IJ) - SK(IP) * SK(JP)
 10   CONTINUE
 20   CONTINUE
 30   IF (L.GT.K) GO TO 50
      DO 40 LP= L,K
      IP= MA(I) - I+ LP
      LPP= MA(LP)
      SK(IP) = SK(IP)/SK(LPP)
      II= MA(I)
      SK(II) = SK(II) - SK(IP) * SK(IP) * SK(LPP)
 40   CONTINUE
 50   CONTINUE
C     WRITE(0,500) (SK(I),I= 1,20)
500   FORMAT(/10X,'SK= '/(1X,6F12.4))
      RETURN
      END
C ************************************************
      SUBROUTINE FOBA (SK,MA,R)
      DIMENSION SK(* ),MA(* ),R(* )
      COMMON /CC/ N,NH
      DO 10 I= 2,N
      L= I- MA(I) + MA(I- 1) + 1
      K= I- 1
      IF (L.GT.K) GO TO 10
      DO 5 LP= L,K
      IP= MA(I) - I+ LP
      R(I) = R(I) - SK(IP) * R(LP)
 5    CONTINUE
 10   CONTINUE
      DO 20 I= 1,N
      II= MA(I)
      R(I) = R(I)/SK(II)
 20   CONTINUE
      DO 30 J1= 2,N
      I= 2+ N- J1
      L= I- MA(I) + MA(I- 1) + 1
      K= I- 1
      IF (L.GT.K) GO TO 30
      DO 25 J= L,K
      IJ= MA(I) - I+ J
      R(J) = R(J) - SK(IJ) * R(I)
```

```
25     CONTINUE
30     CONTINUE
       RETURN
       END
C ******************************************
       SUBROUTINE CES (COOR,MEL,JR,R,AE)
       DIMENSION AE(4,* ),COOR(2,* ),MEL(3,* ),JR(2,* ),R(* ),B(6)
       COMMON /CA/ NP,NE,NM,NR,NI,NL,NG,ND,NC
       COMMON /CB/ EO,VO,W,T,A,H11,H12,H21,H22,
     * ME(3),BI(3),CI(3)
       COMMON /CC/ N,NH
       DO 100 IE= 1,NE
       CALL DIV (IE,COOR,MEL,AE)
       ET= EO/(1.0- VO* VO)/A/2.0
       DO 50 I= 1,3
       J2= ME(I)
       I2= JR(1,J2)
       I3= JR(2,J2)
       IF(I2) 30,20,10
10     B(2* I- 1)= R(I2)
       GO TO 30
20     B(2* I- 1)= 0.0
30     IF(I3) 50,40,35
35     B(2* I)= R(I3)
       GO TO 50
40     B(2* I)= 0.0
50     CONTINUE
       H1= 0.0
       H2= 0.0
       H3= 0.0
       DO 60 I= 1,3
       H1= H1+ BI(I)* B(2* I- 1)
       H2= H2+ CI(I)* B(2* I)
       H3= H3+ BI(I)* B(2* I)+ CI(I)* B(2* I- 1)
60     CONTINUE
       A1= ET* (H1+ VO* H2)
       A2= ET* (H2+ VO* H1)
       A3= ET* (1.0- VO)* H3/2.0
       H1= A1+ A2
       H2= SQRT((A1- A2)* (A1- A2)+ 4.0* A3* A3)
       B(4)= (H1+ H2)/2.0
       B(5)= (H1- H2)/2.0
```

```
      IF (ABS(A3).GT.1E- 4) GO TO 80
      IF (A1.GT.A2) GO TO 70
      B(6)= 90.0
      GO TO 90
 70   B(6)= 0.0
      GO TO 90
 80   B(6)= ATAN((B(4)- A1)/A3)* 57.29578
 90   B(1)= A1
      B(2)= A2
      B(3)= A3
      WRITE(0,500) IE,B
      WRITE(7,500) IE,B
100   CONTINUE
500   FORMAT(6X,I4,3X,6F11.3)
      RETURN
      END
C *********************************************
      SUBROUTINE OUTPUT(JR,R)
      DIMENSION JR(2,* ),R(* )
      COMMON /CA/ NP,NE,NM,NR,NI,NL,NG,ND,NC
      COMMON /CC/ N,NH
      DO 100 I= 1,NP
      L= JR(1,I)
      IF(L) 30,20,10
 10   S= R(L)
      GO TO 30
 20   S= 0.0
 30   L= JR(2,I)
      IF(L) 60,50,40
 40   SS= R(L)
      GO TO 60
 50   SS= 0.0
 60   WRITE(* ,500) I,S,SS
      WRITE(7,500) I,S,SS
100   CONTINUE
500   FORMAT(5X,I5,2F20.5)
      RETURN
      END
C *********************************************
      SUBROUTINE ERFAC (COOR,MEL,JR,R,AE)
      DIMENSION NCI(20),NCE(4,20),MEL(3,* ),JR(2,* ),R(* ),
     *    AE(4,* ),COOR(2,* )
```

```
      COMMON /CA/ NP,NE,NM,NA(5),NC
      COMMON /CB/ AB(5),H11,H12,H21,H22,
     * ME(3),BI(3),CI(3)
      COMMON /CC/ N,NH
      READ(4,* ) (NCI(J),J= 1,NC)
      READ(4,* ) ((NCE(I,J),I= 1,4),J= 1,NC)
      WRITE(* ,500) (NCI(J),J= 1,NC)
      WRITE(* ,600) ((NCE(I,J),I= 1,4),J= 1,NC)
      WRITE(* ,700)
      WRITE(7,500) (NCI(J),J= 1,NC)
      WRITE(7,600) ((NCE(I,J),I= 1,4),J= 1,NC)
      WRITE(7,700)
      DO 120 JJ= 1,NC
      FX= 0.0
      FY= 0.0
      L= NCI(JJ)
      DO 110 M= 1,4
      IF(NCE(M,JJ)) 110,110,10
10    IE= NCE(M,JJ)
      CALL DIV (IE,COOR,MEL,AE)
      DO 20 IM= 1,3
      K= IM
      IF(L- ME(IM)) 20,30,20
20    CONTINUE
      WRITE(0,750) L
      WRITE(7,750) L
30    DO 100 IP= 1,3
      CALL KRS (BI(K),BI(IP),CI(K),CI(IP))
      NL= ME(IP)
      JI= JR(1,NL)
      JP= JR(2,NL)
      IF(JI) 60,40,50
40    S= 0.0
      GO TO 60
50    S= R(JI)
60    IF(JP) 70,70,80
70    SS= 0.0
      GO TO 90
80    SS= R(JP)
90    FX= FX+ H11* S+ H12* SS
      FY= FY+ H21* S+ H22* SS
100   CONTINUE
```

```
110     CONTINUE
        WRITE(0,800) L,FX,FY
        WRITE(7,800) L,FX,FY
120     CONTINUE
500     FORMAT(30X,'NODE NO.* * NCI= '/(1X,10I8))
600     FORMAT(30X,'ELEMENT- NO.* * NCE= '/
     * (1X,10I8))
700     FORMAT(30X,'NODAL REACTIONS'/8X,
     * 'NODE',14X,'X- COMP',14X,'Y- COMP')
750     FORMAT(/10X,'ERROR OF ELEMENT MESSAGE'
     * '* * * * NODE NUMBE',I5)
800     FORMAT(6X,I5,2F20.3)
        RETURN
        END
C ************************************************
        SUBROUTINE DIV (IE,COOR,MEL,AE)
        DIMENSION COOR(2,* ),AE(4,* ),MEL(3,* )
        COMMON /CB/ EO,VO,W,T,A,A1(4),ME(3),
     * BI(3),CI(3)
        ME(1)= MEL(1,IE)
        ME(2)= MEL(2,IE)
        ME(3)= MEL(3,IE)
        I= ME(1)
        J= ME(2)
        M= ME(3)
        L= MEL(3,IE)
        BI(1)= COOR(2,J) - COOR(2,M)
        BI(2)= COOR(2,M) - COOR(2,I)
        BI(3)= COOR(2,I) - COOR(2,J)
        CI(1)= COOR(1,M) - COOR(1,J)
        CI(2)= COOR(1,I) - COOR(1,M)
        CI(3)= COOR(1,J) - COOR(1,I)
        A= (BI(2)* CI(3)- CI(2)* BI(3))/2.0
        EO= AE(1,L)
        VO= AE(2,L)
        W= AE(3,L)
        T= AE(4,L)
        RETURN
        END
C ************************************************
```

A.2 平面四边形 4 结点等参有限单元法程序

1. 程序名

FEM4. FOR,FEM4. EXE

2. 程序功能

该程序采用四边形 4 结点等参单元,能解决弹性力学的平面应变问题;计算受集中力、自重体力、法向分布面力和静水压力的作用。输出结果为各结点的位移和单元中心点的应力分量及其主应力。

程序采用 Fortran 编写而成,输入数据全部采用自由格式。

3. 程序流程及框图(图 A-4 和图 A-5)

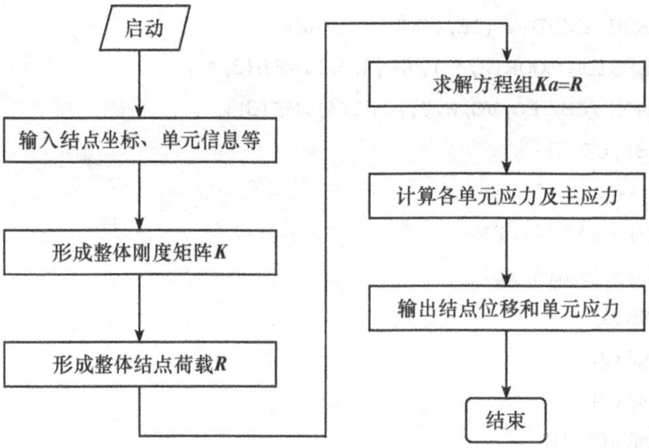

图 A-4 程序流程图

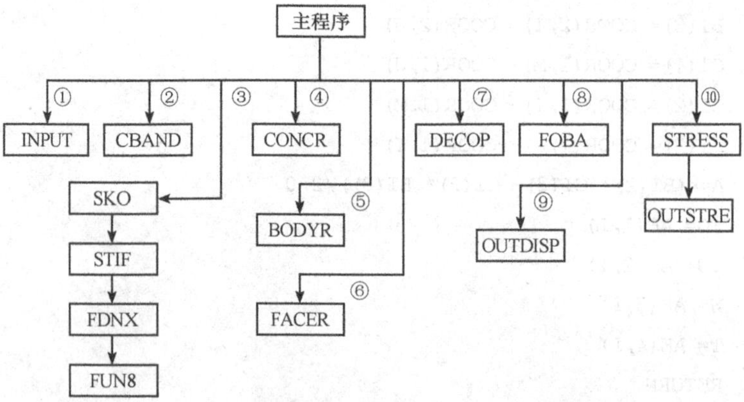

图 A-5 程序框图

其中,各子程序的主要功能为

INPUT——输入原始数据
CBAND——形成主元素序号指示矩阵 MA(600)
SKO——形成整体刚度矩阵K
CONCR——计算集中力引起的等效结点荷载$\{R\}^e$
BODYR——计算自重体力引起的等效结点荷载$\{R\}^e$
FACER——计算分布面力引起的等效结点荷载$\{R\}^e$
DECOP——支配方程 Crout 直接解法中的分解和前代过程
FOBA——Crout 直接解法中的回代过程
OUTDISP——输出结点位移分量
STRESS——计算单元应力分量
OUTSTRE——输出单元应力分量
STIF——计算单元刚度矩阵
FDNX——计算形函数对整体坐标的导数$\left[\frac{\partial N_i}{\partial x} \quad \frac{\partial N_i}{\partial y}\right]^T$, i= 1,2,3,4
FUN8——计算形函数及雅可比矩阵 J

4. 程序使用说明

程序使用说明见第 6 章。

5. 算例 A-2

简支梁,长为 18 m,高为 3m,厚度为 1m,弹性模量为 2.4×10^5 MPa,泊松比为 0.167,受均布荷载 $q=100\text{kN/m}^2$,容重为 2.5t/m^3。有限元网格如图 A-6 所示,单元个数 180,结点总数 217。

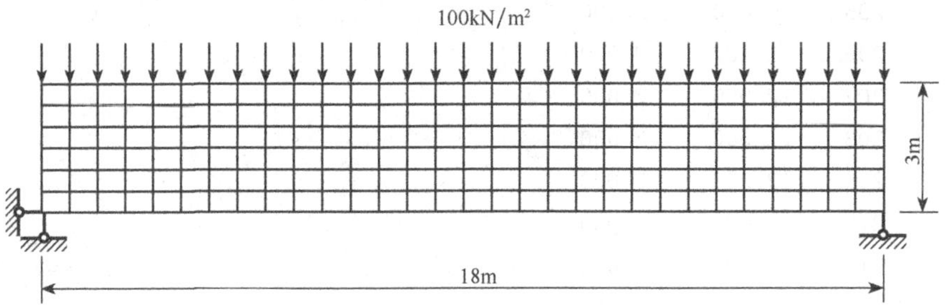

图 A-6　简支梁受均布荷载

(1) 输入文件数据:

```
217     180     1 2
1          0.000          0.000
2          0.600          0.000
3          1.200          0.000
4          1.800          0.000
5          2.400          0.000
```

```
6       3.000      0.000
7       3.600      0.000
8       4.200      0.000
9       4.800      0.000
10      5.400      0.000
11      6.000      0.000
12      6.600      0.000
13      7.200      0.000
14      7.800      0.000
15      8.400      0.000
16      9.000      0.000
17      9.600      0.000
18     10.200      0.000
19     10.800      0.000
20     11.400      0.000
......................
......................
......................
198     6.600      3.000
199     7.200      3.000
200     7.800      3.000
201     8.400      3.000
202     9.000      3.000
203     9.600      3.000
204    10.200      3.000
205    10.800      3.000
206    11.400      3.000
207    12.000      3.000
208    12.600      3.000
209    13.200      3.000
210    13.800      3.000
211    14.400      3.000
212    15.000      3.000
213    15.600      3.000
214    16.200      3.000
215    16.800      3.000
216    17.400      3.000
217    18.000      3.000
   1      1      1      2     33     32
   2      1      2      3     34     33
   3      1      3      4     35     34
```

4	1	4	5	36	35
5	1	5	6	37	36
6	1	6	7	38	37
7	1	7	8	39	38
8	1	8	9	40	39
9	1	9	10	41	40
10	1	10	11	42	41
11	1	11	12	43	42
12	1	12	13	44	43
13	1	13	14	45	44
14	1	14	15	46	45
15	1	15	16	47	46
16	1	16	17	48	47
17	1	17	18	49	48
18	1	18	19	50	49
19	1	19	20	51	50
20	1	20	21	52	51

……………………

……………………

……………………

161	1	166	167	198	197
162	1	167	168	199	198
163	1	168	169	200	199
164	1	169	170	201	200
165	1	170	171	202	201
166	1	171	172	203	202
167	1	172	173	204	203
168	1	173	174	205	204
169	1	174	175	206	205
170	1	175	176	207	206
171	1	176	177	208	207
172	1	177	178	209	208
173	1	178	179	210	209
174	1	179	180	211	210
175	1	180	181	212	211
176	1	181	182	213	212
177	1	182	183	214	213
178	1	183	184	215	214
179	1	184	185	216	215
180	1	185	186	217	216

1 0 0

```
31 1 0
1  2.4e6  0.167  2.5  1
  0 0 1
  1 30 2 10 0 4
  151 152 153 154 155 156 157 158 159 160
  161 162 163 164 165 166 167 168 169 170
  171 172 173 174 175 176 177 178 179 180
```

(2) 输出文件结果:

```
NUMBER OF NODE---------------------- NP=   217
NUMBER OF ELEMENT -------------------NE=   180
NUMBER OF MATERIAL-------------------NM=     1
NUMBER OF surporting-----------------NC=     2
TOTAL DEGREES OF FREEDOM-------------N=    431
MAX-SEMI-BANDWIDTH-------------------MX=    66
TOTAL-STORAGE------------------------NH=  24474
      0        0        1

                         NODAL DISPLACEMENTS
       NODE              X-COMP.                 Y-COMP.
        1              0.000E+00                0.000E+00
        2              0.289E-05              - 0.394E-04
        3              0.623E-05              - 0.674E-04
        4              0.904E-05              - 0.937E-04
        5              0.120E-04              - 0.119E-03
        6              0.154E-04              - 0.142E-03
        7              0.193E-04              - 0.165E-03
        8              0.237E-04              - 0.185E-03
        9              0.286E-04              - 0.204E-03
       10              0.338E-04              - 0.220E-03
       11              0.395E-04              - 0.234E-03
       12              0.453E-04              - 0.246E-03
       13              0.515E-04              - 0.255E-03
       14              0.578E-04              - 0.262E-03
       15              0.642E-04              - 0.266E-03
       16              0.706E-04              - 0.267E-03
       17              0.771E-04              - 0.266E-03
       18              0.835E-04              - 0.262E-03
       19              0.898E-04              - 0.255E-03
       20              0.959E-04              - 0.246E-03
        ……………………
        ……………………
```

……………………

198	0.958E- 04	- 0.246E- 03
199	0.897E- 04	- 0.256E- 03
200	0.834E- 04	- 0.262E- 03
201	0.771E- 04	- 0.266E- 03
202	0.707E- 04	- 0.268E- 03
203	0.642E- 04	- 0.266E- 03
204	0.579E- 04	- 0.262E- 03
205	0.516E- 04	- 0.256E- 03
206	0.455E- 04	- 0.246E- 03
207	0.397E- 04	- 0.235E- 03
208	0.341E- 04	- 0.221E- 03
209	0.289E- 04	- 0.204E- 03
210	0.241E- 04	- 0.186E- 03
211	0.197E- 04	- 0.165E- 03
212	0.159E- 04	- 0.143E- 03
213	0.127E- 04	- 0.119E- 03
214	0.103E- 04	- 0.938E- 04
215	0.891E- 05	- 0.680E- 04
216	0.841E- 05	- 0.421E- 04
217	0.838E- 05	- 0.168E- 04

ELEMENT STRESSES

ELEMENT	X-STRESS	Y-STRESS	XY-STRESS	MAX-STRESS	MIN-STRESS	ANGLE
1	33.882	- 168.156	- 51.783	46.381	- 180.655	- 13.570
2	77.002	18.892	9.876	78.635	17.260	9.387
3	86.299	0.603	- 1.779	86.336	0.566	- 1.189
4	99.131	1.491	- 6.197	99.523	1.099	- 3.617
5	115.521	0.238	- 7.886	116.058	- 0.299	- 3.895
6	133.094	- 0.057	- 8.104	133.586	- 0.548	- 3.470
7	150.132	- 0.251	- 7.625	150.517	- 0.637	- 2.895
8	165.745	- 0.317	- 6.839	166.026	- 0.598	- 2.354
9	179.540	- 0.338	- 5.943	179.736	- 0.535	- 1.890
10	191.379	- 0.341	- 5.019	191.511	- 0.472	- 1.499
11	201.232	- 0.337	- 4.096	201.315	- 0.420	- 1.164
12	209.102	- 0.333	- 3.182	209.150	- 0.381	- 0.870
13	215.000	- 0.332	- 2.272	215.024	- 0.355	- 0.605
14	218.932	- 0.332	- 1.362	218.940	- 0.340	- 0.356
15	220.900	- 0.334	- 0.457	220.901	- 0.335	- 0.117
16	220.909	- 0.334	0.448	220.910	- 0.335	0.117
17	218.954	- 0.334	1.360	218.962	- 0.343	0.355
18	215.031	- 0.336	2.269	215.055	- 0.360	0.604

19	209.137	-0.338	3.180	209.186	-0.386	0.869
20	201.268	-0.342	4.098	201.352	-0.425	1.164
······						
······						
······						
161	-201.291	-9.669	-4.069	-9.583	-201.377	-88.784
162	-209.126	-9.666	-3.174	-9.615	-209.176	-89.089
163	-215.015	-9.667	-2.269	-9.642	-215.040	-89.367
164	-218.944	-9.667	-1.364	-9.659	-218.953	-89.627
165	-220.913	-9.663	-0.456	-9.662	-220.914	-89.876
166	-220.919	-9.664	0.451	-9.663	-220.920	89.878
167	-218.964	-9.664	1.359	-9.655	-218.973	89.628
168	-215.042	-9.668	2.266	-9.643	-215.067	89.368
169	-209.160	-9.671	3.169	-9.620	-209.211	89.090
170	-201.325	-9.672	4.075	-9.585	-201.411	88.782
171	-191.537	-9.672	4.968	-9.536	-191.672	88.437
172	-179.810	-9.668	5.859	-9.467	-180.012	88.030
173	-166.111	-9.646	6.779	-9.353	-166.404	87.524
174	-150.294	-9.568	7.820	-9.135	-150.727	86.829
175	-131.953	-9.386	9.194	-8.700	-132.638	85.734
176	-110.233	-9.114	11.197	-7.889	-111.458	83.756
177	-84.046	-9.060	13.789	-6.605	-86.501	79.904
178	-53.601	-9.989	15.516	-5.033	-58.557	72.283
179	-23.674	-12.570	12.688	-4.273	-31.972	56.817
180	-4.730	-13.000	3.452	-3.478	-14.251	19.925

PROGRAM SAFF HAS BEEN ENDED

根据上述计算结果可以绘制结构的变形图和应力分布图。图 A-7 为梁的变形图，最大竖向位移为 0.46cm。图 A-8 为应力等值线图，图 A-9 为应力分布图。图下方的数值分别为该截面的弯矩 M、剪力 Q 和轴力 N。

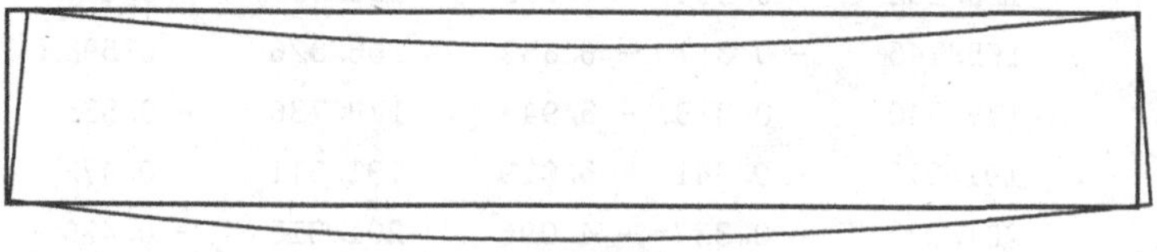

M_{ax}=0.460(cm)

图 A-7　梁的弯曲变形图

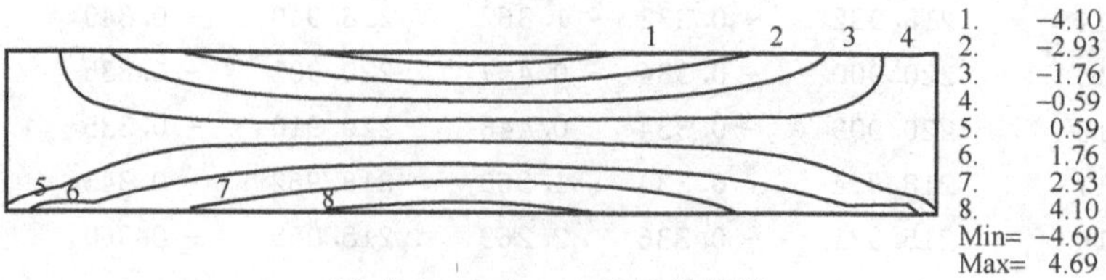

图 A-8　应力 σ_x(MPa)等值线

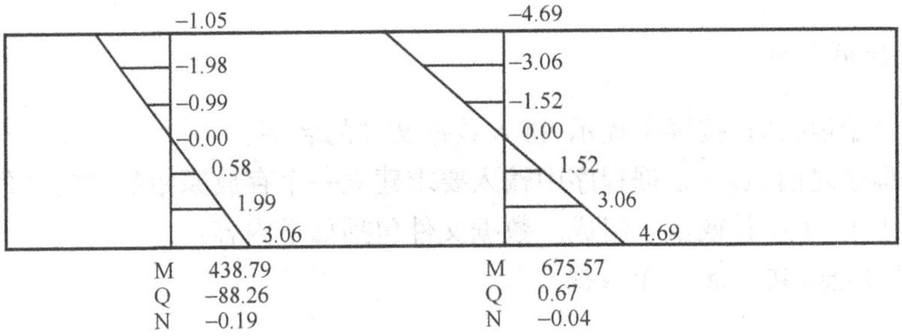

图 A-9　截面应力分布

A.3　空间六面体 8 结点有限单元法程序

1. 程序名

FEM8. EXE

2. 程序功能

该程序采用问题空间六面体 8 结点等参单元，能计算弹性力学的空间问题；考虑自重、结点集中力、静水压力和法向面力的作用，在计算自重时 z 轴取垂直向上为正。主要输出的内容包括：结点位移和应力、主应力、单元应力。

程序采用 Fortran 编制而成，输入数据全部采用自由格式。

3. 程序流程图(图 A-10)

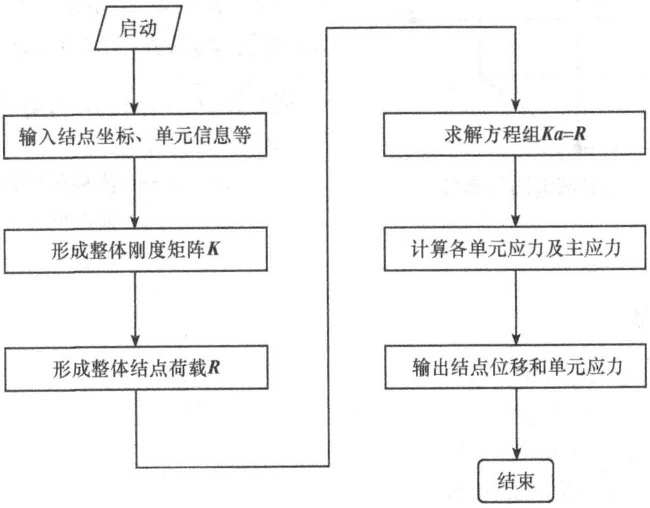

图 A-10　程序流程图

4. 程序使用说明

当程序开始运行时,按屏幕提示,键入数据文件的名字。

在运行程序之前,必须根据程序中输入要求建立一个存放原始数据的文件,这个文件的名字由少于12个字符或数字组成。数据文件包括如下内容:

(1) 总控信息,共1条、4个数据

NP, NE, NM, Ncase
NP——结点总数
NE——单元总数
NM——材料类型数
Ncase——工况数

(2) 坐标信息(整体坐标,单位为m)。共 *NP* 条,即

No, XYZ(3),IR(3)
No——结点号
XYZ(3)——该结点的x坐标、y坐标、z坐标
IR(3)——该结点的在x,y,z方向的约束情况,约束填0,没有约束填1

(3) 单元信息。共 *NE* 条,即

NEE, NME, (MEL(I,NEE),I= 1,8)
NEE——单元号
NME——材料号
MEL(I,NEE)——该单元的结点编码

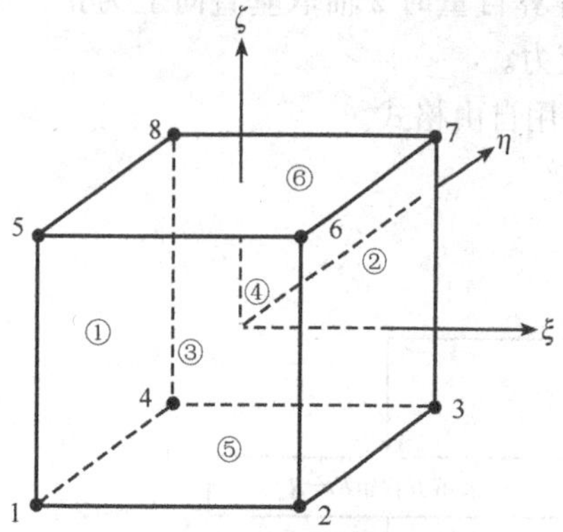

图 A-11 单元局部编码与面号

单元结点编码规则如图 A-11 所示。

(4) 材料参数,共 *NM* 条,即

maN,(AE(I,maN),I= 1,4)
maN——材料号
(AE(I,maN)——该种材料的力学参数,依次为弹性模量、泊松比、容重和线胀系数

(5) 荷载信息

NCP, Point, ms, NTP
NCP——结点集中力个数
Point——任意点集中力个数
ms——受面力作用单元的批数
NTP——有变温作用的结点个数

(i) 若 *NCP*>0,输入集中力,共 *NCP* 条信息:

NN,XYZ(3)

NN——结点号

XYZ(3)——集中力在 x，y，z 方向的 3 个分量

(ii) 若 *Point*>0 输入任意集中力，共 *Point* 条信息，即

Noe, Pxyz(3), F(3)

Noe——集中力作用的单元号

Pxyz(3)——集中力作用点的 3 个坐标

F(3)——集中力在 x，y，z 方向的 3 个分量。

(iii) 若 *ms*>0 输入面力信息，共 *ms* 组，即

II, nse, (WG(I), I= 1, 4)

II——面力批号

nse——该批面力受到面力作用的单元个数

WG(I)——该批面力的特征参数，共 4 个数据，依次为面力类型标识(静水压力填 1，均布法向面力填 2)；水的容重(如果是均布法向面力，则填该面力集度)；该批面力最高水位的 z 坐标值(如果是均布法向面力，可以填任意值)；该批受面力单元的受力面的面号，单元面号如图 A-11 所示

(iew(m), m= 1, nse)——受面力作用的单元的单元号，共 NSE 个

(iv) *NTP*>0 输入结点变温值，共 *NTP* 条，即

II, HT(II)

II——结点号

HT(II)——该结点的变温值

5. 算例 A-3

空间简支梁长为 18m，高为 3m，厚度为 1m，$E=2.4\times10^5$MPa，$\nu=0.167$，受均布荷载 $q=100\text{kN/m}^2$，不考虑自重体力。有限元网格如图 A-12 所示，单元个数 180，结点总数 434。

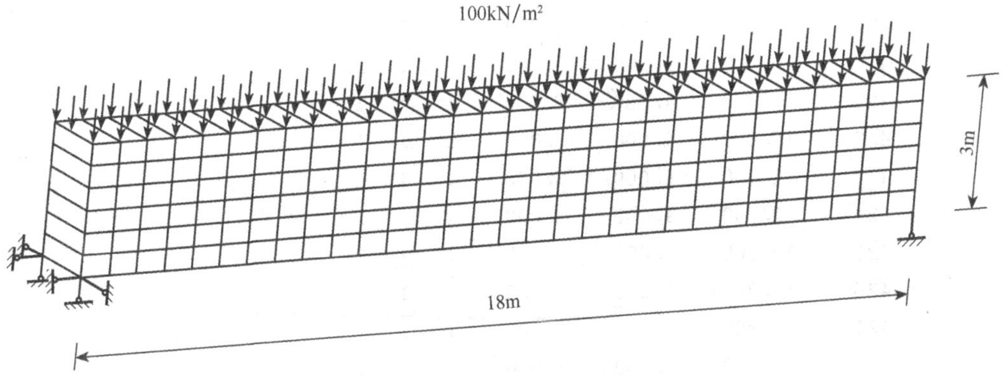

图 A-12　空间简支梁均布荷载作用

(1) 数据文件：

```
434   180  1  1
  1    0.000   0.000   0.000    0  0  0
  2    0.600   0.000   0.000    1  1  1
  3    1.200   0.000   0.000    1  1  1
  4    1.800   0.000   0.000    1  1  1
  5    2.400   0.000   0.000    1  1  1
  6    3.000   0.000   0.000    1  1  1
  7    3.600   0.000   0.000    1  1  1
  8    4.200   0.000   0.000    1  1  1
  9    4.800   0.000   0.000    1  1  1
 10    5.400   0.000   0.000    1  1  1
 11    6.000   0.000   0.000    1  1  1
 12    6.600   0.000   0.000    1  1  1
 13    7.200   0.000   0.000    1  1  1
 14    7.800   0.000   0.000    1  1  1
 15    8.400   0.000   0.000    1  1  1
 16    9.000   0.000   0.000    1  1  1
 17    9.600   0.000   0.000    1  1  1
 18   10.200   0.000   0.000    1  1  1
 19   10.800   0.000   0.000    1  1  1
 20   11.400   0.000   0.000    1  1  1
......................
......................
......................

415    6.600   1.000   3.000    1  1  1
416    7.200   1.000   3.000    1  1  1
417    7.800   1.000   3.000    1  1  1
418    8.400   1.000   3.000    1  1  1
419    9.000   1.000   3.000    1  1  1
420    9.600   1.000   3.000    1  1  1
421   10.200   1.000   3.000    1  1  1
422   10.800   1.000   3.000    1  1  1
423   11.400   1.000   3.000    1  1  1
424   12.000   1.000   3.000    1  1  1
425   12.600   1.000   3.000    1  1  1
426   13.200   1.000   3.000    1  1  1
427   13.800   1.000   3.000    1  1  1
428   14.400   1.000   3.000    1  1  1
429   15.000   1.000   3.000    1  1  1
430   15.600   1.000   3.000    1  1  1
```

```
431    16.200    1.000    3.000    1   1   1
432    16.800    1.000    3.000    1   1   1
433    17.400    1.000    3.000    1   1   1
434    18.000    1.000    3.000    1   1   1

  1  1    1    2  219  218   32   33   250   249
  2  1    2    3  220  219   33   34   251   250
  3  1    3    4  221  220   34   35   252   251
  4  1    4    5  222  221   35   36   253   252
  5  1    5    6  223  222   36   37   254   253
  6  1    6    7  224  223   37   38   255   254
  7  1    7    8  225  224   38   39   256   255
  8  1    8    9  226  225   39   40   257   256
  9  1    9   10  227  226   40   41   258   257
 10  1   10   11  228  227   41   42   259   258
 11  1   11   12  229  228   42   43   260   259
 12  1   12   13  230  229   43   44   261   260
 13  1   13   14  231  230   44   45   262   261
 14  1   14   15  232  231   45   46   263   262
 15  1   15   16  233  232   46   47   264   263
 16  1   16   17  234  233   47   48   265   264
 17  1   17   18  235  234   48   49   266   265
 18  1   18   19  236  235   49   50   267   266
 19  1   19   20  237  236   50   51   268   267
 20  1   20   21  238  237   51   52   269   268
……………………
……………………
……………………

171  1 176   177  394  393   207  208   425   424
172  1 177   178  395  394   208  209   426   425
173  1 178   179  396  395   209  210   427   426
174  1 179   180  397  396   210  211   428   427
175  1 180   181  398  397   211  212   429   428
176  1 181   182  399  398   212  213   430   429
177  1 182   183  400  399   213  214   431   430
178  1 183   184  401  400   214  215   432   431
179  1 184   185  402  401   215  216   433   432
180  1 185   186  403  402   216  217   434   433

 1  2.6e6   0.167   2.5     0.8e- 5

 0 0 0 1 0
```

```
130 2 10 0 6
151 152 153 154 155 156 157 158 159 160
161 162 163 164 165 166 167 168 169 170
171 172 173 174 175 176 177 178 179 180
```

(2) 输出结果:

输出结果存放在 3 个数据文件:Outinf,Nodstr8,Elestr8。

```
Outinf——计算过程中的有关参考信息
Nodstr8——结点位移和应力、主应力,数据格式见光盘文件 Nodstr8
Elestr8——单元应力,数据格式见光盘文件 Elestr8
Outinf 文件内容如下:
程序开始运行时间:21:06:38
NUMBER OF NODE--------------------- NP=    434
NUMBER OF ELEMENT -------------------NE=    180
NUMBER OF MATERIAL ------------------NM=      1
NUMBER OF WORKINGCASE----------------NC=      1
TOTAL DEGREES OF FREEDOM-------------N=     1294
MAX-SEMI-BANDWIDTH ------------------MX=     746
TOTAL-STORAGE-----------------------NH=   528517
NUMBER OF BLOCK-------------------- NB=      1
         BLOCK NO. =  1    2  1294
 No. 1 has been decompted, time:21:06:43
  工况号=          1
         0   0   0   1   0
 程序执行完毕,时间:21:06:43
```

A.4 空间六面体 20 结点有限单元法程序

1. *程序名*

FEM20. EXE

2. *程序功能*

该程序采用问题空间六面体 20 结点等参单元,能计算弹性力学的空间问题;考虑自重、结点集中力、静水压力和法向面力的作用,在计算自重时 z 轴取垂直向上为正。主要输出的内容包括:结点位移和应力、主应力、单元应力。

程序采用 Fortran 编写而成,输入数据全部采用自由格式。

3. 程序流程图(图 A-13)

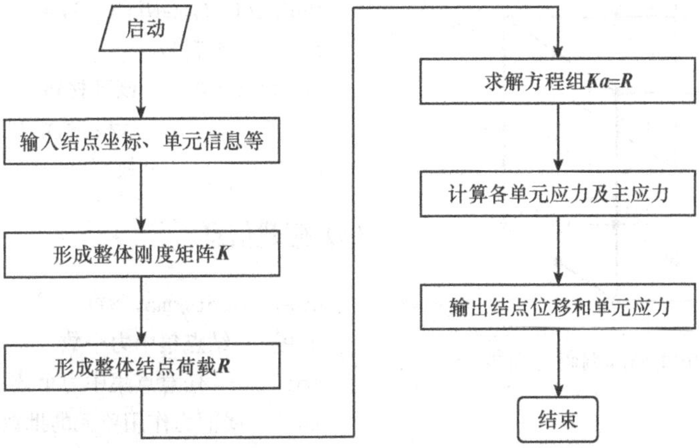

图 A-13　程序流程图

4. 程序使用说明

当程序开始运行时,按屏幕提示,键入数据文件的名字。

在运行程序之前,必须根据程序中输入要求建立一个存放原始数据的文件,这个文件的名字由少于 12 个字符或数字组成。数据文件包括如下内容:

(1) 总控信息,共 1 条,4 个数据,即

NP, NE, NM, Ncase
NP——结点总数
NE——单元总数
NM——材料类型数
Ncase——工况数

(2) 坐标信息(整体坐标,单位:m),共 *NP* 条,即

No, XYZ(3),IR(3)
No——结点号
XYZ(3)——该结点的 x 坐标、y 坐标、z 坐标
IR(3)——该结点的在 x,y,z 方向的约束情况,约束填 0,没有约束填 1

(3) 单元信息,共 *NE* 条,即

NEE, NME, (MEL(I,NEE),I= 1,20)
NEE——单元号
NME——材料号
MEL(I,NEE)——该单元的结点编码

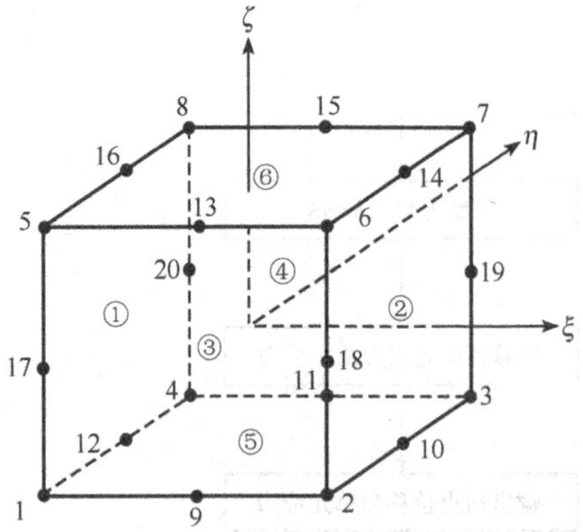

图 A-14 单元局部编码与面号

单元结点编码规则如图 A-14 所示。

(4) 材料参数,共 *NM* 条,即

```
maN,(AE(I,maN),I= 1,4)
```

maN——材料号

(AE(I,maN)——该种材料的力学参数,依次为弹性模量、泊松比、容重和线胀系数。

(5) 荷载信息

```
NCP, Point, ms, NTP
```

NCP——结点集中力个数

Point——任意点集中力个数

ms——受面力作用单元的批数

NTP——有变温作用的结点个数。

(i) 若 *NCP*>0,输入集中力,共 *NCP* 条信息

```
NN,XYZ(3)
```

NN——结点号

XYZ(3)——集中力在 x,y,z 方向的 3 个分量

(ii) 若 *Point*>0 输入任意集中力,共 *Point* 条信息

```
Noe, Pxyz(3), F(3)
```

Noe——集中力作用的单元号

Pxyz(3)——集中力作用点的 3 个坐标

F(3)——集中力在 x,y,z 方向的 3 个分量

(iii) 若 *ms*>0 输入面力信息,共 *ms* 组

```
II, nse, (WG(I),I= 1,4)
```

II——面力批号

nse——该批面力受到面力作用的单元个数

WG(I)——该批面力的特征参数,共 4 个数据,依次为:面力类型标识(静水压力填 1,均布法向面力填 2);水的容重(如果是均布法向面力,则填该面力集度);该批面力最高水位的 z 坐标值(如果是均布法向面力,可以填任意值);该批受面力单元的受力面的面号,单元面号如图 A-14 所示

(iew(m),m= 1,nse)——受面力作用的单元的单元号,共 NSE 个

(iv) *NTP*>0 输入结点变温值,共 *NTP* 条,即

```
II, HT(II)
```

II——结点号

HT(II)——该结点的变温值

5. 算例 A-4

仍以图 A-12 所示的空间简支梁为例，长为 18m，高为 3m，厚度为 1m，$E=2.4\times 10^5$ MPa，$\nu=0.167$，受均布荷载 $q=100\text{kN/m}^2$，不考虑自重体力。采用 20 结点等参单元，单元个数 180，结点总数 1443。

(1) 数据文件：

```
 1443    180  1  1
 1        0.000    0.000    0.000      0 0 0
 2        0.300    0.000    0.000  1   1   1
 3        0.600    0.000    0.000  1   1   1
 4        0.000    0.500    0.000      0 0 0
 5        0.600    0.500    0.000  1   1   1
 6        0.000    1.000    0.000      0 0 0
 7        0.300    1.000    0.000  1   1   1
 8        0.600    1.000    0.000  1   1   1
 9        0.900    0.000    0.000  1   1   1
10        1.200    0.000    0.000  1   1   1
11        1.200    0.500    0.000  1   1   1
12        0.900    1.000    0.000  1   1   1
13        1.200    1.000    0.000  1   1   1
14        1.500    0.000    0.000  1   1   1
15        1.800    0.000    0.000  1   1   1
16        1.800    0.500    0.000  1   1   1
17        1.500    1.000    0.000  1   1   1
18        1.800    1.000    0.000  1   1   1
19        2.100    0.000    0.000  1   1   1
20        2.400    0.000    0.000  1   1   1
.....................
.....................
.....................

1424      15.900    0.000    3.000  1   1   1
1425      16.200    0.000    3.000  1   1   1
1426      16.200    0.500    3.000  1   1   1
1427      15.900    1.000    3.000  1   1   1
1428      16.200    1.000    3.000  1   1   1
1429      16.500    0.000    3.000  1   1   1
1430      16.800    0.000    3.000  1   1   1
```

```
        1431        16.800    0.500     3.000  1   1   1
        1432        16.500    1.000     3.000  1   1   1
        1433        16.800    1.000     3.000  1   1   1
        1434        17.100    0.000     3.000  1   1   1
        1435        17.400    0.000     3.000  1   1   1
        1436        17.400    0.500     3.000  1   1   1
        1437        17.100    1.000     3.000  1   1   1
        1438        17.400    1.000     3.000  1   1   1
        1439        17.700    0.000     3.000  1   1   1
        1440        18.000    0.000     3.000  1   1   1
        1441        18.000    0.500     3.000  1   1   1
        1442        17.700    1.000     3.000  1   1   1
        1443        18.000    1.000     3.000  1   1   1
1    1    1    3    8    6  154  156  161  159    2    5    7    4
       155  158  160  157  919  920  921  922
2    1    3   10   13    8  156  163  166  161    9   11   12    5
       162  164  165  158  920  923  924  921
3    1   10   15   18   13  163  168  171  166   14   16   17   11
       167  169  170  164  923  925  926  924
4    1   15   20   23   18  168  173  176  171   19   21   22   16
       172  174  175  169  925  927  928  926
5    1   20   25   28   23  173  178  181  176   24   26   27   21
       177  179  180  174  927  929  930  928
6    1   25   30   33   28  178  183  186  181   29   31   32   26
       182  184  185  179  929  931  932  930
7    1   30   35   38   33  183  188  191  186   34   36   37   31
       187  189  190  184  931  933  934  932
8    1   35   40   43   38  188  193  196  191   39   41   42   36
       192  194  195  189  933  935  936  934
9    1   40   45   48   43  193  198  201  196   44   46   47   41
       197  199  200  194  935  937  938  936
10   1    45   50   53   48  198  203  206  201   49   51   52
       46  202  204  205  199  937  939  940  938
11   1    50   55   58   53  203  208  211  206   54   56   57
       51  207  209  210  204  939  941  942  940
12   1    55   60   63   58  208  213  216  211   59   61   62
       56  212  214  215  209  941  943  944  942
13   1    60   65   68   63  213  218  221  216   64   66   67
       61  217  219  220  214  943  945  946  944
14   1    65   70   73   68  218  223  226  221   69   71   72
       66  222  224  225  219  945  947  948  946
15   1    70   75   78   73  223  228  231  226   74   76   77
```

```
        71   227  229  230  224  947  949  950  948
16  1   75   80   83   78   228  233  236  231  79   81   82
        76   232  234  235  229  949  951  952  950
17  1   80   85   88   83   233  238  241  236  84   86   87
        81   237  239  240  234  951  953  954  952
18  1   85   90   93   88   238  243  246  241  89   91   92
        86   242  244  245  239  953  955  956  954
19  1   90   95   98   93   243  248  251  246  94   96   97
        91   247  249  250  244  955  957  958  956
20  1   95   100  103  98   248  253  256  251  99   101  102
        96   252  254  255  249  957  959  960  958
....................
....................
....................
161  1  815  820  823  818  1340 1345 1348 1343 819 821 822
        816  1344 1346 1347 1341 1249 1251 1252 1250
162  1  820  825  828  823  1345 1350 1353 1348 824 826 827
        821  1349 1351 1352 1346 1251 1253 1254 1252
163  1  825  830  833  828  1350 1355 1358 1353 829 831 832
        826  1354 1356 1357 1351 1253 1255 1256 1254
164  1  830  835  838  833  1355 1360 1363 1358 834 836 837
        831  1359 1361 1362 1356 1255 1257 1258 1256
165  1  835  840  843  838  1360 1365 1368 1363 839 841 842
        836  1364 1366 1367 1361 1257 1259 1260 1258
166  1  840  845  848  843  1365 1370 1373 1368 844 846 847
        841  1369 1371 1372 1366 1259 1261 1262 1260
167  1  845  850  853  848  1370 1375 1378 1373 849 851 852
        846  1374 1376 1377 1371 1261 1263 1264 1262
168  1  850  855  858  853  1375 1380 1383 1378 854 856 857
        851  1379 1381 1382 1376 1263 1265 1266 1264
169  1  855  860  863  858  1380 1385 1388 1383 859 861 862
        856  1384 1386 1387 1381 1265 1267 1268 1266
170  1  860  865  868  863  1385 1390 1393 1388 864 866 867
        861  1389 1391 1392 1386 1267 1269 1270 1268
171  1  865  870  873  868  1390 1395 1398 1393 869 871 872
        866  1394 1396 1397 1391 1269 1271 1272 1270
172  1  870  875  878  873  1395 1400 1403 1398 874 876 877
        871  1399 1401 1402 1396 1271 1273 1274 1272
173  1  875  880  883  878  1400 1405 1408 1403 879 881 882
        876  1404 1406 1407 1401 1273 1275 1276 1274
174  1  880  885  888  883  1405 1410 1413 1408 884 886 887
        881  1409 1411 1412 1406 1275 1277 1278 1276
```

```
175  1   885   890  893   888  1410  1415 1418 1413   889 891 892
         886  1414 1416  1417  1411  1277 1279 1280 1278
176  1   890   895  898   893  1415  1420 1423 1418   894 896  897
         891  1419 1421  1422  1416  1279 1281 1282 1280
177  1   895   900  903   898  1420  1425 1428 1423   899 901  902
         896  1424 1426  1427  1421  1281 1283 1284 1282
178  1   900   905  908   903  1425  1430 1433 1428   904 906 907
         901  1429 1431  1432  1426  1283 1285 1286 1284
179  1   905   910  913   908  1430  1435 1438 1433   909 911  912
         906  1434 1436  1437  1431  1285 1287 1288 1286
180  1   910   915  918   913  1435  1440 1443 1438   914 916  917
         911  1439 1441  1442  1436  1287 1289 1290 1288

         1  2.6e6  0.167  2.5  0.8e- 5

         0 0 0 1 0
          1 30 2 10 0 6
          151 152 153 154 155 156 157 158 159 160
          161 162 163 164 165 166 167 168 169 170
          171 172 173 174 175 176 177 178 179 180
```

(2) 输出结果：

输出结果存放在 3 个数据文件：Outinf，Nodstr20，Elestr20。

Outinf——计算过程中的有关参考信息

Nodstr20——结点位移和应力、主应力，数据格式见文件 Nodstr20

Elestr20——单元应力，数据格式见文件 Elestr20

Outinf 文件内容如下：

程序开始运行时间：17:21:24

```
NUMBER OF NODE----------------------- NP=   1443
NUMBER OF ELEMENT -------------------NE=    180
NUMBER OF MATERIAL------------------NM=      1
NUMBER OF WORKINGCASE---------------NC=      1
TOTAL DEGREES OF FREEDOM------------N=     4317
MAX-SEMI-BANDWIDTH -----------------MX=     2757
TOTAL-STORAGE ---------------------- NH=  4021815
NUMBER OF BLOCK--------------------- NB=     1
         BLOCK NO. = 1    2  4317
 No. 1 has been decompted, time:17:22:05
   工况号=          1
         0   0   0  1   0
程序执行完毕,时间:17:22:06
```

A.5　温度场与温度徐变应力有限元程序

1. 程序名

wenkong. EXE

2. 程序功能

该程序采用空间六面体 8～20 变结点等参单元，能计算空间温度场和徐变温度应力；仿真模拟大体积混凝土的施工浇注过程；考虑混凝土的收缩和徐变、水管冷却、表面保温、仓面喷雾等温控措施；考虑自重、结点集中力、静水压力和法向面力的作用，在计算自重时 z 轴取垂直向上为正。求解器采用预条件共轭梯度法，求解速度比直接分解法提高 10 倍左右。主要输出的内容包括：各时刻的结点温度，各时刻的结点位移和应力、主应力、单元应力，各时刻的最大温度和应力。

程序采用 Fortran 编写而成，输入数据全部采用自由格式。

3. 程序流程图（图 A-15）

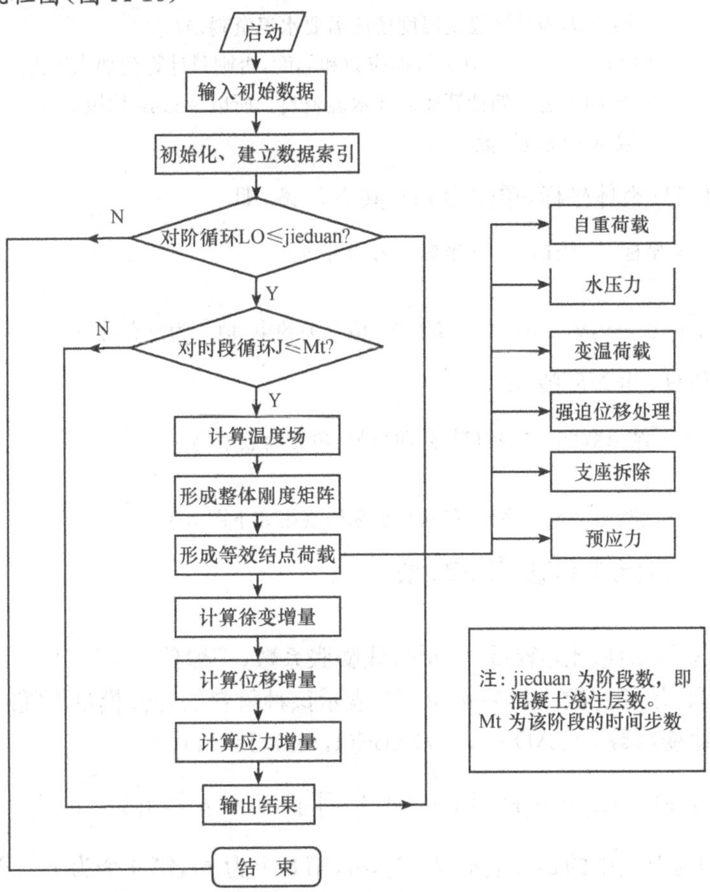

图 A-15　程序流程图

4. 程序使用说明

当程序开始运行时，按屏幕提示，键入数据文件的名字。

在运行程序之前，必须准备好两个数据文件。一个是以"平均气温.TXT"命名的文件，它用来存放工程场地各旬的平均气温。共12条，每条4个数据，它们分别为月份、上旬平均气温、中旬平均气温、下旬平均气温。另一个文件存放基本原始数据，这个文件的名字由少于12个字符或数字组成。该数据文件包括如下内容：

(1) 控制信息，共1条，7个数据，即

结点数　单元数　材料数　钢筋条数　施工阶段数

NP　NE　NM　NgjTiaoShu　Jieduan

Nxb, Ntemp, Ncase

Nxb= 1——考虑徐变

Nxb= 2——考虑收缩

Nxb= 3——同时考虑徐变和收缩

Nxb= 0——都不考虑

Ntemp——填1同时求应力场和温度场，2只求应力场，3只求温度场，4求稳定温度场(该功能已去掉，因为计算稳定温度场还需要水温资料。)

Ncase——如果Ncase> 0计算运行期应力和温度，否则只计算到加水压为止。运行期功能已去掉，因为运行期计算还需要水温资料。所以Ncase均填0

Jieduan——混凝土浇筑层数

(2) 坐标信息(整体坐标，单位为m)，共NP条，即

结点号　x坐标　y坐标　z坐标，Rx, Ry, Rz

……

Rx, Ry, Rz——x,y,z方向的约束情况，填0为约束，填1为没有约束

(3) 单元信息，共NE条，即

单元号，单元结点数(8～20)材料号，阶段号，单元结点编码

……

阶段号——混凝土浇筑层序号，单元结点编码规则如下图A-11

(4) 混凝土材料参数信息，共NM条

材料序号，

(i) 弹性模量，泊松比，容重(t/m^3)，线膨胀系数(一般值0.75×10^{-5})Eo,a,b,最后预留两个数，可以填任意数。如果a为100表示该种材料的弹性模量不随时间而变。

(ii) 材料徐变参数，READ (4，*)(XBE(I,ma),I=1,10)

$$C(t,\tau)=(a_1+a_2\tau^{a_3})[1-e^{-p_1(t-\tau)}]+(b_1+b_2\tau^{b_3})[1-e^{-p_2(t-\tau)}]$$

第1～6个分别为上式中的a_1,a_2,a_3,b_1,b_2,b_3，第8个为p_1，第9个为p_2。第7个和第10个填0。

(iii) 材料热力学参数，READ (4, *) (WDE(I,ma),I=1,7),Cw,aL,S1,S2,Qw,Tw,day 第1～7个分别为导温系数(m^2/h)，绝热温升参数(θ_0,a,b，如果a为100则表示不考虑绝热温升)，导热系数[kJ/(m·h·℃)]，混凝土比热[kJ/(kg·℃)]，密度(kg/m^3)，

Cw——水的比热(kJ/(kg·℃))
aL——冷却水管长度(m)
S1,S2——间排距(m)
Qw——通水量(m^3/d)
Tw——冷却水温度(℃)
Day——通水时间(天)

(5) 钢筋参数信息，如果 NgjTiaoShu>0 输入。共 NgjTiaoShu 组(NgjTiaoShu 一般为0)。每组输入

ii, E, A, P0, arfa, bita, l, λ, γ, Nge00, IZangLa
ii——钢筋号，从1开始连续编号
E——弹模，单位 10^{-2}MPa
A——钢筋面积，单位 cm^2
P0——张拉端预应力，单位 10^{-2}MPa
arfa——孔道局部偏差(摆动)系数
bita——钢筋与孔道的摩擦系数
l——张拉端至锚固端之间的距离，即钢筋有效长度(mm)
λ——张拉端锚具变形值(mm)
γ——为钢筋松弛率
Nge00——该钢筋单元(节段)数
IZhangLa——一端张拉填1，两端张拉填2

(6) 施工信息，共 *Jieduan* 组，即

No, ANZ(8)
No——阶段号
ANZ(1)——该阶段混凝土浇筑日期，开始浇筑为第1天
ANZ(2)——该阶段混凝土入仓温度
ANZ(3)——间歇时间(天)(两相邻浇注时间之差应等于间歇时间)
ANZ(4)——该阶段混凝土浇筑块养护措施(与立模材料、表面保护有关，用 Beta 来反映)
ANZ(5)——该阶段空气放热系数 Beta(kJ/(m^2·h·℃))
ANZ(6)——有仓面喷雾填1，否则填零
ANZ(7)和 ANZ(8)——暂时没有定义，均填零

(7) 整体温度边界信息

Nqw,Nbm,Beta
Nqw——已知气温的结点数
Nbm——表面放热单元个数(包括：上游面、库底、下游面、坝顶面、地基表面)

Beta——放热系数(计算稳定温度场用到,施工期可以填任意数)

如果 Nqw> 0,输入 Nqw 个已知气温的结点号。

如果 Nbm> 0,输入 Nbm 个坝体的表面单元号及其面号。

(8) 分阶段输入,共 *Jieduan* 组,即

荷载控制信息(包括混凝土浇筑和外荷载)

```
jd, Njzm,Nrx,Ndis,NCP,NTP,ms,Ngjts
Mt
```

jd——阶段号

Njzm——该浇注块外表面单元的个数

nrx——拆除支座的个数,一般为 0

ndis——已知位移的结点个数,强迫位移只能在运行工况,并作用在约束方向,所有强迫位移工况必须连续放在运行工况

ncp——结点集中力个数

ntp——非 0 变温的结点数

ms——面力批数

Ngjts——为该阶段钢索条数

Mt——徐变时间步数

(i) 若 *Mt* >0,则输入 *Mt* 个时间步长。*Mt* 个时间步长的总和应等于该阶段浇筑日期 ANZ(1)与下一个阶段浇筑日期之差。

(ii) 若 *Njzm* >0 输入开浇筑块 *Nbm* 个表面单元号及其面号。

(iii) 若 *nrx*>0 输入要拆除支座的结点号,共 *nrx* 个(*nrx* 一般为零)。

(iv) 若 *ndis*>0 输入已知结点位移,共 *ndis* 条信息

结点号 dx dy dz

dx dy dz——已知结点位移分量,单位 m。若某个方向位移未知,则填 100

(v) 若 *ncp*>0 输入集中力,共 *ncp* 条信息

结点号 Px Py Pz

Px Py Pz——集中力分量,单位 10kN

(vi) 若 *ntp*>0 输入结点变温值,共 *ntp* 条

结点号,变温值

(vii) 若 *ms*>0 输入面力信息,共 *ms* 组。

(a) 面力批号,nele,ir,荷载集度,最高水位,受力面的面号。

(b) 受面力作用的单元号(共 *nele* 个)。

nele——受面力作用的单元数(上游坝面所有单元和库底单元)

ir——1 为受静水压作用,2 为受法向均布荷载

最高水位要与水温资料文件中的最高水位值一致。

加水压以后温度边界信息需要改变，重新输入坝体表面整体温度边界信息

Nqw,Nbm,Beta

Nqw——已知气温的结点数

Nbm——表面放热单元个数(不包括上游坝面和库底单元)

Beta——放热系数(计算稳定温度场用到，施工期可以填任意数)

如果 Nqw> 0,输入 Nqw 个已知气温的结点号

如果 Nbm> 0,输入 Nbm 个坝体的表面单元号及其面号。

(viii) 若 $Ngjts>0$ 输入该阶段新加的钢筋单元信息，共 $Ngjts$ 组($Ngjts$ 一般为 0)。每组 $Nge00$ 条($Nge00$ 为该条钢筋的单元数)。

(a) Ngjbh——钢筋编号。

(b) jj, Noe, (gj(k,Nge),k=1,6)。

jj——该条钢筋的单元序号

Noe——钢筋单元所在的混凝土单元号

数组 gj 中的 1～3 个数为钢筋单元第一点的坐标，4～6 个数为第二点的坐标。钢筋单元一定要从张拉端开始连续编号，以离张拉端较近的点为第一点，较远的为第二点。

5. 算例 A-5

某混凝土重力坝，坝底建基面高程 980m，坝顶高程 1139m，最大坝高 159m。沿坝轴线从左至右依次为左岸非溢流坝段、左岸冲沙底孔坝段、厂房坝段、右岸冲沙底孔坝段、右岸泄洪中孔坝段、右岸非溢流坝段、溢流坝段和右岸心墙堆石坝段。混凝土的绝热温升 $\theta(\tau)$ 与龄期的关系可用指数式表示为

$$\theta(\tau)=\theta\times(1-e^{-a\tau^b})$$

根据实验数据进行回归分析，得到上述表达式中的各参数 θ_0,a,b。工程场地月平均气温见表 A-1。各种材料的绝热温升参数列于表 A2～A4。

表 A-1　工程场地月平均气温　(单位:℃)

月份	1	2	3	4	5	6	7	8	9	10	11	12
气温	12.4	15.8	20.1	23.7	25.0	26.0	25.4	25.0	22.6	20.3	15.7	12.1

取溢流坝段进行空间有限元仿真计算。溢流坝段顶高程 1111.0m，坝底高程 1036.0m。考虑坝段的对称性取坝段宽的一半 10m，地基深度取 120.0m，上下游各取 120.0m。采用空间 8 结点六面体等参单元，有限元网格如图 9-11 所示。地基的底面和四周侧面取为绝热边界，顶面的临空面为散热边界；坝体混凝土表面均为散热边界面。混凝土浇筑温度为 17℃，浇注层厚 1.5m 左右，间歇期 7 天，假设 4 天拆模，无其他温控措施。

假设从 2006 年 7 月 1 日开始浇筑施工，分 52 个施工步，从施工开始到大坝封顶共计算 371 天。

表 A-2 坝体混凝土主要设计指标

编　号	部　位	混凝土类别
Ⅰ	非溢流坝段 1126m 以上坝顶	常态三级配混凝土 C_{90}15W8F100
Ⅱ	各坝段 1070m 以上坝体内部	碾压三级配混凝土 C_{90}15W4F100
Ⅲ	上、下游防渗层	碾压二级配混凝土 C_{90}20W8F100
Ⅳ	大坝基础垫层	常态三级配混凝土 C_{90}20W6F100
Ⅴ	各坝段 1070m 以下坝体内部	碾压三级配混凝土 C_{90}20W6F100

表 A-3 混凝土热学指标

热力学指标	单　位	混凝土强度等级				
		常态 C_{90}20（三级配）	碾压 C_{90}15（三级配）	碾压 C_{90}20（二级配）	常态 C_{90}15（三级配）	碾压 C_{90}20（三级配）
导温系数(a)	m^2/h	0.004 18	0.004 36	0.004 18	0.004 13	0.004 73
比热(c)	kJ/(kg·℃)	0.89	0.87	0.91	0.91	0.81
容重(ρ)	kg/m	2420	2400	2400	2420	2400
线膨胀系(α)	$\times10^{-6}$/℃	6.5	6.5	6.5	6.5	6.5
导热系数(λ)	kJ/(m·h·℃)	9.0	9.1	9.2	9.1	9.2
泊桑比(μ)		0.167	0.167	0.167	0.167	0.167

表 A-4 绝热温升计算公式中的常数

混凝土品种	θ_0	a	b
常态 C_{90}20(三级配)	21.66	0.49	0.65
碾压 C_{90}15(三级配)	15.32	0.40	0.66
碾压 C_{90}20(二级配)	19.82	0.47	0.66
常态 C_{90}15(三级配)	25.31	0.49	0.65
碾压 C_{90}20(三级配)	17.52	0.47	0.66

(1) 数据文件“平均气温.TXT”的内容为

```
1    12.3,  12.4,  13.5
2    14.7,  15.8,  17.2
3    18.7,  20.1,  21.3
4    22.5,  23.7,  24.1
5    24.6,  25.0,  25.3
6    25.7,  26.0,  25.8
7    25.6,  25.4,  25.3
8    25.1,  25.0,  24.2
9    23.4,  22.6,  21.8
10   21.1,  20.3,  18.8
11   17.2,  15.7,  14.5
12   13.3,  12.1,  12.2
```

(2) 基本数据文件

```
5460   4032  7   0   52
```

```
 1 1 0
 1        10.000      120.000      916.000     0    0    0
 2        10.000       90.000      916.000     0    0    0
 3        10.000       60.000      916.000     0    0    0
 4        10.000       30.000      916.000     0    0    0
 5        10.000        0.000      916.000     0    0    0
 6        10.000      120.000      981.000     1    1    1
 7        10.000       90.000      981.000     1    1    1
 8        10.000       60.000      981.000     1    1    1
 9        10.000       30.000      981.000     1    1    1
 10        10.000        0.000      981.000     1    1    1
....................
....................
....................
 5451       0.000      - 75.000     1037.000    0    1    1
 5452       0.000      - 77.000     1037.000    0    1    1
 5453       2.500      - 75.000     1037.000    1    1    1
 5454       2.500      - 77.000     1037.000    1    1    1
 5455       5.000      - 75.000     1037.000    1    1    1
 5456       5.000      - 77.000     1037.000    1    1    1
 5457       7.500      - 75.000     1037.000    1    1    1
 5458       7.500      - 77.000     1037.000    1    1    1
 5459      10.000      - 75.000     1037.000    1    1    1
 5460      10.000      - 77.000     1037.000    1    1    1

1    8    1    1     1    2    27   26    6    7    32   31
2    8    1    1     2    3    28   27    7    8    33   32
3    8    1    1     3    4    29   28    8    9    34   33
4    8    1    1     4    5    30   29    9   10    35   34
5    8    1    1    26   27    52   51   31   32    57   56
6    8    1    1    27   28    53   52   32   33    58   57
7    8    1    1    28   29    54   53   33   34    59   58
8    8    1    1    29   30    55   54   34   35    60   59
9    8    1    1    51   52    77   76   56   57    82   81
10    8    1    1    52   53    78   77   57   58    83   82
....................
....................
....................

4023    8    4    2    1005  1044   484   275  4940  5457  5459  4950
4024    8    4    2    1044  1045   485   484  5457  5458  5460  5459
4025    8    4    3    4910  5451  5453  4920  4260  5321  5347  4390
```

```
4026   8   4   3   5451  5452  5454  5453  5321  5322  5348  5347
4027   8   4   3   4920  5453  5455  4930  4390  5347  5373  4520
4028   8   4   3   5453  5454  5456  5455  5347  5348  5374  5373
4029   8   4   3   4930  5455  5457  4940  4520  5373  5399  4650
4030   8   4   3   5455  5456  5458  5457  5373  5374  5400  5399
4031   8   4   3   4940  5457  5459  4950  4650  5399  5425  4780
4032   8   4   3   5457  5458  5460  5459  5399  5400  5426  5425

1  3.93e6    0.167  0.0   0.65e-5    3.93e6  100     0.586    0    0
   0.23  2.116  0.45   0.52  0.884  0.45   0   100   0.005   0
   0.00418  21.66   100   0.65  9.0  0.89  2420   4.187, 300, 1.5, 1.5, 21.6, 10, 0
2  3.74e6    0.167  2.4   0.65e-5    3.74e6  0.265   0.658    0    0
   0.23  2.116  0.45   0.52  0.884  0.45   0   0.3   0.005   0
   0.00436  15.32   0.40  0.66  9.1  0.87  2400   4.187, 300, 1.5, 1.5, 21.6, 10, 15
3  3.93e6    0.167  2.4   0.65e-5    3.93e6  0.313   0.636    0    0
   0.23  2.116  0.45   0.52  0.884  0.45   0   0.3   0.005   0
   0.00418  19.82   0.47  0.66  9.2  0.91  2400   4.187, 300, 1.5, 1.5, 21.6, 10, 15
4  3.93e6    0.167  2.42  0.65e-5    3.93e6  0.398   0.586    0    0
   0.23  2.116  0.45   0.52  0.884  0.45   0   0.3   0.005   0
   0.00418  21.66   0.49  0.65  9.0  0.89  2420   4.187, 300, 1.5, 1.5, 21.6, 10, 15
5  3.86e6    0.167  2.4   0.65e-5    3.86e6  0.279   0.679    0    0
   0.23  2.116  0.45   0.52  0.884  0.45   0   0.3   0.005   0
   0.00473  17.52   0.47  0.66  9.2  0.81  2400   4.187, 300, 1.5, 1.5, 21.6, 10, 15
6  3.93e6    0.167  2.42  0.65e-5    3.93e6  0.398   0.586    0    0
   0.23  2.116  0.45   0.52  0.884  0.45   0 0.3   0.005   0
   0.00418  21.66   0.49  0.65  9.0  0.89  2420   4.187, 300, 1.5, 1.5, 21.6, 10, 15
7  3.93e6    0.167  2.42  0.65e-5    3.93e6  0.398   0.586    0    0
   0.23  2.116  0.45   0.52  0.884  0.45   0   0.3   0.005   0
   0.00418  21.66   0.49  0.65  9.0  0.89  2420   4.187, 300, 1.5, 1.5, 21.6, 10, 15

        1    1   14   0   30   50   0  0  0
        2    1   17   4   30   50   0  0  0
        3    8   17   4   30   50   0  0  0
        4   15   17   4   30   50   0  0  0
        5   22   17   4   30   50   0  0  0
        6   29   17   4   30   50   0  0  0
        7   36   17   4   30   50   0  0  0
        8   43   17   4   30   50   0  0  0
        9   50   17   4   30   50   0  0  0
       10   57   17   4   30   50   0  0  0
       11   64   17   4   30   50   0  0  0
       12   71   17   4   30   50   0  0  0
```

13	78	17	4	30	50	0	0	0
14	85	17	4	30	50	0	0	0
15	92	17	4	30	50	0	0	0
16	99	17	4	30	50	0	0	0
17	106	17	4	30	50	0	0	0
18	113	17	4	30	50	0	0	0
19	120	17	4	30	50	0	0	0
20	127	17	4	30	50	0	0	0
21	134	17	4	30	50	0	0	0
22	141	17	4	30	50	0	0	0
23	148	17	4	30	50	0	0	0
24	155	17	4	30	50	0	0	0
25	162	17	4	30	50	0	0	0
26	169	17	4	30	50	0	0	0
27	176	17	4	30	50	0	0	0
28	183	17	4	30	50	0	0	0
29	190	17	4	30	50	0	0	0
30	197	17	4	30	50	0	0	0
31	204	17	4	30	50	0	0	0
32	211	17	4	30	50	0	0	0
33	218	17	4	30	50	0	0	0
34	225	17	4	30	50	0	0	0
35	232	17	4	30	50	0	0	0
36	239	17	4	30	50	0	0	0
37	246	17	4	30	50	0	0	0
38	253	17	4	30	50	0	0	0
39	260	17	4	30	50	0	0	0
40	267	17	4	30	50	0	0	0
41	274	17	4	30	50	0	0	0
42	281	17	4	30	50	0	0	0
43	288	17	4	30	50	0	0	0
44	295	17	4	30	50	0	0	0
45	302	17	4	30	50	0	0	0
46	309	17	4	30	50	0	0	0
47	316	17	4	30	50	0	0	0
48	323	17	4	30	50	0	0	0
49	330	17	4	30	50	0	0	0
50	337	17	4	30	50	0	0	0
51	344	17	4	30	50	0	0	0
52	351	17	4	30	50	0	0	0

0	536	50

1	49	6
2	50	6
3	51	6
4	52	6
5	53	6
6	54	6
7	55	6
8	56	6
9	57	6
10	58	6
11	59	6
12	60	6
13	61	6
14	62	6
15	63	6
16	64	6
17	369	6
18	370	6
19	371	6
20	372	6

……………………

……………………

……………………

517	3994	2
518	3996	2
519	3998	2
520	4000	2
521	4002	2
522	4004	2
523	4006	2
524	4008	2
525	4010	2
526	4012	2
527	4014	2
528	4016	2
529	4018	2
530	4020	2
531	4022	2
532	4024	2
533	4026	2
534	4028	2

```
      535           4030    2
      536           4032    2

1    192  0 0 0 0 0 0 0 0 0
 0
 1      49   6
 2      50   6
 3      51   6
 4      52   6
 5      53   6
 6      54   6
 7      55   6
 8      56   6
 9      57   6
10      58   6
11      59   6
12      60   6
13      61   6
14      62   6
15      63   6
16      64   6
17     101   6
18     102   6
19     103   6
20     104   6
......................
......................
......................

173     701   6
174     702   6
175     703   6
176     704   6
177     753   6
178     754   6
179     755   6
180     756   6
181     757   6
182     758   6
183     759   6
184     760   6
185     761   6
```

```
186     762   6
187     763   6
188     764   6
189     765   6
190     766   6
191     767   6
192     768   6

  2      72 0 0 0 0 0 0 0 0 0 0
  8
  0.5   0.5 1 1 1 1 1 1 1 1
           1      1357    6
           2      1357    1
           3      1358    6
           4      1359    6
           5      1360    6
           6      1360    1
           7      1361    6
           8      1362    6
           9      1363    6
          10      1363    1
          11      1364    6
          12      1365    6
          13      1366    6
          14      1366    1
          15      1367    6
          16      1368    6
          17      1577    6
          18      1578    6
          19      1579    6
          20      1580    6
          21      3545    6
          22      3546    6
          23      3547    6
          24      3548    6
          25      3549    6
          26      3550    6
          27      3551    6
          28      3552    6
          29      3553    6
          30      3554    6
          31      3555    6
```

```
32        3556    6
33        3557    6
34        3558    6
35        3559    6
36        3560    6
37        3561    6
38        3562    6
39        3563    6
40        3564    6
41        3565    6
42        3566    6
43        3567    6
44        3568    6
45        3569    6
46        3570    6
47        3571    6
48        3572    6
49        3573    6
50        3574    6
51        3575    6
52        3576    6
53        3577    6
54        3578    6
55        3579    6
56        3580    6
57        3581    6
58        3582    6
59        3583    6
60        3584    6
61        4017    6
62        4018    6
63        4018    2
64        4019    6
65        4020    6
66        4020    2
67        4021    6
68        4022    6
69        4022    2
70        4023    6
71        4024    6
72        4024    2
......................
```

```
......................
......................

52        72 0 0 0 0 0 0 0 0 0
8
0.5  0.5 1 1 1 1 1 1 1 1
     1       961     6
     2       961     1
     3       962     6
     4       963     6
     5       964     6
     6       964     1
     7       965     6
     8       966     6
     9       967     6
     10       967     1
     11       968     6
     12       969     6
     13       970     6
     14       970     1
     15       971     6
     16       972     6
     17      1445     6
     18      1446     6
     19      1447     6
     20      1448     6
     21      2225     6
     22      2226     6
     23      2227     6
     24      2228     6
     25      2229     6
     26      2230     6
     27      2231     6
     28      2232     6
     29      2233     6
     30      2234     6
     31      2235     6
     32      2236     6
     33      2237     6
     34      2238     6
     35      2239     6
     36      2240     6
```

```
37    2241   6
38    2242   6
39    2243   6
40    2244   6
41    2245   6
42    2246   6
43    2247   6
44    2248   6
45    2249   6
46    2250   6
47    2251   6
48    2252   6
49    2253   6
50    2254   6
51    2255   6
52    2256   6
53    2257   6
54    2258   6
55    2259   6
56    2260   6
57    2261   6
58    2262   6
59    2263   6
60    2264   6
61    3753   6
62    3754   6
63    3754   2
64    3755   6
65    3756   6
66    3756   2
67    3757   6
68    3758   6
69    3758   2
70    3759   6
71    3760   6
72    3760   2
```

(3) 输出结果：

输出主要结果存放在 6 个数据文件：Outinf，nodTemp，nodTemStr，Tempmax，xStremaSx，yStremax。

Outinf——计算过程中的有关参考信息

nodTemp——各时刻结点温度,数据格式见文件 nodTemp
nodTemStr——各时刻结点位移和应力,数据格式见文件 nodTemStr
Tempmax——各时刻最高温度值,数据格式见文件 Tempmax
xStremax——各时刻 x 方向最大应力值,数据格式见文件 xStremax
yStremax——各时刻 y 方向最大应力值,数据格式见文件 yStremax

文件目录及说明：

FEMT3. FOR——平面三角形 3 结点有限元源程序
FEMQ4. FOR——平面四边形 4 结点等参有限单元法源程序
FEMT3. exe——平面三角形 3 结点有限元执行程序
FEMQ4. exe——平面四边形 4 结点等参有限单元法执行程序
FEM8nod. exe——空间六面体 8 结点有限单元法执行程序
FEM20nod. exe——空间六面体 20 结点有限单元法执行程序
Wenkong. exe——温度场与温度徐变应力有限元执行程序(结点总数少于 3000)
fem8dat——空间六面体 8 结点有限元程序输入数据文件
fem20dat——空间六面体 20 结点有限元程序输入数据文件
nodstr8——空间六面体 8 结点有限元程序输出结果文件
nodstr20——空间六面体 20 结点有限元程序输出结果文件
平均气温 . txt——平均气温资料，算例 A-5 输入数据
wenkongdat——算例 A-5 输入数据文件
nodTemp——算例 A-5 各时刻结点温度
nodTemStr——算例 A-5 各时刻结点位移应力
Tempmax——算例 A-5 各时刻最高温度值
xStremax——算例 A-5 各时刻 x 方向最大应力值
yStremax——算例 A-5 各时刻 y 方向最大应力值

参考文献

[1] 徐芝纶．弹性力学问题的有限单元法［M］．北京：水利电力出版社，1974.

[2] 王勖成．有限单元法［M］．北京：清华大学出版社，2004.

[3] 朱伯芳．有限单元法原理与应用［M］．2 版．北京：中国水利水电出版社，1998.

[4] 朱伯芳．大体积混凝土温度应力与温度控制［M］．北京：中国水利水电出版社，2003.

[5] 殷有泉．固体力学非线性有限元引论［M］．北京：北京大学出版社，1987.

[6] 徐芝纶．弹性力学简明教程［M］．北京：高等教育出版社，1980.

[7] 陈国荣．弹性力学［M］．南京：河海大学出版社，2004.

[8] 王润富，陈国荣．温度场与温度应力［J］．北京：科学出版社，2005.

[9] 冯康．基于变分原理的差分格式［J］．应用数学与计算数学，1965，4.

[10] Zienkiewicz O C. The Finite Element Method [M]. Mc Graw-hill，1977.

[11] Hsieh S S，Ting E C，Chen W F. An elastic fracture model for concrete [C]. In：Proc. 3rd Eng. Mech. Div. Spec. Conf. ASCE. Austin，Texas，1979：437-440.

[12] Bushwell D. Astrategy for solution of problems involving large deflections [J]，Plasticity and Creep. Int. J. Num. Meth. Eng.，1977：683-708.

[13] 龙志飞，岑松．有限元法新论［M］．北京：中国水利水电出版社，2001.

[14] 胡家赣．线性代数方程的迭代解法［M］．北京：科学出版社，1991：185-188.

[15] 林绍忠．对称逐步超松弛预处理共轭梯度法的改进迭代格式［J］．数值计算与计算机应用，1997，(4)：266-270.

[16] 琚宏昌，陈国荣，夏晓舟．骨料形状对混凝土拉伸强度的影响［J］．河海大学学报（自然科学版），2008，36 (4)：554-558.

[17] Qu H C，Chen G R. Numerical simulation of different-shaped random aggregates’ influence on concrete compression strength [J]. Advanced Materials Research，2008，33-37：623-630.

[18] 唐春安，朱万成．混凝土损伤与断裂-数值试验［M］．北京：科学出版社，2003.

[19] 刘光廷，王宗敏．用随机骨料模型模拟混凝土材料的断裂［J］．清华大学学报：自然科学版，1996，36 (1)：84-89.

[20] 王宗敏．混凝土应变软化与局部化的数值模拟［J］．应用基础与工程科学学报，2000，8 (2)：187-194.

[21] Cundall P A. A computer model for simulating progressive large scale movements in block rock systems [C]. Proc. Int. Symp. Rock Fracture，ISRM，Nancy，France，1971：2-8.

[22] Mohamed A R，Hansen W. Micro-mechanical modeling of concrete response under static loading-Part 1：Model development and validation [J]. ACI Materials Journal，1999，96 (2)：196-203.

[23] 邢纪波．梁-颗粒模型导论［M］．北京：地震出版社，1999.

[24] Gurson A L. Continuum theory of ductile rupture by void nucleation and growth，l：Yield criteria and flow rules for porous ductile media [J]. Eng. Mater. Tech.，1977，99：2-15.

[25] 马怀发．全级配大坝混凝土动态性能细观力学分析研究［博士学位论文］［D］．中国水利水电科学研究院：2005，11.

[26] 王宗敏．不均质材料（混凝土）裂隙扩展及宏观计算强度与变形［M］．北京：清华大学，1996：25-36.

[27] 方锡武，崔汉国．有限元网格自动生成的 Delaunay 算法［J］．海军工程学院学报，1998，(4)：31-35.

[28] Krajcinovic D. Continuum damage mechanics [J]. Applied Mechanics Review，1984，37 (1)：1-6.

[29] 卓家寿，等．力学建模导论［M］．北京：科学出版社，2007.

[30] 琚宏昌，陈国荣，夏晓舟．水泥砂浆界面相弹性常数的反演计算［J］．固体力学学报．2009，(1)：84-89.